国家出版基金项目
NATIONAL PUBLICATION FOUNDATION

大秦岭蝶类志

Butterflies Fauna of
the Great Qinling Mountains

第一卷
凤蝶科　粉蝶科

房丽君　编著

西安出版社

图书在版编目（CIP）数据

大秦岭蝶类志 . 1，凤蝶科 粉蝶科 / 房丽君编著 . — 西安：
西安出版社，2023.8

ISBN 978-7-5541-5801-2

Ⅰ . ①大… Ⅱ . ①房… Ⅲ . ①秦岭—凤蝶科—昆虫志
②秦岭—粉蝶科—昆虫志 Ⅳ . ① Q969.420.8

中国版本图书馆 CIP 数据核字 (2021) 第 248837 号

大秦岭蝶类志　第一卷　凤蝶科　粉蝶科
DA QINLING DIELEI ZHI DI YI JUAN FENGDIEKE FENDIEKE
房丽君　编著

出 版 人：屈炳耀
出版统筹：贺勇华　李宗保
项目策划：王　娟
审稿专家：武春生　李后魂
绘　　图：李海峰
责任编辑：王　娟
责任校对：王　瑜　赵梦媛
装帧设计：雅昌设计中心·北京
责任印制：尹　苗
出版发行：西安出版社
社　　址：西安市曲江新区雁南五路 1868 号曲江影视大厦 11 层
电　　话：（029）85253740
邮政编码：710061
印　　刷：北京雅昌艺术印刷有限公司
开　　本：787mm×1092mm　1/16
印　　张：81
插　　页：110
字　　数：2000 千
版　　次：2023 年 8 月第 1 版
印　　次：2023 年 12 月第 1 次印刷
书　　号：ISBN 978-7-5541-5801-2
定　　价：680.00 元（全三卷）

本书如有缺页、误装，请寄回另换。

采集生境

生态环境是人类生存和发展的根基，蝴蝶是环境监测的有效指示物种，对栖息地植被及微环境变化十分敏感，可作为环境评价和监测的指标，预测自然生态环境的健康状况。横贯中国中部的大秦岭，是一座巨大的生物基因宝库。该地区蝴蝶资源丰富，适生种类多，南北兼有，其种质资源在物种、遗传、生态系统及景观多样性等层面均具有独特的研究、保护与利用价值。

1 / 陕西蓝田莲花山

2 / 陕西蓝田玉山

3 / 陕西长安石砭峪

4 / 陕西长安翠华山

1 / 陕西蓝田蓝关古道林地
2 / 陕西鄠邑朱雀国家森林公园
3 / 陕西宝鸡鳌山
4 / 陕西临潼骊山

1 / 陕西宝鸡吴山
2 / 陕西凤县宽滩湿地
3 / 陕西眉县红河谷
4 / 陕西宝鸡大水川高山草甸

1 / 陕西略阳五龙洞
2 / 陕西华阴华山
3 / 陕西太白小罐子林地

1 / 陕西南郑红寺湖
2 / 陕西佛坪观音山自然保护区
3，4 / 陕西渭南少华山

1 / 陕西洋县朱鹮生态园
2 / 陕西柞水秦楚古道
3 / 陕西岚皋神田大草原

1 / 陕西镇安木王国家森林公园
2 / 陕西洛南巡检山地
3 / 陕西山阳月亮洞河谷带
4 / 陕西商州丹江湿地

1 / 甘肃徽县火焰山

2 / 甘肃两当河岸带

3 / 甘肃徽县三滩山地

4 / 甘肃两当云屏山地

4

1 / 四川若尔盖大草原

2 / 四川若尔盖湿地

3 / 四川若尔盖黄河九曲第一湾湿地

1 / 四川汶川岷江沿岸灌草丛

2 / 四川江油荒草地

3 / 四川万源山地

4 / 四川剑阁林草地

■
1 / 四川绵竹园林绿地
2 / 四川广汉河岸带

生态蝴蝶

蝴蝶，被称为"会飞的花朵"，属完全变态昆虫，其一生包括卵、幼虫、蛹与成虫四个阶段。蝴蝶成虫喜吸食花蜜，常与花朵相伴。它们喜欢栖息在安静而隐蔽的地方，有的种类喜欢单独栖息，有的种类则喜欢在一处群栖，不同种类栖息场所也不同，有的栖息在植物枝叶上，有的倒挂在枝叶下面，还有些蝴蝶喜欢栖息在悬崖峭壁或枯枝梢头。

1 / 蓝（美）凤蝶 Papilio (Menelaides) protenor

2 / 金凤蝶 Papilio (Papilio) machaon

3 / 玉带（美）凤蝶 Papilio (Menelaides) polytes 雌性

4 / 乌克兰剑凤蝶 Pazala tamerlana

5 / 冰清绢蝶 Parnassius glacialis

1 / 巴黎翠凤蝶 *Papilio (Princeps) paris*

2 / 金裳凤蝶 *Troides aeacus* 雌性

3 / 麝凤蝶 *Byasa alcinous*

3

1 / 斐豹蛱蝶 *Argyreus hyperbius*

2 / 孔雀蛱蝶 *Inachis io*

3 / 云南黛眼蝶 *Lethe yunnana*

040   4 / 青豹蛱蝶 *Damora sagana* 雌性

1 / 双星箭环蝶 *Stichophthalma neumogeni*

2 / 黄帅蛱蝶 *Sephisa princeps*

3 / 二尾蛱蝶 *Polyura narcaea*

4 / 牧女珍眼蝶 *Coenonympha amaryllis*

5 / 锦瑟蛱蝶 *Seokia pratti*

6 / 累积蛱蝶 *Lelecella limenitoides*

1 / 红灰蝶 *Lycaena phlaeas*

2 / 小赭弄蝶 *Ochlodes venata*

3 / 长波电蛱蝶 *Dichorragia nesseus*

4 / 银纹尾蚬蝶 *Dodona eugenes*

5 / 白斑迷蛱蝶 *Mimathyma schrenckii*

6 / 陕灰蝶 *Shaanxiana takashimai*

1 / 蚜灰蝶 *Taraka hamada*

2 / 生灰蝶 *Sinthusa chandrana*

3 / 莎菲彩灰蝶 *Heliophorus saphir*

内容提要

　　《大秦岭蝶类志》是迄今第一部系统研究大秦岭全域（包括河南、陕西、甘肃、湖北、重庆、四川 6 省市 138 个市县区）蝴蝶物种资源的分类学专著。全套共 3 卷，总计约 200 万字，配有各类图片 1000 余幅。主要内容包括总论和各论两部分：总论介绍了大秦岭的界定与自然环境概况、鳞翅目蝶类的分类系统，概述了蝴蝶的主要鉴别特征、生物学、寄主植物、蝴蝶与人类的关系、蝴蝶资源的保护与利用及大秦岭蝴蝶的区系组成，配有大秦岭采集生境图、蝴蝶生态图、蝴蝶形态结构图等多类型图片；各论部分系统记述了大秦岭分布的 5 科 915 种蝴蝶，对所涉及的各级分类单元进行了记述，包括各阶元的文献引证，各虫态的形态特征、生物学、寄主与分布，并配有主要种类的成虫彩色图版，同时给出了各级分类单元的检索表。本志参照《中国动物志》的编写体例进行编写，符合国际学术通用标准，在研究蝴蝶多样性及其保护、区系演化、环境监测与预警等方面具有不可替代的作用，对开展教学实践和今后的蝴蝶分类及鉴定具有非常重要的指导作用。可供昆虫学、生态学、保护生物学、环境科学领域的研究者与工作者及昆虫爱好者使用和参考。

作者简介

　　房丽君，博士，陕西省西安植物园（陕西省植物研究所）研究员。曾任中国昆虫学会蝴蝶分会理事、中国昆虫学会传粉昆虫专业委员会委员。主要从事蝴蝶分类、区系演化、系统发育、多样性及其保护、监测等研究，对大秦岭蝴蝶已进行 20 多年的调查和研究。先后主持国家自然科学基金项目 2 项、中央级部委事业经费项目 3 项、中央补助地方科技基础条件专项子项 1 项及其他省部级项目 10 余项、科学院重点项目 3 项及西安市科技局科学研究项目 2 项；参加国家自然科学基金项目 2 项、科技部科技基础性工作专项 2 项；主编专著 1 部、科普读物 1 部；参编专著 3 部；作为主要编制人制定《中华人民共和国国家环境保护标准（HJ 710.9—2014）：生物多样性观测技术导则·蝴蝶》；发表科研论文 30 余篇。

蝴蝶属鳞翅目（Lepidoptera），该目是昆虫纲（Insecta）中的第二大目。蝴蝶色彩斑斓，形态各异，是主要的观赏和传粉昆虫，它们的存在点缀了大自然，维持着生态平衡，其在经济、科学、文化、艺术等方面均具有重要价值，是环境监测的有效指示物种。2015 年 1 月 1 日实施的《中华人民共和国国家环境保护标准：区域生物多样性评价标准》已将蝴蝶列入其中，它是我国环境监测第一个入选的昆虫类群。然而要保护和利用蝴蝶资源，首先必须开展分类研究，认清种类，这是至关重要的一环，不可或缺。《生物多样性公约》《二十一世纪议程》和"物种 2000""国际生物多样性科学计划"等都要求缔约国列出已知物种及其分布的详细清单，作为生物多样性研究的基础。

横贯中国中部的大秦岭，跨越河南、陕西、甘肃、湖北、重庆、四川等 6 省市，共 28 个市州和 1 个林区，被誉为"中华绿肺"。这道"中华脊梁"是一座巨大的生物基因宝库，是中国中部具有完整生物圈的区域。大秦岭具有气候等环境垂直方向的多层次性和南北方向的过渡性的特点，是古北区与东洋区两大动物地理区系的分界线和过渡地带，是全球 25 个生物多样性热点地区及中国 14 个生物多样性关键地区之一。该地区蝴蝶资源丰富，适生种类多，南北兼有，蝴蝶种质资源在物种、遗传和生态系统及景观多样性 4 个层次上均具有独特的研究、保护与利用价值，在研究蝴蝶多样性及其保护、区系演化、环境监测与预警等方面具有不可替代的作用。

大秦岭分布的三尾凤蝶和中华虎凤蝶是国家二级重点保护野生动物，金裳凤蝶、太白虎凤蝶、宽尾凤蝶、大紫蛱蝶、陕灰蝶等是中国珍稀蝶种。由于人类的肆意捕捉和对生态环境的严重破坏，许多珍稀蝶类濒临灭绝；国外的蝴蝶研究者不断前往秦岭腹地大量捕捉，国家有关部门曾为此专门采取措施，海关已多次截获采集的秦岭蝴蝶标本，其中不乏我国的珍稀濒危蝶种。

《大秦岭蝶类志》属世界范围内首次全面系统记述大秦岭蝴蝶物种及其分布的学术专著，内容主要包括总论和各论两大部分：总论简要介绍了大秦岭的界定与自然环境概况、鳞翅目蝶类的分类系统，概述了蝴蝶的主要鉴别特征、生物学、寄主植物、蝴蝶与人类的关系、蝴蝶资源的保护与利用及大秦岭蝶类的区系组成等，配有大秦岭采集生境图、蝴蝶生态图、蝴蝶形态结构图等多类型图片；各论部分记录了大秦岭地区分布的 915 种蝴蝶，对所涉及的各级分类单元进行了记述，包括引证、各虫态的形态特征、生物学、寄主与分布，并配有主要种类的成虫彩色图版，同时附有各级分类单元的检索表。所用标本材料 80% 以上为著作者及其团队 20 多年来的调查采集及检视所得。

　　在本志的撰写过程中，中国科学院动物研究所武春生研究员和薛大勇研究员、南开大学李后魂教授、西北农林科技大学张雅林教授等专家学者给予了热情指导与帮助。团队成员张宇军等，以及参与调查的研究生与本科生们，在野外采集、标本整理、资料收集等过程中付出了辛勤劳动。在调查采集过程中，还有很多朋友给予了各种支持与帮助，同时也离不开一直以来在背后默默支持与帮助我的家人们。长期以来，本项研究直接或间接得益于国家自然科学基金项目（31750002）、环境保护部生物多样性保护专项资助项目（China BON-Butterflies）（SDZXWJZ012016008）、陕西省财政专项（No. 2013-19）、陕西省科技厅项目（No. 2008K08-03）及陕西省科学院项目（No. 2009K-04、2013K-01、2013K-18、2016K-06）等的资助。本志的出版，得到了西安出版社有限责任公司的鼎力支持，特别是屈炳耀社长的全力支持，王娟、韩一婷等编辑亦为之不懈努力，付出了辛勤的劳动，终使这部令人期待的著作得以顺利面世！在此一并表示衷心感谢！

　　由于本人的水平及能力所限，本志的错误和不足在所难免，诚请广大读者批评指正。

陕西省西安植物园（陕西省植物研究所）研究员　房丽君

2023 年 6 月于西安

目录 Contents

V

General Introduction

一、大秦岭的界定与自然环境概况

东汉班固说："秦岭九嵕，泾渭之川。"又说："夫南山，天下之阻也。"这些无不道出了人们对秦岭充满敬畏与无奈的复杂心境，以及人们对秦岭的崇拜之情。秦岭就像镶嵌在中华大地上的一块碧玉，孕育了秦、蜀、巴、楚四大盛极一时的区位文明，见证了千百年来沧海桑田的造物传奇和风起云涌的历史进程，对华夏文明的走向和前景产生了深远的影响。

秦岭有广义和狭义之分。广义的秦岭，即"大秦岭"，是横亘于中国中部东西走向的巨大山脉。其西部延续莽莽昆仑山脉的东支西倾山，和青藏高原毗邻；东部接入大别山，与黄淮平原相融；南部与岷山、大巴山一起构成了四川盆地的北部屏障，并一路向东南延伸至广阔富饶的长江中下游平原。狭义的秦岭，是指陕西省南部、渭河与汉江之间的山地，东以灞河与丹江河谷为界，西止于嘉陵江。大秦岭跨越河南、陕西、甘肃、湖北、重庆、四川等6省市，共28个市州和1个林区。这条巨大的山脉被誉为"中华绿肺"，也是一座巨大的生物基因宝库，是中国中部具有完整生物圈的区域。

（一）地理位置

秦岭是一座古老的山脉，其形成可以追溯到25亿年前的华北和扬子板块的形成及其后复杂的地质运动。亿万年来，这两大板块相互挤压、碰撞、断裂、隆起、剥蚀，加之青藏高原隆起的影响等，才形成了今天秦岭雄伟壮观的高山地貌。

秦岭所处地域地势崎岖、面积广大，有众多大江大河和山间断陷盆地，它们深切并分割了庞大的山系，是黄河与长江的分水岭，因而秦岭—淮河一线成为中国地理上最重要的南北分界线。秦岭以南属亚热带气候，自然条件为南方型；秦岭以北属暖温带气候，自然条件为北方型。秦岭南北的农业生产特点也有显著的差异。因此，长期以来，人们把秦岭看作是我国"南方"和"北方"的地理分界线。

依据地质构成、主脊海拔和走向连续性等综合因素，大秦岭自西向东被划分为三大部分，即"西秦岭""中秦岭"和"东秦岭"。嘉陵江干流以西，即西秦岭；蟒岭、伏牛山、熊耳山等平行谷岭，统称"东秦岭"；秦岭中段，即狭义的秦岭，主要山岭有四方台、首阳山、静峪脑、终南山等。

西秦岭延续了昆仑山东部支脉西倾山的脉络，共有三条支脉平行向东蜿蜒：南支为迭山，迭山向东沿白龙江干流北岸过渡为岷峨山地，岷峨山地为嘉陵江支流西汉水和白龙江的分水岭；中支为腊利大山和与此平行的太子山，太子山西部遭大夏河深切，以祁连山脉支脉达力加山为界，太子山向东与腊利大山在洮河西岸的白石山相连；北支西起渭河源头鸟鼠山，向东南延伸与岷峨山地北端相接，继续向东过麦积山入陕西境内。西秦岭地区因其西部与青藏高原夷平面相接，整体海拔较高。最高峰是位于西秦岭的迭山主峰措美峰，海拔高达4920 m，由此向东逐渐降低至海拔2800 m左右。西秦岭地区是黄河支流渭河和洮河的重要水源区，也是嘉陵江最大支流白龙江的源头和嘉陵江主要的水源地。从地质构造和成因上看，徽成盆地至西汉水一线到舟曲至迭山以南，亦属于秦岭山地。这部分山地包含岷山、摩天岭、骨麻山等高山和极高山，其包含的岷山自甘肃郎木寺和白龙江一线向南，呈现西北—东南走向，在洛江源头附近分出摩天岭，而主脉继续向南到达茂县与茶坪山相连。岷山主峰雪宝顶海拔5588 m，终年积雪不化，有现代冰川发育。岷山以西有大片高原低丘和高平原与青藏高原相接，反映了高山向高原过渡的地貌特征。

中秦岭是秦岭山脉的主体和核心区域，即一般人们所认知的狭义的秦岭，其绝大部分位于陕西省境内。中秦岭山势高耸，山脊线及分水岭清晰明显，在山形走势上呈蜂腰状分布，其西端有三条支脉，分别为北支大散岭、中支凤县和略阳之间的凤岭、南支紫柏山。三条支脉汇合于宝鸡玉皇山，继而向东连接鳌山—太白山，过黄桶梁—秦岭东梁与终南山—草链岭一线，形成中段秦岭的分水岭，海拔高度多在2000～3000 m。中段秦岭山脊线靠近北侧平原，致使北侧山体水蚀严重，加上断块普遍分布，造成该段北坡坡度大，峡谷深切严重，形成大大小小上百个峪口，其中以秦岭72峪最为著名。

中秦岭的主峰太白山，包括东、西太白峰以及其间的跑马梁，其顶峰拔仙台海拔为3771.2 m，雄姿巍峨，云雾缭绕，是我国青藏高原以东最高峰，也是陕西地势的最高点。"太白积雪六月天"是关中八景之一。《水经注》有太白山"于诸山最为秀杰，冬夏积雪，望之皓然"的记载，可见太白盛夏积雪之奇丽景色，确实由来已久。但近年来因气候逐渐变暖，兼之冬季降雪减少，盛夏又多出现伏旱高温炎热天气，此胜景已很难见到了。太白山南面和西面，有兴隆岭、鳌山、财神梁、父子岭和活人坪梁等，海拔均在3000～3500 m，和太白山紧紧相连，构成陕西秦岭的最高部分。

秦岭向东进入河南省和湖北省后，山体海拔持续下降，到南阳盆地北缘时多有海拔500 m以下的丘陵分布。东秦岭北端的主脊是草链岭—华山，草链岭下面是洛水的源头。草链岭—华山向东延伸进入河南省后到达崤山，该支脉向东一直到洛阳附近，称为"邙山"；而草链岭以南丹江北岸横着蟒岭，蟒岭向东进入河南省后分为两支，即北支熊耳山和南支伏牛山。熊耳山以东有中岳嵩山，伏牛山为汉江支流白河、唐河与淮河诸支流的分水岭。东段秦岭海拔高度骤降为1000～2000 m，更加靠近黄淮平原和东南部季风区域，加之山体高度普遍不高，使得南北自然地理差异小于中段秦岭。

（二）地质地貌

秦岭山地是在秦岭褶皱系基础上形成的褶皱断块山，以变质岩、火成岩、沉积岩为主。山势北仰南倾：北坡险峻，从秦岭北坡山脊线到渭河平原，最宽不足40 km，山势陡峭，断崖如壁，峡谷深切，形成千岩竞秀的壁立山峰，河流短促，多瀑布、急流、险滩；南坡平缓，坡长100～120 km，群山毗连，峰峦叠嶂，河流源远流长，宽谷与峡谷交替出现，其间分布一些山间平台、盆地。

秦岭属于流水侵蚀剥蚀的山地，山高坡陡，土薄石多，山岭与河谷盆地相间为其总体特征。秦岭由东向西逐渐升高，平均海拔在1000 m以上。陕西境内岭脊海拔约2000 m，高峰高拔大多为两三千米，如华山主峰海拔2400 m，太白山主峰海拔3771.2 m，可见此区域是一个以石质中山为主，兼有石质高山、土石低山丘陵的山地地貌区，保存有古冰川地貌。秦岭山脉入陇南境内后，其走向自西北向东南，主脉海拔均在2000 m以上，丛山之间形成了一些小的盆地。

大巴山脉自西北向东南，包括摩天岭、米仓山和武当山等，东端与神农架、巫山相连，西与摩天岭相接，北以汉江谷地为界，山峰大部分海拔在2000 m以上。因石灰岩分布广泛，喀斯特地貌发育，有峰丛、地下河、槽谷等，还有古冰川遗迹。山体长期受河流强烈切割作用的影响，多峡谷，河谷深切，山谷高差800～1200 m，只在重庆城口、四川万源等区域有少数小型山间盆地。大巴山是嘉陵江和汉江的分水岭，也是四川盆地和汉中盆地的地理界线。

绵延超过1600 km的秦岭山脉，在其最西端与青藏高原东北缘相接，形成了复杂的构造体系。该地区受青藏高原构造作用的影响，新构造运动和地震活动强烈，褶皱分布广泛。主要地形特点是沟谷发育、切割强烈、地表起伏大、山势陡峻、相对高差大，地形高差可达500～3000 m，同时，河流阶地发育，在白龙江流域可见明显的4级阶地。第四纪以来的下切深度至少有140 m，说明垂直抬升作用在形成差异性地貌的过程中起到了重要作用。

西秦岭的南支为迭山，在地质构造上，既位于白龙江隆升与洮河沉陷的迭山断裂交错地带，也位于白龙江和洮河区域的逆冲推覆构造交错地带；同时，在地理位置上，其特点是不同类型的地形地貌、气候带等都在这里汇聚，从而在青藏高原东部形成了一个独具特色的"景观结"。其地貌属第四纪冰川遗迹，漫长的冰川运动与寒冻、雪蚀、雪崩、流水等各种应力的共同作用，形成了迭山地区独有的冰川地貌景观。由于岩性和发育年轻，使得古冰川侵蚀地貌形态能在较软和易溶的灰岩中保存下来，从而形成美丽、壮观、完整的古冰川侵蚀和喀斯特地貌景观。

松潘地块处于中国大陆东西向构造与南北向构造的结合部位，是最重要的构造转换域，特殊的构造环境使其长期控制并影响着中国大陆的形成与演化网。新生代以来，伴随着青藏高原的隆升，松潘地块卷入高原隆起的造山作用之中。若尔盖盆地和西秦岭造山带原统属松潘地块，是一个稳定的刚性大陆地块，位于中国大陆中央腹地，呈现出向南指向的叠瓦状多组逆冲构造，夹持于青藏高原羌塘地块、东昆仑—西秦岭造山带和龙门山造山带之间，主体形态酷似一个倒三角形，其岩石圈结构及其与边缘造山带的关系记录着青藏高原向东和东北发展演化过程的信息。位于松潘地块北缘的若尔盖盆地，与西秦岭造山带相接触，由于西秦岭造山带的隆起而发展演变为高原内部的盆地，构成了青藏高原东北缘典型的新生代盆山构造。

（三）气候与水文

秦岭山地是暖温带半湿润季风气候带与北亚热带湿润气候带的天然分界，对气流运行有明显的阻滞作用，夏季使湿润的海洋气流不易深入西北，致使北方气候干燥，冬季阻滞寒潮南侵，使汉中盆地、四川盆地少受冷空气侵袭，从而使秦岭南北气候呈现明显的差异。秦岭北部属暖温带，冬冷夏热，四季分明，雨热同季，冬春较干旱；秦岭南部属北亚热带，冬温夏热，降雨较多，四季较明显，气候条件较暖温带优越。

秦岭是我国南北方的分界线。秦岭的走势大体与 1 月 0℃ 等温线、800 mm 等降水量线及 2000 h 日照时数等值线一致。秦岭以南，太阳辐射较少，气温较高，降水较多，气候湿润；秦岭以北则相反。日照是气候形成的重要因素，是太阳辐射最直观的表现，也是温度、风速和降水等气象要素的能量来源。

秦岭山地气候垂直分带明显，海拔高度对气温的影响超过了纬度对气温的影响。中高山区寒冷湿润，低山、河谷和山间盆地温和多雨。秦岭山地的降水量也与海拔高度密切相关，中高山区年降水量 800 ~ 1200 mm，低山、河谷和山间盆地年降水量约 800 mm。年均最大降水量 2200 ~ 2300 mm，其中南坡比北坡年均降水量多 200 ~ 400 mm。

秦岭山脉是我国长江与黄河两大水系的分水岭，同时也是重要的水源涵养地，发育有众多河流。受地质构造、地形的影响，南坡的河流呈格子状形态，河流较长，比降较小，水量丰富，是嘉陵江、汉江等长江主要支流的水源地；北坡河流则呈钩状形态，流程短，流速急，渭河南岸的支流发源于此。

由于西段秦岭的西部山体始于青藏高原东部的广大夷平面，来自高寒地区的冷空气，通常平行于庞大的山体，沿河谷向下侵袭，而来自四川盆地的暖湿气团，也因受到山体的阻碍，沿着河谷向上移动，所以西段秦岭的南北气候类型差异，主要来源于冷暖空气随着海拔高度变化形成的相对强弱关系，分水岭的作用在这里较小。迭山、岷峨山地是此段的地理、气候南北分界线，以南包括川西北和陇南河谷地区为亚热带湿润气候，以北为甘南高寒湿润区，东部渭河一侧低海拔山区至麦积山为温带湿润区。河谷地带与高山、极高山之间垂直气候差异明显，且具有河谷局部形成小气候区域的特点。由于山高谷深，西秦岭南部的诸多河谷和徽成盆地等山间断陷盆地有显著的气候垂直分布特点和河谷小气候类型特点。

中秦岭是黄河流域支流渭河、洛河与长江流域汉江的分水岭，也是中国东西向山地中南北差异显著的地区之一。分水岭南麓支流汇聚形成汉江上游江段，其中汉江发源于紫柏山，汉江支流丹江发源于终南山、王顺山南麓。黄河支流洛河发源于草链岭南侧，向东汇入黄河。

东秦岭气候处于暖温带大陆性季风气候和亚热带雨林气候过渡带。此段秦岭—淮河分界线两侧气候、地貌、植被等地理要素差异不显著，在河流两侧数百千米的广度内才能得以体现。

（四）土壤

大秦岭多样的山地气候、生物、地形及成土母质，形成了众多的土壤类型，土壤垂直分布差异显著。北坡基带土壤为褐土，上限到 600 m，至 1300 m 为淋溶褐土，至 2400 m 为棕壤，至 3100 m 为暗棕壤，再上为亚高山草甸土；南坡基带土壤为黄褐土，上限到 900 m，至 1500 m 为黄棕壤，至 2400 m 为棕壤，至 3100 m 为暗棕壤，再上为高山草甸土。

土壤侵蚀是大秦岭地区主要的生态环境问题，是制约该地区可持续发展的重要因素。它使土地肥力下降，土壤厚度变薄甚至岩漠化，容易诱发崩塌、滑坡、泥石流等地质灾害。大秦岭山地海拔 2600 m 以上，以冻融侵蚀为主，侵蚀强度很小；海拔 1500 ~ 2600 m，水力侵蚀和冻融侵蚀并存，但以微度水力侵蚀为主；海拔 1500 m 以下，以水力轻、微度侵蚀为主。

（五）自然资源概况

大秦岭是中国自然地理上最重要的一条南北分界线，其南北两侧的气候、地貌、水文、土壤及植被等差异明显。其山地海拔的变化，造就了大秦岭山地复杂多样的局部气候特点，多样化的气候和复杂的地质地貌，滋养了大秦岭丰富的生态环境，包括从高寒草地到亚热带常绿林地等各种生境类型，是生物多样性形成的基础性条件，这些都为大秦岭的完整生物圈奠定了基础。

大秦岭历经数百万年的自然选择，拥有独特的地形地貌、差异化的气候类型，造就了丰富的野生动植物资源，是研究生物起源、发展和演替规律的天然基因库，又被称为"动植物的王国"和"天然的药材库"。大秦岭因其独特的物种多样性，在《中国生物多样性保护战略与行动计划》中被列入优先保护区，在《全国主体功能区规划》中被定位为国家重点生态功能区，即保障国家生态安全的重要区域、人与自然和谐相处的示范区，其类型为生物多样性维护功能。同时大秦岭又是中国 35 个生物多样性优先保护区域之一，也是全球 34 个生物多样性热点区域之一，是具有全球意义的生物多样性保护的关键地区。

大秦岭地区自然资源丰富，素有"南北植物荟萃，南北生物物种库"的美誉。秦岭山脉北坡有温带落叶阔叶林和针叶林，秦岭南坡有亚热带常绿阔叶林、温带落叶阔叶林和针叶林。秦岭山地海拔 2600 m 以下主要为落叶阔叶林生态系统，主要由栓皮栎林、锐齿栎林、辽东栎林、红桦林、牛皮桦林构成；2600 ~ 3350 m 为山地针叶林生态系统，主要由冷杉林、红杉林和落叶松林构成；3350 m 以上为亚高山、高山灌丛及草甸生态系统。

大秦岭动植物区系成分具有明显的过渡性、混杂性和复杂多样性。野生动物中有大熊猫、金丝猴、羚牛等珍贵品种，鸟类有国家一类保护物种朱鹮和黑鹳。大秦岭现设有唐家河、九寨沟、太白山、佛坪、卧龙、神农架、宝天曼等国家级自然保护区。国家一级重点保护野生动物大熊猫、金丝猴、羚牛、朱鹮被并称为"秦岭四宝"，备受关注。

西秦岭生态环境复杂多样。西部北侧甘南地区高原草地、林地面积占 83% 以上，其中草地占 50.62%，林地占 33.30%；草地类型主要为高寒草甸和山地草甸，植被覆盖率均在 95% 以上。向东进入陇南和陇东山地，以林地为主，高海拔针叶林占优势地位；武都、文县一带与四川岷山地区以亚热带阔叶林为主林区，雨量充沛，光照充足，森林覆盖率高；川西北岷山、龙门山低海拔河谷地带，亚热带湿润气候明显，常绿植物占比大，但由于山峰高耸，峡谷深切，生态垂直差距明显，高山草甸夹杂其中。

西秦岭生物资源丰富，各类国家级自然保护区分布广泛。甘肃有尕海—则岔、多儿、洮河、莲花山、白水江、裕河、小陇山和漳县、秦州珍稀水生野生动物等 9 个国家级自然保护区。四川有龙溪—虹口、卧龙、白水河、王朗、唐家河、九寨沟、若尔盖湿地、雪宝顶等国家级自然保护区。

中秦岭是大秦岭核心区域，秦巴山区气候温和，降水量适中，海拔落差较大，拥有较为完整的垂直自然带谱分布，几乎每个分水岭和主峰可见常绿阔叶林或落叶林向上过渡为针叶林，再向上变为高山灌丛，最后在山顶形成大片草甸甚至流石滩，构成完整直观的垂直自然带谱。这为各类生物提供了优越的生态环境。因其生物资源丰富，故有"生物基因库"之称。秦岭陕西段有种子植物4000余种（陕西共4600余种），其中陕西省重点保护真菌4种、蕨类植物1种、裸子植物5种、被子植物199种。陕西省重点保护野生动物中，秦岭陕西段分布73种（陕西共80种），其中陆生野生动物45种、两栖类6种、水生鱼类17种、蝴蝶5种。

中秦岭是汉江、嘉陵江、丹江和洛河等众多河流的发源地，国家级自然保护区和国家森林公园几乎覆盖全境，包括青木川、摩天岭、紫柏山、太白山、观音山、周至、黄柏塬、平河梁、牛背梁、长青、汉中朱鹮、天华山、桑园、米仓山、花萼山、大巴山、化龙山等国家级自然保护区和九重山、红池坝、黎坪国家森林公园及巴山湖国家湿地公园。

东秦岭处于山川过渡地带，气候和生物资源分布不如中秦岭南北差距明显，由南部神农架亚热带气候向北部的伏牛山、熊耳山暖温带气候渐进式变化。本区植物资源丰富，南部巴山余脉有著名的神农架、武当山，北部有老君山、嵩山等著名人文历史和自然景观，大山边沿分布宜昌三峡大坝、丹江口水库和黄河小浪底大坝，在中国水资源保护和开发利用方面发挥着关键作用。还有神农架、赛武当、堵河源、十八里长峡、三峡大老岭、五道峡、小秦岭、伏牛山、宝天曼、丹江湿地等国家级自然保护区。

神农架保留着完整的亚热带森林系统，有各类植物3700多种，其中国家重点保护野生植物40种；有各类动物1050余种，其中国家重点保护野生动物70种。伏牛山区维管束植物共计2879种，国家重点保护种类32种；有野生动物275种，昆虫的种类超过3000种，国家重点保护野生动物有50多种。

（六）行政版图的界定

根据《地图上的秦岭》编纂委员会编著出版的《秦岭全景图记》的界定，大秦岭行政区划涵盖河南、陕西、甘肃、湖北、重庆、四川等6省市28个市州和1个林区，共计138个县市区，具体包括的县市区如下：

河南省

（大秦岭区域涵盖28个县市区）

三门峡市南部山区　陕州区、渑池县南部、卢氏县、灵宝市
洛阳市南部山区　洛宁县、宜阳县、伊川县、嵩县、栾川县、汝阳县
郑州市西南部山区　登封市、新密市、荥阳市、巩义市、新郑市、上街区

许昌市西部山区　禹州市、长葛市
平顶山市西部山区　郏县、鲁山县、宝丰县、石龙区
南阳市西北部山区　南召县、镇平县、内乡县、淅川县、方城县、西峡县

陕西省

（大秦岭区域涵盖 43 个县市区）

宝鸡市南部山区　渭滨区、陈仓区、岐山县、眉县、凤县、太白县
西安市南部山区及周边　周至县、鄠邑区、长安区、蓝田县、临潼区
渭南市南部山区　临渭区、华州区、华阴市、潼关县
商洛市全境　商州区、镇安县、丹凤县、商南县、洛南县、山阳县、柞水县
安康市全境　汉滨区、汉阴县、白河县、石泉县、宁陕县、紫阳县、岚皋县、平利县、
　　　　　　镇坪县、旬阳市
汉中市全境　汉台区、南郑区、城固县、洋县、勉县、西乡县、略阳县、镇巴县、宁强县、
　　　　　　留坝县、佛坪县

甘肃省

（大秦岭区域涵盖 24 个县市区）

甘南藏族自治州东部　临潭县、合作市、碌曲县、玛曲县、卓尼县、迭部县、舟曲县
定西市渭河以南　陇西县、渭源县、漳县、岷县
天水市渭河以南　秦州区、麦积区、甘谷县、武山县
陇南市全境　武都区、宕昌县、文县、康县、成县、徽县、礼县、西和县、两当县

湖北省

（大秦岭区域涵盖 19 个县市区）

十堰市全境　茅箭区、张湾区、郧阳区、郧西县、竹溪县、竹山县、房县、
　　　　　　丹江口市、十堰经济技术开发区、武当山旅游经济特区
神农架林区全境
襄阳市西部　南漳县、保康县、谷城县
荆门市北部山区　东宝区、漳河新区
宜昌市北部山区　远安县、兴山县、当阳市

重庆市

（大秦岭区域涵盖 2 个县）

三峡北部山区　巫溪县、城口县

四川省

（大秦岭区域涵盖 22 个县市区）

阿坝藏族羌族自治州岷江以东　若尔盖县、松潘县、九寨沟县、汶川县、茂县
成都市北部山区　都江堰市、彭州市
德阳市北部山区　什邡市、绵竹市
绵阳市北部山区　平武县、安州区、北川羌族自治县、江油市
广元市北部山区　利州区、昭化区、朝天区、旺苍县、剑阁县、青川县
巴中市北部　南江县
达州市东北部　宣汉县、万源市

二、蝴蝶的分类系统

蝶类 Rhopalocera 隶属于昆虫纲 Insecta 鳞翅目 Lepidoptera 有喙亚目 Glossata 双孔次亚目 Ditrysia。鳞翅目是昆虫纲第二大目，已知 146565 种（Heppner, 1998），其中蝶类占 10% 以上。我国已知蝶类近 2000 种。

鳞翅目的主要特征：体表和翅面密被各种颜色的扁平鳞片；口器虹吸式，专门吸取花蜜等液态食物。幼虫额上有"人"字形纹，腹足有趾钩。包括蝶类和蛾类两大类，两者的区别见表 1。

表 1　蛾类与蝶类的区别

Table 1　Differences between Heterocera and Rhopalocera

区别点 Differentiation	蛾　类 Heterocera	蝶　类 Rhopalocera
触角	端部不膨大，呈丝状、羽状、栉状	端部膨大，呈棒状或锤状
翅连接方式	缰型连锁	贴合型连锁
静止时翅的状态	屋脊状或平放于体背	竖立于体背
翅的大小与颜色	多较狭小，色较暗淡	多宽大，色较鲜艳
胸腹部	粗短	较纤长
活动时间	多夜间	白天
蛹	结茧	不结茧（少数种类除外）

蝴蝶广泛分布于世界各大动物地理区，其中新热带区种类最多，主要以南美亚马孙河流域最为集中（占世界蝴蝶种类近半数）；其次，东洋区有 3500 余种，非洲区有 2500 余种，古北区有 1500 余种，澳洲区有近 400 种，新北区有 700 余种。

蝴蝶的总科级分类系统已被广泛接受，分为凤蝶总科 Papilionoidea 和弄蝶总科 Hesperioidea，并一起构成单系群（Ackery, 1984；Scott, 1986；Smart, 1989；Jong *et al.*, 1996 等）。但科级系统争议较大，Ehrlich（1958, 1967）、Kristensen（1976）、Ackery（1984）、Scott（1985）、Martin *et al.*（1992）、Jong *et al.*（1996）、Heppner（1998）、Brower（2000）、

Wahlberg *et al.*（2003，2005）等分别对蝴蝶亲缘关系及分类系统进行了研究，但因研究方法及材料的不同，结论相差甚远，难以统一，被划分成 5 ~ 17 科。主要差别是蝴蝶某些亚科是否提升为科。本志书采用 5 科分类系统，代表性蝴蝶科及亚科的分类系统（图 1 ~ 4）以及分科检索表分别介绍如下：

科检索表（17 科）

1. 触角基部互相远离，端部非棒状膨大；眼前方有密集的毛；前翅中室外的脉纹不分叉
   （**弄蝶总科 Hesperioidea Latreille**）··· 2
   触角基部互相接近，端部棒状膨大，末端圆；眼前方很少有毛；前翅至少有 1 条脉纹
   在中室外分叉 ·· 4
2. 雄性后翅有翅缰 ····································· **缰弄蝶科 Euschemonidae**
   雄性后翅无翅缰 ··· 3
3. 后足胫节有 1 个距；触角末端不弯曲，无尖；头狭于胸部 ···· **大弄蝶科 Megathymidae**
   后足胫节有 2 个距；触角端部钩状；头比胸部宽或等宽 ············· **弄蝶科 Hesperiidae**
4. 两性前足发育正常；前后翅中室闭式（**凤蝶总科 Papilionoidea Latreille**）··········· 5
   雄性前足较退化，跗节常无爪，不分节 ··· 7
5. 前足胫节无突起；爪分裂或有齿；后翅有 2 条臀脉，臀缘凸出 ··········· **粉蝶科 Pieridae**
   前足胫节有 1 个突起；爪完整；后翅有 1 条臀脉，臀缘凹入 ····················· 6
6. 触角不被鳞片；翅三角形；前翅径脉 5 支，肘脉与臀脉间有横脉；后翅常有尾突 ······
   ··· **凤蝶科 Papilionidae**
   触角被鳞片；翅卵形；前翅径脉 4 支，肘脉与臀脉间无横脉；后翅无尾突 ···········
   ··· **绢蝶科 Parnassiidae**
7. 雌性前足正常，爪发达；一般小型（**灰蝶总科 Lycaenoidea Clench**）··············· 8
   雌性前足退化，无爪；后翅有肩脉（**蛱蝶总科 Nymphaloidea Tillyard**）·········· 10
8. 眼圆；下唇须与胸部等长，前伸，第 3 节多毛；前翅顶角钩状外突；后翅有肩脉 ·······
   ··· **喙蝶科 Libytheidae**
   眼有凹陷；下唇须短于胸部 ··· 9
9. 后翅多无肩脉，肩角不加厚；常有尾突 ····················· **灰蝶科 Lycaenidae**
   后翅有肩脉，肩角加厚；常无尾突 ····················· **蚬蝶科 Riodinidae**
10. 前翅常有 1 ~ 3 条脉基部膨大；后翅反面至少有 2 个眼斑 ············· **眼蝶科 Satyridae**
    前翅脉纹基部不膨大 ··· 11
11. 后翅中室封闭··· 12
    后翅中室开放，或有很细的横脉 ··· 14
12. 眼有毛；前翅比后翅短；后翅有眼斑；翅色多暗淡 ············· **环蝶科 Amathusiidae**
    眼无毛；前翅比后翅长；后翅无眼斑；翅色鲜艳 ··· 13

13. 翅狭长而较透明；鳞片少；后翅无发香鳞；触角不被鳞片；雄性腹末无毛丛 ··············

绡蝶科 Ithomiidae

翅较宽；后翅有发香鳞；触角被鳞片；雄性腹末有毛丛 ················· **斑蝶科 Danaidae**

14. 腹部特别短；后翅有眼斑；色斑华丽，多有金属闪光 ············ **闪蝶科 Morphidae**

腹部非特别短；后翅常无眼斑 ·· 15

15. 前翅宽，只略长过后翅 ·· **蛱蝶科 Nymphalidae**

前翅窄，明显长过后翅 ·· 16

16. 后翅肩脉弯向翅基部；下唇须侧扁；爪对称 ·············· **袖蝶科 Heliconiidae**

后翅肩脉弯向翅端部；下唇须圆柱形；爪不对称 ············· **珍蝶科 Acraeidae**

科检索表（14 科）

1. 触角端部弯钩状；前翅 R 脉无共柄（弄蝶总科 Hesperioidea Latreille）···············

弄蝶科 Hesperiidae

触角端部棒状；前翅 R 脉有共柄（凤蝶总科 Papilionoidea Latreille）········ 2

2. 后翅 A 脉 1 条 ·· **凤蝶科 Papilionidae**

后翅 A 脉 2 条 ·· 3

3. 雌雄性前足发育均正常；爪二分叉或有齿 ······················· **粉蝶科 Pieridae**

雄性前足退化，雌性前足正常或退化；爪不如上述或无爪 ·················· 4

4. 雌性前足正常；爪发达；复眼在触角基部凹陷，或至少复眼与触角窝的边缘相接；小型

蝶类 ··· 5

雌性前足退化；无爪；复眼在触角基部无凹陷，复眼与触角窝的边缘不接触；后翅有

肩脉 ··· 6

5. 后翅肩角不加厚；通常无肩脉；常有尾突 ······················· **灰蝶科 Lycaenidae**

后翅肩角加厚；有肩脉；常无尾突 ······························ **蚬蝶科 Riodinidae**

6. 前翅顶角向外缘钩状突出；下唇须与胸部等长，前伸 ·········· **喙蝶科 Libytheidae**

前翅顶角不呈钩状突出；下唇须比胸部短 ··································· 7

7. 前翅通常有 1～3 条脉基部膨大；后翅反面至少有 2 个眼斑 ········· **眼蝶科 Satyridae**

前翅各脉基部不膨大 ·· 8

8. 后翅中室封闭 ·· 9

后翅中室开放，或由很细的端脉封闭 ··· 11

9. 前翅比后翅短；后翅有眼斑；翅色多暗淡；眼有毛 ············ **环蝶科 Amathusiidae**

前翅比后翅长；翅色鲜艳，无眼斑；眼无毛 ·································· 10

10. 翅长，较透明；无发香鳞；触角不被鳞片；雄性腹末无毛丛 ········· **绡蝶科 Ithomiidae**

翅较宽；后翅有发香鳞；触角被鳞片；雄性腹末有毛丛 ············ **斑蝶科 Danaidae**

11. 腹部特别短；后翅有眼斑；大型，华丽，多有金属闪光 ············ **闪蝶科 Morphidae**

腹部非特别短；后翅常无眼斑 ·· 12

12. 前翅宽，只略长于后翅 ··· **蛱蝶科 Nymphalidae**

   前翅窄，明显长于后翅 ··· 13

13. 后翅肩脉弯向翅基部；下唇须侧扁；爪对称 ···················· **袖蝶科 Heliconiidae**

   后翅肩脉弯向翅端部；下唇须圆柱形；爪不对称 ·················· **珍蝶科 Acraeidae**

科检索表（5科）

1. 触角基部互相远离，端部弯曲，末端尖；眼前方有密集的毛；前翅中室外的脉纹不
   分叉 ··· **弄蝶科 Hesperiidae**

   触角基部互相接近，端部棒状膨大，末端圆；眼前方很少有毛；前翅至少有 1 条脉纹
   在中室外分叉 ··· 2

2. 两性前足发育正常；前后翅中室闭式 ··· 3

   雄性前足较退化，跗节常无爪，不分节 ··· 4

3. 前足胫节无突起；爪分裂或有齿；后翅有 2 条臀脉，臀缘凸出 ········· **粉蝶科 Pieridae**

   前足胫节有 1 个突起；爪完整；后翅有 1 条臀脉，臀缘凹入 ········· **凤蝶科 Papilionidae**

4. 雌性前足正常，爪发达；一般小型；后翅多无肩脉；前翅顶角非钩状斜截 ······················
   ··· **灰蝶科 Lycaenidae**

   雌性前足退化，无爪；多中大型；后翅有肩脉；如雌性前足正常，则前翅顶角钩状斜
   截，中型 ··· **蛱蝶科 Nymphalidae**

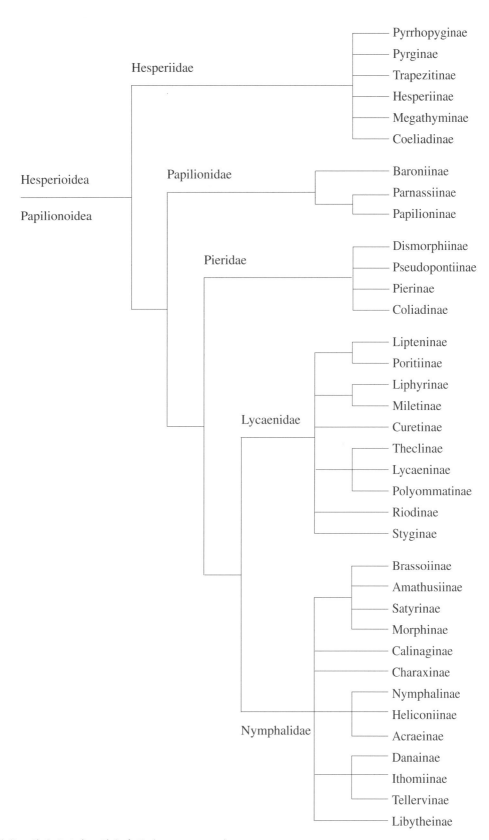

图 1　蝶类 5 科系统及其亚科支序图（Ackery, 1984）

Fig. 1　Phylogeny of 5 Families and Subfamilies of Rhopalocera (Ackery, 1984)

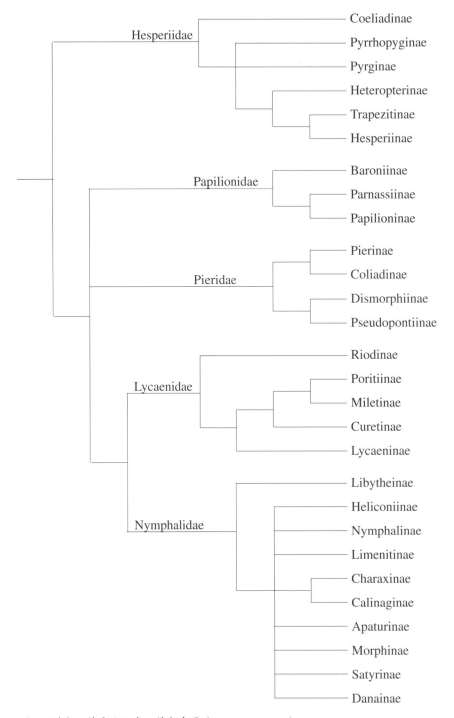

图 2　蝶类 5 科系统及其亚科支序图（Jong *et al*.,1996）

Fig. 2　Phylogeny of 5 Families and Subfamilies of Rhopalocera (Jong *et al*.,1996)

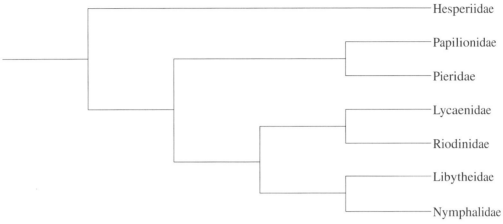

图 3　蝶类 7 科系统支序图（Heppner, 1998）

Fig. 3　Phylogeny of 7 Families of Rhopalocera (Heppner, 1998)

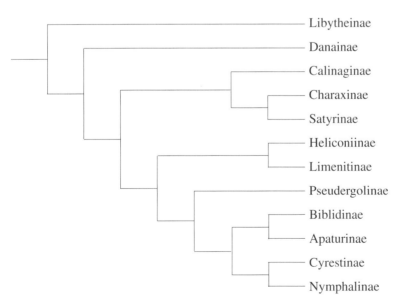

图 4　蛱蝶 12 亚科系统支序图（Wahlberg *et al*., 2009）

Fig. 4　Phylogeny of 12 Subfamilies of Nymphalidae (Wahlberg *et al*., 2009)

另外，18～21世纪代表性的蝴蝶分类还包括以下分类系统（表2～3）：

表 2   18～19 世纪的蝴蝶分类系统

Table 2   Butterfly classification system in the 18th-19th Century

作 者 Author	分类系统 Classification system		与当今系统比较 Compared to current classification system
Linnaeus 1758	Equites		Papilionidae
	Heliconii		Heliconiinae *p. p* + Danainae *p. p*
	Danai		Danainae *p. p* + Pieridae
	Nymphalcs		Nymphalidae
	Plebeji		Lycaenidae + Hesperidae
	Barbani		Various Lepidoptera
Latreille 1805	I*	Nymphalis	Nymphalinae + Satyrinae
			Heliconinae *p. p* ect.
		Helconius	Heliconiinae *p. p*
		Danaida	Danainae
	I**	Papilio	Papilioninae
		Pamassius	Parnassiinae
		Pieris	Pieridae
		Polyommatus	Lycaenidae
	II	Hesperia	Hesperiidae
Boisduval 1840	Succinctae	Papilionides	Papilionidae
		Pierides	Pieridae
		Lycaenides	Lycaenidae
		Erycinides	Riodininae
	Pendulac	Danaides	Danaidae
		Nymphalides	Nymphalinae
		Libytheides	Libytheinae
		Apatundes	Apaturinae
		Satyrides	Satyrinae
	Involutiae		Hesperidae
Bates 1864	Nymphalidae a	1	Danainae
		2	Satyrinae
		3	Morphinae

作　者 Author	分类系统 Classification system		与当今系统比较 Compared to current classification system
Bates 1864		4	Heliconiinae *p. p*
		5	Heliconiinae *p. p*
		b	Other subfamilies of Nymphalidae
	Eryeinidae	1	Libytheinae
		2	Riodininae *p. p*
		3	Riodininae *p. p*
	Lycaenidae		Lycaenidae
	Papilionidae	1	Papilionidae
		2	Pieridae
	Hesperidae		Hesperidae

表 3　20 ～ 21 世纪的蝴蝶分类系统

Table 3　Butterfly classification system in the 20th-21th Century

Ehrlich (1958)	Scott (1984)	Smart (1989)	Scoble (1992)	Chou Io (1994)	Marianne *et al.* (2018)
Papilionoidea	Papilionoidea	Hesperioidea	Hedyloidea	Hesperioidea	Papilionoidea
Papilionidae	Papilionidae	Hesperiidae	Hedylidae	Euschemonidae	Papilionidae
Papilioninae	Papilioninae	Coeliadinae	Hesperioidea	Megathymidae	Baroniinae
Parnassiinae	Parnassiinae	Pyrrhopyginae	Hesperiidae	Hesperiidae	Parnassiinae
Baroniinae	Baroniinae	Pyrginae	Pyrrhopyginae	Coeliadinae	Papilioninae
Pieridae	Pieridae	Trapezitinae	Trapezitinae	Pyrginae	Hedylidae
Pseudopontiinae	Pseudopontiinae	Hesperiinae	Hesperiinae	Hesperiinae	Hesperiidae
Dismorphiinae	Dismorphiinae	Megathyminae	Megathymine	Papilionoidea	Coeliadinae
Pierinae	Coliadinae	Papilionoidea	Coeliadinae	Papilionidae	Euschemoninae
Coliadinae	Pierinae	Papilionidae	Papilionoidea	Papilioninae	Pyrginae
Nymphalidae	Nymphalidae	Baroniinae	Papilionidae	Zerynthiinae	Heteropterinae
Danainae	Danainae	Parnassinae	Baroniinae	Parnassiidae	Trapezitinae
Ithomiinae	Ithomiinae	Papilioninae	Parnassiinae	Pieridae	Hesperiinae
Satyrinae	Satyrinae	Pieridae	Papilioninae	Coliadinae	Pieridae
Morphinae	Morphinae	Pseudopontiinae	Pieridae	Pierinae	Dismorphiinae
Calinaginae	Charexinae	Dismorphiinae	Pseudopontiinae	Dismorphiinae	Coliadinae
Charaxinae	Apaturinae	Pierinae	Dismorphiinae	Lycaenoidea	Pseudopontiinae
Nymphalinae	Nymphalinae	Coliadinae	Pierinae	Lycaenidae	Pierinae
Acraeinae	Acraeinae	Lycaenidae	Coliadinae	Miletinae	Riodinidae

续表

Ehrlich (1958)	Scott (1984)	Smart (1989)	Scoble (1992)	Chou Io (1994)	Marianne et al. (2018)
Libytheidae	Calinaginae	Lipteninae	Nymphalidae	Curetinae	Nemeobiinae
Lycaenidae	Libytheidae	Poritiinae	Brassolinae	Theclinae	Riodininae
Styginae	Lycaenidae	Liphyrinae	Amathusiinae	Lycaeninae	Lycaenidae
Lycaeninae	Styginae	Miletinae	Satyrinae	Polyommatinae	Curetinae
Riodininae	Riodininae	Ogyrinae	Charaxinae	Riodinidae	Miletinae
Hesperioidea	Curetinae	Theclinae	Morphinae	Nemeobiinae	Aphnaeinae
Hesperidae	Lycaeninae	Curetinae	Calinaginae	Nymphaloidea	Poritiinae
	Hesperioidea	Polyommatinae	Nymphalinae	Libytheidae	Lycaeninae
	Hesperidae	Lycaeninae	Heliconiinae	Satyridae	Theclinae
	Megathyminae	Libytheidae	Acraeinae	Melanitinae	Polyommatinae
	Hesperinae	Nemeobiidae	Danainae	Elymninae	Nymphalidae
	Coeliadinae	Heliconiidae	Ithomiinae	Eritinae	Libytheinae
	Pyrrhopyginae	Acraeidae	Tellerrinae	Ragadiinae	Danainae
		Nymphalidae	Libytheinae	Satyrinae	Limenitidinae
		Argynninae	Lycaenidae	Amathusiidae	Heliconiinae
		Anetinae	Lipteninae	Discophorinae	Pseudergolinae
		Eurytelinae	Poritiinae	Amathusiinae	Apaturinae
		Limenitidinae	Liphyrinae	Danaidae	Biblidinae
		Amaturinae	Miletinae	Danainae	Cyrestinae
		Charaxinae	Curetinae	Ithomiidae	Nymphalinae
		Amathusiidae	Theclinae	Morphidae	Calinaginae
		Morphidae	Lycaeninae	Nymphalidae	Charaxinae
		Brassolidae	Polyommatinae	Charaxinae	Satyrinae
		Satyridae	Riodininae	Heliconiinae	
		Ithomiidae		Apaturinae	
		Danaidae		Pseudergolinae	
				Argynninae	
				Limenitidinae	
				Byblinae	
				Marpesiinae	
				Nymphalinae	
				Calinaginae	
				Heliconiidae	
				Acraeidae	

三、蝴蝶的形态特征

蝴蝶属完全变态，一生需经历卵、幼虫、蛹及成虫四个时期。

（一）成虫（adult）

成虫体躯分为头、胸、腹三段（图5）。翅和身体被鳞片及毛，形成各种色彩的斑纹。触角端部膨大；口器虹吸式；胸部分为前胸、中胸及后胸，着生2对翅和3对足；腹部多由10节组成。

蝴蝶的翅型和色斑变化较大；易受环境变化影响，有大量地方种群（亚种）和型，少数种类有性二型和多态型，有的呈现季节型，极少数种类有拟态。

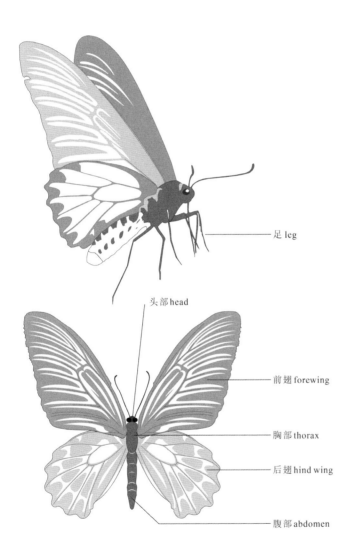

足 leg

头部 head

前翅 forewing

胸部 thorax

后翅 hind wing

腹部 abdomen

图 5　蝴蝶身体的结构
Fig. 5　Structure of the adult butterfly

1. 头部（head）

头部圆球形或半球形（图6），颈部细短，可自由活动。着生1对触角、复眼和口器，是蝴蝶的取食及感觉中心。

触角（antennae）
蝶类的重要感觉器官，生于额区上方，紧靠复眼内侧。由若干节连接而成，基部第

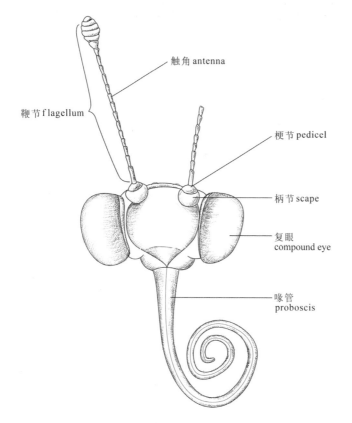

触角 antenna

鞭节 flagellum

梗节 pedicel

柄节 scape

复眼
compound eye

喙管
proboscis

1 节为柄节（scape），第 2 节为梗节（pedicel），其余各节总称鞭节（flagellum）。触角末端膨大呈锤状或钩状。触角腹面沟（ventral groove）与脊（sternocosta）的有无及其排列是重要的科级鉴别特征，其形状、粗细、长短、色彩、锤状部膨大形式及 2 个触角间距等是分类划分依据。

复眼（compound eyes） 1 对，发达，分别位于头部两侧，由上万个六角形小眼组成。其色彩、光滑与否或有毛程度等是高级阶元的划分依据。

口器（mouthparts） 虹吸式，着生于头的下方。上唇和上颚退化；下唇片状，有 1 对 3 节的须，伸向头的

图 6　蝴蝶头部的主要结构
Fig. 6　Main structure of the butterfly head

前方或上方；左右两下颚端部合并形成 1 条特化的长喙管（proboscis），休息时螺旋状卷缩在头的下面，吸食时伸直，虹吸花蜜等汁液。

　　下唇须（labial palp）　3 节，基部着生于头颅的下后方，向上方伸出，有的种类第 3 节又弯向前方。其形态、长短、斑纹、色彩及着生状态、鳞毛的长短和疏密等，可用来划分族或属。

2. 胸部（thorax）

　　位于体躯的中部，是运动中心，由前胸（prothorax）、中胸（mesothorax）及后胸（metathorax）3 个体节组成，各节腹侧着生 1 对足，中后胸侧背面各有 1 对翅。

　　前胸最小，骨化部分少，膜质部分多；背板狭窄，着生 2 个小型领片；侧板常退化成膜质，连接于头颅与坚硬的中胸之间，使头部具有灵便的活动能力。中胸极发达，由背板、侧

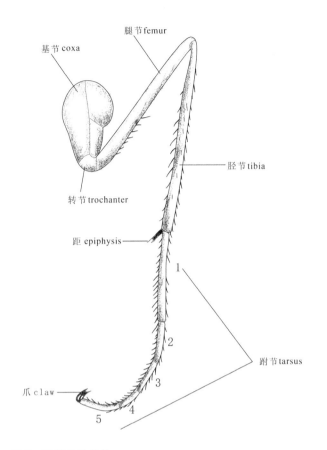

基节 coxa
腿节 femur
转节 trochanter
胫节 tibia
距 epiphysis
跗节 tarsus
爪 claw

1
2
3
4
5

图 7　蝴蝶足的结构
Fig. 7　Structure of the butterfly leg

板和腹板坚固连接而成，背侧有 1 对向后延伸的小肩片，着生于前翅基部的前方至中胸背板的两侧。中后胸的背侧各有 1 对翅。

（1）足（legs）

蝴蝶有前、中、后 3 对足，各足均由 5 部分组成，即连接于胸部的基节（coxa）、较小的转节（trochanter）、较粗的腿节（femur）、细长的胫节（tibia）及分为 5 小节的跗节（tarsus）（图 7）。胫节末端通常有 1 对能动的距（epiphysis），弄蝶的后足在胫节中部有第 2 对距。蝶类的跗节在中后足多为 5 节，但在前足则变化较大，成为分科的重要特征之一，如蛱蝶科的显著特征是雌性、雄性前足均退化，不能用于行走；雄性跗节 1 节，爪（claws）及中垫消失；雌性跗节 2 ～ 5 节，多数爪及中垫消失。其中喙蝶亚科蝶类仍保留 1 对爪及中垫，而灰蝶科雄性则只有 1 节跗节及 1 个爪。

（2）翅（wings）

蝴蝶有前后 2 对翅，十分发达，翅形、脉相、翅斑纹及色彩等都是蝴蝶分类的重要特征。

翅形（wing shape）　通常前翅近三角形，后翅近梨形，有明显的 3 个角（基角 basal angle、顶角 apical angle、臀角 anal angle）和 3 个边（前缘 costal margin、外缘 outer margin、后缘 hind margin）（图 8）；翅形在有些类群中差异极大，是区分某些类群的重要特征，如臀叶及尾突等可作为高级阶元划分的有效特征。

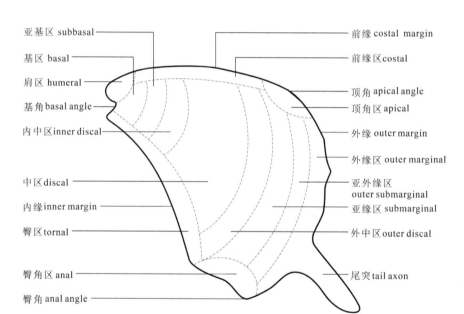

亚顶区 subapical
前缘 costal margin
前缘区 costal
外中区 outer discal
中区 discal
内中区 inner discal
亚基区 subbasal
基区 basal
基角 basal angle
后缘 hind margin

顶角 apical angle
顶角区 apical
外缘区 outer marginal
亚外缘区 outer submarginal
外缘 outer margin
亚缘区 submarginal
后角区 tornal
后角 tornus
后缘区 hind marginal

亚基区 subbasal
基区 basal
肩区 humeral
基角 basal angle
内中区 inner discal
中区 discal
内缘 inner margin
臀区 tornal
臀角区 anal
臀角 anal angle

前缘 costal margin
前缘区 costal
顶角 apical angle
顶角区 apical
外缘 outer margin
外缘区 outer marginal
亚外缘区 outer submarginal
亚缘区 submarginal
外中区 outer discal
尾突 tail axon

图 8　蝴蝶翅的分区和命名

Fig. 8　Zones and designations of the butterfly wings

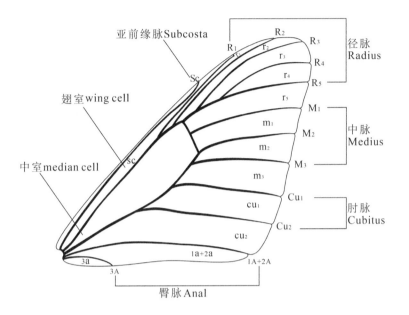

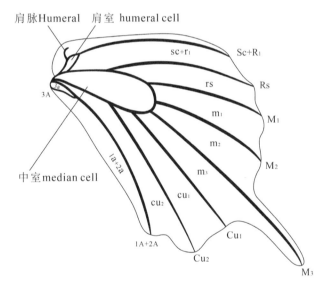

图 9　蝴蝶的翅脉和翅室的康尼命名法

Fig. 9　Wing venation and cell of adult butterfly named by Comstock-Needham

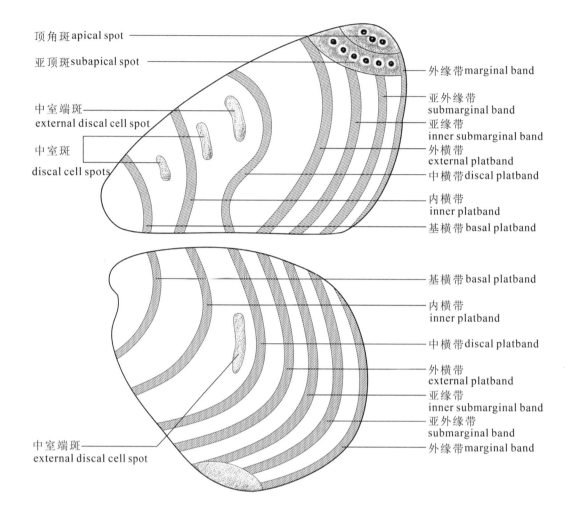

顶角斑 apical spot

亚顶斑 subapical spot

中室端斑
external discal cell spot

中室斑
discal cell spots

外缘带 marginal band

亚外缘带
submarginal band

亚缘带
inner submarginal band

外横带
external platband

中横带 discal platband

内横带
inner platband

基横带 basal platband

基横带 basal platband

内横带
inner platband

中横带 discal platband

外横带
external platband

亚缘带
inner submarginal band

亚外缘带
submarginal band

外缘带 marginal band

中室端斑
external discal cell spot

图 10 蝴蝶翅斑带的命名

Fig. 10 Designations of the wing pattern and spots of adult butterfly

脉相（wing venation） 前翅纵脉 11 ~ 14 条，后翅纵脉 8 ~ 9 条，另有少数横脉，科、属间明显不同，是蝴蝶分类的重要鉴别特征。

根据康尼（Comstock-Needham）命名法，蝴蝶前翅第 1 条纵脉为亚前缘脉（Sc），从基角发出，不分支；第 2 条径脉（R），通常具 5 条分支（R_1、R_2、R_3、R_4、R_5），有时 1 ~ 2 条；第 3 条纵脉为中脉（M），其基部消失形成中室，留下 3 条分支（M_1、M_2、M_3）；第 4 条肘脉（Cu），从基部后方生出，有 2 条分支（Cu_1 和 Cu_2）；最后从基角伸出 1 ~ 3 条臀脉（1A、2A、3A），3A 脉只有凤蝶、斑蝶、喙蝶及弄蝶在翅脉基部留有极小的一段，其余部分并入 2A 脉，其他蝶类 3A 脉均退化消失。后翅第 1 条纵脉为 $Sc+R_1$ 脉；第 2 条为径总脉 Rs 脉；中脉、肘脉的数目和位置与前翅相似，臀脉 2 条，均完整（图 9）。

翅斑纹（wing patch）　蝴蝶翅正反两面均具有形状、色彩各异的条带和斑纹，是区分属种的常用特征（图 10）。

翅室（wing cell）　翅脉的存在，将翅面划分为许多小区域，称为翅室。采用康尼命名法时，各翅室依其前面 1 条脉纹名称命名，用小写字母表示，如 M_1 脉后面的翅室为 m_1 室，Cu_1 脉后的翅室为 cu_1 室，2A 脉后的翅室为 2a 室等（图 9）。

翅区（wing section）　为了方便描述及辨别，人们常将翅面划分为不同的区域，主要的翅区有基区 basal、亚基区 subbasal、前缘区 costal、亚前缘区 subcostal、顶角区 apical、亚顶区 subapical、中区或盘室 discal、亚缘区 submarginal、缘区 marginal、中后区 post-medial 或盘后区 post-discal、臀区 tornal 及亚臀区 subtornal，常见的划分法见图 8。

翅色（wing colour）　蝴蝶翅的色彩丰富多变，其差异可作为划分属、种的特征。蝴蝶的颜色源于鳞片的颜色，主要由色素色（化学色）、结构色（物理色）和综合色（色素结构色）产生。

3. 腹部（abdomen）

腹部是蝴蝶体躯的第三段，紧接于胸部之后，外部构造较为简单，是代谢及生殖中心，内部包含消化系统、呼吸系统、循环系统、排泄系统及生殖系统等重要器官；由 10 节左右组成，第 1 节退化，第 7、8 节变形，第 9、10 节演化成外生殖器。

（1）雄性外生殖器（male genitalia）

蝴蝶雄性外生殖器结构复杂，变化多样，由第 9、10 腹节形成（图 11），是进行高级阶元及种间区分的重要依据。

背兜（tegumen）　腹部第 9 节背板演化形成骨化环的背面部分，弧形。

基腹弧（vinculum）　由第 9 节腹板形成骨环的腹面部分，后观呈 U 形的骨片，上部与背兜相连接，一般窄于背兜。

囊突（saccus）　位于第 8 腹节内部，呈盲囊状或槽状，由第 9 腹节腹板演变而成，长短、粗细变化大。

抱器（clasper）　形状各异，由第 9 节刺突演化而成，有 1 对，分列背兜及基腹弧后左右两侧，在交配时用于握住雌性腹部末端，不同类群间差异显著。其各部位及附属构造有不同的名称，如抱器的腹侧称抱器腹（sacculus），背侧称抱器背（costa），端部称抱器端（cucullus），还有片状的抱器瓣（valvae），在抱器瓣上着生不同形状的突起称内突（ampulla）。这些构造的有无及形状等，是分种的主要依据。

上钩突（superuncus） 凤蝶科第8节大型背板中央有向后的突起，代替了背兜。

钩突（uncus） 由第10节演变而成，连接在第9腹节背板（背兜）的中后方，常为指钩形或分叉。

颚突（gnathos） 多位于钩突与背兜交界处，形状、大小变化较大，1对或在端部相连呈U形，侧观臂状、片状、条带形不等，有的种类缺失。

唇状突（labides） 灰蝶科背兜后缘的成对圆垫形突起。

背钩（dorsal hooks） 粉蝶科颚突常呈1对钩状，特称为背钩。

尾突（socius） 位于钩突之前的两侧，常与钩突愈合，由尾须演化而来，许多种类缺失。

阳茎（aedeagus） 由1对外长物并合而成，雄性生殖孔位于其端部，基部与射精管相通，精子由此输入雌体。阳茎形状各异，多为长管状，粗细、大小等变化多样，骨化，其内着生内阳茎（endophallus），其开口于末端，阳茎上有套环着生，将阳茎分为端鞘（suprazonal sheath）及基鞘（subzonal sheath）两部分；末端有可翻出的端囊（vesica），囊上着生不同形状的刺、骨片或突起等角状器（cornuti）；阳茎着生位置接近腹面、中央或背面不等。

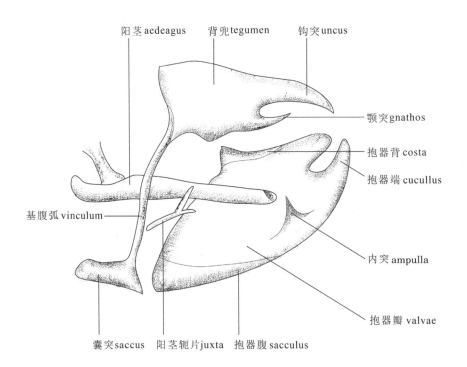

图 11　蝴蝶雄性外生殖器图

Fig. 11　Male genitalia of adult butterfly

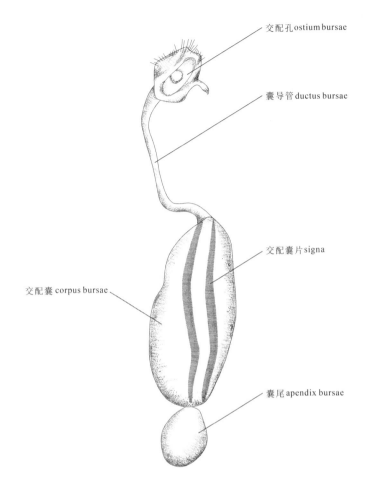

图 12　蝴蝶雌性外生殖器图
Fig. 12　Female genitalia of adult butterfly

交配孔 ostium bursae

囊导管 ductus bursae

交配囊片 signa

交配囊 corpus bursae

囊尾 apendix bursae

阳茎轭片（juxta） V形、U形或板状等结构，位于阳茎下方，起固定及支撑阳茎的作用。

（2）雌性外生殖器（female genitalia）

蝴蝶属双孔类，具有 2 个生殖孔，即交配孔（ostium bursae）和产卵孔（ostium oviductus）：交配孔位于第 7 腹板的中后方，裸露或隐蔽；产卵孔位于腹部末端。蝴蝶雌性外生殖器形态结构相对较为简单（图 12）。

肛突（papillae anales） 又称"产卵瓣"，为腹部末端 1 对生毛的瓣状突起，由第 9 和第 10 两节形成。

前阴片（lamella antevaginalis） 位于交配孔前方，常为条形或带状，骨化，并有许多突起。

后阴片（lamella postvaginalis） 位于交配孔后方，常为大的骨化板，种间差异显著。

后表皮突（posterior apophysis） 位于肛突基部的 1 对向内的棒状突起，由第 9 腹节向前延伸形成。

前表皮突（anterior apophysis） 第 8 腹节基部的 1 对向内的棒状突起，内突上着生肌肉，在产卵时负责腹部末节的伸缩。

交配囊导管（ductus bursae） 连接交配囊与交配孔间的管状物，其粗细、长短及骨化程度和方式等在属间差异显著。

交配囊（corpus bursae） 膜质，椭圆形、圆形或管状，其大小、形状在类群及种间有差异。

交配囊片（signa）　位于交配囊上的骨化区域，形状各异，常为带形、梭形、半月形等，多成对并对称，也有不对称者，表面有各种突起，其着生位置、大小、形状等是区分种的重要特征。

囊尾（apendix bursae）　交配囊底部的膜质囊袋，其有无、大小、形状等可用于区分种。

4. 第二性征（secondary sexual characters）

蝶类雌、雄性的区别，除生殖器官不同外，还表现在体形和色斑等方面。一般雌性体躯较大，腹部粗短，中部膨大且常呈梭形，末端尖细；雄性体形较小，腹部多细长，中部不膨大，腹部末端常见抱器末端及阳茎伸出。另外还表现在身体的其他部分，如触角、须、翅、足的形状及特殊的鳞片等，这些都称为"第二性征"。

如蛱蝶科 Nymphalidae 较为典型的第二性征为雄性前足跗节 1 节，雌性 2 ~ 5 节。螯蛱蝶属 *Charaxes* 雄性前翅前缘呈锯齿状；紫斑蝶属 *Euploea* 前翅后缘雌性平直，雄性弧形且前翅后缘区有由特殊鳞形成的条带状或斑点状的性标斑；辘蛱蝶属 *Cirrochroa*、云灰蝶亚科 Miletinae、肿脉弄蝶属 *Zographetus* 雄性翅的脉纹一部分膨大；斑蝶属 *Danaus* 及紫斑蝶属雄性腹部末端有可翻出的毛簇，即发香鳞，在飞翔时发出特殊的气味，以吸引异性；青斑蝶属 *Tirumala* 雄性后翅肘脉上有耳状的香鳞袋；绢斑蝶属 *Parantica* 雄性后翅臀脉上有香鳞斑；豹蛱蝶族 Argynnini 许多属的雄性前翅脉纹上有条状的香鳞斑；黄斑弄蝶属 *Ampittia*、醋弄蝶属 *Halpe* 及伞弄蝶属 *Bibasis* 等的雄性，发香鳞毛存在于后翅前缘的褶内。凤蝶科 Papilionidae 中许多种类的雄性，在后翅后缘有褶或袋，其中装有发香的毛簇；有些种类的雄性在前翅或后翅的正面有特殊的鳞，形成条带状或斑点，在条带上有竖立的毛，能扇状展开散发香气。在粉蝶科 Pieridae、灰蝶科 Lycaenidae 及豹蛱蝶亚科 Argynninae 较常见的是羽状或扇状的发香鳞不规则地分布在两翅正面的中室区或局限于一定的区域，如在前翅后缘的几条脉纹上。

（二）卵（egg）

卵是一个大型的细胞（图 13）。最外面包有卵壳（chorion），具有保护作用，内层为卵黄膜，膜内充满原生质、卵黄和细胞核（卵核）。

蝴蝶的卵形状多样，色彩各异，可作为鉴别种、属的辅助特征。蝴蝶的卵都是立式的，精孔（micropyle）位于卵的顶部，受精时精子从精孔进入卵内。精孔的周围通常有几圈花瓣状的皱纹。

卵的形状因种类不同而各异。凤蝶科的卵表面光滑或有微小的纹脊，多呈球形或半球形；

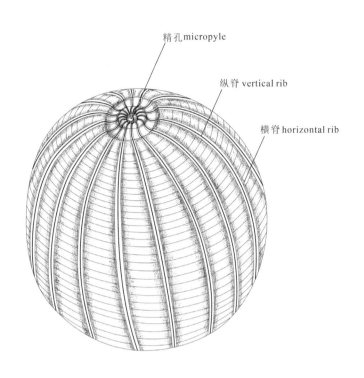

精孔 micropyle

纵脊 vertical rib

横脊 horizontal rib

图 13 蝴蝶卵的结构
Fig. 13 Structure of the butterfly egg

粉蝶科的卵表面多有隆起的纵横脊线，多呈塔形或炮弹形；蛱蝶科的卵表面光滑，或具纵横脊，或呈蜂窝状，多呈球形、半球形、馒头形、炮弹形、椭圆形、柱形、圆锥形等；灰蝶科的卵表面布满多角形雕纹，形状多呈球形、半球形或扁圆形等；弄蝶科的卵表面多有不规则的雕纹或纵横脊，多呈圆形、半球形或扁球形等。

卵初产时色淡，随着发育，颜色逐渐加深。一般受精卵产下即开始发育，经过无数次的分裂，连同原生质经过复杂的分化与移位，完成胚胎发育，卵核形成一个新的生命体，并破壳而出，孵化为幼虫。

（三）幼虫（larva）

幼虫期是蝴蝶取食和生长的时期。蝴蝶幼虫为蠋式，具咀嚼式口器，下唇特化，具纺丝结构。多呈圆筒形，由头部及 13 节体节组成；胸部（thorax）3 节，各节均有 1 对胸足（thoracic legs）；腹部（abdomen）10 节，第 3 ~ 6 节各有 1 对腹足（ventral prolegs），第 10 节有 1 对肛足（anal prolegs）；前胸及腹部 1 ~ 8 节两侧各具 1 对气孔（spiracles）（图 14）。

幼虫身体虽然较柔软，但身体表皮也有几丁质的外骨骼，限制了它的继续生长，所以每隔一段时间必须蜕皮，重新生长出适合的表皮。刚孵化的幼虫称 1 龄幼虫，第 1 次蜕皮后的幼虫为 2 龄幼虫；每蜕一次皮，幼虫的龄期就增加 1 龄。蝴蝶幼虫一般蜕皮 4 次，就是幼虫期要经历 5 个龄期。如果幼虫营养不良，生长滞缓，蜕皮次数也可能增加。

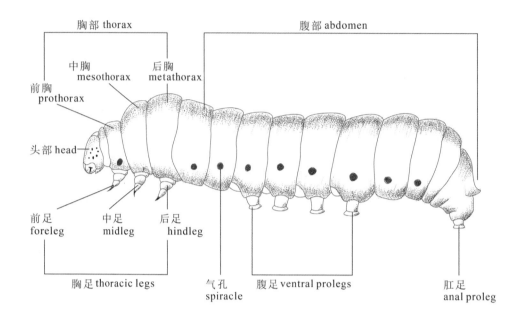

胸部 thorax　　　　　　　　腹部 abdomen

中胸 mesothorax　　后胸 metathorax

前胸 prothorax

头部 head

前足 foreleg　中足 midleg　后足 hindleg

胸足 thoracic legs　　气孔 spiracle　　腹足 ventral prolegs　　肛足 anal proleg

图 14　蝴蝶幼虫的结构
Fig. 14　Structure of the mature larva of butterfly

　　幼虫形态各异；体色多变；头部坚硬，略呈圆球形或半球形，头上常有突起，有时突起大，呈角状；有的种类体节上有成排的纵或横斑纹，有的有棘刺、细长的软毛、毛瘤或肉棘，有的种类光滑或有颗粒状突起物等。

（四）蛹（pupa）

　　蛹是蝴蝶从幼虫过渡到成虫时的一种形态。蛹虽然具备了蝴蝶成虫的外形，但其内部器官还须作根本性改变，以适应新的生活。蛹虽不食不动，但内部却进行着剧烈的变化：一方面破坏幼虫的旧器官，另一方面组成成虫的新器官，一般在数天至数个星期内完成。在完成内部改造以后，蝴蝶就蜕去蛹壳，变为成虫，这个过程称为"羽化"。

　　蝴蝶的蛹为被蛹，即蛹的触角、翅芽和足的芽体都包在透明的包被中。此包被物是由幼虫最后一次蜕皮时分泌的黏质的蜕皮液形成，其形状、大小、颜色及刻纹因种而异。蛹从背面或侧面可见头、复眼、胸部（3 节），侧面或腹面有下唇须、3 对胸足的一部分、触角和翅函；腹部有 10 节，除 4 ~ 6 节可摆动之外，其余均不能动，在腹部第 8 节或第 9 节上有个小凹陷，是将来成虫的生殖孔，凹陷如在第 8 节上为雌性，在第 9 节上为雄性，腹部第 10 节的

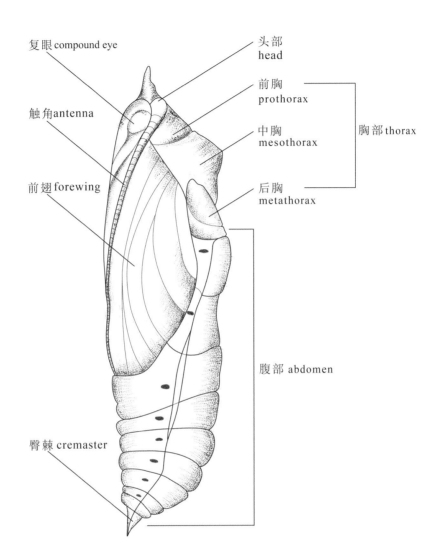

复眼 compound eye

触角 antenna

前翅 forewing

臀棘 cremaster

头部
head

前胸
prothorax

中胸
mesothorax

后胸
metathorax

胸部 thorax

腹部 abdomen

图 15　蝴蝶蛹的结构

Fig. 15　Structure of the pupa of butterfly

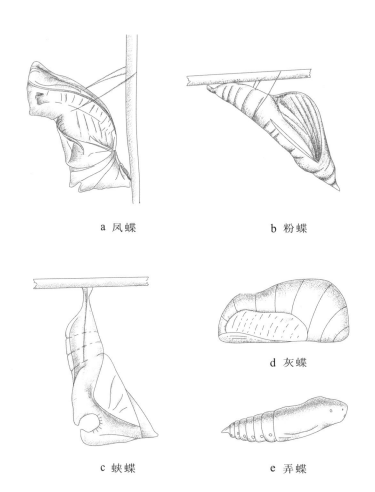

a 凤蝶   b 粉蝶

d 灰蝶

c 蛱蝶   e 弄蝶

图 16 各类群蝴蝶的化蛹方式

Fig. 16 The pupation methods of various butterfly groups

凹陷是肛门（雌性另一生殖孔和肛门紧连在一起），末端有刺状突起，称为"臀棘（cremaster）"（图 15），有的还有钩状毛。不同类群蛹的形状、突起、触角芽、翅函、足芽长度的比例和臀棘、钩状毛的情况，可作为鉴别蝶蛹种类的依据。

蝴蝶一般在敞开的环境中化蛹，其化蛹方式因种类而异（图 16）。凤蝶和粉蝶以腹部末端的臀棘及丝垫附着于植物上，又在腰部缠上一条丝带，使身体呈直立状态，称为"缢蛹"。蛱蝶、灰蝶和斑蝶则只利用腹部末端的臀棘和丝垫把身体倒挂起来，称为"悬蛹"。弄蝶则多在化蛹前结成丝质薄茧，以保护自己，化蛹地点在树皮下、土块下、卷叶中等隐蔽处。有些眼蝶则在土壤中作室化蛹，以度过其一生中最危险的时期或不利的季节。蛹的颜色，常随环境而异：粉蝶、凤蝶在墙上化蛹，多呈灰白色；在枝上化蛹，多呈绿色。蛱蝶的蛹在后期常出现金斑，有人称之为"金蛹"。

四、蝴蝶的生物学

生物学探讨的是昆虫的个体发育史，每个物种的生物学特性是在其演化过程中逐步形成的，有一定的稳定性。另外，物种由于受到环境等各种因素影响，又在不断演变，因此蝴蝶生物学对分类和演化理论的研究都是十分重要的。

（一）生活史

蝴蝶是完全变态类的昆虫，在其生长过程中经历卵、幼虫、蛹、成虫四个发育阶段：卵期为胚胎期，幼虫期为生长期，蛹期为转变期，成虫期为繁殖期。四个发育阶段依次完成，所经历的时间为一个生活史周期（life circle）或一个世代（generation）。蝴蝶完成一个世代所需时间，长短不一，短者数十天，长者可达 11 个月。一年中世代数的多少，因种类、地理分布、气候及环境不同而有所不同。很多蝴蝶一年只有一个生活史周期或一个世代，但也有不少蝴蝶一年可以完成两或三个以上的世代，即产生二代或三代，有的种类（如菜粉蝶 *Pieris rapae*）在南方会发生二十多代。一年有一个世代的，如剑凤蝶属 *Pazala*、虎凤蝶属 *Luehdorfia*；有两个世代的，如丝带凤蝶属 *Sericinus*；有三或四个世代以上的，如菜粉蝶。世代的命名，则自年初开始，顺次称为"第一世代""第二世代""第三世代"及"第四世代"等。但是也有依季节而命名世代的，例如成虫羽化于春季的，称为"春季世代"，在夏季出现的称为"夏季世代"。

按照在一年中完成的世代数，分为一化性（univoltine）、二化性（bivoltine）和多化性（polyvoltine）。一化性即一年只完成一个世代，二化性即一年完成两个世代，多化性即一年完成两个以上世代。分布广的种类受不同地理分布区的影响，分布区越靠南，世代数越多。在相同地理位置，海拔越高，世代数越少。例如，迁粉蝶 *Catopsilia pomona* 在海南一年发生十四代或十五代，在其他地区一年发生十代以下；花弄蝶 *Pyrgus maculatus* 在东北一年发生两代，在南京一年发生三代；直纹稻弄蝶 *Parnara guttata* 在我国从北到南一年发生两代到八代（黄河以北两代或三代，黄河以南到长江以北四代或五代，长江以南到南岭以北五代或六代，南岭以南六代到八代，四川四代到六代），在北方以蛹越冬，在南方以幼虫越冬，成虫有世代重叠现象。

每一世代所需的天数因种类、地理位置和气候条件而异；同种不同世代由于每年不同季节的气候变化，各代所需的天数也明显不同。例如，梨花迁粉蝶 Catopsilia pyranthe 的蛹期通常为 7 天，但随季节不同而异，4～5 月为 6～7 天，9 月为 8 天，12 月为 9 天。檗黄粉蝶 Eurema blanda 世代重叠，在广西南部地区一年发生九代，每一代历时最短 22 天，最长 123 天。

蝴蝶是变温动物，在中国的中部和北部，通常在冬季停止发育和活动，以度过不良的季节，称为"越冬"或"冬眠"。多数种类以蛹越冬，少数种类以成虫越冬（如钩粉蝶属 Gonepteryx），或以老熟幼虫（如环蝶）、卵（如灰蝶）越冬。它们要等第二年新叶出来取食后才能继续发育，也有的同时以幼虫和蛹越冬（如斑缘豆粉蝶 Colias erate）。

以幼虫、卵或蛹越冬有两种不同的情形：一种为休眠，只要天气一转暖，即能恢复活动；另一种叫滞育，解除滞育需要满足由遗传所决定的低温条件后，才能继续生长发育。还有一些南方的种类，为了避免夏季高温的伤害，也有在岩洞等阴凉处夏眠的习性。

（二）生活习性

1. 成虫期

（1）取食饮水

蝴蝶成虫不仅吸食花蜜，有的种类还有嗜食烂果、树汁液、人畜粪便及饮水等习性。如凤蝶嗜食百合科 Liliaceae 植物的花蜜；粉蝶嗜食十字花科 Brassicaceae 植物的花蜜；小豹蛱蝶属 Brenthis 的蝴蝶嗜食菊科 Asteraceae 植物的花蜜，网蛱蝶属 Melitaea 的蝴蝶亦以植物花蜜为食；眼蝶 Lethe sicelis、帅蛱蝶 Sephisa chandra、枯叶蛱蝶 Kallima inachus 等嗜食发酵浆果的汁液；闪蛱蝶属 Apatura、红蛱蝶属 Vanessa 的蝴蝶及琉璃蛱蝶 Kaniska canace 等嗜食杨栎流出的汁液；螯蛱蝶属 Charaxes 的蝴蝶嗜食人粪；棒纹喙蝶 Libythea myrrha 嗜食马粪等。

（2）飞行与迁飞

蝴蝶为昼出性昆虫，飞行都在白天。其飞行姿态与速度因种类而异：斑蝶飞行缓慢而优美；眼蝶飞行力或强或弱，多波浪形飞翔；螯蛱蝶属 Charaxes、尾蛱蝶属 Polyura、喙蝶属 Libythea、绢蛱蝶属 Calinaga、丝蛱蝶属 Cyrestis 的蝴蝶则飞翔迅速。另外，蝴蝶的飞行活动会随着阳光及环境温度变化而改变：当天气晴朗时，飞行频繁；阴雨天气时，立即停止活动。蛱蝶科迁飞的种类，如君主斑蝶 Danaus plexippus，能成群大规模远距离迁飞。

（3）栖息

蝶类喜栖息于安静而隐蔽的地方，栖息场所依种类而有所不同。一般种类喜栖息于植物枝叶上；而蛱蝶科有些种类喜欢倒挂于枝叶下面，如八目丝蛱蝶 *Cyrestis cocles*；有的种类喜栖息于悬崖峭壁上，如素饰蛱蝶 *Stibochiona nicea*；朴喙蝶 *Libythea celtis* 则喜栖息在枯枝梢头。蛱蝶一般是单栖的，但有些种类则喜群栖于一处，如斑蝶属 *Danaus* 的种类；另有一些蛱蝶（如闪蛱蝶属 *Apatura*）具有领域性，栖息于山路隘口树木上，一有其他蝴蝶飞过，就去追赶，之后再回到原栖息处，遇到同类雌性，即行交尾行为；有些种类（如喙凤蝶 *Teinopalpus imperialis*）有在山顶树冠上层盘旋飞翔的习性，休息时停栖于树梢，除取食外，极少在树下层活动。

（4）交配

交配前许多种类需经过一段婚飞过程，交配方式多尾部相接而头分向两端。交配过的雌性，如果再遇其他雄性追逐求爱，会平展四翅并将腹部翘起，以示拒绝婚配。还有一些蝶类，如绢蝶属 *Parnassius* 的大部分种类，雌性在交尾之后，在交尾囊开口处的基部，生长出革质臀袋，从而阻止其再行交配，臀袋不同种类各有差别，可作为鉴别种类的特征。

（5）产卵

蝴蝶中最为常见的产卵方式是单产于寄主植物叶片反面，有些种类则有其特殊的产卵位置和习性：朴喙蝶的卵产于朴树 *Celtis sinensis* 嫩芽上；黄缘蛱蝶 *Nymphalis antiopa* 产卵于杨树细枝上，并呈环状排列；朱蛱蝶 *Nymphalis xanthomelas* 的卵产于朴树嫩芽基部枝条上，100～200 粒堆积成圆球形；丝网蜘蛱蝶 *Araschnia lavana* 的卵 4～5 粒叠成一串；枯叶蛱蝶则将卵产于寄主植物上方 30～60 mm 的枝条上，幼虫孵出后，吐丝下垂到达寄主植物叶面；此外，还有一些种类则将卵产在寄主植物附近的其他物体上，如无尾蚬蝶 *Dodona durga*。成虫产卵量一般为 50～200 枚，当成虫获得充足营养时，产卵量增加；营养不足时，产卵量下降。

（6）季节型与多型性

蝴蝶的一些种类，翅的颜色、斑纹及大小会随季节而变化，常常分为旱季型（dry season form, DSF）与湿季型（wet season form, WSF），如白斑捷弄蝶 *Gerosisbhagava bhagava*。而彩弄蝶 *Caprona agama* 的季节型变化更明显，按色斑可分为黑褐色型 *C. agama* f. *agama*、褐色型 *C. agama* f. *erosula*、赭色型 *C. agama* f. *saraya* 三个型，其不仅有季节型（season form）的变异，还有多型现象（polymorphism）产生。

2. 卵期

成虫一般产卵于寄主叶片的正面或嫩枝上，通常单产。也有一处产 2 粒或聚产的，如报喜斑粉蝶 *Delias pasitioe*，成虫将卵聚产于叶面，每个卵块有 60 ~ 100 粒，按一定距离排列成行。初产卵通常为白色，有时为金黄色或乳黄色，渐变为灰黄色，近孵化时卵顶部变为黑色透明状。

3. 幼虫期

（1）蜕皮与龄期

蝴蝶幼虫需要经过若干次蜕皮才能长大，这是因为其表皮细胞分泌的外骨骼（以几丁质为主要成分）一经硬化后，就不能继续扩大，从而使幼虫生长受到限制，为了打破这种限制，蝴蝶幼虫在生长发育过程中出现了蜕皮现象。蜕皮时，表皮细胞分泌的酶将几丁质溶解，同时蜡质层破裂，其幼体就可以从外骨骼中钻出来，并且由表皮细胞重新分泌外骨骼，在新的外骨骼还未完全硬化之前，其身体可以增大。所以，正在发育而迅速生长的蝴蝶幼体蜕皮次数较多；当其发育到不再继续长大时，蜕皮也就停止了。

蝴蝶幼虫的蜕皮次数因种类不同而不同，多数种类蜕皮 4 次（共 5 龄期，如菜粉蝶 *Pieris rapae*），有些种类蜕皮 3 次（共 4 龄期，如橙昌灰蝶 *Thersamonia dispar*），也有蜕皮 6 次的种类（共 7 龄期，如黄蜜蛱蝶 *Mellicta athalia*）等。

（2）取食

有的种类初出卵壳时，幼虫第一步就是食去卵壳；有的种类则稍事休息，直接取食寄主植物；另一些种类，还有取食皮蜕的习性，如豆粉蝶 *Colias hyale*、菜粉蝶及琉灰蝶 *Celastrina argiola* 等。

幼虫因种类不同而取食寄主植物的不同部位，大多数蝴蝶幼虫嗜食叶片；有些种类如云粉蝶 *Pontia daplidice*、红襟粉蝶 *Anthocharis cardamines* 等嗜食花蕾；有一些种类嗜食嫩荚，如亮灰蝶 *Lampides boeticus*。

蝴蝶幼虫的栖息取食方式也各有不同，如有的弄蝶有以丝缀叶或卷叶缘做成虫苞的习性，幼虫栖息在虫苞中，并在虫苞中取食，或爬出虫苞取食；有的还有转位取食的习性，如直纹稻弄蝶 *Parnara guttata* 的幼虫，清晨前、傍晚或阴雨天，常爬出虫苞外取食水稻叶片，不留表皮，大龄幼虫还咬断稻穗的小枝梗，缀叶结苞，影响稻穗抽出，3 龄前食量小，其后随着虫龄的增大，食量大增。

（3）群集性

从聚产卵孵化出来的幼虫通常保留群居习性，这种习性多被认为是一种原始特性，如锯蛱蝶属 *Cethosia* 的种类具有群集性；又如绢粉蝶 *Aporia crataegi* 幼虫在寄主植物上结网群栖；荨麻蛱蝶 *Aglias urticae* 幼虫往往数十条群集于荨麻的枝叶间，吐丝结网，隐匿其间，同时取食与栖息。

4. 蛹期

蝴蝶的化蛹模式，主要包括以下 3 种：

缢蛹　化蛹前先吐丝做垫附着于植物上，然后以尾足钩在垫上，并用丝线环绕蛹体中部后化蛹。此种化蛹模式是蝴蝶常见的化蛹方式。

悬蛹　老龄幼虫吐丝做垫，用尾足钩固定其上，身体倒悬下来，进入前蛹阶段，至成熟即行化蛹，可倒挂于叶背、叶柄或侧枝下方；化蛹时幼虫表皮在背中线上裂开之后，由于蛹体的不停伸缩而使皮层迅速后移，退至尾部末端时迅速伸出，同时急速扭动体躯，使臀钩钩着于丝垫之上，安全悬垂，随后幼虫旧皮脱落，蛹体体壁逐渐收缩硬化，形成蛹体。

结茧型　老熟幼虫吐丝结茧，化蛹于茧中，结茧可在土中、落叶、植株根部或石缝中等。此种化蛹模式在蝴蝶中并不常见，应是对干旱或寒冷气候等恶劣环境的适应，如有些眼蝶的幼虫老熟后，下行至寄主植物附近土表下，做成极薄的土室茧，化蛹其中。

（三）休眠与越冬

蝴蝶越冬与休眠的虫态因种类不同而各有不同，较多的是以蛹的状态越冬（如凤蝶及粉蝶）；也有以老熟幼虫越冬（如环蝶）或卵越冬（如灰蝶）的；还有以其他龄期幼虫越冬的，如绿豹蛱蝶 *Argynnis paphia* 以初孵幼虫（共 5 龄）在植物皮层裂缝间进行休眠，艾诺红眼蝶 *Erebia aethiops* 以 2 龄幼虫在植株基部表面休眠，隐线蛱蝶 *Limenitis camilla* 以 3 龄幼虫在枝丫间或枯叶基部吐丝做垫匍匐其上进行休眠，潘非珍眼蝶 *Coenonympha pamphilus* 以 4 龄幼虫于茎秆基部蛰伏进行越冬，且遇气候温暖时可继续取食，网蛱蝶 *Melitaea cinxia* 集合许多幼虫吐丝做出网袋并蛰伏其中休眠；极少数种类以成虫越冬，如钩粉蝶属 *Gonepteryx* 的种类、喙蝶属 *Libythea* 的种类和小红蛱蝶 *Vanessa cardui*、孔雀蛱蝶 *Inachis io* 及黄钩蛱蝶 *Polygonia c-aureum* 等。

（四）保护色、警戒色与拟态

保护色　某些动物具有同它的生活环境背景相似的颜色，以达到躲避天敌视线而保护自己的效果。例如枯叶蛱蝶停息时双翅竖立，极似枯叶；闪蛱蝶亚科 Apaturinae 的种类在叶上化蛹，蛹为绿色等。

警戒色　与保护色相反，即具有与背景色形成鲜明对照的色彩，以引起天敌的恐惧感，从而躲避灾难。例如眼蝶翅上鲜艳的眼斑、斑蝶幼虫胸部及腹部 2 ~ 4 对长丝状的突起、大二尾蛱蝶 Polyura eudamippus 幼虫头部 4 个鹿角状的长突起等，都起到了警戒避敌的作用。

拟态　是指一种动物与另一种动物很相像，因而起到保护自己的作用。拟态的概念基于这样的设想：对鸟及其他捕食性天敌来说，某些种类的蝴蝶是令其厌恶的，不可口或不可食用，这些蝴蝶种类具有醒目的警戒色，让捕食者识别，从而避开它们；另一些无害而又很可口的蝴蝶则采用类似花纹来保护自己，令捕食者误以为它们是不可口的种类而放弃食用。拟态现象有两种基本的类型，即贝氏拟态（Batesian mimicry）及米勒拟态（Müllerian mimicry）。贝氏拟态指被模拟者对捕食性动物来说是不可食用的，而拟态昆虫则是可食用的，其对拟态昆虫有利，对被模拟者是不利的；米勒拟态指两种或多种不可口的种类具有相同的花纹，捕食动物只要误食其一，以后两者就都不受其害，这是对两者都有利的拟态。例如金斑蝶 Danaus chrysippus 含有从幼虫取食的马利筋 Asclepias curassavica 中吸收来的卡烯内酯（对心脏有害）而令捕食者望而生畏，这些拥有保护能力的种类通常具有由红、黑、白、黄及橘黄等混合而成的醒目色彩，经常飞行缓慢，遇到干扰也不逃离。较著名的拟态例子见表 4。

（五）天敌及防御机制

1. 天敌

蝴蝶一生中每个虫态都有天敌的危害，主要天敌种类包括：捕食蝴蝶成虫、幼虫和蛹的鸟类（如雀形目 Passeriformes、啄木鸟目 Piciformes）；捕食蝴蝶成虫和幼虫的蛙及蟾蜍；捕食蝴蝶成虫的蜘蛛、螳螂、蜻蜓等；捕食蝴蝶幼虫的胡蜂、土蜂、步行虫、猎蝽。

寄生蜂类主要有茧蜂科 Braconidae、姬蜂科 Ichneumonidae 和小蜂科 Chalalcididae 等种类。茧蜂科种类主要寄生在蝴蝶的卵内，姬蜂科和小蜂科种类主要寄生在蝴蝶的幼虫和蛹内。例如：南方姬蜂 Ichneumon australis、黑基钩尾姬蜂 Apechthis capulifera 及锥盾凹顶姬蜂 Psilomastax pyramidalis 寄生于日本斜纹脉蛱蝶 Hestina japonica；姬蜂 Ichneumon molitorius 寄

表 4 蝴蝶的典型拟态种类
Table 4 Typical mimic species of butterflies

模型 Model	拟态者 Mimic
榆凤蛾 *Epicopeia mencia* ♀	宽尾凤蝶 *Agehana elwesi*
瓦曙凤蝶 *Atrophaneura varuna* ♀	红肩美凤蝶 *Papilio butlerianus*
白斑麝凤蝶 *Byasa dasarada* ♀	红基美凤蝶 *Papilio (Menelaides) alcmenor*
纨裤麝凤蝶 *Byasa latreillei*	牛郎凤蝶 *Papilio (Menelaides) bootes*
红珠凤蝶 *Pachliopta aristolochiae*	玉带凤蝶 *Papilio (Menelaides) polytes* ♀
艳妇斑粉蝶 *Delias belladonna*	锯粉蝶 *Prioneris thestylis*
金斑蝶 *Danaus chrysippus* 虎斑蝶 *Danaus genutia*	金斑蛱蝶 *Hypolimnas misippus* ♀
黑虎斑蝶 *Danaus melanippus*	白带锯蛱蝶 *Cethosia cyane* ♀
青斑蝶 *Tirumala limniace*	斑凤蝶 *Chilasa clytia*
绢斑蝶 *Parantica aglea*	青粉蝶 *Pareronia anais* ♀
黑绢斑蝶 *Parantica melaneus* 大绢斑蝶 *Parantica sita*	蒺藜纹脉蛱蝶 *Hestina nama* 褐斑凤蝶 *Chilasa agestor*
旖斑蝶 *Ideopsis vulgaris* 拟旖斑蝶 *Ideopsis similis*	龙女锯眼蝶 *Elymnias nesaea* 客纹凤蝶 *Paranticopsis xenocles* 纹凤蝶 *Paranticopsis macareus*
黑紫斑蝶 *Euploea eunice*	翠袖锯眼蝶 *Elymnias hypermnestra* ♀
冷紫斑蝶 *Euploea algea*	臀珠斑凤蝶 *Chilasa slateri*
幻紫斑蝶 *Euploea core*	斑凤蝶 *Chilasa clytia* 玉牙凤蝶 *Papilio caster*
异型紫斑蝶 *Euploea mulciber* ♂	翠蓝斑凤蝶 *Chilasa paradoxa* 菲律宾锯眼蝶 *Elymnias casiphone* ♂ 闪紫锯眼蝶 *Elymnias malelas* ♂
异型紫斑蝶 *Euploea mulciber* ♀	菲律宾锯眼蝶 *Elymnias casiphone* ♀ 闪紫锯眼蝶 *Elymnias malelas* ♀
蓝点紫斑蝶 *Euploea midamus*	马来锯眼蝶 *Elymnias panthera*
双标紫斑蝶 *Euploea sylvester*	幻紫斑蛱蝶 *Hypolimnas bolina*
白璧紫斑蝶 *Euploea radamantha*	芒蛱蝶 *Euripus nyctelius* ♀
虬眉带蛱蝶 *Athyma opalina*	迷蛱蝶 *Mimathyma chevana*

生于大红蛱蝶 *Vanessa indica*；黑基钩尾姬蜂寄生于朴喙蝶 *Libythea celtis*；锥盾凹顶姬蜂寄生于紫闪蛱蝶 *Apatura iris*；稻苞虫黑瘤姬蜂 *Coccygomimus parnarae*、弄蝶绒茧蜂 *Apanteles baoris*、稻苞虫腹柄姬小蜂 *Pediobius mitsukurii* 及拟澳赤眼蜂 *Trichogramma confusu* 均寄生于直纹稻弄蝶 *Parnara guttata* 等。

寄生蝇类主要是寄蝇科 Tachinidae 和长足寄蝇科 Dexiidae 的种类，如稻苞虫鞘寄蝇 *Thecocarelia oculata* 及日本追寄蝇 *Exorista japonica* 寄生于直纹稻弄蝶。此外，还有寄生于蝴蝶的微生物，如蛱蝶微粒子 *Thelohania vanessae* 和苏云金杆菌 *Bacillus thuringensis* 等。另外，不良气候等环境因素也会对蝴蝶的生存带来极大的影响。

2. 防御机制

蝴蝶防御主要通过拟态、伪装和保护色、警戒色及化学防御等几个方面来实现。

拟态 一些蝴蝶为了生存，常模拟其他具有恶臭而被食虫鸟类所厌恶的蝶类，如纹凤蝶 *Paranticopsis macareus* 模拟旖斑蝶 *Ideopsis vulgaris*，斑凤蝶 *Chilasa clytia* 模拟幻紫斑蝶 *Euploea core*，青粉蝶 *Pareronia anais* 雌性模拟绢斑蝶 *Parantica aglea*，迷蛱蝶 *Mimathyma chevana* 模拟虬眉带蛱蝶 *Athyma opalina*，幻紫斑蛱蝶 *Hypolimnas bolina* 模拟双标紫斑蝶 *Euploea sylvester* 等。

伪装和保护色 如栖息在绿色枝叶表面的一些蝴蝶幼虫，通常体色鲜绿，以达到鱼目混珠的隐蔽效果。另外，凤蝶的初龄幼虫多模拟鸟类的粪便，非常巧妙地逃避天敌的捕食；又如枯叶蛱蝶 *Kallima inachus* 成虫、白斑眼蝶 *Penthema adelma* 幼虫及臀珠斑凤蝶 *Chilasa slateri* 蛹伪装成枯枝样及枯枝色以躲避天敌的侵害。

警戒色 指一些蝴蝶有醒目的色彩和图案，如眼蝶翅上的眼斑等。

化学防御 如斑蝶、珍蝶成虫有特殊臭味，可避免鸟类及肉食动物袭击；斑蝶幼虫胸部及腹部各有 1～2 对长丝状突起，能散发臭气以御敌害等；凤蝶幼虫在其前胸前缘背中央具有臭角，受惊时叉形臭角立即向外翻出并散发臭液，恶臭难闻，使天敌放弃捕食；又如宽尾凤蝶 *Agehana elwesi* 的 5 龄幼虫在受惊而翻出臭角时，还使胸节鼓凸呈特大的三角形，配合其上的 3 个大黑斑，形成毒蛇样的威吓姿态，借以自卫。

（六）共栖

有些灰蝶科的种类，如霾灰蝶属 *Maculinea*、蓝灰蝶属 *Everes*、豆灰蝶属 *Plebejus* 等的幼虫和蚂蚁建立了共栖关系。霾灰蝶属的幼虫在 3 龄时从寄主植物上掉到地面，再由红蚁属

Myrmica 的蚂蚁搬回巢中，并舔食蝴蝶幼虫身上的分泌物，这些蝴蝶幼虫会在这个阶段由植食性转变为肉食性，并将蚂蚁幼虫吃掉。虽然每一只这种蚂蚁都有可能带回任何一种霾灰蝶属的蝴蝶幼虫，但在同一时间内，只有一种蝴蝶幼虫能在巢中完成生活史，而其他的肉食幼虫会被蚂蚁杀死。

五、蝴蝶的寄主植物

蝴蝶绝大多数为植食性，少数为肉食性。每一种蝴蝶取食寄主的范围决定了其食性的专化程度，依此可将蝴蝶分为三大类型，即单食性 Monophagy（仅取食 1 种寄主植物）、寡食性 Oligophagy（取食 1 科或 1 属的几种植物）、多食性 Polyphagy（取食不同科的植物）。如秦岭绢粉蝶 *Aporia tsinglingica* 仅取食黄芦木 *Berberis amurensis* 一种植物；金裳凤蝶 *Troides aeacus* 仅取食马兜铃科 Aristolochiaceae 马兜铃属 *Aristolochia* 植物；柑橘凤蝶 *Papilio (Sinoprinceps) xuthus* 仅取食芸香科 Rutaceae 植物；姜弄蝶 *Udaspes folus* 仅取食姜科 Zingiberaceae 的几种植物；君主绢蝶 *Parnassius imperator* 可取食罂粟科 Papaveraceae、豆科 Fabaceae 及百合科 Liliaceae 植物；金斑蝶 *Danaus chrysippus* 可取食萝藦科 Asclepiadaceae、旋花科 Convolvulaceae、大戟科 Euphorbiaceae、无患子科 Sapindaceae、玄参科 Scrophulariaceae、蔷薇科 Rosaceae 等多种不同科的植物。

大秦岭分布的 915 种蝴蝶中，有寄主记录的有 621 种，约占大秦岭蝴蝶总种数的 67.87%，具体种类及其寄主见附录Ⅰ，大秦岭蝴蝶与寄主高级分类阶元之间的关系见表 5。

从表 5 可以看出，大秦岭蝴蝶已知寄主的有 239 属，其高级阶元与寄主高级阶元之间有一定的相关性。凤蝶科 Papilionidae 的寄主植物为双子叶植物纲 Dicotyledoneae 及单子叶植物纲 Monocotyledoneae；粉蝶科 Pieridae 的寄主植物为双子叶植物纲；蛱蝶科 Nymphalidae 的寄主植物为双子叶植物纲、单子叶植物纲及苏铁纲 Cycadopsida；灰蝶科 Lycaenidae 的寄主为双子叶植物纲、单子叶植物纲、苏铁纲及昆虫纲 Insecta；弄蝶科 Hesperiidae 的寄主植物为双子叶植物纲及单子叶植物纲。

蝴蝶 Butterfly					寄主 Host		
科 Family	亚科 Subfamily	族 Tribe	属组 Section	属 Genus	纲 Class	科 Family	属 Genus
凤蝶科 Papilionidae	凤蝶亚科 Papilioninae	裳凤蝶族 Troidini		裳凤蝶属 *Troides*	双子叶植物纲 Dicotyledoneae	马兜铃科 Aristolochiaceae	马兜铃属 *Aristolochia*
				麝凤蝶属 *Byasa*		马兜铃科 Aristolochiaceae	马兜铃属 *Aristolochia*
						防己科 Menispermaceae	木防己属 *Cocculus*
						萝藦科 Asclepiadaceae	萝藦属 *Metaplexis*
				珠凤蝶属 *Pachliopta*		马兜铃科 Aristolochiaceae	马兜铃属 *Aristolochia*
		凤蝶族 Papilionini		斑凤蝶属 *Chilasa*		樟科 Lauraceae	樟属 *Cinnamomum*、润楠属 *Machilus*、山胡椒属 *Lindera*、木姜子属 *Litsea*
				凤蝶属 *Papilio*		芸香科 Rutaceae	柑橘属 *Citrus*、金橘属 *Fortunella*、枳属 *Poncirus*、芸香属 *Ruta*、花椒属 *Zanthoxylum*、黄皮属 *Clausena*、酒饼簕属 *Atalantia*、黄檗属 *Phellodendron*、飞龙掌血属 *Toddalia*、吴茱萸属 *Tetradium*、小芸木属 *Micromelum*、常臭山属 *Orixa*、山小橘属 *Glycosmis*、蜜茱萸属 *Melicope*
						忍冬科 Caprifoliaceae	接骨草属 *Sambucus*
						半边莲科 Lobeliaceae	半边莲属 *Lobelia*
						樟科 Lauraceae	
						漆树科 Anacardiaceae	盐肤木属 *Rhus*
						伞形科 Umbelliferae	胡萝卜属 *Daucus*、茴香属 *Foeniculum*、当归属 *Angelica*、芹属 *Apium*、芫荽属 *Coriandrum*、防风属 *Saposhnikovia*、柴胡属 *Bupleurum*、前胡属 *Peucedanum*、水芹属 *Oenanthe*、毒参属 *Conium*、阿米芹属 *Ammi*、独活属 *Heracleum*
						杨柳科 Salicaceae	
						桦木科 Betulaceae	
						椴树科 Tiliaceae	
						木犀科 Oleaceae	
						大麻科 Cannabaceae	
						鼠李科 Rhamnaceae	
						胡椒科 Piperaceae	
						蔷薇科 Rosaceae	
						菊科 Asteraceae	
				宽尾凤蝶属 *Agehana*		木兰科 Magnoliaceae	北美木兰属 *Magnolia*、玉兰属 *Yulania*、含笑属 *Michelia*、鹅掌楸属 *Liriodendron*
						樟科 Lauraceae	檫木属 *Sassafras*
						伞形科 Umbelliferae	

蝴蝶 Butterfly					寄主 Host		
科 Family	亚科 Subfamily	族 Tribe	属组 Section	属 Genus	纲 Class	科 Family	属 Genus
凤蝶科 Papilionidae	凤蝶亚科 Papilioninae	燕凤蝶族 Lampropterini		青凤蝶属 Graphium	双子叶植物纲 Dicotyledoneae	樟科 Lauraceae	樟属 Cinnamomum、鳄梨属 Persea、琼楠属 Beilschmiedia、厚壳桂属 Cryptocarya、月桂属 Laurus、木姜子属 Litsea、楠属 Phoebe、润楠属 Machilus、山胡椒属 Lindera
						大戟科 Euphorbiaceae	血桐属 Macaranga
						番荔枝科 Annonaceae	番荔枝属 Annona、假鹰爪属 Desmos、紫玉盘属 Uvaria、暗罗属 Polyalthia
						夹竹桃科 Apocynaceae	仔榄树属 Hunteria
						木兰科 Magnoliaceae	含笑属 Michelia、北美木兰属 Magnolia、鹅掌楸属 Liriodendron
				纹凤蝶属 Paranticopsis		番荔枝科 Annonaceae	
						木兰科 Magnoliaceae	
				剑凤蝶属 Pazala		樟科 Lauraceae	润楠属 Machilus、樟属 Cinnamomum、木姜子属 Litsea、楠属 Phoebe、新木姜子属 Neolitsea
						番荔枝科 Annonaceae	番荔枝属 Annona
				旖凤蝶属 Iphiclides		蔷薇科 Rosaceae	李属 Prunus、山楂属 Crataegus、花楸属 Sorbus、桃属 Amygdalus、梨属 Pyrus、杏属 Armeniaca、樱属 Cerasus、苹果属 Malus
		喙凤蝶族 Teinopalpini		钩凤蝶属 Meandrusa		樟科 Lauraceae	樟属 Cinnamomum、楠属 Phoebe、新木姜子属 Neolitsea、木姜子属 Litsea
	锯凤蝶亚科 Zerynthiinae			丝带凤蝶属 Sericinus		马兜铃科 Aristolochiaceae	马兜铃属 Aristolochia
				尾凤蝶属 Bhutanitis		马兜铃科 Aristolochiaceae	马兜铃属 Aristolochia
				虎凤蝶属 Luehdorfia		马兜铃科 Aristolochiaceae	细辛属 Asarum、马蹄香属 Saruma
	绢蝶亚科 Parnassiinae			绢蝶属 Parnassius		罂粟科 Papaveraceae	紫堇属 Corydalis
						马兜铃科 Aristolochiaceae	马兜铃属 Aristolochia
						景天科 Crassulaceae	景天属 Sedum、红景天属 Rhodiola
						玄参科 Scrophulariaceae	兔耳草属 Lagotis
						豆科 Fabaceae	岩黄耆属 Hedysarum
						川续断科 Dipsacaceae	
						藜科 Chenopodiaceae	
						虎耳草科 Saxifragaceae	
					单子叶植物纲 Monocotyledoneae	百合科 Liliaceae	葱属 Allium
粉蝶科 Pieridae	黄粉蝶亚科 Coliadinae			迁粉蝶属 Catopsilia	双子叶植物纲 Dicotyledoneae	豆科 Fabaceae	决明属 Senna、腊肠树属 Cassia、田菁属 Sesbania、紫矿属 Butea、山扁豆属 Chamaecrista
				方粉蝶属 Dercas		豆科 Fabaceae	黄檀属 Dalbergia

续表

科 Family	亚科 Subfamily	族 Tribe	属组 Section	属 Genus	纲 Class	科 Family	属 Genus
粉蝶科 Pieridae	黄粉蝶亚科 Coliadinae			豆粉蝶属 Colias	双子叶植物纲 Dicotyledoneae	豆科 Fabaceae	紫雀花属 Parochetus、苜蓿属 Medicago、黄芪属 Astragalus、大豆属 Glycine、百脉根属 Lotus、车轴草属 Trifolium、野豌豆属 Vicia、草木犀属 Melilotus、田菁属 Sesbania、米口袋属 Gueldenstaedtia、小冠花属 Coronilla、金雀儿属 Cytisus、锦鸡儿属 Caragana、棘豆属 Oxytropis
						列当科 Orobanchaceae	列当属 Orobanche
				黄粉蝶属 Eurema		豆科 Fabaceae	含羞草属 Mimosa、决明属 Senna、山扁豆属 Chamaecrista、合欢属 Albizia、银合欢属 Leucaena、金合欢属 Acacia、落花生属 Arachis、田菁属 Sesbania、胡枝子属 Lespedeza、云实属 Caesalpinia、猴耳环属 Pithecellobium、格木属 Erythrophleum、凤凰木属 Delonix、顶果树属 Acrocarpus、海红豆属 Adenanthera、山蚂蝗属 Desmodium
						大戟科 Euphorbiaceae	黑面神属 Breynia、土密树属 Bridelia
						鼠李科 Rhamnaceae	雀梅藤属 Sageretia、翼核果属 Ventilago
						藤黄科 Guttiferae	黄牛木属 Cratoxylum、金丝桃属 Hypericum
						马鞭草科 Verbenaceae	石梓属 Gmelina
						木兰科 Magnoliaceae	含笑属 Michelia
						无患子科 Sapindaceae	鳞花木属 Lepisanthes
						苏木科 Caesalpiniaceae	
				钩粉蝶属 Gonepteryx		豆科 Fabaceae	决明属 Senna
						鼠李科 Rhamnaceae	鼠李属 Rhamnus、枣属 Ziziphus、勾儿茶属 Berchemia
						杜鹃花科 Ericaceae	越橘属 Vaccinium
						十字花科 Brassicaceae	蔊菜属 Rorippa、荠属 Capsella
	粉蝶亚科 Pierinae	粉蝶族 Pierini		斑粉蝶属 Delias		桑寄生科 Loranthaceae	槲寄生属 Viscum、钝果寄生属 Taxillus、桑寄生属 Loranthus、梨果寄生属 Scurrula
						萝藦科 Asclepiadaceae	鹅绒藤属 Cynanchum
						夹竹桃科 Apocynaceae	夹竹桃属 Nerium
						檀香科 Santalaceae	
				绢粉蝶属 Aporia		小檗科 Berberidaceae	小檗属 Berberis、十大功劳属 Mahonia、淫羊藿属 Epimedium
						胡颓子科 Elaeagnaceae	胡颓子属 Elaeagnus
						十字花科 Brassicaceae	糖芥属 Erysimum
						蔷薇科 Rosaceae	李属 Prunus、山楂属 Crataegus、木瓜属 Chaenomeles、梨属 Pyrus、苹果属 Malus、杏属 Armeniaca、花楸属 Sorbus、樱属 Cerasus

蝴蝶 Butterfly					寄主 Host		
科 Family	亚科 Subfamily	族 Tribe	属组 Section	属 Genus	纲 Class	科 Family	属 Genus
粉蝶科 Pieridae	粉蝶亚科 Pierinae	粉蝶族 Pierini		绢粉蝶属 Aporia	双子叶植物纲 Dicotyledoneae	鼠李科 Rhamnaceae	鼠李属 Rhamnus
						杨柳科 Salicaceae	柳属 Salix、杨属 Populus
						桦木科 Betulaceae	榛属 Corylus
						榆科 Ulmaceae	榆属 Ulmus
				园粉蝶属 Cepora		山柑科 Capparaceae	山柑属 Capparis
				粉蝶属 Pieris		十字花科 Brassicaceae	菘蓝属 Isatis、芸薹属 Brassica、萝卜属 Raphanus、两节荠属 Crambe、辣根属 Armoracia、荠属 Capsella、团扇荠属 Berteroa、香花芥属 Hesperis、糖芥属 Erysimum、葶苈属 Draba、匙荠属 Bunias、蔊菜属 Rorippa、独行菜属 Lepidium、碎米荠属 Cardamine、诸葛菜属 Orychophragmus、南芥属 Arabis、楤木属 Aralia、葱芥属 Alliaria、菥蓂属 Thlaspi、大蒜芥属 Sisymbrium
						木犀草科 Resedaceae	木犀草属 Reseda
						茄科 Solanaceae	烟草属 Nicotiana
						旱金莲科 Tropaeolaceae	旱金莲属 Tropaeolum
						山柑科 Capparaceae	白花菜属 Cleome、醉蝶花属 Tarenaya、黄花草属 Arivela
						夹竹桃科 Apocynaceae	鸡骨常山属 Alstonia
						菊科 Asteraceae	金盏花属 Calendula、蒲公英属 Taraxacum
						罂粟科 Papaveraceae	绿绒蒿属 Meconopsis
						毛茛科 Ranunculaceae	唐松草属 Thalictrum
				云粉蝶属 Pontia		十字花科 Brassicaceae	芸薹属 Brassica、旗杆芥属 Turritis、大蒜芥属 Sisymbrium、欧白芥属 Sinapis、南芥属 Arabis、菥蓂属 Thlaspi、庭荠属 Alyssum、糖芥属 Erysimum、花旗杆属 Dontostemon、萝卜属 Raphanus、荠属 Capsella、独行菜属 Lepidium、播娘蒿属 Descurainia
						木犀草科 Resedaceae	木犀草属 Reseda
				飞龙粉蝶属 Talbotia		伯乐树科 Bretschneideraceae	伯乐树属 Bretschneidera
		襟粉蝶族 Anthocharini		襟粉蝶属 Anthocharis		十字花科 Brassicaceae	芸薹属 Brassica、蔊菜属 Rorippa、南芥属 Arabis、碎米荠属 Cardamine、诸葛菜属 Orychophragmus、荠属 Capsella、播娘蒿属 Descurainia、菥蓂属 Thlaspi、菘蓝属 Isatis、旗杆芥属 Turritis

续表

蝴蝶 Butterfly					寄主 Host		
科 Family	亚科 Subfamily	族 Tribe	属组 Section	属 Genus	纲 Class	科 Family	属 Genus
粉蝶科 Pieridae	袖粉蝶亚科 Dismorphiinae			小粉蝶属 *Leptidea*		豆科 Fabaceae	羽扇豆属 *Lupinus*、野豌豆属 *Vicia*、山黧豆属 *Lathyrus*
						十字花科 Brassicaceae	碎米荠属 *Cardamine*、荠属 *Capsella*
蛱蝶科 Nymphalidae	喙蝶亚科 Libytheinae			喙蝶属 *Libythea*	双子叶植物纲 Dicotyledoneae	榆科 Ulmaceae	朴属 *Celtis*
	斑蝶亚科 Danainae	斑蝶族 Danaini		斑蝶属 *Danaus*		萝藦科 Asclepiadaceae	马利筋属 *Asclepias*、牛角瓜属 *Calotropis*、鹅绒藤属 *Cynanchum*、钉头果属 *Gomphocarpus*、大花藤属 *Raphistemma*、尖槐藤属 *Oxystelma*、吊灯花属 *Ceropegia*、萝藦属 *Metaplexis*、天星藤属 *Graphistemma*、匙羹藤属 *Gymnema*、牛奶菜属 *Marsdenia*、夜来香属 *Telosma*、黑鳗藤属 *Stephanotis*、娃儿藤属 *Tylophora*、尖槐藤属 *Oxystelma*、杠柳属 *Periploca*
						旋花科 Convolvulaceae	番薯属 *Ipomoea*
						大戟科 Euphorbiaceae	大戟属 *Euphorbia*
						白花丹科 Plumbaginaceae	黛萼花属 *Dyerophytum*
						无患子科 Sapindaceae	赤才属 *Erioglossum*
						玄参科 Scrophulariaceae	金鱼草属 *Antirrhinum*
						蔷薇科 Rosaceae	蔷薇属 *Rosa*
						杜鹃花科 Ericaceae	吊钟花属 *Enkianthus*
						桑科 Moraceae	榕属 *Ficus*
						夹竹桃科 Apocynaceae	水牛角属 *Caralluma*
						菊科 Asteraceae	
						锦葵科 Malvaceae	
				青斑蝶属 *Tirumala*		夹竹桃科 Apocynaceae	纽子花属 *Vallaris*、同心结属 *Parsonsia*
						萝藦科 Asclepiadaceae	南山藤属 *Dregea*、鹅绒藤属 *Cynanchum*、醉魂藤属 *Heterostemma*、娃儿藤属 *Tylophora*
						豆科 Fabaceae	
						防己科 Menispermaceae	木防己属 *Cocculus*
				绢斑蝶属 *Parantica*		萝藦科 Asclepiadaceae	马利筋属 *Asclepias*、鹅绒藤属 *Cynanchum*、球兰属 *Hoya*、牛奶菜属 *Marsdenia*、萝藦属 *Metaplexis*、娃儿藤属 *Tylophora*、醉魂藤属 *Heterostemma*、黑鳗藤属 *Stephanotis*

蝴蝶 Butterfly					寄主 Host		
科 Family	亚科 Subfamily	族 Tribe	属组 Section	属 Genus	纲 Class	科 Family	属 Genus
蛱蝶科 Nymphalidae	螯蛱蝶亚科 Charaxinae	螯蛱蝶族 Charaxini		尾蛱蝶属 Polyura	双子叶植物纲 Dicotyledoneae	豆科 Fabaceae	牛蹄豆属 Pithecellobium、合欢属 Albizia、紫藤属 Wisteria、胡枝子属 Lespedeza、筇子梢属 Campylotropis、黄檀属 Dalbergia、羊蹄甲属 Bauhinia、鸡血藤属 Callerya、猴耳环属 Archidendron、鱼藤属 Derris
						蔷薇科 Rosaceae	李属 Prunus
						榆科 Ulmaceae	山黄麻属 Trema、朴属 Celtis
						鼠李科 Rhamnaceae	鼠李属 Rhamnus
				螯蛱蝶属 Charaxes		樟科 Lauraceae	樟属 Cinnamomum、木姜子属 Litsea、楠属 Phoebe
						豆科 Fabaceae	海红豆属 Adenanthera、合欢属 Albizia
						芸香科 Rutaceae	山油柑属 Acromychia
	绢蛱蝶亚科 Calinaginae			绢蛱蝶属 Calinaga		桑科 Moraceae	桑属 Morus
	袖蛱蝶亚科 Heliconiinae	珍蝶族 Acraeini		锯蛱蝶属 Cethosia		西番莲科 Passifloraceae	西番莲属 Passiflora
				珍蝶属 Acraea		荨麻科 Urticaceae	苎麻属 Boehmeria、水麻属 Debregeasia、楼梯草属 Elatostema、雾水葛属 pouzolzia、糯米团属 Gonostegia
						榆科 Ulmaceae	榉属 Zelkova、朴属 Celtis
						玄参科 Scrophulariaceae	醉鱼草属 Buddleja
		豹蛱蝶族 Argynnini		豹蛱蝶属 Argynnis		堇菜科 Violaceae	堇菜属 Viola
						蔷薇科 Rosaceae	悬钩子属 Rubus
						榆科 Ulmaceae	朴属 Celtis
				斐豹蛱蝶属 Argyreus		堇菜科 Violaceae	堇菜属 Viola
				老豹蛱蝶属 Argyronome		堇菜科 Violaceae	堇菜属 Viola
						蔷薇科 Rosaceae	蚊子草属 Filipendula
				云豹蛱蝶属 Nephargynnis		堇菜科 Violaceae	
				小豹蛱蝶属 Brenthis		堇菜科 Violaceae	堇菜属 Viola
						蔷薇科 Rosaceae	悬钩子属 Rubus、地榆属 Sanguisorba、蚊子草属 Filipendula、绣线菊属 Spiraea
				青豹蛱蝶属 Damora		堇菜科 Violaceae	堇菜属 Viola
				银豹蛱蝶属 Childrena		堇菜科 Violaceae	堇菜属 Viola
				斑豹蛱蝶属 Speyeria		堇菜科 Violaceae	堇菜属 Viola

续表

蝴蝶 Butterfly					寄主 Host		
科 Family	亚科 Subfamily	族 Tribe	属组 Section	属 Genus	纲 Class	科 Family	属 Genus
蛱蝶科 Nymphalidae	袖蛱蝶亚科 Heliconiinae	豹蛱蝶族 Argynnini		斑豹蛱蝶属 Speyeria	双子叶植物纲 Dicotyledoneae	蓼科 Polygonaceae	拳参属 Bistorta
				福蛱蝶属 Fabriciana		堇菜科 Violaceae	堇菜属 Viola
				珠蛱蝶属 Issoria		菊科 Asteraceae	蒲公英属 Taraxacum
				宝蛱蝶属 Boloria		杜鹃花科 Ericaceae	
				珍蛱蝶属 Clossiana		蓼科 Polygonaceae	拳参属 Bistorta
						堇菜科 Violaceae	堇菜属 Viola
						杜鹃花科 Ericaceae	杜鹃花属 Rhododendron
						蔷薇科 Rosaceae	悬钩子属 Rubus
						唇形科 Lamiaceae	夏枯草属 Prunella
						岩高兰科 Empetraceae	
						堇菜科 Violaceae	
	线蛱蝶亚科 Limenitinae	翠蛱蝶族 Adoliadini		翠蛱蝶属 Euthalia	双子叶植物纲 Dicotyledoneae	壳斗科 Fagaceae	青冈属 Cyclobalanopsis、栎属 Quercus、柯属 Lithocarpus、锥属 Castanopsis
						杜鹃花科 Ericaceae	杜鹃花属 Rhododendron
					单子叶植物纲 Monocotyledoneae	棕榈科 Palmae	棕榈属 Trachycarpus
		线蛱蝶族 Limenitini		线蛱蝶属 Limenitis	双子叶植物纲 Dicotyledoneae	山茶科 Theaceae	木荷属 Schima
						漆树科 Anacardiaceae	
						桑寄生科 Loranthaceae	
						大戟科 Euphorbiaceae	
						杨柳科 Salicaceae	杨属 Populus、柳属 Salix
						忍冬科 Caprifoliaceae	忍冬属 Lonicera、糯米条属 Abelia、双盾木属 Dipelta、锦带花属 Weigela
						马桑科 Coriariaceae	马桑属 Coriaria
						蔷薇科 Rosaceae	绣线菊属 Spiraea
						绣球花科 Hydrangeaceae	溲疏属 Deutzia
						胡桃科 Juglandaceae	胡桃属 Juglans
				带蛱蝶属 Athyma		小檗科 Berberidaceae	小檗属 Berberis、十大功劳属 Mahonia
						防己科 Menispermaceae	天仙藤属 Fibraurea
						茜草科 Rubiaceae	玉叶金花属 Mussaenda、蓝茜树属 Randia、茜树属 Aidia、水锦树属 Wendlandia、心叶木属 Haldina、水团花属 Adina
						忍冬科 Caprifoliaceae	忍冬属 Lonicera、荚蒾属 Viburnum

蝴蝶 Butterfly					寄主 Host		
科 Family	亚科 Subfamily	族 Tribe	属组 Section	属 Genus	纲 Class	科 Family	属 Genus
蛱蝶科 Nymphalidae	线蛱蝶亚科 Limenitinae	线蛱蝶族 Limenitini		带蛱蝶属 *Athyma*	双子叶植物纲 Dicotyledoneae	马齿苋科 Portulacaceae	马齿苋属 *Portulaca*
						蔷薇科 Rosaceae	悬钩子属 *Rubus*
						冬青科 Aquifoliaceae	冬青属 *Ilex*
						叶下珠科 Phyllanthaceae	算盘子属 *Glochidion*
						木犀科 Oleaceae	木犀属 *Osmanthus*、女贞属 *Ligustrum*
						樟科 Lauraceae	润楠属 *Machilus*
						大戟科 Euphorbiaceae	
				缕蛱蝶属 *Litinga*		榆科 Ulmaceae	朴属 *Celtis*
				苾蛱蝶属 *Patsuia*		杨柳科 Salicaceae	杨属 *Populus*
				俳蛱蝶属 *Parasarpa*		忍冬科 Caprifoliaceae	忍冬属 *Lonicera*、荚蒾属 *Viburnum*
						壳斗科 Fagaceae	栗属 *Castanea*
				婀蛱蝶属 *Abrota*		金缕梅科 Hamamelidaceae	秀柱花属 *Eustigma*、水丝梨属 *Sycopsis*
						壳斗科 Fagaceae	青冈属 *Cyclobalanopsis*、锥属 *Castanopsis*
						杨柳科 Salicaceae	杨属 *Populus*、柳属 *Salix*
		姹蛱蝶族 Chalingini		锦瑟蛱蝶属 *Seokia*		松科 Pinaceae	松属 *Pinus*
				姹蛱蝶属 *Chalinga*		杨柳科 Salicaceae	杨属 *Populus*、柳属 *Salix*
				蟠蛱蝶属 *Pantoporia*		豆科 Fabaceae	黄檀属 *Dalbergia*
		环蛱蝶族 Neptini		环蛱蝶属 *Neptis*		豆科 Fabaceae	山黧豆属 *Lathyrus*、胡枝子属 *Lespedeza*、葛属 *Pueraria*、紫藤属 *Wisteria*、崖豆藤属 *Millettia*、笐子梢属 *Campylotropis*、槐属 *Sophora*、千斤拔属 *Flemingia*、黧豆 *Mucuna*、刀豆属 *Canavalia*、豇豆属 *Vigna*、山蚂蝗属 *Desmodium*、葫芦茶属 *Tadehagi*、小槐花属 *Ohwia*、野豌豆属 *Vicia*、巴豆藤属 *Craspedolobium*、羊蹄甲属 *Bauhinia*、落花生属 *Arachis*
						榆科 Ulmaceae	朴属 *Celtis*、山黄麻属 *Trema*、榆属 *Ulmus*
						椴树科 Tiliaceae	扁担杆属 *Grewia*、刺蒴麻属 *Triumfetta*、黄麻属 *Corchorus*
						木棉科 Bombacaceae	木棉属 *Bombax*
						梧桐科 Sterculiaceae	苹婆属 *Sterculia*、翅子树属 *Pterospermum*
						壳斗科 Fagaceae	锥属 *Castanopsis*、栎属 *Quercus*

总论 General Introduction

续表

<table>
<tr><th colspan="5">蝴蝶 Butterfly</th><th colspan="3">寄主 Host</th></tr>
<tr><th>科 Family</th><th>亚科 Subfamily</th><th>族 Tribe</th><th>属组 Section</th><th>属 Genus</th><th>纲 Class</th><th>科 Family</th><th>属 Genus</th></tr>
<tr><td rowspan="28">蛱蝶科 Nymphalidae</td><td rowspan="6">线蛱蝶亚科 Limenitinae</td><td rowspan="6">环蛱蝶族 Neptini</td><td rowspan="6"></td><td rowspan="6">环蛱蝶属 Neptis</td><td rowspan="19">双子叶植物纲 Dicotyledoneae</td><td>蔷薇科 Rosaceae</td><td>枇杷属 Eriobotrya、绣线菊属 Spiraea、蚊子草属 Filipendula、李属 Prunus、桃属 Amygdalus、杏属 Armeniaca</td></tr>
<tr><td>樟科 Lauraceae</td><td>山胡椒属 Lindera、楠属 Phoebe</td></tr>
<tr><td>桦木科 Betulaceae</td><td>鹅耳枥属 Carpinus、榛属 Corylus</td></tr>
<tr><td>槭树科 Aceraceae</td><td>槭属 Acer</td></tr>
<tr><td>忍冬科 Caprifoliaceae</td><td>锦带花属 Weigela</td></tr>
<tr><td>桑科 Moraceae</td><td>榕属 Ficus</td></tr>
<tr><td></td><td></td><td></td><td>伞蛱蝶属 Aldania</td><td>榆科 Ulmaceae</td><td>榆属 Ulmus</td></tr>
<tr><td rowspan="3">秀蛱蝶亚科 Pseudergolinae</td><td></td><td>秀蛱蝶属 Pseudergolis</td><td>荨麻科 Urticaceae</td><td>水麻属 Debregeasia</td></tr>
<tr><td></td><td>电蛱蝶属 Dichorragia</td><td>大戟科 Euphorbiaceae</td><td>蓖麻属 Ricinus</td></tr>
<tr><td></td><td>饰蛱蝶属 Stibochiona</td><td>清风藤科 Sabiaceae</td><td>泡花树属 Meliosma</td></tr>
<tr><td rowspan="2">丝蛱蝶亚科 Cyrestinae</td><td></td><td rowspan="2">丝蛱蝶属 Cyrestis</td><td>山茱萸科 Cornaceae</td><td>山茱萸属 Controversa</td></tr>
<tr><td></td><td>荨麻科 Urticaceae</td><td>冷水花属 Pilea</td></tr>
<tr><td rowspan="11">闪蛱蝶亚科 Apaturinae</td><td></td><td></td><td>桑科 Moraceae</td><td>榕属 Ficus</td></tr>
<tr><td></td><td></td><td>五桠果科 Dilleniaceae</td><td>锡叶藤属 Tetracera</td></tr>
<tr><td></td><td rowspan="2">闪蛱蝶属 Apatura</td><td>杨柳科 Salicaceae</td><td>柳属 Salix、杨属 Populus</td></tr>
<tr><td></td><td>壳斗科 Fagaceae</td><td>栎属 Quercus</td></tr>
<tr><td></td><td rowspan="2">迷蛱蝶属 Mimathyma</td><td>榆科 Ulmaceae</td><td>朴属 Celtis、榆属 Ulmus</td></tr>
<tr><td></td><td>桦木科 Betulaceae</td><td>鹅耳枥属 Carpinus</td></tr>
<tr><td></td><td rowspan="2">铠蛱蝶属 Chitoria</td><td>榆科 Ulmaceae</td><td>朴属 Celtis</td></tr>
<tr><td></td><td>杨柳科 Salicaceae</td><td>柳属 Salix</td></tr>
<tr><td></td><td rowspan="2">猫蛱蝶属 Timelaea</td><td>榆科 Ulmaceae</td><td>朴属 Celtis</td></tr>
<tr><td></td><td>锦葵科 Malvaceae</td><td>木槿属 Hibiscus</td></tr>
<tr><td></td><td rowspan="2">窗蛱蝶属 Dilipa</td><td>榆科 Ulmaceae</td><td>朴属 Celtis</td></tr>
<tr><td>单子叶植物纲 Monocotyledoneae</td><td>菝葜科 Smilacaceae</td><td>菝葜属 Smilax</td></tr>
<tr><td></td><td rowspan="3">累积蛱蝶属 Lelecella</td><td rowspan="3">双子叶植物纲 Dicotyledoneae</td><td>杨柳科 Salicaceae</td><td>柳属 Salix</td></tr>
<tr><td></td><td>榆科 Ulmaceae</td><td>朴属 Celtis</td></tr>
<tr><td></td><td>桦木科 Fagaceae</td><td>榛属 Corylus</td></tr>
</table>

蝴蝶 Butterfly					寄主 Host		
科 Family	亚科 Subfamily	族 Tribe	属组 Section	属 Genus	纲 Class	科 Family	属 Genus
蛱蝶科 Nymphalidae	闪蛱蝶亚科 Apaturinae			帅蛱蝶属 Sephisa	双子叶植物纲 Dicotyledoneae	壳斗科 Fagaceae	栎属 Quercus
				白蛱蝶属 Helcyra		榆科 Ulmaceae	朴属 Celtis
						杨柳科 Salicaceae	柳属 Salix
				脉蛱蝶属 Hestina		榆科 Ulmaceae	朴属 Celtis、山黄麻属 Trema
						桑科 Moraceae	桑属 Morus
						杨柳科 Salicaceae	柳属 Salix、杨属 Populus
				紫蛱蝶属 Sasakia		榆科 Ulmaceae	朴属 Celtis
	蛱蝶亚科 Nymphalinae	枯叶蛱蝶族 Kallimini		枯叶蛱蝶属 Kallima		爵床科 Acanthaceae	马蓝属 Strobilanthes、芦莉草属 Ruellia、鳞球花属 Lepidagathis、水蓑衣属 Hygrophila、黄球花属 Sericocalyx、老鼠簕属 Acanthus、狗肝菜属 Dicliptera、黄猄草属 Championella
						虎耳草科 Saxifragaceae	常山属 Dichroa
						马齿苋科 Portulacaceae	马齿苋属 Portulaca
		眼蛱蝶族 Junoniini		斑蛱蝶属 Hypolimnas		锦葵科 Malvaceae	苘麻属 Abutilon、木槿属 Hibiscus
						车前草科 Plantaginaceae	车前属 Plantago
						爵床科 Acanthaceae	十万错属 Asystasia、爵床属 Justicia、百簕花属 Blepharis、芦莉草属 Ruellia、山壳骨属 Pseuderanthmum
				眼蛱蝶属 Junonia		爵床科 Acanthaceae	水蓑衣属 Hygrophila、假杜鹃属 Barleria、爵床属 Justicia、鳞花草属 Lepidagathis、马蓝属 Strobilanthes、芦莉草属 Ruellia、金足草属 Goldfussia
						野牡丹科 Melastomataceae	金锦香属 Osbeckia
						苋科 Amaranthaceae	莲子草属 Alternanthera
						玄参科 Scrophulariaceae	长蒴母草属 Vandellia、母草属 Lindernia、金鱼草属 Antirrhinum、独脚金属 Striga、泡桐属 Paulownia
						车前草科 Plantaginaceae	车前属 Plantago
						旋花科 Convolvulaceae	番薯属 Ipomoea
						马鞭草科 Verbenaceae	马鞭草属 Verbena
					单子叶植物纲 Monocotyledoneae	薯蓣科 Dioscoreaceae	薯蓣属 Dioscorea

| 蝴蝶 Butterfly | | | | | 寄主 Host | | |
科 Family	亚科 Subfamily	族 Tribe	属组 Section	属 Genus	纲 Class	科 Family	属 Genus
蛱蝶科 Nymphalidae	蛱蝶亚科 Nymphalinae	蛱蝶族 Nymphalini		麻蛱蝶属 *Aglais*	双子叶植物纲 Dicotyledoneae	荨麻科 Urticaceae	荨麻属 *Urtica*、苎麻属 *Boehmeria*
						桑科 Moraceae	葎草属 *Humulus*、大麻属 *Cannabis*
				红蛱蝶属 *Vanessa*		荨麻科 Urticaceae	荨麻属 *Urtica*、苎麻属 *Boehmeria*、水麻属 *Debregeasia*、蝎子草属 *Girardinia*
						菊科 Asteraceae	飞廉属 *Carduus*、蒿属 *Artemisia*、艾纳香属 *Blumea*、牛蒡属 *Arctium*、蓟属 *Cirsium*、蓍属 *Achillea*、鼠麴草属 *Gnaphalium*、勋章菊属 *Gazania*
						豆科 Fabaceae	丁葵草属 *Zornia*、菜豆属 *Phaseolus*、苜蓿属 *Medicago*
						紫草科 Boraginaceae	牛舌草属 *Anchusa*、蓝蓟属 *Echium*
						葫芦科 Cucurbitaceae	西瓜属 *Citrullus*
						葡萄科 Vitaceae	葡萄属 *Vitis*
						锦葵科 Malvaceae	锦葵属 *Malva*
						榆科 Ulmaceae	榆属 *Ulmus*
				琉璃蛱蝶属 *Kaniska*	单子叶植物纲 Monocotyledoneae	菝葜科 Smilacaceae	菝葜属 *Smilax*、肖菝葜属 *Heterosmilax*
						百合科 Liliaceae	油点草属 *Tricyrtis*、百合属 *Lilium*、扭柄花属 *Streptopus*
				蛱蝶属 *Nymphalis*	双子叶植物纲 Dicotyledoneae	杨柳科 Salicaceae	柳属 *Salix*、杨属 *Populus*
						榆科 Ulmaceae	榆属 *Ulmus*、朴属 *Celtis*
						桦木科 Betulaceae	桦木属 *Betula*、桤木属 *Alnus*
						漆树科 Anacardiaceae	黄连木属 *Pistacia*
						荨麻科 Urticaceae	荨麻属 *Urtica*
				钩蛱蝶属 *Polygonia*		桑科 Moraceae	葎草属 *Humulus*、大麻属 *Cannabis*
						亚麻科 Linaceae	亚麻属 *Linum*
						芸香科 Rutaceae	柑橘属 *Citrus*
						蔷薇科 Rosaceae	梨属 *Pyrus*、悬钩子属 *Rubus*
						榆科 Ulmaceae	榉属 *Zelkova*、榆属 *Ulmus*

蝴蝶 Butterfly					寄主 Host		
科 Family	亚科 Subfamily	族 Tribe	属组 Section	属 Genus	纲 Class	科 Family	属 Genus
蛱蝶科 Nymphalidae	蛱蝶亚科 Nymphalinae	蛱蝶族 Nymphalini		钩蛱蝶属 *Polygonia*	双子叶植物纲 Dicotyledoneae	荨麻科 Urticaceae	荨麻属 *Urtica*
						杨柳科 Salicaceae	柳属 *Salix*
						忍冬科 Caprifoliaceae	忍冬属 *Lonicera*
						虎耳草科 Saxifragaceae	茶藨子属 *Ribes*
						桦木科 Betulaceae	桦木属 *Betula*、榛属 *Corylus*
				孔雀蛱蝶属 *Inachis*		荨麻科 Urticaceae	荨麻属 *Urtica*
						桑科 Moraceae	葎草属 *Humulus*
						榆科 Ulmaeeae	榆属 *Ulmus*
						唇形科 Lamiaceae	薄荷属 *Mentha*
				盛蛱蝶属 *Symbrenthia*		荨麻科 Urticaceae	赤车属 *Pellionia*、楼梯草属 *Elatostema*、冷水花属 *Pilea*、苎麻属 *Boehmeria*、蝎子草属 *Girardinia*、紫麻属 *Oreocnide*、水麻属 *Debregeasia*
				蜘蛱蝶属 *Araschnia*		荨麻科 Urticaceae	荨麻属 *Urtica*、苎麻属 *Boehmeria*
		网蛱蝶族 Melitaeini		网蛱蝶属 *Melitaea*		车前草科 Plantaginaceae	车前属 *Plantago*
						玄参科 Scrophulariaceae	婆婆纳属 *Veronica*、柳穿鱼属 *Linaria*、山萝花属 *Melampyrum*
						堇菜科 Violaceae	堇菜属 *Viola*
						石竹科 Caryophyllaceae	石竹属 *Dianthus*
						败酱科 Valerianaceae	缬草属 *Valeriana*、败酱属 *Patrinia*
						蓼科 Polygonaceae	蓼属 *Polygonum*
						菊科 Asteraceae	伪泥胡菜属 *Serratula*、蓟属 *Cirsium*、风毛菊属 *Saussurea*、山牛蒡属 *Synurus*、漏芦属 *Stemmacantha*、麻花头属 *Klasea*
						紫草科 Boraginaceae	紫草属 *Lithospermum*
					单子叶植物纲 Monocotyledoneae	禾本科 Gramineae	稻属 *Oryza*

续表

蝴蝶 Butterfly					寄主 Host		
科 Family	亚科 Subfamily	族 Tribe	属组 Section	属 Genus	纲 Class	科 Family	属 Genus
蛱蝶科 Nymphalidae	蛱蝶亚科 Nymphalinae	网蛱蝶族 Melitaeini		蜜蛱蝶属 *Mellicta*	双子叶植物纲 Dicotyledoneae	车前草科 Plantaginaceae	车前属 *Plantago*
						玄参科 Scrophulariaceae	山萝花属 *Melampyrum*
	环蝶亚科 Amathusiinae	环蝶族 Amathusiini		方环蝶属 *Discophora*	单子叶植物纲 Monocotyledoneae	禾本科 Gramineae	簕竹属 *Bambusa*
				串珠环蝶属 *Faunis*		芭蕉科 Musaceae	芭蕉属 *Musa*
						棕榈科 Palmae	棕榈属 *Trachycarpus*、刺葵属 *Phoenix*
						露兜树科 Pandanaceae	露兜树属 *Pandanus*
					苏铁纲 Cycadopsida	苏铁科 Cycadaceae	苏铁属 *Cycas*
					单子叶植物纲 Monocotyledoneae	菝葜科 Smilacaceae	菝葜属 *Smilax*、肖菝葜属 *Heterosmilax*
						百合科 Liliaceae	山麦冬属 *Liriope*

蝴蝶 Butterfly					寄主 Host		
科 Family	亚科 Subfamily	族 Tribe	属组 Section	属 Genus	纲 Class	科 Family	属 Genus
蛱蝶科 Nymphalidae	环蝶亚科 Amathusiinae	环蝶族 Amathusiini		箭环蝶属 Stichophthalma	单子叶植物纲 Monocotyledoneae	棕榈科 Palmae	棕榈属 Trachycarpus、桃榔属 Arenga、黄藤属 Daemonorops
						禾本科 Gramineae	柳叶箬属 Isachne、刚竹属 Phyllostachys、簕竹属 Bambusa、大油芒属 Spodiopogon、芒属 Miscanthus
	眼蝶亚科 Satyrinae	暮眼蝶族 Melanitiini		暮眼蝶属 Melanitis		禾本科 Gramineae	水蔗草属 Apluda、稻属 Oryza、玉蜀黍属 Zea、甘蔗属 Saccharum、雀稗属 Paspalum、钝叶草属 Stenotaphrum、黍属 Panicum、芒属 Miscanthus、狗尾草属 Setaria、狼尾草属 Pennisetum、莠竹属 Microstegium、芦竹属 Arundo
		锯眼蝶族 Elymniini		黛眼蝶属 Lethe		禾本科 Gramineae	玉山竹属 Yushania、刚竹属 Phyllostachys、簕竹属 Bambusa、箬竹属 Indocalamus、莠竹属 Microstegium、苦竹属 Pleioblastus、青篱竹属 Arundinaria、唐竹属 Sinobambusa、矢竹属 Pseudosasa、芦苇属 Phragmites、芒属 Miscanthus、大油芒属 Spodiopogon、露籽草属 Ottochloa
						莎草科 Cyperaceae	藨草属 Scirpus、薹草属 Carex、莎草属 Cyperus
				荫眼蝶属 Neope		禾本科 Gramineae	簕竹属 Bambusa、苦竹属 Pleioblastus、芒属 Miscanthus、玉山竹属 Yushania、刚竹属 Phyllostachys、稻属 Oryza、莠竹属 Microstegium
				宁眼蝶属 Ninguta		莎草科 Cyperaceae	薹草属 Carex、藨草属 Scirpus
				丽眼蝶属 Mandarinia		天南星科 Araceae	菖蒲属 Acorus
				网眼蝶属 Rhaphicera		莎草科 Cyperaceae	薹草属 Carex
				带眼蝶属 Chonala		禾本科 Gramineae	
				链眼蝶属 Lopinga		禾本科 Gramineae	黑麦草属 Lolium、小麦属 Triticum、冰草属 Agropyron、鸭茅属 Dactylis、臭草属 Melica
						莎草科 Cyperaceae	薹草属 Carex
				毛眼蝶属 Lasiommata		禾本科 Gramineae	鹅观草属 Roegneria、野青茅属 Deyeuxia、剪股颖属 Agrostis、偃麦草属 Elytrigia、拂子茅属 Calamagrostis
						莎草科 Cyperaceae	薹草属 Carex
				多眼蝶属 Kirinia		禾本科 Gramineae	早熟禾属 Poa、马唐属 Digitaria、羊茅属 Festuca、大油芒属 Spodiopogon、披碱草属 Elymus、臭草属 Melica、短柄草属 Brachypodium、冰草属 Agropyron
						莎草科 Cyperaceae	莎草属 Cyperus

续表

蝴蝶 Butterfly					寄主 Host		
科 Family	亚科 Subfamily	族 Tribe	属组 Section	属 Genus	纲 Class	科 Family	属 Genus
蛱蝶科 Nymphalidae	眼蝶亚科 Satyrinae	锯眼蝶族 Elymniini		眉眼蝶属 Mycalesis	单子叶植物纲 Monocotyledoneae	禾本科 Gramineae	穇属 Eleusine、马唐属 Digitaria、稻属 Oryza、甘蔗属 Saccharum、芒属 Miscanthus、狗尾草属 Setaria、狼尾草属 Pennisetum、白茅属 Imperata、求米草属 Oplismenus、假稻属 Leersia、假金发草属 Pogonatherum、鸭嘴草属 Ischaemum、粽叶芦属 Thysanolaena、柳叶箬属 Isachne、莠竹属 Microstegium、簕竹属 Bambusa
						莎草科 Cyperaceae	薹草属 Carex
				斑眼蝶属 Penthema		禾本科 Gramineae	慈竹属 Sinocalamus、簕竹属 Bambusa、刚竹属 Phyllostachys、箬竹属 Indocalamus
				凤眼蝶属 Neorina		禾本科 Gramineae	
		眼蝶族 Satyrini		绢眼蝶属 Davidina		莎草科 Cyperaceae	薹草属 Carex
				白眼蝶属 Melanargia		禾本科 Gramineae	拂子茅属 Calamagrostis、稻属 Oryza、剪股颖属 Agrostis、甘蔗属 Saccharum
						莎草科 Cyperaceae	薹草属 Carex
				眼蝶属 Satyrus		禾本科 Gramineae	针茅属 Stipa、羊茅属 Festuca、发草属 Deschampsia
				蛇眼蝶属 Minois		禾本科 Gramineae	稻属 Oryza、芒属 Miscanthus、早熟禾属 Poa、大油芒属 Spodiopogon、结缕草属 Zoysia、燕麦草属 Arrhenatherum、麦氏草属 Molinia、披碱草属 Elymus、臭草属 Melica
				仁眼蝶属 Hipparchia		禾本科 Gramineae	早熟禾属 Poa
						莎草科 Cyperaceae	莎草属 Cyperus
				矍眼蝶属 Ypthima		禾本科 Gramineae	金发草属 Pogonatherum、早熟禾属 Poa、稗属 Echinochloa、结缕草属 Zoysia、雀稗属 Paspalum、柳叶箬属 Isachne、狗尾草属 Setaria、马唐属 Digitaria、求米草属 Oplismenus、淡竹叶属 Lophatherum、芒属 Miscanthus、稻属 Oryza、莠竹属 Microstegium、芦竹属 Arundo
						莎草科 Cyperaceae	
				古眼蝶属 Palaeonympha		禾本科 Gramineae	淡竹叶属 Lophatherum、求米草属 Oplismenus、芒属 Miscanthus
						莎草科 Cyperaceae	薹草属 Carex
				艳眼蝶属 Callerebia		禾本科 Gramineae	稻属 Oryza、菰属 Zizania

蝶 Butterfly					寄主 Host		
科 Family	亚科 Subfamily	族 Tribe	属组 Section	属 Genus	纲 Class	科 Family	属 Genus
蛱蝶科 Nymphalidae	眼蝶亚科 Satyrinae	眼蝶族 Satyrini		酒眼蝶属 Oeneis	单子叶植物纲 Monocotyledoneae	莎草科 Cyperaceae	薹草属 Carex
				珍眼蝶属 Coenonympha		禾本科 Gramineae	芦苇属 Phragmites、马唐属 Digitaria、黑麦草属 Lolium
						莎草科 Cyperaceae	薹草属 Carex
						鸢尾科 Iridaceae	鸢尾属 Iris
				阿芬眼蝶属 Aphantopus		禾本科 Gramineae	梯牧草属 Phleum、早熟禾属 Poa、粟草属 Milium、拂子茅属 Calamagrostis、鸭茅属 Dactylis、偃麦草属 Elytrigia、绒毛草属 Holcus、黄花茅属 Anthoxanthum
						莎草科 Cyperaceae	薹草属 Carex
				红眼蝶属 Erebia		莎草科 Cyperaceae	薹草属 Carex
						禾本科 Gramineae	拂子茅属 Calamagrostis、鸭茅属 Dactylis、羊茅属 Festuca
灰蝶科 Lycaenidae	蚬蝶亚科 Riodininae	褐蚬蝶族 Abisarini		褐蚬蝶属 Abisara	双子叶植物纲 Dicotyledoneae	紫金牛科 Myrsinaceae	杜茎山属 Maesa、酸藤子属 Embelia
				白蚬蝶属 Stiboges		紫金牛科 Myrsinaceae	紫金牛属 Ardisia
		波蚬蝶族 Zemerini		波蚬蝶属 Zemeros		紫金牛科 Myrsinaceae	杜茎山属 Maesa
						十字花科 Brassicaceae	碎米荠属 Cardamine
				尾蚬蝶属 Dodona	单子叶植物纲 Monocotyledoneae	禾本科 Gramineae	青篱竹属 Arundinaria、水蔗草属 Apluda、箣竹属 Bambusa
					双子叶植物纲 Dicotyledoneae	紫金牛科 Myrsinaceae	铁仔属 Myrsine、杜茎山属 Maesa、紫金牛属 Ardisia、酸藤子属 Embelia

续表

蝴蝶 Butterfly					寄主 Host		
科 Family	亚科 Subfamily	族 Tribe	属组 Section	属 Genus	纲 Class	科 Family	属 Genus
灰蝶科 Lycaenidae	云灰蝶亚科 Miletinae	云灰蝶族 Miletini		云灰蝶属 Miletus	昆虫纲 Insecta	蚜科 Aphididae	蚜属 Aphis
						绵蚜科 Eriosomatidae	倍蚜属 Malaphis
		蚜灰蝶族 Tarakini		蚜灰蝶属 Taraka		蚜科 Aphididae	
						扁蚜科 Hormaphididae	
	银灰蝶亚科 Curetinae			银灰蝶属 Curetis	双子叶植物纲 Dicotyledoneae	豆科 Fabaceae	葛属 Pueraria、槐属 Sophora、崖豆藤属 Millettia、紫藤属 Wisteria、云实属 Caesalpinia
				诗灰蝶属 Shirozua		壳斗科 Fagaceae	栎属 Quercus
					昆虫纲 Insecta	大蚜科 Lachnidae	
						蜡蚧科 Coccidae	
	线灰蝶亚科 Theclinae	线灰蝶族 Theclini		线灰蝶属 Thecla	双子叶植物纲 Dicotyledoneae	蔷薇科 Rosaceae	李属 Prunus、桃属 Amygdalus、杏属 Armeniaca、山楂属 Crataegus、花楸属 Sorbus、苹果属 Malus
						桦木科 Betulaceae	榛属 Corylus
						忍冬科 Caprifoliaceae	荚蒾属 Viburnum
				赭灰蝶属 Ussuriana		木犀科 Oleaceae	梣属 Fraxinus
				精灰蝶属 Artopoetes		木犀科 Oleaceae	女贞属 Ligustrum、丁香属 Syringa
				工灰蝶属 Gonerilia		壳斗科 Fagaceae	栎属 Quercus
						桦木科 Betulaceae	鹅耳枥属 Carpinus、榛属 Corylus、虎榛子属 Ostryopsis、铁木属 Ostrya
				珂灰蝶属 Cordelia		桦木科 Betulaceae	铁木属 Ostrya、鹅耳枥属 Carpinus
				黄灰蝶属 Japonica		壳斗科 Fagaceae	栎属 Quercus、青冈属 Cyclobalanopsis、栗属 Castanea
				陕灰蝶属 Shaanxiana		木犀科 Oleaceae	梣属 Fraxinus
				青灰蝶属 Antigius		壳斗科 Fagaceae	栎属 Quercus、青冈属 Cyclobalanopsis
				癫灰蝶属 Araragi		胡桃科 Juglandaceae	胡桃属 Juglans、山核桃属 Carya、枫杨属 Pterocarya、青钱柳属 Cyclocarya
						壳斗科 Fagaceae	栎属 Quercus、青冈属 Cyclobalanopsis
				三枝灰蝶属 Saigusaozephyrus		壳斗科 Fagaceae	栎属 Quercus

蝴蝶 Butterfly					寄主 Host		
科 Family	亚科 Subfamily	族 Tribe	属组 Section	属 Genus	纲 Class	科 Family	属 Genus
灰蝶科 Lycaenidae	线灰蝶亚科 Theclinae	线灰蝶族 Theclini		冷灰蝶属 Ravenna	双子叶植物纲 Dicotyledoneae	壳斗科 Fagaceae	青冈属 Cyclobalanopsis、栎属 Quercus
				翠灰蝶属 Neozephyrus		桦木科 Betulaceae	桤木属 Alnus
				金灰蝶属 Chrysozephyrus		蔷薇科 Rosaceae	李属 Prunus、樱桃属 Cerasus、花楸属 Sorbus、石楠属 Photinia、苹果属 Malus
						壳斗科 Fagaceae	栗属 Castanea、栎属 Quercus、柯属 Lithocarpus、青冈属 Cyclobalanopsis
						杜鹃花科 Ericaceae	珍珠花属 Lyonia
						桦木科 Betulaceae	榛属 Corylus
				江琦灰蝶属 Esakiozephyrus		壳斗科 Fagaceae	
				艳灰蝶属 Favonius		壳斗科 Fagaceae	栎属 Quercus、栗属 Castanea、青冈属 Cyclobalanopsis
				何华灰蝶属 Howarthia		杜鹃花科 Ericaceae	杜鹃花属 Rhododendron
				柴谷灰蝶属 Sibataniozephyrus		壳斗科 Fagaceae	水青冈属 Fagus
				铁灰蝶属 Teratozephyrus		壳斗科 Fagaceae	栎属 Quercus
				华灰蝶属 Wagimo		壳斗科 Fagaceae	栎属 Quercus
				丫灰蝶属 Amblopala		含羞草科 Mimosaceae	合欢属 Albizia
				祖灰蝶属 Protantigius		杨柳科 Salicaceae	杨属 Populus
				珠灰蝶属 Iratsume		金缕梅科 Hamamelidaceae	金缕梅属 Hamamelis、水丝梨属 Sycopsis
		玳灰蝶族 Deudorigini		燕灰蝶属 Rapala		虎耳草科 Saxifragaceae	落新妇属 Astilbe、鼠刺属 Itea
						蔷薇科 Rosaceae	蔷薇属 Rosa
						豆科 Fabaceae	山蚂蝗属 Desmodium、扁豆属 Lablab、胡枝子属 Lespedeza、崖豆藤属 Millettia、黄檀属 Dalbergia、木蓝属 Indigofera
						榆科 Ulmaceae	山黄麻属 Trema
						壳斗科 Fagaceae	栎属 Quercus
						五加科 Araliaceae	楤木属 Aralia
						鼠李科 Rhamnaceae	枣属 Ziziphus、勾儿茶属 Berchemia、鼠李属 Rhamnus
				生灰蝶属 Sinthusa		蔷薇科 Rosaceae	悬钩子属 Rubus
				玳灰蝶属 Deudorix		无患子科 Sapindaceae	无患子属 Sapindus、荔枝属 Litchi、龙眼属 Dimocarpus
						山龙眼科 Proteaceae	山龙眼属 Helicia
						柿树科 Ebenaceae	柿属 Diospyros
						云实科 Caesalpiniaceae	羊蹄甲属 Bauhinia

续表

蝴蝶 Butterfly					寄主 Host		
科 Family	亚科 Subfamily	族 Tribe	属组 Section	属 Genus	纲 Class	科 Family	属 Genus
灰蝶科 Lycaenidae	线灰蝶亚科 Theclinae	玳灰蝶族 Deudorigini		玳灰蝶属 Deudorix	双子叶植物纲 Dicotyledoneae	山茶科 Theaceae	山茶属 Camellia、大头茶属 Gordonia
		美灰蝶族 Eumaeini		梳灰蝶属 Ahlbergia		忍冬科 Caprifoliaceae	忍冬属 Lonicera
						蔷薇科 Rosaceae	绣线菊属 Spiraea、苹果属 Malus、梅属 Cerasus
						杜鹃花科 Ericaceae	杜鹃花属 Rhododendron、马醉木属 Pieris
				齿轮灰蝶属 Novosatsuma		忍冬科 Caprifoliaceae	荚蒾属 Viburnum
						杜鹃花科 Ericaceae	越橘属 Vaccinium
				始灰蝶属 Cissatsuma		蔷薇科 Rosaceae	绣线菊属 Spiraea
				洒灰蝶属 Satyrium		鼠李科 Rhamnaceae	鼠李属 Rhamnus、裸芽鼠李属 Frangula
						蔷薇科 Rosaceae	苹果属 Malus、山楂属 Crataegus、绣线菊属 Spiraea、李属 Prunus、稠李属 Padus、花楸属 Sorbus、桃属 Amygdalus、悬钩子属 Rubus、樱桃属 Cerasus、栒子属 Cotoneaster
						榆科 Ulmaceae	榆属 Ulmus、榉属 Zelkova
						壳斗科 Fagaceae	栎属 Quercus
						桦木科 Betulaceae	桤木属 Alnus
						木犀科 Oleaceae	梣属 Fraxinus
						椴树科 Tiliaceae	椴树属 Tilia
						忍冬科 Caprifoliaceae	忍冬属 Lonicera、六道木属 Abelia
						豆科 Fabaceae	紫藤属 Wisteria
				新灰蝶属 Neolycaena		豆科 Fabaceae	锦鸡儿属 Caragana
		娆灰蝶族 Arhopalini		娆灰蝶属 Arhopala		壳斗科 Fagaceae	栎属 Quercus、青冈属 Cyclobalanopsis
				花灰蝶属 Flos		壳斗科 Fagaceae	
				玛灰蝶属 Mahathala		大戟科 Euphorbiaceae	野桐属 Mallotus
		富妮灰蝶族 Aphnaeini		银线灰蝶属 Spindasis		马鞭草科 Verbenaceae	牡荆属 Vitex、大青属 Clerodendrum
						大戟科 Euphorbiaceae	野桐属 Mallotus、算盘子属 Glochidion
						使君子科 Combretaceae	榄仁树属 Terminalia
						桃金娘科 Myrtaceae	番石榴属 Psidium、石榴属 Punica
						蔷薇科 Rosaceae	枇杷属 Eriobotrya、梨属 Pyrus
						山茶科 Theaceae	山茶属 Camellia
						榆科 Ulmaceae	山黄麻属 Trema、朴属 Celtis
						菊科 Asteraceae	鬼针草属 Bidens
						金缕梅科 Hamamelidaceae	檵木属 Loropetalum
					单子叶植物纲 Monocotyledoneae	薯蓣科 Dioscoreaceae	薯蓣属 Dioscorea

科 Family	亚科 Subfamily	族 Tribe	属组 Section	属 Genus	纲 Class	科 Family	属 Genus
灰蝶科 Lycaenidae	线灰蝶亚科 Theclinae	瑶灰蝶族 Iolaini		珀灰蝶属 Pratapa	双子叶植物纲 Dicotyledoneae	桑寄生科 Loranthaceae	钝果寄生属 Taxillus
				双尾灰蝶属 Tajuria		桑寄生科 Loranthaceae	
	灰蝶亚科 Lycaeninae		灰蝶属组 Lycaena Section	灰蝶属 Lycaena		蓼科 Polygonaceae	酸模属 Rumex、山蓼属 Oxyria、何首乌属 Fallopia、拳参属 Bistorta
				昙灰蝶属 Thersamonia		蓼科 Polygonaceae	酸模属 Rumex
						白花丹科 Plumbaginaceae	彩花属 Acantholimon
				貉灰蝶属 Heodes		蓼科 Polygonaceae	酸模属 Rumex
						豆科 Fabaceae	
				古灰蝶属 Palaeochrysophanus		蓼科 Polygonaceae	酸模属 Rumex、蓼属 Persicaria
						豆科 Fabaceae	
			彩灰蝶属组 Heliophorus Section	彩灰蝶属 Heliophorus		蓼科 Polygonaceae	蓼属 Persicaria、酸模属 Rumex、荞麦属 Fagopyrum
	眼灰蝶亚科 Polyommatinae	黑灰蝶族 Niphandini		黑灰蝶属 Niphanda		壳斗科 Fagaceae	栗属 Castanea
		眼灰蝶族 Polyommatini	纯灰蝶属组 Una Section	锯灰蝶属 Orthomiella		壳斗科 Fagaceae	栗属 Castanea
			雅灰蝶属组 Jamides Section	雅灰蝶属 Jamides		豆科 Fabaceae	葛属 Pueraria、崖豆藤属 Millettia、紫藤属 Wisteria、猪屎豆属 Crotalaria、豇豆属 Vigna、扁豆属 Lablab、刀豆属 Canavalia
			亮灰蝶属组 Lampides Section	亮灰蝶属 Lampides		豆科 Fabaceae	扁豆属 Lablab、豌豆属 Pisum、野豌豆属 Vicia、豇豆属 Vigna、猪屎豆属 Crotalaria、刀豆属 Canavalia、野扁豆属 Dunbaria、紫藤属 Wisteria、葛属 Pueraria、崖豆藤属 Millettia、田菁属 Sesbania、香豌豆属 Lathyrus、菜豆属 Phaseolus、金雀儿属 Cytisus、苜蓿属 Medicago
			吉灰蝶属组 Zizeeria Section	吉灰蝶属 Zizeeria		蒺藜科 Zygophyllaceae	蒺藜属 Tribulus
						紫金牛科 Myrsinaceae	铁仔属 Myrsine
						酢浆草科 Oxalidaceae	酢浆草属 Oxalis
						苋科 Amaranthaceae	苋属 Amaranthus

续表

蝴蝶 Butterfly					寄主 Host		
科 Family	亚科 Subfamily	族 Tribe	属组 Section	属 Genus	纲 Class	科 Family	属 Genus
灰蝶科 Lycaenidae	眼灰蝶亚科 Polyommatinae	眼灰蝶族 Polyommatini	吉灰蝶属组 Zizeeria Section	吉灰蝶属 Zizeeria	双子叶植物纲 Dicotyledoneae	蓼科 Polygonaceae	萹蓄属 Polygonum
						豆科 Fabaceae	丁葵草属 Zornia、草木犀属 Melilotus、苜蓿属 Medicago
				毛眼灰蝶属 Zizuna		爵床科 Acanthaceae	水蓑衣属 Hygrophila、蓝花草属 Ruellia
						马鞭草科 Verbenaceae	马缨丹属 Lantana
						豆科 Fabaceae	鸡眼草属 Kummerowia、木蓝属 Indigofera
				酢浆灰蝶属 Pseudozizeeria		酢浆草科 Oxalidaceae	酢浆草属 Oxalis
			蓝灰蝶属组 Everes Section	枯灰蝶属 Cupido		豆科 Fabaceae	黄耆属 Astragalus、百脉根属 Lotus、岩豆属 Anthyllis、棘豆属 Oxytropis
				蓝灰蝶属 Everes		豆科 Fabaceae	百脉根属 Lotus、苜蓿属 Medicago、豌豆属 Pisum、羽扇豆属 Lupinus、黄耆属 Astragalus、车轴草属 Trifolium、胡枝子属 Lespedeza、鸡眼草属 Kummerowia、野豌豆属 Vicia、大豆属 Glycine、米口袋属 Gueldenstaedtia、山蚂蝗属 Desmodium
						酢浆草科 Oxalidaceae	酢浆草属 Oxalis
			山灰蝶属 Shijimia			大麻科 Cannabaceae	葎草属 Humulus
						唇形科 Lamiaceae	鼠尾草属 Salvia
						苦苣苔科 Gesneriaceae	吊石苣苔属 Lysionotus
			玄灰蝶属 Tongeia			景天科 Crassulaceae	瓦松属 Orostachys、景天属 Sedum、伽蓝菜属 Kalanchoe、落地生根属 Bryophyllum、长生草属 Sempervivum
						苦苣苔科 Gesneriaceae	半蒴苣苔属 Hemiboea、长蒴苣苔属 Didymocarpus、苦苣苔属 Conandron、马铃苣苔属 Oreocharis
			丸灰蝶属组 Pithecops Section	丸灰蝶属 Pithecops		豆科 Fabaceae	山蚂蝗属 Desmodium
			利灰蝶属组 Lycaenopsis Section	璃灰蝶属 Celastrina		山茱萸科 Cornaceae	山茱萸属 Cornus
						五加科 Araliaceae	楤木属 Aralia、七叶树属 Aesculus
						芸香科 Rutaceae	吴茱萸属 Tetradium
						蔷薇科 Rosaceae	苹果属 Malus、李属 Prunus、珍珠梅属 Sorbaria、扁核木属 Prinsepia、白鹃梅属 Exochorda
						蓼科 Polygonaceae	虎杖属 Reynoutria
						壳斗科 Fagaceae	栎属 Quercus、柯属 Lithocarpus
						省沽油科 Staphyleaceae	省沽油属 Staphylea
						虎耳草科 Saxifragaceae	茶藨子属 Ribes
						唇形科 Lamiaceae	紫苏属 Perilla

科 Family	亚科 Subfamily	族 Tribe	属组 Section	属 Genus	纲 Class	科 Family	属 Genus
灰蝶科 Lycaenidae	眼灰蝶亚科 Polyommatinae	眼灰蝶族 Polyommatini	利灰蝶属组 Lycaenopsis Section	璃灰蝶属 Celastrina	双子叶植物纲 Dicotyledoneae	茶科 Theaceae	柃木属 Eurya
						豆科 Fabaceae	葛属 Pueraria、木蓝属 Indigofera、苦参属 Sophora、山蚂蝗属 Desmodium、野豌豆属 Vicia、胡枝子属 Lespedeza、紫藤属 Wisteria、鹿藿属 Rhynchosia、笐子梢属 Campylotropis、刺槐属 Robinia、崖豆藤属 Millettia、扁豆属 Lablab、山黑豆属 Dumasi、米口袋属 Gueldenstaedtia
						槭树科 Aceraceae	槭树属 Acer
						金虎尾科 Malpighiaceae	风筝果属 Hiptage
						无患子科 Sapindaceae	伞花木属 Eurycorymbus
						忍冬科 Caprifoliaceae	荚蒾属 Viburnum
						壳斗科 Fagaceae	栗属 Castanea、锥属 Castanopsis
				妩灰蝶属 Udara		壳斗科 Fagaceae	柯属 Lithocarpus、栎属 Quercus
				韫玉灰蝶属 Celatoxia		芸香科 Rutaceae	山小橘属 Glycosmis
				一点灰蝶属 Neopithecops			
			甜灰蝶属组 Glaucopsyche Section	靛灰蝶属 Caerulea		龙胆科 Gentianaceae	龙胆属 Gentiana
				霾灰蝶属 Maculinea		蔷薇科 Rosaceae	地榆属 Sanguisorba
				戈灰蝶属 Glaucopsyche		唇形科 Lamiaceae	百里香属 Thymus、香茶菜属 Isodon、青兰属 Dracocephalum
				白灰蝶属 Phengaris		豆科 Fabaceae	野豌豆属 Vicia
				珞灰蝶属 Scolitantides		唇形科 Lamiaceae	风轮菜属 Clinopodium
				扫灰蝶属 Subsulanoides		景天科 Crassulaceae	八宝属 Hylotelephium、景天属 Sedum、瓦松属 Orostachys
				欣灰蝶属 Shijimiaeoides		桑科 Moraceae	葎草属 Humulus
						豆科 Fabaceae	苦参属 Sophora
			棕灰蝶属组 Euchrysops Section	棕灰蝶属 Euchrysops		豆科 Fabaceae	豇豆属 Vigna
			眼灰蝶属组 Polyommatus Section	婀灰蝶属 Albulina		豆科 Fabaceae	黄耆属 Astragalus
				爱灰蝶属 Aricia		葱科 Alliaceae	葱属 Allium
						牻牛儿苗科 Geraniaceae	牻牛儿苗属 Erodium、老鹳草属 Geranium
				紫灰蝶属 Chilades		豆科 Fabaceae	扁豆属 Lablab、葛属 Pueraria
						芸香科 Rutaceae	酒饼簕属 Atalantia
					苏铁纲 Cycadopsida	苏铁科 Cycadaceae	苏铁属 Cycas

续表

科 Family	亚科 Subfamily	族 Tribe	属组 Section	属 Genus	纲 Class	科 Family	属 Genus
灰蝶科 Lycaenidae	眼灰蝶亚科 Polyommatinae	眼灰蝶族 Polyommatini	眼灰蝶属组 *Polyommatus* Section	豆灰蝶属 *Plebejus*	双子叶植物纲 Dicotyledoneae	豆科 Fabaceae	大豆属 *Glycine*、豇豆属 *Vigna*、苜蓿属 *Medicago*、黄耆属 *Astragalus*、岩黄耆属 *Hedysarum*
						菊科 Asteraceae	蓟属 *Cirsium*、蒿属 *Artemisia*
						蓼科 Polygonaceae	虎杖属 *Reynoutria*
						桑寄生科 Loranthaceae	桑寄生属 *Loranthus*
						杜鹃花科 Ericaceae	越橘属 *Vaccinium*
				红珠灰蝶属 *Lycaeides*		豆科 Fabaceae	黄耆属 *Astragalus*、野豌豆属 *Vicia*、木蓝属 *Indigofera*、小冠花属 *Coronilla*、苜蓿属 *Medicago*、草木犀属 *Melilotus*、车轴草属 *Trifolium*、百脉根属 *Lotus*、驴食草属 *Onobrychis*、米口袋属 *Gueldenstaedtia*
						白花丹科 Plumbaginaceae	补血草属 *Limonium*
				点灰蝶属 *Agrodiaetus*		豆科 Fabaceae	野豌豆属 *Vicia*、牧地山黧豆属 *Lathyrus*、苜蓿属 *Medicago*
				埃灰蝶属 *Eumedonia*		牻牛儿苗科 Geraniaceae	老鹳草属 *Geranium*
				酷灰蝶属 *Cyaniris*		豆科 Fabaceae	野豌豆属 *Vicia*、草木犀属 *Melilotus*
				眼灰蝶属 *Polyommatus*		豆科 Fabaceae	米口袋属 *Gueldenstaedtia*、野豌豆属 *Vicia*、棘豆属 *Oxytropis*、百脉根属 *Lotus*、车轴草属 *Trifolium*、黄耆属 *Astragalus*、苜蓿属 *Medicago*、鹰嘴豆属 *Cicer*
弄蝶科 Hesperiidae	竖翅弄蝶亚科 Coeliadinae			伞弄蝶属 *Bibasis*		五加科 Araliaceae	刺楸属 *Kalopanax*、鹅掌柴属 *Schefflera*、刺通草属 *Trevesia*、常春藤属 *Hedera*、树参属 *Dendropanax*
						紫金牛科 Myrsinaceae	酸藤子属 *Embelia*
						肉豆蔻科 Myristicaceae	风吹楠属 *Horsfieldia*
				趾弄蝶属 *Hasora*		豆科 Fabaceae	密花豆属 *Spatholobus*、鸡血藤属 *Callerya*、冷饭藤属 *Kadsura*、红豆属 *Ormosia*、水黄皮属 *Pongamia*、崖豆藤属 *Millettia*、鱼藤属 *Derris*
						芸香科 Rutaceae	黄皮属 *Clausena*
						清风藤科 Sabiaceae	清风藤属 *Sabia*、泡花树属 *Meliosma*
						豆科 Fabaceae	含羞草属 *Mimosa*
						防己科 Menispermaceae	密花藤属 *Pycnarrhena*
				绿弄蝶属 *Choaspes*	单子叶植物纲 Monocotyledoneae	菝葜科 Smilacaceae	菝葜属 *Smilax*

蝴蝶 Butterfly					寄主 Host		
科 Family	亚科 Subfamily	族 Tribe	属组 Section	属 Genus	纲 Class	科 Family	属 Genus
弄蝶科 Hesperiidae	花弄蝶亚科 Pyrginae	星弄蝶族 Celaenorrhinini		大弄蝶属 Capila	双子叶植物纲 Dicotyledoneae	樟科 Lauraceae	樟属 Cinnamomum
				带弄蝶属 Lobocla		豆科 Fabaceae	木蓝属 Indigofera、胡枝子属 Lespedeza
						壳斗科 Fagaceae	栎属 Quercus
					单子叶植物纲 Monocotyledoneae	姜科 Zingiberaceae	姜黄属 Curcuma、山姜属 Alpinia
						百合科 Liliaceae	
						禾本科 Gramineae	
		珠弄蝶族 Erynnini		星弄蝶属 Celaenorrhinus	双子叶植物纲 Dicotyledoneae	爵床科 Acanthaceae	马蓝属 Strobilanthes
						荨麻科 Urticaceae	冷水花属 Pilea
						木犀科 Oleaceae	
				珠弄蝶属 Erynnis		壳斗科 Fagaceae	栎属 Quercus、水青冈属 Fagus
						豆科 Fabaceae	百脉根属 Lotus、马蹄豆属 Hippocrepis、黄耆属 Astragalus
				白弄蝶属 Abraximorpha		蔷薇科 Rosaceae	悬钩子属 Rubus
		裙弄蝶族 Tagiadini		黑弄蝶属 Daimio		壳斗科 Fagaceae	栎属 Quercus
					单子叶植物纲 Monocotyledoneae	天南星科 Araceae	芋属 Colocasia
						薯蓣科 Dioscoreaceae	薯蓣属 Dioscorea
		花弄蝶族 Pyrgini		捷弄蝶属 Gerosis	双子叶植物纲 Dicotyledoneae	豆科 Fabaceae	黄檀属 Dalbergia
						樟科 Lauraceae	樟属 Cinnamomum
				飒弄蝶属 Satarupa		芸香科 Rutaceae	花椒属 Zanthoxylum、吴茱萸属 Tetradium、黄檗属 Phellodendron、飞龙掌血属 Toddalia
				窗弄蝶属 Coladenia		蔷薇科 Rosaceae	悬钩子属 Rubus
				襟弄蝶属 Pseudocoladenia		苋科 Amaranthaceae	牛膝属 Achyranthes
						豆科 Fabaceae	含羞草属 Mimosa
						唇形科 Lamiaceae	紫苏属 Perilla
				花弄蝶属 Pyrgus		蔷薇科 Rosaceae	龙牙草属 Agrimonia、蛇莓属 Duchesnea、悬钩子属 Rubus、草莓属 Fragaria、绣线菊属 Spiraea、委陵菜属 Potentilla
						虎耳草科 Saxifragaceae	茶藨子属 Ribes
						三白草科 Saururaceae	三白草属 Saururus
						远志科 Polygalaceae	远志属 Polygala
				点弄蝶属 Muschampia		唇形科 Lamiaceae	糙苏属 Phlomis

总论 General Introduction

续表

总论 General Introduction

蝴蝶 Butterfly					寄主 Host		
科 Family	亚科 Subfamily	族 Tribe	属组 Section	属 Genus	纲 Class	科 Family	属 Genus
弄蝶科 Hesperiidae	链弄蝶亚科 Heteropterinae	链弄蝶族 Heteropterini		链弄蝶属 Heteropterus	单子叶植物纲 Monocotyledoneae	禾本科 Gramineae	早熟禾属 Poa、麦氏草属 Molinia、拂子茅属 Calamagrostis、短柄草属 Brachypodium
						莎草科 Cyperaceae	羊胡子草属 Eriophorum
				小弄蝶属 Leptalina		禾本科 Gramineae	芒属 Miscanthus、白茅属 Imperata、稻属 Oryza、芦苇属 Phragmites、狗尾草属 Setaria
				舟弄蝶属 Barca		禾本科 Gramineae	
					双子叶植物纲 Dicotyledoneae	豆科 Fabaceae	
		银弄蝶族 Carterocephalini		银弄蝶属 Carterocephalus	单子叶植物纲 Monocotyledoneae	禾本科 Gramineae	短柄草属 Brachypodium、雀麦属 Bromus
	弄蝶亚科 Hesperiinae	钩弄蝶族 Ancistroidini		袖弄蝶属 Notocrypta		姜科 Zingiberaceae	山姜属 Alpinia、姜黄属 Curcuma、山奈属 Kaempferia、姜属 Zingiber
				腌翅弄蝶属 Astictopterus		禾本科 Gramineae	芒属 Miscanthus、马唐属 Digitaria
				姜弄蝶属 Udaspes		姜科 Zingiberaceae	姜属 Zingiber、山姜属 Alpinia、姜花属 Hedychium
		酣弄蝶族 Halpini		锷弄蝶属 Aeromachus		禾本科 Gramineae	大油芒属 Spodiopogon、稻属 Oryza、芒属 Miscanthus
				酣弄蝶属 Halpe		禾本科 Gramineae	
				陀弄蝶属 Thoressa		禾本科 Gramineae	箬竹属 Indocalamus
		刺胫弄蝶族 Baorini		刺胫弄蝶属 Baoris		禾本科 Gramineae	箬竹属 Indocalamus、簕竹属 Bambusa、刚竹属 Phyllostachys
				珂弄蝶属 Caltoris		禾本科 Gramineae	簕竹属 Bambusa、唐竹属 Sinobambusa、玉山竹属 Yushania
				籼弄蝶属 Borbo		禾本科 Gramineae	芒属 Miscanthus、柳叶箬属 Isachne、臂形草属 Brachiaria、黍属 Panicum、地毯草属 Axonopus、水蔗草属 Apluda、狼尾草属 Pennisetum、蒺藜草属 Cenchrus、稻属 Oryza、马唐属 Digitaria、穇属 Eleusine、雀稗属 Paspalum、狗尾草属 Setaria
				拟籼弄蝶属 Pseudoborbo		禾本科 Gramineae	稻属 Oryza

蝴蝶 Butterfly					寄主 Host		
科 Family	亚科 Subfamily	族 Tribe	属组 Section	属 Genus	纲 Class	科 Family	属 Genus
弄蝶科 Hesperiidae	弄蝶亚科 Hesperiinae	刺胫弄蝶族 Baorini		稻弄蝶属 Parnara	单子叶植物纲 Monocotyledoneae	禾本科 Gramineae	稻属 Oryza、高粱属 Sorghum、玉蜀黍属 Zea、菰属 Zizania、甘蔗属 Saccharum、狼尾草属 Pennisetum、稗属 Echinochloa、雀稗属 Paspalum、水蔗草属 Apluda、细柄草属 Capillipedium、白茅属 Imperata、芒属 Miscanthus、假稻属 Leersia、莠竹属 Microstegium、刚竹属 Phyllostachys、筱竹属 Thamnocalamus、大麦属 Hordeum、狗尾草属 Setaria、芦苇属 Phragmites
					双子叶植物纲 Dicotyledoneae	十字花科 Brassicaceae	芸薹属 Brassica
				谷弄蝶属 Pelopidas	单子叶植物纲 Monocotyledoneae	天南星科 Araceae	半夏属 Pinellia
						禾本科 Gramineae	稻属 Oryza、芒属 Miscanthus、狼尾草属 Pennisetum、狗尾草属 Setaria、芦苇属 Phragmites、稗属 Echinochloa、菰属 Zizania、高粱属 Sorghum、雀稗属 Paspalum、玉蜀黍属 Zea、黍属 Panicum、鸭嘴草属 Ischaemum、穆属 Eleusine、臂形草属 Brachiaria、细柄草属 Capillipedium、莠竹属 Microstegium、白茅属 Imperata、水蔗草属 Apluda、甘蔗属 Saccharum、藤竹属 Dinochloa、须芒草属 Andropogon、簕竹属 Bambusa
				孔弄蝶属 Polytremis		禾本科 Gramineae	棕叶芦属 Thysanolaena、求米草属 Oplismenus、芦竹属 Arundo、稻属 Oryza、芦苇属 Phragmites、芒属 Miscanthus、狗尾草属 Setaria、箭竹属 Fargesia、稗属 Echinochloa、箬竹属 Indocalamus、刚竹属 Phyllostachys、莠竹属 Microstegium、白茅属 Imperata
		弄蝶族 Hesperiini		赭弄蝶属 Ochlodes		莎草科 Cyperaceae	莎草属 Cyperus、薹草属 Carex
						禾本科 Gramineae	芒属 Miscanthus、求米草属 Oplismenus、短柄草属 Brachypodium、拂子茅属 Calamagrostis、莠竹属 Microstegium
					双子叶植物纲 Dicotyledoneae	豆科 Fabaceae	
				弄蝶属 Hesperia		豆科 Fabaceae	小冠花属 Coronilla

续表

蝴蝶 Butterfly					寄主 Host		
科 Family	亚科 Subfamily	族 Tribe	属组 Section	属 Genus	纲 Class	科 Family	属 Genus
弄蝶科 Hesperiidae	弄蝶亚科 Hesperiinae	弄蝶族 Hesperiini		弄蝶属 Hesperia	单子叶植物纲 Monocotyledoneae	禾本科 Gramineae	早熟禾属 Poa、羊茅属 Festuca
						莎草科 Cyperaceae	薹草属 Carex
		豹弄蝶族 Thymelicini		豹弄蝶属 Thymelicus		禾本科 Gramineae	鹅观草属 Roegneria、藨草属 Phalaris、拂子茅属 Calamagrostis、冰草属 Agropyron、羊茅属 Festuca、雀麦属 Bromus、短柄草属 Brachypodium、偃麦草属 Elytrigia、梯牧草属 Phleum、发草属 Deschampsia、鸭茅属 Dactylis、燕麦草属 Arrhenatherum
						莎草科 Cyperaceae	薹草属 Carex
		旖弄蝶族 Isoteinonini		旖弄蝶属 Isoteinon		禾本科 Gramineae	芒属 Miscanthus、求米草属 Oplismenus、芦竹属 Arundo、白茅属 Imperata
				蕉弄蝶属 Erionota		棕榈科 Palmae	铺葵属 Livistona、棕榈属 Trachycarpus
						美人蕉科 Cannaceae	美人蕉属 Canna
						芭蕉科 Musaceae	芭蕉属 Musa
				玛弄蝶属 Matapa		禾本科 Gramineae	刚竹属 Phyllostachys、箣竹属 Bambusa
		黄弄蝶族 Taractrocerini		长标弄蝶属 Telicota		禾本科 Gramineae	狗尾草属 Setaria
						莎草科 Cyperaceae	
						棕榈科 Palmae	
						须叶藤科 Flagellariaceae	
				黄室弄蝶属 Potanthus		禾本科 Gramineae	芒属 Miscanthus、野青茅属 Deyeuxia、马唐属 Digitaria、白茅属 Imperata、箣竹属 Bambusa
		黄斑弄蝶族 Ampittiini		黄斑弄蝶属 Ampittia		禾本科 Gramineae	假稻属 Leersia、稻属 Oryza、甘蔗属 Saccharum、芒属 Miscanthus、玉蜀黍属 Zea

六、大秦岭蝴蝶的种类与地理分布

大秦岭是中国南北地理和气候的分界线及长江、黄河两大水系的分水岭，也是古北区与东洋区两大动物地理区系的分界线和过渡地带，其高大的山体及其对南北气候的屏障作用，使生物在种类分布上具有明显的南北差异，为多种生物的生存繁衍创造了条件。

（一）大秦岭蝴蝶各属的地理分布

由表 6 及表 7 可知，大秦岭蝴蝶共有 5 科 266 属，各属的世界地理分布可归纳为 22 种分布型，其中古北区与东洋区共有分布型，其属的数量最多，为 96 属，所占比例约为 36.09%；古北区特有属分布型计 28 属，占比约为 10.53%；东洋区特有属分布型计 53 属，占比约为 19.92%。

表 6　大秦岭蝴蝶各属在世界动物区系中的分布
Table 6　Distribution of genera of butterflies in the world fauna

序号 No.	科、亚科及属名 Family, subfamily and genus	古北区 Palaearctic Region	东洋区 Oriental Region	澳洲区 Australian Region	新北区 Nearctic Region	新热带区 Neotropical Region	非洲区 Ethiopian Region
一	凤蝶科 Papilionidae						
（一）	凤蝶亚科 Papilioninae						
1	裳凤蝶属 Troides	+	+				
2	麝凤蝶属 Byasa	+	+				
3	珠凤蝶属 Pachliopta	+	+				
4	斑凤蝶属 Chilasa		+				
5	凤蝶属 Papilio	+	+	+	+	+	+
6	宽尾凤蝶属 Agehana		+				
7	青凤蝶属 Graphium	+	+	+			+
8	纹凤蝶属 Paranticopsis		+				
9	剑凤蝶属 Pazala	+	+				
10	旖凤蝶属 Iphiclides	+					+
11	钩凤蝶属 Meandrusa		+				
（二）	锯凤蝶亚科 Zerynthiinae						
12	丝带凤蝶属 Sericinus	+	+				
13	尾凤蝶属 Bhutanitis	+	+				

续表

序号 No.	科、亚科及属名 Family, subfamily and genus	古北区 Palaearctic Region	东洋区 Oriental Region	澳洲区 Australian Region	新北区 Nearctic Region	新热带区 Neotropical Region	非洲区 Ethiopian Region
14	虎凤蝶属 *Luehdorfia*	+	+				
(三)	**绢蝶亚科 Parnassiinae**						
15	绢蝶属 *Parnassius*	+			+		
二	**粉蝶科 Pieridae**						
(四)	**黄粉蝶亚科 Coliadinae**						
16	迁粉蝶属 *Catopsilia*		+	+			+
17	方粉蝶属 *Dercas*		+				
18	豆粉蝶属 *Colias*	+			+	+	
19	黄粉蝶属 *Eurema*	+	+	+	+	+	+
20	钩粉蝶属 *Gonepteryx*	+	+				
(五)	**粉蝶亚科 Pierinae**						
21	斑粉蝶属 *Delias*		+	+			
22	绢粉蝶属 *Aporia*	+	+				
23	妹粉蝶属 *Mesapia*	+					
24	园粉蝶属 *Cepora*		+				
25	粉蝶属 *Pieris*	+	+	+	+	+	+
26	云粉蝶属 *Pontia*	+			+		+
27	飞龙粉蝶属 *Talbotia*		+				
28	襟粉蝶属 *Anthocharis*	+	+				
(六)	**袖粉蝶亚科 Dismorphiinae**						
29	小粉蝶属 *Leptidea*	+	+				
三	**蛱蝶科 Nymphalidae**						
(七)	**喙蝶亚科 Libytheinae**						
30	喙蝶属 *Libythea*	+	+	+			+
(八)	**斑蝶亚科 Danainae**						
31	斑蝶属 *Danaus*		+	+	+	+	+
32	青斑蝶属 *Tirumala*	+	+	+			+
33	绢斑蝶属 *Parantica*		+	+			
(九)	**螯蛱蝶亚科 Charaxinae**						
34	尾蛱蝶属 *Polyura*	+	+				
35	螯蛱蝶属 *Charaxes*	+	+	+			+
(十)	**绢蛱蝶亚科 Calinaginae**						
36	绢蛱蝶属 *Calinaga*	+	+				
(十一)	**袖蛱蝶亚科 Heliconiinae**						
37	锯蛱蝶属 *Cethosia*		+	+			
38	珍蝶属 *Acraea*		+	+		+	+

序号 No.	科、亚科及属名 Family, subfamily and genus	古北区 Palaearctic Region	东洋区 Oriental Region	澳洲区 Australian Region	新北区 Nearctic Region	新热带区 Neotropical Region	非洲区 Ethiopian Region
39	豹蛱蝶属 *Argynnis*	+	+				
40	斐豹蛱蝶属 *Argyreus*	+	+				
41	老豹蛱蝶属 *Argyronome*	+	+				
42	云豹蛱蝶属 *Nephargynnis*	+	+				
43	小豹蛱蝶属 *Brenthis*	+					
44	青豹蛱蝶属 *Damora*	+	+				
45	银豹蛱蝶属 *Childrena*	+	+				
46	斑豹蛱蝶属 *Speyeria*	+			+		
47	福蛱蝶属 *Fabriciana*	+	+				
48	珠蛱蝶属 *Issoria*	+	+				+
49	宝蛱蝶属 *Boloria*	+			+		+
50	珍蛱蝶属 *Clossiana*	+	+		+		
（十二）	**线蛱蝶亚科 Limenitinae**						
51	翠蛱蝶属 *Euthalia*		+				
52	线蛱蝶属 *Limenitis*	+	+		+		
53	带蛱蝶属 *Athyma*	+	+				
54	娄蛱蝶属 *Litinga*	+	+				
55	苾蛱蝶属 *Patsuia*	+	+				
56	俳蛱蝶属 *Parasarpa*	+	+				
57	婀蛱蝶属 *Abrota*		+				
58	锦瑟蛱蝶属 *Seokia*	+					
59	奥蛱蝶属 *Auzakia*		+				
60	姹蛱蝶属 *Chalinga*		+				
61	蟠蛱蝶属 *Pantoporia*	+	+	+			
62	环蛱蝶属 *Neptis*	+	+	+			+
63	菲蛱蝶属 *Phaedyma*		+				
64	伞蛱蝶属 *Aldania*	+	+				
（十三）	**秀蛱蝶亚科 Pseudergolinae**						
65	秀蛱蝶属 *Pseudergolis*	+	+				

序号 No.	科、亚科及属名 Family, subfamily and genus	古北区 Palaearctic Region	东洋区 Oriental Region	澳洲区 Australian Region	新北区 Nearctic Region	新热带区 Neotropical Region	非洲区 Ethiopian Region
66	电蛱蝶属 *Dichorragia*		+				
67	饰蛱蝶属 *Stibochiona*		+				
（十四）	**丝蛱蝶亚科 Cyrestinae**						
68	丝蛱蝶属 *Cyrestis*		+				
（十五）	**闪蛱蝶亚科 Apaturinae**						
69	闪蛱蝶属 *Apatura*	+	+				
70	迷蛱蝶属 *Mimathyma*	+	+				
71	铠蛱蝶属 *Chitoria*	+	+				
72	猫蛱蝶属 *Timelaea*	+	+				
73	窗蛱蝶属 *Dilipa*	+	+				
74	累积蛱蝶属 *Lelecella*	+					
75	帅蛱蝶属 *Sephisa*	+	+				
76	白蛱蝶属 *Helcyra*	+	+				
77	脉蛱蝶属 *Hestina*	+	+				
78	紫蛱蝶属 *Sasakia*	+					
（十六）	**蛱蝶亚科 Nymphalinae**						
79	枯叶蛱蝶属 *Kallima*		+				
80	斑蛱蝶属 *Hypolimnas*		+	+	+	+	+
81	眼蛱蝶属 *Junonia*		+				
82	麻蛱蝶属 *Aglais*	+			+		
83	红蛱蝶属 *Vanessa*	+	+	+	+	+	+
84	蛱蝶属 *Nymphalis*	+			+		
85	琉璃蛱蝶属 *Kaniska*	+	+				
86	钩蛱蝶属 *Polygonia*	+	+		+		+
87	孔雀蛱蝶属 *Inachis*	+					
88	盛蛱蝶属 *Symbrenthia*	+	+	+			
89	蜘蛱蝶属 *Araschnia*	+	+				
90	网蛱蝶属 *Melitaea*	+	+		+		+
91	蜜蛱蝶属 *Mellicta*	+					
（十七）	**环蝶亚科 Amathusiinae**						

序号 No.	科、亚科及属名 Family, subfamily and genus	古北区 Palaearctic Region	东洋区 Oriental Region	澳洲区 Australian Region	新北区 Nearctic Region	新热带区 Neotropical Region	非洲区 Ethiopian Region
92	方环蝶属 *Discophora*		+				
93	串珠环蝶属 *Faunis*	+	+				
94	箭环蝶属 *Stichophthalma*	+	+				
（十八）	**眼蝶亚科 Satyrinae**						
95	暮眼蝶属 *Melanitis*	+	+	+			+
96	黛眼蝶属 *Lethe*	+	+				
97	荫眼蝶属 *Neope*	+	+				
98	宁眼蝶属 *Ninguta*	+	+				
99	丽眼蝶属 *Mandarinia*	+	+				
100	网眼蝶属 *Rhaphicera*		+				
101	带眼蝶属 *Chonala*		+				
102	藏眼蝶属 *Tatinga*	+	+				
103	链眼蝶属 *Lopinga*	+	+				
104	毛眼蝶属 *Lasiommata*	+					+
105	多眼蝶属 *Kirinia*	+	+				
106	眉眼蝶属 *Mycalesis*	+	+	+			
107	斑眼蝶属 *Penthema*		+				
108	粉眼蝶属 *Callarge*	+	+				
109	凤眼蝶属 *Neorina*	+	+				
110	颠眼蝶属 *Acropolis*		+				
111	绢眼蝶属 *Davidina*	+					
112	白眼蝶属 *Melanargia*	+					+
113	眼蝶属 *Satyrus*	+	+				
114	蛇眼蝶属 *Minois*	+	+				
115	拟酒眼蝶属 *Paroeneis*	+					
116	林眼蝶属 *Aulocera*	+					
117	云眼蝶属 *Hyponephele*	+					
118	寿眼蝶属 *Pseudochazara*	+					+
119	仁眼蝶属 *Hipparchia*	+					+

序号 No.	科、亚科及属名 Family, subfamily and genus	古北区 Palaearctic Region	东洋区 Oriental Region	澳洲区 Australian Region	新北区 Nearctic Region	新热带区 Neotropical Region	非洲区 Ethiopian Region
120	岩眼蝶属 *Chazara*	+					+
121	矍眼蝶属 *Ypthima*	+	+	+			+
122	古眼蝶属 *Palaeonympha*	+	+				
123	艳眼蝶属 *Callerebia*	+	+				
124	舜眼蝶属 *Loxerebia*	+	+				
125	酒眼蝶属 *Oeneis*	+			+		
126	山眼蝶属 *Paralasa*	+					
127	珍眼蝶属 *Coenonympha*	+			+		+
128	阿芬眼蝶属 *Aphantopus*	+					
129	红眼蝶属 *Erebia*	+			+		
四	**灰蝶科 Lycaenidae**						
(十九)	**蚬蝶亚科 Riodininae**						
130	豹蚬蝶属 *Takashia*	+	+				
131	小蚬蝶属 *Polycaena*	+	+				
132	褐蚬蝶属 *Abisara*		+				+
133	白蚬蝶属 *Stiboges*		+				
134	波蚬蝶属 *Zemeros*		+				
135	尾蚬蝶属 *Dodona*		+	+			
(二十)	**云灰蝶亚科 Miletinae**						
136	云灰蝶属 *Miletus*		+	+			
137	蚜灰蝶属 *Taraka*	+	+	+			
(二十一)	**银灰蝶亚科 Curetinae**						
138	银灰蝶属 *Curetis*	+	+	+			
(二十二)	**线灰蝶亚科 Theclinae**						
139	诗灰蝶属 *Shirozua*	+	+				
140	线灰蝶属 *Thecla*	+					
141	赭灰蝶属 *Ussuriana*	+	+				
142	精灰蝶属 *Artopoetes*	+					
143	工灰蝶属 *Gonerilia*	+	+				

序号 No.	科、亚科及属名 Family, subfamily and genus	古北区 Palaearctic Region	东洋区 Oriental Region	澳洲区 Australian Region	新北区 Nearctic Region	新热带区 Neotropical Region	非洲区 Ethiopian Region
144	珂灰蝶属 *Cordelia*	+	+				
145	黄灰蝶属 *Japonica*	+	+				
146	陕灰蝶属 *Shaanxiana*	+	+				
147	青灰蝶属 *Antigius*	+	+				
148	癞灰蝶属 *Araragi*	+	+				
149	三枝灰蝶属 *Saigusaozephyrus*	+	+				
150	冷灰蝶属 *Ravenna*		+				
151	翠灰蝶属 *Neozephyrus*	+	+				
152	金灰蝶属 *Chrysozephyrus*	+	+				
153	江琦灰蝶属 *Esakiozephyrus*		+				
154	艳灰蝶属 *Favonius*	+	+				
155	何华灰蝶属 *Howarthia*		+				
156	柴谷灰蝶属 *Sibataniozephyrus*		+				
157	铁灰蝶属 *Teratozephyrus*		+				
158	华灰蝶属 *Wagimo*	+	+				
159	丫灰蝶属 *Amblopala*	+	+				
160	祖灰蝶属 *Protantigius*	+	+				
161	珠灰蝶属 *Iratsume*	+	+				
162	燕灰蝶属 *Rapala*	+	+	+			
163	秦灰蝶属 *Qinorapala*	+					
164	生灰蝶属 *Sinthusa*		+				
165	玳灰蝶属 *Deudorix*	+	+				+
166	梳灰蝶属 *Ahlbergia*	+	+				
167	齿轮灰蝶属 *Novosatsuma*	+	+				
168	始灰蝶属 *Cissatsuma*	+	+				
169	洒灰蝶属 *Satyrium*	+	+		+		
170	新灰蝶属 *Neolycaena*	+					
171	娆灰蝶属 *Arhopala*	+	+	+			
172	花灰蝶属 *Flos*		+				

总论 General Introduction

续表

序号 No.	科、亚科及属名 Family, subfamily and genus	古北区 Palaearctic Region	东洋区 Oriental Region	澳洲区 Australian Region	新北区 Nearctic Region	新热带区 Neotropical Region	非洲区 Ethiopian Region
173	玛灰蝶属 *Mahathala*		+				
174	银线灰蝶属 *Spindasis*	+	+				+
175	珀灰蝶属 *Pratapa*		+				
176	双尾灰蝶属 *Tajuria*		+				
（二十三）	**灰蝶亚科 Lycaeninae**						
177	灰蝶属 *Lycaena*	+	+		+		+
178	昙灰蝶属 *Thersamonia*	+	+				+
179	貉灰蝶属 *Heodes*	+	+				
180	呃灰蝶属 *Athamanthia*	+					
181	古灰蝶属 *Palaeochrysophanus*	+					
182	彩灰蝶属 *Heliophorus*		+				
（二十四）	**眼灰蝶亚科 Polyommatinae**						
183	黑灰蝶属 *Niphanda*	+	+	+			
184	锯灰蝶属 *Orthomiella*		+				
185	雅灰蝶属 *Jamides*		+	+			
186	亮灰蝶属 *Lampides*	+	+	+			+
187	吉灰蝶属 *Zizeeria*		+				
188	毛眼灰蝶属 *Zizina*		+				
189	酢浆灰蝶属 *Pseudozizeeria*	+	+				
190	枯灰蝶属 *Cupido*	+	+	+		+	
191	蓝灰蝶属 *Everes*	+	+	+			
192	山灰蝶属 *Shijimia*	+	+				
193	玄灰蝶属 *Tongeia*	+	+				
194	驳灰蝶属 *Bothrinia*	+	+				
195	丸灰蝶属 *Pithecops*	+	+	+			
196	璃灰蝶属 *Celastrina*	+	+	+	+		
197	妩灰蝶属 *Udara*	+	+	+			
198	韫玉灰蝶属 *Celatoxia*		+				
199	一点灰蝶属 *Neopithecops*		+				

序号 No.	科、亚科及属名 Family, subfamily and genus	古北区 Palaearctic Region	东洋区 Oriental Region	澳洲区 Australian Region	新北区 Nearctic Region	新热带区 Neotropical Region	非洲区 Ethiopian Region
200	靛灰蝶属 *Caerulea*	+	+				
201	霾灰蝶属 *Maculinea*	+					
202	戈灰蝶属 *Glaucopsyche*	+	+		+		+
203	白灰蝶属 *Phengaris*		+				
204	珞灰蝶属 *Scolitantides*	+					
205	扫灰蝶属 *Subsulanoides*	+					
206	欣灰蝶属 *Shijimiaeoides*	+					
207	棕灰蝶属 *Euchrysops*		+	+			+
208	婀灰蝶属 *Albulina*	+	+				
209	爱灰蝶属 *Aricia*	+					
210	紫灰蝶属 *Chilades*		+	+			+
211	豆灰蝶属 *Plebejus*	+					
212	红珠灰蝶属 *Lycaeides*	+					
213	点灰蝶属 *Agrodiaetus*	+	+				
214	埃灰蝶属 *Eumedonia*	+	+				
215	酷灰蝶属 *Cyaniris*	+	+				+
216	眼灰蝶属 *Polyommatus*	+					
五	**弄蝶科 Hesperiidae**						
（二十五）	**竖翅弄蝶亚科 Coeliadinae**						
217	伞弄蝶属 *Bibasis*	+	+	+			
218	趾弄蝶属 *Hasora*		+	+			
219	绿弄蝶属 *Choaspes*		+	+			+
（二十六）	**花弄蝶亚科 Pyrginae**						
220	大弄蝶属 *Capila*		+	+			
221	带弄蝶属 *Lobocla*	+	+				
222	星弄蝶属 *Celaenorrhinus*	+	+	+	+	+	+
223	珠弄蝶属 *Erynnis*	+	+		+	+	
224	白弄蝶属 *Abraximorpha*	+	+				
225	黑弄蝶属 *Daimio*	+	+				

序号 No.	科、亚科及属名 Family, subfamily and genus	古北区 Palaearctic Region	东洋区 Oriental Region	澳洲区 Australian Region	新北区 Nearctic Region	新热带区 Neotropical Region	非洲区 Ethiopian Region
226	捷弄蝶属 *Gerosis*	+	+				
227	飒弄蝶属 *Satarupa*	+	+				
228	窗弄蝶属 *Coladenia*	+	+				
229	襟弄蝶属 *Pseudocoladenia*		+				
230	梳翅弄蝶属 *Ctenoptilum*	+	+				
231	花弄蝶属 *Pyrgus*	+	+		+		+
232	点弄蝶属 *Muschampia*	+					
（二十七）	**链弄蝶亚科 Heteropterinae**						
233	链弄蝶属 *Heteropterus*	+	+				
234	小弄蝶属 *Leptalina*	+	+				
235	舟弄蝶属 *Barca*		+				
236	窄翅弄蝶属 *Apostictopterus*		+				
237	银弄蝶属 *Carterocephalus*	+	+		+		
（二十八）	**弄蝶亚科 Hesperiinae**						
238	袖弄蝶属 *Notocrypta*		+	+			
239	红标弄蝶属 *Koruthaialos*		+	+			
240	腌翅弄蝶属 *Astictopterus*		+	+			+
241	伊弄蝶属 *Idmon*		+	+			
242	姜弄蝶属 *Udaspes*		+				
243	锷弄蝶属 *Aeromachus*	+	+				
244	酣弄蝶属 *Halpe*		+				
245	讴弄蝶属 *Onryza*		+				
246	索弄蝶属 *Sovia*		+				
247	琶弄蝶属 *Pithauria*		+				
248	陀弄蝶属 *Thoressa*	+	+				
249	刺胫弄蝶属 *Baoris*		+				
250	珂弄蝶属 *Caltoris*		+	+			
251	籼弄蝶属 *Borbo*		+	+			
252	拟籼弄蝶属 *Pseudoborbo*		+	+			

序号 No.	科、亚科及属名 Family, subfamily and genus	古北区 Palaearctic Region	东洋区 Oriental Region	澳洲区 Australian Region	新北区 Nearctic Region	新热带区 Neotropical Region	非洲区 Ethiopian Region
253	稻弄蝶属 *Parnara*	+	+	+			+
254	谷弄蝶属 *Pelopidas*	+	+	+		+	+
255	孔弄蝶属 *Polytremis*	+	+				
256	赭弄蝶属 *Ochlodes*	+	+		+		
257	弄蝶属 *Hesperia*	+	+		+		+
258	豹弄蝶属 *Thymelicus*	+	+		+		+
259	旖弄蝶属 *Isoteinon*		+				
260	须弄蝶属 *Scobura*		+				
261	突须弄蝶属 *Arnetta*		+				+
262	蕉弄蝶属 *Erionota*	+	+				
263	玛弄蝶属 *Matapa*		+				
264	长标弄蝶属 *Telicota*		+	+			
265	黄室弄蝶属 *Potanthus*	+	+				
266	黄斑弄蝶属 *Ampittia*	+	+	+			

表 7　大秦岭蝴蝶各属在世界动物区系中的分布型

Table 7　Distribution patterns of butterfly genera in the world fauna

古北区 Palaearctic Region	东洋区 Oriental Region	澳洲区 Australian Region	新北区 Nearctic Region	新热带区 Neotropical Region	非洲区 Ethiopian Region	属的数量 Number of genera	所占比例 / % Percentage
+						28	10.53
	+					53	19.92
+	+					96	36.09
+			+			6	2.26
+					+	6	2.26
	+	+				15	5.64
	+				+	2	0.75
+	+	+				13	4.89
+	+		+			5	1.88
+	+				+	5	1.88
+			+	+		1	0.38
+			+		+	3	1.13
	+	+			+	5	1.88
+	+	+	+			1	0.38
+	+			+		1	0.38
+	+	+			+	9	3.38
+	+		+	+		1	0.38
+			+		+	7	2.63
	+	+		+	+	1	0.38
+	+	+		+	+	1	0.38
	+	+	+	+	+	2	0.75
+	+	+	+	+	+	5	1.88

（二）大秦岭蝴蝶的种类及地理分布

　　本志共记载大秦岭蝴蝶 5 科 266 属 915 种，大约为中国已知种类的 50%，可见大秦岭蝴蝶物种十分丰富，且中国特有种所占比例高，达 356 种，约占大秦岭分布蝴蝶总数的 38.91%。具体各种在国外、中国及大秦岭的分布见附录Ⅱ。

七、蝴蝶与人类的关系

（一）蝴蝶与人类文化生活

蝴蝶体态窈窕，艳丽多姿，在飞舞、吸食花蜜的过程中，既能帮助植物传授花粉、维持生态平衡，又能以其自身斑斓的色彩和丰富的图案点缀大自然。自古以来，蝴蝶与人类的关系就极为密切。历代的骚人墨客，不知为它们写下了多少脍炙人口的诗篇。李白诗曰："八月蝴蝶黄，双飞西园草。"杜甫写道："穿花蛱蝶深深见，点水蜻蜓款款飞。"宋代王安石有诗名曰《蝶》："翅轻于粉薄于缯，长被花牵不自胜。若信庄周尚非我，岂能投死为韩凭。"北宋另一位诗人谢逸一生写了300多首咏蝶诗，被后人称为"谢蝴蝶"，其诗句"狂随柳絮有时见，舞入梨花何处寻"，更是把蝴蝶的飘逸风姿写得出神入化。同是宋代诗人的薛季宣，其诗《游祝陵善权洞》写道："万古英台面，云泉响佩环。练衣归洞府，香雨落人间。蝶舞凝山魄，花开想玉颜。"人们把美丽的蝴蝶和自己的思想感情联系在了一起，因之而生的《蝶恋花》《玉蝴蝶》等辞章也蔚为大观。

在历代艺术作品中，以"蝶"为题材的有很多。早在先秦时期，《庄子》中就出现了蝴蝶的身影，"庄周梦蝶"随即成了文人墨客借物言志的重要题材，"蝶梦"也就成了梦幻的代称。南宋杨万里《宿新市徐公店》（二首）云："儿童急走追黄蝶，飞入菜花无处寻。"描述了黄粉蝶喜在黄色的油菜花中流连的情景，因为蝶的保护色，竟至蝶、花一色，难以辨认。唐祖咏《赠苗发员外》中有"丝长粉蝶飞"之句，说的就是尾突细长如丝、婀娜多姿的丝带凤蝶。明、清两代，蝶和花构成的图案代表着吉祥；蝶和花卉配合，使画面生动而自然。而成对的蝶还是爱情的象征，戏曲《梁山伯与祝英台》的结尾，即以男女主人公化为一对蝴蝶作为忠贞爱情的象征，由梁山伯与祝英台的爱情悲剧写成的一曲《梁祝》，不知感动了全世界多少人，其中"化蝶"一段的旋律更是优美动听，感人肺腑，寄托了人们对爱情和自由的向往。

历代画家也常以蝴蝶入画，北京故宫博物院就珍藏着一幅宋画《李安忠晴春蝶戏图》，画面清晰生动，十多只蝴蝶色彩鲜艳，风姿秀丽，画中各种蝴蝶的大小比例、形态特征以及色彩斑纹等，大都酷似实物，即使时隔千年，仍然能辨别出其属于南宋国都临安（今杭州）附近的蝶种，个别种类甚至可以明确无误地识别其雌雄。

蝴蝶是重要的仿生原型。以蛱蝶为题材的图画、工艺品、商标等随处可见，蛱蝶的天然色彩及形态常被应用到纺织、印染等领域。凤蝶标本可以展姿成各种形态，作为一种常见装饰，颇受欢迎。而在织物、刺绣、邮票以及工艺品中，能见到的蝴蝶图案就更多了。

蝴蝶的翅上有许多生物界的优美色彩。艺术家们利用美丽多姿的蝶翅拼贴成艺术价值很高的画作；在纺织工艺中，人们用光谱分析出蝴蝶翅色中的许多色谱，为服装设计者提供各种各样的调和色，可做镶边及服饰色彩的搭配；根据蝶翅的色彩和斑纹可设计出各种各样图案的花布；纺织品中的闪光也是利用了蝶翅的闪光原理，使织物从不同的角度呈现不同的颜色；另外，蝶翅的色彩在日用品设计、工艺设计，甚至建筑设计中都得到了应用。

综上所述，蝴蝶与我们的生活息息相关，有关它们的知识与趣闻还有很多很多，有待后来者进一步去探寻。

（二）蝴蝶的社会经济价值

蝴蝶作为一类资源昆虫，具有很高的利用价值，除用于科学研究和科普教育外，还可做成艺术品供人们欣赏，并可用于军事仿生学研究；同时又是重要的授粉昆虫，可供药用和食用等；还是环境监测的有效指示物种。

1. 物种多样性的重要组成部分

蝴蝶等昆虫作为动物界种类最多的类群，是自然生态系统物质和能量循环不可缺少的重要一环，对维护自然界的生态平衡起着重要的作用，可显示整个生态系统结构与功能的许多特征。其生物量在整个陆地生态系统中是惊人的，是自然界生物多样性的重要组成部分，具有其他物种无法替代的生态功能。蝴蝶等昆虫群落变化在很大程度上可以影响到生态系统食物网组成，因此也直接或间接地影响到较高等生物的分布和丰度。

2. 观赏、收藏及经济与艺术价值

许多蝴蝶色彩艳丽，飞行姿态优雅，具有极高的观赏价值，是世界上具有收藏价值的昆虫之一，从而成为珍贵的可开发生物资源。蝴蝶作为国际贸易商品，有着悠久的历史。它不仅能制作成可供观赏的美丽标本，而且精美的蝴蝶画、多种多样的蝴蝶工艺品也备受欢迎，具有较高的经济价值和收藏价值。

凤蝶在昆虫中是具有收藏价值的佼佼者，因为凤蝶多数为美丽的大型种类，包括很多珍稀名贵的蝴蝶。例如世界上最大的蝴蝶——翼凤蝶属（*Ornithoptera*）的蝴蝶种类，翅展可达250 mm以上；世界上最珍贵稀有的金斑喙凤蝶（*Teinopalpus aureus*），为中国特有种，是收藏家竞相收藏的珍品；还有从不同角度发出多彩光泽的荧光裳凤蝶（*Troides magellanus*）等。因此，国际贸易重要商品蝴蝶标本中，以凤蝶为主。

在国外及中国台湾、香港等地，都有大规模的蝴蝶贸易中心或企业，中国台湾以及日本已成为主要的蝴蝶进出口地区和国家。

3. 药用与营养价值

人们对蝴蝶进行抗癌功能分析研究发现，稻暮眼蝶 *Melanitis leda* 等蝴蝶体内含有抗癌活性物质，蝴蝶的色素异黄嘌呤已被证明有抗癌活性。黄斑蕉弄蝶 *Erionota torus* 的干燥幼虫、成虫入药，有清热解毒、消肿止痛的功效，可用于治疗化脓性中耳炎；李时珍在《本草纲目》中记述了金凤蝶 *Papilio (Papilio) machaon* 幼虫（茴香虫）以酒醉死，焙干研成粉可治胃病、小肠气，还具有壮阳功效；中医入药的还有柑橘凤蝶 *Papilio (Sinoprinceps) xuthus*、菜粉蝶 *Pieris rapae* 等。相当大一部分蝴蝶的寄主植物本身就是中药材，包括凤蝶属 *Papilio* spp. 的寄主芸香科 Rutaceae 植物，裳凤蝶属 *Troides* spp.、麝凤蝶属 *Byasa* spp. 和尾凤蝶属 *Bhutanitis* spp. 的寄主马兜铃属 *Aristolochia* spp. 植物等，以之为食的蝴蝶各个虫态的药用成分很有开发潜力。蝴蝶幼虫、蛹以及成虫含高蛋白，可食用或作为饲料；弄蝶科 Hesperiidae、粉蝶科 Pieridae 和以芸香科植物为寄主的凤蝶属 *Papilio* 的许多幼虫可以食用；绿翅弄蝶 *Rhopalocampta libeon* 幼虫作为食品在刚果被大量收集；大弄蝶科 Megathymidae 的一些幼虫在墨西哥被制成罐头出口，作为餐前小吃等。

研究蝴蝶的药用价值、分离有效成分、探究其化学结构与抗癌功效的关系，有助于设计合成高效抗癌药物，这是很有发展前景的领域。

4. 为显花植物授粉

据估计，自然界中有 80% 的高等植物的授粉靠昆虫来完成，而蝴蝶是其中重要的一类授粉昆虫。在自然界长期的进化过程中，蝴蝶与植物相互适应，协同进化，形成了较为稳定的互利关系，授粉行为就是表现之一，在生态系统中起着不可低估的作用。其传粉作用居膜翅目、双翅目和鞘翅目之后，排第四位，给人类带来了巨大的经济效益。同时，这些美丽的蝴蝶和显花植物一道，构成了自然界缤纷的景观。

5. 科学研究和教育价值

蝴蝶在昆虫学、植物进化及环境科学领域都有重要的研究价值，是进行遗传生态学、化学生态学、群体生态学、保护生物学、昆虫学及进化、仿生研究和生物地理研究的基础材料。

蝴蝶许多奇特的机能，如保护色和拟态，可用于军事仿生学研究。第二次世界大战期间，苏联昆虫学家提出在军事设施上覆盖模拟蝴蝶保护色进行伪装，减少了战斗中的伤亡。

蝴蝶作为气候变化早期指示生物的研究，开始于二十世纪七八十年代（e.g., Singer, 1972; Ehrlich *et al.*, 1980; Weiss *et al.*, 1988），九十年代初即成为研究的热点。在当今迅速增长的气候变化研究的文献中，与蝴蝶有关的研究占有重要地位。研究人员对蝴蝶进行长期的监测，其监测数据在国际范围内，尤其在欧洲，被广泛应用于生物多样性保护、土地利用总体规划、政策制定、教育、科研以及提高公众环保意识等方面。

蝴蝶是青少年喜闻乐见的美丽生物。以蝴蝶为材料开展教学实践和科普活动，可以寓教于乐。如通过参加采集、制作和收藏标本以及制作工艺品等活动，陶冶情操，提高审美水平，增加自然知识，丰富课外生活。当今城市扩张，周边生态环境遭到破坏，青少年的日常生活渐渐远离自然界。而在蝴蝶园或蝴蝶馆中，他们能够随时接近并观察蝴蝶，从中可以获得知识和乐趣。各国的经验表明，以蝴蝶为主题的各种形式的展览活动深受人们喜爱，在获得经济效益的同时，在青少年科普和美育活动中也取得了较好的成效。世界上众多的"活蝴蝶生态园"特别受在校学生和学龄前儿童的欢迎。

6. 旅游观光与休闲娱乐价值

随着人们保护自然环境意识的提高，蝴蝶旅游观光产业开始展露生机。在大都市建立蝴蝶博物馆和模拟野外生境的蝴蝶园，不仅可为资源的异地保护开辟新路，还可以为大众提供科普教育基地，同时也是人们休闲观光的好去处。

在维多利亚时代，英国创建了第一座蝴蝶园。近代，欧洲、北美、东南亚以及澳大利亚都建立了大量的蝴蝶生态观赏园，获得了巨大成功。马来西亚的槟城蝴蝶园以其浓郁的热带植物—蝴蝶景观配置，成为马来西亚知名的景点之一。中国台湾是蝴蝶产业发祥地之一，在蝴蝶的休闲观光和科普方面有独到之处。近年来，大陆的蝴蝶产业发展也很迅猛，云南、海南及福建福州、广东广州、北京等地陆续出现了一批蝴蝶园，有的规模和设施超出了欧洲的许多同类园区，已成为游客观蝶、赏蝶的旅游胜地。

（三）蝴蝶是环境监测的有效指示物种

蝴蝶具有广泛的生物地理学和生态学探针的功能，可以用来监测环境变化趋势。传统指示生物常采用较大的实验动物，但其存在周期长、费用高、结果有较大偶然性等不足之处，而蝴蝶在自然界中容易观察监测，以易捕捉、标记及鉴定等特性，成为种群及生态水平研究的极好材料；同时蝴蝶具有多样的生态特性和生境要求，又对栖息地植被及微环境变化十分敏感，从而成为环境监测的有效指示物种，可作为环境评价和监测的指标，预测自然生态环境的健康状况。

蝴蝶作为宝贵的环境指标，地位独特，既是微妙的栖息地或气候等环境变化的快速和灵敏反应的代表，也是其他野生动植物多样性的代表。蝴蝶在动植物界中是种群数量下降最快的类群，现有调查分析数据足以证明，蝴蝶种群数量的下降大于其他类群，如鸟类和植物。因此，可以说蝴蝶是大多数陆地生存空间生态状况的极好的指示物种，许多国家和地区均将其作为生物多样性状况评价的指标。

（四）蝴蝶对植物的危害

蝴蝶的幼虫啃食植物并对其造成危害，但事实上，给人类造成物质损害的种类并不多，主要有：危害水稻 Oryza sativa 的直纹稻弄蝶 Parnara guttata、曲纹稻弄蝶 P. ganga 和稻眉眼蝶 Mycalesis gotama；危害十字花科 Brassicaceae 蔬菜的菜粉蝶 Pieris rapae；危害柑橘 Citrus reticulata 的玉带（美）凤蝶 Papilio (Menelaides) polytes 和柑橘凤蝶 P. (S.) xuthus；在我国南方，黄斑蕉弄蝶 Erionota torus 是香蕉 Musa nana 等芭蕉属 Musa 植物的主要害虫；可危害铁刀木 Senna siamea 等植物的迁粉蝶 Catopsilia pomona。

八、蝴蝶资源的保护与利用

蝴蝶是自然生态系统的重要组成部分，是一类在科学、文化、经济、艺术、装潢设计和医药等方面均具有重要价值的可再生昆虫资源。随着人类科学研究和经济文化的发展，生物学、生态学、遗传学、生物系统学、生物地理学等理论已为我们提供了可持续利用蝶类资源的依据。而蝴蝶作为一种宝贵的生物资源，应该得到有效的保护以及合理的开发利用。但在蝴蝶资源的开发利用中，出现了肆意捕捉、不正当贸易等情况，致使其生态环境遭到破坏，有的特有、珍稀蝶类濒临灭绝。若不采取有效的保护措施，很多珍稀蝶类可能会被人为灭绝，从而造成难以挽回的损失。因此，蝶类资源的保护工作势在必行。

蝶类资源保护利用的主要途径，包括以下几个方面：

第一，摸清家底，加强基础研究，为科学保护和合理利用提供依据。我国作为一个具有丰富蝴蝶资源的大国，蝴蝶种类组成及分布状况等缺乏基础数据，尤其是对我国蝶类确切的种类组成、种群大小、密度和大致数量，缺少较为准确的调查数据，对其动态变化的规律认识不清；对多数蝴蝶生物学特性的观察研究，还几乎处于空白状态；对珍稀和濒危蝶种的等级划分，仅仅根据数量少、分布狭、遇见度低等感性指标来判定，没有定性的标准和细则，缺乏科学性，可操作性差，导致执行中存在较大盲目性和不确定性。对此，在现有基础上，需加大蝶类的科研力度，特别是要加强野外生态学研究，摸清我国的蝴蝶资源状况。另外，还需深入开展重要蝴蝶的保护生物学、生态学、遗传学、生物化学等方面的研究，为科学保护和合理开发利用提供基础资料。

第二，保护环境和栖息地，建立自然保护区，保护蝴蝶多样性。珍稀蝶类生存的主要威胁来自人类对其原始生态系统的破坏，以及肆意捕捉和不正当的贸易。森林被毁，植被锐减，严重破坏蝶类赖以生存的环境，导致蝴蝶的种类减少，数量严重下降。保护生态环境与栖息地，是最有效的措施。建立自然保护区，把保护稀有濒危蝶类同野生动植物资源保护结合起来，分地区建立各具特色的保护区、保护带，如天然蝴蝶园、蝴蝶谷、人工育蝶场，进行就地保护，而对一些特有、珍稀、濒危的蝶种，应同时进行迁地保护。

第三，合理开发蝶类资源，逐步形成新兴产业。蝶类资源同其他任何生物资源一样，都是大自然馈赠给人类的宝贵财富。在确保良性循环的基础上，加强管理，合理开发利用，充分发挥其潜在的资源价值，造福人类，美化生活，逐步将其发展为一项新兴的产业，这将会带来与之相适应的社会效益及经济效益，可一举数得。

中国是亚洲拥有蝴蝶种类最多的国家，如能合理开发利用，将对发展农村经济、旅游业以及教育科研和文化事业起到不小的作用。要辩证地认识资源保护与利用的问题，保护与利用的关系不是两个完全对立的方面，只要正确处理就能起到相互促进的作用。我国蝴蝶资源丰富的地区大多为贫困山区，森林资源破坏严重是当地民众森林保护意识差和生活水平低造成的。所以，我们既要开展宣传教育工作，又要重视当地民众的实际利益，引导和鼓励他们通过抓捕、出售或饲养蝴蝶来改善生活。在此过程中，让人们认识到若森林没有了，就没有蝴蝶可捕可养的朴素道理，增强不毁林、不破坏蝴蝶生存环境的观念。在贫困地区，只有发挥资源优势，实现区域经济的发展，才能在有效保护资源的同时，维护贫困人群的资源利益。我们要开拓新的思路，有目的、有计划地引导民众，吸收高素质的人才参与资源管理和利用工作。蝴蝶不仅具有观赏价值，还有为植物传粉、食用（尤民生，1997；文礼章，1998）、药用和教育等多方面的价值。对某些种类进行人工养殖并在自然界种植蝴蝶的寄主植物，发展近自然林业，可以保护蝴蝶的栖息地，增加蝴蝶在自然界的种群密度。

当然，这种开发利用应当在有关专家指导下合理科学地进行，不可盲目地一哄而上，否则只会造成竭泽而渔的悲剧。台湾兰屿的著名蝶种荧光裳凤蝶 *Troides magellanus*，过去每年可见万只以上的个体，而当其寄主植物被破坏后，每年发现个体数量不足 15 只，直到当地政府制定严厉的法规加以保护后，其种群数量才有所恢复。在贫困落后的地区，自然物种一旦成为有价值的商品，如果又无人指导如何利用的话，其后果往往是不堪设想的。

从国际上的经验和教训来看，在交通不便的山区，对于种群相对庞大的常见蝴蝶而言，人类的捕捉行为对其种群繁殖的破坏不过是九牛一毛。只要不去破坏其寄主植物，以蝶类强大的繁殖力（1只雌蝶1次产卵数百粒，一些种类每年有数个世代），足以抵消适当的采捕量。自然状态下，根据环境容纳量原理，即使不去捕捉，过多的幼虫也会因食物短缺等原因而自然死亡。成虫的寿命一般在1个月左右，只要适量采捕，就能持续利用蝴蝶资源。但对珍稀种来讲，则应当尽量避免野外采捕，并加强人工养殖，使野生种群得以恢复和扩大。

国家鼓励对野生动物（包括蝴蝶）进行人工饲养，人工饲养生物是不会破坏生态环境的，是可持续性的，只有这种资源利用方式才能被认可和批准。对蝴蝶的饲养要突破以前仅限于室内的概念，将蝴蝶饲养扩展到自然环境中去，发展近自然林业。可选择交通方便的林缘地带设计营造有多种蝴蝶寄主的混交林，既增加了生物多样性，又可将蝶类幼虫的密度控制在经济阈值之内。这种增加自然界蝴蝶种类与种群密度的林业措施，既是蝴蝶资源的保护与更新建设，也是遵循生态学原理的科学管理。发展近自然林业，不仅是蝴蝶资源可持续利用的需要，而且是环境建设和经济发展的需要。同时还要开展珍稀蝶类的人工繁育研究，珍稀蝶类数量少，在研究掌握其生物学、生态学的基础上，研究其人工饲养技术，进行人工室内保护性饲养，避开野外的不良环境条件，显然是十分必要的。

第四，大力开展科普与法制宣传教育，加强濒危及珍稀蝶类保护，禁止非法贸易。《中华人民共和国野生动物保护法》（1988年）及《中华人民共和国陆生野生动物保护实施条例》（1992年）、《中华人民共和国濒危野生动植物进出口管理条例》（2006年）等的公布，为保护我国珍稀、濒危蝶类，合理开发利用蝴蝶资源，维护生态环境，振兴我国昆虫资源事业，履行《濒危野生动植物种国际贸易公约》，提供了有力的法律保障。《国家重点保护野生动物名录》（2021年）列入一级保护蝴蝶1种，为金斑喙凤蝶 *Teinopalpus aureus*，二级保护蝴蝶包括喙凤蝶 *T. imperialis*、荧光裳凤蝶 *Troides magellanus*、多尾凤蝶 *Bhutanitis lidderdalii*、中华虎凤蝶 *Luehdorfia chinensis*、锤尾凤蝶 *Losaria coon*、阿波罗绢蝶 *Parnassius apollo* 等23种。我们深信，随着法律法规的健全和执法工作的有效开展，以及人类生态保护意识的提高，蝴蝶资源的保护工作一定能取得更大进展，蝴蝶也一定能为人类做出更大的贡献！

Species Monograph

凤蝶科 Papilionidae Latreille, 1809

Papilionidae Latreille, 1809; Leach, 1815: 127; Korb & Bolshakov, 2011, *Eversmannia Suppl.*, 2: 13; Wu, 2001, *Fauna Sin. Ins. Lep. Papilionidae*, 25: 62.

Papilionidae (Papilionoidea); van Nieukerken *et al.*, 2011, *Zootaxa*, 3148: 216.

色彩艳丽，底色多黑、褐、黄或白色，有红、黄、白、绿、蓝等各色斑纹。大多数种类雌雄性的体型、大小与颜色相同，少数性二型或多型。雄性常有绒毛或特殊的鳞分布在后翅内缘褶中，有的因季节等不同而呈现差异性。

眼光滑；下唇须小；喙管及触角发达。前足正常，爪1对，对称；胫节内侧有1个下垂的距；前跗节的爪间突和爪垫退化。前后翅三角形或卵形；中室闭式。前翅R脉4~5条，R_4与R_5脉共柄；M_1脉多不与R脉共柄；A脉2条，3A脉短，仅达翅的后缘；常有1条基横脉（cu-a）。后翅A脉1条；肩角有1条钩状肩脉（H）；多数种类M_3脉常延伸成尾突，有些种类无尾突或有2条以上尾突。

多在阳光下活动，飞翔迅速，多数种类捕捉困难，少数较易捕捉。

卵：近球形、半球形或扁球形，表面光滑，或有小点刻，或有不明显的皱纹等；散产或聚产。

幼虫：体粗壮，多光滑，有些种类有肉刺或长毛。前胸背面有可翻缩的臭角，后胸节大。初龄幼虫多暗色，拟似鸟粪。老龄幼虫多为绿色、黄色或黑色，多有红色、蓝色、黄色和黑色斑纹，能起到警戒作用；受惊时从前胸前缘中央翻出红色、橙色或黄色等臭角，散发出难闻的气味以御敌。

蛹：缢蛹；头端多二分叉；中胸背板中部隆起；喙到达翅芽的末端。多在植物枝干上化蛹。

寄主为樟科 Lauraceae、芸香科 Rutaceae、马兜铃科 Aristolochiaceae、番荔枝科 Annonaceae、木兰科 Magnoliaceae、伞形科 Umbelliferae、防己科 Menispermaceae、萝藦科 Asclepiadaceae、大戟科 Euphorbiaceae、漆树科 Anacardiaceae、杨柳科 Salicaceae、桦木科 Betulaceae、椴树科 Tiliaceae、木犀科 Oleaceae、大麻科 Cannabaceae、鼠李科 Rhamnaceae、胡椒科 Piperaceae、景天科 Crassulaceae、罂粟科 Papaveraceae、川续断科 Dipsacaceae、荷包牡丹科 Fumariaceae、藜科 Chenopodiaceae、虎耳草科 Saxifragaceae 等。

全世界记载约 600 种，分布于世界各地。中国记录 130 余种，大秦岭分布 63 种。

1. 翅多三角形；前翅 R 脉 5 条；后翅常有尾突 ·····························2
   翅多卵形；前翅 R 脉 4 条；后翅无尾突 ···············**绢蝶亚科 Parnassiinae**
2. 前翅 Cu 脉与 A 脉间有发达的基横脉；M_1 脉着生点在 R 脉与 M_2 脉之间 ·····
   ······································**凤蝶亚科 Papilioninae**
   前翅 Cu 脉与 A 脉间无基横脉或只有遗迹；M_1 脉着生点接近 R 脉 ···········
   ······································**锯凤蝶亚科 Zerynthiinae**

凤蝶亚科 Papilioninae Latreille, 1802

Papilioninae Latreille, 1802; Swainson, 1840: 87 (part.); Jordan, 1909; 107; Chou, 1998, *Class. Ident. Chin. Butt.*: 2; Wu, 2001, *Fauna Sin. Ins. Lep. Papilionidae*, 25: 62; Korb & Bolshakov, 2011, *Eversmannia Suppl.*, 2: 13.

Papilionides Latreille, 1807: 187.

触角细长，锤状部明显；触角和足上有鳞；下唇须较短。胸部背面少毛，有鳞片。雄性第 8 腹节背板后缘具上钩突；后胸有 1 条明显的基缝。前翅 M_1 脉起始于中室端脉中间；Cu 脉与 A 脉间有 1 条基横脉（cu-a）。雄性后翅沿 2A 脉腹面有臀刷（anal brushes）。后翅尾突有或无。

全世界记载 500 余种，分布于世界各地。中国记录近 90 种，大秦岭分布 43 种。

族检索表

1. 足胫节覆鳞 ······································2
   足胫节无鳞 ······································3
2. 前翅中室端脉直 ·····························**燕凤蝶族 Lampropterini**
   前翅中室端脉凹入 ·····························**喙凤蝶族 Teinopalpini**
3. 后翅 Sc+R_1 脉比前翅 2A 脉短；雄性后翅有内缘褶和发香鳞；头胸间有彩色软毛 ·······
   ······································**裳凤蝶族 Troidini**
   后翅 Sc+R_1 脉比前翅 2A 脉长或与之等长；雄性后翅无内缘褶和发香鳞；头胸间无彩色软毛 ······································**凤蝶族 Papilionini**

凤蝶科 Papilionidae

裳凤蝶族 Troidini Ford, 1944

Troidini Ford, 1944: 213; Chou, 1998, *Class. Ident. Chin. Butt.*: 2; Wu, 2001, *Fauna Sin. Ins. Lep. Papilionidae*, 25: 63; Page & Treadaway, 2003a, *Butts. world*, 17: 5; Vane-Wright & de Jong, 2003, *Zool. Verh. Leiden*, 343: 79; Korb & Bolshakov, 2011, *Eversmannia Suppl.*, 2: 13.

Cressidini Ford, 1944: 213.

头后面及前胸有红色、黄色或白色软毛；胫节和跗节无鳞片；后翅 Sc+R$_1$ 脉比前翅 2A 脉短；雄性内缘褶内通常有发香鳞。蛹背面有 2 列板状突起；幼虫胴部多肉质突起。

全世界记载 130 余种，分布于东洋区、古北区、全北区及澳洲区。中国记录 24 种，大秦岭分布 10 种。

属检索表

1. 前翅 R$_1$ 脉长，从近基部分出 ⋯⋯⋯⋯⋯⋯⋯⋯⋯⋯⋯⋯⋯⋯⋯⋯⋯裳凤蝶属 *Troides*
   前翅 R$_1$ 脉短，从远基部分出 ⋯⋯⋯⋯⋯⋯⋯⋯⋯⋯⋯⋯⋯⋯⋯⋯⋯⋯⋯⋯⋯⋯⋯ 2
2. 后翅内缘褶窄，无软毛 ⋯⋯⋯⋯⋯⋯⋯⋯⋯⋯⋯⋯⋯⋯⋯⋯⋯珠凤蝶属 *Pachliopta*
   后翅内缘褶阔，有发香鳞及软毛 ⋯⋯⋯⋯⋯⋯⋯⋯⋯⋯⋯⋯⋯麝凤蝶属 *Byasa*

裳凤蝶属 *Troides* Hübner, [1819]

Troides Hübner, [1819], *Verz. bek. Schmett.*, (6): 88. **Type species**: *Papilio helena* Linnaeus, 1758.

Ornithoptera Boisduval, 1832, *In*: d'Urville, *Voy. Astrolabe* (Faune ent. Pacif.), 1: 33. **Type species**: *Papilio priamus* Linnaeus, 1758.

Amphrisius Swainson, 1833, *Zool. Illustr.*, (2) 3(22): pl. 98. **Type species**: *Amphrisius nymphalides* Swainson, 1833.

Ornithopterus Westwood, 1840, *Introd. Class. Ins.*, 2: 348.

Aetheoptera Rippon, [1890], *Icon. Ornithopt.*, 1: 4. **Type species**: *Ornithoptera victoriae* Gray, 1856.

Priamoptera Rippon, [1890], *Icon. Ornithopt.*, 1: 4. **Type species**: *Ornithoptera croesus* Wallace, 1859.

Pompeoptera Rippon, [1890], *Icon. Ornithopt.*, 1: 4. **Type species**: *Papilio pomepus* Cramer, [1775].

Trogonoptera Rippon, [1890], *Icon. Ornithopt.*, 1: 4. **Type species**: *Ornithoptera brookiana* Wallace, 1855; Page & Treadaway, 2003a, *Butts. world*, 17: 5.

Schoenbergia Pagenstecher, 1893, *Jb. Nassau. Ver. Nat.*, 46: 35. **Type species**: *Schoenbergia schoenbergi* Pagenstecher, 1893.

Troides; Rothschild, 1895, *Novit. Zool.*, 2(3): 183; Chou, 1998, *Class. Ident. Chin. Butt.*: 2; Wu, 2001, *Fauna Sin. Ins. Lep. Papilionidae*, 25: 64; Page & Treadaway, 2003a, *Butts. world*, 17: 6; Wu & Xu, 2017, *Butts. Chin.*: 22.

Phalaenosoma Rippon, [1906], *Icon. Ornithopt.*, 2: 121. **Type species**: *Troides chimaera* Rothschild, 1904.

Ripponia Haugum, 1975, *Ent. Rec. J. Var.*, 87(4) : 111. **Type species**: *Papilio hypolitus* Cramer, [1775].

Haugumia Page & Treadaway, 2003, *In*: Bauer & Frankenbach, *Butts. world*, *Suppl.*, 8: (1-6). **Type species**: *Papilio amphrysus* Cramer, [1779].

中国蝴蝶中体型最大的种类，翅展一般在 100 mm 以上。雌雄异型。前翅三角形，狭长，黑色，间有灰白色条纹；前缘长为后缘的 2 倍；R_1 脉长，从翅 1/2 处之前分出，和 Cu_1 脉分出处相对；中室长约为前翅长的 1/2。后翅鲜黄色，短阔；无尾突；脉纹及翅周缘黑色；中室长约为后翅长的 1/2；雌性亚缘区有 1 列三角形黑斑；雄性正面沿内缘有皱褶，内有发香软毛（性标），并有长毛。

雄性外生殖器：背兜及钩突极退化；有侧突；上钩突较短；囊突粗短；抱器方阔；阳茎短，末端斜截。

雌性外生殖器：囊导管粗或细；交配囊袋状；交配囊片大，宽阔，由数条条带组成。

寄主为马兜铃科 Aristolochiaceae 植物。

全世界记载 34 种，主要分布于东洋区，仅 1 种分布于古北区。中国已知 3 种，大秦岭分布 1 种。

金裳凤蝶 *Troides aeacus* (C. & R. Felder, 1860)（图版 2—3：1—2）

Ornithoptera aeacus C. & R. Felder, 1860, *Wien. ent. Monats.*, 4(8): 225. **Type locality**: Khasi Hills.

Troides aeacus; Rothschild, 1895, *Novit. Zool.*, 2(3): 223; Chou, 1994, *Mon. Rhop. Sin.*, 1: 97; Wu, 2001, *Fauna Sin. Ins. Lep. Papilionidae*, 25: 65; Wu & Xu, 2017, *Butts. Chin.*: 22, f. 30: 9-10, 31: 11, 32: 12, 33: 13, 34: 14-15.

形态　成虫：大型凤蝶。雌雄异型。前翅黑色，有天鹅绒光泽；脉纹两侧灰白色；外缘中部浅凹。后翅外缘有宽的黑色波纹区。雄性后翅鲜黄色；外缘较雌性平直，波纹浅；臀域波纹内侧有灰黄色 U 形纹相伴；内缘有 1 条窄的黑色纵带及很宽的褶，褶内有灰白色长毛。雌性体型稍大。前翅中室内多有较雄性明显的纵纹。后翅鲜黄色；无尾突；外缘波状凹入较深；亚缘黑色斑列近子弹头形；翅基部、周缘及翅脉黑色；反面斑纹与正面相似。

中国最大的蝴蝶，较珍稀，有观赏、研究价值。被列为国际濒危级动物保护物种，在国家重点保护野生动物名单中被列为二级保护动物，是《濒危野生动植物种国际贸易公约》列选的保护物种。

卵：近球形；橘黄色；表面光滑，覆盖有红色至橘黄色的雌性分泌物；精孔处暗褐色。

凤蝶科 Papilionidae

幼虫：5 龄期。大型，体粗壮；体表有管状肉质突起；臭角橙色。初龄幼虫枣红色。老熟幼虫头部黑色；体棕褐色，密布黑色条纹；第 3 ~ 4 腹节有 1 条白色斜带；管状肉突黑色，端部红色；气门黑色。

蛹：浅绿色至枯黄色；侧观近 S 形；翅芽突起明显；头顶有 1 对叉状小突起；中胸两侧各有 1 个小尖突；第 5 ~ 6 腹节亚背部各有 1 对突起；背面有桃红色条纹；腹面多呈黄色。

寄主　马兜铃科 Aristolochiaceae 西藏马兜铃 *Aristolochia griffithii*、马兜铃 *A. debilis*、异叶马兜铃 *A. heterophylla*、管花马兜铃 *A. tubiflora*、福氏马兜铃 *A. fordiana*、卵叶马兜铃 *A. tagala*、瓜叶马兜铃 *A. cucurbitifolia*、港口马兜铃 *A. zollingeriana*、彩花马兜铃 *A. elegans*、琉球马兜铃 *A. liukiuensis*、台湾马兜铃 *A. shimadai*。

生物学　1 年 1 ~ 3 代，成虫常见于 4 ~ 8 月。多在林缘、山地活动，喜访红色及橙色系列的花，如苦楝 *Melia azedarach*、接骨木 *Sambucus williamsii* 及六道木 *Abelia biflora* 等植物的花。雄性常在树冠层或森林开阔处徘徊飞翔，有明显的领域行为。雌性飞行缓慢，常栖息于林间荫地。卵单产于寄主植物的新芽、嫩叶、叶柄或嫩枝上。幼虫有取食卵壳和皮蜕的习性，常昼夜取食。老熟幼虫化蛹于寄主植物茎或附近植物枝上。

分布　中国（河南、陕西、甘肃、安徽、浙江、湖北、江西、福建、台湾、广东、广西、重庆、四川、贵州、云南、西藏），印度，不丹，缅甸，越南，泰国，斯里兰卡，马来西亚。

大秦岭分布　河南（内乡）、陕西（蓝田、长安、鄠邑、周至、华州、陈仓、太白、南郑、洋县、西乡、留坝、佛坪、汉滨、宁陕、商州、丹凤、商南、山阳、洛南）、甘肃（秦州、麦积、武都、康县、文县、徽县、两当）、湖北（远安、神农架、武当山）、重庆（城口）、四川（宣汉、青川、安州、江油、平武）。

麝凤蝶属 *Byasa* Moore, 1882

Byasa Moore, 1882, *Proc. zool. Soc. Lond.*, (1) : 258. **Type species**: *Papilio philoxenus* Gray, 1831.

Panosmia Wood-Mason & de Nicéville, 1886, *J. asiat. Soc. Bengal*, Pt. Ⅱ, 55(4): 374. **Type species**: *Papilio dasarada* Moore, 1857.

Byasa; Chou, 1998, *Class. Ident. Chin. Butt.*: 4; Wu, 2001, *Fauna Sin. Ins. Lep. Papilionidae*, 25: 81; Wu & Xu, 2017, *Butts. Chin.*: 43.

有的学者将其归入署凤蝶属 *Atrophaneura* 中。两翅黑色、黑褐色、棕褐色或棕灰色。前翅三角形；翅脉黑色；中室有 4 条黑色纵条纹，其余各翅室均有 1 条贯穿全室的黑色纵条纹。后翅狭长；外缘齿状；外缘区有 1 列红色或白色斑列；M$_3$ 脉末端有尾突；内缘褶有发香鳞及软毛。翅反面斑纹多较正面清晰。

雄性外生殖器：上钩突较长，有的二分叉；抱器近椭圆形，末端钝圆，内突两端有角突，有的外缘具齿；阳茎短粗。

雌性外生殖器：囊导管短；交配囊袋状；交配囊片近梭形，具横脊纹，纵脊有或无。

寄主为马兜铃科 Aristolochiaceae、防己科 Menispermaceae 和萝藦科 Asclepiadaceae 植物。

全世界记载 15 种，主要分布于东洋区及古北区。中国记录 14 种，大秦岭分布 8 种。

种检索表

1. 后翅斑纹仅红色 ·· 2
   后翅斑纹红色和白色 ·· 7
2. 前后翅特别狭长；后翅端部加阔，尾突极短；雄性正面无红色斑 ·····························
   ·· **短尾麝凤蝶 B. crassipes**
   前后翅狭长；后翅端部不加阔，尾突不如上述 ··· 3
3. 后翅外缘凹刻很深；尾突较短 ······················· **突缘麝凤蝶 B. plutonius**
   后翅外缘凹刻较浅；尾突长 ·· 4
4. 尾突狭长，末端不加阔；后翅正面只有 4 个红色斑 ··········· **灰绒麝凤蝶 B. mencius**
   尾突末端稍有加阔 ·· 5
5. 尾突较短；后翅反面有 6 个红色斑 ························· **达摩麝凤蝶 B. daemonius**
   尾突长；后翅反面有 7 个红色斑 ··· 6
6. 后翅红斑小，新月形 ··· **麝凤蝶 B. alcinous**
   后翅红斑大，多梯形 ··· **长尾麝凤蝶 B. impediens**
7. 后翅宽；有 1 个白色大斑，1 ~ 2 个白色小斑有或无 ··········· **多姿麝凤蝶 B. polyeuctes**
   后翅较窄；有 2 ~ 3 个较大的独立白斑 ······················ **白斑麝凤蝶 B. dasarada**

麝凤蝶 *Byasa alcinous* (Klug, 1836)（图版 4：3—5）

Papilio alcinous Klug, 1836, *Neue Schmett*., (1): 1, pl. 1, f. 1-4. **Type locality**: Japan.

Papilio spathatus Butler, 1881a, *Ann. Mag. Nat. Hist*., (5) 7(38): 139. **Type locality**: Nippon.

Papilio haemotostictus Butler, 1881a, *Ann. Mag. Nat. Hist*., (5) 7(38): 140.

Papilio alcinous; Rothschild, 1895, *Novit. Zool*., 2(3): 267.*Byasa alcinous*; Kudrna, 1974, *Atalanta*, 5: 94; Chou 1994, *Mon. Rhop. Sin.*: 105; Wu, 2001, *Fauna Sin. Ins. Lep. Papilionidae*, 25: 85; Wu & Xu, 2017, *Butts. Chin.*: 1021, f. 1024: 1.

Atrophaneura alcinous; Korb & Bolshakov, 2011, *Eversmannia Suppl*., 2: 13.

形态　成虫：中型凤蝶。两翅黑色、黑褐色或棕褐色。前翅三角形；翅脉及各翅室纵条纹黑色。后翅狭长；一般较前翅色深；脉纹不明显；外缘区及臀角有 5 ~ 7 个红色或浅红色新月形斑；内缘褶宽阔，有发香鳞及软毛；反面的 7 个红色斑较正面清晰。

卵：球形；橙红色；表面密布纵向排列的雌性颗粒状分泌物。

幼虫：5龄期。臭角橙红色。初龄幼虫橙红色；头部黑色。2龄幼虫黑褐色，有灰色纹；各节均有红色或白色圆锥状突起；第3、4及第7腹节有白色斑纹，圆锥状肉突白色。气门黑色。

蛹：越冬蛹橙色，夏季蛹黄色。侧观近S形；头部无突起，前缘较圆，两侧向外突出；胸部明显向后反卷；中胸两侧有橙色隆起；腹部明显向前弯曲。

寄主 马兜铃科 Aristolochiaceae 异叶马兜铃 *Aristolochia heterophylla*、大叶马兜铃 *A. kaempferi*、瓜叶马兜铃 *A. cucurbitifolia*、彩花马兜铃 *A. elegans*、卵叶马兜铃 *A. tagala*、长叶马兜铃 *A. championii*、马兜铃 *A. debilis*；防己科 Menispermaceae 木防己 *Cocculus trilobus*；萝藦科 Asclepiadaceae 中国萝藦 *Metaplexis japonica*。

生物学 1年2~3代，以蛹越冬，成虫多见于4~10月。常在林间、小溪、湿地活动，飞翔较缓慢，喜访花吸蜜，蜜源植物有女贞 *Ligustrum lucidum*、苦楝 *Melia azedarach*、合欢 *Albizia julibrissin* 及接骨木 *Sambucus williamsii* 等。卵聚产于叶背。幼虫1~2龄群居；3龄后分散取食；老熟后离开寄主前往别处化蛹。夏季多在低洼处化蛹，越冬蛹多挂于高大树枝上。

分布 中国（黑龙江、吉林、辽宁、河北、山西、山东、河南、陕西、甘肃、江苏、安徽、浙江、湖北、江西、福建、台湾、广东、海南、广西、重庆、四川、贵州、云南），韩国，日本，越南。

大秦岭分布 河南（荥阳、新密、登封、巩义、宝丰、镇平、内乡、西峡、南召、宜阳、汝阳、嵩县、栾川、洛宁、渑池、陕州）、陕西（蓝田、长安、周至、华州、华阴、潼关、渭滨、眉县、太白、凤县、南郑、洋县、西乡、略阳、留坝、佛坪、汉滨、岚皋、石泉、宁陕、商州、丹凤、商南、山阳、镇安、柞水、洛南）、甘肃（麦积、秦州、武都、康县、文县、徽县、两当、礼县、舟曲、迭部）、湖北（远安、神农架、武当山、郧阳、房县、竹山、郧西）、重庆（巫溪、城口）、四川（宣汉、青川、都江堰、平武）。

长尾麝凤蝶 *Byasa impediens* (Rothschild, 1895)

Papilio alcinous mencius f. *impediens* Rothschild, 1895, *Novit. Zool.*, 2(3): 269, pl. 6, f. 26, 40. **Type locality**: Ta-tsien-lu.

Atrophaneura impediens; Bridges, 1988, *Cat. Papilionidae & Pieridae*, 1: 142.

Byasa impediens; Chou, 1994, *Mon. Rhop. Sin.*: 107; Wu, 2001, *Fauna Sin. Ins. Lep. Papilionidae*, 25: 88; Wu & Xu, 2017, *Butts. Chin.*: 43, f. 46: 6-7.

形态 成虫：中大型凤蝶。翅黑色、黑褐色或棕褐色。前翅翅脉及各翅室纵条纹黑色。后翅狭长，外缘斑多梯形，红色；臀斑不规则；尾突长；反面红色斑更明显，有的臀区较正面多1个小红斑。

卵：球形；橙红色；表面小突起形成规则的纵脊；顶部有 1 个红色突起。

幼虫：5 龄期。体表有管状肉质突起；臭角黄色。初龄幼虫色稍淡，后体色逐渐变为暗紫褐色，有灰色纹；前胸色稍淡；第 3、4、7 腹节白色，第 5、6 腹节红褐色，第 8、9 腹节黄色。老熟幼虫紫黑色，斑纹灰色，突起暗紫色，末端红色。

蛹：枣红色；侧观呈 S 形；前胸背线两侧有 1 对暗红色小突起，圆形；中胸有 1 对红色隆起；后胸至第 3 腹节侧面有圆弧状突起，外缘锯齿状；背面有暗红褐色和红色的斑纹；腹部显著下弯。

寄主 马兜铃科 Aristolochiaceae 异叶马兜铃 *Aristolochia heterophylla*、大叶马兜铃 *A. kaempferi*、瓜叶马兜铃 *A. cucurbitifolia*、彩花马兜铃 *A. elegans*、西藏马兜铃 *A. griffithii*、管花马兜铃 *A. tubiflora*、马兜铃 *A. debilis*、台湾马兜铃 *A. shimadai* 等。

生物学 1 年 2 至多代，以蛹越冬，成虫多见于 5 ~ 8 月。飞翔较缓慢，常在稀疏林间活动，喜沿山间溪流飞行，雄性常围绕大树盘旋，雌性多在花间萦绕，常与麝凤蝶 *B. alcinous* 混合发生。喜食花蜜，蜜源植物有女贞 *Ligustrum lucidum*、苦楝 *Melia azedarach*、合欢 *Albizia julibrissin* 及接骨木 *Sambucus williamsii* 等。雌性选择日照充足的稀疏林间在寄主植物的茎蔓、叶背或附近杂物上产卵。幼虫有取食卵壳和老熟皮蜕的习性。老熟幼虫多在寄主植物茎蔓或附近植物枝干上化蛹。

分布 中国（河南、陕西、甘肃、安徽、浙江、湖北、江西、湖南、福建、台湾、广东、重庆、四川、贵州、云南）。

大秦岭分布 河南（宜阳）、陕西（华州、凤县、洋县、西乡、留坝、佛坪、汉阴、宁陕、商南、山阳、镇安）、甘肃（武都、康县、文县、徽县、两当）、湖北（远安、兴山、神农架）、重庆（城口）、四川（安州）。

突缘麝凤蝶 *Byasa plutonius* (Oberthür, 1876)

Papilio plutonius Oberthür, 1876, *Étud. d'Ent.*, 2: 16, pl. 3, f. 2.

Atrophaneura plutonius; Bridges, 1988, *Cat. Papilionidae & Pieridae*, 1: 242.

Byasa plutonius; Chou, 1994, *Mon. Rhop. Sin.*: 107; Wu, 2001, *Fauna Sin. Ins. Lepid. Papilionidae*, 25: 92; Wu & Xu, 2017, *Butts. Chin.*: 50, f. 54: 6-7, 55: 8-9, 56:10-11.

形态 成虫：中大型凤蝶。翅黑褐色、棕褐色或棕灰色；脉纹清晰。前翅各翅室均有贯穿整个翅室的黑色纵纹。后翅外缘凹刻很深；正面外缘斑列的红斑多退化，有的仅剩臀角 1 个红斑；尾突较短，末端膨大明显；反面色淡，斑纹明显。

寄主 马兜铃科 Aristolochiaceae 大叶马兜铃 *Aristolochia kaempferi*、宝兴马兜铃 *A. moupinensis*；防己科 Menispermaceae 木防己属 *Cocculus* spp.。

凤蝶科 Papilionidae

生物学　1 年 1 代，成虫常见于 5 ~ 7 月。飞行较慢，喜访花和在林地活动。

分布　中国（河南、陕西、甘肃、重庆、四川、云南、西藏），印度，不丹，尼泊尔，缅甸。

大秦岭分布　河南（内乡、西峡）、陕西（长安、周至、太白、凤县、洋县、留坝、佛坪、宁陕、山阳、镇安）、甘肃（麦积、文县、徽县、两当）、四川（安州）。

灰绒麝凤蝶 *Byasa mencius* (C. & R. Felder, 1862)

Papilio mencius C. & R. Felder, 1862, *Wien. ent. Monats.*, 6(1): 22. **Type locality**: Ningpo.

Papilio alcinous mencius; Rothschild, 1895, *Novit. Zool.*, 2(3): 268.

Atrophaneura mencius; Bridges, 1988, *Cat. Papilionidae & Pieridae*, 1: 190.

Byasa mencius; Chou, 1994, *Mon. Rhop. Sin.*: 108; Wu, 2001, *Fauna Sin. Ins. Lepid. Papilionidae*, 25: 90; Wu & Xu, 2017, *Butts. Chin.*: 43, f. 47: 8-8, 48: 10-11, 49: 12-13.

形态　成虫：中型凤蝶。翅黑褐色或灰黑色。前翅各翅室均有贯穿整个翅室的黑色纵纹。后翅尾突狭长；正面外缘区有 4 个红色月牙形斑纹；反面外缘红斑 6 ~ 7 个；内缘褶灰白色。

卵：球形；橙黄色，孵化前变为黄褐色；表面覆有纵向排列的橙黄色颗粒物；顶部有 1 个红色突起。

幼虫：5 龄期。体具管状肉质突起；臭角黄色。初龄幼虫棕褐色；头部黑色。2 ~ 4 龄幼虫红褐色。老熟幼虫紫黑色；斑纹灰色；突起暗紫色，末端红色；第 3、4、7 腹节白色。

蛹：棕黄色；侧观 S 形；前胸背线两侧有 1 对暗红色小突起，圆形；中胸有 1 对橙色隆起；后胸至第 3 腹节侧面有圆弧状突起，外缘锯齿状；背面有暗红褐色和红色的斑纹；腹部显著下弯。

寄主　防己科 Menispermaceae 木防己属 *Cocculus* spp.；马兜铃科 Aristolochiaceae 马兜铃 *Aristolochia debilis*、北马兜铃 *A. contorta*。

生物学　1 年多代，成虫多见于 4 ~ 9 月。常在山地、林缘、路旁低空缓慢飞翔，有访花采蜜习性，喜访百合 *Lilium brownii* var. *viridulum*、卷丹 *L. lancifolium*、十大功劳 *Mahonia fortunei*、姜黄 *Curcuma longa*、桔梗 *Platycodon grandifloru* 等大花蜜源植物。卵散产于叶背面。幼虫喜分散取食。

分布　中国（河南、陕西、甘肃、安徽、浙江、湖北、江西、福建、广东、广西、重庆、四川、贵州、云南）。

大秦岭分布　河南（登封、内乡、西峡、栾川、陕州）、陕西（长安、汉台、留坝、佛坪、宁陕）、甘肃（麦积、两当、康县、文县、徽县）、湖北（神农架）。

多姿麝凤蝶 *Byasa polyeuctes* (Doubleday, 1842)（图版 5：6）

Papilio polyeuctes Doubleday, 1842, *In: Gray, Zool. Miscell.*, (5): 74. **Type locality**: Sylhet.

Papilio philoxenus Gray, 1831, *Zool. Miscell.*, (1): 32; Rothschild, 1895, *Novit. Zool.*, 2(3): 264.

Papilio philoxenus letincius Fruhstorfer, 1908a, *Ent. Zs.*, 22(18): 72.

Tros philoxenus; Wynter-Blyth, 1957, *Butts. Ind. Reg.* (1982 Reprint): 377.

Parides philoxenus; Lewis, 1974, *Butt. World*: 36, pl. 135, f. 14.

Atrophanerua polyeuctes; Bridges, 1988, *Cat. Papilionidae & Pieridae*, 1: 243.

Byasa polyeuctes; Chou, 1994, *Mon. Rhop. Sin.*: 113; Wu, 2001, *Fauna Sin. Ins. Lepid. Papilionidae*, 25: 97; Wu & Xu, 2017, *Butts. Chin.*: 50, f. 59: 18-19, 60: 20-21, 61: 22-23, 62: 24-25.

形态 成虫：大型凤蝶。翅黑色、黑褐色或棕灰色。前翅各翅室均有贯穿整个翅室的黑色纵纹。后翅外缘区斑纹变化大；m_1 室有 1 个长方形或三角形大白斑，有时在大斑附近有 1 ~ 2 个小白斑，其余斑纹均为红色；尾突下方齿突上有 1 个圆形小红斑，但此斑有时与位于 m_3 室的外缘斑相连，呈 S 形；臀角区的红斑亦呈 S 形；尾突较短，末端膨大且有 1 个近圆形大红斑；反面除近臀角处增加 1 个红斑外，其余与正面相似。

卵：球形；橙红色；顶部突起；表面覆盖雌性的颗粒状分泌物，呈纵向排列。

幼虫：臭角橙红色。低龄幼虫红褐色；头部黑色。末龄幼虫灰褐色；具黑色条纹；体表有管状肉棘，端部多为红色；第 3、4 腹节有白色斜纹；第 3 腹节侧面、第 4 腹节亚背部及第 7 腹节亚背部及侧面的肉棘呈白色。气门黑色。

蛹：棕黄色；头部棱形突起；前胸背中央有黄色突起；中胸背部有 1 对角状棱突；第 4 腹节侧面有扇状棱突；第 4 ~ 9 腹节亚背部有板状突起，末端呈方形。

寄主 马兜铃科 Aristolochiaceae 戟叶马兜铃 *Aristolochia foveolata*、瓜叶马兜铃 *A. cucurbitifolia*、西藏马兜铃 *A. griffithii*、大叶马兜铃 *A. kaempferi*、港口马兜铃 *A. zollingeriana*、台湾马兜铃 *A. shimadai*、白背马兜铃 *A. cathcartii*、琉球马兜铃 *A. liukiuensis*、北马兜铃 *A. contorta*、宝兴马兜铃 *A. moupinensis*。

生物学 1 年 2 ~ 3 代，世代重叠，以蛹越冬，成虫多见于 4 ~ 9 月。飞行缓慢，常在山地或半山地环境栖息，喜访花和在阳光下活动。卵单产于寄主植物茎叶上或周边物体上。老熟幼虫化蛹于寄主植物茎上或附近的其他物体上。

分布 中国（山西、河南、陕西、甘肃、湖北、广东、台湾、重庆、四川、贵州、云南、西藏），印度，不丹，尼泊尔，缅甸，越南，泰国。

大秦岭分布 河南（灵宝）、陕西（长安、鄠邑、周至、眉县、太白、凤县、南郑、留坝、洋县、西乡、宁强、佛坪、宁陕）、甘肃（麦积、秦州、文县、徽县、两当）、湖北（神农架）、重庆（巫溪、城口）、四川（青川、安州、平武）。

达摩麝凤蝶 *Byasa daemonius* (Alphéraky, 1895)

Atrophaneura daemonius Alphéraky, 1895, *Deut. ent. Zeit. Iris*, 8(1): 180.

Papilio alcinous plutonius ab. *fatuus* Rothschild, 1895; *Novit. Zool.*, 2(3): 272. **Type locality**: Ta-tsien-lu.

Byasa daemonius; Chou, 1994, *Mon. Rhop. Sin.*: 108; Wu, 2001, *Fauna Sin. Ins. Lepid. Papilionidae*, 25: 94; Wu & Xu, 2017, *Butts. Chin.*: 63, f. 64: 1-2.

形态　成虫：中大型凤蝶。翅黑褐色或灰褐色；脉纹清晰。前翅各翅室均有贯穿整个翅室的黑色纵纹。后翅正面内缘白色；中室有 2 条黑色纵纹；外缘有 5 个红色斑。反面除后翅臀缘增加 1 个红斑外，其余斑纹与正面相同。

卵：球形；橙色；表面覆盖有雌性的颗粒状分泌物，并呈纵向排列；顶部突起。

幼虫：褐色至黑褐色；头部黑色；体表有管状肉棘，端部多为红色；第 3、4 腹节有白色斜纹；第 3 腹节侧面及第 4 腹节亚背部的肉棘呈白色。

蛹：棕灰色；侧观呈 S 形；头部棱形突起；前胸背中央有黄色突起。

寄主　马兜铃科 Aristolochiaceae 贯叶马兜铃 *Aristolochia delavayi*、管花马兜铃 *A. tubiflora*。

生物学　1 年 2 代，成虫多见于 4～9 月。

分布　中国（陕西、甘肃、重庆、四川、云南、西藏），印度，不丹，缅甸。

大秦岭分布　陕西（凤县、西乡、留坝、佛坪、商南）、甘肃（文县、徽县）、重庆（巫溪、城口）。

白斑麝凤蝶 *Byasa dasarada* (Moore, 1858)

Papilio dasarada Moore, 1858, *In*: Horsfield & Moore, *Cat. Lep. Ins. E. India*, (l): 96. **Type locality**: Cherra Punji.

Tros dasarada; Wynter-Blyth, 1957, *Butts. Ind. Reg.* (1982 Reprint): 377.

Atrophaneura dasarada; Bridges, 1988, *Cat. Papilionidae & Pieridae*, 1: 79.

Byasa dasarada; Chou, 1994, *Mon. Rhop. Sin.*: 111; Wu, 2001, *Fauna Sin. Ins. Lep. Papilionidae*, 25: 100; Wu & Xu, 2017, *Butts. Chin.*: 63, f. 65: 3-4, 66: 5-6, 67: 7-8.

Byasa stenoptera Chou & Gu, 1994, *In*: Chou, *Mon. Rhop. Sin.*: 750, f. 1-2, 112, f. 9. **Type locality**: Hainan.

形态　成虫：大型凤蝶。翅黑色或黑褐色。前翅各翅室均有贯穿整个翅室的黑色纵纹。后翅雌性顶角至前缘有 2 个以上白色斑；外缘斑列前部斑纹白色，后部斑纹红色或红白相间；尾突短，端部膨大处有 1 个近圆形红斑；雄性上顶角处仅有 1 个小白斑，尾突上无红斑。反面斑纹较正面更明显。

卵：近球形；红褐色；表面有橙色纵脊；顶部中心有 1 个红色突起。

幼虫：1 龄幼虫暗紫褐色；前胸颜色稍淡；第 8 节以后泛淡黄色；头部黑褐色；臭角淡黄色。老熟幼虫乳白色；有灰色斑纹；体表管状肉棘端部多为橙黄色或淡褐色；第 3、4、7 腹节背部及第 3 ~ 7 腹节侧面肉棘呈白色。

蛹：乳白色；侧面及突起部位呈鲜黄色；各体节背面有褐色斑；头部两侧向外突出；中胸背面后端有 1 对橙红色隆起。

寄主 防己科 Menispermaceae 木防己属 *Cocculus* spp.；马兜铃科 Aristolochiaceae 西藏马兜铃 *Aristolochia griffithii*、大叶马兜铃 *A. kaempferi*、白背马兜铃 *A. cathcartii*。

生物学 1 年 2 代，成虫多见于 5 ~ 9 月。常在山地的林中飞行，喜访花。卵产于寄主植物的叶背面，每叶可产卵 1 ~ 3 粒。幼虫动作迟缓，受到刺激时臭角不伸出。

分布 中国（陕西、甘肃、海南、四川、云南、西藏），印度，不丹，尼泊尔，缅甸，越南。

大秦岭分布 陕西（留坝、佛坪）、甘肃（武都、文县）。

短尾麝凤蝶 *Byasa crassipes* (Oberthür, 1893)

Papilio crassipes Oberthür, 1893, *Étud. d'Ent.*, 17: 2, pl. 4, f. 38. **Type locality**: Tonkin.

Papilio crassipes; Rothschild, 1895, *Novit. Zool.*, 2(3): 262.

Tros crassipes; Wynter-Blyth, 1957, *Butts. Ind. Reg.* (1982 Reprint): 378.

Byasa crassipes; Chou, 1994, *Mon. Rhop. Sin.*: 109; Wu, 2001, *Fauna Sin. Ins. Lep. Papilionidae*, 25: 95; Wu & Xu, 2017, *Butts. Chin.*: 50, f. 52: 3-4, 53: 5.

形态 成虫：大型凤蝶。翅狭长；黑褐色。前翅翅脉及中室和脉间纵条纹黑色，清晰。后翅外缘宽齿状突起；尾突极短；正面隐约可见反面的红斑。反面外缘有 1 列红色斑纹；尾突端部膨大处有 1 个近圆形红斑。

寄主 马兜铃科 Aristolochiaceae。

生物学 1 年 2 代，成虫多见于 4 ~ 9 月。

分布 中国（甘肃、广西、重庆、四川、云南），印度，缅甸，老挝，越南。

大秦岭分布 重庆（城口）、甘肃（文县）。

珠凤蝶属 *Pachliopta* Reakirt, [1865]

Pachliopta Reakirt, [1865], *Proc. ent. Soc. Philad.*, 3: 503. **Type species**: *Papilio diphilus* Esper, 1793.

Polydorus Swainson, [1833], *Zool. Illustr.*, (2) 3(22): pl. 101 (preocc. *Polydorus* Blainville, 1826). **Type species**: *Papilio polydorus* Linnaeus, 1763.

Pachlioptera; Scudder, 1875, *Proc. Amer. Acad. Arts Sci.*, 10: 235 (missp.).

Byasa Moore, 1882; *Proc. zool. Soc. Lond.*, (1): 258. **Type species**: *Papilio philoxenus* Gray, 1831.

Tros Kirby, 1896, *In*: Allen, *Nat. Libr., Lepid*. 1, *Butts*, 2: 305. **Type species**: *Papilio hector* Linnaeus, 1758.

Pachliopta (Troidini); Chou, 1998, *Class. Ident. Chin. Butt*.: 6; Wu, 2001, *Fauna Sin. Ins. Lep. Papilionidae*, 25: 107.

Pachliopta (Cressiditi); Page & Treadaway, 2003a, *Butts. world*, 17: 6.

Pachliopta; Wu & Xu, 2017, *Butts. Chin*.: 74.

前翅黑褐色或棕灰色；翅脉黑色；各翅室均有 1 条贯穿全室的黑色纵条纹；中室有 4 条纵纹。后翅外缘波状较浅；尾突末端膨大；外缘区有 1 列红色或淡黄色斑纹；中室端脉外方有 3 ~ 5 个条状白斑；内缘褶窄，无软毛，发香鳞不发达。前翅 R_4 与 R_5 脉共柄，其余各脉相互分离。

与麝凤蝶属 *Byasa* 近似，有的文献记载其仍包括在麝凤蝶属内，但后翅较阔，边缘波状浅；内缘无绒毛，发香鳞不发达。

雄性外生殖器：上钩突宽短，端部变化大，膨大，强度骨化，具齿；背兜侧突舌状，有细毛；抱器小，三角形，末端尖而向上弯曲；内突端部角状突宽大；囊突粗大，半圆形；阳茎长，端部斜截。

雌性外生殖器：囊导管膜质，其端部骨化区圆筒状，在凤蝶中较少见；交配囊长圆形；交配囊片很小。

寄主为马兜铃科 Aristolochiaceae 植物。

世界只记载 1 种，分布于古北区及东洋区。大秦岭有分布。

红珠凤蝶 *Pachliopta aristolochiae* (Fabricius, 1775)（图版 5：7）

Papilio aristolochiae Fabricius, 1775, *Syst. Ent*., 3: 443, no. 3. **Type locality**: Tranquebar, S. India.

Papilio diphilus Esper, 1793, *Die ausl. Schmett*., 73: 156, pl. 40, f. 2.

Papilio aristolochiae; Rothschild, 1895, *Novit. Zool*., 2(3): 245.

Papilio aristolochiae formosensis Rebel, 1906, *Verh. zool.-bot. Ges. Wien*, 56: 222. **Type locality**: "Formosa" [Taiwan, China].

Byasa aristolochiae; Evans, 1927, *Jnd. Butt*.: 27.

Tros aristolochiae; Wynter-Blyth, 1957, *Butts. Ind. Reg.* (1982 Reprint): 375.

Pachlioptera aristolochiae; Lewis, 1974, *Butt. World*, pl. 132, f. 7.

Pachliopta aristolochiae; Chou, 1994, *Mon. Rhop. Sin*.: 119; Wu, 2001, *Fauna Sin. Ins. Lep. Papilionidae*, 25: 108; Page & Treadaway, 2003a, *Butts. world*, 17: 6; Wu & Xu, 2017, *Butts. Chin*.: 74, f. 75: 1-3, 76: 4-6, 77: 7-9.

形态 成虫：中大型凤蝶，多型种。前翅黑褐色或棕灰色；中室端半部有 5 条棕灰色带纹，其余翅室各有 1 个贯穿翅室的棕灰色 U 形或 V 形纹。后翅较前翅色深；外缘波纹浅；外缘区有 6 ~ 7 个红色或淡黄色斑纹，月牙形、圆形或方形；中室端脉外方有 3 ~ 5 个条状白斑，放射状排列；近后缘的 1 枚斑多为红色；内缘褶窄；尾突末端膨大明显；反面斑纹较正面清晰。

与玉带（美）凤蝶 P. (M.) polytes 的雌性极相似（后者模拟前者），主要区别是玉带（美）凤蝶腹部无红色毛。

卵：球形；橙红色；表面覆盖有雌性分泌物，呈纵脊状排列。

幼虫：臭角橙黄色。初龄幼虫橙红色，随着龄期的增加体色逐渐加深，呈暗红色或黑红色；头部黑色；体中央有 1 条白色斑纹；密被肉棘；第 3 腹节有白色或黄色斑，该腹节的肉棘亦呈白色或黄色。气门黑褐色。

蛹：红褐色；头部和中胸侧面均有 1 对耳状突；背中央有 V 形棱突；腹部亦有形状不一的突起。

寄主 马兜铃科 Aristolochiaceae 马兜铃 Aristolochia debilis、异叶马兜铃 A. heterophylla、大叶马兜铃 A. kaempferi、管花马兜铃 A. tubiflora、台湾马兜铃 A. shimadai、西藏马兜铃 A. griffithii、琉球马兜铃 A. liukiuensis、港口马兜铃 A. zollingeriana、高氏马兜铃 A. kaoi、卵叶马兜铃 A. tagala、彩花马兜铃 A. elegans、瓜叶马兜铃 A. cucurbitifolia、福氏马兜铃 A. fordiana、北马兜铃 A. contorta。

生物学 1 年 2 ~ 3 代，以蛹在杂灌丛中越冬，成虫多见于 5 ~ 9 月。飞行缓慢，有群栖性，喜访花和阳光，常在山路旁、林缘的花丛中飞舞或访花吸蜜。卵单产，多产在叶背、茎上或嫩芽上。幼虫较少活动，多在叶背或茎蔓上栖息。老熟幼虫化蛹于寄主植物的茎上、老叶背面或附近的植物上。

分布 中国（河北、河南、陕西、安徽、浙江、湖北、江西、湖南、福建、台湾、广东、海南、香港、广西、重庆、四川、贵州、云南），印度，缅甸，泰国，斯里兰卡，菲律宾，马来西亚，新加坡，印度尼西亚。

大秦岭分布 陕西（太白、留坝）、河南（栾川、内乡）、湖北（当阳）。

凤蝶族 Papilionini Latreille, [1802]

Papilionini Latreille, [1802].

Druryeini Smart, 1975, *Int. Butt.*

Papilionini (Papilioninae); Chou, 1998, *Class. Ident. Chin. Butt.*: 6; Wu, 2001, *Fauna Sin. Ins. Lep.*

Papilionidae, 25: 111; Vane-Wright & de Jong, 2003, *Zool. Verh. Leiden*, 343: 84; Korb & Bolshakov, 2011, *Eversmannia Suppl.*, 2: 13.

头后方及前胸无彩色毛。触角及足的胫节、跗节不被鳞片。后翅无性标，部分种类前翅有明显的性标；后翅 Sc+R$_1$ 脉比前翅 2A 脉长或与之等长。

蛹背面凹凸不平，无板状突起；中胸背面无大突起。幼虫身体光滑，无肉质突起。

全世界记载 220 余种，分布于世界各地。中国记录 34 种，大秦岭分布 19 种。

属检索表

1. 无尾突；前翅多有与后翅相近的斑纹；模拟斑蝶 ································· 斑凤蝶属 *Chilasa*
   常有尾突；前翅多无斑纹；不模拟斑蝶 ·· 2
2. 尾突宽大，具 2 条脉纹 ··· 宽尾凤蝶属 *Agehana*
   尾突具 1 条脉纹或无尾突 ·· 凤蝶属 *Papilio*

斑凤蝶属 *Chilasa* Moore, [1881]

Chilasa Moore, [1881], *Lepid. Ceylon*, 1(4): 153. **Type species**: *Papilio dissimilis* Linnaeus, 1758.

Cadugoides Moore, 1882, *Proc. zool. Soc. Lond.*, (1): 260. **Type species**: *Papilio agestor* Gray, 1831.

Euploeopsis de Nicéville, 1886, *J. Asiat. Soc. Bengal.*, 55 Pt.II (5): 433. **Type species**: *Papilio telearchus* Hewitson, 1852.

Menamopsis de Nicéville, 1886, *J. Asiat. Soc. Bengal.*, 55 Pt.II (5): 433. **Type species**: *Papilio tavoyanus* Butler, 1882.

Isamiopsis Moore, 1888, *Descr. Indian lep. Atkinson.*, (3): 284. **Type species**: *Papilio telearchus* Hewitson, 1852.

Chilasa; Chou, 1998, *Class. Ident. Chin. Butt.*: 6; Wu, 2001, *Fauna Sin. Ins. Lep. Papilionidae*, 25: 112; Page & Treadaway, 2003a, *Butts. world*, 17: 8.

模拟斑蝶。翅黑色、黑褐色、棕色、浅棕色或蓝色；斑多呈放射状排列；各翅室多有条形、圆形或半月形斑纹；中室长阔。后翅近卵形；外缘及亚外缘区有斑列；有的具臀斑；无尾突及性标。

雄性外生殖器：上钩突短或中长；有尾突；囊突短小；抱器长阔，内突变化大；阳茎棒状，长短不一，中部多强度弯曲。

雌性外生殖器：囊导管细；交配囊椭圆形；交配囊片近梭形。

寄主为樟科 Lauraceae 植物。

全世界记载 10 种，分布于亚洲东部和东南部。中国已知 5 种，大秦岭分布 2 种。

后翅外缘波状；中室内有 2 条黑色纹；臀角无橙色斑 ·························· **褐斑凤蝶 *C. agestor***

后翅外缘非波状；中室内有 3 条黑色纹；臀角有橙色斑 ·············· **小黑斑凤蝶 *C. epycides***

褐斑凤蝶 *Chilasa agestor* (Gray, 1831)

Papilio agestor Gray, 1831, *Zool. Miscell*., (1): 32.

Papilio agestor; Rothschild, 1895, *Novit. Zool*., 2(3): 360; Wu & Xu, 2017, *Butts. Chin*.: 78, f. 80: 5-7, 81: 8-10.

Papilio agestor agestorides Fruhstorfer, 1909a, *Ent. Zs*., 22(45):190. **Type locality**: SW. China.

Chilasa agestor; Wynter-Blyth, 1957, *Butts. Ind. Reg*. (1982 Reprint): 379; Chou, 1994, *Mon. Rhop. Sin*.: 121; Wu, 2001, *Fauna Sin. Ins. Lep. Papilionidae*, 25: 113.

凤蝶科 Papilionidae

108

形态　成虫：大型凤蝶。两翅中室有放射状排列的白色或青灰色纵条纹；中室外放射状排列 1 圈长短不一的条斑。前翅黑色；外缘中部凹入；外缘及亚缘斑列灰白色，反面顶角区及外缘区黄褐色，斑纹同翅正面。后翅正面黑色至黑褐色；后缘浅凹；外缘及亚缘斑列白色，亚缘斑列中后部斑纹时有退化或消失；臀角区锈黄色。反面锈黄色；斑纹与正面相同，但较模糊。

卵：球形，底部浅凹；初产黄绿色，后变为茶褐色；表面覆盖颗粒状的雌性分泌物。

幼虫：5 龄期。1 ~ 4 龄幼虫拟似鸟粪。老熟幼虫灰褐色，有淡色斑带和肉棘，并有按体节排列的点斑及刺瘤；头部黑褐色，有光泽，覆黑毛；臭角长，橙黄色。

蛹：圆柱形；蛹体似一小段枯枝，枯褐色，密布暗褐色斑驳点斑；尾端宽，斜截并内凹。

寄主　樟科 Lauraceae 樟 *Cinnamomum camphora*、牛樟 *C. kanehirae*、大叶楠 *Machilus japonica*、红楠 *M. thunbergii*、香楠 *M. zuihoensis*、馨香润楠 *M. odoratissima*。

生物学　1 年 1 代，以蛹越冬，成虫多见于 3 ~ 5 月。是模仿斑蝶的典型种类，飞行和栖息时的状态也与斑蝶十分相似。飞行缓慢，常在树冠上空盘旋，或在溪流边、山涧与林缘花丛间吸水采蜜，雄性领域性强。卵单产于寄主植物嫩枝上或叶柄下方。幼虫栖息于寄主叶面或枝条上，昼夜取食，平时很少移动，有取食卵壳和皮蜕的习性。老熟幼虫栖息在阴凉的树丛中，并选择在较粗大的枝干上化蛹。

分布　中国（陕西、甘肃、浙江、湖北、江西、福建、台湾、广东、海南、广西、重庆、四川、贵州、云南），印度，尼泊尔，缅甸，泰国，马来西亚。

大秦岭分布　陕西（长安、汉台、南郑、洋县、西乡、留坝、宁陕、汉滨、镇安）、甘肃（文县）、湖北（神农架）、重庆（巫溪、城口）。

小黑斑凤蝶 *Chilasa epycides* **(Hewitson, 1864)**（图版 6：8）

Papilio epycides Hewitson, 1864, *Ill. exot. Butts.*, [1] (Papilio VI):[11], pl. 6, f. 16. **Type locality**: N. India.

Papilio epycides; Rothschild, 1895, *Novit. Zool.*, 2(3): 36; Bridges, 1988, *Cat. Papilionidae & Pieridae*, 1: 98; Wu & Xu, 2017, *Butts. Chin.*: 78, f. 79: 1-4.

Papilio epycides f. *uwakurona* Matsumura, 1929, *Ins. Matsum.*, 3(2/3): 89, pl. 4, f. 6. **Type locality**: "Formosa" [Taiwan, China].

Papilio epycides f. *shitakurona* Matsumura, 1929, *Ins. Matsum.*, 3(2/3): 89. **Type locality**: "Formosa" [Taiwan, China].

Chilasa epycides; Wynter-Blyth, 1957, *Butts. Ind. Reg.* (1982 Reprint): 379; Chou, 1994, *Mon. Rhop. Sin.*: 121; Wu, 2001, *Fauna Sin. Ins. Lep. Papilionidae*, 25: 119.

形态　成虫：中型凤蝶。翅棕褐色或棕色；翅脉黑色；斑纹多白色或乳黄色。两翅中室有 4 条灰白色纵条带；中室外有 1 圈放射状排列的长短不一的条斑，有时条斑端部断开，形成弧形排列的斑列。后翅外缘区有 1 列圆斑，臀角有 1 个杏黄色的半圆形斑纹；反面斑纹同正面，但有些斑纹稍模糊。

卵：球形；初产时淡绿色，后变为红褐色至棕褐色。

幼虫：5 龄期。体较光滑；头部黑褐色；臭角短，淡黄色。体色随虫龄增长而变化：1 龄黑色；2 ~ 3 龄暗褐色，有黄褐色斑；4 龄体色更淡；5 龄黄绿色至橄榄色，有黄色斑和蓝色小圆斑，整体图案呈花边形；化蛹前粉白色；体侧有黑褐色纵带纹。气门褐色。

蛹：高度拟态的缢蛹；枯枝状，细直；表面粗糙，树皮状；头部突起参差不齐。

寄主　樟科 Lauraceae 樟 *Cinnamomum camphora*、沉水樟 *C. micranthum*、黄樟 *C. porrectum*、阴香 *C. burmanni*、黑壳楠 *Lindera megaphylla*、山胡椒 *L. glauca*、山鸡椒 *Litsea cubeba* 等。

生物学　1 年 1 代，以蛹在寄主的小枝条或灌木上越冬，成虫多见于 4 ~ 6 月。飞翔缓慢，常在路旁及林荫处活动，喜访白色系列的花（如萝卜 *Raphanus sativus*）。雄性有取食动物排泄物和湿地吸水习性。卵聚产于叶背，卵块最多可含 70 余粒卵，在凤蝶中较少见。幼虫孵化后群栖于寄主叶背，5 龄后分散取食。老熟幼虫化蛹于寄主植物枝干上。

分布　中国（辽宁、陕西、甘肃、浙江、湖北、江西、福建、台湾、广东、海南、重庆、四川、贵州、云南），印度，不丹，缅甸，越南，老挝，泰国，马来西亚，印度尼西亚。

大秦岭分布　陕西（南郑、洋县、宁强、宁陕）、甘肃（文县、徽县）、湖北（神农架）、四川（安州）。

凤蝶属 *Papilio* Linnaeus, 1758

Papilio Linnaeus, 1758, *Syst. Nat.* (Edn 10), 1: 458. **Type species**: *Papilio machaon* Linnaeus, 1758.

Pterourus Scopoli, 1777, *Introd. Hist. nat.*: 433. **Type species**: *Papilio troilus* Linnaeus, 1758.

Princeps Hübner, [1807], *Samml. exot. Schmett.*, 1: pl. [116]. **Type species**: *Papilio demodocus* Esper, 1799.

Amaryssus Dalman, 1816, *K. Sven.vetensk.akad. handl.*, (1): 60. **Type species**: *Papilio machaon* Linnaeus, 1758.

Jasoniades Hübner, [1819], *Verz. bek. Schmett.*, (6): 83. **Type species**: *Papilio turnus* Linnaeus, 1771.

Euphoeades Hübner, [1819], *Verz. bek. Schmett.*, (6): 83. **Type species**: *Papilio glaucus* Linnaeus, 1758.

Heraclides Hübner, [1819], *Verz. bek. Schmett.*, (6): 83. **Type species**: *Papilio thoas* Linnaeus, 1771.

Achillides Hübner, [1819], *Verz. bek. Schmett.*, (6): 85. **Type species**: *Papilio paris* Linnaeus, 1758.

Orpheides Hübner, [1819], *Verz. bek. Schmett.*, (6): 86 (suppr. ICZN Op. 178 to *Princeps* Hübner, [1807]). **Type species**: *Papilio demodocus* Esper, 1799.

Nestorides Hübner, [1819], *Verz. bek. Schmett.*, (6): 86. **Type species**: *Papilio gambrisius* Cramer, [1777].

Calaides Hübner, [1819], *Verz. bek. Schmett.*, (6): 86. **Type species**: *Papilio androgeos* Cramer, [1776].

Priamides Hübner, [1819], *Verz. bek. Schmett.*, (6): 87. **Type species**: *Priamides hipponous* Hübner.

Iliades Hübner, [1819]; *Verz. bek. Schmett.*, (6): 88. **Type species**: *Papilio memnon* Linnaeus, 1758.

Menelaides Hübner, [1819], *Verz. bek. Schmett.*, (6): 84. **Type species**: *Papilio polytes* Linnaeus, 1758.

Troilides Hübner, [1825], *Samml. exot. Schmett.*, 2: pl. [111]. **Type species**: *Troilides tros* Hübner, [1825].

Clytia Swainson, 1833, *Zool. Illustr.*, (2) 3(26): pl. 120 (nec Lamouroux, 1812). **Type species**: *Papilio clytia* Linnaeus, 1758.

Thoas Swainson, 1833, *Zool. Illustr.*, (2) 3(26): pl. 121. **Type species**: *Papilio thoas* Linnaeus, 1771.

Aernauta Berge, 1842, *Schmetterlingsbuch*: 19, 106. **Type species**: *Papilio machaon* Linnaeus, 1758.

Pyrrhosticta Butler, 1872, *Cistula ent.*, 1: 86. **Type species**: *Papilio laetitia* Butler, 1872.

Druryia Aurivillius, 1881, *Ent. Tidskr.*, 2(1): 44. **Type species**: *Papilio antimachus* Drury, 1782.

Chilasa Moore, [1881], *Lepid. Ceylon*, 1(4): 153. **Type species**: *Papilio dissimilis* Linnaeus, 1758.

Harimala Moore, [1881], *Lepid. Ceylon*, 1(4): 145. **Type species**: *Papilio crino* Fabricius, 1793.

Charus Moore, [1881], *Lepid. Ceylon*, 1(4): 149. **Type species**: *Papilio helenus* Linnaeus, 1758.

Sarbaria Moore, 1882, *Proc. zool. Soc. Lond.*, (1): 258. **Type species**: *Papilio polyctor* Boisduval, 1836.

Cadugoides Moore, 1882, *Proc. zool. Soc. Lond.*, (1): 260. **Type species**: *Papilio agestor* Gray, 1831.

Sainia Moore, 1882, *Proc. zool. Soc. Lond.*, (1): 260. **Type species**: *Papilio protenor* Cramer, [1775].

Araminta Moore, 1886, *J. Linn. Soc. Lond. Zool.*, 21(1): 50. **Type species**: *Papilio demolion* Cramer, [1776].

Euploeopsis de Nicéville, [1887], *J. Asiat. Soc. Beng.*, Pt. II, 55(5): 433. **Type species**: *Papilio telearchus* Hewitson, 1852.

Menamopsis de Nicéville, [1887], *J. Asiat. Soc. Beng.*, Pt. II, 55(5): 433. **Type species**: *Papilio tavoyanus* Butler, 1882.

Pangeranopsis Wood-Mason & de Nicéville, [1887], *J. Asiat. Soc. Bengal*, Pt. II, 55(4): 374. **Type species**: *Papilio elephenor* Doubleday, 1845.

Panosmiopsis Wood-Mason & de Nicéville, [1887], *J. Asiat. Soc. Bengal*, Pt. II, 55(4): 374. **Type species**: *Papilio rhetenor* Westwood, 1841.

Isamiopsis Moore, 1888, *Descr. Indian lep. Atkinson*, (3): 284. **Type species**: *Papilio telearchus* Hewitson, 1852.

Tamera Moore, 1888, *Descr. Indian lep. Atkinson*, (3): 284. **Type species**: *Papilio castor* Westwood, 1842.

Achivus Kirby, 1896, *In*: Allen, *Nat. Libr., Lepid.* 1, *Butts*, 2: 286. **Type species**: *Papilio machaon* Linnaeus, 1758.

Eques Kirby, 1896, *In*: Allen, *Nat. Libr., Lepid.* 1, *Butts*, 2: 290 (nec Bloch, 1793). **Type species**: *Papilio nireus* Linnaeus, 1758.

Icarus Röber, 1898, *Ent. Nachr.*, 24(12): 186 (nec Forbes, 1844). **Type species**: *Papilio zalmoxis* Hewitson, 1864.

Melindopsis Aurivillius, 1898, *K. Sven.vetensk.akad. handl.*, 31(5): 461. **Type species**: *Papilio rex* Oberthür, 1886.

Iterus Donitz, 1899, *Berl. ent. Z.*, 44, SitzBer.: (22). **Type species**: *Papilio zalmoxis* Hewitson, 1864.

Sadengia Moore, 1902, *Lepidoptera Indica*, 5: 213. **Type species**: *Papilio nephelus* Boisduval, 1836.

Heterocreon Kirby, [1904], *In*: Hübner, *Samml. exot. Schmett.* (Wytsman's facsim.), Additional Notes: 101. **Type species**: *Papilio polytes* Linnaeus, 1758.

Mimbyasa Evans, 1912, *J. Bombay nat. Hist. Soc.*, 21(3): 972. **Type species**: *Papilio janaka* Moore, 1857.

Agehana Matsumura, 1936, *Ins. Matsum.*, 10(3): 86. **Type species**: *Papilio maraho* Shiraki & Sonan, 1934.

Sinoprinceps Hancock, 1983, *Smithersia*, 2: 35. **Type species**: *Papilio xuthus* Linnaeus, 1767.

Papilio; Chou, 1998, *Class. Ident. Chin. Butt.*: 7; Wu, 2001, *Fauna Sin. Ins. Lep. Papilionidae*, 25: 124; Wu & Xu, 2017, *Butts. Chin.*: 78.

常黑色；少数黄色，体上多有白点；胸部和腹部无红色毛。翅上常有红色、蓝色、黄色或白色斑；有的翅面散布金绿色鳞；多数种类雌雄异型。前翅三角形；中室长阔。后翅内缘区狭，弯曲凹入，形成沟槽；尾突内仅1条脉纹。

雄性外生殖器：上钩突和颚突发达；无囊突；抱器宽大，有发达的抱器腹；阳茎中等大小，略弯曲。

雌性外生殖器：囊导管膜质；交配囊多长椭圆形；交配囊片长形，有横脊，多有纵中脊。

寄主为芸香科 Rutaceae、忍冬科 Caprifoliaceae、半边莲科 Lobeliaceae、樟科 Lauraceae、漆树科 Anacardiaceae、伞形科 Umbelliferae、杨柳科 Salicaceae、桦木科 Betulaceae、椴树科 Tiliaceae、木犀科 Oleaceae、大麻科 Cannabaceae、鼠李科 Rhamnaceae、胡椒科 Piperaceae、蔷薇科 Rosaceae、菊科 Asteraceae 植物。

本属是凤蝶科中最常见、种类最多的一个大属，全世界已知 210 余种，分布于世界各地。中国记录 27 种，大秦岭分布 16 种。

亚属检索表

1. 前翅中室有黄色斑纹 ·· 2
   前翅中室无黄色斑纹 ·· 3
2. 前翅中室斑纹放射状排列；老熟幼虫后胸有眼状斑 ············· **华凤蝶亚属 Sinoprinceps**
   前翅中室端半部斑纹横向排列；老熟幼虫后胸无眼状斑 ············· **凤蝶亚属 Papilio**
3. 翅面覆盖翠绿（蓝）色及金色鳞片；后翅中域斑纹翠绿色或翠蓝色 ············· **翠凤蝶亚属 Princeps**
   翅面无上述鳞片；后翅中域斑纹白色或淡黄色 ············· **美凤蝶亚属 Menelaides**

美凤蝶亚属 *Menelaides* Hübner, 1819

Menelaides Hübner, 1819, *Verz. bek. Schmett.*, (6): 84. **Type species**: *Papilio polytes* Linnaeus, 1758.
Menelaides; Chou, 1998, *Class. Ident. Chin. Butt.*: 8; Wu, 2001, *Fauna Sin. Ins. Lep. Papilionidae*, 25: 124.

多为雌雄异型，有的是雌性多型。额侧面有黄色或白色条纹；胸腹部有淡色斑或点。翅面无金绿色或金蓝色鳞片；红色斑纹多分布于翅基部或内外缘。后翅中域多有白斑或淡黄色斑；外缘波状；尾突有或无。雄性前翅发香鳞有或无。

寄主为芸香科 Rutaceae、忍冬科 Caprifoliaceae 及半边莲科 Lobeliaceae 植物。

世界记载 55 种，主要分布于东洋区与古北区。中国记录 14 种，大秦岭分布 8 种。

种检索表

1. 后翅中域雌性有白斑，雄性有或无 ·· 2
   后翅中域雌雄性均无白斑 ·· 7
2. 前翅或后翅或两翅反面基部有红色斑纹 ·· 3
   翅基部无红色斑纹 ·· 5

3. 后翅宽；雄性无尾突，反面臀角有红斑；雌性尾突有或无，有白色斑 ┄┄┄┄┄┄┄┄┄
┄┄┄┄┄┄┄┄┄┄┄┄┄┄┄┄┄┄┄┄┄┄┄┄┄┄┄┄ **美凤蝶 *P.* (*M.*) *memnon***

后翅窄；臀角与内缘有红斑 ┄┄┄┄┄┄┄┄┄┄┄┄┄┄┄┄┄┄┄┄┄┄┄┄┄┄┄┄┄ 4

4. 雄性无尾突；雌性有尾突且有白斑伸入中室 ┄┄┄┄┄┄ **红基美凤蝶 *P.* (*M.*) *alcmenor***

雌雄性均有尾突；雌性的白斑不伸入中室 ┄┄┄┄┄┄ **牛郎（黑美）凤蝶 *P.* (*M.*) *bootes***

5. 雄性后翅中部白斑带状排列，雌性的斑纹数目与排列多变 ┄┄┄┄┄┄┄┄┄┄┄┄┄┄┄
┄┄┄┄┄┄┄┄┄┄┄┄┄┄┄┄┄┄┄┄┄┄┄┄┄┄ **玉带（美）凤蝶 *P.* (*M.*) *polytes***

雌雄性后翅白斑不如上述 ┄┄┄┄┄┄┄┄┄┄┄┄┄┄┄┄┄┄┄┄┄┄┄┄┄┄┄┄┄ 6

6. 后翅有 3 个淡色大斑 ┄┄┄┄┄┄┄┄┄┄┄┄┄┄┄┄┄┄ **玉斑（美）凤蝶 *P.* (*M.*) *helenus***

后翅有 4 ~ 5 个淡色大斑 ┄┄┄┄┄┄┄┄┄┄┄┄┄┄ **宽带（美）凤蝶 *P.* (*M.*) *nephelus***

7. 后翅狭长，有尾突 ┄┄┄┄┄┄┄┄┄┄┄┄┄┄┄┄┄┄ **姝美凤蝶 *P.* (*M.*) *macilentus***

后翅较宽，无尾突 ┄┄┄┄┄┄┄┄┄┄┄┄┄┄┄┄┄┄┄ **蓝（美）凤蝶 *P.* (*M.*) *protenor***

美凤蝶 *Papilio* (*Menelaides*) *memnon* Linnaeus, 1758

Papilio memnon Linnaeus, 1758, *Syst. Nat.* (Edn 10), 1: 460. **Type locality**: Asia.

Papilio memnon memnoides Fruhstorfer, 1903, *Dt. ent. Z. Iris*, 15(2): 308. **Type locality**: Borneo.

Papilio memnon imperiosus Fruhstorfer, 1907, *Ent. Zs.*, 21(33): 204. **Type locality**: Banka I.

Papilio deiphobus memnon; Fruhstorfer, 1916, *Archiv Naturg.*, 81 A (11): 77 (note).

Papilio memnon f. *taihokuana* Matsumura, 1929, *Ins. Matsum.*, 3(2/3): 87. **Type locality**: "Formosa"
[Taiwan, China].

Papilio (*Menelaides*) *memnon*; Chou, 1994, *Mon. Rhop. Sin.*: 124; Wu, 2001, *Fauna Sin. Ins. Lep.
Papilionidae*, 25: 135; Vane-Wright & de Jong, 2003, *Zool. Verh. Leiden*, 343: 89.

Menelaides memnon; Page & Treadaway, 2003a, *Butts. world*, 17: 9.

Papilio memnon; Wu & Xu, 2017, *Butts. Chin.*: 110, f. 111: 1-2, 112: 3-4, 113: 5, 114: 6，115: 7, 116: 8,
117: 9, 118: 10, 119: 11.

形态 成虫：大型凤蝶。雌雄异型及雌性多型。雄性翅黑色或黑褐色，正面无斑；基部色深，有天鹅绒光泽；翅脉纹两侧密布蓝色鳞片。前翅反面中室基部红斑水滴状，脉纹两侧灰白色。后翅反面基部有 3 ~ 5 个大小形状不一的红斑；端部有 2 列由蓝色鳞片组成的环形斑列，时有模糊或消失；臀角有 2 ~ 3 个环形或半环形红斑纹；无尾突。雌性无尾型：前翅黑色；各翅室均有 1 个贯通全室的长 U 形或 V 形斑，灰黄色或灰白色；基部黑色；中室基部红斑近三角形。后翅外缘波状；端半部有红、白 2 色长条斑列；亚外缘区斑列黑色，近圆形；反面基部有 3 ~ 5 个不同形状的红色斑纹，其余与正面相同。雌性有尾型：前翅与无尾型相似。后翅黑色；外缘波状；中室端部有 1 个大白斑；中室端半部外侧放射状排列 1 列白色条斑，其端部多有红色晕染；外缘斑列红色或白色或橘黄色；臀角眼斑红色或橘黄色，瞳点黑色；反面除基部有 3 ~ 5 个红斑外，其余斑纹与正面相同。

卵：球形；黄色；光滑。

幼虫：5龄期。1～4龄幼虫鸟粪状；绿褐色；臭角初龄时浅黄色，随成长颜色渐深，末龄时橙红色；第2～4、7～9腹节均有白色斜纹在背部相接。4龄幼虫橄榄绿色；有交织呈网状的白色线纹和小圆点。老熟幼虫翠绿色；后胸背面两侧各有1个眼斑；第4～5腹节有白色斜带，有时会在背面相接，带上有黑绿色细纹；第6腹节侧面亦有同色斑纹；体侧下缘有白色条带环绕。气门褐色。

蛹：有绿色型和褐色型。头前有1对突起，末端圆弧形；第3腹节的后缘及第4腹节的前缘向两侧呈三角形突出。绿色型蛹的背面有宽大的黄绿色菱形纹；褐色型蛹的斑纹似木材的纹理。

寄主 芸香科 Rutaceae 柑橘 *Citrus reticulata*、雪柚 *C. grandis*、柚 *C. maxima*、柠檬 *C. limon*、圆金橘 *Fortunella japonica*、构橘 *Poncirus trifoliata*、光叶花椒（两面针）*Zanthoxylum nitidum*、椿叶花椒 *Z. ailanthoides*、黄皮 *Clausena lansium*、酒饼簕 *Atalantia buxifolia*。

生物学 1年2至多代，以蛹越冬，成虫多见于4～9月。喜访花采蜜，蜜源植物有臭牡丹 *Clerodendrum bungei*、接骨木 *Sambucus williamsii* 和柑橘属 *Citrus* 植物。雄性活泼，飞翔力强，多在旷野疾飞，炎热时喜群聚在湿地吸水；雌性常见于寄主植物和蜜源植物附近，飞行缓慢，滑翔式飞行，有选择荫蔽场所产卵的习性。卵单产于寄主植物的嫩枝上或叶背面。幼虫有取食卵壳和皮蜕的习性。老熟幼虫在寄主植物的叶柄、细枝或附近其他植物上化蛹，蛹依据环境的颜色而变成绿色或褐色。

分布 中国（陕西、甘肃、浙江、湖北、江西、湖南、福建、台湾、广东、海南、广西、重庆、四川、贵州、云南），日本，印度，缅甸，泰国，斯里兰卡，印度尼西亚。

大秦岭分布 陕西（周至、镇安、汉台、南郑、西乡、镇巴、汉滨、紫阳）、甘肃（康县、文县、徽县、两当）、湖北（神农架）、四川（青川）。

宽带（美）凤蝶 *Papilio* (*Menelaides*) *nephelus* Boisduval, 1836

Papilio nephelus Boisduval, 1836, *Hist. nat. Ins., Spec. gén. Lépid.*, 1: 210. **Type locality**: Java.

Papilio nephelus; Rothschild, 1895, *Novit. Zool.*, 2(3): 290; Wu & Xu, 2017, *Butts. Chin.*: 92, f. 96: 10-11, 97: 12-13, 98: 14-15, 99:16-17, 100: 18-19.

Papilio (*Menelaides*) *nephelus*; Chou, 1994, *Mon. Rhop. Sin.*:140; Wu, 2001, *Fauna Sin. Ins. Lep. Papilionidae*, 25: 137.

形态 成虫：大型凤蝶。翅黑色或黑褐色。前翅正面无斑；反面端半部沿脉纹两侧有灰白色或灰褐色条带；中室放射状排列 5 条灰白色或淡黄色纵线纹；臀角附近有 2 ~ 3 个楔形白斑，时有消失或退化。后翅外缘波状；正面中横斑列有 4 ~ 5 个长短不一的条斑，白色或淡黄色。反面除白斑与正面相同外，在白斑下方另有 3 个小的白色或黄色斑纹；外缘有 1 列黄色或白色月牙形斑纹。

卵：近扁球形，底面浅凹；淡黄色；表面光滑。

幼虫：1 ~ 4 龄幼虫鸟粪状；体褐、白、黑 3 色；胸腹部有棘刺突。老熟幼虫绿色；头部上半部绿色，其余淡褐色；臭角深红色；后胸背面两侧各有 1 个大眼斑；1 对黑褐色带从第 4 腹节的侧面斜伸到第 5 腹节的背面，缘线白色；第 6 腹节侧面有 1 对同样的带伸达气门上线；第 9 腹节亚背线上有 1 对较长的白色突起。

蛹：有绿色型和褐色型；头部有 1 对突起，末端圆；中胸背面突起长。绿色型：前胸及第 4 ~ 7 腹节背面黄色；第 1 ~ 3 腹节背面两侧有 1 对三角形黄色大斑。褐色型：体表散布有青苔状斑块；前胸条纹黑褐色；第 4 腹节至腹末呈淡紫灰色。

寄主 芸香科 Rutaceae 飞龙掌血 *Toddalia asiatica*、楝叶吴萸 *Tetradium glabrifolium*、花椒簕 *Zanthoxylum cuspidatum*、光叶花椒（两面针）*Z. nitidum*、椿叶花椒 *Z. ailanthoides*、花椒 *Z. bungeanum*、柑橘 *Citrus reticulata*、柚 *C. maxima*、山黄皮 *Micromelum falcatum*；忍冬科 Caprifoliaceae 接骨草 *Sambucus chinensis*。

生物学 1 年 2 代，成虫多见于 4 ~ 8 月。飞翔力强，常见于林缘、树冠及花丛间，喜栖息于阴暗的泥潭边，聚集湿地吸水，沿着山谷、溪流快速飞行，嗜吸植物的花蜜。卵单产于寄主植物嫩茎或叶片的背面。幼虫多在寄主植物叶片主脉附近栖息。老熟幼虫则栖附在茎上，并在寄主茎及邻近植物上化蛹。

分布 中国（山西、陕西、甘肃、湖北、江西、福建、台湾、广东、海南、广西、重庆、四川、贵州、云南），印度，不丹，尼泊尔，缅甸，越南，泰国，柬埔寨，马来西亚，印度尼西亚。

大秦岭分布 陕西（眉县、南郑、宁强）、甘肃（康县、文县、两当）、湖北（远安、神农架）、四川（安州、江油）。

玉斑（美）凤蝶 *Papilio* (*Menelaides*) *helenus* Linnaeus, 1758

Papilio helenus Linnaeus, 1758, *Syst. Nat.* (Edn 10), 1: 459. **Type locality**: Canton, China.

Papilio (*Menelaides*) *helenus*; Moore, 1878a, *Proc. zool. Soc. Lond.*, (4): 840; Rothschild, 1895, *Novit. Zool.*, 2(3): 284; Chou, 1994, *Mon. Rhop. Sin.*: 138; Wu, 2001, *Fauna Sin. Ins. Lep. Papilionidae*, 25: 131.

Charus helenus; Moore, [1881], *Lepid. Ceylon*, 1(4): 149, pl. 58, f. 3.

Menelaides helenus; Page & Treadaway, 2003a, *Butts. world*, 17: 9.

Papilio helenus; Wu & Xu, 2017, *Butts. Chin.*: 92, f. 101: 20-22, 103: 23.

形态 成虫：大型凤蝶。翅黑色或黑褐色。前翅无斑纹；端半部沿脉纹两侧有灰白色或灰褐色条带；中室放射状排列 5 条灰白色纵线纹。后翅外缘波状；前缘中部至中室端脉外侧有 3 个紧密相连的白色或淡黄色斑纹，近前缘的斑纹小，其余 2 个斑纹大；亚外缘区有 1 列新月形红色斑纹，时有模糊或消失；臀角有 1 ~ 2 个环形或半环形红斑；尾突端部稍有膨大。翅反面似正面，但斑纹更清晰。雌性色稍浅。

卵：近球形；淡黄色；表面光滑，有珍珠光泽。

幼虫：5 龄期。1 ~ 4 龄幼虫呈鸟粪状。1 龄幼虫暗褐色至黄褐色；多棘刺。2 ~ 4 龄幼虫棘刺消失，留有疣突；体表黄褐色；1 条白色斜带自第 2 腹节侧面基部斜向第 4 腹节背侧线；腹部末端白色。末龄幼虫体表光滑；黄绿色；臭角深红色；后胸背两侧各有 1 个黑色眼斑，眼斑间有花边形斑纹；第 1 腹节背面后缘有黄褐色锯齿状带纹；第 4 腹节侧缘基部到第 5 腹节背线两侧有深褐色带纹，并交汇连接；第 6 ~ 7 和 8 ~ 9 腹节间各有 1 条深褐色横带纹；腹部足基带白色。

蛹：体呈直角形弯曲；颜色随背景环境发生变化，多呈褐色或绿色；头部前端 V 形分叉；中胸背板向上凸起；第 4 ~ 7 腹节亚背线上各有 1 对突起。

寄主 芸香科 Rutaceae 黄檗 *Phellodendron amurense*、簕欓花椒 *Zanthoxylum avicennae*、楝叶吴萸 *Tetradium glabrifolium*、柑橘 *Citrus reticulata*、芸香属 *Ruta* spp. 等。

生物学 1 年 2 ~ 4 代，成虫多见于 5 ~ 8 月。飞翔力很强，多生活于山区的林地。雄性常群集河滩或山路地面积水处吸水，并不断自肛门排出液体。喜访杜鹃 *Rhododendron simsii*、海桐 *Pittosporum tobira*、马缨丹 *Lantana camara*、臭牡丹 *Clerodendrum bungei*、百合 *Lilium brownii* var. *viridulum* 和柑橘属 *Citrus* spp. 等蜜源植物的花。卵单产于寄主植物幼嫩叶片背面的边缘和嫩梢上。幼虫有取食卵壳和皮蜕的习性。1 ~ 2 龄幼虫只能取食幼嫩叶片，4 龄以后取食成熟叶片；1 ~ 5 龄幼虫均停息在叶片正面的丝垫上，头部朝向叶柄；5 龄幼虫喜在其停息位置附近的叶片上取食，停息时返回原来位置。老熟幼虫多在寄主植物枝干或附近的物体上化蛹。

分布 中国（河南、陕西、甘肃、浙江、江西、福建、台湾、广东、海南、广西、重庆、四川、贵州、云南），日本，印度，不丹，尼泊尔，缅甸，越南，老挝，泰国，柬埔寨，斯里兰卡，菲律宾，马来西亚，印度尼西亚。

大秦岭分布 甘肃（文县）。

玉带（美）凤蝶 *Papilio (Menelaides) polytes* Linnaeus, 1758（图版 6：9—10）

Papilio polytes Linnaeus, 1758, *Syst. Nat.* (Edn 10), 1: 460. **Type locality**: S. China.

Papilio astyanax Fabricius, 1793, *Ent. Syst.*, 3(1): 13 (preocc.).

Papilio hector de Haan, 1840, *Verh. Nat. Gesch. Ned. Overz. Bez.* (Zool.): 39 (preocc.).

Papilio walkeri Janson, 1879, *Cistula ent.*, 2(21) : 433, pl. 8, f. 2. **Type locality**: S. India.

Papilio walkeri Rothschild, 1895, *Novit. Zool.*, 2(3): 338.

Papilio polytes; Rothschild, 1895, *Novit. Zool.*, 2(3): 343; Wynter-Blyth, 1957, *Butts. Ind. Reg.* (1982 Reprint): 392; Wu & Xu, 2017, *Butts. Chin.*: 92, f. 93: 1-3, 94: 4-6, 95: 7-9.

Papilio depicta Fruhstorfer, 1908, *Ent. Wochenbl.*, 25(9): 38.

Papilio ocha Fruhstorfer, 1908, *Ent. Wochenbl.*, 25(9): 38.

Papilio polytes passienus Fruhstorfer, 1909, *Ent. Zs.*, 22(43): 178. **Type locality**: S. Celebes.

Papilio ab. *chrysos* Boullet & Le Cerf, 1912, *Bull. Soc. ent. Fr.*, (11): 247.

Papilio chalcas Fabricius, 1938, *In*: Bryk, *Syst. Gloss.*: 24 (preocc.) .

Papilio ab. *inaequalis* Murayama, 1958, *New Ent.*, 7(1): 27. **Type locality**: "Formosa" [Taiwan, China].

Papilio ab. *nubes* Murayama, 1958, *New Ent.*, 7(1): 27. **Type locality**: "Formosa" [Taiwan, China].

Papilio polytes ♂-ab. *magicus* Murayama, 1959; *Tyô Ga*, 10(4): 67, f. 6, 9. **Type locality**: Koshun, "Formosa" [Taiwan, China].

Menelaides polytes; Igarashi, 1979, *Papilionidae early stag.*: 126; Page & Treadaway, 2003a, *Butts world*, 17: 9.

Papilio abdulasizia Tung, 1982, *Tokurana*, (4): 58.

Papilio (*Menelaides*) *polytes* Linnaeus; Chou, 1994, *Mon. Rhop. Sin.*: 134; Wu, 2001, *Fauna Sin. Ins. Lep. Papilionidae*, 25: 140.

形态 成虫：中型凤蝶。雌雄异型及雌性多型。后翅外缘波状；有短尾突。雄性：翅黑色或黑褐色；脉纹色略深。前翅外缘有 1 列白斑；中室有多条灰白色纵纹，放射状排列。后翅外中域有 1 列白色或黄色斑纹。反面外缘凹陷处有橙色或白色斑纹；亚外缘有 1 列橙色或红色新月形斑纹；臀角有 1 个橙色眼斑，瞳点黑色；其余斑纹与正面相同。雌性：前翅基部黑色；各翅室有长 U 形或 V 形斑纹，灰褐色或灰白色。多型间差异主要表现在后翅，基本有 3 种类型：白带型后翅外缘斑与雄性后翅的反面相似；白斑型后翅外中域下半部有 2 ~ 5 个白色斑及 1 ~ 3 个红色斑；赤斑型后翅中域无白色斑，仅有 2 ~ 3 个红色斑。各型的其余斑纹同雄性反面；雌性反面与其翅正面大致相同。

卵：球形；表面光滑；初产时黄绿色，后变深黄色，孵化前紫黑色。

幼虫：5 龄期。1 ~ 4 龄幼虫呈鸟粪状。1 ~ 3 龄幼虫黄褐色；头尾均有 V 形长刺突。4 龄幼虫橄榄绿色。3 ~ 4 龄幼虫体表有斑驳纹；体中部及尾部均有白色横带。末龄幼虫翠绿色；头上半部褐色，有光泽，下半部有毛；臭角紫红色；前胸背板绿色，前缘黄色，两侧的角状突呈黄橙色；后胸两侧有 1 对眼状斑，斑间有带状纹相连；第 1 腹节后缘有 1 条明显的黄褐色带；1 对暗褐色带纹从第 4 腹节侧面斜伸至第 5 腹节后缘的背线上并与之相接；始于第 6 腹节侧面的暗褐色带止于气门的上方；有的个体在第 6 腹节背线两侧有 1 对褐色纹；足基带白色。

蛹：有绿色型、褐色型及中间型。头部突起短，末端分叉；中胸背面突起扁。绿色型：前胸背面黄色；后胸至第 5 腹节背线两侧有 1 对三角形黄色网斑；前翅基斑褐色。褐色型：体表有暗褐色斑点；前胸背面淡橙色；第 2 ~ 3 腹节背面有 1 对淡橙色的大斑纹；背线淡紫色。

寄主　芸香科 Rutaceae 柚 *Citrus maxima*、假黄皮 *Clausena excavata*、黄皮 *C. lansium*、圆金橘 *Fortunella japonica*、山小橘 *Glycosmis citrifolia*、飞龙掌血 *Toddalia asiatica*、簕檬花椒 *Zanthoxylum avicennae*、光叶花椒（两面针）*Z. nitidum*。

生物学　1 年 2 至多代，成虫多见于 4 ~ 10 月。雌性飞行缓慢，雄性飞行迅速，常在溪流沿岸、稀疏林地、城镇庭园、花圃飞行，喜访花。卵多产于植物的嫩叶或顶芽上，有时也产在老熟叶片上。1 龄幼虫先取食卵壳，再取食孵化处的叶片，后寻找固定叶片作为台座，取食其他叶片；老熟后寻找枝条和合适的老叶做丝垫化蛹。

分布　中国（河北、山西、河南、陕西、甘肃、青海、江苏、山东、安徽、浙江、湖北、江西、湖南、福建、台湾、广东、海南、广西、重庆、四川、贵州、云南、西藏），日本，印度，泰国，马来西亚，印度尼西亚，巴基斯坦，尼泊尔，斯里兰卡，缅甸，越南，老挝，柬埔寨，安达曼群岛，尼科巴群岛，东欧和马来西亚半岛，文莱，菲律宾，北马里亚纳群岛。

大秦岭分布　河南（荥阳、新密、登封、宝丰、内乡、西峡、栾川、陕州、灵宝）、陕西（眉县、太白、凤县、汉台、南郑、城固、洋县、西乡、留坝、佛坪、汉滨、岚皋、宁陕、商州、丹凤、商南、洛南）、甘肃（麦积、武都、康县、文县、成县、徽县、两当）、湖北（远安、兴山、神农架、武当山、郧西）、重庆（巫溪、城口）、四川（宣汉、万源、安州、江油、都江堰、汶川）。

红基美凤蝶 *Papilio (Menelaides) alcmenor* C. & R. Felder, [1864]（图版 7：11）

Papilio alcmenor C. & R. Felder, [1864a], *Reise Freg. Nov., Bd* 2 (Abth. 2), (1): 129, pl. 20, f. d. **Type locality**: Khasi Hills.

Papilio rhetenor; Westwood, 1842, *Arc. Ent.*, 1: 59; Rothschild, 1895, *Novit. Zool.*, 2(3): 333; Wynter-Blyth, 1957, *Butts. Ind. Reg.* (1982 Reprint): 385.

Papilio (Menelaides) alcmenor; Chou, 1994, *Mon. Rhop. Sin.*: 130; Wu, 2001, *Fauna Sin. Ins. Lep. Papilionidae*, 25: 145.

Papilio alcmenorr; Wu & Xu, 2017, *Butts. Chin.*: 110, f. 120: 12-13, 121: 14-15, 122: 16, 123: 17-18.

形态　成虫：大型凤蝶。雌雄异型。翅黑色；狭长；覆有蓝色鳞片。前翅灰黑色或灰棕色；脉纹及各翅室纵纹黑色。后翅外缘波状；外缘区红色眼斑列正面多模糊或消失，反面前半部多退化，后半部多完整；基部红色斑被翅脉分割成数个大小及形状不一的斑纹；cu_1 室红色带纹镶有 3 个黑色大斑；cu_2 室红色带纹端部镶有 2 个黑色斑纹；前缘及顶角多有蓝色鳞片形成的斑纹。雄性：前翅基部红斑正面模糊或消失，反面清晰。后翅无尾突；前缘红色斑纹多消失；中域无白色斑纹；臀角眼斑 1 ~ 2 个。雌性：前翅基部正反面均有红斑。后翅尾突宽短；中域有 1 ~ 3 个白色斑纹；臀角有 2 ~ 3 个红色眼斑。本种为陕西省重点保护物种。

寄主　芸香科 Rutaceae 柑橘属 *Citrus* spp.、花椒属 *Zanthoxylum* spp.、飞龙掌血 *Toddalia asiatica* 等。

生物学　1 年 2 代，以蛹越冬，成虫多见于 4 ~ 7 月。飞行迅速，警觉性高且很少停息，常在林缘、山地活动，数量较少，难以捕捉，喜访白色系的花，常聚集在地面吸食积水，也好在臭水沟处群聚嬉戏。

分布　中国（河南、陕西、甘肃、湖北、湖南、海南、重庆、四川、贵州、云南、西藏），印度，不丹，尼泊尔，缅甸。

大秦岭分布　河南（内乡）、陕西（蓝田、鄠邑、太白、南郑、洋县、西乡、宁强、略阳、留坝、佛坪、汉滨、岚皋、商州、商南）、甘肃（麦积、秦州、武都、康县、文县、徽县、两当）、湖北（兴山、神农架）、重庆（巫溪、城口）、四川（昭化、青川、安州、平武）。

牛郎（黑美）凤蝶 *Papilio (Menelaides) bootes* Westwood, 1842（图版 8：12）

Papilio bootes Westwood, 1842, *Ann. Mag. nat. Hist.*, 9:36. **Type locality**: Sylhet.

Papilio bootes Westwood, 1842, *Arcana ent.*, 1: 123, pl. 31.

Papilio bootes; Rothschild, 1895, *Novit. Zool.*, 2(3): 335; Wynter-Blyth, 1957, *Butts. Ind. Reg.* (1982 Reprint): 385; Wu & Xu, 2017, *Butts. Chin.*: 110, f. 125: 21-22, 126: 23-24, 127: 25-26, 128: 27-28, 129: 29.

Papilio (Menelaides) bootes; Chou, 1994, *Mon. Rhop. Sin.*: 133; Wu, 2001, *Fauna Sin. Ins. Lep. Papilionidae*, 25: 129.

形态　成虫：大型凤蝶。翅黑灰色或灰褐色；翅脉黑色。前翅中室有多条黑色纵纹，放射状排列；其余各翅室均有贯穿翅室的黑色条纹；中室基部红色斑纹正面有时不明显或消失，反面清晰。后翅外缘波状；中域白斑变化较大，无或有 1 ~ 4 个；臀角红色眼斑 2 ~ 4 个，瞳点黑色；尾突粗短，端部膨大明显，有时有淡色斑纹。反面翅基部有多个不规则形红色斑纹；后缘红色带纹有或无。

蛹：淡褐色；散布黑褐色斑纹和网状绿色斑纹；头部突起前伸，末端圆；中胸背面突起圆瘤状；第 3 ~ 4 腹节气门上线上方有黑褐色大斑，中心白色；第 4 ~ 6 腹节亚背线上方有突起。

寄主　芸香科 Rutaceae 光叶花椒（两面针）*Zanthoxylum nitidum*、竹叶花椒 *Z. armatum*、五叶山小橘 *Glycosmis pentaphylla* 及柑橘属 *Citrus* spp. 等。

生物学 1年1代，成虫多见于 5 ~ 7 月。卵单产于寄主植物嫩叶的背面。幼虫栖息在背光的叶片、叶柄及枝干上；飞翔较快，有访花吸蜜习性。

分布 中国（河南、陕西、甘肃、湖北、四川、西藏、云南），印度，不丹，尼泊尔，缅甸，老挝，越南。

大秦岭分布 河南（栾川、灵宝）、陕西（长安、鄠邑、周至、华州、眉县、太白、凤县、城固、洋县、西乡、留坝、佛坪、商州、柞水）、甘肃（麦积、武都、文县、徽县、两当）、湖北（神农架、郧西）、四川（青川、平武）。

蓝（美）凤蝶 *Papilio* (*Menelaides*) *protenor* Cramer, [1775]（图版9：13）

Papilio protenor Cramer, [1775], *Uitl. Kapellen*, 1(1-7): 77, pl. 49, f. A, B. **Type locality**: China.

Papilio protenor; Rothschild, 1895, *Novit. Zool.*, 2(3): 331; Wynter-Blyth, 1957, *Butts. Ind. Reg.* (1982 Reprint): 386; Wu & Xu, 2017, *Butts. Chin.*: 103, f. 106: 7-8, 107: 9-10, 108: 11-12.

Papilio (*Menelaides*) *protenor*; Chou, 1994, *Mon. Rhop. Sin.*: 126; Wu, 2001, *Fauna Sin. Ins. Lep. Papilionidae*, 25: 143.

形态 成虫：大型凤蝶。雌雄异型。翅黑色或黑褐色，有靛蓝色天鹅绒光泽。前翅正面中室有多条灰白色纵纹，放射状排列；其余各翅室有长 U 形或 V 形斑纹，灰白色，雌性较雄性明显。后翅外缘波状；无尾突。正面雄性前缘有 1 条淡黄色横带（性标斑），但多被前翅后缘遮盖，雌性无此横带；臀角有 1 个红色眼斑，瞳点黑色，雌性臀角红色眼斑多为 2 ~ 3 个，其中 2 个不完整，呈半环状，红色区域常有白色条纹。反面顶角有 2 ~ 3 个不完整的红色眼斑。雄性个体一般比雌性小；翅面蓝色鳞较少；后翅蓝色鳞片多集中于中部或前缘区附近。

与美凤蝶 *P.* (*M.*) *memnon* 雄性相似，主要区别是：本种翅反面基部无红斑；后翅前缘有淡黄色横带。

卵：圆球形；黄色；近孵化时有淡褐色斑。

幼虫：5 龄期。1 ~ 4 龄幼虫呈鸟粪状；臭角初呈白色，随成长而颜色渐深，末龄时呈绛红色。1 龄幼虫墨绿色，2 ~ 3 龄幼虫褐色，4 龄幼虫灰褐色；体前、中及后段均有白色宽带。老熟幼虫翠绿色；后胸横带纹浅绿色；第 1 腹节后缘有 1 条明显的橙褐色横带；第 4 ~ 5 腹节及第 6 腹节有褐色带纹，并在背面呈 V 形，带纹上密布白色网纹；腹部足基带白色。气门淡褐色。

蛹：有绿色与褐色两型。褐色型：斑驳枯枝色；头前 1 对突起 V 形，弯曲前伸；第 4 ~ 5 腹节亚背部侧面各有 1 个瘤突。绿色型：前胸背面黄色；后胸至第 5 腹节背线两侧有 1 对三角形黄色斑纹。

寄主　芸香科 Rutaceae 甜橙 *Citrus sinensis*、柠檬 *C. limon*、柑橘 *C. reticulata*、柚 *C. maxima*、光叶花椒（两面针）*Zanthoxylum nitidum*、蜀椒 *Z. piperitum*、簕欓花椒 *Z. avicennae*、飞龙掌血 *Toddalia asiatica*、小花山小橘 *Glycosmis parviflora*。

生物学　1年2～3代，有世代重叠现象，以蛹越冬，成虫多见于4～10月。飞行缓慢，受惊扰时即急速飞行，常在溪边湿地吸水，经常沿固定的溪流和林缘飞行，形成蝶道。喜访百合科 Liliaceae 等红色系的蜜源植物，如野百合 *Lilium brownii*、臭牡丹 *Clerodendrum bungei* 等。卵多单产在日照充足的寄主植物叶背面及嫩芽上。幼虫有取食卵壳和皮蜕的习性。老龄幼虫喜取食老叶片，大多栖息于树枝上。老熟幼虫化蛹于寄主植物的树枝、附近杂物及阴暗处。

分布　中国（辽宁、山东、河南、陕西、甘肃、安徽、浙江、湖北、江西、福建、台湾、广东、海南、广西、重庆、四川、贵州、云南、西藏），朝鲜，韩国，日本，印度，不丹，尼泊尔，缅甸，越南。

大秦岭分布　河南（荥阳、登封、巩义、内乡、栾川）、陕西（蓝田、长安、鄠邑、周至、渭滨、陈仓、眉县、太白、凤县、华州、华阴、南郑、洋县、西乡、宁强、略阳、留坝、佛坪、汉滨、平利、镇坪、岚皋、宁陕、商州、丹凤、商南、山阳、镇安、柞水、洛南）、甘肃（麦积、武都、康县、文县、徽县、两当）、湖北（远安、兴山、南漳、神农架、郧西、竹溪、房县）、重庆（巫溪、城口）、四川（宣汉、昭化、青川、都江堰、绵竹、安州、平武、江油、汶川）。

姝美凤蝶 *Papilio* (*Menelaides*) *macilentus* Janson, 1877（图版10：14）

Papilio macilentus Janson, 1877, *Cistula ent.*, 2(16): 158. **Type locality**: Oyama.

Papilio scaevola Oberthür, 1879, *Étud. d'Ent.*, 4 : 37, pl. 6, f. 1. **Type locality**: China.

Papilio tractipennis Butler, 1881a, *Ann. Mag. Nat. Hist.*, (5) 7(38): 139. **Type locality**: Nikko.

Papilio macilentus m.v. *minima* Sheljuzhko, 1913, *Dt. Ent. Z. Iris*, 27(1): 15. **Type locality**: Sendai; Kagoshima.

Papilio macilentus; Rothschild, 1895, *Novit. Zool.*, 2(3): 333; Kudrna, 1974, *Atalanta*, 5: 95; Wu & Xu, 2017, *Butts. Chin.*: 103, f. 109: 13-14.

Papilio macilentus yokohamanus Kanda, 1931, *Ins. World Gifu*, 35: 307.

Papilio macilentus ab. *yamazakii* Nomura, 1937, *Zephyrus*, 7(2/3): 138.

Menelardes macilentus; Lee & Zhu, 1992, pl. 24, figs. 1, 2.

Papilio (*Menelaides*) *macilentus*; Chou, 1994, *Mon. Rhop. Sin.*: 134; Wu, 2001, *Fauna Sin. Ins. Lep. Papilionidae*, 25: 133.

形态　成虫：大型凤蝶。翅狭长；黑色或黑褐色。前翅中室灰白色，有多条黑色纵纹，放射状排列；其余各翅室均有长 U 形或 V 形斑纹，灰褐色。后翅外缘波状；尾突长，端部膨大。正面前缘淡黄色横带雄性有，雌性无；外缘斑列红色，斑纹月牙形；臀角眼斑红色，眼点黑色。反面红色斑纹上覆有同形的白色斑纹，较正面清晰，半月形；亚外缘区 cu_1 与 m_3 室各有 1 个红色斑纹，叠加于其外缘区红斑上方。

卵：近扁球形，底面浅凹；淡黄色，表面光泽弱。

幼虫：1 ~ 3 龄幼虫拟态鸟粪；黄褐色。4 龄幼虫墨绿色；腹部末端白色。末龄幼虫淡翠绿色；臭角黄橙色；前胸背板前缘淡绿色，两侧呈钝角状突出；后胸亚背线上有 1 对眼状斑，中间有黑色带纹相连；第 1 腹节后缘有 1 条粗的褐色带；中部斜带从第 3 腹节的基线斜伸到第 5 腹节后缘的背线上；第 9 腹节亚背线上有 1 对灰色尖突起；腹部足基带粉白色；肛上板淡紫色；有光泽，有倒 V 形黑色斑纹。

蛹：体色多变，有绿色、暗绿色、灰白色、淡褐色、暗褐色等多型。头部 V 形突起长，扁平；中胸背面突起尖。绿色型：前胸背面有 1 对粗的黄色纵带；后胸至第 5 腹节背线两侧有明显的三角形黄色大斑；从中胸到腹末，各节的侧面都有斑驳的灰色带。褐色型：前胸有黑褐色条纹；第 2 ~ 4 腹节背面有 1 对黑色纵条纹；第 5 腹节至腹末的背面呈淡紫灰色。褐色型、暗褐色型蛹的翅、胸、腹部有苔藓状的绿色斑纹。

寄主 芸香科 Rutaceae 柑橘 *Citrus reticulata*、芸香 *Ruta graveolens*、椿叶花椒 *Zanthoxylum ailanthoides*、青花椒 *Z. schinifolium*、胡椒木 *Z. piperitum*、吴茱萸 *Tetradium ruticarpum*、枳 *Poncirus trifoliata*、常臭山 *Orixa japonica*；半边莲科 Lobeliaceae 半边莲 *Lobelia chinensis*。

生物学 1 年 1 ~ 2 代，以蛹越冬，成虫多见于 5 ~ 8 月。飞行缓慢，喜在林缘周围飞翔，晴天在花丛中访花采蜜，有时在潮湿地面群集吸水。卵单产于寄主植物叶背面。幼虫怕光，多栖息于阴暗的叶面。老熟幼虫多化蛹于寄主植物根部。

分布 中国（辽宁、河南、陕西、甘肃、江苏、安徽、浙江、湖北、江西、四川），俄罗斯，韩国，日本。

大秦岭分布 河南（登封、内乡、栾川、陕州）、陕西（蓝田、长安、周至、眉县、太白、凤县、华州、洋县、留坝、佛坪、汉滨、宁陕、商州、丹凤、商南、山阳）、甘肃（麦积、武都、康县、文县、迭部）、湖北（远安、神农架）、四川（都江堰、平武）。

翠凤蝶亚属 *Princeps* Hübner, [1807]

Princeps Hübner, [1807], *Samml. exot. Schmett.*, 1: pl. [116]. **Type species**: *Papilio demodocus* Esper, 1799.

Princeps; Chou, 1998, *Class. Ident. Chin. Butt.*: 9; Wu, 2001, *Fauna Sin. Ins. Lep. Papilionidae*, 25: 150.

翅多为黑色，翅面密布翠绿色或翠蓝色鳞片。后翅外缘区及中域有斑纹，大部分呈翠绿色、翠蓝色，有的呈白色或黄色；外缘波状；具尾突。

寄主为芸香科 Rutaceae、忍冬科 Caprifoliaceae、漆树科 Anacardiaceae 和蔷薇科 Rosaceae 植物。

全世界记载 41 种，分布于古北区、东洋区、非洲区和澳洲区。中国记录 11 种，大秦岭分布 6 种。

种检索表

1. 后翅前部有金蓝色大斑 ·· 2
   后翅散布的金蓝色鳞片未形成斑纹 ··· 4
2. 后翅的金蓝色大斑后面有细带纹伸达后缘 ················ **巴黎翠凤蝶 P. (P.) paris**
   后翅的金蓝色大斑后面无黄绿色细带纹 ·· 3
3. 雄性后翅顶角附近的蓝色斑较窄，斧形；外缘有红色斑 ····· **窄斑翠凤蝶 P. (P.) arcturus**
   雄性后翅顶角附近的蓝色斑不呈斧形；外缘几乎无红色斑 ··································
   ··· **波绿翠凤蝶 P. (P.) polyctor**
4. 两翅各有 1 条蓝绿色横带从前缘伸达臀角 ·········· **绿带翠凤蝶 P. (P.) maackii**
   两翅无横纹 ··· 5
5. 后翅尾突短或中等长；亚外缘粉红色斑多不明显；臀角红色斑环形 ·····················
   ··· **穹翠凤蝶 P. (P.) dialis**
   后翅尾突长；亚外缘有粉红色和蓝色的弯月形斑；臀角红色斑 C 形 ·······················
   ··· **碧翠凤蝶 P. (P.) bianor**

碧翠凤蝶 *Papilio (Princeps) bianor* Cramer, [1777] （图版 11：15—16）

Papilio bianor Cramer, [1777], *Uitl. Kapellen*, 2(9-16): 10. **Type locality**: Kanton, China.

Papilio bianor; Rothschild, 1895, *Novit. Zool.*, 2(3): 378; Wu & Xu, 2017, *Butts. Chin.*: 131, f. 132: 1-2, 133: 3-4, 134: 5-6, 135: 7-8, 136: 9-10, 137: 11-12, 138: 13-14, 139: 15-16.

Achillides bianor; Igarashi, 1979, *Papilionidae early stag.*: 142; Korb & Bolshakov, 2011, *Eversmannia Suppl.*, 2: 14.

Papilio (Princeps) bianor; Chou, 1994, *Mon. Rhop. Sin.*: 147; Wu, 2001, *Fauna Sin. Ins. Lep. Papilionidae*, 25: 153.

Papilio (Achillides) bianor; Bauer & Frankenbach, 1998, *Butt. world*, 1: [2].

形态 成虫：大型凤蝶。翅黑色，密布翠绿色鳞片。前翅基半部黑色；端半部各翅室均有灰白色 U 形或 V 形纹。后翅外缘波状；尾突较宽长，端部多膨大；翅面特别是近前缘区有大片蓝绿色鳞片密集区；亚外缘有 1 列粉红色和蓝色弯月形斑纹，多有红色纹与蓝色纹相伴；臀角有红色 C 形斑纹；反面亚外缘区的红色弯月形斑纹较正面明显。雄性前翅 m_3-cu_2 室有天鹅绒状性标斑。

卵：圆球形；表面光滑；初产时淡黄色或淡绿色，后变成灰色。

幼虫：5龄期。低龄幼虫拟态鸟粪形；褐色；体侧有1排具长毛的肉质刺突，此刺突至4龄时消失；头尾部有2对长刺突，5龄时消失；臭角初龄时白色，随成长颜色加深。4龄幼虫橄榄绿色；中部有白色网状斑纹。老熟幼虫臭角橙色；体深绿色、鲜绿色、黄绿色或黄色；体表有时密布褐色或黄色小斑点；胸背部有云状纹和密集白色点斑；后胸眼状斑深红色；第4～5腹节侧面有墨绿色斜带；第6～9腹节体侧各有1条墨绿色斜带；腹部足基带白色。气门褐色。

蛹：有褐色型和绿色型。头顶有1对短的角状突；中胸背部呈钝角形外突；两侧外延形成侧棱突；胸腹背中央的棱突绿色型有，褐色型无。

寄主 芸香科 Rutaceae 黄檗 *Phellodendron amurense*、飞龙掌血 *Toddalia asiatica*、椿叶花椒 *Zanthoxylum ailanthoides*、竹叶花椒 *Z. armatum*、野花椒 *Z. simulans*、花椒 *Z. bungeanum*、光叶花椒（两面针）*Z. nitidum*、棟叶吴萸 *Tetradium glabrifolium*、臭檀吴萸 *T. daniellii*、臭常山 *Orixa japonica*、枳 *Poncirus trifoliata*、柑橘属 *Citrus* spp.；漆树科 Anacardiaceae 野漆 *Rhus succedanea*。

生物学 1年1～3代，以蛹越冬，成虫多见于4～10月。飞行迅速，雄性常沿溪谷、林间道路、林间空地或山顶来回飞翔，喜湿地吸水。卵单产于寄主植物枝丫末端的嫩叶、叶背或枝条上。幼虫多栖息于枝条上，除取食外很少移动。老熟幼虫化蛹于寄主植物枝条、茎干、叶背上或附近阴暗处。

分布 中国（除新疆外，全国广布），韩国，朝鲜，日本，印度，越南，缅甸。

大秦岭分布 河南（荥阳、登封、嵩县、渑池、卢氏）、陕西（临潼、蓝田、长安、鄠邑、周至、渭滨、陈仓、岐山、眉县、太白、凤县、华州、华阴、潼关、南郑、城固、洋县、西乡、镇巴、勉县、略阳、留坝、佛坪、汉滨、平利、镇坪、岚皋、紫阳、汉阴、石泉、宁陕、商州、丹凤、商南、山阳、镇安、柞水、洛南）、甘肃（麦积、秦州、武山、武都、康县、文县、宕昌、徽县、两当、礼县、舟曲、迭部、碌曲、漳县）、湖北（当阳、远安、兴山、保康、谷城、神农架、武当山、竹溪、郧西）、重庆（巫溪、城口）、四川（宣汉、昭化、朝天、剑阁、青川、都江堰、绵竹、安州、江油、北川、平武、汶川）。

波绿翠凤蝶 *Papilio* (*Princeps*) *polyctor* Boisduval, 1836

Papilio polyctor Boisduval, 1836, *Spec. Gen. Lep.*, I: 250.

Papilio polyctor ganesa; Rothschild, 1895, *Novit. Zool.*, 2(3): 383.

Achillides polyctor; Igarashi, 1979, *Papilionidae early stag.*: 143.

Papilio (*Princeps*) *polyctor*; Wu, 2001, *Fauna Sin. Ins. Lep. Papilionidae*, 25: 161.

形态　成虫：大型凤蝶。与碧翠凤蝶 P. (P.) bianor 近似，主要区别为：雄性前翅在 m_3-cu_2 室的天鹅绒状性标斑相互分离。后翅翠蓝绿色鳞片在顶角附近形成明显的大块斑；雄性亚外缘有 1 列窄而不太明显的弯月形蓝绿色斑纹，雌性则为明显的红色斑纹。

卵：近球形，底面浅凹；淡黄色，有弱光泽。

幼虫：1 龄幼虫褐色；背面散生黄褐色的斑纹；头部黑褐色，有黑色毛；臭角淡橙色；前胸背板黄色，两侧有 1 对大突起；第 2～4 腹节有白色 V 形带纹；第 7～9 腹节背面黄色。5 龄幼虫绿色；有黄色小点斑；头部淡黄绿色；臭角橙黄色；胸部隆起不明显；后胸亚背线上有 1 个黑色眼斑，中央有银白色线纹；第 4～8 腹节侧面各有 2 条黑色斜线；足基带白色。

蛹：有绿色型和褐色型。头顶有 1 对突起。绿色型淡黄绿色，褐色型橙褐色。

寄主　芸香科 Rutaceae 花椒属 Zanthoxylum spp.、野黄皮 Clausena willdenovii。

生物学　1 年 1～3 代，成虫多见于 4～9 月。飞行迅速，喜访花和湿地吸水，常在林缘花丛、溪流沿岸、林间道路或山脊飞翔。卵单产于寄主植物叶片上。

分布　中国（陕西、甘肃、湖北、云南、西藏），印度，不丹，缅甸，泰国，越南，老挝。

大秦岭分布　甘肃（文县）、陕西（留坝）、湖北（神农架）。

窄斑翠凤蝶 *Papilio* (*Princeps*) *arcturus* Westwood, 1842

Papilio arcturus Westwood, 1842, *Ann. Mag. nat. Hist.*, 9: 37. **Type locality**: Himalaya.

Papilio arcturus; Rothschild, 1895, *Novit. Zool.*, 2(3): 383; Wynter-Blyth, 1957, *Butts. Ind. Reg.* (1982 Reprint): 387; Wu & Xu, 2017, *Butts. Chin.*: 159, f. 160: 1-2, 161: 3-5, 162: 6-7.

Achillides arcturus; Igarashi, 1979, *Papilionidae early stag.*: 146.

Papilio (*Princeps*) *arcturus*; Chou, 1994, *Mon. Rhop. Sin.*: 151; Wu, 2001, *Fauna Sin. Ins. Lep. Papilionidae*, 25: 152.

Papilio (*Achillides*) *arcturus*; Bauer & Frankenbach, 1998, *Buttes. world*, 1: [1].

形态　成虫：大型凤蝶。翅黑色；密布翠绿色鳞片。前翅中室有多条纵纹，放射状排列；其余各翅室均有长 U 形或 V 形斑纹，灰白色；亚外缘有 1 条翠绿色带纹，但未及前缘即消失。反面无翠绿色鳞片；端半部有很宽的灰白色带，该带由各翅室的带纹平行排列组成，近前缘带纹加宽。后翅外缘波状，波谷镶白边；亚外缘区有 1 列红色斑纹；从中室上角到外缘顶角有翠蓝色斧状斑，斧柄直达外缘；臀角有红色眼斑，外缘有翠绿色和白色带纹相伴，瞳点黑色。反面基部均匀散布黄绿色鳞片；亚外缘区弯月形红斑清晰，并镶有青紫色和白色带纹；臀角处 2 个红斑近圆环形。

卵：近鼓形；初产乳白色，后变为黄色，有弱光泽。

幼虫：4龄幼虫深绿色；中部有白色斑驳纹；背部有2列淡蓝色点斑。末龄幼虫绿色；臭角长，橙色；胸背部有云状纹；后胸有1对棕黄色眼状斑，眼点白色，上端有黑斑；腹背部密布黄色点斑；第4～9腹节侧面有2条细的黄色斜带纹；腹部足基带白色。气门褐色。胸腹足淡绿色，有1条黑色细横线。

蛹：灰绿色；背面有黄色斑驳纹；头部突起愈合成板状，端部平截；前胸至腹末的背线明显；后胸及第1腹节外突变宽；第7腹节以后呈灰白色。

寄主 芸香科 Rutaceae 毛刺花椒 *Zanthoxylum acanthopodium*、竹叶花椒 *Z. armatum*、柑橘 *Citrus reticulata*、吴茱萸 *Tetradium ruticarpum*、飞龙掌血 *Toddalia asiatica*；忍冬科 Caprifoliaceae 接骨草 *Sambucus chinensis*。

生物学 1年2代，成虫多见于4～9月。飞行迅速，难以捕捉，雄性有领域行为，常在林缘、农林间作区及路旁活动，有访花习性。卵单产于寄主植物叶背面。幼虫栖息在叶的表面。老熟幼虫几乎不在寄主植物上化蛹。

分布 中国（陕西、甘肃、湖北、江西、广东、广西、重庆、四川、贵州、云南、西藏），印度，尼泊尔，缅甸，泰国。

大秦岭分布 陕西（岐山、眉县、太白、凤县、南郑、洋县、西乡、留坝、佛坪、宁陕、山阳、镇安）、甘肃（文县）、湖北（神农架）、重庆（巫溪、城口）、四川（青川、平武）。

穹翠凤蝶 *Papilio* (*Princeps*) *dialis* Leech, 1893

Papilio dialis Leech, 1893, *Entomologist*, 26 (Suppl.): 104. **Type locality**: W. China.

Papilio bianor syfanius ♂-ab. *dialis*; Rothschild, 1895, *Novit. Zool.*, 2(3): 381.

Achillides dialis; Igarashi, 1979, *Papilionidae early stag.*: 140.

Papilio (*Princeps*) *dialis*; Chou, 1994, *Mon. Rhop. Sin.*: 152; Wu, 2001, *Fauna Sin. Ins. Lep. Papilionidae*, 25: 156.

Papilio (*Achillides*) *dialis*; Bauer & Frankenbach, 1998, *Butts. world*, 1: [1].

Papilio dialis; Wu & Xu, 2017, *Butts. Chin.*: 131, f. 145: 24-25, 146: 26-27, 147: 28-29, 148: 30-31, 149: 32-33.

形态 成虫：大型凤蝶。与碧翠凤蝶 *P.* (*P.*) *bianor* 很相似，主要区别为：翅面密布翠绿色或草黄色鳞片；尾突短或中等长，端部不膨大或膨大；亚外缘粉红斑多不明显；臀角红斑环形；前翅性标斑较细且相互分离，分别位于 M_3、Cu_1、Cu_2 及 2A 脉上，而碧翠凤蝶则粗，且相互重叠，连成一片。后翅反面蓝色鳞片仅分布于翅基部；尾突上的蓝绿色鳞片均匀分布于整个尾突上，碧翠凤蝶仅分布于尾突内的脉纹两侧。

卵：球形；表面光滑，有弱光泽；初产时淡黄色，孵化时变成黑褐色。

幼虫：1 ~ 4 龄幼虫拟态鸟粪。1 龄幼虫黄色；背面有黑褐色斑纹；体表密布带刺毛的瘤状突起；头尾各有 1 对有毛的长锥状刺突。2 ~ 4 龄幼虫黄褐色；中部有 1 条白色近 V 形带纹；胸腹部背面有 2 排白色圆点斑；尾部横带黄色。老熟幼虫绿色；臭角橙色；前胸背板绿褐色，有 1 对钝角状的白色突起；后胸眼状斑大，橙红色，上端有白色斑纹；胸部有黑色云状纹和白色碎条纹密集带；腹部背面密布黄色碎斑带和 2 排蓝色小点斑；第 5 腹节背面有 1 对白色斑块；腹部侧面有黑色斜线纹。腹部足基带白色。

蛹：有绿色型和褐色型。头部有 1 对突起，其内缘有锯齿，向内侧弯曲；中胸背面具乳状外突；背线棱突从前胸伸到腹末，在后胸与第 1 腹节为红色，其余腹节呈淡黄色；后胸和第 1 腹节的背线两侧各有 2 对紫褐色小斑点。绿色型呈淡黄绿色，褐色型呈灰褐色。

寄主 芸香科 Rutaceae 楝叶吴萸 *Tetradium glabrifolium*、吴茱萸 *T. ruticarpum*、竹叶花椒 *Zanthoxylum armatum*、竹叶椒 *Z. planispinum*、椿叶花椒 *Z. ailanthoides*、飞龙掌血 *Toddalia asiatica*、柑橘属 *Citrus* spp.；漆树科 Anacardiaceae 漆树 *Rhus verniciflua*。

生物学 1 年 2 ~ 3 代，成虫多见于 5 ~ 10 月。飞行迅速，常在山地林缘、路旁飞翔，或在林区溪流边、潮湿地表吸水，或在寄主附近的花间吸蜜。卵单产于寄主植物树冠层的嫩茎或叶背面。幼虫栖息于叶面，受惊后便挺胸警戒，伸吐臭角驱敌。老熟幼虫化蛹于寄主植物枝条或附近植物枝茎上。

分布 中国（河南、陕西、甘肃、安徽、浙江、湖北、江西、福建、台湾、广东、海南、广西、重庆、四川、贵州），缅甸，越南，老挝，泰国，柬埔寨。

大秦岭分布 河南（内乡、栾川、陕州）、陕西（南郑、留坝、岚皋）、甘肃（康县）、湖北（神农架）。

巴黎翠凤蝶 *Papilio (Princeps) paris* Linnaeus, 1758（图版 12：17）

Papilio paris Linnaeus, 1758, *Syst. Nat.* (Edn 10), 1: 459. **Type locality**: Canton, China.

Papilio paris; Rothschild, 1895, *Novit. Zool.*, 2(3): 384; Wynter-Blyth, 1957, *Butts. Ind. Reg.* (1982 Reprint): 388; Wu & Xu, 2017, *Butts. Chin.*: 159, f. 164: 11-12, 165: 13-15, 166: 16-17, 167: 18.

Papilio paris tissaphernes Fruhstorfer, 1909b, *Ent. Zs.*, 22(41): 171. **Type locality**: Hainan.

Achillides paris; Igarashi, 1979, *Papilionidae early stag.*: 150.

Papilio (Princeps) paris; Chou, 1994, *Mon. Rhop. Sin.*: 145; Wu, 2001, *Fauna Sin. Ins. Lep. Papilionidae*, 25: 167.

Papilio (Achillides) paris; Bauer & Frankenbach, 1998, *Butts. world*, 1: [1].

形态 成虫：大型凤蝶。翅黑色或褐色，散布翠绿色鳞片。前翅正面亚缘区有 1 条黄绿色或翠绿色横带，被黑色脉纹和脉间纹分割，由后缘向前缘逐渐变窄，在近前缘处消失；反面翅端半部有 1 条宽的灰白色带，上宽下窄，并被黑色脉纹和脉间纹分割成条带形。后翅外缘波状；尾突较长。正面顶角至翅中央有 1 个掌状块斑，翠蓝色或翠绿色，外缘齿状，斑下角有 1 条淡黄色、黄绿色或翠蓝色窄纹通到臀角眼斑上缘，时有模糊；亚外缘区有 1 列近月牙形斑纹，淡黄色或绿色，时有模糊；臀角眼斑红色，瞳点黑色。反面基半部散布黄绿色鳞片；外缘区有 1 列半月形红斑，伴有白色线纹；臀角 2 个眼斑红色，瞳点黑色。

卵：球形；淡黄色；近孵化时褐色，表面光滑，有弱光泽。

幼虫：1 ~ 4 龄幼虫呈鸟粪状；臭角初期黄白色，随生长其颜色渐深，末龄时橙色。1 ~ 2 龄幼虫黑色；头部淡褐色；胸腹背面有黄绿色斑纹；中部带纹白色；背两侧有 2 列具毛的肉质刺突。3 龄幼虫黄绿色；两侧有斑驳的黑色纹。4 龄幼虫深绿色；体光滑；前胸与尾节背部各有 1 对淡黄色小刺突。老熟幼虫绿色；胸背部有云状斑；后胸两侧各有 1 个橙红色眼状斑，眼点白色；腹部背面密布排列成短线状的淡黄色小点；第 1 腹节的横纹前缘平直，其前方散布有白色小点；第 4 ~ 5 腹节及第 6 腹节侧面有 2 条黄色斜线；腹部足基带白色。气门浅褐色。

蛹：有绿色型和褐色型。头顶有 1 对角状突起；中胸侧面外延；体侧由头顶至腹末有明显的侧脊突；背部拱起，中央有 1 条从前胸到腹末的白色棱突。

寄主　芸香科 Rutaceae 飞龙掌血 *Toddalia asiatica*、光叶花椒（两面针） *Zanthoxylum nitidum*、簕欓花椒 *Z. avicennae*、三桠苦 *Melicope pteleifolia*、楝叶吴萸 *Tetradium glabrifolium*、柑橘属 *Citrus* spp.。

生物学　1 年 2 ~ 3 代，以蛹越冬，成虫多见于 4 ~ 10 月。飞行迅速，好访白色系的花，喜在林缘花丛间访花吸蜜和在湿地吸水，一般在常绿林的小径、林窗处或树冠层活动，难以捕捉。雌性选择日照充足处产卵，卵散产在寄主植物叶面或嫩枝上。幼虫孵化后，除取食外很少迁移，受惊吓时翻出臭角御敌，有取食卵壳和皮蜕习性。3 龄开始，喜在叶面上吐薄丝并在其上停留；老熟后在寄主植物叶背、枝干或附近植物枝干上化蛹。

分布　中国（河南、陕西、甘肃、浙江、湖北、江西、福建、台湾、广东、海南、香港、广西、重庆、四川、贵州、云南），印度，缅甸，越南，老挝，泰国，马来西亚，印度尼西亚。

大秦岭分布　河南（内乡）、陕西（周至、太白、眉县、凤县、汉台、南郑、宁强、洋县、西乡、略阳、留坝、佛坪、汉滨、岚皋、商南、山阳、柞水）、甘肃（麦积、武都、康县、文县、徽县、两当、迭部）、湖北（远安、兴山、神农架、武当山、郧西）、重庆（巫溪、城口）、四川（宣汉、青川、都江堰、北川、江油、平武、汶川）。

绿带翠凤蝶 *Papilio (Princeps) maackii* Ménétnés, 1859（图版 13：18）

Papilio maackii Ménétnés, 1859a, *Bull. Acad. Sci. St. Pétersb.*, 17(12-14): 212, *Mélanges biol. St.-Pétersb.*, 3(1):100. **Type locality**: [Khingan Mts. in the Amur region to Khangar].

凤蝶科 Papilionidae

Papilio raddei Bremer, 1864, *Mém. Acad. Sci. St. Pétersb.*, (7) 8(1): 3, pl. 1, f. 1. **Type locality**: Bureja.

Papilio maacki Pryer, 1882, *Trans. Ent. Soc. Lond.*, (3): 487.

Papilio bianor maacki; Rothschild, 1895, *Novit. Zool.*, 2(3): 380.

Papilio maacki masuokai Kato, 1937; *Ent. World Tokyo*, 5: 167.

Papilio maackii raddei ab. *paki* Murayama, 1963, *Tyô Ga*, 14(2): 43, f. 1-2.

Achillides macckii; Igarashi, 1979, *Papilionidae early stag.*: 147.

Papilio (*Princeps*) *maackii* Ménétnés; Chou, 1994, *Mon. Rhop. Sin.*: 154; Wu, 2001, *Fauna Sin. Ins. Lep. Papilionidae*, 25: 165.

Papilio (*Achillides*) *maacki*; Bauer & Frankenbach, 1998, *Butt. world*, 1: [2].

Achillides maackii; Korb & Bolshakov, 2011, *Eversmannia Suppl.*, 2: 14.

Papilio maackii; Wu & Xu, 2017, *Butts. Chin.*: 131, f. 150: 34, 151: 35-36, 152: 37-39.

形态 成虫：大型凤蝶。翅黑色，密布翠绿色鳞片。前翅正面亚外缘区条带翠绿色或淡绿色，发达程度多变，时有消失，并被黑色脉纹及脉间纹分割形成断续的横带，雄性在后段被棕色的天鹅绒状性标斑覆盖。反面棕黑色，无翠绿色鳞片；横带灰白色。后翅外缘波状，波底处镶白边；尾突中部有 1 条蓝绿色鳞片带；翅中央白色条斑有或无（南方种类有白色斑）。正面密布翠蓝色或淡黄色鳞片；外中域从前缘端部到臀角有 1 条蓝绿色横带；外缘区有 1 列 C 形斑纹，顶角 2 个斑翠蓝色，其余斑纹红、蓝、白 3 色；臀角有 1 个圆形红斑纹，镶有蓝边。反面翅面密布淡黄色鳞片；外缘斑列红色，斑纹新月形；外中域多有 1 条淡黄色带纹。

与碧翠凤蝶 *P.* (*P.*) *bianor* 十分相似，主要区别为：两翅有翠绿色或翠蓝色横带；后翅外缘区的斑列与外中域横带（或蓝绿色鳞片区）间有明显的黑色区；尾突内的蓝绿色鳞片仅分布于脉纹两侧。

卵：球形，稍扁；表面光滑，有弱光泽；乳白色至奶黄绿色。

幼虫：低龄幼虫鸟粪状；深褐色；臭角黄橙色。末龄幼虫绿色；前胸背板边缘黄色，中部纵纹白色；胸背部有云状斑；后胸两侧各有 1 个黑色眼斑，眼点白色；腹部背面密布淡黄色小点斑；背中央有 2 排镶有黑色圈纹的淡蓝色圆斑列；第 4 ~ 8 腹节侧面各有 2 条黑色斜线；胸足淡绿色，有 1 条黑色细横线；腹部足基带白色。气门黑色。

蛹：有绿色型、褐色型及中间型等多种色型。头部 1 对突起尖而短；中胸背面丘状隆起；胸腹部凹凸不平。绿色型：淡绿色；前胸背面黄色，背线绿色；中胸背线淡绿色，缘线黄色；后胸至第 3 腹节的背线紫红色；其后各节的背线呈黄色；从后胸到第 6 腹节的背线两侧有宽阔的黄色网纹；腹面淡绿色。褐色型：茶褐色；具橙色斑纹和灰白色斑驳纹；背线深褐色。

寄主 芸香科 Rutaceae 柑橘属 *Citrus* spp.、黄檗 *Phellodendron amurense*、椿叶花椒 *Zanthoxylum ailanthoides*、青花椒 *Z. schinifolium*、楝叶吴萸 *Tetradium glabrifolium*、臭檀吴萸 *T. daniellii*；忍冬科 Caprifoliaceae 接骨草 *Sambucus chinensis* 等。

生物学 1 年 2 ~ 3 代，以蛹越冬，成虫多见于 4 ~ 10 月。活动能力强，常飞到距寄主植物很远处活动，有采花蜜、吸污水的习性，常在水边、湿地及粪堆上群聚吸食。雌性喜吸食多种花蜜，多在山地、林缘活动，常与碧翠凤蝶 *P. (P.) bianor* 混合发生。卵单产于寄主植物叶背面及枝芽上。

分布 中国（黑龙江、吉林、辽宁、北京、天津、河北、河南、陕西、甘肃、安徽、浙江、湖北、江西、台湾、重庆、四川、贵州、云南），俄罗斯，朝鲜，日本。

大秦岭分布 河南（栾川、洛宁）、陕西（长安、周至、陈仓、眉县、太白、华州、留坝、佛坪、宁陕、商州、丹凤、商南、山阳）、甘肃（武都、文县）。

华凤蝶亚属 *Sinoprinceps* Hancock, 1983

Sinoprinceps Hancock, 1983, *Smithersia*, 2: 35. **Type species**: *Papilio xuthus* Linnaeus, 1767.

Sinoprinceps; Chou, 1998, *Class. Ident. Chin. Butt.*: 8; Wu, 2001, *Fauna Sin. Ins. Lep. Papilionidae*, 25: 173.

翅黑色或黑褐色；斑纹黄色或黄绿色；前翅中室基半部条纹放射状排列。

寄主为芸香科 Rutaceae 植物。

全世界记载 2 种，分布于东亚。中国已知 1 种，大秦岭有分布。

柑橘凤蝶 *Papilio (Sinoprinceps) xuthus* Linnaeus, 1767（图版 14—15：19—21）

Papilio xuthus Linnaeus, 1767, *Syst. Nat.* (Edn 12), 1(2): 751. **Type locality**: Kanton, China.

Papilio xuthulus Bremer, 1861, *Bull. Acad. Imp. Sci. St. Petersb.*, 3: 463.

Papilio xuthulinus Murray, 1874, *Ent. mon. Mag.*, 11: 166. **Type locality**: Yokohama.

Papilio xuthus; Rothschild, 1895a, *Novit. zool.*, 2(4): 503; Kudrna, 1974, *Atalanta*, 5: 94; Page & Treadaway, 2003a, *Butts. world*, 17: 8; Wu & Xu, 2017, *Butts. Chin.*: 168, f. 171: 7-9, 172: 10-12.

Papilio xanthus; Rothschild, 1895, *Novit. Zool.*, 2(3): 278.

Papilio (Sinoprinceps) xuthus; Chou, 1994, *Mon. Rhop. Sin.*: 157; Wu, 2001, *Fauna Sin. Ins. Lep. Papilionidae*, 25: 173.

Sinoprinceps xuthus; Korb & Bolshakov, 2011, *Eversmannia Suppl.*, 2: 14.

形态 成虫：中大型凤蝶。翅黑色或黑褐色；斑纹黄绿色、乳黄色或黄色。前翅亚外缘区有 1 列月牙形斑纹；亚缘斑列黄色或蓝色，斑纹半月形，时有退化或消失；外中域横斑列外侧排列整齐，内侧从前缘向后缘逐个加长，到 cu₂ 室横斑伸达翅基部，该斑在中间角状上弯，端部呈折钩状，沿后缘还有 1 条细纵纹；中室端部有 2 个黄色横斑，基部有 4 ~ 5 条纵纹呈放射状排列。反面亚外缘区斑带宽于亚缘斑带；其余斑纹同正面。后翅正面外缘区有 1 列弯月形斑纹，其中 m_3 室斑延伸进尾突；亚缘区有 1 列蓝色斑，时有模糊；中室黄色；中室外放射状排列 1 圈长条斑，斑列外缘排列较齐，上下两侧的条斑延伸至翅基部；臀角有 1 个圆形眼斑，橙色，瞳点黑色。反面色稍淡；亚外缘斑纹瓦片形；亚缘区蓝色斑纹较正面清晰，两侧间断散布有橘黄色晕染；其余斑纹与正面相似。

有春、夏型之分。春型黑褐色，夏型黑色。春型体小而色斑鲜艳，雌性比雄性色深；夏型体大，雄性后翅前缘中基部有 1 个近圆形黑斑。

卵：球形；表面因常有分泌物而略显粗糙；初产时黄色，后变紫色至黑色。

幼虫：1 ~ 4 龄幼虫鸟粪形；黑褐色；头部漆黑色；Y 形臭腺橙色；胴部黑褐色，密布具毛刺瘤；中部有白色宽带纹。老熟幼虫鲜绿色；后胸两侧各有 1 个黄色眼斑，眼点蓝色，眼斑前侧伴红斑，2 个眼斑间有马蹄形斑纹；腹部有 3 条草绿色斜纹，斜纹前侧缘线白色；体两侧基部各有 1 条白色纵带，纵带在各体节节间处间断；第 1 节有 1 对 Y 形臭腺；第 4 及 7 ~ 9 节各有橙黄色小点斑；足基部有黄色纹。

蛹：黄褐色或绿色；头部两侧各有 1 个突起；胸部背面拱起。

寄主　芸香科 Rutaceae 花椒 *Zanthoxylum bungeanum*、椿叶花椒 *Z. ailanthoides*、光叶花椒（两面针）*Z. nitidum*、枳 *Poncirus trifoliata*、吴茱萸 *Tetradium ruticarpum*、黄檗 *Phellodendron amurense*、柑橘属 *Citrus* spp. 等。

生物学　1 年多代，以蛹越冬，成虫多见于 3 ~ 11 月。常在林缘、农田、丘陵、山地活动。喜访花、在湿地吸水及矿物质。卵散产于嫩叶背面、嫩芽或叶柄上。幼虫有取食卵壳和皮蜕的习性，白天伏于主脉上，夜间取食，遇惊时从第 1 节前侧伸出 Y 形臭腺，放出臭气，借此御敌。老熟幼虫化蛹于寄主植物枝干上，一端吐丝固定，另一端悬空，有时会远离寄主植物在石缝及屋檐等处化蛹。

分布　东亚特有种。中国，俄罗斯，朝鲜，韩国，日本，缅甸，越南，菲律宾。

大秦岭分布　大秦岭广布。

凤蝶亚属 *Papilio* Linnaeus, 1758

Papilio Linnaeus, 1758, *Syst. Nat.* (Edn 10), 1: 458. **Type species**: *Papilio machaon* Linnaeus, 1758.
Papilio; Chou, 1998, *Class. Ident. Chin. Butt.*: 8; Wu, 2001, *Fauna Sin. Ins. Lep. Papilionidae*, 25: 176.

翅黑色或黑褐色；斑纹黄色或黄绿色，前翅中室基半部无条斑。

寄主为伞形科 Umbelliferae、菊科 Asteraceae 和蔷薇科 Rosaceae 植物。

全世界记载 11 种，分布于古北区、东洋区及新北区等广大地区。中国记录 1 种，大秦岭有分布。

金凤蝶 *Papilio (Papilio) machaon* Linnaeus, 1758（图版 15：22）

Papilio machaon Linnaeus, 1758, *Syst. Nat.* (Edn 10), 1: 462. **Type locality**: Sweden.

Papilio machaon; Rothschild, 1895, *Novit. Zool.*, 2(3): 272; Dyar, 1903, *Bull. U.S. natn. Mus.*, 52: 3; Rothschild & Jordan, 1906, *Novit. Zool.*, 13(3): 553; Wynter-Blyth, 1957, *Butts. Ind. Reg.* (1982 Reprint): 395; Chou,1994, *Mon. Rhop. Sin.*: 159; Wu, 2001, *Fauna Sin. Ins. Lep. Papilionidae*, 25: 176; Korb & Bolshakov, 2011, *Eversmannia Suppl.*, 2: 13; Yakovlev, 2012, *Nota lepid.*, 35(1): 62; Wu & Xu, 2017, *Butts. Chin.*: 168, f. 173: 13-15, 174: 16-18, 175: 19-21, 176: 22-24, 177: 25-27.

形态 成虫：中大型凤蝶。翅黑色或黑褐色；斑纹黄色或淡黄色。前翅正面基部密布黄色或黄绿色鳞片；亚外缘区有 1 列月牙形或半圆形斑纹；中域有 1 列横斑，外侧排列整齐，内侧从前缘向后缘逐个加长；中室端半部有 2 个横斑。反面外缘区及亚外缘区各有 1 条黄色带纹；中室黄色，有 2 条模糊的黑色横斑；其余斑纹同正面。后翅外缘波状；尾突细。正面中室黄色；中室外放射状排列 1 圈长条斑，斑列外侧排列整齐，上下 2 条斑纹最长；外缘区有 1 列弯月形斑纹，m₃ 室斑延伸进尾突；亚缘区有 1 列蓝色斑，时有模糊；臀角有 1 个圆形橙色斑纹。反面色稍淡；亚外缘区及亚缘区斑纹瓦片形；亚缘区蓝色斑两侧时有间断散布的橙黄色晕染；其余斑纹与正面相似。

分春、夏两型。4 ～ 6 月发生的为春型，体型较小；7 ～ 8 月发生的为夏型，体型较大。

与柑橘凤蝶 *P. (S.) xuthus* 相似，主要区别为：前翅基部有黄绿色鳞片，无黄色放射纹；后缘中域斑短，不达翅基部；臀角橙红色斑纹中央无黑色点斑。

卵：球形；淡黄色至黄色；近孵化时有红色斑纹出现，较光滑，有些卵上有颗粒状分泌物。

幼虫：低龄幼虫拟态鸟粪；黑褐色；有棘刺；臭角橘黄色；背中部有白斑。末龄幼虫淡黄绿色；体表光滑；后胸及第 1 腹节略粗；胸腹各节有黑、黄 2 色相间排列的横斑带，节间环黑色；足淡绿色，外侧有黑色块斑。

蛹：草绿色；头顶 1 对角状突起短；胸背处隆起；腹部黄绿色；腹面有 2 列黄色刺突。

寄主 伞形科 Umbelliferae 胡萝卜 *Daucus carota*、茴香 *Foeniculum vulgare*、野当归 *Angelica dahurica*、林当归 *A. silvestris*、芹菜 *Apium graveolens*、芫荽 *Coriandrum sativum*、防风 *Saposhnikovia divaricata*、柴胡 *Bupleurum chinense*、白花前胡 *Peucedanum praeruptorum*、中华水芹 *Oenanthe sinensis*、毒参 *Conium maculatum*、大阿米芹 *Ammi majus*、阿米芹 *A. visnaga*、独活属 *Heracleum* spp.。

生物学　每年发生代数因地而异，在高寒地区每年通常发生 2 代，温带地区 1 年可发生 2 ~ 4 代，以蛹越冬，成虫多见于 4 ~ 9 月。飞行迅速，喜访花吸蜜，少数有吸水活动，高海拔活动的成虫深秋、冬季迁移到低海拔地区繁殖。卵单产于寄主植物叶、嫩芽或花蕾上。低龄幼虫栖息于叶片主脉上，高龄幼虫栖息于粗茎上，可昼夜取食，遇惊时伸出 Y 形臭腺，放出臭气，借以御敌。老熟幼虫化蛹于寄主周围的灌木枝条上。幼虫可入药。

分布　中国（黑龙江、吉林、辽宁、天津、河北、山西、山东、河南、陕西、甘肃、青海、新疆、安徽、广东、浙江、湖北、江西、福建、台湾、广东、广西、重庆、四川、贵州、云南、西藏），亚洲，欧洲，北美洲等广大地区。

大秦岭分布　河南（登封、内乡、西峡、陕州）、陕西（雁塔、临潼、蓝田、长安、周至、渭滨、眉县、太白、凤县、华州、汉台、南郑、城固、洋县、西乡、略阳、留坝、佛坪、宁陕、商州、丹凤、商南、山阳）、甘肃（麦积、秦州、武山、文县、宕昌、徽县、两当、礼县、迭部、碌曲、漳县、岷县）、湖北（兴山、神农架、武当山、郧西）、重庆（巫溪、城口）、四川（宣汉、利州、青川、都江堰、安州、江油、汶川）。

宽尾凤蝶属 *Agehana* Matsumura, 1936

Agehana Matsumura, 1936, *Ins. Matsum*., 10(3): 86. **Type species**: *Papilio maraho* Shiraki & Sonan, 1934.

Agehana; Chou, 1998, *Class. Ident. Chin. Butt*.: 10; Wu, 2001, *Fauna Sin. Ins. Lep. Papilionidae*, 25: 178.

主要鉴别特征是尾突特别宽大，两条翅脉（M_3 脉及 Cu_1 脉）进入尾突。有的学者将其并入凤蝶属 *Papilio* 中。

雄性外生殖器：上钩突较凤蝶属短小；抱器宽大，片状，内突有锯齿；阳茎弯曲，两端膨大。

雌性外生殖器：囊导管短，膜质；交配囊近圆形或椭圆形；交配囊片纺锤形，有横脊。

寄主为樟科 Lauraceae、木兰科 Magnoliaceae 与伞形科 Umbelliferae 植物。

全世界记载 2 种，均为中国特有种，很珍贵，大秦岭分布 1 种。

宽尾凤蝶 *Agehana elwesi* (Leech, 1889)

Papilio elwesi Leech, 1889, *Trans. ent. Soc. Lond*., (1): 113, pl. 7, f. 1. **Type locality**: Kiu-Kiang.

Papilio elwesi; Rothschild, 1895, *Novit. Zool*., 2(3): 335; Wu & Xu, 2017, *Butts. Chin*.: 83, f. 87: 10, 88: 11, 89: 12, 90: 13-14.

Papilio (Agehana) elwesi; Bridges, 1988, *Cat. Papilionidae & Pieridae*, 1: 96.

Agehana elwesi; Chou, L994, *Mon. Rhop. Sin.*: 161; Wu, 2001, *Fauna Sin. Ins. Lep. Papilionidae*, 25: 180.

形态 成虫：大型凤蝶。前翅棕褐色或灰黑色；脉纹黑色或黑褐色；中室有 4 条黑褐色纵纹，放射状排列；其余各翅室均有 1 条贯穿翅室的灰褐色纵条纹。后翅黑色或黑褐色；翅基半部棕褐色或灰黑色；外缘波状，波谷红色；尾突宽大，内有 2 条翅脉；外缘区有 5 ~ 6 个红色弯月形斑纹，其中 1 个进入尾突基部；中室有 3 条放射状排列的黑褐色细线纹；臀角有 1 个红色眼斑。白斑型种类中室白色。

中国特有种，系国家保护的有益的或有重要经济和科学研究价值的种类，陕西省重点保护种类，有观赏、收藏价值，数量稀少。

卵：扁球形；光滑；初产时绿色，后变成黄绿色、黄褐色，至孵化前变成黑色。

幼虫：低龄幼虫拟态鸟粪；臭角乳白色。3 龄后刺突退化消失。老熟幼虫体光滑；绿色；胸部膨大；前胸背板黑色；后胸背面中线两侧有眼状斑，拟态蛇头；腹部 1 ~ 2 节背面有黑色近 V 形斑纹；第 4 ~ 7 节侧面各有 1 个不规则的深色环形斑纹。腹部足基带棕褐色；气门浅褐色；胸足棕黄色。

蛹：拟态枯树枝，粗壮，体表粗糙，褐色；头部向前突起；中胸背板棱形突起；后胸及腹部背板第 1 ~ 6 节各有 1 对小瘤突；腹部分节明显；第 4 ~ 7 腹节有铜绿色斑纹。

寄主 木兰科 Magnoliaceae 厚朴 *Magnolia officinalis*、玉兰 *Yulania denudata*、紫玉兰 *Y. liliiflora*、黄山玉兰 *Y. cylindrica*、深山含笑 *Michelia maudiae*、鹅掌楸 *Liriodendron chinense*；樟科 Lauraceae 檫木 *Sassafras tzumu*；伞形科 Umbelliferae。

生物学 1 年 1 ~ 2 代，以蛹越冬，成虫多见于 5 ~ 8 月。雄性滑翔式飞行，在山顶盘旋、聚集追逐，在树梢及花上停息，喜吸食动物排泄物和污水。卵单产于寄主植物嫩叶正面。幼虫在寄主叶面吐丝做成丝垫，除取食外，均在丝垫上栖息。低龄幼虫拟态鸟粪，末龄幼虫拟态毒蛇，蛹拟态枯枝。

分布 中国（河南、陕西、安徽、浙江、湖北、江西、湖南、福建、广东、广西、重庆、四川、贵州）。

大秦岭分布 河南（鲁山、栾川）、陕西（长安、凤县、汉台、洋县、勉县、宁强、略阳、留坝、佛坪、镇坪、宁陕、商南）、湖北（武当山）、四川（青城山）。

燕凤蝶族 Lampropterini Moore, 1890

Lampropterini Moore, 1890.

Leptocircinae Kirby, 1896, *Lepid.* 1, *butts.*: 307.

Graphiini Ford, 1944, *Trans. R. Ent. Soc. London*, 94: 213.

Lampropterini; Chou, 1998, *Class. Ident. Chin. Butt.*: 10; Wu, 2001, *Fauna Sin. Ins. Lep. Papilionidae*, 25: 182.

Leptocircini; Page & Treadaway, 2003a, *Butts. world*, 17: 3; Vane-Wright & de Jong, 2003, *Zool. Verh. Leiden*, 343: 90; Korb & Bolshakov, 2011, *Eversmannia Suppl.*, 2: 14.

触角有鳞；胫节和跗节有鳞及刺列；雄性有发香鳞；前翅中室端脉中段直；后翅肩脉发达。幼虫绿色；有红色点斑和瘤突；光滑或在胸节和臀节有成对的刺。蛹有 1 个简单的背突。全世界记载 140 余种，世界性分布。中国记录 26 种，大秦岭分布 11 种。

属检索表

1. 后翅无尾突或尾突短 ·· 2
   后翅有长尾突 ·· 剑凤蝶属 *Pazala*
2. 前翅顶角外突；后翅反面有多个橙色或红色斑纹 ·························· 青凤蝶属 *Graphium*
   前翅顶角不外突；后翅反面无或仅有 1 个橙色斑纹 ················· 纹凤蝶属 *Paranticopsis*

青凤蝶属 *Graphium* Scopoli, 1777

Graphium Scopoli, 1777, *Introd. Hist. nat.*: 433. **Type species**: *Papilio sarpedon* Linnaeus, 1758.

Zelima Fabricius, 1807, *Magazin f. Insektenk.* (Illiger), 6: 279. **Type species**: *Papilio pylades* Fabricius, 1793.

Arisbe Hübner, [1819], *Verz. bek. Schmett.*, (6): 89. **Type species**: *Papilio leonidas* Fabricius, 1793.

Idaides Hübner, [1819], *Verz. bek. Schmett.*, (6): 85. **Type species**: *Papilio codrus* Cramer, [1777].

Zetides Hübner, [1819], *Verz. bek. Schmett.*, (6): 85. **Type species**: *Papilio sarpedon* Linnaeus, 1758.

Ailus Billberg, 1820, *Enum. Ins. Mus. Billb.*: 81 (repl. for *Zelima* Fabricius, 1807). **Type species**: *Papilio pylades* Fabricius, 1793.

Chlorisses Swainson, 1832, *Zool. Illustr.*, (2) 2(19): pl. 89. **Type species**: *Papilio sarpedon* Linnaeus, 1758.

Semicudati Koch, 1860, *Stett. ent. Ztg.*, 21: 231. **Type species**: *Papilio sarpedon* Linnaeus, 1758.

Pathysa Reakirt, [1865], *Proc. ent. Soc. Philad.*, 3: 503. **Type species**: *Papilio antiphates* Cramer, [1775].

Dalchina Moore, [1881], *Lepid. Ceylon*, 1(4): 143. **Type species**: *Papilio sarpedon* Linnaeus, 1758.

Zethes; Swinhoe, 1885, *Proc. Zool. Soc. Lond*.: 144 (missp. of *Zetides*).

Paranticopsis Wood-Mason & de Nicéville, [1887], *J. Asiat. Soc. Bengal*, Pt. II, 55(4): 376. **Type species**: *Papilio macareus* Godart, 1819.

Dalchinia; Hampson, 1888, *J. asiat. Soc. Bengal*, Pt. II, 57: 364 (missp. of *Dalchina*).

Pazala Moore, 1888, *Descr. Indian lep. Atkinson*, (3): 283. **Type species**: *Papilio glycerion* Gray, 1831.

Eurypyleana Niculescu, 1989. **Type species**: *Papilio eurypylus* Linnaeus, 1758.

Macfarlaneana Niculescu, 1989. **Type species**: *Papilio agamemnon* Linnaeus, 1758.

Deoris Moore, [1903], *Lepid. Ind*., 6: 31. **Type species**: *Papilio agetes* Westwood, 1843.

Graphium (Leptocircini); Chou, 1998, *Class. Ident. Chin. Butt*.: 12; Wu, 2001, *Fauna Sin. Ins. Lep. Papilionidae*, 25: 188; Page & Treadaway, 2003a, *Butts. world*, 17: 3; Vane-Wright & de Jong, 2003, *Zool. Verh. Leiden*, 343: 90.

Arisbe (Leptocircini); Page & Treadaway, 2003a, *Butts. world*, 17: 4.

Graphium; Wu & Xu, 2017, *Butts. Chin*.: 182.

翅黑色或黑褐色；翅面有半透明斑组成的蓝色、绿色、白色或黄色带；中室狭长；雄性有性标斑。前翅狭三角形；外缘常凹入；R_1 与 Sc 脉接触或合并，有时与 R_2 脉亦有接触；多有 1 ~ 3 个斑列。后翅外缘齿状；尾突有或无；基半部及外缘区或亚外缘区有斑列；反面除橙色或红色斑纹外，其余斑纹同正面。

雄性外生殖器：上钩突有或无，如有不发达，骨化弱；尾突膜质，亦不发达；抱器阔圆，内突变化大；阳茎细长，末端尖。

雌性外生殖器：囊导管端片圆筒形；交配囊片指状。

寄主为番荔枝科 Annonaceae、樟科 Lauraceae、木兰科 Magnoliaceae、夹竹桃科 Apocynaceae 及大戟科 Euphorbiaceae 植物。

全世界记载 35 种，分布于古北区、东洋区、澳洲区及非洲区。中国已知 7 种，大秦岭分布 5 种。

种检索表

宽带青凤蝶 *Graphium cloanthus* (Westwood, 1841)

Papilio cloanthus Westwood, 1841, *Arcana ent.*, 1: pl. 11, f. 2, (4): 42. **Type locality**: N. India.

Papilio cloanthus; Rothschild, 1895, *Novit. Zool.*, 2(3): 445.

Zetides cloanthus; Wynter-Blyth, 1957, *Butts. Ind. Reg.* (1982 Reprint): 401.

Graphium cloanthus; Lewis, 1974, *Butt. World*, pl. 131, f. 16; Igarashi, 1979, *Papilionidae early stag.*: 167; Chou, 1994, *Mon. Rhop. Sin.*: 168; Wu, 2001, *Fauna Sin. Ins. Lep. Papilionidae*, 25: 194; Wu & Xu, 2017, *Butts. Chin.*: 182, f. 183: 1-3, 184: 4-6, 185:7-9.

形态 成虫：中大型凤蝶。翅黑褐色或黑色；斑纹多青绿色、浅蓝色或淡黄色，半透明。前翅亚外缘有 1 条浅色条带，反面较正面清晰；中域有 1 排横斑列，从顶角斜向后缘中部，由上到下逐渐加宽，顶角第 1 个斑极小；中室内有 2 个斑。后翅外缘齿状；尾突细长。正面中域短宽带未达后缘，带下部楔形尖出；亚外缘有 1 列不规则斑纹，浅绿色。反面除基部、中室端脉外侧及臀角有红色半月纹外，其余与正面斑纹相似。雌性较大；雄性后翅内缘上卷。

卵：近球形；淡绿色；表面光滑，有光泽。

幼虫：1 龄幼虫头部暗褐色，有光泽；体暗褐色，无斑纹。末龄幼虫黄绿色；体表散生淡黄色小点斑；头部淡绿色；臭角长，淡黄色，透明；前胸背板两侧有 1 对牛角状短突起；后胸两侧有 1 对大突起，扁圆锥形，白色，基部有黑色纹；两突起间有黄色横带相连；腹部足基带乳黄色；腹末有 1 对黄色尖锥状突起。

蛹：黄绿色；较平坦；头顶两端各有 1 个黄色小突起；胸腹部有黄色纵棱突。

寄主 樟科 Lauraceae 樟 *Cinnamomum camphora*、黄樟 *C. porrectum*、阴香 *C. burmanni*、芳香桢楠 *Machilus odoratissima*、大叶楠 *M. japonica*、香楠 *M. zuihoensis*、红楠 *M. thunbergii* 等。

生物学 1 年多代，成虫多见于 4 ~ 10 月。飞行迅速，多在林缘、山地活动，喜访花采蜜，常在七叶树属 *Aesculus* spp. 和醉鱼草 *Budleia officinatis* 的花间飞舞吸蜜，有时可见在潮湿地面及水沟旁吸水。

分布 中国（陕西、甘肃、安徽、浙江、湖北、江西、湖南、福建、台湾、广东、广西、重庆、四川、贵州、云南），日本，印度，不丹，尼泊尔，缅甸，泰国，印度尼西亚。

大秦岭分布 陕西（南郑、洋县、西乡）、甘肃（文县、徽县）、湖北（神农架）、重庆（城口）、四川（宣汉、青川、都江堰、安州、汶川）。

青凤蝶 *Graphium sarpedon* (Linnaeus, 1758)（图版 16：23）

Papilio sarpedon Linnaeus, 1758, *Syst. Nat.* (Edn 10), 1: 461. **Type locality**: Canton, China.

Papilio sarpedon; Moore, 1878a, *Proc. zool. Soc. Lond.*, (4): 841; Rothschild, 1895, *Novit. Zool.*, 2(3): 440.

Papilio sarpedon ab. *takamukuana* Matsumura, 1929, *Ins. Matsum.*, 3(2/3): 88. **Type locality**: "Formosa" [Taiwan, China].

Papilio sarpedon ab. *lunula* Matsumura, 1929, *Ins. Matsum.*, 3(2/3): 88. **Type locality**: "Formosa" [Taiwan, China].

Zetides sarpedon; Wynter-Blyth, 1957, *Butts. Ind. Reg.* (1982 Reprint): 401.

Graphium sarpedon; Igarashi, 1979, *Papilionidae early stag.*: 170; Chou, 1994, *Mon. Rhop. Sin.*: 163; Wu, 2001, *Fauna Sin. Ins. Lep. Papilionidae*, 25: 199; Page & Treadaway, 2003a, *Butts. world*, 17: 3; Wu & Xu, 2017, *Butts. Chin.*: 182, f. 186: 10-12, 187: 13-15, 188: 16-18.

形态 成虫：中型凤蝶。翅黑色或黑褐色。前翅中域有1排青蓝色或淡绿色斑列，从顶角内侧开始斜向翅后缘中部，由上至下斑纹逐渐增大，近顶角的1个斑最小。后翅外缘齿状；无尾突。正面中域有3个斑斜向排列，其中近前缘的1个斑近方形，白色或淡青白色，外斜，近臀角的1个斑楔形，中间1个斑块状，外缘有缺刻；亚外缘区有1列青蓝色的新月形斑纹。反面基部有红色条斑；中室端脉外侧至臀角区有1列红色斑列；雄性有内缘褶，密布灰白色发香鳞；其余斑纹同后翅正面。有春、夏型之分，春型稍小，翅面青蓝色斑列稍宽。

卵：球形；乳黄色，孵化前颜色加深；表面光滑，有强光泽。

幼虫：1~2龄幼虫头部与身体均呈暗褐色；末端白色；体表密布具毛瘤突及刺突。3龄幼虫棕褐色；腹部各节有2条淡黄色细纹。4龄幼虫翠绿色。3~4龄幼虫除头尾及胸部保留有锥状刺外，其余瘤突及刺突均消失；胸部每节各有1对圆锥形刺突。5龄绿色；尾部白绿色；腹部各节散生淡黄色细点。老熟幼虫淡绿色，半透明；后胸两侧锥状突起白色，有黑色基环，突起间有1条乳白色细带相连；臭角淡黄色；气门淡褐色。

蛹：体色因化蛹场所不同而有绿色及褐色两型。中胸腹面中央有1个外伸的锥状突；背部有纵向棱线，由头顶的剑状突起向后延伸分为3支，两支向体侧呈弱弧形到达尾端，另一支向背中央伸至后胸前缘时又二分叉，呈弧形伸向尾端。绿色型蛹的棱线呈黄色。

寄主 樟科 Lauraceae 樟 *Cinnamomum camphora*、沉水樟 *C. micranthum*、阴香 *C. burmanni*、土肉桂 *C. osmophloeum*、天竺桂 *C. japonicum*、肉桂 *C. cassia*、鳄梨 *Persea gratissima*、钝叶琼楠（红核桃）*Beilschmiedia obtusifolia*、厚壳桂 *Cryptocarya chinensis*、硬壳桂 *C. chingii*、月桂 *Laurus nobilis*、潺槁木姜子 *Litsea glutinosa*、里菲木姜子 *L. leefeana*、小梗黄木姜子 *L. kostermansii*、红楠 *Machilus thunbergii*、香楠 *M. zuihoensis*、大叶楠 *M. japonica*、楠木 *Phoebe zhennan*、山胡椒 *Lindera glauca*；大戟科 Euphorbiaceae 血桐属 *Macaranga* spp.；番荔枝科 Annonaceae 牛心番荔枝 *Annona reticulata*。

生物学 1年多代，世代重叠，以蛹越冬，成虫多见于4~10月。飞翔力强，常在树梢顶部盘旋，有时早上和黄昏常结队在潮湿地面、溪水及水池旁憩息，庭园、街道及树林空地亦常见，喜访花吸蜜，常见在马缨丹属 *Lantana*、醉鱼草属 *Buddleja* 及七叶树属 *Aesculus* 等植物的花上吸花蜜，雄性有吸食动物排泄物习性。卵单产于寄主植物的嫩芽或嫩叶上。幼虫有取食卵壳和皮蜕习性，并在寄主叶面吐丝做成丝垫，除取食外，均在丝垫上栖息。老熟幼虫在寄主植物枝干或附近杂物荫凉处化蛹。蛹色与周围环境相仿，若在樟树等绿色植物上结蛹，则为绿色；若在石壁或墙垣上结蛹，则为褐色。

分布 中国（河南、陕西、甘肃、安徽、浙江、湖北、江西、湖南、福建、台湾、广东、海南、香港、广西、重庆、四川、贵州、云南、西藏），日本，印度，不丹，尼泊尔，缅甸，泰国，斯里兰卡，菲律宾，马来西亚，印度尼西亚，澳大利亚。

大秦岭分布 河南（内乡）、陕西（周至、眉县、汉台、南郑、城固、洋县、西乡、留坝、佛坪、汉滨、岚皋、商州）、甘肃（武都、康县、文县）、湖北（远安、神农架、竹溪）、重庆（城口）、四川（宣汉、青川、都江堰、安州、江油、平武、汶川）。

木兰青凤蝶 *Graphium doson* (C. & R. Felder, 1864)

Papilio doson C. & R. Felder, 1864, *Verh. Zool.-bot. Ges. Wien*, 14(3) : 305, no. 222, 350, n 127 (repl. *Papilio jason* Esper). **Type locality**: Ceylon.

Papilio jason Esper, 1801, *Die Ausl. Schmett.*: pl. 58, f. 5.

Papilio telephus C. & R. Felder, 1864, *Verh. Zool.-bot. Ges. Wien*, 14(3): 305 (nom. nud.).

Papilio telephus C. & R. Felder, 1865, *Reise Freg. Nov., Bd* 2 (Abth. 2), (1): 64. **Type locality**: Ceylon.

Zetides doson; Moore, [1881], *Lepid. Ceylon*, 1(4): 145, pl. 61, f. 3; Wynter-Blyth, 1957, *Butts. Ind. Reg.* (1982 Reprint): 402.

Papilio eurypylus jason; Rothschild, 1895, *Novit. Zool.*, 2 (3): 432.

Papilio doson f. *hankuronis* Matsumura, 1929, *Ins. Matsum.*, 3(2/3): 88. **Type locality**: "Formosa" [Taiwan, China].

Papilio doson f. *kuronis* Matsumura, 1929, *Ins. Matsum.*, 3(2/3): 88. **Type locality**: "Formosa" [Taiwan, China].

Graphium doson; Chou, 1994, *Mon. Rhop. Sin.*: 164; Lewis, 1974, *Butt. World*, pl. 131, f. 19; Wu, 2001, *Fauna Sin. Ins. Lep. Papilionidae*, 25: 196; Wu & Xu, 2017, *Butts. Chin.*: 190, f. 194: 14, 195: 15-17, 196: 18-21.

Arisbe (Eurypleana) doson; Page & Treadaway, 2003a, *Butts. world*, 17: 4.

形态 成虫：中型凤蝶。翅黑色或黑褐色；斑纹淡绿色、淡蓝色或红色。前翅外缘中部凹入；亚外缘有 1 列近圆形小斑纹；中室有 5 个长短不一的斑纹；亚顶角有 1 个小斑；中域有 1 列大小不一的斑纹，从前缘到后缘斑纹逐渐增大，但第 3 个斑较小；后缘基部有 2 个细斑纹；反面斑纹同正面，但斑纹多有银白色缘线相伴。后翅外缘波状，波底镶白边；无尾突；

亚外缘区有 1 列排列不整齐的斑纹；基部近前缘处有 1 个小白斑；中域斑列有 3 个斑纹，近前缘的 1 个大块斑白色，近臀角的斑纹楔形；后缘区有污白色长带纹；雄性臀域具长毛。反面前缘基部有 1 个红色横斑；中域白斑下半部的两侧伴有红色和黑色斑纹；以上斑纹多有银白色缘线；其余斑纹同后翅正面。

卵：近球形；乳白色；表面光滑，有弱光泽。

幼虫：1 ~ 2 龄幼虫黑色；体表有肉质瘤状和刺状突起；头部暗褐色，有光泽，具黑毛；尾部乳白色，有 2 个具毛的刺突；臭角淡黄色，透明。3 龄幼虫体色同 1 ~ 2 龄幼虫；瘤突及刺突多消失，仅剩胸部和尾部各有 1 对具毛肉质刺突。4 龄幼虫深棕色；节间环黑色；胸部尖刺状刺突骨化，黑色；尾部刺突淡黄色。老熟幼虫黄绿色；臭角长，橙黄色；前胸背板绿色，两侧有黑色的短突起，具蓝色光泽；后胸亚背线上有黑色圆锥形突起，具蓝色光泽，基部周围有淡黄色环纹，环纹外侧缘线黑蓝色；肛上板淡绿色，两侧有 1 对白色刺突，其外侧有黑色细长纹；腹部足基带白色；气门褐色。

蛹：苍绿色；头顶 1 对突起前伸；中胸背中部有 1 个锥状大突起，从该突起的顶端沿背线有 1 条黄褐色棱线直达头顶，另 1 条棱线沿背线向后伸到后胸前缘时分为 2 支，顺亚背线向后到达腹末时又合二为一。

寄主　木兰科 Magnoliaceae 荷花木兰 *Magnolia grandiflora*、含笑 *Michelia figo*、白兰花 *M. alba*；番荔枝科 Annonaceae 假鹰爪 *Desmos chinensis*、紫玉盘 *Uvaria microcarpa*、长叶暗罗 *Polyalthia longifoiia*；樟科 Lauraceae 樟属 *Cinnamomum* spp.、柳叶木姜子 *Litsea salicifolia*；夹竹桃科 Apocynaceae 仔榄树 *Hunteria zeylanica* 等。

生物学　1 年 2 代，成虫多见于 5 ~ 9 月。喜访花采蜜，常在低海拔的丛林及潮湿地面飞舞。雌性多在公园、庭院的花丛盘旋，飞行缓慢；雄性常集中在溪边吸水。卵产于寄主植物的嫩叶上。幼虫有取食卵壳习性。老熟幼虫分散化蛹，除在寄主植物叶背面化蛹外，也在屋檐、墙根或附近杂木上化蛹。

分布　中国（陕西、甘肃、浙江、江西、福建、台湾、广东、海南、香港、广西、重庆、四川、贵州、云南），日本，印度，缅甸，越南，泰国，菲律宾，马来西亚。

大秦岭分布　陕西（留坝、商南）、甘肃（文县）。

黎氏青凤蝶 *Graphium leechi* (Rothschild, 1895)

Papilio leechi Rothschild, 1895, *Novit. Zool.*, 2(3): 437. **Type locality**: Chang-yang, China.

Graphium leechi; Chou, 1994, *Mon. Rhop. Sin.*: 166; Wu, 2001, *Fauna Sin. Ins. Lep. Papilionidae*, 25: 202; Wu & Xu, 2017, *Butts. Chin.*: 182, f. 188: 19, 189: 20-22.

形态 成虫：中型凤蝶。翅黑色或黑褐色；斑纹淡绿色、淡蓝色或橙黄色。前翅外缘中部凹入；亚外缘有 1 列近圆形小斑纹；中室 5 个斑纹长短不一；亚顶角有 1 个小斑；中域 1 列斑纹从前缘到后缘斑纹逐渐增大，但第 3 个斑较小；反面斑纹同正面，但斑纹多有银白色缘线相伴。后翅外缘波状，波底镶白边；无尾突；亚外缘区有 1 列排列不整齐的斑纹；基半部放射状排列长短不一的条形斑纹。反面前缘基部有 1 个橙黄色斑纹；亚缘斑列橙黄色，未达前缘；以上斑纹多有银白色缘线；其余斑纹同后翅正面。

卵：近球形；淡绿色；表面光滑，有弱光泽。

幼虫：低龄幼虫黑褐色；腹侧基部乳白色；胸部两侧有黑色瘤突。末龄幼虫嫩绿色；头部浅褐色，有 1 对黑色圆形斑纹；胸腹部背面有淡褐色花纹；腹部侧面有绿色花边纹；前中胸亚背线上有黑色瘤突；后胸亚背线处有 2 个橙红色眼斑；腹部足基带乳黄色。足淡绿色。

蛹：绿色；头部顶端有 1 对黄色小突起；胸背部有锥状长突起；腹背部有褐色细斑纹；体侧有黄色棱脊线。

寄主 木兰科 Magnoliaceae 白兰花 *Michelia alba*、鹅掌楸 *Liriodendron chinense*；番荔枝科 Annonaceae 假鹰爪 *Desmos chinensis*、紫玉盘 *Uvaria microcarpa*、长叶暗罗 *Polyalthia longifoiia*；樟科 Lauraceae 樟属 *Cinnamomum* spp.、柳叶木姜子 *Litsea salicifolia*；夹竹桃科 Apocynaceae 仔榄树 *Hunteria zeylanica*。

生物学 1 年 2 代，成虫多见于 5 ~ 9 月。卵散产于寄主植物的叶面上。

分布 中国（安徽、浙江、湖北、江西、湖南、福建、广东、海南、广西、重庆、四川、贵州、云南），越南。

大秦岭分布 湖北（神农架）、四川（巴山）。

碎斑青凤蝶 *Graphium chironides* (Honrath, 1884)

Papilio chiron var. *chironides* Honrath, 1884, *Berl. ent. Z.*, 28(2): 396, pl. 10, f. 4. **Type locality**: Darjeeling, Sikkim.

Papilio chiron Wallace, 1865, *Trans. Linn. Soc. Lond.*, 25(1): 66(preocc.). **Type locality**: Assam; Sylhet.

Papilio bathycles chiron; Rothschild, 1895, *Novit. Zool.*, 2(3): 438.

Graphium chironides; Chou, 1994, *Mon. Rhop. Sin.*: 165; Wu, 2001, *Fauna Sin. Ins. Lep. Papilionidae*, 25: 192; Wu & Xu, 2017, *Butts. Chin.*: 190, f. 191: 1-4, 192: 5-7, 193: 8.

形态 成虫：中型凤蝶。与黎氏青凤蝶 *G. leechi* 近似，主要区别为：前翅 cu_2 室 2 个条斑融合，长短较一致，不错位。后翅反面肩区有淡黄色斑纹。

卵：圆形；初产时淡黄色，后变成黄色，孵化时黑色；表面光滑。

幼虫：5 龄期。初孵幼虫黑色；头褐色；体上有肉质刺；胸背面两侧有对刺。1 ~ 4 龄幼虫褐色或黄褐色。5 龄幼虫草绿色或深绿色；胸部膨大；后胸背面两侧各有 1 个眼斑，瞳点黑蓝色，眶纹黄色；腹部末端有 1 对锥突；足基带白色。

蛹：浅绿色；头部两侧各有 1 个黄褐色小突起；胸背部突起长尖角状，伸向前上方，棱形；背部有黄色梭形纵带纹。

寄主　木兰科 Magnoliaceae 深山含笑 *Michelia maudiae*、乐昌含笑 *M. chapensis*、白兰花 *M. alba*、黄兰 *M. champaca*。

生物学　1 年多代，以蛹越冬，成虫多见于 4 ~ 9 月。飞行迅速，常在山地的常绿阔叶林中活动，喜访花、湿地吸水和吸食动物排泄物。卵单产于寄主植物的嫩叶上。幼虫栖息于寄主植物叶正面，当天气炎热或受惊时，会抬起身体上半部。老熟幼虫化蛹于寄主植物小枝或叶反面。

分布　中国（甘肃、浙江、湖北、江西、湖南、福建、广东、海南、广西、重庆、四川、贵州），印度，缅甸，越南，泰国，马来西亚，印度尼西亚。

大秦岭分布　甘肃（文县）、湖北（神农架）。

纹凤蝶属 *Paranticopsis* Wood-Mason & de Nicéville, [1887]

Paranticopsis Wood-Mason & de Nicéville, [1887], *J. Asiat. Soc. Bengal*, 55 Pt.II (4): 376. **Type species**: *Papilio macareus* Godart, 1819.

Paranticopsis；Chou, 1998, *Class. Ident. Chin. Butt.*: 11; Wu, 2001, *Fauna Sin. Ins. Lep. Papilionidae*, 25: 203; Wu & Xu, 2017, *Butts. Chin.*: 199.

色斑模拟斑蝶。两翅近三角形；密布纵条斑；翅端缘有斑列。前翅前缘弱弧形；中室长阔；Sc 脉与 R_1 脉端部合并。后翅中室狭长；无尾突。

雄性外生殖器：上钩突缺；囊突大；尾突指状，膜质；抱器发达，抱器背有强刺丛带；阳茎长，端部尖。

雌性外生殖器：交配囊长圆形；交配囊片角状。

寄主为番荔枝科 Annonaceae 及木兰科 Magnoliaceae 植物。

全世界记载 20 种，多分布于东洋区。中国记录 3 种，大秦岭分布 1 种。

客纹凤蝶 *Paranticopsis xenocles* (Doubleday, 1842)

Papilio xenocles Doubleday, 1842, *Zool. Miscell*. (Gray), (5): 74.

Graphium (Pathysa) xenocles; Bridges, 1988, *Cat. Papilionidae & Pieridae*, I: 320.

Paranticopsis xenocles; Swinhoe, 1893, *Trans. Ent. Soc. Lond.*, 315; Wu, 2001, *Fauna Sin. Ins. Lep. Papilionidae*, 25: 206; Wu & Xu, 2017, *Butts. Chin.*: 199, f. 200: 4, 201: 5-7, 202: 8.

形态　成虫：中型凤蝶。两翅黑褐色；斑纹青白色；反面棕褐色。前翅中室有 4 条斜带及 2 个小斑纹；亚外缘区有 1 列小斑；中室端及下缘外侧有 1 列纵条斑，从前缘至后缘条斑逐渐变长。后翅略呈波状；外缘有 1 列 V 形或新月形斑纹；中室有 1 个纵条斑；中室外围放射状排列 1 圈长短不一的条斑；后缘近臀角处有 1 个橙黄色斑纹；反面橙色斑纹较大，其余斑纹同正面。

寄主　番荔枝科 Annonaceae。

生物学　1 年 1 代，成虫多见于 4 ~ 5 月。飞行缓慢，常在高山林缘、路旁、小河边及山谷的灌木丛中活动，喜访花和湿地吸水。

分布　中国（湖北、海南、四川、云南），印度，不丹，缅甸，越南，泰国。

大秦岭分布　湖北（神农架）。

剑凤蝶属 *Pazala* Moore, 1888

Pazala Moore, 1888, *Descr. Indian lep. Atkinson*, (3): 283. **Type species**: *Papilio glycerion* Gray, 1831.
Pazala; Chou, 1998, *Class. Ident. Chin. Butt.*: 14; Wu, 2001, *Fauna Sin. Ins. Lep. Papilionidae*, 25: 215; Wu & Xu, 2017, *Butts. Chin.*: 210.

有的学者将其作为亚属归入青凤蝶属 *Graphium* 或并入绿凤蝶属 *Pathysa*。雌雄同型。翅薄，半透明；翅面鳞片少。前翅 Sc 脉与 R 脉不合并；中室端脉下段远长于上段。后翅尾突剑形；臀区瓣状突出；亚臀角区有黄色或橙黄色斑纹。

雄性外生殖器：上钩突、尾突及颚突均不发达；囊突短；抱器方阔，内突结构复杂；阳茎长。

寄主为番荔枝科 Annonaceae 和樟科 Lauraceae 植物。

全世界记载 7 种，分布于东洋区和古北区。中国均有分布，大秦岭分布 5 种。

种检索表

1. 后翅中带链环状 ·· **升天剑凤蝶 *P. euroa***
   后翅中带非链环状 ··· 2
2. 后翅中带上半段哑铃形 ································ **华夏剑凤蝶 *P. glycerion***
   后翅中带上半段非哑铃形 ·· 3

3. 后翅中带上半段 8 字形 ··· **四川剑凤蝶 *P. sichuanica***

后翅中带上半段非 8 字形 ·· 4

4. 后翅正面臀域黑色斑纹分离 ·· **金斑剑凤蝶 *P. alebion***

后翅正面臀域黑色斑纹相连成 1 个大块斑 ························· **乌克兰剑凤蝶 *P. tamerlana***

金斑剑凤蝶 *Pazala alebion* (Gray, [1853])

Papilio alebion Gray, [1853], *Cat. lep. Ins. Coll. Brit. Mus*. 1 (*Papilionidae*): 30, pl. 13, f. 6. **Type locality**: Northern China.

Papilio mariesi Butler, 1881, *Ann. Mag. nat. Hist*., (5) 7(37): 33, pl. 4, f. 4. **Type locality**: Kiu-Kiang.

Papilio alebion; Rothschild, 1895, *Novit. Zool*., 2(3): 409.

Cosrmdesmus alebion; Bang-Haas, 1927, *Horae Macrolep*., l: 1.

Pazala alebion alebion; D'Abrera, 1990, *Butt. Hol. rcg*., l: 57, pl. 56.

Pazala alebion; Chou, 1994, *Mon. Rhop. Sin*.: 174; Wu, 2001, *Fauna Sin. Ins. Lep. Papilionidae*, 25: 217; Wu & Xu, 2017, *Butts. Chin*.: 211, f. 218: 20-21.

形态 成虫：中型凤蝶。翅薄；淡黄色。前翅外缘带及亚外缘带黑褐色；亚缘区有 1 个近 Y 形带纹；中室基部 2 条横纹从前缘直达后缘；中室中上部有 4 条横带纹。后翅有 6 ~ 7 条斜带从顶角、前缘及基部斜向臀角区；中域条带端部外侧有 1 个橘黄色斑纹。反面较正面清晰；臀角花瓣形，有 1 个黄色眼斑和 3 个黑色斑纹，黑色斑内伴有青蓝色弯月形纹。尾突细长，末端淡黄色。

卵：球形；淡绿色。

幼虫：绿色；体背密布规则排列的黑色小斑纹。老熟幼虫体光滑，仅在胸部两侧有刺突。

蛹：绿色；中胸背角细锥状前伸。

寄主 樟科 Lauraceae 钓樟 *Lindera reflexa*、润楠属 *Machilus* spp.、樟属 *Cinnamomum* spp.、木姜子属 *Litsea* spp.。

生物学 1 年 1 代，成虫多见于 4 ~ 5 月。常见于山区的路旁、溪边，在丘陵地区的林中也能见到，飞行迅速，有访花习性。

分布 中国（河南、陕西、甘肃、江苏、安徽、浙江、湖北、江西、湖南、福建、台湾、广东、广西、重庆、四川、云南）。

大秦岭分布 陕西（长安、周至、陈仓、太白、凤县、华阴、汉台、南郑、洋县、西乡、勉县、佛坪、镇坪、宁陕、商州、丹凤、商南、山阳、柞水）、甘肃（武都、文县、徽县、两当、舟曲、迭部）、湖北（神农架）、重庆（巫溪、城口）。

乌克兰剑凤蝶 *Pazala tamerlana* (Oberthür, 1876)（图版 17：24）

Papilio tamerlanus Oberthür, 1876, *Étud. d'Ent.*, 2: 13, pl. 2, f. 1; Rothschild, 1895, *Novit. Zool.*, 2(3): 409. **Type locality**: Moupin.

Papilio tamerlanus; Rothschild, 1895, *Novit. Zool.*, 2(3): 409.

Cosmcdesmus tamerlanus; von Rosen, 1932, *Macrolep. world, suppl.*, Ⅰ: 14.

Cosmodesmus tamerlanus kansuensis Bang-Haas, 1933, *Ent. Zeit.*, 47: 90.

Graphium tamerlanus; Paul Smart, 1976, *Ency. butt. world*, p. 125, fig. 18.

Pazala alebion tamerlanus; D'Abrera, 1990, *Butts. Hol. reg.*, l: 57, pl. 56.

Pazala tamerlana; Koiwaya, 1993, *Stud. Chin. Butts.*, 2 : 78; Chou, 1994, *Mon. Rhop. Sin.*: 174; Wu, 2001, *Fauna Sin. Ins. Lep. Papilionidae*, 25: 225.

Pazala tamerlanus; Wu & Xu, 2017, *Butts. Chin.*: 210, f. 216: 13-15, 217: 16.

形态　成虫：中型凤蝶。与金斑剑凤蝶 *P. alebion* 相似，主要区别为：个体较大；翅色较淡。前翅亚外缘带和亚缘带相离较远。后翅中域带纹较细；臀角黄斑 2 个；臀瓣正面斑纹融合成 1 个黑色大块斑。

卵：球形；淡绿色，有珍珠光泽。

幼虫：绿色；体背上密布规则排列的黑色小斑纹。老熟幼虫体光滑，仅在胸部两侧有刺突。

蛹：黄绿色；中胸背角前伸。

寄主　樟科 Lauraceae 木姜子属 *Litsea* spp.、山鸡椒 *L. cubeba*。

生物学　1 年 1 代，成虫多见于 4 ~ 5 月。飞行较快，常在半山区及深山区的林地、林缘、山顶、路旁、溪边活动。

分布　中国（河南、陕西、甘肃、湖北、江西、湖南、重庆、四川、贵州）。

大秦岭分布　河南（栾川、灵宝）、陕西（长安、周至、凤县、华阴、汉台、洋县、留坝、佛坪、宁陕、商州、镇安、柞水）、甘肃（麦积、秦州、文县）、湖北（神农架）、四川（青川、都江堰、安州、平武）。

升天剑凤蝶 *Pazala euroa* (Leech, [1893])（图版 17：25）

Papilio eurous Leech, [1893], *Butts. Chin. Jap. Cor.*, (2): 521, pl. 32, f. 3. **Type locality**: Chang Yang, Central China.

Papilio eurous; Rothschild, 1895, *Novit. Zool.*, 2(3): 408.

Pathysa eurous; Wynter-Blyth, 1957, *Butts. Ind. Reg.* (1982 Reprint): 397.

Pazala euroa; Igarashi, 1979, *Papilionidae early stag.*: 165; Koiwaya, 1993, *Studies Chin. Butts.*, 2: 78; Chou, 1994, *Mon. Rhop. Sin.*: 174; Wu, 2001, *Fauna Sin. Ins. Lep. Papilionidae*, 25: 220.

Pazala eurous; Wu & Xu, 2017, *Butts. Chin.*: 211, f. 219: 22-24, 220: 25-27, 221: 28-30.

形态 成虫：中型凤蝶。翅薄；淡黄白色或乳白色；斑纹黑色或棕褐色。前翅外缘带宽，灰黑色；亚外缘与亚缘带较窄；中室基部 2 条横带从前缘基部直达后缘基部；中室中上部有 4 条横斑；中室端脉外侧带纹止于 M₂ 脉。后翅有 8 条斜带从顶角、前缘及翅基部斜向臀角区，其中中域 2 条带纹间有横纹相连，呈链环形。反面淡黄色；臀角花瓣形，黑色，镶有青蓝色弯月形纹；臀角上缘有 2 个相连的黄色斑纹；尾突细长，末端淡黄色；臀角黑斑分离成 4 个黑色斑纹。

卵：近球形；表面光滑；初产时乳白色，后呈黄绿色，有珍珠光泽，孵化前变成黑色。

幼虫：1 龄幼虫黑褐色；密生锥状棘刺；头部黑色，有光泽，具黑毛。2 龄幼虫黄褐色。3 龄幼虫黄绿色；密布黑色小点斑。4 龄幼虫腹部背面各节均有蓝色带纹。老熟幼虫绿色；臭角黄色；各体节密布规则排列的黑色点斑和黄色带纹；各胸节亚背部及第 9 腹节后缘有 1 对黑色锥状突起，基部黄色。腹部足基带白色；足淡黄色。

蛹：绿色；胸背面有棱锥状长突起，棱脊黄色；胸部背线、腹部亚背线及体侧各有 1 对黄色带。

寄主 樟科 Lauraceae 樟 *Cinnamomum camphora*、香桂 *C. petrophilum*、香楠 *Machilus zuihoensis*、润楠 *M. chinensis*、硬叶楠 *M. phocenicis*、白楠 *Phoebe neurantha*、大叶新木姜子 *Neolitsea levinei*、鸭公树 *N. chuii*。

生物学 1 年 1 代，成虫多见于 4 ~ 5 月。飞行迅速，常在山地活动，喜访花采蜜、吸食动物排泄物及聚集在深山溪流边的湿地上吸水，雄性多在树梢或山顶盘旋。卵单产于寄主植物嫩叶的背面或嫩芽上。幼虫有取食卵壳习性，傍晚取食，白天多在寄主叶面栖息。老熟幼虫多在寄主植物叶背面化蛹。

分布 中国（陕西、甘肃、浙江、湖北、江西、湖南、福建、台湾、广东、广西、重庆、四川、贵州、云南、西藏），印度，不丹，尼泊尔，缅甸，巴基斯坦。

大秦岭分布 陕西（眉县、南郑、洋县、西乡、留坝、岚皋）、甘肃（武都、文县、两当、徽县）、湖北（神农架）、重庆（巫溪）、四川（青川、安州、平武）。

华夏剑凤蝶 *Pazala glycerion* (Gray, 1831)

Papilio glycerion Gray, 1831, *Zool. Miscell.*, (1): 32. **Type locality**: Nepaul.

Papilio mandarinus Oberthür, 1879, *Etud. Ent.*, 4: 115.

Papilio glycerion; Rothschild, 1895, *Novit. Zool.*, 2(3): 407.

Pathysa glycerion; Wynter-Blyth, 1957, *Butts. Ind. Reg.* (1982 Reprint): 398.

Pazala glycerion mandarina; Lee & Chu, 1992, *Atlas Chin. butts.*: 37-38, fig. 1.

Pazala glycerion; Koiwaya, 1993, *Studies Chin. Butts.*, 2: 77; Wu, 2001, *Fauna Sin. Ins. Lep. Papilionidae*, 25: 222. *Pazala mandarina*; Chou, 1994, *Mon. Rhop. Sin.*: 176.

Pazala mandarinus; Wu & Xu, 2017, *Butts. Chin.*: 210, f. 212: 1-3.

形态　成虫：中型凤蝶。翅薄；淡黄色或白色；斑纹黑褐色或黄色。前翅外缘带灰黑色；亚外缘带和亚缘带在臀角处相交，端部曲波状，外侧1条细，内侧1条较宽，两条带纹间时有灰黑色晕染；中室基部2条横带从前缘基部直达后缘基部；中室中上部有4条横斑；中室端脉外侧带纹止于 M_2 脉。后翅有8条斜窄带从顶角、前缘及翅基部斜向臀角区，其中中域2条上半部相交呈哑铃形；臀角花瓣形，黑色，有4条青蓝色弯月形细纹相伴，同时与位于臀角上缘的2个黄色斑相连；尾突细长，末端淡黄色。反面中域2条斜带在前缘相交处有黄色斑纹；臀瓣中有多条淡黄色横纹和多个镶有淡蓝色细纹的黑色斑纹；其余斑纹与后翅正面相同。

卵：球形；淡绿色。

幼虫：绿色；体背上密布规则排列的黑色小斑点。老熟幼虫体光滑；胸部两侧有刺突。

蛹：绿色；中胸背角强烈前伸；胸腹部有黄色细带纹。

寄主　樟科 Lauraceae 硬叶楠 *Machilus phoenicis*、杨叶木姜子 *Litsea populifolia*、变叶新木姜子 *Neolitsea variabillima*；番荔枝科 Annonaceae 番荔枝属 *Annona* spp.。

生物学　1年1代，以蛹越冬，成虫多见于4～6月。常在山区林中路旁、潮湿地、小溪边、低洼有水的地方活动或停息。多与本属其他种类和青凤蝶属 *Graphium* 的种类一起追逐飞舞。

分布　中国（河南、陕西、甘肃、浙江、湖北、江西、广东、重庆、四川、贵州、云南），尼泊尔，缅甸。

大秦岭分布　河南（栾川、灵宝）、甘肃（文县、徽县）、重庆（巫溪）、四川（宣汉、青川、平武）。

四川剑凤蝶 *Pazala sichuanica* Koiwaya, 1993

Pazala sichuanica Koiwaya, 1993, *Studies Chin. Butts.*, 2: 79. **Type locality**: Sichuan.

Papilio tamerlanus hoenei Mell, 1935, *Mitt. Dt. Ent. Ges.*, 6: 36. **Type locality**: Zhejiang, Guangdong;
　　Yoshino, 2001a, *Trans. lepid. Soc. Japan*, 52(3): 136.

Pazala hoenei; Yoshino, 2001a, *Trans. lepid. Soc. Japan*, 52(3): 136, f. 3-4.

Pazala sichuanica; Wu, 2001, *Fauna Sin. Ins. Lep. Papilionidae*, 25: 224; Wu & Xu, 2017, *Butts. Chin.*:
　　210, f. 213: 4-6.

形态　成虫：中型凤蝶。与华夏剑凤蝶 *P. glycerion* 很相似，主要区别为：翅白色；前翅亚外缘带和亚缘带在臀角处不相交。后翅正面中域带纹仅1条，较直，不呈哑铃形。

寄主　樟科 Lauraceae 木姜子属 *Litsea* spp.。

生物学　1年1代，成虫多见于4～5月。常在山区路旁和稀疏的林地活动，有时在公园的灌木丛中飞翔。

分布　中国（河南、陕西、浙江、湖北、广东、广西、四川）。

大秦岭分布　陕西（镇坪）。

喙凤蝶族 Teinopalpini Grote, 1899

Teinopalpidae Grote, 1899: 17.

足胫节和跗节上有鳞。前翅中室端脉中段凹入；后翅肩脉不分叉；雄性无香鳞区。初龄幼虫似燕凤蝶族 Lampropterini 幼虫；2 龄幼虫与凤蝶族 Papilionini 幼虫相似。蛹的中胸有 1 个大型角状突起。

全世界记载 9 种，分布于东洋区、古北区及非洲区。中国记录 7 种，大秦岭分布 3 种。

属检索表

前翅中室端脉中段明显凹入，下段长于上段，斑纹特殊 ·············**钩凤蝶属 *Meandrusa***

前翅中室端脉中段微凹入，下段与上段长度相近，斑纹原始 ·········**旖凤蝶属 *Iphiclides***

旖凤蝶属 *Iphiclides* Hübner, [1819]

Iphiclides Hübner, [1819], *Verz. bek. Schmett*., (6): 82. **Type species**: *Papilio podalirius* Linnaeus, 1758.

Podalirius Swainson, 1833, *Zool. Illustr*., (2) 3(23): pl. 105. **Type species**: *Papilio podalirius* Linnaeus, 1758.

Iphiclides (Leptocircini); Chou, 1998, *Class. Ident. Chin. Butt*.:14; Wu, 2001, *Fauna Sin. Ins. Lep. Papilionidae*, 25: 227; Korb & Bolshakov, 2011, *Eversmannia Suppl*., 2: 14.

Iphiclides; Wu & Xu, 2017, *Butts. Chin*.: 222.

外形似剑凤蝶属 *Pazala*；翅淡黄色或黑褐色。前翅外缘平直；翅面密布斜带纹。后翅有红色斑带和蓝色斑纹；尾突细长。前翅 Sc 脉和 R_1 脉不合并；中室端脉中段微凹入。

雄性外生殖器：上钩突和爪突小；囊突宽大；抱器端部尖，内突发达；阳茎长，弯曲，端部细长。

雌性外生殖器：囊导管宽短；交配囊长；无交配囊片。

寄主为蔷薇科 Rosaceae 植物。

全世界记载 3 种，分布于古北区和非洲区。中国分布 2 种，大秦岭均有分布。

种检索表

前翅中室有 3 条淡黄色横斑 ·· **旖凤蝶 *I. podalirius***

前翅中室有 4 条淡黄色横斑 ···**西藏旖凤蝶 *I. podalirinus***

旖凤蝶 *Iphiclides podalirius* (Linnaeus, 1758)

Papilio podalirius Linnaeus, 1758, *Syst. Nat.* (Edn 10), 1: 463 nota. **Type locality**: Livorno, Tuscany.

Papilio sinon Poda, 1761, *Ins. Mus. Graecensis*: 62, pl. 2, f. 1.

Papilio flammeus Fourcroy, 1785, *Ent. Paris.*, 2: 242.

Podalirius europaeus Swainson, 1832, *Zool. Illustr.*, (2) 3(23): 105.

Papilio podalirius var. *diluta* de Selys-Longchamps, 1857, *Ann. Soc. Ent. Belge*, 1: 4.

Papilio podalirius nigrescens Eimer, 1889, *Artb. Verwandtsch. Schmett.*, (1): 81, 82, f. E.

Papilio podalirius var. *flaccidus* Krulikowsky, 1908, *Soc. Ent.*, 23(1): 2. **Type locality**: Wiatka; Kasan.

Papilio podalirius; Rothschild, 1895, *Novit. Zool.*, 2(3): 402.

Iphiclides podalirius; Chou, 1994, *Mon. Rhop. Sin.*: 177; Wu, 2001, *Fauna Sin. Ins. Lep. Papilionidae*, 25: 228; Korb & Bolshakov, 2011, *Eversmannia Suppl.*, 2: 14; Wu & Xu, 2017, *Butts. Chin.*: 222, f. 223: 3.

形态　成虫：中型凤蝶。翅淡黄色。前翅正面有 7 条长短不一的黑色带纹，其中 4 条到达后缘；反面外缘区、亚缘区和中域斜带纹上镶有赭黄色带纹。后翅外缘齿状；尾突长，黑色，端部及缘线淡黄色。正面外缘带宽，黑色，镶有 1 列蓝色月牙斑；中斜带黑色，上半段镶有红色带纹；后缘区黑色带宽；臀角眼斑黑色，瞳点蓝色，眼斑上方伴有红色大块斑。反面顶角区有 2 条短线纹；后缘区有 2 条平行排列的黑色带纹；中斜带镶有的红色带纹较正面长；其余斑纹同正面。

本种被列入《国家保护的有益的或者有重要经济、科学研究价值的陆生野生动物名录》。

卵：扁球形，底面浅凹；黄白色。

幼虫：1 龄幼虫黑色；侧面色淡；臭角淡黄色，透明；前胸背板两侧有 1 对黑褐色突起，上有分支毛。2 ~ 5 龄幼虫绿色；有黄色带纹和橙红色点斑。5 龄幼虫臭角橙色。

蛹：略呈炮弹形；头部有 1 对突起；中胸背面有 1 条尖突和 4 条隆起；翅区基部有 1 对耳状突起。褐色型：橙褐色；翅上有黄色的网纹；腹部有斜线纹。

寄主　蔷薇科 Rosaceae 欧洲花楸 *Sorbus aucuparia*、酸山楂 *Crataegus oxyacanthe*、单柱山楂 *C. monogyna*、桃 *Amygdalus persica*、杏 *Armeniaca vulgaris*、欧洲甜樱桃 *Cerasus avium*、苹果 *Malus pumila*、李属 *Prunus* spp.、梨属 *Pyrus* spp. 等。

生物学　1 年 1 代，成虫多见于 6 月。飞行迅速，擅长空中滑翔，有吸水习性。卵单产于寄主植物嫩芽或嫩叶的背面。整个幼虫期都栖息在寄生植物的叶表面，低龄期多在阳光照射的部位活动。老熟幼虫化蛹于寄主植物叶背面。

分布　中国（甘肃、新疆），中亚细亚，欧洲，非洲北部。

大秦岭分布　甘肃（武都、康县、文县）。

西藏旖凤蝶 *Iphiclides podalirinus* (Oberthür, 1890)

Papilio podalirinus Oberthür, 1890; *Étud. d'Ent.*, 13: 37, pl. 9, f. 99. **Type locality**: Tse-ku.

Papilio podalirius podalirinus; Rothschild, 1895, *Novit. Zool.*, 2(3): 405.

Iphiclides podalirinus; Chou, 1994, *Mon. Rhop. Sin.*: 17; Wu, 2001, *Fauna Sin. Ins. Lep. Papilionidae*, 25: 230; Wu & Xu, 2017, *Butts. Chin.*: 222, f. 223: 1-2.

形态 成虫：翅黑褐色。前翅带纹淡黄色；亚外缘带细直；外斜带近 Y 形；中斜带宽短，仅达中室下缘；基斜带上窄下宽；中室有 4 条横带纹。反面端缘赭黄色，外侧缘带黑色，中间有黑、黄 2 色细带纹；其余斑纹同前翅正面。后翅周缘镶有黄色细带纹；外缘条斑列端部黄色，中下部蓝色；4 条粗细不一的淡黄色斜带纹从前缘汇集于臀角，其中最细的 1 条端部外侧有红色细带纹相伴；臀角上方有 1 个新月形红色斑纹，其下方有 1 个黑色眼斑，眼点蓝色。反面外缘及后缘黄色；外缘斑列黑色，瓦片形，斑纹中间镶有黄色或蓝色条斑；其余斑纹同后翅正面。

寄主 蔷薇科 Rosaceae 李 *Prunus salicina*、山楂 *Crataegus pinnatifida*、花楸属 *Sorbus* spp.。

生物学 1 年 1 代，成虫多见于 6 月。

分布 中国（甘肃、云南、西藏）。

大秦岭分布 甘肃（迭部）。

钩凤蝶属 *Meandrusa* Moore, 1888

Meandrusa Moore, 1888, *Descr. Indian lep. Atkinson*, (3): 284. **Type species**: *Papilio evan* Doubleday, 1845.

Dabasa Moore, 1888, *Descr. Indian lep. Atkinson*, (3): 283. **Type species**: *Papilio gyas* Westwood, 1841.

Meandrusa; Chou, 1998, *Class. Ident. Chin. Butt.*: 15; Wu, 2001, *Fauna Sin. Ins. Lep. Papilionidae*, 25: 230; Wu & Xu, 2017, *Butts. Chin.*: 224.

翅黑褐色或褐色。前翅外缘凹入；顶角外倾；中室长，端脉上段短直，下段长，C 形向内弯曲；R$_3$ 脉从中室上角前分出。后翅外缘齿状；尾突细长；翅面多有中带；外缘区及亚外缘区有黑褐色或黄色斑纹。

雄性外生殖器：上钩突发达，末端分叉或不分叉；颚突臂状；抱器近卵形，内突角状；囊突发达；阳茎长，端部具齿突，分叉。

雌性外生殖器：囊导管细长；交配囊长椭圆形；交配囊片有小齿突，片状。

寄主为樟科 Lauraceae 植物。

全世界记载 3 种，分布于东洋区。中国均有分布，大秦岭分布 1 种。

褐钩凤蝶 *Meandrusa sciron* (Leech, 1890)

Papilio sciron Leech, 1890, *Entomologist*, 23: 192. **Type locality**: W. China.

Papilio gyas Westwood, 1841, *Arcana Ent.*, (3): 41.

Papilio lachinus Fruhstorfer, 1902, *Deut. ent. Zeit.*, 14(2): 342.

Papilio gyas lachinus Fruhstorfer, 1902a, *Insekten-Börse*, 19(15): 117. **Type locality**: Senchal, Darjeeling.

Graphium gyas; Talbot, 1949, *Faun. Br. Ind. Butts.*, 1: 240.

Meandrusa gyas; Igarashi, 1979, *Papilionidae early stag.*: 158.

Meandrusa sciron; Chou, 1994, *Mon. Rhop. Sin.*: 179; Wu, 2001, *Fauna Sin. Ins. Lep. Papilionidae*, 25: 231; Wu & Xu, 2017, *Butts. Chin.*: 224, f. 227: 7, 228: 8-9.

形态 成虫：大型凤蝶。翅正面黑褐色，反面褐色；斑纹多黄色。前翅顶角钝圆，稍外倾；端缘 1 列斑纹未达前缘；亚顶区斑列弱弧形排列；中横斑带仅达中室下角，其端部两侧常伴有近圆形斑纹。反面亚外缘带黄褐色至淡黄色，未达顶角；中横带宽，污白色，直达前缘，带的中上部外侧伴有 1 列斑纹；中室端部有 1 个白色横斑。后翅外缘齿状；尾突细长。正面基半部棕黄色；亚外缘斑列斑纹形状不一；中横斑带未达后缘。反面端缘有棕褐色、黄绿色或灰白色宽带，内侧波状，多伴有白色缘线；中横带污白色，外侧缘线褐色和白色混杂，上半部外侧齿状；中室端部有 1 个黑褐色近圆形斑纹。雌性个体及翅面斑纹较大；中横带宽。

卵：近球形；淡黄色，表面有弱光泽；孵化前卵上出现 2 列红褐色点状受精斑。

幼虫：低龄幼虫头部黑褐色，有光泽；臭角乳白色；胸部膨大，橙黄色，两侧各有 1 个刺突；腹部背面两端各有 1 个白色 V 形斑纹。3 龄幼虫绿色；胸腹部背面密布白色小点斑；后胸背中央黄色，中间有 1 对红色眼斑，周缘密布黑褐色小点斑。末龄幼虫深绿色；臭角黄色；胸腹部密布白色点斑列；后胸背面有 1 对红色眼斑，眼点黑色；腹部节间环细，白色；腹部足基带淡黄色。

蛹：绿色；头顶部平直，两侧有刺状突起；胸背部有前端分叉的钩状突起；腹背面有耳状突起，外缘镶有褐色带纹；腹部第 1 节及第 8 ~ 9 节背中央各有 1 个黑褐色斑纹；腹侧有白色斜斑纹。

寄主 樟科 Lauraceae 樟属 *Cinnamomum* spp.、湘楠 *Phoebe hunanensis*、鸭公树 *Neolitsea chuii*、木姜子属 *Litsea* spp.。

生物学 1 年 1 ~ 2 代，以幼虫越冬，成虫多见于 6 ~ 8 月。是典型的山地种类，只生活在较原生态的阔叶林或生境复杂、水资源丰富的山地。常在林缘、道边、小径、小溪边活动，飞行迅速，喜在溪沟边、湿地吸水，吸食臭牡丹 *Clerodendrum bungei* 等蜜源植物的花蜜。卵单产于寄主植物嫩叶正面。幼虫多在傍晚和黎明时取食，有吐丝做垫并栖息于丝垫的习性。老熟幼虫常选择寄主植物的老叶片或粗树干化蛹。

分布 中国（陕西、甘肃、湖北、江西、湖南、福建、广东、广西、重庆、四川、贵州、云南、西藏），印度，不丹，缅甸，越南，马来西亚。

大秦岭分布 陕西（城固、洋县、留坝）、甘肃（武都、康县、文县、徽县、两当）、湖北（神农架）、重庆（城口）、四川（宣汉、青川、安州、平武）。

锯凤蝶亚科 Zerynthiinae Grote, 1899

Zerynthiinae Grote, 1899, *Proc. Am. Phil. Sco.*, 38: 17. **Type genus**: *Zerynthia* Ochsenheimer, 1816.

Thaidinae Kirby, 1896, *Allen, Lepid. butts. Nat. lib.*, 2: 242.

Luehdorfiidi Tutt, 1896, *Brit. Butts.*: 84.

Zerynthiinae (Papilionidae); Chou, 1998, *Class. Ident. Chin. Butt.*: 16; Wu, 2001, *Fauna Sin. Ins. Lep. Papilionidae*, 25: 241; Korb & Bolshakov, 2011, *Eversmannia Suppl.*, 2: 14.

触角与足光滑；触角锤状部膨大不明显；下唇须很长。前翅 M_1 脉着生点接近 R 脉而远离 M_2 脉；Cu 脉与 A 脉之间无基横脉；R 脉 5 分支；M_1 脉从中室分出。前后翅斑纹横向排列；后翅外缘波状或齿状，具有不同长度和数目的齿突和尾突。

全世界记载 18 种，分布于东洋区、古北区及非洲区。中国记载 11 种，大秦岭分布 4 种。

属检索表

1. 后翅尾突很长，超过后翅中室的长度；前翅 R_3 脉从中室上角分出；爪形突短············
   ·······································**丝带凤蝶属 Sericinus**
   后翅尾突的长度短于后翅中室的长度；前翅 R_3 脉与 R_{4+5} 脉共柄；爪形突长 ············ 2
2. 后翅除 M_3 脉的尾突外，Cu_1 脉与 Cu_2 脉上亦有短尾突；肩室宽；肩脉不分叉············
   ·······································**尾凤蝶属 Bhutanitis**
   后翅仅 M_3 脉有尾突；肩室窄；肩脉分叉·······················**虎凤蝶属 Luehdorfia**

丝带凤蝶属 *Sericinus* Westwood, 1851

Sericinus Westwood, 1851, *Trans. ent. Soc. Lond.*, (2) 1: 173. **Type species**: *Papilio telamon* Donovan, 1798.

Sericinus (Zerynthiini); Ackery, 1975, *Bull. Br. Mus. (Nat. Hist.) Ent.*, 31(4): 90.

Sericinus; Chou, 1998, *Class. Ident. Chin. Butt.*: 17; Wu, 2001, *Fauna Sin. Ins. Lep. Papilionidae*, 25: 241; Wu & Xu, 2017, *Butts. Chin.*: 235.

Sericinus (Sericini); Korb & Bolshakov, 2011, *Eversmannia Suppl.*, 2: 14.

雌雄异型。触角无鳞，锤状部不显著。头胸间有红色毛。翅薄，半透明，鳞片少；斑纹黑色、红色和蓝色；有长尾突。前翅阔三角形；中室宽；R_3 脉从中室上角分出；M_3 脉单独从中室下角分出；有基横脉遗迹。后翅中室半圆形；肩室宽；肩脉不分叉；尾突长度超过后翅中室。

雄性外生殖器：强度骨化；背兜发达，盔状；钩突和颚突发达；抱器细长，弯曲，端部具齿突；囊突细长；阳茎长管状，末端尖。

雌性外生殖器：囊导管宽大，高度骨化；交配囊椭圆形；无交配囊片。

寄主为马兜铃科 Aristolochiaceae 植物。

全世界记载 1 种，分布于古北区及东洋区，是东亚的特有种。大秦岭亦有分布。

丝带凤蝶 *Sericinus montelus* Gray, 1852（图版 18：26—28）

Sericinus montela Gray, 1852, *Proc. zool. Soc. Lond.*: 71. **Type locality**: Shanghai.

Sericinus montela; Ackery, 1975, *Bull. Br. Mus.(Nat. Hist.) Ent.*, 31(4): 90, pl. 10, f. 77-78; Korb & Bolshakov, 2011, *Eversmannia Suppl.*, 2: 14.

Sericinus montelus; Chou, 1994, *Mon. Rhop. Sin.*: 184; Wu, 2001, *Fauna Sinica Insecta Lepid. Papilionidae*, 25: 242; Wu & Xu, 2017, *Butts. Chin.*: 235, f. 236: 1-4.

形态 成虫：中型凤蝶。雌雄异型。翅乳白色、淡黄色或淡黄褐色；斑纹黑色、黑褐色、红色和深蓝色。雄性乳白色；前翅前缘、顶角及外缘黑斑有或无，分离或相连；中室中部和端部各有 1 个黑色条斑，有时断开成 2 个斑纹；中域有 1 列弧形排列的块斑，其大小及形状均不规则，有时这些块斑中夹有红色斑纹。后翅外缘带黑色或淡黄色，淡黄色时则有黑色斑列排列其间；尾突细长，基部及端部淡黄色或白色，其余为黑灰色；外横带波形，带内常有红色条斑镶嵌，末端与臀角大斑相连；臀角大黑斑嵌有红色横斑及蓝色斑纹，蓝色斑纹位于红斑下方；其余部位黑褐色。雌性淡黄褐色；翅面密布形状和大小不一的褐色或黑褐色斑纹；外中域常有乳白色及红色斑带出现，并在其下半段外侧伴有深蓝色斑纹。

卵：扁球形；初产乳白色，渐变成乳黄色，孵化前变为黄褐色；有珍珠光泽。

幼虫：5 龄期，少数 6 龄。初孵幼虫黑色；密布白色次生毛。2～5 龄幼虫胸腹部有 4 排橙色圆锥状突起，具刚毛，其中前胸两侧 1 对突起特别长，呈触角状。

蛹：黄褐色；圆锥形，近似截断的小枯树枝；有灰色和黑色斑纹；头顶有 1 个 M 形突起；体背中脊线上有 1 列刺突；腹部有黑褐色断续的纵条斑，腹部刺粗短，末端有 20～30 个臀棘。

寄主 马兜铃科 Aristolochiaceae 北马兜铃 *Aristolochia contorta*、马兜铃 *A. debilis*。

生物学 1 年多代，世代重叠，以蛹在枯叶下、土缝或表土内越冬，成虫多见于 4 ～ 10 月。多在寄主植物附近活动，飞翔缓慢，易捕捉，常双翅平展滑翔，细长的尾突犹如两根飘带，随风飘荡，轻盈娴雅。雌性常在植物下部穿飞，较不常见。越冬代成虫产卵于刚出土的嫩茎上，其后各代的卵均产在马兜铃的叶子、嫩茎及幼果上，个别产在马兜铃附近的其他植物上，通常 30 ～ 50 粒聚产，雌性抱卵量数百粒不等。幼虫孵化后，聚集于寄主植物上，危害嫩叶、嫩茎。1 ～ 3 龄幼虫有群集性；3 龄以后分散危害寄主植物，食量猛增，可将马兜铃的叶子、嫩茎、果皮吃光，仅剩光秆，并有群集迁移危害习性。幼虫有假死性，一遇惊动，Y 形臭腺随即分泌臭味，幼虫卷曲滚落地面。高龄幼虫有向高处爬的习性，特别是老熟幼虫在化蛹前夕，爬向植株顶部吐丝结茧化蛹。

分布 中国（黑龙江、吉林、辽宁、北京、天津、河北、山西、山东、河南、陕西、甘肃、宁夏、江苏、上海、安徽、浙江、湖北、江西、湖南、广西、重庆、四川），俄罗斯，韩国，朝鲜，日本。

大秦岭分布 河南（荥阳、新密、登封、巩义、镇平、内乡、栾川、西峡、南召、陕州）、陕西（蓝田、长安、周至、渭滨、眉县、太白、凤县、华州、华阴、潼关、洋县、西乡、留坝、宁陕、商州、丹凤、商南、洛南）、甘肃（麦积、秦州、康县、文县、两当、徽县、礼县）、四川（汶川）。

尾凤蝶属 *Bhutanitis* Atkinson, 1873

Bhutanitis Atkinson, 1873, *Proc. zool. Soc. Lond.*: 570. **Type species**: *Bhutanitis lidderdalii* Atkinson, 1873.

Armandia Blanchard, 1871, *C. R. hebd. Seanc. Acad. Sci.*, 72: 809, nota 3 (preocc. *Armandia* Filippi, 1862). **Type species**: *Armandia thaidina* Blanchard, 1871; Saigusa & Lee, 1982, *Tyô Ga*, 33(1,2): 19.

Bhutanitis (Zerynthiini); Ackery, 1975, *Bull. Br. Mus.* (*Nat. Hist.*) *Ent.*, 31(4): 93.

Yunnanopapilio Huira, 1980, *Bull. Osaka Mus Nat. Hist.*, 33: 71, 80. **Type species**: *Armandia mansfieldi* Riley, 1939; Saigusa & Lee, 1982, *Tyô Ga*, 33(1,2): 20.

Bhutanitis; Bauer & Frankenbach, 1998, *Buts. world*, 1: [3]; Chou, 1998, *Class. Ident. Chin. Butt.*: 18; Wu, 2001, *Fauna Sin. Ins. Lep. Papilionidae*, 25: 245; Wu & Xu, 2017, *Butts. Chin.*: 239.

体被粗毛；头胸间无红色毛。触角短，端部膨大不明显。翅黑褐色或黑色；外缘波状；尾突 2 个以上；翅面有黄色或白色横斑列或斜带纹。后翅有红色及蓝色条带或斑纹。前翅顶角圆；R_1 脉与 R_2 脉分离；R_3 脉与 R_{4+5} 脉同柄；M_1 脉从中室前角与 R_5 脉同点分出；中室端脉凹入；有基横脉遗迹。后翅外缘有齿；除 M_3 脉上有尾突外，Cu_1 脉及 Cu_2 脉也有尾突。

大部分是珍稀种类，二尾凤蝶和三尾凤蝶被《濒危野生动植物种国际贸易公约》列为二级保护物种，被《国家重点保护野生动物名录》列为二级保护动物。

雄性外生殖器：钩突细长，二分叉；尾突小，乳头状，具毛；抱器斜方形，分为 2 段，高度骨化，端部有角突，具毛丛；囊突长；阳茎细长，强度骨化。

雌性外生殖器：囊导管长，高度骨化；交配囊小；无交配囊片。

寄主为马兜铃科 Aristolochiaceae 植物。

全世界记载 7 种，分布在中国、不丹及印度，其中 5 种是中国特有种，大秦岭分布 1 种。

三尾凤蝶 *Bhutanitis thaidina* (Blanchard, 1871)（图版 19：29—30）

Armandia thaidina Blanchard, 1871, *C. R. hebd. Seanc. Acad. Sci.*, 72: 809, nota 3.

Bhutanitis thaidina; Bryk, 1934, *Parnassiana*: 116; Ackery, 1975, *Bull. Br. Mus. (Nat. Hist.) Ent.*, 31(4): 93, pl. 12, f. 92-93; Saigusa & Lee, 1982, *Tyô Ga*, 33(1,2): 20; Chou,1994, *Mon. Rhop. Sin.*: 186; Bauer & Frankenbach, 1998, *Butts. world*, 1: [3]; Wu, 2001, *Fauna Sin. Ins. Lepid. Papilionidae*, 25: 250; Wu & Xu, 2017, *Butts. Chin.*: 239, f. 240: 3, 241: 4-6, 242: 7-8.

Sinonitis thaidina; Lee & Zhu, 1992, pl. 48, fig. 3.

形态　成虫：中大型凤蝶。翅黑色或黑褐色。前翅密布黄色横线纹，中室下方线纹加宽；反面外缘区有 1 列水平排列的黄色横线纹。后翅外缘齿状，外缘线黄色；有 3 条尾突，M_3 脉上的尾突最长，其后依次变短；外缘斑列由 5 个细条斑组成，其余翅面密布长短不一的斜带纹，中部 2 条 X 形交叉；端缘中后部有深黑色长块斑，上缘有 1 条边缘齿状的红色条斑，红斑下面有 3 个蓝色圆斑；反面黄色斜带纹更加密集，交错呈网纹状。

中国特有种，属世界珍稀种，为国家二级保护野生动物。被 IUCN 红皮书《受威胁的世界凤蝶》列为 R 级（个体数量甚少）。濒危原因不明，但旨在贸易的贪婪采集无疑是一严重威胁。

寄主　马兜铃科 Aristolochiaceae 宝兴马兜铃 *Aristolochia moupinensis*、贯叶马兜铃 *A. delavayi*。

生物学　1 年 1 代，成虫多见于 5 ~ 7 月。常在中高海拔的丛林地带和针阔混交林区活动，飞行缓慢，喜低空飞行，有访花和吸食地面积水习性。蜜源植物有甘肃丁香 *Syringa buxifolia*、东陵八仙花 *Hydrangea bretschneideri*、南川绣线菊 *Spiraea rosthornii*、山梅花 *Philadelphus incanus*、绣线梅 *Neillia sinensis* 和紫花碎米荠 *Cardamine tangutorum* 等。卵聚产于寄主植物叶背面。

分布　中国（陕西、甘肃、湖北、四川、云南、西藏）。

大秦岭分布 陕西（长安、鄠邑、周至、眉县、太白、凤县、南郑、洋县、留坝、佛坪、宁陕）、甘肃（麦积、武都、文县、徽县、两当）、湖北（神农架、茅箭）、四川（安州）。

虎凤蝶属 *Luehdorfia* Crüger, 1878

Luehdorfia Crüger, 1878, *Verh. Ver. naturw. Unterhalt. Hamb.*, 3: 128. **Type species**: *Luehdorfia eximia* Crüger, 1878.

Luehdorfia (Zerynthiini); Ackery, 1975, *Bull. Br. Mus. (Nat. Hist.) Ent.*, 31(4): 92.

Luehdorfia (Luehdorfiini); Korb & Bolshakov, 2011, *Eversmannia Suppl.*, 2: 14; Chou, 1998, *Class. Ident. Chin. Butt.*: 19; Wu, 2001, *Fauna Sin. Ins. Lep. Papilionidae*, 25: 254; Wu & Xu, 2017, *Butts. Chin.*: 237.

胸背部有红色长软毛。翅黑色或黑褐色；具黄色或淡黄色斜斑带；斑纹似虎皮。后翅外缘齿状；端部有红色、蓝色及橙黄色斑纹；有 1 个尾突。前翅三角形；R 脉 5 分支，R_1 及 R_2 脉独立，R_3、R_4 及 R_5 脉共柄；M_1 脉与 R_5 脉同点分出；无基横脉。后翅三角形；肩室狭；肩脉分叉。

雄性外生殖器：钩突细长，长于背兜，叉状；无尾突和颚突；抱器简单，背面隆起，腹缘有毛刷，抱器端倾斜，有的略凹；囊突细长；阳茎高度骨化，末端尖，细长。

雌性外生殖器：囊导管短；交配囊小；无交配囊片。

寄主为马兜铃科 Aristolochiaceae 植物。

全世界记载 4 种，主要分布于古北区、东洋区，是亚洲东部的特有种。中国已知 3 种，大秦岭分布 2 种。

种检索表

尾突长，末端略膨大；两翅黑色带宽而黄色带细；后翅中域黑色斜带长，占翅长的 2/3 ·· **太白虎凤蝶 *L. taibai***

尾突较短，末端变细；两翅黑色带窄而黄色带宽；后翅中域黑色斜带短，最多占翅长的 1/2 ·· **中华虎凤蝶 *L. chinensis***

中华虎凤蝶 *Luehdorfia chinensis* Leech, 1893

Luehdorfia japonica var. *chinensis* Leech, 1893a, *Butts. Chin. Jap. Cor.*, (4):491, pl. 33, f. 1.

Luehdorfia japonica chinensis; Ackery, 1975, *Bull. Br. Mus. (Nat. Hist.) Ent.*, 31(4): 93.

Luehdorfia chinensis; Chou,1994, *Mon. Rhop. Sin.*: 189; Wu, 2001, *Fauna Sin. Ins. Lepid. Papilionidae*, 25: 256; Wu & Xu, 2017, *Butts. Chin.*: 237, f. 238: 3-4.

形态　成虫：小型凤蝶。翅黑色或黑褐色；斑纹多黄色。前翅正面亚外缘带直；亚缘带近 Y 形，中域 2 个斜向 Y 形纹较粗；基斜带宽。反面淡黄色亚缘带模糊；其余斑纹同前翅正面。后翅外缘锯齿状；有 1 个短的小尾突；外缘斑列橙黄色，斑纹新月形；亚外缘斑列蓝色；亚缘斑带红色，曲波形，未达前缘，内侧有黑褐色斑纹相伴；中域横带 Y 形，并与基斜带在臀角附近汇集相交；臀角有 2 个黑色眼斑，瞳点蓝色，较大；反面斑纹同后翅正面。

中国特有种。本种华山亚种被列为国家二级保护野生动物。被 IUCN 红皮书《受威胁的世界凤蝶》列为 K 级（"险情"不详类）。

卵：扁圆形；初产时淡绿色，具珍珠光泽，孵化前灰黑色。

幼虫：体黑色，密被长毛丛；第 1 胸节背面有 1 个分叉的橙黄色臭角；气门长椭圆形，深黑色。

蛹：褐色；体型粗短；表面粗糙，质地坚硬，具金属光泽；有黑色和深褐色斑驳纹；头端部有排列整齐的 4 个突起，其后方有 2 个突起；胸部窄于腹部；前胸背板有 1 个倒 Y 形脊突；中胸宽大；腹面中央凸出，末端近直角弯向腹面。

寄主　马兜铃科 Aristolochiaceae 杜衡 *Asarum forbesii*、细辛 *A. sieboldii*。

生物学　1 年 1 代，以蛹越夏、越冬，成虫多见于 3～5 月。飞翔力不强，多在潮湿的林间狭小范围内活动。蜜源植物主要有蒲公英 *Taraxacum mongolicum*、紫花地丁 *Viola philippica* 及其他堇菜科 Violaceae 植物，也飞入田间吸食芸薹 *Brassica campestris* 或蚕豆 *Vicia faba* 的花蜜。交配过的雌性腹部末端覆盖有黑色衍生物。卵聚产于寄主植物叶片背面近叶缘处。低龄幼虫聚集取食，3 龄后开始分散取食。受到惊扰时臭角突然伸出，并发出臭气，遇到危险便迅速落地呈假死状态，之后再慢慢爬回原处。老熟幼虫化蛹于枝干或树皮上、枯枝败叶下及石块缝隙中。

分布　中国（山西、河南、陕西、甘肃、江苏、安徽、浙江、湖北、江西、湖南、重庆）。

大秦岭分布　河南（鲁山、内乡、西峡、嵩县、南召、栾川、灵宝、卢氏）、陕西（长安、周至、太白、华阴、留坝、佛坪、宁陕）、甘肃（麦积、文县、迭部）、湖北（神农架）、重庆（城口）。

太白虎凤蝶 *Luehdorfia taibai* Chou, 1994（图版 20：31）

Luehdorfia taibai Chou, 1994, *Mon. Rhop. Sin.*: 752, 190, f. 11-12. **Type locality**: Mt. Taibai.

Luehdorfia longicaudata Lee, 1982, *Yadoriga*, 107-108: 39; Wu, 2001, *Fauna Sin. Ins. Lepid. Papilionidae*, 25: 258; Wu & Xu, 2017, *Butts. Chin.*: 237, f. 238: 5-6.

形态　成虫：小型凤蝶。与中华虎凤蝶 *L. chinensis* 近似，主要区别为：翅黑色或黑褐色；前翅黄色斜带很窄，中室下区尤为明显。后翅尾突较中华虎凤蝶长；中域 3 条黄色带纹较窄。

卵：半圆形，表面光滑；初产时淡黄色，有珍珠光泽，孵化前卵壳呈白色透明状，可见黑色头壳。

幼虫：初孵幼虫灰白色，体色随着幼虫的生长逐渐加深；老熟幼虫黑色，体被极长的刚毛。

蛹：黑褐色；体壁粗糙，凹凸不平；有黑色斑驳纹；头部突起小，不明显；腹部强烈向腹面弯曲；腹末有臀棘。

寄主　马兜铃科 Aristolochiaceae 马蹄香 *Saruma henryi*、小叶马蹄香 *Asarum ichangense*。

生物学　1 年 1 代，以蛹越冬，成虫多见于 4 ～ 5 月。多在海拔 1000 ～ 1600 m 的阴湿的溪沟旁活动，沿河道边缘及林缘飞行和寻找蜜源植物，飞翔多选择阳光充足的空旷河道边缘，速度相对较慢，成虫访花，交尾活动多在沟底较为开阔及蜜源植物多的地点，成虫在空中飞舞时交尾。蜜源植物主要有樱桃 *Cerasus pseudocerasus*、多毛樱桃 *C. polytricha*、秦岭翠雀花 *Delphinium giraldii* 等。雌性产卵多选择寄主较为稀疏，伴有较厚的枯叶层或较多石块的生境。卵聚产在寄主植物叶背面。幼虫有取食卵壳习性。1 ～ 2 龄幼虫聚集生活，3 龄扩散，白天活动较少，多聚集于叶片背面不食不动，傍晚或夜间开始取食，取食叶片并留下较为粗大的叶脉。老熟幼虫化蛹于枯叶或石缝中。

分布　中国（陕西、甘肃、湖北、四川）。

大秦岭分布　陕西（长安、鄠邑、周至、眉县、太白、凤县、华阴、洋县、宁陕）、甘肃（麦积、秦州）。

绢蝶亚科 Parnassiinae Swainson, 1840

Parnassiinae Swainson, 1840: 87, 90. **Type genus**: *Parnassius* Latreille, 1804.

Parnassiidae; Chou, 1998, *Class. Ident. Chin. Butt.*: 20.

Parnassiinae; Wu, 2001, *Fauna Sin. Ins. Lep. Papilionidae*, 25: 261.

Hypermnestrinae (Papilionidae); Korb & Bolshakov, 2011, *Eversmannia Suppl.*, 2: 14.

Zerynthiinae (Papilionidae); Korb & Bolshakov, 2011, *Eversmannia Suppl.*, 2: 14.

翅色淡。触角短，端部膨大成棒状；下唇须短；体被密毛。翅近卵形；外缘圆；翅面鳞片稀少，半透明；斑纹多为黑色、红色或黄色，多圆环形；无尾突。前翅 R 脉 4 条，R_2 脉与 R_3 脉合并，R_4、R_5 与 M_1 脉共柄，A 脉 2 条，无基横脉。后翅 A 脉 1 条。雌性交配后在腹部末端产生各种形状的角质臀袋，避免再次交配，是重要的分类依据。

本亚科种类多数为高山种类，耐寒力强，喜在雪线上下贴地面飞翔，行动缓慢，容易捕捉，仅少数种类分布在低海拔地区。全世界记载 60 余种，主要分布于古北区和东洋区。中国记录 42 种，大秦岭分布 16 种。

绢蝶属 *Parnassius* Latreille, 1804

Parnassius Latreille, 1804, *Nouv. Dict. Hist. nat*., 24(6): 185, 199. **Type species**: *Papilio apollo* Linnaeus, 1758, by monotypy.

Doritis Fabricius, 1807, *Magazin f. Insektenk.* (Illiger), 6:283. **Type species**: *Papilio apollo* Linnaeus, 1758, by subsequent designation (Dalman, 1816: 60).

Parnassis Hübner, [1819], *Verz. bek. Schmett*., (6): 90. **Type species**: *Papilio apollo* Linnaeus, 1758.

Therius Billberg, 1820, *Enum. Ins. Mus. Billb*.: 75. **Type species**: *Papilio apollo* Linnaeus, 1758.

Tadumia Moore, 1902, *Lepid. Ind*., 5(53): 116. **Type species**: *Parnassius acco* Gray, [1853].

Kailasius Moore, 1902, *Lepid. Ind*., 5(53): 118. **Type species**: *Parnassius charltonius* Gray, [1853].

Koramius Moore, 1902, *Lepid. Ind*., 5(53): 120. **Type species**: *Parnassius delphius* Eversmann, 1843.

Lingamius Bryk, 1935, *Das Tierreich*, 65: 538-540. **Type species**: *Parnassius hardwickii* Gray, 1831.

Eukoramius Bryk, 1935, *Das Tierreich*, 65: 630, 673-674. **Type species**: *Parnassiassius imperator* Oberthür.

Parnassius (Parnassiini); Ackery, 1975, *Bull. Br. Mus. (Nat. Hist.) Ent*., 31(4): 76.

Driopa Korshunov,1988, *Nov. maloiz. vidy faun. Sib. Novosib*., 20: 65. **Type species**: *Papilio mnemosyne* Linnaeus, 1758.

Erythrodriopa Korshunov, 1988, *Nov. maloiz. vidy faun. Sib. Novosib*., 20: 67. **Type species**: *Doritis ariadne* Kindermann, 1853.

Parnassius; Chou, 1998, *Class. Ident. Chin. Butt*.: 20; Wu, 2001, *Fauna Sin. Ins. Lep. Papilionidae*, 25: 264; Wu & Xu, 2017, *Butts. Chin*.: 244.

Parnassius (Parnassiina); Korb & Bolshakov, 2011, *Eversmannia Suppl*., 2: 15.

雄性跗节爪一大一小，不对称。翅卵形；外缘弧形外凸；无尾突。前翅 R 脉 4 条；M_1 脉基部与 R_5 脉接近或共柄。后翅无肩室；肩脉不分叉。

雄性外生殖器：背兜发达或不发达；爪突二分叉；多数种类无囊突；抱器形状因种而异；阳茎长。

雌性外生殖器：囊导管粗或细；交配囊大或小；无交配囊片。雌性交配后有臀袋。

寄主为罂粟科 Papaveraceae、马兜铃科 Aristolochiaceae、景天科 Crassulaceae、玄参科 Scrophulariaceae、豆科 Fabaceae、百合科 Liliaceae、川续断科 Dipsacaceae、藜科 Chenopodiaceae、虎耳草科 Saxifragaceae 植物。

全世界记载 60 余种，主要分布在古北区，少数在新北区西部。中国记载 42 种，大秦岭分布 16 种。

种检索表

冰清绢蝶 *Parnassius glacialis* Butler, 1866（图版 20—21：32—34）

Parnassius glacialis Butler, 1866, *J. Linn. Soc. Zool. Lond*., 9(34): 50.

Parnassius citrinarius Motschulsky, 1866, *Bull. Soc. imp. nat. Moscou*, 39(1): 189. **Type locality**: Japan.

Parnassius glacialis; Ackery, 1973, *Bull. Br. Mus. nat. Hist.* (Ent.), 29: 7, 15, pl. 1, f. 3; 1975, *Bull. Br. Mus. (Nat. Hist.) Ent*., 31(4): 84, pl. 4, f. 29-30; Chou, 1994, *Mon. Rhop. Sin*.: 199; Wu, 2001, *Fauna Sin. Ins. Lep. Papilionidae*, 25: 282; Wu & Xu, 2017, *Butts. Chin*.: 258, f. 265: 39-42, 266: 43-45.

Driopa glacialis; Korb & Bolshakov, 2011, *Eversmannia Suppl*., 2: 17.

形态　成虫：中型绢蝶。翅白色、乳黄色或乳白色；翅脉灰黑色。前翅正面亚外缘带与外缘带灰色，隐约可见，时有消失；中室中部及端部各有 1 个灰色横斑。后翅基部及后缘区灰黑色，密布灰黑色或灰褐色长毛。

卵：扁球形；表面多有刻痕；初产时淡红色，后变成白色至淡黄色。

幼虫：1 龄幼虫体黑色；头部黑褐色，有光泽，具黑毛。老熟幼虫体暗褐色；亚背线上各节均有 1 个圆形黑斑；胸腹部背面两侧有由红、白、黄 3 色组成的花边形带纹；1 ~ 8 腹节各节背线上有 1 个 V 形黑斑。

蛹：黄褐色，羽化前变成黑色，有光泽；头部圆，背观有 1 对小突起；胸部有瘤状突起；腹部末端尖。

寄主　罂粟科 Papaveraceae 延胡索 *Corydalis yanhusuo*、齿瓣延胡索 *C. remota*、刻叶紫堇 *C. incisa*、伏生紫堇 *C. decumbens*、小药八旦子 *C. caudata*；马兜铃科 Aristolochiaceae 马兜铃 *Aristolochia debilis*。

生物学　1 年 1 代，以卵越冬，成虫多见于 4 ~ 7 月。常在中低海拔地区的林缘、山地和沟坎活动，飞行缓慢。刚从虫茧中出来的成虫有向高处攀爬的习性，直到爬到最高处才开始羽化展翅。卵产在寄主周围其他植物茎的下部及地面的枯枝落叶中。幼虫取食植物的叶与花。老熟幼虫在地上的枯枝落叶中结茧化蛹。

分布　中国（黑龙江、吉林、辽宁、天津、山西、山东、河南、陕西、甘肃、安徽、江苏、浙江、湖北、重庆、四川、贵州、云南），韩国，朝鲜，日本。

大秦岭分布　河南（荥阳、新密、登封、鲁山、内乡、西峡、宜阳、嵩县、栾川、洛宁、灵宝）、陕西（临潼、蓝田、长安、鄠邑、周至、渭滨、陈仓、眉县、太白、凤县、华州、华阴、潼关、

绢蝶亚科 Parnassiinae

城固、勉县、洋县、略阳、留坝、佛坪、平利、镇坪、岚皋、石泉、宁陕、商州、丹凤、商南、山阳、镇安、柞水、洛南）、甘肃（麦积、秦州、武山、武都、文县、宕昌、徽县、两当、礼县、合作、临潭、卓尼、舟曲、迭部、碌曲、玛曲）、湖北（神农架、竹山）、重庆（巫溪、城口）、四川（青川、平武）。

白绢蝶 *Parnassius stubbendorfii* Ménétnés, 1849

Parnassius stubbendorfii Ménétnés, 1849, *Mém. Acad. Imp. Sci. St.-Pétersb*., 6(4): 273, pl. 6, f. 2. **Type locality**: [Erma River, Irkutsk Region, E. Sayan Mts].

Parnassius stubbendorfii; Bryk, 1935, *Das Tierreich*, 65: 107; Ackery, 1975, *Bull. Br. Mus. (Nat. Hist.) Ent*., 31(4): 84, pl. 4, f. 27-28; Chou, 1994, *Mon. Rhop. Sin*.: 198; Wu, 2001, *Fauna Sin. Ins. Lep. Papilionidae*, 25: 280; Wu & Xu, 2017, *Butts. Chin*.: 257, f. 264: 35-36, 265: 37-38.

Driopa (Driopa) stubbendorfii; Korb & Bolshakov, 2011, *Eversmannia Suppl*., 2: 17.

形态 成虫：中型绢蝶。翅白色；翅脉黑色。与冰清绢蝶 *P. glacialis* 相似，前翅半透明的亚缘带和外缘带隐约可见，有的个体则完全无斑纹。后翅基部及后缘黑色或黑褐色。身体覆盖灰色毛。雌性臀袋大型，覆盖大半腹部。

卵：扁球形；形态特征同冰清绢蝶。

幼虫：黑褐色；头部黄褐色，有光泽；胸腹部背面两侧有由淡红色和淡黄色斑纹组成的花边形带纹。

蛹：橙褐色，半透明；腹部背线上有模糊的黑色斑纹。

寄主 罂粟科 Papaveraceae 巨紫堇 *Corydalis gigantean*、东北延胡索 *C. ambigua*、少花延胡索 *C. pauciflora*、珠果黄紫堇 *C. speciosa*、小药八旦子 *C. caudata*；马兜铃科 Aristolochiaceae 马兜铃 *Aristolochia debilis*。

生物学 1年1代，以卵越冬，成虫多见于6~7月。常在高海拔的山地阔叶林、针阔混交林内活动。卵聚产于草根附近或枯枝上。1龄幼虫取食嫩叶；3龄后取食花；末龄幼虫取食花梗和叶柄。

分布 中国（北京、黑龙江、吉林、辽宁、台湾、甘肃、青海、湖北、四川、西藏），俄罗斯，蒙古，朝鲜，日本。

大秦岭分布 甘肃（麦积、武都、文县、徽县、两当、合作、临潭、卓尼、舟曲、迭部、碌曲、玛曲）、湖北（神农架、武当山）。

红珠绢蝶 *Parnassius bremeri* Bremer, 1864

Parnassius bremeri Bremer, 1864, *Mém. Acad. Sci. St. Pétersb.*, (7) 8(1): 6, pl. 1, f. 3, 4. **Type locality**: [Delta of Oldoi River].

Parnassius bremeri; C. & R. Felder, [1864a], *Reise Freg. Nov., Bd* 2 (Abth. 2), (1): 133, pl. 21, f. 21e-g; **Type locality**: Amur; Ackery, 1975, *Bull. Br. Mus. (Nat. Hist.) Ent.*, 31(4): 81, pl.2, f. 9-10; Chou, 1994, *Mon. Rhop. Sin.*:193; Wu, 2001, *Fauna Sin. Ins. Lep. Papilionidae*, 25: 268; Korb & Bolshakov, 2011, *Eversmannia Suppl.*, 2: 15; Wu & Xu, 2017, *Butts. Chin.*: 257, f. 262: 24, 263: 25-30, 264: 31.

Parnassius bremeri moltrechti Bryk, 1914, *Ent. Mitt.*, 3: 81. **Type locality**: Fudin, Ussuri.

Parnassius bremeri olgensis Kardakoff, 1928, *Ent. Mitt.*, 17(4): 266, pl. 5, f. 13.

形态　成虫：中大型绢蝶。翅白色；翅脉黑褐色。前翅前缘褐色；外缘和亚缘灰色或黑灰色；中室中部及端部有黑色斑纹；中室端部外侧有 2 个黑色或黑灰色斑纹，有时斑中部红色；后缘近中部有 1 个黑色或褐色斑纹，时有模糊或消失；后缘区有灰黑色或黑褐色带纹，内缘齿状；中域红斑弧形排列，正面 2 ~ 3 个，反面 3 ~ 4 个。后翅端部脉纹加宽；基部红斑正面模糊，反面 4 个清晰。

卵：扁球形；表面有细小颗粒状突起，精孔周围颗粒状突起小。

幼虫：黑色。低龄幼虫末端细。老熟幼虫头部黑褐色，有黑毛；中、后胸背线两侧各有 1 个橙黄色斑纹；胸腹部亚背线上有橙黄色斑带；足黑色。

蛹：褐色，密生暗褐色小点；头胸部无突起；前翅基部有瘤状突。

寄主　景天科 Crassulaceae 费菜 *Sedum aizoon*。

生物学　1 年 1 代，以卵越冬，成虫多见于 6 ~ 7 月。生活于高山，有很强的耐寒力，有的栖息于雪线上，多活动于向阳草坡，飞翔时紧贴地面缓缓飞行，较易捕捉。

分布　中国（黑龙江、吉林、辽宁、内蒙古、北京、河北、山西、山东、河南、陕西、甘肃、宁夏、新疆），俄罗斯，朝鲜，欧洲中部。

大秦岭分布　河南（内乡）、陕西（眉县）、甘肃（麦积、武都、文县、徽县、两当、舟曲、迭部、碌曲）。

小红珠绢蝶 *Parnassius nomion* Fischer & Waldheim, 1823

Parnassius nomion Fischer & Waldheim, 1823, *Entom. Imp. ross.*, 2: 242. **Type locality**: Dauria.

Parnassius nomion; Dyar, 1903, *Bull. U.S. natn. Mus.*, 52: 2; Bryk, 1935, *Das Tierreich*, 65: 300; Eisner, 1966: 149; Ackery, 1975, *Bull. Br. Mus. (Nat. Hist.) Ent.*, 31(4): 83, pl. 3, f. 17-18; Chou,1994, *Mon. Rhop. Sin.*: 196; Wu, 2001, *Fauna Sin. Ins. Lep. Papilionidae*, 25: 276; Korb & Bolshakov, 2011,

Eversmannia Suppl., 2: 16; Wu & Xu, 2017, *Butts. Chin.*: 244, f. 245: 3-4, 246: 5-8, 247: 9-12, 248: 13-16, 249: 17-20, 250: 21-24, 251: 25-28, 252: 29-32, 253: 33-36, 254: 37-42, 255: 43-46.

Parnassius nomion ternejana Kardakoff, 1928, *Ent. Mitt.*, 17(4): 268, pl. 6, f. 3-4.

形态　成虫：中型绢蝶。翅乳白色；翅脉黄褐色。前翅正面前缘灰色或灰褐色；外缘翅脉端部黑色，细条形或点状；外缘区及亚外缘区有灰色或灰黑色斑纹，有时连成条带或部分消失；中室中部及端部各有 1 个近圆形黑斑；3 个有黑色外环的大红斑，2 个位于中室端部外侧，1 个位于后缘近中部。后翅外缘 1 列灰黑色斑纹，均着生于翅脉的端部；亚外缘斑列灰黑色，斑纹三角形或新月形或连成波状细带；黑灰色后缘带仅达臀角上缘，内侧齿状，带下端部的齿一直延伸至中室端脉处；中域 3 个红斑弧形排列，外环黑色，中心白斑有或无，近臀角的红斑有时红色消失；基部 1 个红斑位于近前缘处。反面翅基部红斑有 4 个；中域红斑 3 ~ 4 个；后缘带浅灰色，较模糊。

卵：灰白色；球形；表面密布规则排列的颗粒状突起；精孔周围淡黄绿色，其颗粒状突起更小。

幼虫：黑褐色；体表密布黑色点刻和白色刺毛；瘤状突起在胸背部有 4 排，腹背部有 1 排；胸部至腹部末端每节后缘均有 1 列红色块斑。老熟幼虫有淡色带纹及红斑。

蛹：暗褐色，有光泽；头部圆，无突起；翅基部突起呈钝角；腹部末端向腹面弯曲。

寄主　罂粟科 Papaveraceae 延胡索 *Corydalis yanhusuo*、东北延胡索 *C. ambigua*；景天科 Crassulaceae 四裂红景天 *Rhodiola quadrifida*、狭叶红景天 *R. kirilowii*、洮河红景天 *R. taohoensis*、小丛红景天 *R. dumulosa*、红景天 *R. rosea*、费菜 *Sedum aizoon*。

生物学　1 年 1 代，以卵在寄主植物茎秆上越冬，成虫多见于 7 ~ 9 月。常在中高海拔的山地及草原地带活动。雌性交配后腹部末端产生多种形状的角质臀袋，封住腹末端，避免再次交配。卵散产于寄主植物的茎秆和叶上。老熟幼虫化蛹时吐丝做茧或用碎石枯草缀成小巢，隐藏其中。

分布　中国（黑龙江、吉林、辽宁、北京、山西、河南、陕西、甘肃、青海、新疆、四川），俄罗斯，朝鲜，哈萨克斯坦，美国。

大秦岭分布　陕西（眉县）、甘肃（麦积、武都、文县、合作、临潭、卓尼、舟曲、迭部、碌曲、玛曲）。

夏梦绢蝶 *Parnassius jacquemontii* Boisduval, 1836

Parnassius jacquemontii Boisduval, 1836, *Hist. nat. Ins., Spec. gén. Lépid.*, 1: 400. **Type locality**: Himalaya.

Parnassius jacquemontii; Rothschild, 1918, *Novit. Zool.*, 25: 250; Bryk, 1935, *Das Tierreich*, 65: 257; Ackery, 1973, *Bull. Br. Mus. nat. Hist.*(Ent.), 29: 6; Ackery, 1975, *Bull. Br. Mus. (Nat. Hist.) Ent.*, 31(4):81, pl. 2, f. 15-16; Chou, 1994, *Mon. Rhop. Sin.*:194; Wu, 2001, *Fauna Sin. Ins. Lep. Papilionidae*, 25: 271; Wu & Xu, 2017, *Butts. Chin.*: 257, f. 259: 6, 260: 7-12, 261: 13-18.

Parnassius jacquemonti; Korb & Bolshakov, 2011, *Eversmannia Suppl.*, 2: 16.

形态　成虫：中大型绢蝶。翅白色或乳白色；翅脉黑色或褐色；翅端缘前灰黑色，时有断续或消失。前翅前缘灰黑色；外缘及亚缘斑列灰黑色，外缘斑列时有退化或消失；中室中部及端部各有 1 个黑色斑纹；中心红色的黑色斑纹在中室端部外侧有 2 个，后缘中部有 1 个，有时红色消失，仅留黑色斑纹。后翅外缘区及亚缘区各有 1 列灰黑色斑纹，时有消失或连成带状；黑灰色后缘带仅达臀角上方，内侧齿状，并向内延伸至中室内和端脉处；中域 3 个红斑弧形排列，外环黑色；中心白斑有或无；近臀角的红斑有时红色消失；基部 1 个红斑位于近前缘处。反面与正面相似，但翅基部有 4 个红斑；中域红斑 3 ~ 5 个，有时近臀角的几个斑纹红色消失；后缘带色浅，较模糊。

寄主　景天科 Crassulaceae 红景天属 *Rhodiola* spp.。

生物学　1 年 1 代，成虫多见于 6 ~ 8 月。常在荒漠、山坡或海拔 4000 ~ 5000 m 的草地与戈壁地带出现，在高山地区夜间有群栖性。

分布　中国（甘肃、青海、新疆、四川、西藏），乌兹别克斯坦，吉尔吉斯斯坦，塔吉克斯坦，巴基斯坦，阿富汗，印度。

大秦岭分布　甘肃（武都、舟曲、迭部、碌曲）、四川（青川）。

依帕绢蝶 *Parnassius epaphus* Oberthür, 1879

Parnassius epaphus Oberthür, 1879, *Étud. d'Ent.*, 4: 23. **Type locality**: Tibet.

Parnassius poeta var. *oberthuri* Austaut, 1895, *Naturaliste*, 17: 247. **Type locality**: Tibet.

Parnassius epaphus puella Bryk, 1934, *Parnassiana*, 3: 28 (nom. nud.).

Parnassius epaphus; Ackery, 1973, *Bull. Br. Mus. nat. Hist.* (Ent.), 29: 5, 14, pl. 1, f. 10; Ackery, 1975, *Bull. Br. Mus. (Nat. Hist.) Ent.*, 31(4): 82, pl. 3, f. 19-20; Chou, 1994, *Mon. Rhop. Sin.*: 195; Wu, 2001, *Fauna Sin. Ins. Lep. Papilionidae*, 25: 272; Wu & Xu, 2017, *Butts. Chin.*: 257, f. 259: 1-5.

形态　成虫：中小型绢蝶。为国家重点保护珍稀物种。翅白色或乳白色；翅脉黑色或褐色；外缘带及亚外缘斑带浅灰黑色，时有退化或消失。前翅前缘灰黑色；外缘翅脉端部有 1 列小斑；中室中部及端部各有 1 个黑色斑纹；中心红色的黑色斑纹在中室端部外侧有 2 个，后缘中部有 1 个，有时红色消失，仅留黑色斑纹。后翅黑灰色后缘带仅达臀角上方，内侧齿状，齿突一直延伸至中室内及端脉处；中域 3 个红斑 V 形排列，外环黑色，中心白斑有或无，近臀角的红斑有时红色消失；基部 1 个红斑位于近前缘处。反面与正面相似，但翅基部红斑有 4 个；中域红斑 3 ~ 4 个，有时近臀角的几个斑纹红色消失；后缘带色浅，较模糊。

寄主 景天科 Crassulaceae。

生物学 1 年 1 代，成虫多见于 6 ~ 7 月。常在海拔 3000 m 以上的高山地带栖息，夜间有群栖性。

分布 中国（甘肃、青海、新疆、四川、西藏），阿富汗，巴基斯坦，克什米尔地区，印度北部，尼泊尔。

大秦岭分布 甘肃（武都、合作、临潭、卓尼、舟曲、迭部、碌曲、玛曲）。

西猴绢蝶 *Parnassius simo* Gray, [1853]

Parnassius simo Gray, [1853], *Cat. lep. Ins. Coll. Brit. Mus.*, 1 (*Papilionidae*): 76, pl. 12, f. 3-4. **Type locality**: Chinese Tartary [between Kumaon and Kashmir].

Parnassius simo; Grum-Grshimailo, 1890, *In*: Romanoff, *Mém. Lép.*, 4: 207, pl. 21, f. 3a-c; Ackery, 1975, *Bull. Br. Mus. (Nat. Hist.) Ent.*, 31(4): 89, pl. 10, f. 73-74; Chou, 1994, *Mon. Rhop. Sin.*: 209; Huang, 1998, *Neue Ent. Nachr.*, 41: 275 (note), pl. 2, f. 5d, 6c-d; Wu, 2001, *Fauna Sin. Ins. Lep. Papilionidae*, 25: 305; Wu & Xu, 2017, *Butts. Chin.*: 285, f. 289: 13-17.

Tadumia simo; Ackery, 1973, *Bull. Br. Mus. nat. Hist.* (Ent.), 29: 24, pl. 1, f. 1.

Kreizbergius simo; Korb & Bolshakov, 2011, *Eversmannia Suppl.*, 2: 18.

形态 成虫：小型绢蝶。为国家重点保护珍稀物种。翅白色或乳白色；翅脉黑褐色或黄褐色。前翅端半部有 3 条近平行排列的灰色带纹，内侧 1 条曲波形，带纹断裂或消失；前缘灰黑色；中室端部和中部各有 1 个黑色斑纹。后翅外缘带及亚外斑带灰黑色，时有消失或模糊；前缘中部和中室端脉外侧各有 1 个带有黑色环纹的红色斑纹；基部及后缘区黑灰色，覆有灰色长毛；翅基部红斑正面有时隐约可见 1 个，反面 3 ~ 4 个，或模糊不清。

寄主 玄参科 Scrophulariaceae 兔耳草 *Lagotis glauca*。

生物学 1 年 1 代，以幼虫越冬，成虫多见于 6 ~ 7 月。生活在海拔 3500 m 以上的高山地带，飞行能力不强，常在野牦牛蹄印窝中停息。卵产在干枯寄主植物的茎叶上。

分布 中国（甘肃、新疆、青海、四川、西藏），巴基斯坦，克什米尔地区，印度。

大秦岭分布 甘肃（武都、文县、合作、临潭、卓尼、舟曲、迭部、碌曲）。

翠雀绢蝶 *Parnassius delphius* Eversmann, 1843

Parnassius delphius Eversmann, 1843, *Bull. Soc. Imp. Nat. Moscou*, 16(3): 541, pl. 7, f. 1A-B.

Parnassius delphius; Grum-Grshimailo, 1890, *In*: Romanoff, *Mém. Lép.*, 4: 194; Ackery, 1975, *Bull. Br. Mus. (Nat. Hist.) Ent.*, 31(4): 87, pl. 8, f. 57-60, pl. 15, f. 102; Chou, 1994, *Mon. Rhop. Sin*.: 205; Wu, 2001, *Fauna Sin. Ins. Lep. Papilionidae*, 25: 298; Wu & Xu, 2017, *Butts. Chin*.: 277, f. 280: 10, 281: 11.

Parnassius delphius diaphana Verity, [1907], *Rhop. Palaearct.*, (7-8): 78, pl. 18, f. 7. **Type locality**: Ta-tsien-lu.

Parnassius delphius juldussica Verity, 1911, *Rhop. Palaearct.*, (26-29): 316, (7-8) pl. 18, f. 20-21. **Type locality**: Juldus.

Parnassius delphius interjecta Verity, 1911, *Rhop. Palaearct.*, (26-29): 316, (7-8) pl. 18, f. 14. **Type locality**: Transalai.

Parnassius delphius sobolevskyi Avinoff, 1916, *Trans. ent. Soc. Lond.*, 1915: 358, pl. 54, f. 7, 5. **Type locality**: Kiliang Pass, Chinese Turkestan.

Parnassius delphius barteli; Rothschild, 1918, *Novit. Zool.*, 25: 255.

Koramius delphius; Korb & Bolshakov, 2011, *Eversmannia Suppl.*, 2: 18.

形态 成虫：中型绢蝶。数量稀少。翅灰白色或灰色；翅脉黑褐色或黄褐色；外横带深灰色，两侧各有 1 列乳白色斑带相伴，时有模糊或退化。前翅端部色稍淡；中室有黑白相间排列的斑纹，时有模糊；中室端脉外侧 2 个带有黑色圈纹的红斑模糊或消失。后翅亚缘斑列黑色，斑纹圆形，时有消失或模糊；中横斑列由 3 个红色斑纹组成，近 V 形排列，斑纹外侧环纹黑色；基部和后缘深灰色，覆有棕灰色长毛；反面基部有 2 ~ 3 个红斑。

寄主 罂粟科 Papaveraceae 紫堇属 *Corydalis* spp.。

生物学 1 年 1 代，以幼虫越冬，成虫多见于 6 ~ 8 月。常在海拔 2800 ~ 3800 m 的高山草甸与河谷两侧草地活动。卵产在干枯寄主植物的茎叶上。

分布 中国（甘肃、新疆），哈萨克斯坦，乌兹别克斯坦，巴基斯坦，克什米尔地区，印度。

大秦岭分布 甘肃（合作、临潭、卓尼、舟曲、迭部、碌曲、玛曲）。

蓝精灵绢蝶 *Parnassius acdestis* Grum-Grshimailo, 1891

Parnassius delphius var. *acdestis* Grum-Grshimailo, 1891, *Horae Soc. ent. Ross.*, 25(3-4): 446. **Type locality**: Sinin Alp.

Parnassius acdestis; Rothschild, 1918, *Novit. Zool.*, 25: 257; Ackery, 1975, *Bull. Br. Mus. (Nat. Hist.) Ent.*, 31(4): 87, pl. 8, f. 61-62, pl. 15, f. 101; Chou, 1994, *Mon. Rhop. Sin.*: 205; Wu, 2001, *Fauna Sin. Ins. Lepid. Papilionidae*, 25: 296; Wu & Xu, 2017, *Butts. Chin.*: 277, f. 280: 6-9.

Koramius acdestis; Ackery, 1973, *Bull. Br. Mus. nat. Hist.* (Ent.), 29: 8, pl. 1, f. 5.

形态 成虫：中型绢蝶。数量稀少。翅白色或乳白色，有蓝色光泽；翅脉黑褐色或黄褐色。

前翅端半部有 3 条近平行排列的灰色带纹，内侧 1 条曲波形，此带纹中部时有断裂；中室端部和中部各有 1 个黑色斑纹。后翅正面基半部灰黑色；外缘带灰色，时有消失；亚缘斑带至臀角附近变成 2 个圆斑；前缘中部和中室端脉外侧各有 1 个镶有黑色环纹的红斑；基部有 1 个红色斑纹，时有消失。反面斑纹同后翅正面。

生物学 1 年 1 代，成虫多见于 6 ~ 7 月。常活动在海拔 3000 m 以上的高山地带。

分布 中国（甘肃、青海、新疆、四川、西藏），哈萨克斯坦，吉尔吉斯斯坦，克什米尔地区，印度，不丹。

大秦岭分布 甘肃（合作、临潭、卓尼、舟曲、迭部）。

珍珠绢蝶 *Parnassius orleans* Oberthür, 1890（图版 22：35—37）

Parnassius orleans Oberthür, 1890, *Descr. esp. nouv. Lép.*, 1: 1, 8, 18, pl. 1, fig. 2. **Type locality**: S.W. China.

Parnassius orleans groumi Oberthür, 1892, *Étud. d'Ent.*, 16: 3, pl. 2, f. 10; Rothschild, 1918, *Novit. Zool.*, 25: 254. **Type locality**: Sinin, Amdo.

Parnassius orleans; Ackery, 1975, *Bull. Br. Mus. (Nat. Hist.) Ent.*, 31(4): 85, pl. 6, f. 41-42; Chou, 1994, *Mon. Rhop. Sin.*: 201; Wu, 2001, *Fauna Sin. Ins. Lep. Papilionidae*, 25: 286; Wu & Xu, 2017, *Butts. Chin.*: 258, f. 268: 51-56.

凤蝶科 Papilionidae

形态 成虫：中小型绢蝶。翅脉黑褐色或淡黄色。前翅淡灰黑色；亚缘宽带深灰黑色，两侧有淡色斑带相伴，内侧斑带宽于外侧斑带；中横带 S 形，深灰褐色，镶有 3 个红色斑纹，上端 2 个，下端 1 个，时有模糊或消失；中室黑、白色条斑相间排列；后缘带宽，止于臀角上方，内侧锯齿形，并横向延伸至中室内；中域 3 个红色斑纹近 V 形排列，斑纹有黑色环纹相伴；反面基部有 4 个带有黑色环纹的红色斑纹。后翅乳白色；红色斑纹中心多为白色；外缘带窄，外侧锯齿形；亚外缘斑列由带有黑色环纹的蓝斑组成，由下至上斑纹逐渐变小或消失。

生物学 1 年 1 代，以卵越冬，成虫多见于 6 ~ 7 月。生活在海拔 3000 m 以上的高山地带，有很强的耐寒力，可在雪线以上活动，飞翔时紧贴地面，飞行缓缓，较易捕捉。

分布 中国（北京、内蒙古、陕西、甘肃、青海、新疆、四川、云南、西藏），蒙古。

大秦岭分布 陕西（周至、眉县）、甘肃（文县、两当、临潭、合作、卓尼、舟曲、迭部、碌曲、玛曲）。

元首绢蝶 *Parnassius cephalus* Grum-Grshimailo, 1891

Parnassius cephalus Grum-Grshimailo, 1891, *Horae Soc. ent. Ross.*, 25(3-4) : 446.

Lingamius cephalus f. *basipicta* Bryk, 1932, *Parnassiana*, 2: 21. **Type locality**: Tibet, Amdo.

Lingamius cephalus f. *roseopicta* Bryk, 1932, *Parnassiana*, 2: 21. **Type locality**: Amdo.

Koramius cephalus; Bryk, 1935, *Das Tierreich*, 65: 558; Ackery, 1973, *Bull. Br. Mus. nat. Hist.* (Ent.), 29: 11.

Parnassius cephalus; Ackery, 1975, *Bull. Br. Mus.(Nat. Hist.) Ent.*, 31(4): 86, pl.6-7, f. 47-50; Chou, 1994, *Mon. Rhop. Sin.*: 202; Wu, 2001, *Fauna Sin. Ins. Lep. Papilionidae*, 25: 290; Wu & Xu, 2017, *Butts. Chin.*: 278, f. 283: 28, 284: 29-34.

形态　成虫：中型绢蝶。与珍珠绢蝶 *P. orleans* 相似，主要区别为：前翅中室端脉外侧无红色斑纹；亚缘带曲波形；中域带纹多中部断开，呈上下两段。后翅中域红斑仅 2 个；反面基部无红色斑纹。

生物学　1 年 1 代，成虫在 6 ~ 7 月出现。多活动在海拔 3000 m 以上的高山地带。

分布　中国（甘肃、青海、四川、云南、西藏），巴基斯坦，克什米尔地区，印度。

大秦岭分布　甘肃（合作、临潭、卓尼、文县、舟曲、迭部、碌曲、玛曲）。

蜡贝绢蝶 *Parnassius labeyriei* Weiss & Michel, 1989

Parnassius labeyriei Weiss & Michel, 1989, *Bull. Soc.Sci. nat.*, No. 61: 7.

Parnassius labeyriei; Wu, 2001, *Fauna Sin. Ins. Lep. Papilionidae*, 25: 292; Wu & Xu, 2017, *Butts. Chin.*: 277, f. 281: 12-14.

形态　成虫：中型绢蝶。翅白色或乳黄色；翅脉黑褐色或黄褐色。前翅端部有 3 条灰色带纹，近平行排列，内侧 1 条端部强弧形弯曲；中室端部和中部各有 1 个黑色条斑。后翅外缘带宽；亚缘带细，近 V 形，末端断开成点斑；中域 2 个红斑分别位于前缘中部和中室端脉外侧；灰黑色外横带仅达中央红斑下缘；后缘带宽，止于臀角上方，内侧锯齿形，并横向延伸至中室内和中室端下角。

生物学　1 年 1 代，成虫多见于 6 月。活动于海拔 3000 m 以上的高山地带。

分布　中国（甘肃、青海、四川、云南、西藏）。

大秦岭分布　甘肃（舟曲、迭部）。

君主绢蝶 *Parnassius imperator* Oberthür, 1883

Parnassius imperator Oberthür, 1883, *Bull. Soc. ent. Fr.*, (6)3: 77. **Type locality**: Ta-tsien-lu.

Parnassius imperator supremus Fruhstorfer, 1903a, *Soc. Ent.*, 18(7): 50.

Tadumia imperator; Bryk, 1935, *Das Tierreich*, 65: 675.

Eukoramius imperator; Eisner, 1966, *Zool. Verh. Leiden.*, 81: 123.

Parnassius imperator; Ackery, 1975, *Bull. Br. Mus. nat. Hist.* (Ent.), 31(4): 88, pl. 8, f. 64, pl. 15, f. 103;

Chou, 1994, *Mon. Rhop. Sin.*: 207; Wu, 2001, *Fauna Sin. Ins. Lep. Papilionidae*, 25: 300; Wu & Xu, 2017, *Butts. Chin.*: 258, f. 269: 58-29, 270: 60-63, 271: 64-67, 272: 68-71, 273: 72-75, 274: 76-79, 275: 80-83, 276: 84-87.

形态　成虫：中大型绢蝶。中国特有种。翅淡黄色或乳白色；翅脉褐色或黄褐色；前缘、基部及中室下部散生灰黑色鳞。前翅外缘带浅灰黑色；亚缘带波状弯曲，灰黑色；灰黑色中域横带近 Z 形，上、下部带纹宽，中间带纹窄并时有退化或消失；中室中部及端部各有 1 个条形黑斑。后翅亚外缘带曲波状，时有断续，且仅达臀角蓝斑处；臀角有 2 个圆形大眼斑，瞳点深蓝色，圈纹黑色；后缘区有 1 条达臀角上方的黑褐色宽带，内侧齿状，基部齿突伸入中室；前缘基部、中部及中室端部外侧各有 1 个红色圆斑，外环黑色，斑中心常覆有白色圆斑。反面基部有 2 ~ 3 个具黑色外环的红斑，斑中心常有白色斑点；其余斑纹同后翅正面。雄性腹部多长毛。雌性腹部无长毛；节间环白色；交配后在腹部下端形成黄白色角质臀袋。

卵：半球形，上部扁平；灰白色；表面密布颗粒状微小突起，排列规则；精孔周围稍凹，颗粒物更加细微，浅黄绿色。

幼虫：4 龄期。1 龄幼虫暗黑褐色；头部黑褐色，有光泽和黑毛；前胸前半部橙黄色。2 ~ 3 龄幼虫斑点不明显；胸腹部被白毛。老熟幼虫黑色，胸腹部密被白色毛；臭角浅黄色。

蛹：黄褐色，有光泽；头部圆形，无突起；中胸圆形；前翅基部突起呈钝角；腹部向腹面弯曲。

寄主　罂粟科 Papaveraceae 灰绿黄堇 *Corydalis adunca*、黄堇 *C. pallida*；豆科 Fabaceae 红花岩黄耆 *Hedysarum multijugum*；百合科 Liliaceae 天蓝韭 *Allium cyaneum* 等。

生物学　1 年 1 代，以卵越冬，成虫多见于 5 ~ 9 月。活动于高山地带，飞翔迅速，多在乱石坡及河滩地飞翔盘旋，喜停歇于岩石上。雄性飞翔能力强，雌性一生只交尾一次，交配后，雄性腺体分泌液在雌性的腹部末端形成角质臀袋。有访花习性，蜜源植物有豆科 Fabaceae 岩黄耆属 *Hedysarum* spp.、鬼箭锦鸡儿 *Caragana jubata*；蔷薇科 Rosaceae 银露梅 *Pltentilla glabra*、金露梅 *P. fruticosa* 等植物。卵散产于寄主植株基部的干枯枝节上或靠近寄主植物的岩石上。幼虫发育极不整齐，各龄期幼虫重叠出现，取食寄主植物当年生的嫩叶及其茎秆，喜遮阴处，常栖身于石块、土块、土缝中静伏不动。老熟幼虫化蛹前停止取食，四处爬行寻找隐蔽黑暗处（如石缝），吐丝结成一个乳白色半透明的薄茧。

分布　中国（甘肃、青海、四川、云南、西藏）。

大秦岭分布　甘肃（武山、合作、临潭、卓尼、文县、宕昌、迭部、碌曲、玛曲、岷县）。

四川绢蝶 *Parnassius szechenyii* Frivaldszky, 1886

Parnassius szechenyii Frivaldszky, 1886, *Term. Füz.*, 10: 39, pl. 4, f. 1, 1a.

Parnassius szechenyii; Ackery, 1975, *Bull. Br. Mus. (Nat. Hist.) Ent.*, 31(4): 86, pl. 6, 15, f. 45-46, 100; Chou, 1994, *Mon. Rhop. Sin.*: 201; Wu, 2001, *Fauna Sin. Ins. Lep. Papilionidae*, 25: 288; Wu & Xu, 2017, *Butts. Chin.*: 285, f. 287: 5-6, 288: 7-12.

形态 成虫：中型绢蝶。翅淡黄色或乳白色；翅脉黄褐色或黄色；前缘、基部及中室下部散生灰黑色鳞。前翅外缘带宽，灰色；灰黑色亚缘斑列波状弯曲，内侧有灰色斑带相伴；中室中部及端部各有 1 个黑色条斑；中横带灰色，端部镶有 2 个黑色眼斑，末端镶有 1 个黑色眼斑，眼点红色。后翅亚外缘斑列曲波状，时有断续，且仅达臀角蓝斑处；臀角有 2 个黑色圆形大眼斑，瞳点深蓝色；后缘区有 1 条达臀角上方的黑褐色宽带，内侧齿状并伸入中室；中域有 3 个红色斑纹近 V 形排列，外环黑色，其中近臀角的红斑红色多有消失，变成 1 个黑色斑纹，3 个红斑间有时有黑色细带相连。反面斑纹色稍淡，时有模糊；基部有 4 个具黑色外环的红斑，中心常有白色斑点；臀角大蓝眼斑变成棕灰色块斑。

卵：扁圆形；乳白色；表面有细的凹刻。

蛹：圆柱形，两端圆钝；表面光滑，无突起。

寄主 罂粟科 Papaveraceae 紫堇 *Corydalis edulis*、黄堇 *C. pallida* 和延胡索 *C. yanhusuo* 等。

生物学 1 年 1 代，成虫多见于 6 ~ 8 月。活动在海拔 3000 m 以上的高山地带。雄性活动能力较强，多在山坡处盘旋飞翔，寻找未交配的雌性进行交配。喜访花吸蜜，蜜源植物有金沙绢毛苣 *Soroseris gillii*、鳞叶龙胆 *Gentiana squarrosa*、天蓝韭 *Allium cyaneum* 等。卵单产，选择在灌草丛中的草丛上产卵，产卵地隐蔽，阳光无法直射，避风，较潮湿。多在地面沙砾的缝隙中化蛹。

分布 中国（甘肃、青海、四川、云南、西藏）。

大秦岭分布 甘肃（文县、舟曲、迭部、碌曲）、四川（青川）。

安度绢蝶 *Parnassius andreji* Eisner, 1930

Parnassius simo andreji Eisner, 1930, *Parnassiana*, 1(3): 5, pl. 1, f. 9-10. **Type locality**: Nanschan.

Tadumia simo andreji; Ackery, 1973, *Bull. Br. Mus. nat. Hist.* (Ent.), 29: 9.

Parnassius andreji; Chou, 1994, *Mon. Rhop. Sin.*: 209; Wu, 2001, *Fauna Sin. Ins. Lep. Papilionidae*, 25: 306; Wu & Xu, 2017, *Butts. Chin.*: 285, f. 289: 18.

形态 成虫：小型绢蝶。与西猴绢蝶 *P. simo* 非常相似，主要区别为：后翅中域 2 个眼斑为橙黄色，而非红色。

生物学　1年1代，成虫多见于6～7月。活动于海拔3400～4500 m的裸岩带、高山亚冰雪稀疏植被带和亚高山灌丛草甸带，喜在陡峭悬崖附近沿水平方向来回巡游飞翔，多停息于石缝或草丛根部，停息时翅多平展。

分布　中国（甘肃、青海、四川）。

大秦岭分布　甘肃（舟曲、迭部、碌曲、玛曲）、四川（青川）。

周氏绢蝶 *Parnassius choui* Huang & Shi, 1994

Parnassius choui Huang & Shi, 1994, *In*: Chou, *Mon. Rhop. Sin*.: 202, 754, f. 13. **Type locality**: Huzhu, Qinghai.

Parnassius choui; Wu, 2001, *Fauna Sin. Ins. Lep. Papilionidae*, 25: 290.

形态　成虫：中型绢蝶。与四川绢蝶 *P. szechenyii* 很相似，主要区别为：前翅后缘有2个红色斑纹。后翅中室端部外侧的红斑特别大，卵形。

生物学　成虫多见于6月。生活在海拔3500 m的高山地带。

分布　中国（甘肃、青海）。

大秦岭分布　甘肃（碌曲）。

粉蝶科 Pieridae Duponchel, [1835]

Pieridae Duponchel, [1835], *In*: Godart, *Hist. Nat. Lepid.*, 22: 381.

Pierides; Boisduval, 1836, *Spec. Gen. Lep.*, 1: 163, 402.

Pieridae; Duponchel, 1840, *Catal. Lep. Fr.*: 21; Duponchel, 1844, *Cat. Lep. Eur.*: 23; Chou, 1998, *Class. Ident. Chin. Butt.*: 24; Wu, 2010, *Fauna Sin. Ins. Lep. Pieridae.*, 52: 42; Korb & Bolshakov, 2011, *Eversmannia Suppl.* 2: 20; van Nieukerken *et al.*, 2011, *Zootaxa*, 3148: 216.

Pieridina Herrich-Schaffer, 1858, *Lep. Exot.*: 54.

Pierididae; Grote, 1900, *Proc. Amer. Phil. Soc.*, 39: 18.

色彩多数为白色或黄色，少数种类为红色或橙色；有黑色或红色斑纹；前翅顶角常黑色。不少种类呈性二型，也有季节型。成虫需补充营养，喜吸食花蜜，或在潮湿地区、浅水滩边吸水。多数种类以蛹越冬，少数种类以成虫越冬（如钩粉蝶属 *Gonepteryx*）。有些种类喜群栖。

头小；触角端部膨大，明显成锤状；下唇须发达。雌雄性前足均发达，有步行作用；有 1 对分叉的爪。前翅通常三角形；顶角尖出或圆形，R 脉 3 或 4 条，极少有 5 条的，基部多合并；A 脉只有 1 条。后翅卵圆形，外缘光滑；无尾突；无肩室；肩脉有或无；A 脉 2 条；臀区发达，可包容腹部。前后翅中室均为闭式。

雄性香鳞在不同属分布于不同的部位：前翅 Cu 脉的基部（如黄粉蝶属 *Eurema*）、后翅基角（如豆粉蝶属 *Colias*）、中室基部（如迁粉蝶属 *Catopsilia*）或腹部末端（如尖粉蝶属 *Appias*）。

卵：纺锤形、子弹形、炮弹形、瓶形、梭形或宝塔形，长而直立，上端较细；精孔区在顶端；周围有长的纵脊线和短的横脊线；单产或成堆产在寄主植物上。

幼虫：圆柱形或圆筒形，细长；胸腹部每节均有横皱纹形成的许多环，环上分布有小突起及次生毛；颜色单纯，绿色或黄色，有时有黄色或白色纵线。有的种类的幼虫为蔬菜（如粉蝶属 *Pieris*）或果树（如绢粉蝶属 *Aporia*）的重要害虫。

蛹：头部有 1 个尖锐突起；体前半段粗，多棱角，后半段瘦削；上唇分 3 瓣；喙到达翅芽末端。化蛹地点多在寄主的枝干上，拟似枝丫，有保护色，随化蛹的环境而颜色不同。

寄主为十字花科 Brassicaceae、豆科 Fabaceae、山柑科 Capparaceae、蔷薇科 Rosaceae、茄科 Solanaceae、小檗科 Berberidaceae、茜草科 Rubiaceae、云实科 Caesalpinaceae、无患子科 Sapindaceae、藤黄科 Guttiferae、鼠李科 Rhamnaceae、旱金莲科 Tropaeolaceae、大戟科 Euphorbiaceae、木犀草科 Resedaceae、伯乐树科 Bretschneideraceae 等植物。

全世界记载 1100 余种，各地广布。中国记录 150 余种，大秦岭分布 81 种。

亚科检索表

1. 前翅 R 脉 5 分支，同柄；M_1 脉独立，从中室分出；中室短，不及翅长的 1/3 ············ ··**袖粉蝶亚科 Dismorphiinae**

   前翅 R 脉多 4 分支，R_1 脉不与 R_5 脉同柄；M_1 脉与 R_5 脉同柄，中室超过翅长的 1/3 ·· 2

2. 后翅肩脉细小或无，多为黄色 ·································**黄粉蝶亚科 Coliadinae**

   后翅有肩脉，多为白色 ·······································**粉蝶亚科 Pierinae**

黄粉蝶亚科 Coliadinae Swainson, 1840

Coliadinae Swainson, 1840, *Cabinet Cyclo*.: 87.

Rhodoceridae Duponchel, 1844, *Catal. Meth. Lep. Eur*.: 26.

Dryadidae Schatz, 1886, *Exot. Schmett*., 2: 66.

Callidryadinae Kirby, 1896, *Allen's Nat. Libr. Butt*., 2: 207.

Eurymini Grote, 1900, *Proc. Amer. Phil. Soc*., 39: 46.

Coliinae Swinhoe, 1905-1910, *Lep. Ind*., 7: 22.

Gonepterygini Verity, 1947, *Flor. Italy Marz*.: 218.

Coliadinae (Pieridae); Chou, 1998, *Class. Ident. Chin. Butt*.: 24-25; Wu, 2010, *Fauna Sin. Ins. Lep. Pieridae*., 52: 43; Korb & Bolshakov, 2011, *Eversmannia Suppl*. 2: 21.

下唇须第 3 节极短，无毛。触角较短。翅多为黄色；前翅 M_3 脉从中室端脉中部前分出。后翅无肩脉，或肩脉极度退化，指向翅基部。

全世界记载 200 余种，各地广布，其中热带种类最丰富。中国记录 56 种，大秦岭分布 24 种。

属检索表

1. 后翅肩脉细小，向翅基部弯曲 ·······························**方粉蝶属 *Dercas***

   后翅无肩脉，或只存遗迹 ·· 2

2. 后翅肩脉只存遗迹 ···**迁粉蝶属 *Catopsilia***

   后翅无肩脉 ·· 3

3.　前翅 R_{2+3} 脉与 R_{4+5} 脉同点分出 ·································· 豆粉蝶属 *Colias*

　　前翅 R_{2+3} 脉不与 R_{4+5} 脉同点分出 ·································· 4

4.　前翅顶角不突出，翅外缘多黑色 ··························· 黄粉蝶属 *Eurema*

　　前翅顶角突出，翅外缘不呈黑色 ······················· 钩粉蝶属 *Gonepteryx*

迁粉蝶属 *Catopsilia* Hübner, [1819]

Catopsilia Hübner, [1819], *Verz. bek. Schmett.*, (7): 98. **Type species**: *Papilio crocale* Cramer, 1775.

Murtia Hübner, [1819], *Verz. bek. Schmett.*, (7): 98. **Type species**: *Mancipium minna* Hübner, [1810].

Catopsilia (Pierinae); Moore, [1881], *Lepid. Ceylon*, 1(3): 121.

Catopsilia(Coliadinae); Chou, 1998, *Class. Ident. Chin. Butt.*: 25; Winhard, 2000, *Butt. World*, 10: 12; Vane-Wright & de Jong, 2003, *Zool. Verh. Leiden*, 343: 100; Wu, 2010, *Fauna Sin. Ins. Lep. Pieridae*, 52: 43.

Catopsilia; Wu & Xu, 2017, *Butts. Chin.*: 290.

　　白色或黄色；前翅三角形；顶角钝尖；外缘平直；顶角、前缘与外缘黑色；中室端部有近圆形斑纹；R_{2+3} 脉从中室上角分出，R_4、R_5 脉与 M_1 脉同柄；M_2 脉从中室端脉分出。后翅近圆形；基部有肩脉遗迹，呈小突起；$Sc+R_1$ 脉在肩脉痕迹处弯曲成角度。雄性后翅正面在 $sc+r_1$ 室的基部有卵形性标；前翅反面后缘近基部处有毛刷。

　　雄性外生殖器：第8背板后缘中央有舌状突出；背兜小，末端突起指状；钩突爪状；抱器略呈三角形，末端尖，抱器背有突起；囊突中等大小；阳茎弧形弯曲，基部有大的管状突起。

　　雌性外生殖器：囊导管细；交配囊近椭圆形；交配囊片横置于交配囊开口处，梳形，密布小齿突，下缘有齿。

　　寄主为豆科 Fabaceae 植物。

　　全世界记载9种，主要分布于东洋区、澳洲区及非洲区。中国记录4种，大秦岭分布2种。

种检索表

翅反面密布褐色细线纹 ······························· 梨花迁粉蝶 *C. pyranthe*

翅反面无褐色细线纹 ····································· 迁粉蝶 *C. pomona*

迁粉蝶 *Catopsilia pomona* (Fabricius, 1775)（图版 23：40）

Papilio pomona Fabricius, 1775, *Syst. Ent.*: 479, no. 158. **Type locality**: New Holland.

Papilio crocale Cramer, [1775], *Uitl. Kapellen*, 1(1-7): 87, pl. 55, f. C, D. **Type locality**: East Indies.

Papilio jugurtha Cramer, [1777], *Uitl. Kapellen*, 2(9-16): 138, pl. 187, f. E, F. **Type locality**: Coromandel.

Papilio nigropunctatus Goeze, 1779, *Ent. Beyträge*, 3(1): 185.

Papilio catilla Cramer, [1779], *Uitl. Kapellen*, 3(17-21): 63, pl. 229, f. D, E. **Type locality**: Coromandel.

Papilio hilaria Stoll, [1781], *In*: Cramer, *Uitl. Kapellen*, 4(29-31): 95, pl. 339, f. A, B. **Type locality**: Coromandel.

Papilio lalage Herbst, 1792, *In*: Jablonsky, *Natursyst. Ins., Schmett.*, 5: 163, pl. 106, f. 1-2.

Papilio alcmeone Fabricius, 1793, *Ent. Syst.*, 3(1): 193. **Type locality**: Coromandel.

Papilio titania Fabricius, 1798, *Ent. Syst.*, (Suppl.): 428.

Colias jugurthina Godart, 1819, *Encycl. Méth.*, 9(1): 96. **Type locality**: Bengal; Coromandel.

Callidryas endeer Boisduval, 1832, *In*: d'Urville, *Voy. Astrolabe* (Faune ent. Pacif.), 1: 63, pl. 2, f. 3-4.

Callidryas phlegeus Wallace, 1867, *Trans. ent. Soc. Lond.*, (3) 4(3): 401. **Type locality**: Timor.

Callidryas flava Butler, 1869, *Ann. Mag. nat. Hist.*, (4) 4(21): 202.

Callidryas catilla; Moore, 1878a, *Proc. zool. Soc. Lond.*, (4): 837.

Callidryas crocale; Moore, 1878a, *Proc. zool. Soc. Lond.*, (4): 837.

Catopsilia catilla; Moore, [1881], *Lepid. Ceylon*, 1(3): 122, pl. 47, f. 3, 3ª.

Catopsilia crocale; Moore, [1881], *Lepid. Ceylon*, 1(3): 122, pl. 48, f. 1, 1a-b; Wood-Mason & de Nicéville, 1881, *J. Asiat. Soc. Bengal*, 49 Pt.II (4): 236; Kudrna, 1974, *Atalanta*, 5: 98.

Catopsilia heera Swinhoe, 1885, *Proc. Zool. Soc. Lond.*: 140. **Type locality**: Poona.

Callidryas pomona; Piepers & Snellen, 1909, *Rhop. Java*, [1]: 42, pl. 3, f. 6a-k, pl. 4, f. 1a-f.

Catopsilia crocalina Fruhstorfer, 1910, *In*: Seitz, *Gross-Schmett. Erde*, 9: 163, pl. 68d.

Catopsilia crocale rivalis; Rothschild, 1915, *Novit. Zool.*, 22(1): 113.

Catopsilia pura Lindsey, 1924, *Ent. Rundsch.*, 41: 2. **Type locality**: India.

Catopsilia pomona f. *formosana* Sonan, 1930, *Zephyrus*, 2(3): 171. **Type locality**: "Formosa" [Taiwan, China].

Catopsilia pomona ab. *emblematis* Murayama, 1961, *Tyô Ga*, 11(4): 55, f. 10, 12.

Catopsilia pomona; Kudrna, 1974, *Atalanta*, 5: 98; Holloway & Peters, 1976, *J. Nat. Hist.*, 10: 286; Chou, 1994, *Mon. Rhop. Sin.*: 214; Vane-Wright & de Jong, 2003, *Zool. Verh. Leiden,* 343: 101; Wu, 2010, *Fauna Sin. Ins. Lep. Pieridae*, 52: 45; Wu & Xu, 2017, *Butts. Chin.*: 290, f. 291: 1-6, 292: 7-12, 293: 13-14.

形态 成虫：中型粉蝶。雌雄异型及多型。雄性翅基部黄色，其余翅面白色。前翅正面前缘及外缘有黑色细带纹；顶角黑色。雌性翅黄色或基部黄色。前翅正面外缘带黑色；前缘、外缘及顶角的黑色带纹较宽，内侧锯齿形；亚缘区斑列有或无；中室端部有 1 个近圆形的黑色斑纹。后翅外缘斑带黑色；亚缘斑列有或无。成虫翅斑纹因气候的差异变化较大，高温时发育为无纹型，翅反面无环纹；个体较小。有纹型个体较大。前翅反面中室端部有 1 个锈红色环纹。后翅反面中室端部有 2 个锈红色环纹。低温时发育为银斑型，雌性后翅外缘黑色带纹较无纹型窄；反面有银白色斑纹。

中国分布有无纹型和有纹型两大类 5 个不同的型。包括有纹型 *C. pomona pomona* f. *pomona* (Fabricius)、血斑型 *C. pomona pomorra* f. *catilla* (Cramer)、无纹型 *C. pomona pomona* f. *crocale* (Fabricius)、银斑型 *C. pomona pomona* f. *jugurtha* (Cramer)、红角型 *C. pomona pomona* f. *hilaria* (Cramer)。大秦岭分布的为有纹型和无纹型。

卵：纺锤形或子弹形；初产乳白色，渐成淡黄色；表面密布纵横脊。

幼虫：5 龄期。圆筒形，两端略细。初孵幼虫白色，透明，后渐变成黄绿色或绿色。老熟幼虫背面橄榄绿色；侧面基部有黑、白 2 色带纹；胸腹部各节均有 5 条横皱纹，其上密布黑色疣突，位于气门上线附近的疣突大而明显，越向背部疣突逐渐变小。

蛹：纺锤形；绿色或褐色；背中线草绿色或淡褐色；胸部隆起处为淡黄色；两侧各有 1 条淡黄色或灰黑色的脊；腹部末端密布钩刺，用于蛹体固定丝垫。

寄主　豆科 Fabaceae 铁刀木 *Senna siamea*、望江南 *S. occidentalis*、黄槐决明 *S. surattensis*、决明 *S. tora*、腊肠树 *Cassia fistula*、山菁 *Sesbania roxburghii*、紫铆 *Butea frondosa* 等。

生物学　1 年多代，以蛹越冬，成虫多见于 4 ~ 10 月。飞行迅速，喜访花，有群聚地面吸水习性。卵散产，多产于嫩叶和嫩枝上。幼虫有取食卵壳和皮蜕习性，栖息前先吐丝在叶面做一层丝垫，后利用腹足固定其上栖息。老龄幼虫在树冠中、下部或寄主植物的叶背或叶柄上吐丝做垫化蛹。

分布　中国（吉林、甘肃、福建、台湾、广东、海南、香港、广西、四川、贵州、云南），印度，不丹，尼泊尔，泰国，斯里兰卡，印度尼西亚，巴布亚新几内亚，澳大利亚。

大秦岭分布　甘肃（文县）、四川（宣汉）。

梨花迁粉蝶 *Catopsilia pyranthe* (Linnaeus, 1758)

Papilio pyranthe Linnaeus, 1758, *Syst. Nat*. (Edn 10), 1: 469. **Type locality**: Canton, China.

Mancipium minna Hübner, 1810, *Samml. Exot.Schmett*., 1: pl. 144.

Catopsilia pyranthe; Moore, [1881], *Lepid. Ceylon*, 1(3): 124, pl. 47, f. 2, 2a; Kudrna, 1974, *Atalanta* 5: 98; Chou, 1994, *Mon. Rhop. Sin*.: 215; Vane-Wright & de Jong, 2003, *Zool. Verh. Leiden*, 343: 100; Wu, 2010, *Fauna Sin. Ins. Lep. Pieridae*, 52: 50; Wu & Xu, 2017, *Butts. Chin*.: 290, f. 294: 18-22.

形态　成虫：中型粉蝶。翅白色、淡黄色或绿白色。前翅前缘、外缘及顶角黑褐色；中室有 1 个黑色点斑。反面中室下缘至前缘部分密布褐色细波纹。后翅正面无斑；外缘黑褐色带纹有或无。反面整个翅面均匀密布褐色细波纹。雌性前翅正面黑褐色带纹较宽，内侧锯齿形。成虫斑纹及颜色有旱、湿季型差别，湿季型个体触角多为红色；翅反面有红色斑纹；中室端部有银色斑纹。

卵：近纺锤形；初产乳白色，孵化时黄色；表面密布纵脊。

幼虫：5龄期。圆筒形，两端略细。初孵幼虫白色，透明。2龄幼虫黄绿色。3龄之后的幼虫绿色；密布黑色疣突。5龄的老熟幼虫侧面基部有黄、白、黑3色带纹；胸腹部各节均有5条横皱纹；其上密布黑色疣突，位于气门上线附近的疣突大而明显。幼虫个体间体色和斑带的颜色有较大变化。

蛹：纺锤形；绿色；顶部角突黄色或黄褐色；胸部隆起明显；两侧各有1条白色棱脊。

寄主 豆科Fabaceae翅荚决明 *Senna alata*、望江南 *S. occidentalis*、黄槐决明 *S. surattensis*、含羞草山扁豆 *Chamaecrista mimosoides*。

生物学 1年多代，成虫多见于4~10月。飞行迅速，喜访花，有群聚地面吸水习性，常在林缘开阔地活动。卵单产于寄主叶片和嫩枝上。幼虫有取食卵壳和皮蜕习性。老龄幼虫在寄主植物的叶背、叶柄上或周边植物上化蛹。

分布 中国（甘肃、江苏、江西、福建、台湾、广东、海南、香港、广西、四川、贵州、云南、西藏），阿富汗，巴基斯坦，印度，不丹，尼泊尔，孟加拉国，缅甸、泰国，菲律宾，澳大利亚。

大秦岭分布 甘肃（武都、文县）。

方粉蝶属 *Dercas* Doubleday, [1847]

Dercas Doubleday, [1847], *Gen. diurn. Lep.*, (1): 70. **Type species**: *Colias verhuelli* van der Hoeven, 1839.

Dercas; Chou, 1998, *Class. Ident. Chin. Butt.*: 26; Winhard, 2000, *Butt. World*, 10: 13; Wu, 2010, *Fauna Sin. Ins. Lep. Pieridae*, 52: 53; Wu & Xu, 2017, *Butts. Chin.*: 295.

触角很短，不及前翅长度的1/3。翅短阔。前翅顶角尖出；外缘有时锯齿状；中室短，不及前翅长的1/2。后翅外缘多光滑或在M_3脉处呈角状突出；肩脉细，向翅基部弯曲；$Sc+R_1$脉短，仅到后翅前缘的中部。

雄性外生殖器：背兜与钩突愈合，狭长；抱器阔圆；囊突及阳茎细长。

雌性外生殖器：囊导管粗长；交配囊较大；无囊尾；交配囊片有1个马蹄形突起。

寄主为豆科Fabaceae植物。

全世界记载4种，分布于东洋区。中国记录3种，大秦岭均有分布。

种检索表

1. 后翅 M_3 脉末端与臀角明显尖出 ·················· 檀方粉蝶 *D. verhuelli*

   后翅边缘圆滑，角度不明显 ··································· 2

2. 前翅正面橙红色 ································· 橙翅方粉蝶 *D. nina*

   前翅正面黄色 ································ 黑角方粉蝶 *D. lycorias*

檀方粉蝶 *Dercas verhuelli* (van der Hoeven, 1839)

Colias verhuelli van der Hoeven, 1839, *Tijdschr. nat. gesch.*, 5 (4): 341, pl. 7, f. 3.

Dercas verhuelli; Chou, 1994, *Mon. Rhop. Sin.*: 217; Wu, 2010, *Fauna Sin. Ins. Lep. Pieridae*, 52: 54;

   Wu & Xu, 2017, *Butts. Chin.*: 295, f. 297: 8-10, 298: 11-14.

形态　成虫：中型粉蝶。两翅黄色；中室端脉处有 1 个橙红色近 W 形斑。前翅前缘和外缘的端半部有黑褐色带纹；顶角三角形黑斑有或无；内缘在 M_2 脉处呈角状突出；红褐色外斜带未达后缘。后翅 M_3 及 2A 脉端部尖出；外斜带细，模糊，橙红色，仅达 Cu_2 脉。反面色稍淡；前缘有 2 个黑色小点斑；外斜带较正面清晰。雌性顶角更尖锐，呈锥状突出。

卵：近纺锤形；黄色；表面密布纵横脊。

幼虫：5 龄期。圆筒形，两端略细；胸腹部密布横皱纹。1 ~ 3 龄幼虫黄色；胸腹部背面密布成排的白色小疣突和长刺毛。4 ~ 5 龄幼虫黄绿色；胸腹部背面密布成排的黑色小疣突和短毛刺；足基带淡黄色。

蛹：纺锤形；绿色；顶部和基部均有绿色角突；胸部隆起明显；腹部两侧各有 1 条乳白色棱脊；背中线黄色。

寄主　豆科 Fabaceae 两粤黄檀 *Dalbergia benthami*。

生物学　1 年 2 代，成虫多见于 4 ~ 10 月。喜访花，飞行迅速，常到潮湿的沙地吸水。

分布　中国（陕西、甘肃、江西、福建、广东、海南、香港、广西、重庆、四川、贵州、云南），巴基斯坦，印度，尼泊尔，缅甸，越南，老挝，泰国，新加坡，加里曼丹岛。

大秦岭分布　陕西（镇安）、甘肃（武都、文县）、四川（宣汉）。

黑角方粉蝶 *Dercas lycorias* (Doubleday, 1842)（图版 23：38—39）

Rhodocera lycorias Doubleday, 1842, *Zool. Miscell.* (Gray), (5): 77-78. **Type locality**: Mt. Kasiyae.

Dercas lycorias; Chou, 1994, *Mon. Rhop. Sin.*: 217; Wu, 2010, *Fauna Sin. Ins. Lep. Pieridae*, 52: 56;

   Wu & Xu, 2017, *Butts. Chin.*: 295, f. 296: 1-5.

　　形态　成虫：中型粉蝶。两翅黄色；中室密布紫褐色小点斑，有时模糊或消失；端脉处有 1 个小 V 形斑纹。前翅顶角尖出，黑色，有时黑色向两侧延伸至外缘和前缘的中部；亚顶区有时覆有橙红色晕染；外斜带细，仅达 Cu_2 脉，橙色至红褐色，时有模糊或消失。反面前缘上半部有黑色点斑；外斜带较正面清晰，淡紫色。后翅外缘 1 列黑色细点；外斜带细，仅达 Cu_1 脉，橙色至红褐色，时有模糊。反面前缘有黑色点斑；外斜带两侧有齿突和黑色点斑；cu_2 室稀疏散布有紫黑色小点斑；$sc+r_1$ 室中部有 1 个红褐色小圆斑。雌性前翅顶角比雄性尖锐，锥状尖出；m_3 室中部有 1 个红褐色至黑褐色圆斑。

　　生物学　1 年 2 代，成虫多见于 6 ～ 7 月。

　　分布　中国（陕西、甘肃、浙江、湖北、江西、湖南、福建、广东、广西、重庆、四川、贵州、云南、西藏），印度，尼泊尔。

　　大秦岭分布　陕西（太白、凤县、南郑、洋县、西乡、勉县、留坝、佛坪、汉阴、商州、商南、镇安）、甘肃（麦积、秦州、武山、武都、康县、文县、徽县、两当、礼县）、湖北（神农架、郧西）、重庆（巫溪、城口）、四川（青川、安州、平武）。

橙翅方粉蝶 *Dercas nina* Mell, 1913

Dercas nina Mell, 1913, *Int. Ent. Zs*., 7(29): 194. **Type locality**: N. Kuangtung.

Dercas nina f. *puncata* Mell, 1913, *Int. Ent. Zs*., 7(29): 194. **Type locality**: N. Kuangtung.

Dercas nina f. *spaneyi* Mell, 1913, *Int. Ent. Zs*., 7(29): 194. **Type locality**: N. Kuangtung.

Dercas nina; Chou, 1994, *Mon. Rhop. Sin*.: 217; Wu, 2010, *Fauna Sin. Ins. Lep. Pieridae*, 52: 57; Wu & Xu, 2017, *Butts. Chin*.: 295, f. 297: 6-7.

Dercas nina f. *spaneyi*; Chou, 1994, *Mon. Rhop. Sin*.: 217.

Dercas nina f. *nina*; Chou, 1994, *Mon. Rhop. Sin*.: 217.

　　形态　成虫：中型粉蝶。两翅反面中室散布紫褐色小点斑，有时模糊或消失。前翅橙红色；顶角尖出，黑色；前缘及外缘带细，黑色；外缘中部深色块斑时有消失；外斜带细，仅达 Cu_2 脉，红色至红褐色，时有模糊。反面前缘有黑色点斑；外斜带较正面清晰，红色。后翅黄色；外缘 1 列黑色细点；外斜带细，仅达 Cu_1 脉，橙色至红褐色，时有模糊。反面外斜带覆有 1 列橙红色点斑；前缘有黑色点斑；$sc+r_1$ 室中部有 1 个红褐色小圆斑；中室端脉处有 1 个白色 V 形小斑纹，环纹红褐色；cu_2 室稀疏散布有紫黑色小点斑。雌性前翅 m_3 室中部有 1 个红褐色圆斑。

　　生物学　1 年 2 代，成虫多见于 4 ～ 5 月。

　　分布　中国（陕西、甘肃、浙江、江西、广东、广西、贵州、重庆），越南。

　　大秦岭分布　陕西（南郑、洋县、西乡、宁强、留坝）、甘肃（康县、文县）。

豆粉蝶属 *Colias* Fabricius, 1807

Colias Fabricius, 1807, *Magazin f. Insektenk.* (Illiger), 6: 284. **Type species**: *Papilio hyale* Linnaeus, 1758.

Eurymus Horsfield, [1829], *Descr. Cat. lep. Ins. Mus. East India Coy*, (2): 134. **Type species**: *Papilio hyale* Linnaeus, 1758.

Ganura Zetterstedt, [1839], *Ins. Lapponica*: 908(unavail.).

Scalidoneura Butler, 1871, *Proc. zool. Soc. Lond.*: 250. **Type species**: *Scalidoneura hermina* Butler, 1871.

Colias; Godman & Salvin, [1889], *Biol. centr.-amer., Lep. Rhop.*, 2: 151; Winhard, 2000, *Butts. world*, 10: 9; Wu & Xu, 2017, *Butts. Chin.*: 299.

Eriocolias Watson, 1895, *Entomologist*, 28 : 167. **Type species**: *Papilio edusa* Fabricius, 1787.

Coliastes Hemming, 1931, *Entomologist*, 64: 273. **Type species**: *Papilio hyale* Linnaeus, 1758.

Protocolias Petersen, 1963, *J Res. Lep.*, 1(2): 144. **Type species**: *Colias imperialis* Butler, 1871.

Colias (*Mesocolias*) Petersen, 1963, *J Res. Lep.*, 1(2): 144. **Type species**: *Colias vauthierii* Guérin-Méneville, [1830].

Colias (*Neocolias*) Berger, 1986, *Lambillionea*, 86(7/8): 21. **Type species**: *Papilio erate* Esper, 1805.

Colias (*Palaeocolias*) Berger, 1986, *Lambillionea*, 86(7/8): 21. **Type species**: *Colias ponteni* Wallengren, 1860.

Colias (*Eucolias*) Berger, 1986, *Lambillionea*, 86(7/8): 22. **Type species**: *Papilio palaeno* Linnaeus, 1761; Korb & Bolshakov, 2011, *Eversmannia Suppl.*, 2: 21.

Colias (*Similicolias*) Berger, 1986, *Lambillionea*, 86(7/8): 23. **Type species**: *Papilio lesbia* Fabricius, 1775.

Colias (*Paracolias*) Berger, 1986, *Lambillionea*, 86(7/8): 23. **Type species**: *Colias dimera* Doubleday, 1847.

Colias (Coliadinae); Chou, 1998,*Class. Ident. Chin. Butt.*: 26; Pelham, 2008, *J. Res. Lepid.*, 40: 140. Wu, 2010, *Fauna Sin. Ins. Lep. Pieridae*, 52: 59.

Colias (*Asiocolias*) Korb, 2005: 20. **Type species**: *Colias christophi* Grum-Grshimailo, 1885; Korb & Bolshakov, 2011, *Eversmannia Suppl.*, 2: 21

Colias (*Eriocolias*); Korb & Bolshakov, 2011, *Eversmannia Suppl.*, 2: 23.

Colias (*Colias*); Korb & Bolshakov, 2011, *Eversmannia Suppl.*, 2: 22.

翅多黄色、橙色或白色；顶角与外缘多黑色；反面中室端斑多眼状，瞳点白色。前翅三角形；顶角钝圆；R_2 脉至 R_5 脉共柄；M_1 脉与 R_5 脉共柄短；M_2 脉从中室的近上角处分出。后翅方圆形；无肩脉；$Sc+R_1$ 脉短，略伸过后翅前缘的中点。

雄性外生殖器：背兜后缘指状突起；钩突爪状；囊突粗大；抱器短宽，末端尖；阳茎细长，弧形弯曲，基侧突长。

雌性外生殖器：囊导管细长；交配囊较大；交配囊片横置于交配囊开口处；多有囊尾。

寄主主要为豆科 Fabaceae、列当科 Orobanchaceae 植物。

全世界记载 80 多种，分布广泛，以古北区最丰富。中国记录 34 种，大秦岭分布 9 种。

种检索表

1. 翅白色或黄色 ·· 2
   翅色不如上述 ·· 6
2. 后翅反面中室灰黑色或灰绿色，镶有白色斑带 ·· 3
   后翅反面中室非灰黑色或灰绿色，无白色斑带 ·· 5
3. 前翅外缘斑列 m_3 室斑纹消失或仅留 1 个小点斑 ················· 山豆粉蝶 *C. montium*
   前翅外缘斑列 m_3 室斑纹正常 ·· 4
4. 后翅正面密布灰黑色鳞片 ·································· 鳖豆粉蝶 *C. nebulosa*
   后翅正面密布灰白色鳞片 ·································· 西番豆粉蝶 *C. sifanica*
5. 前翅外缘黑色带未达后缘，极狭，灰黑色 ···················· 豆粉蝶 *C. hyale*
   前翅外缘黑色带到达外缘，较宽 ························· 斑缘豆粉蝶 *C. erate*
6. 翅朱红色 ·· 曙红豆粉蝶 *C. eogene*
   翅橙黄色或橙红色 ·· 7
7. 雄性后翅外缘带不伸过 Cu_2 脉；雌性后翅有灰白色外缘斑列 ········· 红黑豆粉蝶 *C. arida*
   雄性后翅外缘带伸过 Cu_2 脉达臀角附近；雌性后翅无外缘斑列 ··················· 8
8. 雄性翅反面中室眼状端斑前翅黑色，后翅白色，明显 ·········· 橙黄豆粉蝶 *C. fieldii*
   雄性翅反面中室端斑均微小，不明显 ···················· 黎明豆粉蝶 *C. heos*

斑缘豆粉蝶 *Colias erate* (Esper, 1805)（图版 24—25：41—42）

Papilio erate Esper, 1805, *Die Schmett. Th I, Suppl. Th.*, 2(11): 13, pl. 119, f. 3. **Type locality**: Sarepta, S. Russia.

Colias erate; Grum-Grshimailo, 1890, *In*: Romanoff, *Mém. Lép.*, 4: 292, 321; Chou, 1994, *Mon. Rhop. Sin.*: 218; Wu, 2010, *Fauna Sin. Ins. Lep. Pieridae*: 52: 62; Yakovlev, 2012, *Nota lepid.* 35(1): 64; Wu & Xu, 2017, *Butts. Chin.*: 299, f. 304: 36-39.

Colias (Colias) erate; Korb & Bolshakov, 2011, *Eversmannia Suppl.*, 2: 22.

形态　成虫：中型粉蝶。翅色变化较大。雄性：翅淡黄色、鲜黄色或白色；两翅缘毛红色。前翅外缘区及顶角区黑褐色，镶有黄色斑纹；中室端脉处有 1 个黑色卵圆形斑纹；翅基部黑色。反面前缘和外缘各有 1 条玫红色细线纹；前缘近顶角有 2 个枣红色小斑；亚外缘区黑色圆斑未达前缘；中室端脉处有 1 个黑色眼斑，瞳点黄色。后翅正面外缘斑带黑色，前部斑纹多相连在一起，后部斑纹未达臀角区；中室端部有 1 个橙黄色圆斑；翅基部灰黑色。反面黄色或橙黄色；翅周缘环绕红色线纹；前缘中部有 1 个玫红色斑纹；亚外缘斑列斑纹小点状；中室端脉处有 2 个银白色圆斑，外环褐色，一大一小，小的斑纹有时缩小成 1 个圆点。雌性有黄色和白色 2 种色型。

卵：纺锤形；密布纵棱脊。初产时乳白色，后变成乳黄色、橙黄色至橙红色，顶端色略淡。孵化前银灰色，有光泽。

幼虫：初孵幼虫胸足黑色；胸腹部暗绿色；体表密布黑色颗粒状小点。老龄幼虫深绿色；密布小黑点；体节多横褶皱，背面密生黑色短毛和毛片；足基带白色，中间镶有 1 条黄色线纹；气门白色，外环褐色。

蛹：绿色；头尾部突起较短；胸腹部两侧有白色棱脊线。初化蛹时草绿色，背面颜色深，腹侧颜色淡。羽化前体背浅黄绿色；头胸紫色；翅缘、足及触角紫红色；翅斑清晰可见。

寄主　豆科 Fabaceae 蓝雀花 *Parochetus communis*、南苜蓿 *Medicago polymorpha*、天蓝苜蓿 *M. lupuina*、苜蓿 *M. sativa*、紫云英 *Astragalus sinicus*、大豆 *Glycine max*、百脉根 *Lotus corniculatus*、三叶草 *Trifolium pratense*、白车轴草 *T. repens*、野豌豆 *Vicia sepium*、小巢菜 *V. hirsuta*、草木犀 *Melilotus officinalis*、田菁 *Sesbania cannabina*；列当科 Orobanchaceae 列当属 *Orobanche* spp.。

生物学　1 年多代，通常以成虫或蛹越冬，成虫多见于 4 ~ 10 月。飞行迅速，喜访花，在平原、山地、溪流岸边及丘陵等多种环境中活动。卵单产于寄主植物叶面上。初孵幼虫啃食叶肉；2 龄时将叶片食成孔洞，残留叶脉呈网状；3 龄后将叶片食成大的缺刻或将叶片吃光，仅留叶柄。老熟幼虫在叶反面、叶柄或小枝上化蛹。

分布　中国（黑龙江、吉林、辽宁、内蒙古、北京、天津、山西、河南、陕西、宁夏、甘肃、青海、新疆、江苏、安徽、浙江、湖北、江西、湖南、福建、台湾、海南、重庆、四川、贵州、云南、西藏），俄罗斯，日本。

大秦岭分布　区域内广布。

橙黄豆粉蝶 *Colias fieldii* Ménétnés, 1855（图版 24—25：43—44）

Colias fieldii Ménétnés, 1855; *Cat. lep. Petersb.*, 2: 79, 1: pl. 1, f. 5. **Type locality**: Himalaya.

Colias fieldii; Grum-Grshimailo, 1890, *In*: Romanoff, *Mém. Lép.* 4: 302; Chou, 1994, *Mon. Rhop. Sin.*: 219; Wu, 2010, *Fauna Sin. Ins. Lep. Pieridae*, 52: 68; Wu & Xu, 2017, *Butts. Chin.*: 299, f. 301: 15, 302: 16-24, 303: 22-32, 304: 33-35.

Colias electo (nec Linnaeus); Lee, 1982, *Butts. Kor.*: 134.

Colias (*Eriocolias*) *fieldii*; Korb & Bolshakov, 2011, *Eversmannia Suppl.* 2: 23.

形态　成虫：中型粉蝶。雌雄异型。两翅缘毛红色。前翅正面橙色；中室端脉处有 1 个黑色圆斑；顶角及外缘区有黑褐色宽带，雄性宽带中无斑纹，内侧边缘弧形，较整齐；雌性外缘带镶有 1 列橙黄色斑纹，带内侧 V 形，边缘波状。反面色稍淡；前缘、顶角及外缘区赭绿色；亚外缘区下半部有 3 个近圆形黑色斑纹，由上到下逐渐变大；中室端脉处有 1 个黑色眼斑，瞳点白色。后翅正面橙色；基部黑灰色；前缘及外缘带黑褐色；前缘基部有 1 个淡黄色条斑；雌性前缘区黑色带较宽，亚外缘区有 1 列橙黄色圆斑；中室端脉处有 1 个橙色圆斑，时有模糊，雌性的斑纹较清晰。反面赭绿色；前缘中部斑纹红褐色；中室端部有大小 2 个银白色斑纹，并镶有玫红色外环。

卵：纺锤形；密布纵棱脊；橙黄色。

幼虫：绿色；体表密布黑色颗粒状小点；体节多横褶皱，背面密生短毛；背中线和背侧线乳黄色；足基带白色，中间镶有 1 条橙色线纹。

蛹：黄绿色；头尾部突起较短；胸部突起宽大；胸腹部两侧有白色棱脊线；腹部两侧有深红色斑纹和点状斑列。

寄主　豆科 Fabaceae 苜蓿 *Medicago sativa*、野豌豆 *Vicia sepium*、米口袋 *Gueldenstaedtia verna*、白车轴草 *Trifolium repens*。

生物学　1 年多代，以幼虫越冬，成虫多见于 4 ~ 10 月。在山地、河沟和林缘均有活动，喜吸食花蜜。

分布　中国（黑龙江、北京、天津、山西、山东、河南、陕西、甘肃、青海、湖北、江西、湖南、广东、广西、重庆、四川、贵州、云南、西藏），缅甸，泰国，巴基斯坦，印度北部，不丹，尼泊尔。

大秦岭分布　区域内广布。

黎明豆粉蝶 *Colias heos* (Herbst, 1792)

Papilio heos Herbst, 1792, *In*: Jablonsky, *Naturs. Schmett*., 5: 213, pl. 144, f. 5-6. **Type locality**: Siberia.

Papilio aurora Esper, 1783, *Die Schmett. Th. I, Bd.*, 2(8): 161, pl. 83, f. 3. (preocc.); Grum-Grshimailo, 1890, *In*: Romanoff, *Mém. Lép*. 4: 301.

Colias aurora semenovi Shtandel, 1960, *Ent. Obozr.*, 39: 693; Winhard, 2000, *Butt. World*, 10: 10, pl. 12, f. 14.

Colias heos; Chou, 1994, *Mon. Rhop. Sin*.: 220; Wu, 2010, *Fauna Sin. Ins. Lep. Pieridae*, 52: 72; Wu & Xu, 2017, *Butts. Chin.*: 311, f. 312: 1-5.

Colias (*Eriocolias*) *heos*; Korb & Bolshakov, 2011, *Eversmannia Suppl.*, 2: 23.

形态 成虫：中型粉蝶。雌雄异型。两翅缘毛玫红色；翅正面橙红色。雄性前翅正面顶角区及外缘带黑褐色，较窄，顶角区稍加宽，内缘整齐；中室端斑黑色。反面顶角区及外缘区赭绿色，其余翅面橙黄色；后缘土黄色；亚外缘下半部的斑列明显或消失；中室端部眼斑黑色，瞳点白色。后翅正面基部黑色；前缘基部及后缘区淡黄色；中室端斑模糊；外缘带黑褐色。反面赭绿色；前缘中部有 1 个黑色小斑纹；中室端部有 2 个银白色斑纹，一大一小，并镶有玫红色外环；亚外缘斑列黄色。

雌性分基本型和白色型。基本型：翅面橙黄色；前翅黑色外缘带宽，内缘在 m_3 室凹入，带内有 1 列黄色斑纹，但 m_3 室的黄斑消失。后翅外缘带黑褐色；有时整个翅面都呈黑褐色；亚外缘区有 1 列黄色斑；反面颜色较雄性稍深。白色型：前翅正面白色，基部 1/3 和端部 1/3 灰黑色；中室端斑黑色；有 1 列断续的乳白色亚缘斑。后翅灰黑色，前缘区白色；中室端斑及亚缘斑列乳白色；反面前翅顶角及后翅赭绿色。

寄主 豆科 Fabaceae 车轴草 *Trifolium lucanicum*、广布野豌豆 *Vicia cracca*、黄芪 *Astragalus membranaceus*。

生物学 成虫多见于 6 ~ 8 月。在大秦岭亚高山的草甸、林缘及溪流河谷活动，飞翔较快。雌性喜访花。

分布 中国（黑龙江、吉林、辽宁、内蒙古、北京、河北、陕西、宁夏、甘肃、四川），俄罗斯，蒙古，朝鲜等。

大秦岭分布 陕西（长安、周至、眉县、太白、留坝、佛坪、汉滨、汉阴、石泉、宁陕、紫阳、镇安、山阳）、甘肃（麦积、文县、徽县、两当、卓尼、舟曲、碌曲）、四川（宣汉、青川、平武）。

豆粉蝶 *Colias hyale* (Linnaeus, 1758)

Papilio hyale Linnaeus, 1758; *Syst. Nat.* (ed. 10), 1: 469. **Type locality**: S. England.

Colias hyale; Grum-Grshimailo, 1890, *In*: Romanoff, *Mém. Lép.* 4: 293; Chou, 1994, *Mon. Rhop. Sin*.: 220; Wu, 2010, *Fauna Sin. Ins. Lep. Pieridae*, 52: 77; Yakovlev, 2012, *Nota lepid*., 35(1): 64; Wu & Xu, 2017, *Butts. Chin*.: 299, f. 304: 40-42.

Colias (Colias) hyale; Korb & Bolshakov, 2011, *Eversmannia Suppl*., 2: 22.

形态 成虫：中型粉蝶。翅雄性黄色，雌性白色；缘毛玫红色。前翅顶角区及外缘区有宽的黑褐色带，带中有黄色（雄）或白色（雌）斑列，但黑褐色带末端变窄，该处的浅色斑未包围在黑褐色带中，这是本种与斑缘豆粉蝶 *C. erate* 的主要区别特征；中室端斑黑色，圆形；翅基部灰黑色。反面顶角区黄色；前缘近亚顶区有 2 个红褐色斑纹；亚外缘斑列黑色。后翅正面黑色外缘带窄，有时断裂成斑列，不达臀角；亚外缘斑列模糊；中室端斑橙黄色。反面黄色；前缘中部有 1 个红褐色斑纹；亚外缘斑列明显或模糊；中室端斑 2 个相连，银白色，有黑红色外环。

寄主 豆科 Fabaceae 小冠花 *Coronilla varia*、苜蓿 *Medicago sativa*、百脉根 *Lotus corniculatus*、金雀儿 *Cytisus scoparius*、车轴草 *Trifolium lucanicum*、广布野豌豆 *Vicia cracca*。

生物学 成虫多见于 6 ～ 7 月。喜访花。

分布 中国（河南、陕西、甘肃、青海、新疆），俄罗斯，蒙古，欧洲中部及南部。

大秦岭分布 河南（内乡）、陕西（眉县）、甘肃（麦积、秦州、武山、文县、徽县、两当、礼县、碌曲）。

黧豆粉蝶 *Colias nebulosa* Oberthür, 1894

Colias nebulosa Oberthür, 1894; *Étud.d'Ent.*, 19: 8, pl. 8, f. 65. **Type locality**: China, Tchang-Kou.

Colias nebulosa; Chou, 1994, *Mon. Rhop. Sin.*: 221; Wu, 2010, *Fauna Sin. Ins. Lep. Pieridae*, 52: 81; Wu & Xu, 2017, *Butts. Chin.*: 305, f. 307: 12-20.

形态 成虫：中型粉蝶。缘毛黄色。翅端部斑纹变化较大。前翅正面白色，端部黑灰色或仅外缘部分黑灰色；亚外缘斑列条形，白色；亚缘带黑灰色；后缘基部密布黑色鳞片；中室端斑黑色。反面白色，顶角及前缘有淡黄色晕染。后翅正面灰黑色；白色中室端斑大，近圆形；外缘区 1 列乳白色条斑。反面赭绿色，密布黄色晕染；斑纹同后翅正面。

寄主 豆科 Fabaceae 黄芪属 *Astragalus* spp.。

生物学 成虫多见于 6 ～ 7 月。喜访花，常栖息于溪边湿地，多在草灌丛中活动。

分布 中国（甘肃、青海、四川、西藏）。

大秦岭分布 甘肃（文县、宕昌、玛曲）。

红黑豆粉蝶 *Colias arida* Alphéraky, 1889

Colias eogene var. *arida* Alphéraky, 1889, *In*: Romanoff, *Mem. Lep.*, 5: 76.

Colias arida; Chou, 1994, *Mon. Rhop. Sin.*: 221; Wu, 2010, *Fauna Sin. Ins. Lep. Pieridae*, 52: 83; Wu & Xu, 2017, *Butts. Chin.*: 305, f. 1024: 39-41.

形态 成虫：中型粉蝶。缘毛玫红色，有时有黄色毛混杂其间。雄性两翅正面橙红色或橙黄色。前翅端部黑褐色带纹宽；后缘基部黑色；中室端斑黑色。反面赭黄色；外缘斑列黄绿色，斑纹条形；亚缘斑列黑色；中室端部眼斑黑色，瞳点模糊。后翅正面前缘基部黄色，其余部分黑色；外缘黑带未达臀角；中室端斑红色；cu₂室密布黑色鳞片。反面赭黄绿色；亚外缘斑列红褐色，模糊；中室端斑银白色，外环玫瑰色。雌性前翅正面密布灰白色鳞片；基部灰褐色；端部灰黑色；亚外缘斑列乳白色；中室端斑黑色。反面白色；顶角有黄绿色晕染；亚缘下半部有黑色斑列。后翅正面密布灰黑色鳞片；外缘斑列白色；中室和前缘基部灰白色斑纹有或无。反面赭黄色，有灰黑色晕染；中室端斑红色，斑纹中间镶有白色小圆斑。

生物学 成虫多见于 6 ~ 7 月。喜访花。

分布 中国（内蒙古、甘肃、青海、新疆、西藏）。

大秦岭分布 甘肃（文县、合作、舟曲、碌曲）。

曙红豆粉蝶 *Colias eogene* C. & R. Felder, 1865

Colias eogene C. & R. Felder, 1865, *Reise Fregatte Novara*, Bd 2 (Abth. 2) (2): 196, pl. 27, f. 7. **Type locality**: Himalaya.

Colias eogene; Grum-Grshimailo, 1890, *In*: Romanoff, *Mém. Lép.* 4: 298, 329, pl. 5, f. 1a-c; Chou, 1994, *Mon. Rhop. Sin.*: 222; Wu, 2010, *Fauna Sin. Ins. Lep. Pieridae*, 52: 89-91; Wu & Xu, 2017, *Butts. Chin.*: 315, f. 317: 20.

Colias (Eriocolias) eogene; Korb & Bolshakov, 2011, *Eversmannia Suppl.* 2: 23.

形态 成虫：中型粉蝶。缘毛玫红色。两翅正面多黄色。雄性前翅基部及翅脉黑色；端部黑褐色带纹宽；中室端斑黑色，圆形。反面前缘及外缘区淡黄绿色，其余翅面橙黄色；亚外缘斑列褐色；中室端部眼斑黑色，瞳点白色。后翅正面前缘和外缘带黑褐色；中室端斑大，红色；cu₂室密布黑色鳞片和长毛。反面赭绿色；外缘区黄绿色；亚外缘斑列模糊；中室端斑银白色，有宽而边缘不齐的玫瑰色外环。雌性两翅正面端部黑带内镶有 1 列橙色斑纹；个体较雄性稍大。后翅正面密布灰褐色鳞片，散布橙红色鳞片。

寄主 豆科 Fabaceae 膜荚黄芪 *Astragalus membranaceus*。

生物学 成虫多见于 7 月。喜访花。

分布 中国（甘肃、青海、新疆、西藏），蒙古，吉尔吉斯斯坦，塔吉克斯坦，阿富汗，巴基斯坦，印度。

大秦岭分布 甘肃（宕昌）。

山豆粉蝶 *Colias montium* Oberthür, 1886

Colias montium Oberthür, 1886, *Étud. d'Ent.* 11: 16, pl. 6, f. 1. **Type locality**: Sinkiang, Ta-Tsien-Lou.

Colias montium; Grum-Grshimailo, 1890, *In*: Romanoff, *Mém. Lép.* 4: 298; Chou, 1994, *Mon. Rhop. Sin.*: 222; Wu, 2010, *Fauna Sin. Ins. Lep. Pieridae*, 52: 78; Wu & Xu, 2017, *Butts. Chin.*: 305, f. 306: 7-10, 307: 11.

形态　成虫：中型粉蝶。雌雄异型。缘毛玫红色。雄性：前翅正面颜色及斑纹黄色；基部及翅脉黑色；端部黑褐色带纹宽，内缘 V 形，中间镶有 1 列斑纹，其中 m_3 室斑纹消失；中室端斑黑色，圆形。反面前缘及外缘区淡黄绿色，其余翅面黄色；亚外缘下半部有 1 列黑褐色斑纹；中室端部眼斑黑色，白色瞳点有或无。后翅正面淡黄色；翅面密布黑灰色鳞片；顶角区黑色；外缘带及前缘基部黄色；中室端斑大，橙黄色。反面赭绿色；前缘中部有 1 个红褐色斑纹；外缘区黄色；中室端斑银白色，有玫瑰色外环。雌性翅面及斑纹白色。

寄主　豆科 Fabaceae。

生物学　成虫多见于 5 ~ 8 月。喜访花，常停息在岩石上，多活动于高山草甸环境。

分布　中国（甘肃、青海、四川、西藏）。

大秦岭分布　甘肃（康县、合作、碌曲）。

西番豆粉蝶 Colias sifanica Grum-Grshimailo, 1891

Colias sifanica Grum-Grshimailo, 1891, Horae Soc. ent. Ross., 25(3-4): 447. **Type locality**: China, Amdo, Kukunor.

Colias sifanica; Chou, 1994, Mon. Rhop. Sin.: 222; Wu, 2010, Fauna Sin. Ins. Lep. Pieridae, 52: 92; Wu & Xu, 2017, Butts. Chin.: 311, f. 313: 12-15.

形态　成虫：中小型粉蝶。缘毛白色。两翅正面雄性黄色，雌性白色；基部黑色；翅脉两侧密布灰黑色鳞片。前翅端缘条斑列及亚缘带灰黑色，亚缘带未达后缘，外侧与端缘斑列相连；中室端斑黑色，中心白色；反面顶角黄色。后翅正面翅脉两侧密布的灰黑色鳞片形成的带纹在翅面呈放射状排列；中室有 1 个白色梭形斑纹。反面赭绿色或赭黄色；外缘斑列淡黄色，斑纹条形；中室端部有 1 个白色梭形斑纹。

寄主　豆科 Fabaceae 锦鸡儿 Caragana sinica、棘豆属 Oxytropis spp.。

生物学　成虫多见于 7 月。喜访花，常停息在岩石上，多在草灌丛中活动。

分布　中国（甘肃、青海）。

大秦岭分布　甘肃（合作、卓尼、碌曲）。

黄粉蝶属 Eurema Hübner, [1819]

Eurema Hübner, [1819], Verz. bek. Schmett., (6): 96. **Type species**: Papilio delia Cramer, [1780].

Abaeis Hübner, [1819], Verz. bek. Schmett., (7): 97. **Type species**: Papilio nicippe Cramer, [1779]; Yata, 1989, Bull. Kitakyushu Mus. Nat. Hist, 9: 52.

Terias Swainson, [1821], Zool. Illustr., (1)1: pl. 22. **Type species**: Papilio hecabe Linnaeus, 1758; Godman & Salvin, [1889], Biol. centr.-amer., Lep. Rhop., 2:154.

Xanthidia Boisduval & Le Conte, [1829], *Hist. Lép. Am. Sept.*, (5/6): 48. **Type species**: *Papilio nicippe* Cramer, [1779].

Heurema Agassiz, [1847], *Nom. zool.* (Index univ.): 181 (emend. *Eurema* Hübner, [1819]).

Pyrisitia Butler, 1870, *Cistula ent.*, 1: 35, 55. **Type species**: *Papilio proterpia* Fabricius, 1775.

Sphaenogona Butler, 1870, *Cistula ent.*, 1: 35, 44. **Type species**: *Terias bogotana* C. & R. Felder, 1861.

Terias (Pierinae); Moore, [1881], *Lepid. Ceylon*, 1(3): 118.

Kibreeta Moore, [1906], *Lep. Ind.*, 7(75): 36. **Type species**: *Papilio libythea* Fabricius, 1798.

Nirmula Moore, [1906], *Lep. Ind.*, 7(75): 40. **Type species**: *Terias venata* Moore, 1857.

Teriocolias Röber, [1909], *In*: Seitz, *Grossschmett. Erde*, 5: 89. **Type species**: *Terias atinas* Hewitson, 1874; Winhard, 2000, *Butt. World*, 10: 11.

Eurema (Coliadinae); Chou, 1998, *Class. Ident. Chin. Butt.*: 28; Winhard, 2000, *Butt. World* 10: 13; Vane-Wright & de Jong, 2003, *Zool. Verh. Leiden*, 343: 97; Wu, 2010, *Fauna Sin. Ins. Lep. Pieridae*, 52: 108.

Terias (Callidryini); Korb & Bolshakov, 2011, *Eversmannia Suppl.*, 2: 24.

Eurema; Wu & Xu, 2017, *Butts. Chin.*: 319.

黄色。翅正面边缘常有黑色带纹，后翅有时会退化成脉上的斑点；反面有少数锈红色小点。前翅顶角不突出；R_1 脉分离；R_2 脉与 R_3 脉合并；R_4、R_5 脉与 M_1 脉共柄；顶角在 R_5 脉与 M_1 脉之间；M_2 脉与 M_1 脉远离。后翅圆阔；$Sc+R_1$ 脉长；无肩脉；Rs 脉与 M_1 脉基部接近。雄性翅上多有性标，位置和形状因种类而异。

雄性外生殖器：背兜膜质化；钩突小；囊突长；抱器内突复杂；阳茎轭片骨化弱；阳茎基半部部分膨大，端部长，细而弯曲。

雌性外生殖器：囊导管长；交配囊体圆；交配囊片横置于交配囊口，有 1 对粗侧刺和许多短刺；有囊尾。

寄主为豆科 Fabaceae、大戟科 Euphorbiaceae、鼠李科 Rhamnaceae、藤黄科 Guttiferae、马鞭草科 Verbenaceae、木兰科 Magnoliaceae、无患子科 Sapindaceae 和苏木科 Caesalpiniaceae 植物。

全世界记载 40 种，各大动物地理区均有分布。中国记录 7 种，大秦岭分布 5 种。

种检索表

1. 前翅顶角尖；外缘黑带仅达 Cu_2 脉 ·················· **尖角黄粉蝶 *E. laeta***

   前翅顶角不尖；外缘黑带通常到达后缘 ······························ 2

2. 前翅外缘带内侧在 m_3 和 cu_1 室末凹入 ·················· **无标黄粉蝶 *E. brigitta***

   前翅外缘带内侧在 m_3 和 cu_1 室凹入 ······························ 3

尖角黄粉蝶 *Eurema laeta* (Boisduval, 1836)

Terias laeta Boisduval, 1836, *Hist. nat. Ins., Spec. gén. Lépid.*, 1: 674. **Type locality**: Bengal.

Terias jaegeri Ménétnés, 1855, *Cat. lep. Petersb.*, 2: 84, 1: pl. 2, f. 1; Yata, 1989, *Bull. Kitakyushu Mus. Nat. Hist*, 9: 78.

Terias venata Moore, 1857, *In*: Horsfield & Moore, *Cat. lep. Ins. Mus. East India Coy,* (1): 65, pl. 2a, f. 2; Piepers & Snellen, 1909, *Rhop. Java*, [1]: 57, pl. 4, f. 2a-b; Butler, 1886, *Ann. Mag. nat. Hist.,* (5) 17(99): 213 (note, *Terias drona* group).

Terias laetissima Hewitson, 1862, 7, pl. 7, f. 45-46.

Terias santana C. & R. Felder, 1865, *Reise Freg. Nov.* Bd 2 (Abth. 2), (2): 211; Butler, 1886, *Ann. Mag. nat. Hist.*, (5) 17(99): 213 (note, *Terias drona* group).

Terias laeta; Moore, 1878a, *Proc. zool. Soc. Lond.*, (4): 836; Butler, 1886, *Ann. Mag. nat. Hist.,* (5) 17(99): 225 (note, *Terias herla* group) ; Wu & Xu, 2017, *Butts. Chin.*: 319, f. 322: 8-11.

Eurema (Eurema) laeta; Yata, 1989, *Bull. Kitakyushu Mus. Nat. Hist* 9: 78; Chou, 1994, *Mon. Rhop. Sin.*: 225; Wu, 2010, *Fauna Sin. Ins. Lep. Pieridae*, 52: 114.

Eurema laeta; Chou, 1994, *Mon. Rhop. Sin.*: 225; Yata, 1989, *Bull. Kitakyushu Mus. Nat. Hist*, 9: 79.

形态 成虫：小型粉蝶。两翅正面黄色，反面色稍淡。前翅顶角尖；前缘黑色带窄；顶角区黑色；外缘黑带最多达 Cu$_2$ 脉；反面中室端脉上有 1 个红褐色斑点。后翅阔圆；黑色外缘带窄，或退化成点斑列。反面多有褐色斑驳纹；中央有 1 条暗色直线，时有模糊。雄性在两翅贴合处有桃红色性标斑。翅的颜色、斑纹因季节及雌雄有变化。夏型前翅顶角尖锐度不及秋型。雄性翅浓黄色；前缘黑带明显；外缘黑带仅到达 Cu$_2$ 脉；后翅外缘黑带细。雌性翅色较淡而有黑色鳞片散布；外缘黑带止于 Cu$_1$ 脉。后翅顶角有黑斑；外缘黑带退化成脉端点。秋型雌雄性翅面的颜色斑纹相同；后翅外缘仅具脉端点。反面黄褐色；有 2 条红褐色带纹及数个小点斑。

卵：纺锤形；黄色。

幼虫：5 龄期。绿色；体表密布黑色颗粒状小点；体节多横褶皱，背面密生短毛；足基带白色。

蛹：黄绿色；头尾部突起较短；胸部突起宽大；胸腹部两侧有白色棱脊线。

寄主 豆科 Fabaceae 含羞草 *Mimosa pudica*、含羞草山扁豆 *Chamaecrista mimosoides*、胡枝子 *Lespedeza bicolor* 等。

生物学　1年多代，成虫多见于 3 ~ 11 月。飞行缓慢，多在草地及灌木丛中活动，有访花和地面吸水习性。卵单产于寄主植物嫩叶上。幼虫有吐丝做茧习性。老熟幼虫常在寄主植物或附近植物的杆上化蛹。

分布　中国（黑龙江、辽宁、山西、山东、河南、陕西、甘肃、江苏、安徽、浙江、湖北、江西、福建、台湾、广东、海南、香港、四川、贵州、云南），朝鲜，日本，印度，不丹，尼泊尔，孟加拉国，缅甸，越南，老挝，泰国，柬埔寨，斯里兰卡，菲律宾，马来西亚，印度尼西亚，澳大利亚。

大秦岭分布　陕西（太白、汉台、南郑、山阳、柞水）、甘肃（武都、文县、宕昌、舟曲）、四川（宣汉、安州、江油）。

宽边黄粉蝶 *Eurema hecabe* (Linnaeus, 1785)（图版 25：45—46）

Papilio hecabe Linnaeus, 1758, *Syst. Nat.* (Edn 10) 1: 470. **Type locality**: Hong Kong, S. China.

Papilio luzoniensis Linnaeus, 1764, *Mus. Lud. Ulr.*: 249. **Type locality**: Luzon.

Papilio rahel Fabricius, 1787, *Mant. Insect.*, 2: 22. **Type locality**: India.

Papilio chrysopterus Gmelin, 1790, *In*: Linnaeus, *Syst. Nat.* (edn 13) , 1(5): 2261.

Terias suava Boisduval, 1836, *Hist. nat. Ins., Spec. gén. Lépid.*, 1: 670.

Terias rahel; Boisduval, 1836, *Hist. nat. Ins., Spec. gén. Lépid.*, 1: 673; Butler, 1886, *Ann. Mag. nat. Hist.*, (5) 17(99): 223 (*Terias rahel* group).

Terias sinensis Lucas, 1852, *Revue Mag. Zool.*, (2) 4(9): 429. **Type locality**: China.

Terias hecabeoides Ménétnés, 1855, *Cat. lep. Petersb.*, 2: 85, 1: pl. 2, f. 2.

Terias aesiope Ménétnés, 1855, *Cat. lep. Petersb.*, 2: 85, 1: pl. 2, f. 3. **Type locality**: "Haiti".

Terias anemone C. & R. Felder, 1862, *Wien. ent. Monats.* 6 (1): 23. **Type locality**: Ningpo; Hong Kong.

Terias nikobariensis C. & R. Felder, 1862a, *Verh. zool.-bot. Ges. Wien*, 12(1/2): 480.

Terias fimbriata Wallace, 1867, *Trans. ent. Soc. Lond.*, (3) 4(3): 323. **Type locality**: Mussooree.

Terias nicobariensis [sic, recte *nikobariensis*]; Wallace, 1867, *Trans. ent. Soc. Lond.*, (3) 4(3): 325; Butler, 1886, *Ann. Mag. nat. Hist.*, (5) 17(99): 220 (*Terias hecabe* group).

Terias hebridina Butler, 1875, *Proc. zool. Soc. Lond.*, (4): 617, pl. 67, f. 8. **Type locality**: Tanna, New Hebrides.

Terias inanata Butler, 1875, *Proc. zool. Soc. Lond.* (4): 617. **Type locality**: Mota I.; Erromango, New Hebrides.

Terias pumilaris Butler, 1875, *Proc. zool. Soc. Lond.*, (4): 617, pl. 67, f. 7. **Type locality**: Tanna, New Hebrides.

Terias lifuana Butler, 1877, *Ann. Mag. nat. Hist.*, (4) 20(118): 355. **Type locality**: Lifu, Loyalty Is.

Terias sinapina Butler, 1877, *Ann. Mag. nat. Hist.*, (4) 20(118): 355. **Type locality**: Lifu, Loyalty Is.

Terias arcuata Moore, 1878, *Proc. zool. Soc. Lond.*, (3): 700. **Type locality**: Hainan.

Terias attenuata Moore, 1878, *Proc. zool. Soc. Lond.,* (3): 700. **Type locality**: Hainan.

Terias subdecorata Moore, 1878, *Proc. zool. Soc. Lond.,* (3): 699. **Type locality**: Hainan.

Terias suava; Moore, 1878a, *Proc. zool. Soc. Lond.,* (4): 836; Butler, 1886, *Ann. Mag. nat. Hist.,* (5) 17(99): 217 (*Terias senegalensis* group).

Terias hecabe; Moore, 1878a, *Proc. zool. Soc. Lond.,* (4): 836; Moore, [1881], *Lepid. Ceylon* 1(3): 118, pl. 45, f. 1, 1a-c; Wood-Mason & de Nicéville, 1881, *J. Asiat. Soc. Bengal,* 49 Pt.II (4): 235; Butler, 1886, *Ann. Mag. nat. Hist.,* (5) 17(99): 220 (*Terias hecabe* group); Piepers & Snellen, 1909, *Rhop. Java,* [1]: 58, pl. 4, f. 3a-i; Korb & Bolshakov, 2011, *Eversmannia Suppl.,* 2: 24.

Terias connexiva Butler, 1880, *Trans. ent. Soc. Lond.,* (4): 199, pl. 6, f. 12.

Terias hybrida Butler, 1880, *Trans. ent. Soc. Lond.,* (4): 199.

Terias mariesii Butler, 1880, *Trans. ent. Soc. Lond.,* (4): 198, pl. 6, f. 1.

Terias unduligera Butler, 1880a, *Proc. zool. Soc. Lond.:* 668. **Type locality**: "Formosa" [Taiwan, China].

Terias simulata Moore, [1881], *Lepid. Ceylon,* 1(3): 110, pl. 45, f. 2, 2a.

Terias hecabeoides; Moore, [1881], *Lepid. Ceylon,* 1(3): 119, pl. 45, f. 3, 3a-b; Butler, 1886, *Ann. Mag. nat. Hist.,* (5) 17(99): 220 (*Terias hecabe* group).

Terias apicalis Moore, 1882, *Proc. zool. Soc. Lond.* (1) : 253, pl. 12, f. 2. **Type locality**: Kangra.

Terias excavata Moore, 1882, *Proc. zool. Soc. Lond.,* (1): 252. **Type locality**: Kangra.

Terias irregularis Moore, 1882, *Proc. zool. Soc. Lond.,* (1) : 253, pl. 12, f. 3. **Type locality**: Kangra.

Terias purrea Moore, 1882, *Proc. zool. Soc. Lond.,* (1) : 252. **Type locality**: Kangra.

Terias multiformis Pryer, 1882, *Trans. Ent. Soc. Lond.,* (3): 489.

Terias fraterna Moore, 1886, *J. Linn. Soc. Lond., Zool.,* 21(1): 46, pl. 4, f. 6. **Type locality**: Mergui.

Terias merguiana Moore, 1886, *J. Linn. Soc. Lond., Zool.,* 21 (1): 47, pl. 4, f. 7. **Type locality**: Mergui.

Terias patruelis Moore, 1886, *J. Linn. Soc. Lond., Zool.,* 21 (1): 46, pl. 4, f. 5. **Type locality**: Mergui.

Terias anguligera Butler, 1886, *Ann. Mag. nat. Hist.,* (5) 17 (99): 224, pl. 5, f. 10 (*Terias rahel* group). **Type locality**: Tondano.

Terias simplex Butler, 1886, *Ann. Mag. nat. Hist.,* (5) 17(99): 217 (*Terias floricola* group). **Type locality**: Kangra, NW. Himalayas.

Terias swinhoei Butler, 1886, *Ann. Mag. nat. Hist.,* (5) 17(99): 216 (*Terias floricola* group). **Type locality**: Bombay; Poona.

Terias anemone; Butler, 1886, *Ann. Mag. nat. Hist.,* (5) 17(99): 216 (*Terias floricola* group).

Terias fimbriata; Butler, 1886, *Ann. Mag. nat. Hist.,* (5) 17(99): 215 (*Terias blanda* group).

Terias hebridina; Butler, 1886, *Ann. Mag. nat. Hist.,* (5) 17(99): 219 (*Terias aesiope* group).

Terias inanata; Butler, 1886, *Ann. Mag. nat. Hist.,* (5) 17(99): 219 (*Terias aesiope* group).

Terias pumilaris; Butler, 1886, *Ann. Mag. nat. Hist.,*(5) 17(99): 216 (*Terias floricola* group).

Terias lifuana; Butler, 1886, *Ann. Mag. nat. Hist.,* (5) 17 (99): 216 (*Terias floricola* group).

Terias sinapina; Butler, 1886, *Ann. Mag. nat. Hist.,* (5) 17 (99): 216 (*Trias floricola* group).

Terias attenuata; Butler, 1886, *Ann. Mag. nat. Hist.,* (5) 17(99): 215 (*Terias blanda* group).

Terias connexiva; Butler, 1886, *Ann. Mag. nat. Hist.,* (5) 17 (99): 215 (*Terias blanda* group).

Terias hybrida; Butler, 1886, *Ann. Mag. nat. Hist.*, (5) 17(99): 216 (*Terias floricola* group).

Terias mariesii; Butler, 1886, *Ann. Mag. nat. Hist.*, (5) 17(99): 220 (*Terias hecabe* group).

Terias unduligera; Butler, 1886, *Ann. Mag. nat. Hist.*, (5) 17(99): 219 (*Terias aesiope* group).

Terias simulata; Butler, 1886, *Ann. Mag. nat. Hist.*, (5) 17(99): 220 (*Terias hecabe* group).

Terias apicalis; Butler, 1886, *Ann. Mag. nat. Hist.*, (5) 17(99): 216 (*Terias floricola* group).

Terias excavata; Butler, 1886, *Ann. Mag. nat. Hist.*, (5) 17(99): 220 (*Terias hecabe* group).

Terias irregularis; Butler, 1886, *Ann. Mag. nat. Hist.*, (5) 17 (99): 216 (*Terias floricola* group).

Terias purrea; Butler, 1886, *Ann. Mag. nat. Hist.*, (5) 17(99): 217 (*Terias senegalensis* group).

Terias narcissus; Butler, 1886, *Ann. Mag. nat. Hist.*, (5) 17(99): 215 (*Terias blanda* group).

Terias asphodelus; Butler, 1886, *Ann. Mag. nat. Hist.*, (5) 17(99): 216 (*Terias floricola* group).

Terias aesiope; Butler, 1886, *Ann. Mag. nat. Hist.*, (5) 17(99): 219 (*Terias aesiope* group).

Terias hecabe stankapura Fruhstorfer, 1910, *In*: Seitz, *Gross-Schmett. Erde,* 9: 167. **Type locality**: Bawean, Java, Bali and Lombok.

Terias blanda acandra Fruhstorfer, 1910, *In*: Seitz, *Gross-Schmett. Erde,* 9: 169. **Type locality**: Hong Kong.

Terias paroeana Strand, 1922, *Ent. Zeit.*, 36(5): 19. **Type locality**: "Formosa" [Taiwan, China].

Eurema ab. *jacouleti* Nakahara, 1941, *Zephyrus,* 9: 1-3.

Eurema hecabe; Holloway & Peters, 1976, *J. Nat. Hist.*, 10: 286; Chou, 1994, *Mon. Rhop. Sin.:* 225; Wu, 2010, *Fauna Sin. Ins. Lep. Pieridae,* 52: 118; Wu & Xu, 2017, *Butts. Chin.:* 319, f. 322: 12, 323: 13-17.

Eurema (*Terias*) *hecabe*; Vane-Wright & de Jong, 2003, *Zool. Verh. Leiden,* 343: 98.

形态 成虫：中小型粉蝶。两翅正面深黄色或淡黄色；反面色稍淡。前翅前缘黑褐色带窄；顶角区黑褐色至黑色；外缘黑色带宽，到达后缘，内侧在 m₃ 室与 cu₁ 室之间 U 形凹入。反面前缘及外缘各有 1 列黑色点斑；中室内有 2 个褐色斑纹，时有模糊或消失；中室端斑褐色。后翅正面外缘区黑褐色带窄。反面外缘区有 1 列黑色点斑；翅面均匀散布有数个黑褐色圈纹；中室端斑褐色，圈纹状。雄性色深；中室下缘脉两侧有长条形性标斑。

卵：近纺锤形；乳白色；表面有紧密排列的纵脊。

幼虫：1 ~ 2 龄幼虫黄绿色，半透明；密布白色长毛和刺毛。3 ~ 5 龄幼虫绿色；头黄绿色；各体节背面有 5 ~ 6 个横褶，上有成排的深绿色疣突和刺毛，刺毛末端球状。3 龄后开始出现白色足基带。

蛹：绿色至黄绿色；近菱角形；背面中部拱起，黄色；两侧有白色至淡黄色线纹；两端细锥状，黄色；腹末臀棘上有钩刺。

寄主 豆科 Fabaceae 合欢 *Albizia julibrissin*、阔荚合欢 *A. lebbeck*、山合欢 *A. kalkora*、大叶合欢 *A. lebbek*、银合欢 *Leucaena leucocephala*、金合欢 *Acacia farnesiana*、黑栲 *A. mollissima*、

花生 *Arachis hypogaea*、田菁 *Sesbania cannabina*、黄槐决明 *Senna surattensis*、决明 *S. tora*、截叶铁扫帚 *Lespedeza cuneata*；大戟科 Euphorbiaceae 黑面神 *Breynia fruticosa*、红珠子 *B. officinalis*、土密树 *Bridelia tomentosa*；鼠李科 Rhamnaceae 雀梅藤 *Sageretia theezans*；藤黄科 Guttiferae 黄牛木 *Cratoxylum cochinchinense* 等 60 余种植物。

生物学 1 年发生多代，世代重叠，以幼虫或成虫越冬，成虫多见于 3 ~ 11 月。常在山地、林缘、溪沟和丘陵活动，飞行缓慢，有访花和群集湿地吸水习性。卵散产于寄主叶面上。1 ~ 3 龄幼虫可吐丝下垂，随风迁移扩散，昼夜取食；4、5 龄幼虫食量大，约占总食量的 90% 以上。幼虫独居，有取食卵壳和皮蜕的习性，白天多栖息在叶背。老熟幼虫变为预蛹前停食 1 ~ 2 天，多数在寄主植物叶柄和小枝上或在周围的小灌木枝条上化蛹，少数在地被物上化蛹。

分布 中国（黑龙江、吉林、辽宁、北京、河北、山西、山东、河南、陕西、甘肃、江苏、安徽、浙江、湖北、江西、福建、台湾、广东、海南、香港、广西、重庆、四川、贵州、云南、西藏），朝鲜，韩国，日本，阿富汗，印度，尼泊尔，孟加拉国，缅甸，越南南部，泰国，柬埔寨，斯里兰卡，菲律宾，马来西亚，新加坡，印度尼西亚，澳大利亚，非洲。

大秦岭分布 河南（登封、镇平、内乡、西峡、洛宁、栾川、嵩县、陕州）、陕西（临潼、长安、蓝田、鄠邑、周至、渭滨、陈仓、岐山、眉县、太白、凤县、华州、汉台、南郑、洋县、西乡、勉县、宁强、略阳、留坝、佛坪、汉滨、平利、岚皋、紫阳、汉阴、石泉、宁陕、商州、丹凤、商南、山阳、镇安、柞水、洛南）、甘肃（麦积、秦州、武山、武都、康县、文县、宕昌、成县、徽县、两当、礼县、合作、临潭、卓尼、舟曲、迭部、碌曲、玛曲、漳县、岷县）、湖北（兴山、南漳、保康、神农架、郧阳、郧西、竹溪）、重庆（巫溪、城口）、四川（宣汉、南江、昭化、朝天、青川、都江堰、绵竹、安州、江油、北川、平武、汶川）。

安迪黄粉蝶 *Eurema andersoni* (Moore, 1886)

Terias andersoni Moore, 1886, *J. Linn. Soc. Lond., Zool.*, 21(1): 47. **Type locality**: Mergui, S. Myanmar.
Eurema andersoni; Chou, 1994, *Mon. Rhop. Sin.*: 226; Wu, 2010, *Fauna Sin. Ins. Lep. Pieridae*, 52: 126; Wu & Xu, 2017, *Butts. Chin.*: 320, f. 324: 28-33.

形态 成虫：中小型粉蝶。两翅正面柠檬黄色；反面色稍淡。前翅前缘黑色带窄；顶角区黑色；外缘黑色带宽，直到后角，内侧在 M_3 脉与 Cu_2 脉之间 U 形凹入。反面前缘及外缘各有 1 列黑色点斑；亚顶斑清晰或退化；中室中部有 1 个近 W 形褐色斑纹，时有模糊；中室端斑黑褐色。后翅正面外缘带黑褐色，内缘锯齿形，边界模糊。反面外缘区脉端有 1 列黑色点斑；翅面散布有 3 列黑褐色波纹，基部 1 列，中域 2 列，从前缘伸至后缘；中室端斑褐色，环纹状。雄性色稍深；前翅中室下缘脉基部有红褐色条斑形性标。有干湿季型之分。干季型前翅外缘带窄，凹陷浅；亚顶斑大，有时到达前缘。后翅外缘带窄，有时退化成点斑列。

卵：近纺锤形；乳白色；表面有紧密排列的纵脊。

幼虫：绿色；头深绿色；各体节背面密布横褶，上有成排的深绿色疣突和刺毛，刺毛末端球状；足基带白色。

蛹：绿色；近菱角形；背面中部拱起；两侧有淡黄色棱脊；两端细锥状。

寄主　鼠李科 Rhamnaceae 翼核果 *Ventilago leiocarpa*、美丽翼核果 *V. elegans* 等。

生物学　1 年多代，成虫多见于 4 ~ 9 月。飞行缓慢，喜访花。

分布　中国（北京、河南、甘肃、江苏、安徽、浙江、湖北、江西、福建、台湾、广东、海南、广西、重庆、四川、贵州、云南），印度，缅甸，越南，老挝，泰国，斯里兰卡，马来西亚，新加坡，印度尼西亚。

大秦岭分布　河南（汝阳）、甘肃（文县）、湖北（神农架）、四川（平武）。

檗黄粉蝶 *Eurema blanda* (Boisduval, 1836)

Terias blanda Boisduval, 1836, *Hist. nat. Ins., Spec. gén. Lépid.*, 1: 672. **Type locality**: Java.

Terias phanospila C. & R. Felder, 1865, *Reise Freg. Nov.*, Bd 2(Abth. 2) (2): 209; Butler, 1886, *Ann. Mag. nat. Hist.*, (5) 17(99): 220 (*Terias hecabe* group).

Terias citrina Moore, [1881], *Lepid. Ceylon*, 1(3): 119, pl. 45, f. 4, 4a (preocc. *Terias citrina* Poey, [1852]); Butler, 1886, *Ann. Mag. nat. Hist.*, (5) 17(99): 220 (*Terias hecabe* group).

Terias rotundalis Moore, [1881], *Lepid. Ceylon*, 1(3): 120, pl. 46, f. 1, 1a-b; Butler, 1886, *Ann. Mag. nat. Hist.*, (5) 17(99): 217 (*Terias senegalensis* group).

Terias uniformis Moore, [1881], *Lepid. Ceylon*, 1(3): 120, pl. 46, f. 2, 2a-b.

Terias blanda; Butler, 1886, *Ann. Mag. nat. Hist.*, (5) 17(99): 215(*Terias blanda* group).

Eurema blanda; Chou, 1994, *Mon. Rhop. Sin.*: 225; Wu, 2010, *Fauna Sin. Ins. Lep. Pieridae*, 52: 122; Wu & Xu, 2017, *Butts. Chin.*: 320, f. 323: 21-22, 324: 23-27.

Eurema (Terias) blanda; Vane-Wright & de Jong, 2003, *Zool. Verh. Leiden*, 343: 98.

形态　成虫：中型粉蝶。与安迪黄粉蝶 *E. andersoni* 相似，主要区别为：前翅反面中室内有 3 个斑纹；有干湿季型之分。雌雄性和季节型的差异与宽边黄粉蝶 *E. hecabe* 相似。

前后翅外缘黑带宽窄个体间差异甚大。雌性前后翅外缘黑色部分较雄性宽。春型翅面黑色部分不发达，后翅有小黑点。雄性性标淡橙红色，狭长，通常止于 Cu_2 脉分出点的近前方。

卵：纺锤形；表面密布纵脊；初产为乳白色，孵化前变成黄色。

幼虫：5 龄期。体黄绿色；头部黑色。老熟幼虫细长，圆柱形，体背密布横皱纹和成排的黑色瘤突及刺毛，足基带淡黄色。

蛹：菱角形；初为紫红色，后渐变成黑褐色或黄色，低温时颜色较深；两端锥形；背中部突起明显。

寄主 豆科 Fabaceae 领垂豆 *Pithecellobium lucidum*、铁刀木 *Senna siamea*、粉叶决明 *S. sulfurea*、黄槐决明 *S. surattensis*、决明 *S. tora*、大叶合欢 *Albizia lebbek*、黄豆树 *A. procera*、银合欢 *Leucaena leucocephala*、大托叶云实（刺果苏木）*Caesalpinia crista*、莲实藤 *C. globulcrum*、格木 *Erythrophleum fordii*、凤凰木 *Delonix regia*、顶果树 *Acrocarpus fraxinifolius*；马鞭草科 Verbenaceae 石梓 *Gmelina chinensis*；木兰科 Magnoliaceae 醉香含笑 *Michelia macclurei*。

生物学 1年多代，世代重叠，成虫多见于3～11月。成虫采食花蜜作为补充营养。卵聚产在寄主植物的幼嫩部位，排列规律，每次产卵可达100余粒。幼虫有群集性，当一处叶片被食光后，便集体转移到新叶片上危害，有取食卵壳和皮蜕习性。老熟幼虫化蛹前先吐丝做垫，然后用尾足钩在垫上，并将丝绕于腰部后化蛹，多倒挂于叶背。

分布 中国（湖北、安徽、湖南、福建、台湾、广东、海南、香港、广西、重庆、四川、贵州、云南、西藏），印度，越南，斯里兰卡，菲律宾，马来西亚，印度尼西亚，澳大利亚。

大秦岭分布 湖北（神农架）、四川（青川、平武）。

无标黄粉蝶 *Eurema brigitta* (Stoll, [1780])

Papilio brigitta Stoll, [1780], *In*: Cramer, *Uitl. Kapellen,* 4(26b-28): 82, pl. 331, f. B, C. **Type locality**: Guinea, W. Africa.

Terias brigitta; Butler, 1886, *Ann. Mag. nat. Hist.*, (5) 17(99): 214 (*Terias drona* group).

Eurema brigita[sic, recte *brigitta*]; Kudrna, 1974, *Atalanta*, 5: 96.

Eurema (*Eurema*) *brigitta*; Yata, 1989, *Bull. Kitakyushu Mus. Nat. Hist,* 9: 61; Vane-Wright & de Jong, 2003, *Zool. Verh. Leiden*, 343: 97.

Eurema brigitta; Chou, 1994, *Mon. Rhop. Sin.*: 226; Wu, 2010, *Fauna Sin. Ins. Lep. Pieridae*, 52: 110; Wu & Xu, 2017, *Butts. Chin.*: 319, f. 322: 1-7.

形态 成虫：中小型粉蝶。有干湿季型之分。湿季型：两翅黄色至淡黄色；反面色稍淡。前翅正面前缘带、外缘带及顶角区黑褐色；外缘带内侧锯齿形；基部散布有黑褐色鳞粉。反面前缘及外缘有点斑列；中室端斑2个，点状。后翅正面顶角区及外缘带黑褐色；外缘带内侧锯齿形，有时带纹退化成斑列；基部散布有黑褐色鳞粉。反面外缘有点斑列；翅面散布有黑褐色点状斑和模糊带纹。雄性无性标斑。干季型：前翅顶角较尖；前缘带及外缘带较窄。

卵：纺锤形；淡黄色；端部白色。

幼虫：5 龄期。1 龄幼虫黄色；头部褐色，密布疣突和黑色长毛。老熟幼虫圆柱形；淡绿色；体背密布横皱纹和成排的白色瘤突及刺毛；背中线深绿色；足基带淡黄色。

蛹：菱角形；淡绿色；两端锥形；背中部隆起明显；两侧有白色棱脊。

寄主　豆科 Fabaceae 含羞草山扁豆 *Chamaecrista mimosoides*、海红豆 *Adenanthera pavonlna*、叶围涎树 *Pithecellobium lobatum*、三点金 *Desmodium triflorum*；无患子科 Sapindaceae 赤才 *Lepisanthes rubiginosa*；藤黄科 Guttiferae 狭叶金丝桃 *Hypericum aethiopicum*。

生物学　1 年多代，世代重叠，成虫 3 ~ 10 月发生。飞行缓慢，喜访花。卵散产在寄主植物的叶上面。幼虫有取食卵壳和皮蜕的习性。老熟幼虫在叶下面或叶柄下化蛹。

分布　中国（陕西、甘肃、江西、湖南、福建、台湾、广东、海南、香港、广西、四川、贵州、云南），印度，尼泊尔，缅甸，越南，泰国，斯里兰卡，马来西亚，印度尼西亚，巴布亚新几内亚、澳大利亚、非洲。

大秦岭分布　四川（都江堰、安州）。

钩粉蝶属 *Gonepteryx* Leach, [1815]

Gonepteryx Leach, [1815], *In*: Brewster, *Edinburgh Ency*. 9 (1): 127. **Type species**: *Papilio rhamni* Linnaeus, 1758.

Gonoptera Billberg, 1820, *Enum. Ins. Mus. Billb*.: 76 (unjust. emend.).

Rhodocera Boisduval & Le Conte, [1830], *Hist. Lép. Am. Sept*., (7/8): 70. **Type species**: *Papilio rhamni* Linnaeus, 1758.

Earina Speyer, 1839, *Isis* (Oken): 98. **Type species**: *Papilio rhamni* Linnaeus, 1758.

Goniapteryx Westwood, 1840, *Introd. Class. Ins*., 2: 87 (unjust. emend., preocc. *Goniapteryx* Perty, 1833).

Goniopteryx Burmeister, 1878, *Descr. phys. Rép. Arg*., 5: 75, 104 (unjust. emend.).

Gonopteryx Schatz, [1886], *In*: Staudinger & Schatz, *Exot. Schmett., Bd* 1 (Th. 2, Lief. 2): 68 (unjust. emend.).

Eugonepteryx Nekrutenko, 1968, *Phylog. Geo. Distr. Gen. Gonepteryx*. Kiev, Naukova Dumka: 46. **Type species**: *Papilio rhamni* Linnaeus, 1758.

Lsogonepteryx Nekrutenko, 1968, *Phylog. Geo. Distr. Gen. Gonepteryx*. Kiev, Naukova Dumka: 57. **Type species**: *Papilio cleopatra* Linnaeus, 1767.

Gonepteryx; Winhard, 2000, *Butt. World*, 10: 11; Wu & Xu, 2017, *Butts. Chin*.: 326.

Gonepteryx (Callidryini); Korb & Bolshakov, 2011, *Eversmannia Suppl*., 2: 24.

Gonepteryx (Coliadinae); Chou, 1998, *Class. Ident. Chin. Butt*.: 29; Wu, 2010, *Fauna Sin. Ins. Lep. Pieridae*, 52: 136.

雄性黄色或淡黄色，雌性黄色、淡黄白色或淡绿白色。翅短阔，略呈方形；两翅中室端斑多橙红色或红褐色。前翅顶角钩状外突，尖角在 R_5 脉与 M_1 脉之间；M_2 脉接近中室上角而远离 M_3 脉。后翅无肩脉；$Sc+R_1$ 脉很长；Rs 脉明显粗壮；R_5 脉与 M_1 脉基部接近；外缘在 Cu_1 脉处尖出。

雄性外生殖器：背兜短；钩突指钩状；抱器末端尖；囊突及阳茎细长。

寄主为鼠李科 Rhamnaceae、豆科 Fabaceae、杜鹃花科 Ericaceae、十字花科 Brassicaceae 植物。

全世界记载 13 种，分布于欧亚大陆。中国记录 6 种，大秦岭分布 5 种。

种检索表

尖钩粉蝶 *Gonepteryx mahaguru* Gistel, 1857（图版 26：47—48）

Gonepteryx mahaguru Gistel, 1857, *Achth. zwanz. Unb. Insekt*.: 93; Kudma, 1975, *Ent. Gaz*., 26(1): 23.

Rhodovera mahaguru Gistel, 1857, *Vacuna*, 2 (2): 60.

Gonepteryx zaneka; Moore, 1865, *Proc. zool. Soc. Lond*., (2): 493, pl.31, f. 18. **Type locality**: NW. Himalayas.

Gonepteryx mahaguru; Chou, 1994, *Mon. Rhop. Sin*.: 227; Wu, 2010, *Fauna Sin. Ins. Lep. Pieridae*, 52: 138; Wu & Xu, 2017, *Butts. Chin*.: 326, f. 328: 1.

形态 成虫：中型粉蝶。前翅顶角尖钩形外突。雄性前翅淡黄色；前缘及外缘脉端点红褐色；中室端斑红褐色。后翅淡黄色至黄绿色；外缘脉端点红褐色；亚缘区有 1 列黑褐色点斑列，时有模糊；Cu_1 脉端部齿状尖出；中室端斑大，橙红色。反面中室端斑锈红色；亚缘区黑褐色点斑列较清晰。雌性翅淡绿色或淡黄白色；前翅顶角钩状突比雄性更显著。反面淡黄色、白色或淡绿色；中室端斑较小，暗褐色；Rs 脉粗壮。

寄主　鼠李科 Rhamnaceae 鼠李 *Rhamnus davurica*、东北鼠李 *R. schneideri*、枣 *Ziziphus jujuba*、酸枣 *Z. jujuba* var. *spinosa*；豆科 Fabaceae 黄槐决明 *Senna surattensis* 等。

生物学　1年1代，以成虫越冬，成虫多见于6～8月。有吸食花蜜习性，炎热的中午前后，常群栖在阳光直射不到的山壁上和潮湿阴凉的凹穴内。

分布　中国（黑龙江、吉林、辽宁、内蒙古、北京、天津，河北、山西、河南、陕西、甘肃、安徽、浙江、湖北、江西、台湾、广东、重庆、四川、贵州、云南、西藏），朝鲜，日本，克什米尔地区，尼泊尔，缅甸北部。

大秦岭分布　河南（内乡、西峡、南召、嵩县、栾川）、陕西（蓝田、长安、鄠邑、周至、渭滨、陈仓、岐山、眉县、太白、凤县、华州、华阴、汉台、南郑、洋县、西乡、略阳、镇巴、留坝、佛坪、汉滨、平利、岚皋、汉阴、石泉、镇坪、宁陕、商州、丹凤、山阳、镇安、柞水、洛南）、甘肃（麦积、秦州、武山、武都、康县、文县、徽县、两当、礼县、迭部、碌曲、漳县）、湖北（南漳、神农架、竹溪）、重庆（巫溪、城口）、四川（宣汉、朝天、剑阁、青川、江油、平武）。

钩粉蝶 *Gonepteryx rhamni* (Linnaeus, 1758)

Papilio rhamni Linnaeus, 1758, *Syst. Nat.* (Edn 10), 1: 470. **Type locality**: Sweden.

Gonepteryx rhamni; Chou, 1994, *Mon. Rhop. Sin.*: 229; Wu, 2010, *Fauna Sin. Ins. Lep. Pieridae*, 52: 144; Korb & Bolshakov, 2011, *Eversmannia Suppl.*, 2: 24; Wu & Xu, 2017, *Butts. Chin.*: 327, f. 329: 11-12.

形态　成虫：中型粉蝶。雄性前翅正面黄色；前缘和外缘有红褐色脉端点斑；中室端脉上有1个暗橙红色圆斑。反面淡黄色；前缘多乳白色。后翅正面黄色至黄绿色；外缘有红褐色脉端点斑；中室端脉上有1个橙红色大圆斑；Cu$_1$脉端齿状突出。反面白绿色；中室端斑紫褐色；Rs脉粗壮；亚缘区黑褐色点斑列时有模糊。雌性翅白色。

与尖钩粉蝶 *G. mahaguru* 较相似，主要区别是：前翅外缘前段较平直；顶角尖出小。后翅 Rs 脉明显粗大；翅的边缘有明显的脉端红点。雌性翅色为白色，非淡绿色；雄性前翅反面前缘区至顶角区淡黄色。

卵：纺锤形。

幼虫：绿色；细筒形，两端尖；足基带白色。

蛹：绿色至黄色；菱角形；胸背部拱形突起；两端尖锥状突起；两侧各有1条黄色细带纹。

寄主　鼠李科 Rhamnaceae 鼠李 *Rhamnus davurica*、欧鼠李 *R. frangula*、药鼠李 *R. cathartica*、铁包金 *Berchemia lineata*；杜鹃花科 Ericaceae 越橘属 *Vaccinium* spp.。

生物学　1年1代，以成虫越冬，成虫多见于 4 ~ 8 月。栖息在开阔的稀疏林地，常在林缘、山地活动，飞行迅速，喜吸食花蜜和湿地吸水。

分布　中国（黑龙江、吉林、内蒙古、北京、河南、陕西、甘肃、宁夏、新疆、安徽、浙江、湖北、江西、福建、广东、重庆、四川、贵州、云南、西藏），朝鲜，日本，印度，尼泊尔，欧洲，非洲。

大秦岭分布　河南（登封、内乡、西峡、栾川、陕州）、陕西（周至、眉县、太白、凤县、汉台、洋县、西乡、镇巴、留坝、佛坪、宁陕、商南）、甘肃（麦积、秦州、武山、武都、文县、徽县、两当、礼县、合作、迭部、碌曲、玛曲、漳县）、湖北（当阳、神农架、武当山）、重庆（城口）。

圆翅钩粉蝶 *Gonepteryx amintha* Blanchard, 1871（图版 27：50—51）

Gonepteryx amintha Blanchard, 1871, *C. R. hebd. Seanc. Acad. Sci.*, 72: 810. **Type locality**: Tibet, Mou-pin.

Gonepteryx amintha; Chou, 1994, *Mon. Rhop. Sin.*: 229; Wu, 2010, *Fauna Sin. Ins. Lep. Pieridae*, 52: 146; Wu & Xu, 2017, *Butts. Chin.*: 327, f. 330: 13-18.

形态　成虫：中大型粉蝶。雄性前翅顶角较钝；正面柠檬黄色至橙黄色；前缘和外缘脉端点斑黑褐色；中室端斑圆，橙红色。反面前缘区淡黄绿色，其余翅面柠檬黄色；中室端斑红褐色。后翅柠檬黄色；外缘脉端点黑褐色；中室端斑大，橙红色；Cu_1 脉末端尖出不明显。反面较正面色稍偏绿；Rs 脉明显粗大；中室端斑紫褐色；亚缘区黑褐色点斑列时有模糊。雌性白色、黄色、淡黄白色或淡绿白色。与本属其他近似种相比，本种中室端斑明显偏大；后翅外缘尖出不明显或无尖出。

卵：子弹形；表面多纵脊；初产时嫩绿色，后变为黄色。

幼虫：5 龄期。初龄幼虫黄色，末龄幼虫头及足绿色；体蓝绿色；体背密布横皱纹、成排的黑色瘤突和短毛；足基带白色。

蛹：菱角形；背面黄色；腹面黄绿色；头顶有 1 个向上前方伸出的锥状突起；中胸背部拱形突起；翅基部有褐色斑；体侧有 1 纵列黑色小点斑。

寄主　鼠李科 Rhamnaceae 鼠李 *Rhamnus davurica*、琉球鼠李 *R. liukiuensis*、冻绿 *R. utilis*、台湾鼠李 *R. formosana*、圆叶鼠李 *R. globosa*、枣 *Ziziphus jujuba*；豆科 Fabaceae 黄槐决明 *Senna surattensis*；十字花科 Brassicaceae 山芥菜 *Rorippa indica*、荠菜 *Capsella bursapastoris* 等。

生物学　1年 1 ~ 2 代，以成虫越冬，成虫 4 ~ 10 月发生。常在高山、林缘活动，飞行迅速，喜访花和湿地吸水。卵单产在寄主植物嫩叶和新芽上。幼虫取食时常停栖于叶片的主脉上。老熟幼虫在寄主植物小枝条上化蛹。

分布 中国（河南、陕西、甘肃、安徽、浙江、湖北、江西、福建、台湾、广东、海南、重庆、四川、贵州、云南、西藏），俄罗斯（远东），朝鲜。

大秦岭分布 河南（内乡、西峡、灵宝）、陕西（长安、汉台、洋县、西乡、留坝、佛坪、宁陕）、甘肃（麦积、秦州、武山、武都、康县、文县、宕昌、徽县、两当、礼县、漳县）、湖北（兴山、神农架）、重庆（巫溪、城口）、四川（宣汉、青川、都江堰、安州、平武、汶川）。

淡色钩粉蝶 *Gonepteryx aspasia* (Ménétnés, 1859)

Gonopteryx aspasia Ménétnés, 1859, *In*: Schrenck, *Reise Forsch. Amur-Lande*, 2(1): 17. **Type locality**: Amur region.

Gonepteryx mahaguru aspasia Ménétnés, 1859a, *Bull. phys.-math. Acad. Sci. St. Pétersb.*, 17(12-14): 213; 227.

Gonepteryx mahaguru aspasia; Murayama, 1964, *Zs. Wiener ent. Ges.*, 49: 36; Chou, 1994, *Mon. Rhop. Sin.*: 227.

Gonepteryx aspasia; Kudma, 1975, *Ent. Gaz.*, 26(1): 25; Wu, 2010, *Fauna Sin. Ins. Lep. Pieridae*, 52: 139; Korb & Bolshakov, 2011, *Eversmannia Suppl.*, 2: 24; Wu & Xu, 2017, *Butts. Chin.*: 326, f. 328: 2-5.

形态 成虫：中型粉蝶。由尖钩粉蝶 *G. mahaguru* 的亚种提升而来，与其主要区别为后翅外缘锯齿极小或消失。雄性前翅正面柠檬黄色，翅周缘色变淡；前缘和外缘有褐色脉端点斑；中室端斑圆，橙红色。反面淡黄色；从基部经中室端脉顶角下方有 1 条乳黄色细带纹；中室端斑红褐色。后翅正面柠檬绿色；中室端斑小而圆，橙红色；外缘有位于脉端的黑色点斑列；亚缘区有 1 列黑色小点斑；Cu_1 脉末端尖出。反面中室端斑黑褐色；有 2 ~ 3 条脉纹变粗，尤其是 Rs 脉明显粗大。雌性白绿色；斑纹与雄性相似。

幼虫：5 龄期。初龄幼虫黄色，末龄幼虫绿色；体背密布横皱纹、黑色瘤突和短毛；足基带白色。

蛹：菱角形；黄绿色；头顶有 1 个黄色尖锥状突起；中胸背部拱形突起；胸侧有 1 条白色线纹。

寄主 鼠李科 Rhamnaceae 鼠李 *Rhamnus davurica*、冻绿 *R. utilis* 等。

生物学 成虫多见于 5 ~ 9 月。

分布 中国（黑龙江、吉林、辽宁、内蒙古、北京、河北、山西、河南、陕西、甘肃、青海、新疆、江苏、浙江、湖北、福建、四川、贵州、云南、西藏），俄罗斯（远东），朝鲜，日本。

大秦岭分布 陕西（长安、华州、留坝、佛坪、宁陕）、甘肃（麦积、康县、文县、成县）、湖北（神农架、武当山）、四川（青川、都江堰、汶川）。

大钩粉蝶 *Gonepteryx maxima* Butler, 1885（图版 27：49）

Gonepteryx maxima Butler, 1885, *Ann. Mag. nat. Hist.*, (5) 15(89): 407. **Type locality**: Japan.

Gonepteryx rhamni maxima; Kudrna, 1974, *Atalanta*, 5: 95.

Gonepteryx maxima; Wu, 2010, *Fauna Sin. Ins. Lep. Pieridae*, 52: 142; Korb & Bolshakov, 2011, *Eversmannia Suppl.*, 2: 24; Wu & Xu, 2017, *Butts. Chin.*: 326, f. 329: 8-10.

形态　成虫：大型粉蝶。由钩粉蝶 *G. rhamni* 的亚种提升而来，体型较大，颜色较浓。后翅中室端斑较前翅大，正面橙红色，反面红褐色。雄性前翅正面柠檬黄色，端缘色稍淡；顶角突出明显；外缘脉端点斑间多有褐色细线相连。反面顶角区及前缘区淡绿色；从基部经端脉至前缘顶角下方多有 1 条乳黄色细带纹。后翅 Cu$_1$ 脉末端尖出；外缘有 1 列黑色脉端点斑。反面淡绿色；外缘有位于脉端的黑色点斑列；亚缘区有 1 列黑色小点斑；有 2 ~ 3 条脉纹变粗，尤其是 Rs 脉粗大明显。雌性淡白绿色；斑纹与雄性相似。

寄主　鼠李科 Rhamnaceae 乌苏鼠李 *Rhamnus ussuriensis*。

生物学　1 年多代，成虫多见于 6 ~ 9 月。

分布　中国（黑龙江、辽宁、北京、陕西、江苏、湖北、湖南、广西、四川、贵州、云南），俄罗斯（远东），朝鲜，韩国，日本。

大秦岭分布　四川（都江堰）。

粉蝶亚科 Pierinae Duponchel, [1835]

Pierinae Duponchel, [1835], *In*: Godart, *Hist. Nat. Lepid.*, 22: 381.

Pierinae (Pieridae); Swainson, 1840, *Cabinet Cyclo.*: 87; Chou, 1998, *Class. Ident. Chin. Butt.*: 30; Winhard, 2000, *Butt. World*, 10: 4; Wu, 2010, *Fauna Sin. Ins. Lep. Pieridae*, 52: 149; Korb & Bolshakov, 2011, *Eversmannia Suppl.*, 2: 24.

翅多白色、黑色、黑褐色、黄色及橙红色；脉纹多黑色。前翅至少有 1 条 R 脉独立；M$_2$ 脉从中室端脉生出；有些种类前翅有红色或橙黄色斑带。后翅有黄色、红色斑带或反面为黄色；向外弯曲的肩脉发达。下唇须第 3 节长，多毛。

全世界记载 800 余种，分布于世界各地，以热带地区种类最多。中国记录 98 种，大秦岭分布 52 种。

族检索表

前翅脉纹 10 条或 11 条；翅多白色（少数橙色，有的种类后翅黄色）·········**粉蝶族 Pierini**

前翅脉纹 12 条；如 11 条，则雄性前翅端部有橙红色或黄色斑带·····················

·· **襟粉蝶族 Anthocharini**

粉蝶族 Pierini Duponchel, [1835]

Pierini Duponchel, [1835], *In*: Godart, *Hist. Nat. Lepid*., 22: 381.

Pierini (Pierinae); Chou, 1998, *Class. Ident. Chin. Butt*.: 30; Wu, 2010, *Fauna Sin. Ins. Lep. Pieridae*., 52: 149; Korb & Bolshakov, 2011, *Eversmannia Suppl*., 2: 26.

通常为白色的种类，少数种类橙色，有的后翅黄色或基部红色。前翅脉纹 10 条或 11 条。全世界记载近 700 种，分布于世界各地。中国记录 85 种，大秦岭分布 48 种。

属检索表

1. 前翅脉纹 11 条，其中 R_4 与 R_5 脉明显 ·· 2

   前翅脉纹 10 条，其中 R_4 脉消失或合并或极不明显 ····························· 4

2. 前翅 R_{2+3} 脉从中室前缘分出 ·· **园粉蝶属 Cepora**

   前翅 R_{2+3} 脉与 R_5 脉从中室上角同点分出 ································ 3

3. 前翅圆，中室长超过前翅长度的 1/2；R_4 与 R_5 脉共柄短··············· **妹粉蝶属 Mesapia**

   前翅中室长为前翅长度的 1/2；R_4 与 R_5 脉共柄长············· **绢粉蝶属 Aporia**

4. 后翅反面有黄色或红色斑 ··· **斑粉蝶属 Delias**

   白色种类，无红色或黄色斑 ··· 5

5. 后翅反面有云状斑 ··· **云粉蝶属 Pontia**

   后翅反面无云状斑 ·· 6

6. 后翅 $Sc+R_1$ 脉超过中室末端 ······························ **飞龙粉蝶属 Talbotia**

   后翅 $Sc+R_1$ 脉未达中室末端 ······························· **粉蝶属 Pieris**

斑粉蝶属 *Delias* Hübner, 1819

Delias Hübner, 1819; *Verz. bek. Schmett.*, (6): 91. **Type species**: *Papilio egialea* Cramer, [1777].

Cathaemia Hübner, [1819], *Verz. bek. Schmett.*, (6): 92. **Type species**: *Cathaemia anthyparete* Hübner, [1819].

Symmachlas Hübner, [1821], *Samml. exot. Schmett.*, 2: pl. [122]. **Type species**: *Papilio nigrina* Fabricius, [1775].

Thyca Wallengren, 1858, *Öfvers. Vet. Akad. Förh.*, 15: 76 (preocc.). Thyca & Adams, 1858 (Mollusca).
   Type species: *Papilio aganippe* Donovan, 1805.

Delias (Pierinae); Moore, [1881], *Lepid. Ceylon*, 1(4): 139; Chou, 1998, *Class. Ident. Chin. Butt.*: 31;Vane-Wright & de Jong, 2003, *Zool. Verh. Leiden*, 343: 105; Wu, 2010, *Fauna Sin. Ins. Lep. Pieridae*. 52: 155.

Piccarda Grote, 1900, *Proc. Amer. Phil. Soc.*, 39: 32. **Type species**: *Papilio eucharis* Drury, 1773.

Symmachlos; Klots, 1933, *Ent. Amer., Brooklyn* (n.s.), 12: 153, 204 (missp.).

Delias; Winhard, 2000, *Butt. World*, 10:16; Wu & Xu, 2017, *Butts. Chin.*: 334.

翅正面白色和黑色。前翅长三角形；前缘平弧形；外缘斜；后缘直；R 脉 3 条，R_1 脉从中室发出，R_{2+3} 与 R_{4+5} 脉共柄。后翅卵形；M_1 脉与 Rs 脉同柄；M_2 脉从中室端脉中部分出；中室稍长于后翅长的 1/2；中室端脉在 M_1 与 M_2 脉间较直；肩脉长，向外弯曲；$Sc+R_1$ 脉短，不及后翅前缘长度的 1/2；Cu_1 与 Cu_2 脉的距离大于 Cu_1 与 M_3 脉的距离。反面斑纹黄色或红色；雌性沿脉纹有黑色鳞。

雄性外生殖器：背兜略隆起；钩突爪状；囊突短；抱器阔，有些种类内膜上有圆孔、沟、短瓣或突起；阳茎较短，基部有 1 个盲突。

雌性外生殖器：囊导管细长；交配囊较圆；囊尾有或无；交配囊片哑铃形，多横置于交配囊的下半部。

寄主为桑寄生科 Loranthaceae、萝藦科 Asclepiadaceae、夹竹桃科 Apocynaceae、檀香科 Santalaceae 植物。

全世界记载 236 种，主要分布于东洋区和澳洲区。中国记录 11 种，大秦岭分布 6 种。

种检索表

1. 前翅反面中室长斑端部不分叉；后翅正面肩角斑纹梭形，模糊，淡黄色 ·······················
   ··· **内黄斑粉蝶 *D. patrua***
   前翅反面中室长斑端部分叉；后翅正面肩角斑纹椭圆形，黄色 ································· 2
2. 前后翅正面中室有完整的淡色长条斑 ··· **侧条斑粉蝶 *D. lativitta***
   前后翅正面中室无完整的淡色长条斑 ··· 3

侧条斑粉蝶 *Delias lativitta* Leech, 1893

Delias lativitta Leech, 1893a, *Butts. Chin. Jap. Cor.*, (2): 422, pl. 35, f. 1.

Delias lativitta; Chou, 1994, *Mon. Rhop. Sin.*: 234; Wu, 2010, *Fauna Sin. Ins. Lep. Pieridae*, 52: 167; Yoshino, 2017, *Butt. Sci.*, 9: 5; Wu & Xu, 2017, *Butts. Chin.*: 339, f. 340: 1-4, 341: 5-6.

形态 成虫：大型粉蝶。前翅正面黑色或黑褐色；亚外缘区有 1 列白斑；中室纵条斑白色；中域有 1 列白色长条斑，近 V 形排列，其中 cu_2 室的长条斑最长。反面亚外缘斑列上端的斑纹黄色。后翅卵形；正面亚外缘斑列白色，斑纹近圆形；中域有 1 列白色长条斑；前缘基部梭形斑黄色；中室梭形斑白色；后缘带黄色。反面亚外缘区斑列黄色，从臀角至前缘该列斑纹形状由圆形逐渐变为椭圆形；中域斑列覆有黄色晕染；肩区黄色；$sc+r_1$ 室基部梭形条斑黄色；中室梭形条斑基半部白色，端半部黄色；臀域黄色大块斑向基部延伸，但未达基部。

卵：黄色；炮弹形；表面有纵脊。

幼虫：体表密布灰白色刺毛。1 龄幼虫头部黑色；体黄色。2 龄幼虫头部黑色；体绿褐色。3～5 龄幼虫黑褐色；体表密生黄色颗粒；头部及第 10 腹节黑色；各体节背部侧面有 1 对黑斑。

蛹：黑褐色；头部前端突起 T 形；背线隆起；各体节前端微突；中胸两侧、前翅中央及腹节有白褐色斑纹；第 3 腹节有 3 对，第 4 腹节有 1 对侧突起。

寄主 桑寄生科 Loranthaceae 台湾槲寄生 *Viscum alnifrmosanae*、稠栎柿寄生 *V. articulatum*、槲寄生 *V. coloratum*、桑寄生 *Taxillus sutchuenensis*。

生物学 1 年 1 代，以幼虫越冬，成虫多见于 5～7 月。雄性多见于高海拔山区，喜在山顶开阔地滑翔、路旁或果园访花、溪流边的湿地吸水；雌性常见于花草丛。卵聚产在寄主叶片及枝条上，多产于远离地面的寄主树丛中。幼虫有群居性，3～4 龄幼虫集聚寄主周围或树缝内越冬，第二年气温回升后继续取食寄主叶片。老熟后化蛹于寄主枝条上。

分布 中国（陕西、甘肃、浙江、湖北、江西、福建、台湾、四川、贵州、云南、西藏），巴基斯坦，不丹，缅甸，老挝，泰国。

大秦岭分布 陕西（周至、留坝、宁陕）、甘肃（麦积、秦州、文县、徽县、两当）、湖北（神农架）。

隐条斑粉蝶 *Delias subnubila* Leech, 1893

Delias subnubila Leech, 1893a, *Butts. Chin. Jap. Cor.*, (2): pl. 35, f. 7-8.

Delias subnubila; Chou, 1994, *Mon. Rhop. Sin.*: 236; Wu, 2010, *Fauna Sin. Ins. Lep. Pieridae*. 52: 170; Wu & Xu, 2017, *Butts. Chin.*: 339, f. 341: 7-8.

形态　成虫：大型粉蝶。翅正面黑灰色至黑褐色；亚外缘区有 1 列小白斑；中室有边缘模糊的污白色斑纹；中域 1 列长条斑白色，其中 cu_2 室的斑最长。反面亚外缘斑列上端的斑纹黄色；中室有 1 个近 Y 形的白斑。后翅方阔。正面亚外缘斑列白色；中域有 1 列白色长斑纹；前缘基部有 1 个黄色梭形斑；中室长梭斑白色，模糊，后缘区基半部白色，端半部至臀角区黄色。反面亚外缘斑列黄色，该列斑纹形状从臀角至前缘由圆形逐渐变为椭圆形；中域斑列大小不一，斑纹白色，覆有黄色晕染；肩区黄色；$sc+r_1$ 室基半部有 1 个大水滴形黄色斑纹，尖端白色；中室梭形斑基部白色，其余黄色；臀域有被翅脉分割的黄色大块斑，但未达翅基部。雌性个体较大；后翅正面无黄色臀角斑。

生物学　成虫多见于 5 ~ 7 月。幼虫有群集性。

分布　中国（陕西、甘肃、湖北、重庆、四川、贵州、云南、西藏）。

大秦岭分布　陕西（长安、周至、西乡）、甘肃（麦积、秦州、文县、徽县）、湖北（神农架）、重庆（城口）、四川（平武）。

洒青斑粉蝶 *Delias sanaca* (Moore, 1857)

Pieris sanaca Moore, 1857, *Proc. zool. Soc. Lond.*, (333): 103, pl. 44, f. 4.

Pieris sanaca Moore, 1857, *In*: Horsfield & Moore, *Cat. lep. Ins. Mus. East India Coy*, (1): 79. **Type locality**: Darjeeling.

Delias flavalba Marshall, 1882, *Proc. zool. Soc. Lond.*, (4): 759.

Delias sanaca; Chou, 1994, *Mon. Rhop. Sin.*: 237; Wu, 2010, *Fauna Sin. Ins. Lep. Pieridae*. 52: 174; Wu & Xu, 2017, *Butts. Chin.*: 344, f. 345: 1-3.

形态　成虫：大型粉蝶。翅黑色；斑纹青蓝色。前翅正面斑纹较细小；亚外缘斑列斑纹箭头形；中域斑列退化，隐约不清，其中 cu_2 室的长条斑最长；中室斑纹模糊，仅剩端部斑纹隐约可见。反面斑纹较正面清晰；亚外缘斑列近前缘的斑纹黄色，其余白色；中室内有 1 个模糊的近 Y 形白斑。后翅方阔。正面亚外缘区有 1 列近三角形斑纹；中域 1 列条斑白色；前缘基部有 1 个清晰的大水滴状黄色斑；中室条斑仅端斑稍清晰；臀角区大斑黄色。反面亚外缘斑列黄色，从臀角至前缘该列斑纹形状由圆形逐渐变为椭圆形；中域斑长条形，斑纹白色，覆有黄色晕染；肩区黄色；$sc+r_1$ 室有 1 个黄色梭形斑纹；中室梭形斑黄色，基部白色；臀域有被翅脉分割的黄色大块斑，并伸至翅基部附近。

寄主 桑寄生科 Loranthaceae 桑寄生 *Taxillus sutchuenensis* 等。

生物学 成虫多见于 5 ~ 8 月。多生活于中海拔地区。

分布 中国（陕西、甘肃、湖北、重庆、四川、贵州、云南、西藏），印度，不丹，尼泊尔，缅甸，越南，泰国，马来西亚。

大秦岭分布 陕西（周至、凤县、南郑、宁陕）、甘肃（武都、康县、文县、成县）、湖北（神农架）、重庆（城口）、四川（都江堰）。

艳妇斑粉蝶 *Delias belladonna* (Fabricius, 1793)

Papilio belladonna Fabricius, 1793, *Ent. Syst.*, 3(1): 180, no. 557. **Type locality**: Yunnan, S. China.

Delias hearseyi Butler, 1885, *Ann. Mag. nat. Hist.*, (5) 15(85): 58. **Type locality**: Barrackpore.

Delias surya Mitis, 1893, *Dt. ent. Z. Iris*, 6(1): 132.

Delias belladonna; Butler, 1897, *Ann. Mag. nat. Hist.*, (6) 20(116): 160; Chou, 1994, *Mon. Rhop. Sin.*: 237; Wu, 2010, *Fauna Sin. Ins. Lep. Pieridae*, 52: 171; Wu & Xu, 2017, *Butts. Chin.*: 339, f. 342: 9-12, 343: 13-16.

形态 成虫：大型粉蝶。翅黑褐色至黑色；白色斑纹较模糊。前翅正面亚外缘斑列斑纹箭头形；中域斑列斑纹模糊不清，其中 cu_2 室的长条斑最长；中室长条斑模糊或消失。反面斑纹较正面清晰；亚外缘斑列近前缘斑纹黄色，其余白色；中室内有 1 个模糊的近 Y 形白斑。后翅方阔。正面亚外缘斑列斑纹近三角形；中域有 1 列不规则白色斑纹；前缘基部黄色斑近椭圆形；中室白斑模糊或消失；臀角区有 1 个黄色大斑。反面亚外缘区斑列黄色，从臀角至前缘斑纹形状由圆形逐渐变为椭圆形；中域斑列斑纹近三角形，白色；肩区黄色；$sc+r_1$ 室基部黄色斑纹近椭圆形；中室端部黄色斑纹水滴状；臀角区大块斑黄色。

卵：黄色；椭圆形；顶部多透明，有 1 圈白色突起物。

幼虫：5 龄期。1 龄幼虫头部黑色；体黄色。2 ~ 5 龄褐色；密布淡色小疣突和长毛；背部有 2 列黄色斑块；背线黑色；足基带黄褐色。

蛹：黑褐色；头部前端突起 T 形；胸背部隆起；胸两侧、前翅中央及腹部有不规则的白色大斑。

寄主 桑寄生科 Loranthaceae 长花桑寄生 *Loranthus longiflorus*、灰叶桑寄生 *L. vestitus*、广寄生 *Taxillus chinensis*、木兰寄生 *T. limprichti*、红花寄生 *Scurrula parasitica*；萝藦科 Asclepiadaceae 朱砂藤 *Cynanchum officinale*；夹竹桃科 Apocynaceae 夹竹桃 *Nerium indicum* 等。

生物学 1 年 1 代，以 3 ~ 4 龄幼虫越冬，成虫多见于 5 ~ 9 月。喜访花和吸食植物汁液，多在树荫下活动，蜜源植物为醉鱼草属 *Buddleia* 和七叶树属 *Aescutus*。多产卵于高大树木上部，聚产于叶背面，排列紧密。1 ~ 4 龄幼虫群聚取食、活动和越冬。老熟幼虫分散到叶背面和小枝上化蛹。

分布 中国（陕西、甘肃、浙江、湖北、江西、湖南、福建、台湾、广东、香港、广西、四川、贵州、云南、西藏），印度，不丹，尼泊尔，缅甸，越南，老挝，泰国，斯里兰卡，马来西亚，印度尼西亚。

大秦岭分布 陕西（凤县、留坝、佛坪）、甘肃（武都、成县、徽县、两当）、湖北（武当山）、四川（都江堰）。

倍林斑粉蝶 *Delias berinda* (Moore, 1872)

Thyca berinda Moore, 1872, *Proc. zool. Soc. Lond.*, (2): 566. **Type locality**: Khasia Hills.

Delias amarantha Mitis, 1893, *Dt. ent. Z. Iris*, 6(1): 133, pl. 2, f. 3.

Delias berinda; Moore, 1904, *Lep. Ind.*, 6: 167; Chou, 1994, *Mon. Rhop. Sin.*: 237; Wu, 2010, *Fauna Sin. Ins. Lep. Pieridae.*, 52: 176; Wu & Xu, 2017, *Butts. Chin.*: 344, f. 345: 4, 346: 5-7.

形态 成虫：大型粉蝶。翅褐色至黑色；斑纹灰白色或黄色。前翅亚外缘斑列斑纹箭头形；中域条斑列模糊，其中 cu_2 室斑最长；中室 Y 形斑模糊。反面斑纹较正面清晰；亚外缘斑列除端部斑纹黄色外，其余斑纹白色；中室内有 1 个模糊的近 Y 形白斑。后翅方阔。正面亚外缘斑列斑纹近三角形，模糊；中域 1 列白色模糊长条斑；前缘基部有 1 个椭圆形黄色斑；中室白斑模糊；雄性臀角有黄色大块斑。反面外缘斑列黄色，该列斑纹从臀角至前缘逐渐增大；中域斑列斑纹黄色，周缘覆有白色晕染；肩区黄色；$sc+r_1$ 室基部有 1 个黄色卵圆形斑纹；中室梭形斑黄色，基缘白色；后缘有 2 ～ 3 条黄色带纹。雌性个体稍大；后翅正面臀角无黄色大块斑。

卵：黄色；炮弹形；表面密布纵脊。

幼虫：体表密生灰白色刺毛。1 龄幼虫黄色。2 龄幼虫绿褐色。3 ～ 5 龄幼虫黑褐色，背线黑色；体表散生黄色颗粒，气门附近有黄色斑。

蛹：黑褐色；头前端突起弯曲；背线隆起；中胸及第 3 ～ 5 腹节侧面各有 1 对锥状突；体侧有白褐色大斑。

寄主 桑寄生科 Loranthaceae 毛叶钝果寄生 *Taxillus nigrans* 及桐树桑寄生 *Loranthus delavayi*。

生物学 成虫多见于 4 ～ 10 月。喜访花，常在山顶开阔地疾飞，雄性偶尔在湿地吸水。卵多堆产于寄主叶片上，每堆数量 100 粒左右。初孵幼虫有群集取食习性，随着虫龄的增长群聚个体减少；3 ～ 4 龄幼虫在寄主基部附近或寄主树缝内小群体越冬，翌年春季气温回升后爬回寄主取食叶片。老熟幼虫在寄主叶片、枝条或主干上化蛹。

分布 中国（陕西、浙江、湖北、江西、福建、广西、四川、贵州、云南、西藏），印度，不丹，缅甸，越南，老挝，泰国。

大秦岭分布 陕西（秦岭）、湖北（神农架）、四川（宣汉、都江堰）。

内黄斑粉蝶 *Delias patrua* Leech, 1890

Delias patrua Leech, 1890, *Entomologist*, 23 : 46. **Type locality**: Chang Yang.

Delias patrua; Wu, 2010, *Fauna Sin. Ins. Lep. Pieridae*. 52: 181; Wu & Xu, 2017, *Butts. Chin.*: 344, f. 347: 8-10.

形态 成虫：大型粉蝶。翅黑色至褐色；斑纹灰白色或黄色。前翅亚外缘斑列斑纹箭头形；中域 1 列斑纹长条形，其中 cu_2 室斑最长；中室有细长条斑，隐约不清。反面斑纹较正面清晰；亚外缘区斑列端部斑纹黄色，其余灰白色；中室内有 1 个清晰的灰白色细长斑。后翅方阔。正面亚外缘区有 1 列近圆形斑纹；中域有 5 个白色长条斑；前缘基部梭形斑淡黄色；中室长条斑棒状；后缘黄色。反面亚外缘斑列黄色；中域斑水滴状，大小不一，白色，覆有黄色晕染；肩区黄色；$sc+r_1$ 室基部有 1 个黄色近梭形斑纹；中室梭形条斑基部白色，其余部分黄色；后缘黄色；臀角有黄色斑纹。

生物学 成虫多见于 5～7 月。

分布 中国（甘肃、湖北、四川、云南），缅甸，泰国。

大秦岭分布 甘肃（康县）、湖北（神农架）、四川（江油）。

粉蝶亚科 Pierinae

209

绢粉蝶属 *Aporia* Hübner, [1819]

Aporia Hübner, [1819], *Verz. bek. Schmett.*, (6): 90. **Type species**: *Papilio crataegi* Linnaeus, 1758.

Leuconea Donzel, 1837, *Ann. Soc. ent. Fr.*, 6 : 80. **Type species**: *Papilio crataegi* Linnaeus, 1758.

Metaporia Butler, 1870, *Cistula ent.*, 1(3) : 38, 51. **Type species**: *Pieris agathon* Gray, 1831.

Betaporia Matsumura, 1919; *Thous. Ins. Japan. Addit.*, 3: 496. **Type species**: *Pieris moltrechti* Oberthür, 1909.

Aporia (Pierini); Chou, 1998, *Class. Ident. Chin. Butt.*: 34; Korb & Bolshakov, 2011, *Eversmannia Suppl.* 2: 26; Wu, 2010, *Fauna Sin. Ins. Lep. Pieridae*, 52: 209.

Aporia; Winhard, 2000, *Butt. World*, 10: 15; Wu & Xu, 2017, *Butts. Chin.*: 363.

Metaporia (Pierini); Korb & Bolshakov, 2011, *Eversmannia Suppl.*, 2: 26.

翅半透明、白色、乳白色、乳黄色或黑色；斑纹多黑色或黄色。前翅近三角形；顶角钝圆；翅脉黑色。后翅方阔；白色或黑色。前翅 R 脉 4 条，R_2 脉与 R_3 脉合并，从中室上角附近生出，R_4、R_5 脉与 M_1 脉同柄；中室长为前翅长度的 1/2。后翅肩脉短；$Sc+R_1$ 脉短，不及前缘长度的 1/2；中室长超过后翅长的 1/2。

雄性外生殖器：背兜大；钩突发达，变化大；囊突粗；抱器阔，密布刺毛，多有孔穴；阳茎弯曲，基部侧突很发达。

雌性外生殖器：囊导管细长；交配囊大；囊尾有或无；交配囊片多呈哑铃形，密生小齿突。

寄主为小檗科 Berberidaceae、蔷薇科 Rosaceae、鼠李科 Rhamnaceae、杨柳科 Salicaceae、桦木科 Betulaceae、榆科 Ulmaceae、十字花科 Brassicaceae、胡颓子科 Elaeagnaceae 等植物。

全世界记载 32 种，分布于古北区和东洋区。中国记录 29 种，大秦岭分布 24 种。

种检索表

绢粉蝶 *Aporia crataegi* (**Linnaeus, 1758**)（图版 28：52）

Papilio crataegi Linnaeus, 1758, *Syst. Nat.* (Edn 10), 1: 467. **Type locality**: Sweden.

Papilio nigronervosus Retzius, 1783, *Gen. Spec. Ins.*: 30.

Aporia crataegi; Grum-Grshimailo, 1890, *In*: Romanoff, *Mém. Lép.*, 4: 214; Chou, 1994, *Mon. Rhop.*
    Sin.: 246; Wu, 2010, *Fauna Sin. Ins. Lep. Pieridae*, 52: 212; Yakovlev, 2012, *Nota lepid.* 35(1): 63;
    Korb & Bolshakov, 2011, *Eversmannia Suppl.*, 2: 26; Wu & Xu, 2017, *Butts. Chin.*: 363, f. 364: 1-5.

Futuronerva absurd Bryk, 1928, *Ent. Zs.*, 42(5): 50. **Type locality**: Germany.

    形态 成虫：中型粉蝶。两翅正面白色或乳白色；翅脉黑色。翅面斑纹仅有前翅外缘脉
端的烟灰色三角形斑纹和中室端脉两侧灰黑色带纹。后翅反面脉纹清晰；翅面多散布有黑褐
色鳞片。

    卵：鲜黄色；瓶形，顶端似瓶口，有 7 个白色瓣饰；表面密布纵脊，无横脊；近孵化时
顶部变为黑色，透明。

幼虫：5 龄期。圆筒形。初龄幼虫灰褐色；头部、前胸背板及臀部黑色。老熟幼虫密布灰白色长毛和黑色短毛；体背面有 3 条黑色纵带，其间夹有 2 条黄褐色纵纹；体侧和腹面灰色；气门黑色。

蛹：有黑色和黄色两种色型。黑色型：体黄白色；密布黑色斑点；头顶瘤突黄色；复眼上缘有 1 个黄色斑纹。黄色型：蛹较小；黄色；黑斑少且小；其余形态与黑色型相似。

寄主　蔷薇科 Rosaceae 短梗稠李 *Prunus brachypoda*、日本稠李 *P. ssiori*、稠李 *P. padus*、黑刺李 *P. spinosa*、毛黑山楂 *Crataegus jozana*、山楂 *C. monogyna*、贴梗木瓜 *Chaenomeles lagenaria*、沙梨 *Pyrus serotina*、西洋梨 *P. communis*、西府海棠 *Malus micromalus*、苹果 *M. pumila*、花红 *M. asiatica*、山荆子 *M. baccata*、山杏 *Armeniaca sibirica*、欧洲花楸 *Sorbus aucuparia*、樱桃 *Cerasus pseudocerasus*；鼠李科 Rhamnaceae 鼠李 *Rhamnus davurica*；杨柳科 Salicaceae 深山柳 *Salix phylicifolia*、山杨 *Populus davidiana*、欧洲山杨 *P. tremula*；桦木科 Betulaceae 毛榛子 *Corylus mandshurica*；榆科 Ulmaceae 春榆 *Ulmus davidiana* var. *japonica* 等。

生物学　1 年 1 代，以 2 ~ 3 龄幼虫越冬，成虫多见于 5 ~ 7 月。常飞舞于林缘、空旷地、花丛、杂草间。有吸食花蜜或群集取水习性，常聚集在水塘、排水沟及有积水的地面吸吮水分。卵多聚产，每堆有卵 25 ~ 50 粒，排列整齐。以 2 ~ 3 龄幼虫群集吐丝将叶片连缀成巢，群集其中越冬。1 个巢通常有数十头至数百头幼虫，早春最初群集危害叶芽，而后取食花蕾、叶片及花瓣，严重影响当年结实。气温下降、阴雨天及夜间，幼虫躲入巢中。4 ~ 5 龄幼虫不活泼，无吐丝下垂习性，但有假死习性。5 龄幼虫离巢分散活动，此时食量猛增。老熟幼虫化蛹于附近灌木、杂草或农作物秸秆上，化蛹前吐丝做垫，以臀足固定其上，后蜕皮化蛹。

分布　中国（黑龙江、吉林、辽宁、内蒙古、北京、河北、山西、河南、陕西、宁夏、甘肃、青海、新疆、江苏、安徽、浙江、湖北、重庆、四川、西藏），俄罗斯，朝鲜，日本，欧洲西部，非洲北部。

大秦岭分布　河南（内乡、西峡、嵩县、栾川、渑池）、陕西（临潼、长安、鄠邑、周至、陈仓、眉县、太白、凤县、华州、华阴、南郑、洋县、西乡、勉县、略阳、留坝、佛坪、石泉、宁陕、商州、丹凤、商南、山阳、镇安、柞水）、甘肃（麦积、秦州、武山、武都、康县、文县、宕昌、成县、徽县、两当、舟曲、迭部、碌曲、漳县）、湖北（兴山、神农架）、重庆（城口）、四川（朝天、青川、都江堰）。

小檗绢粉蝶 *Aporia hippia* (Bremer, 1861)（图版 30：61）

Pieris hippia Bremer, 1861, *Bull. Acad. Imp. Sci. St. Petersb.*, 3: 464. **Type locality**: Amur Region.

Aporia hippia; Chou, 1994, *Mon. Rhop. Sin.*: 246; Wu, 2010, *Fauna Sin. Ins. Lep. Pieridae*, 52: 216; Korb & Bolshakov, 2011, *Eversmannia Suppl.*, 2: 26; Wu & Xu, 2017, *Butts. Chin.*: 363, f. 364: 6, 365: 7-10.

形态　成虫：中型粉蝶。与绢粉蝶 *A. crataegi* 极近似，主要区别为：翅乳白色或淡黄色，前翅透明度较弱；正面中室端斑及外缘三角形黑斑列更宽大、明显。后翅反面黄色；肩区基部有橙黄色斑纹；翅脉两侧黑边较宽。雌性稍带黄色。

卵：鲜黄色；瓶形，顶端似瓶口，有白色瓣饰；表面密布纵脊。

幼虫：5 龄期。圆筒形；密布灰白色长毛；背中线黑褐色；侧面有黑色纵带纹；胸背部及腹部末端各有 2 条橙红色毛带。

蛹：乳黄色；密布黑色和鲜黄色斑点；头顶瘤突黄色；复眼上缘有 1 个黄斑；翅区外缘有 1 列黑色斑纹；中域有黑色带纹和圆斑。

寄主　小檗科 Berberidaceae 黄芦木 *Berberis amurensis*、日本小檗 *B. thunbergi*、紫小檗 *B. thunbergii*、九连小檗 *B. virgetorum*。

生物学　1 年 1 代，以 3 龄幼虫越冬，春季三四月份开始出巢活动，成虫多见于 5～7 月。常在山地、林缘、溪沟活动，有采食花蜜习性。幼虫有群居性，4 龄后分散生活。

分布　中国（黑龙江、吉林、辽宁、内蒙古、河北、山西、河南、陕西、甘肃、宁夏、青海、江苏、上海、湖北、台湾、重庆、四川、贵州、西藏），俄罗斯，朝鲜，日本。

大秦岭分布　河南（嵩县、栾川）、陕西（蓝田、长安、鄠邑、周至、渭滨、陈仓、眉县、太白、凤县、华州、南郑、洋县、略阳、留坝、佛坪、汉阴、石泉、宁陕、商州、丹凤、商南、山阳、镇安、柞水）、甘肃（麦积、秦州、武山、康县、文县、徽县、两当、临潭、迭部、碌曲）、湖北（神农架）、四川（青川、安州、平武、汶川）。

粉蝶亚科 Pierinae 213 is sidebar

暗色绢粉蝶 *Aporia bieti* (Oberthür, 1884)

Pieris bieti Oberthür, 1884, *Étud. d'Ent.*, 9: 12, pl. 1, f. 7-8.

Pieris bieti sulphurea Oberthür, 1884, *Étud. d'Ent.*, 9: 12.

Pieris bieti fumosa Oberthür, 1884, *Étud. d'Ent.*, 9: 12.

Aporia bieti; Chou, 1994, *Mon. Rhop. Sin.*: 247; Wu, 2010, *Fauna Sin. Ins. Lep. Pieridae*, 52: 218; Wu & Xu, 2017, *Butts. Chin.*: 363, f. 365: 11-12, 366: 13-17.

形态　成虫：中型粉蝶。与小檗绢粉蝶 *A. hippia* 近似，主要区别为：个体稍小；翅脉两侧黑色带加宽明显；前翅反面中室脉黑纹多加粗；后翅反面黄色深，翅脉清晰。

生物学　1 年 1 代，成虫多见于 5～8 月。喜访花，常群集在溪边或林中小水潭边吸水。

分布　中国（陕西、宁夏、甘肃、新疆、四川、贵州、云南、西藏）。

大秦岭分布　陕西（周至、眉县、太白）、甘肃（麦积、秦州、武山、武都、文县、宕昌、成县、徽县、两当、礼县、合作、迭部、碌曲）、四川（都江堰、汶川、九寨沟）。

秦岭绢粉蝶 *Aporia tsinglingica* (Verity, 1911)（图版 28：53—55）

Pieris tsinglingica Verity, 1911, *Rhop. Patae.*: 326.

Aporia soracta taibaishana Murayama, 1983, *Entomotaxonomia*, 5: 281.

Aporia tsinglingica; Chou, 1994, *Mon. Rhop. Sin.*: 247; Della *et al.*, 2004: 38; Wu, 2010, *Fauna Sin. Ins. Lep. Pieridae*, 52: 235; Wu & Xu, 2017, *Butts. Chin.*: 368, f. 1024: 22-23, 374: 24-25.

形态　成虫：中小型粉蝶。两翅正面白色或乳白色；基部黑色；中室端半部脉纹加粗。前翅外缘脉端斑纹三角形，黑色或黑褐色；脉端部及中室端脉加粗明显；外中域各翅室箭纹模糊，时有消失。反面所有脉纹较正面加深，清晰。后翅正面外中域各翅室箭状纹后端稍有分叉，模糊。反面覆有黄色晕染；肩区基部斑纹黄色；外中域箭纹较正面清晰。

幼虫：圆筒形；褐色；密布灰白色长毛；背中部有 1 条黑褐色纵带纹，带中间镶有乳白色细带纹，两侧有淡黄色带纹相伴；头及腹部末端黑色。

蛹：乳黄色；密布黑色点斑和鲜黄色纵纹；头顶瘤突黄色；复眼上缘有 1 个黄斑；翅区外缘有 1 列黑色斑纹。

寄主　小檗科 Berberidaceae 黄芦木 *Berberis amurensis*。

生物学　1 年 1 代，成虫多见于 6 ～ 7 月。有访花和湿地吸水习性。幼虫有群聚性。

分布　中国（河南、陕西、甘肃、青海、重庆、四川）。

大秦岭分布　河南（灵宝）、陕西（长安、鄠邑、周至、眉县、太白、凤县、洋县、佛坪、宁陕、镇安、柞水）、甘肃（麦积、秦州、成县、徽县、两当、迭部、渭源）、重庆（城口）、四川（汶川）。

龟井绢粉蝶 *Aporia kamei* Koiwaya, 1989

Aporia kamei Koiwaya, 1989, *Stud. Chin. Butt.*, I: 200, figs. 202-203, 210-211, 652, 655, 698, 711.

形态　成虫：中型粉蝶。与秦岭绢粉蝶 *A. tsinglingica* 相似，主要区别为：前翅顶角区覆有密集的黑褐色鳞粉；端缘翅脉两侧深色带纹宽；亚缘箭状纹发达。后翅箭状纹伸达外缘。

生物学　1 年 1 代，成虫多见于 6 月。

分布　中国（四川、云南）。

大秦岭分布　四川（青川）。

箭纹绢粉蝶 *Aporia procris* Leech, 1890

Aporia procris Leech, 1890, *Entomologist*, 23: 191. **Type locality**: Ta-Chien-Lu.

Pieris halisca Oberthür, 1891, *Étud. d'Ent.*, 15: 7, pl. 3, f. 23. **Type locality**: Ta-Tsien-Lou.

Aporia uedai Koiwaya, 1989, *Stu. Chin. Butts.*, 1: 204. **Type locality**: Dequin, N. Yunnan.

Aporia procris; Chou, 1994, *Mon. Rhop. Sin.*: 247; Wu, 2010, *Fauna Sin. Ins. Lep. Pieridae*, 52: 231; Yoshino, 2001, *Futao*, 39: 2, f. 3 (m.gen), pl. 2, f. 1-8; Wu & Xu, 2017, *Butts. Chin.*: 368, f. 374: 27-30.

Aporia procris f. *uedai*; Yoshino, 2001, *Futao*, 39: 2, f. 2, pl. 2, f. 3-4, 7-8.

形态 成虫：小型粉蝶。两翅正面乳白色或浅黄色；基部黑色。前翅翅脉两侧黑褐色加宽，尤其外缘端部黑色或黑褐色加粗明显；外中域各翅室箭纹黑褐色，排成1列，未达后缘，末段内移错位。反面脉纹及箭纹较正面清晰；前缘及顶角区黄色。后翅正面脉端稍有加粗；亚缘区有1列箭纹，后半部模糊。反面赭黄色；肩区亮黄色；翅脉及箭纹较正面清晰。

寄主 十字花科 Brassicaceae 小花糖芥 *Erysimum cheiranthoides*。

生物学 1年1代，成虫多见于6～8月。喜访花。多发生于中高海拔地区，常与秦岭绢粉蝶 *A. tsinglingica* 混合发生。

分布 中国（河南、陕西、甘肃、青海、新疆、四川、云南、西藏），朝鲜，蒙古。

大秦岭分布 河南（灵宝）、陕西（长安、周至、眉县、太白、凤县、洋县、佛坪、宁陕、商南）、甘肃（麦积、秦州、武山、文县、徽县、两当、合作、迭部、碌曲）、四川（都江堰、安州、汶川）。

锯纹绢粉蝶 *Aporia goutellei* (Oberthür, 1886)（图版 29：56—57）

Pieris goutellei Oberthür, 1886, *Étud. d'Ent.*, 11: 15, pl.2, f.11.

Aporia goutellei; Chou, 1994, *Mon. Rhop. Sin.*: 249; Wu, 2010, *Fauna Sin. Ins. Lep. Pieridae*, 52: 237; Wu & Xu, 2017, *Butts. Chin.*: 375, f. 376: 5-7, 377: 8.

形态 成虫：中型粉蝶。翅正面白色或乳黄色；各翅脉加粗明显，尤其是中室端半部加粗更甚。前翅正面脉端灰黑色加粗，常与箭状纹相连；端部有1列整齐的黑褐色箭状纹，基部相互连接。反面脉端加粗较正面少；箭状纹更清晰。后翅翅面多有黄色晕染或整个翅面黄色；端部有1列箭状纹，末端接近翅的外缘；反面肩区基部有1个鲜黄色斑纹。

生物学 1年1代，成虫6～7月发生。喜访花，常在山地活动，有采食花蜜习性。

分布 中国（河南、陕西、甘肃、四川、云南、西藏）。

大秦岭分布 河南（灵宝）、陕西（长安、鄠邑、周至、陈仓、眉县、太白、凤县、华阴、汉台、南郑、洋县、留坝、佛坪、宁陕、商州）、甘肃（麦积、秦州、武都、文县、宕昌、徽县、两当、迭部、岷县）、四川（青川）。

贝娜绢粉蝶 *Aporia bernardi* Koiwaya, 1989

Aporia bernardi Koiwaya, 1989, *Stu. Chin. Butt.*, 1: 200, figs. 206-207, 214-215, 654, 657, 699, 712.

Aporia procris ab. *extrema* South, 1913, *J. Bombay Nat. Hist. Soc.*, 22: 60.

形态　成虫：中型粉蝶。与锯纹绢粉蝶 *A. goutellei* 相似，主要区别为：个体较小；黑纹更密集。前翅正面中室内常有 2 条隐约可见的黑褐色细线纹；反面 cu_2 室的箭纹发达，A 脉两侧有黑色影纹。后翅正面 r_5 室的箭纹退化；反面 m_1 及 m_2 室的箭纹未达外缘。

生物学　1 年 1 代，成虫多见于 5 ~ 6 月。

分布　中国（四川、云南）。

大秦岭分布　四川（汶川）。

灰姑娘绢粉蝶 *Aporia intercostata* Bang-Haas, 1927（图版 30：59—60）

Aporia intercostata Bang-Haas, 1927, *Horae Macrolep. Palaearct.*, 1: 39.

Aporia intercostata; Chou, 1994, *Mon. Rhop. Sin.*: 247.

Aporia potanini intercostata; Wu, 2010, *Fauna Sin. Ins. Lep. Pieridae*, 52: 224.

形态　成虫：中型粉蝶。前翅正面外缘灰黑色；翅面密布灰黑色鳞片，有时使翅面整体呈灰黑色；基部黑色；翅脉两侧灰黑色；中室有 3 条灰黑色细纵纹。反面各翅室中部有 1 条从翅室基部直达外缘的纵线纹。后翅正面端半部鳞片浓密，使该区域翅面呈斑驳黑灰色；翅基部黑色；中室及后缘区乳白色；中室有 Y 形黑灰色细线纹；各缘室均有 1 条纵贯全室的黑色细线纹。反面肩区基部有 1 个鲜黄色斑纹；除前缘黑灰色鳞片较密外，整个翅面覆盖的鳞片较均匀。

幼虫：圆筒形；密布淡黄色长毛；头及腹部末端黑色；体侧有黑色纵带纹；背中部黑带两侧有黄色带纹相伴。越冬幼虫淡褐色。

蛹：乳白色；体表有稀疏淡黄色斑纹；密布黑色点斑和鲜黄色纵纹；头顶瘤突黄色；复眼上缘有 1 个黄斑；翅区外缘有 1 列黑色斑纹，中上部有数个黑色圆斑。

寄主　小檗科 Berberidaceae 黄芦木 *Berberis amurensis*。

生物学　1 年 1 代，以幼虫织巢越冬，成虫多见于 5 ~ 7 月。喜访花，多在中高海拔的林区活动。幼虫群聚在寄主植物叶片卷成的丝巢中。

分布　中国（内蒙古、北京、天津、河北、山西、河南、陕西、宁夏、甘肃、青海、湖北、重庆、四川）。

大秦岭分布　河南（内乡、嵩县、栾川、灵宝）、陕西（蓝田、长安、鄠邑、周至、渭滨、眉县、太白、凤县、华州、华阴、洋县、西乡、商州、山阳、镇安、洛南）、甘肃（麦积、秦州、文县、成县、徽县、两当、迭部、岷县）、湖北（神农架）、重庆（城口）。

马丁绢粉蝶 *Aporia martineti* (Oberthür, 1884)

Pieris martineti Oberthür, 1884; *Étud. d'Ent.*, 9: 12, pl. 1, f. 5.

Aporia martineti; Chou, 1994, *Mon. Rhop. Sin.*: 247; Wu, 2010, *Fauna Sin. Ins. Lep. Pieridae*, 52: 222; Wu & Xu, 2017, *Butts. Chin.*: 363, f. 366: 18-19, 367: 20-25.

形态 成虫：中型粉蝶。与暗色绢粉蝶 *A. bieti* 近似，主要区别为：个体稍小；两翅基部黑色区域宽；雄性正面白色，前翅脉端稍加宽，其余翅脉两侧不加宽；中室端脉加宽明显。后翅反面淡黄色至黄色；翅脉两侧及中室端脉加宽；肩区基部有深黄色斑纹。雌性通常淡黄色；有时散生暗色鳞片；两翅翅脉两侧的黑边均加宽。后翅正面常有黄色晕染；反面覆有赭黄色斑驳纹。

生物学 1 年 1 代，成虫多见于 5 ~ 9 月。喜访花。

分布 中国（甘肃、青海、四川、云南、西藏）。

大秦岭分布 甘肃（武都、文县、宕昌、临潭、迭部、玛曲）。

酪色绢粉蝶 *Aporia potanini* Alphéraky, 1892

Aporia potanini Alphéraky, 1892, *In*: Romanoff, *Mém. lép.*, 6: 1.

Aporia potanini; Chou, 1994, *Mon. Rhop. Sin.*: 249; Wu & Xu, 2017, *Butts. Chin.*: 368, f. 369: 1-5, 370: 6-9.

Aporia genestieri; Wu, 2010, *Fauna Sin. Ins. Lep. Pieridae*, 52: 226

形态 成虫：中型粉蝶。与灰姑娘绢粉蝶 *A. intercostata* 相似，主要区别为两翅乳白色或乳黄色；翅脉黑色，脉两侧无黑色加宽；翅面散布极少灰黑色鳞片。前翅各翅室中部和中室的纵线纹模糊或消失。后翅各翅室中部纵线纹反面较正面清晰。反面翅面多有黄色晕染；中室下方有时散布稀疏灰黑色鳞片。

寄主 小檗科 Berberidaceae 黄芦木 *Berberis amurensis*、紫小檗 *B. thunbergii*；胡颓子科 Elaeagnaceae 沙枣 *Elaeagnus angustifolia*。

生物学 1 年 1 代，以低龄幼虫筑巢越冬，成虫多见于 5 ~ 7 月。喜访花。幼虫有群居现象，4 龄后分散生活。

分布 中国（辽宁、内蒙古、北京、天津、河北、山西、河南、陕西、宁夏、甘肃、青海、湖北、湖南、重庆、四川）。

大秦岭分布 河南（灵宝）、陕西（长安、周至、陈仓、眉县、华阴、洋县、西乡、佛坪、宁陕、山阳）、甘肃（麦积、秦州、武都、康县、文县、徽县、两当、卓尼、玛曲）、湖北（神农架）、重庆（城口）、四川（安州）。

大翅绢粉蝶 *Aporia largeteaui* (Oberthür, 1881)（图版 31：62—63）

Pieris largeteaui Oberthür, 1881, *Etud. Ent.*, 6: 12, pl. 7, fig. 1.

Aporia largeteaui; Chou, 1994, *Mon. Rhop. Sin.*: 250; Wu, 2010, *Fauna Sin. Ins. Lep. Pieridae*, 52: 243; Wu & Xu, 2017, *Butts. Chin.*: 379, f. 382: 10-11, 383: 12-14, 384: 15-18.

形态 成虫：大型粉蝶。翅正面白色。前翅脉纹及其两侧黑褐色，至外缘区后黑褐色区域相连在一起，使外缘区及顶角区呈黑褐色；外中域有隐约的褐色锯齿形带纹，中后部常断开；中室黑褐色细线模糊或消失；反面斑纹较正面清晰。后翅正面脉端部有小三角形斑纹；外中域锯齿形横带的前段隐约可见，后段多有消失。反面淡黄色；外中域横带较正面完整；肩区基部有 1 个鲜黄色斑纹；中室 Y 形纹有或无；cu_2 室有 1 条细线纹从基部纵贯全室到达外缘。雌性体型较大；带纹较雄性宽。

卵：鲜黄色；瓶形，顶端似瓶口，有白色瓣饰；表面密布纵脊。

幼虫：5 龄期。圆筒形；密布淡灰黄色长毛；背中部有黑褐色纵斑列。初孵幼虫鲜黄色；头部褐色。老熟幼虫褐色；头部和腹部末端黑色。

蛹：黄色；密布黑色斑点；头顶瘤突黄色；翅区密布黑色条斑和圆斑；胸部背面有扇形突起。

寄主 小檗科 Berberidaceae 十大功劳 *Mahonia fortunei*、阔叶十大功劳 *M. bealei* 等。

生物学 1 年 1 代，以幼虫越冬，成虫多见于 5 ~ 8 月。常在山地、林缘、溪边活动，喜在湿地吸水和采食花蜜，有群集习性。卵聚产于寄主植物叶背面。幼虫群聚取食直到老熟后才分散化蛹，有取食卵壳和皮蜕习性。老熟幼虫化蛹于寄主或附近植物的叶背面或枝干上。

分布 中国（河南、陕西、甘肃、浙江、湖北、江西、湖南、福建、广东、广西、重庆、四川、贵州、云南）。

大秦岭分布 河南（内乡）、陕西（长安、蓝田、鄠邑、周至、太白、凤县、华州、南郑、洋县、西乡、宁强、略阳、留坝、佛坪、汉阴、宁陕、商州、丹凤、商南、山阳、镇安、柞水、洛南）、甘肃（麦积、秦州、武都、康县、文县、成县、徽县、两当、礼县、漳县）、湖北（兴山、神农架、武当山）、重庆（巫溪、城口）、四川（宣汉、剑阁、青川、都江堰、安州、江油、平武）。

巨翅绢粉蝶 *Aporia gigantea* Koiwaya, 1993

Aporia gigantea Koiwaya, 1993, *Stud. Chin. Butt.*, II: 91-95, figs. 166-171, 174-179, 295-299, 304, 338.
Aporia gigantea; Huang, 2003, *Neue Ent. Nachr.*, 55: 77 (note).

形态　成虫：大型粉蝶。与大翅绢粉蝶 *A. largeteaui* 相似，主要区别为：两翅黑灰色或灰褐色；白色斑纹退化变窄；端缘斑列与中横斑列多远离。前翅窄长；顶角多钝圆；中室端部深色带宽阔。

寄主　小檗科 Berberidaceae。

生物学　1 年 1 代，成虫多见于 6 ~ 7 月。

分布　中国（台湾、四川、贵州、云南）。

大秦岭分布　四川（都江堰）。

黑边绢粉蝶 *Aporia acraea* (Oberthür, 1885)

Pieris acraea Oberthür, 1885, *Bull. Soc. ent. Fr.*, (6)5: ccxxvi.
Pieris acraea Oberthür, 1886, *Étud. d'Ent.*, 11: 15, pl. 2, f. 7.
Aporia acraea; Chou, 1994, *Mon. Rhop. Sin.*: 252; Wu, 2010, *Fauna Sin. Ins. Lep. Pieridae*, 52: 255; Wu & Xu, 2017, *Butts. Chin.*: 387, f. 388: 1-3.

形态　成虫：中型粉蝶。两翅正面黑色或黑褐色；斑纹白色。前翅外缘斑列模糊；外中域斑列斑纹大小不一，m_3 室斑纹缩小或消失；中室和 cu_2 室各有 1 个柳叶形斑纹；后缘有 1 个白色细条带。反面黑褐色；各缘室近翅端各有 1 条白色或淡黄色条斑；其余斑纹同前翅正面。后翅正面外缘斑列斑纹边界弥散；中室梭形白斑大，占满整个中室；中室外放射状排列 1 圈长短不一的梭形斑。反面淡黄色；端部有 1 列长箭头形斑纹；肩区白色或淡黄色，基部黄斑近圆形；其余斑纹同后翅正面。

寄主　小檗科 Berberidaceae 淫羊藿属 *Epimedium* spp.。

生物学　1 年 1 代，成虫多见于 6 ~ 7 月。

分布　中国（四川、云南、甘肃）。

大秦岭分布　甘肃（康县）、四川（汶川）。

大邑绢粉蝶 *Aporia tayiensis* Yoshino, 1995

Aporia acraea tayiensis Yoshino, 1995, *Neo Lepidoptera*, 1: 1, f. 5-6. **Type locality**: Tayi, Sichuan.

Aporia tayiensis; Yoshino, 2001, *Futao*, 39: 2, f. 4 (m. gen), pl. 1, f. 1-2, 5-6; Wu, 2010, *Fauna Sin. Ins. Lep. Pieridae*, 52: 257; Wu & Xu, 2017, *Butts. Chin.*: 387, f. 389: 7-8.

形态　成虫：与黑边绢粉蝶 *A. acraea* 相似，主要区别为：体型较大；后翅正面外缘区有 1 列模糊条斑和箭头纹；中室梭形斑短，未达中室端脉。

生物学　1 年 1 代，成虫多见于 6 ~ 7 月。

分布　中国（甘肃、四川）。

大秦岭分布　甘肃（康县、文县）。

奥倍绢粉蝶 *Aporia oberthuri* (Leech, 1890)

Pieris oberthuri Leech, 1890, *Entomologist*, 23 : 46. **Type locality**: Chang Yang.

Aporia oberthuri; Chou, 1994, *Mon. Rhop. Sin.*: 251.

Aporia oberthuri; Wu, 2010, *Fauna Sin. Ins. Lep. Pieridae.*, 52: 250; Wu & Xu, 2017, *Butts. Chin.*: 379, f. 380: 1-4.

形态　成虫：大型粉蝶。翅黑褐色至褐色；斑纹多白色；端部有长箭头形斑纹，反面较正面清晰；中室白色；中室外放射状排列 1 圈长条斑。前翅端部长条斑多有模糊。后翅反面肩区基部有 1 个黄色斑纹。

生物学　1 年 1 代，成虫多见于 6 ~ 7 月。喜在林缘、山地活动。

分布　中国（陕西、甘肃、湖北、湖南、重庆、四川）。

大秦岭分布　陕西（周至、南郑、岚皋、宁陕）、甘肃（武都、文县、宕昌）、湖北（神农架）、重庆（巫溪）、四川（青川、平武、汶川）。

普通绢粉蝶 *Aporia genestieri* (Oberthür, 1902)（图版 30：58）

Pieris genestieri Oberthür, 1902, *Laun. Hist. Miss. Thibet* App., 2: 411, f. 2.

Aporia genestieri; Wu, 2010, *Fauna Sin. Ins. Lep. Pieridae*, 52: 226; Wu & Xu, 2017, *Butts. Chin.*: 368, f. 371: 10-13, 372: 14-17, 373: 18-19.

形态　成虫：中型粉蝶。与小襞绢粉蝶 *A. hippia* 相似，主要区别为：反面黄色晕染很淡或没有；后翅中室端半部宽。

寄主　胡颓子科 Elaeagnaceae 牛奶子 *Elaeagnus umbellata*、薄叶胡颓子 *E. thunbergii* 等。

生物学　1 年 1 代，成虫多见于 5 ~ 7 月。

分布　中国（山西、河南、陕西、甘肃、湖北、台湾、四川、云南）。

大秦岭分布　陕西（蓝田、长安、鄠邑、周至、陈仓、眉县、太白、华州、华阴、汉台、洋县、略阳、留坝、佛坪、汉阴、石泉、商州、丹凤、商南、山阳、镇安、柞水、洛南）、甘肃（麦积、康县、文县、两当）、湖北（神农架）、四川（青川、都江堰、江油）。

Y 纹绢粉蝶 *Aporia delavayi* (Oberthür, 1890)

Pieris delavayi Oberthür, 1890, *Étud. d'Ent.*, 13: 37, pl. 9, fig. 97.

Aporia delavayi; Chou, 1994, *Mon. Rhop. Sin*.: 254; Wu, 2010, *Fauna Sin. Ins. Lep. Pieridae*, 52: 241; Wu & Xu, 2017, *Butts. Chin*.: 392, f. 396: 13-17.

形态　成虫：中型粉蝶。翅正面白色。前翅正面顶角灰黑色；脉端灰黑色稍加粗；中室端脉灰黑色加宽。反面顶角有淡黄色晕染。后翅中室内有 1 条 Y 形纹；各缘室的 Y 形纹均直达外缘；上述 Y 形纹为灰色。反面淡黄色；斑纹较正面清晰；cu$_2$ 室有 1 条细线纹从基部纵贯全室到达外缘；肩区基部黄斑近圆形，Y 形纹同后翅正面，但为灰黑色。

生物学　1 年 1 代，成虫多见于 6 ~ 8 月。

分布　中国（陕西、甘肃、湖北、四川、云南、西藏）。

大秦岭分布　陕西（周至、眉县、洋县、宁陕）、甘肃（武都、文县、徽县、迭部、漳县）、湖北（神农架）、四川（青川、九寨沟）。

猬形绢粉蝶 *Aporia hastata* (Oberthür, 1892)

Pieris hastata Oberthür, 1892, *Étud. d'Ent.*, 16: 5, pl.1, f. 6. **Type locality**: Yunnan.

Aporia hastata; Chou, 1994, *Mon. Rhop. Sin*.: 252; Wu, 2010, *Fauna Sin. Ins. Lep. Pieridae*, 52: 252; Wu & Xu, 2017, *Butts. Chin*.: 387, f. 388: 4.

形态　成虫：大型粉蝶。与黑边绢粉蝶 *A. acraea* 相似，主要区别为：两翅正面端部的白色条斑发达而清晰。前翅外缘较平直。后翅正面白色；前缘黑灰色；端缘有 1 列模糊的箭头形斑纹，脉纹黑灰色。

生物学　1 年 1 代，成虫多见于 6 ~ 7 月。

分布　中国（四川、云南）。

大秦岭分布　四川（平武）。

西村绢粉蝶 *Aporia nishimurai* Koiwaya, 1989

Aporia nishimurai Koiwaya, 1989, *Stud. Chin. Butt.*,I: 202, figs. 218-221, 226-229, 658-661, 695, 719.

Aporia nishimurai; Yoshino, 2001, *Futao*, (38): 9 (note), f. 2 (m.gen).

形态　成虫：大型粉蝶。与猬形绢粉蝶 *A. hastata* 相似，主要区别为：翅面黑褐色不发达。前翅正面端缘黑褐色宽带未达后缘；中室端部黑褐色带纹近 V 形。反面中室至后缘除翅脉外均为乳白色。后翅正面前缘基半部白色。反面乳黄色。

生物学　1 年 1 代，成虫多见于 6 ～ 7 月。

分布　中国（湖北、四川、云南）。

大秦岭分布　湖北（神农架）。

利箭绢粉蝶 *Aporia harrietae* (de Nicéville, 1893)

Metaporia harrietae de Nicéville, 1893, *J. Bombay Nat. Hist. Soc.*, 7(3): 341, pl. I, f. 3-4. **Type locality**: Bhutan.

Aporia harrietae; Chou, 1994, *Mon. Rhop. Sin.*: 251; Wu, 2010, *Fauna Sin. Ins. Lep. Pieridae*, 52: 259; Wu & Xu, 2017, *Butts. Chin.*: 387, f. 390: 9-12, 391: 13-15.

形态　成虫：大中型粉蝶。两翅黑褐色至黑色；斑纹多白色；外缘斑列正面斑纹小，反面斑纹成对排列。前翅外中域斑纹大小不一，近梭形；中室白斑近梭形；cu_2 室细带纹从基部伸达外中域；反面顶角区有箭头纹。后翅中室周缘放射状排列 1 圈大小不一的条斑；中室白斑梭形。反面多有黄色晕染；端缘条斑成对排列；肩区白色，基部有 1 个黄色斑纹。

寄主　小檗科 Berberidaceae 小檗属 *Berberis* spp.。

生物学　1 年 1 代，成虫多见于 5 ～ 7 月。

分布　中国（湖北、重庆、四川、贵州、云南、西藏），印度，不丹。

大秦岭分布　湖北（神农架）、重庆（城口）。

三黄绢粉蝶 *Aporia larraldei* (Oberthür, 1876)

Pieris larraldei Oberthür, 1876, *Étud. d'Ent.*, 2: 19, pl. 1, f. 2a-b.

Aporia larraldei; Chou, 1994, *Mon. Rhop. Sin.*: 252; Wu, 2010, *Fauna Sin. Ins. Lep. Pieridae*, 52: 262; Wu & Xu, 2017, *Butts. Chin.*: 392, f. 393: 1-4.

形态　成虫：大中型粉蝶。与黑边绢粉蝶 *A. acraea* 相似，主要区别为：两翅正面有灰白色的亚外缘斑列。前翅外缘中部微凹入。后翅中室周缘放射状排列的斑纹细窄，相互分离；翅脉两侧的黑边较宽；反面的箭头纹粗短。

生物学　1 年 1 代，成虫多见于 6 ～ 8 月。

分布　中国（甘肃、重庆、四川、贵州、云南）。

大秦岭分布　甘肃（文县）、四川（都江堰、汶川）。

完善绢粉蝶 *Aporia agathon* (Gray, 1831)

Pieris agathon Gray, 1831, *Zool. Miscell.*, (1): 33. **Type locality**: Nepal.

Pieris agathon; Gray, 1846, *Descr. lep. Ins. Nepal*: 8, pl. 8, f. 1.

Aporia agathon; Chou, 1994, *Mon. Rhop. Sin.*: 253; Wu, 2010, *Fauna Sin. Ins. Lep. Pieridae*, 52: 247; Wu & Xu, 2017, *Butts. Chin.*: 392, f. 394: 5-8, 395:9-12.

形态　成虫：大中型粉蝶。两翅黑色至黑褐色；斑纹退化变小，多灰白色；亚外缘斑列斑纹多呈水滴状。前翅中横斑列斑纹长条形；中室有棒状纹；cu_2 室带纹从基部伸达外中域；反面中室棒状纹上多有暗色细线纹。后翅中室白色，多有 Y 形细线纹；中室周缘放射状排列 1 圈长短不一的细条斑。反面多有黄色晕染；肩区白色，基部有 1 个黄色斑纹。

寄主　小檗科 Berberidaceae 黄芦木 *Berberis amurensis*、台湾小檗 *B. kawakamii*、阿里山十大功劳 *Mahonia oiwakensis* 等。

生物学　1 年 1 代，成虫多见于 5 ~ 8 月。中高海拔种类。

分布　中国（台湾、四川、贵州、云南、西藏），印度，尼泊尔，缅甸，越南，泰国。

大秦岭分布　四川（都江堰）。

金子绢粉蝶 *Aporia kanekoi* Koiwaya, 1989

Aporia kanekoi Koiwaya, 1989, *Stud. Chin.Butt.*, 1:204, figs. 234-237, 242-245, 664-665, 704, 717.

Aporia kanekoi; Wu, 2010, *Fauna Sin. Ins. Lep. Pieridae*, 52: 264; Wu & Xu, 2017, *Butts. Chin.*: 379, f. 385: 22-23, 386: 24-26.

形态　成虫：大中型粉蝶。与三黄绢粉蝶 *A. larraldei* 相似，主要区别为：体型较大；雄性前翅 m_3 室斑纹仅缩小，不缺失。后翅白色条斑宽大，排列较紧密；外中域 1 列箭头纹清晰；反面黄色晕染少，色较浅。

生物学　1 年 1 代，成虫多见于 6 ~ 7 月。

分布　中国（甘肃、四川）。

大秦岭分布　甘肃（文县）、四川（汶川）。

妹粉蝶属 *Mesapia* Gray, 1856

Mesapia Gray, 1856, *List Spec. Lep. Ins. Brit. Mus.*, 1: 92. **Type species**: *Pieris peloria* Hewitson, 1853.

Mesapia; Chou, 1998, *Class. Ident. Chin. Butt.*: 36; Winhard, 2000, *Butt. World*, 10: 15; Wu, 2010, *Fauna Sin. Ins. Lep. Pieridae*, 52: 265; Wu & Xu, 2017, *Butts. Chin.*: 416.

高山种类。与绢粉蝶属 Aporia 相似，主要区别为：体型较小；翅较圆。下唇须及胸部多毛；触角长，黑色，锤状部大而扁。前翅狭长；R 脉 4 条，R_2 脉与 R_3 脉合并，从中室上角与 R_4 脉同点分出；R_5 脉与 M_1 脉从 R_4 脉等距离分出。后翅 $Sc+R_1$ 脉短，末端止于 M_1 脉分出点的上方。

雄性外生殖器：背兜背面平坦；钩突发达；抱器短阔，端部突出，无内膜孔；囊突粗短，端部变窄；阳茎犁头形弯曲，末端尖削。

雌性外生殖器：囊导管细长；交配囊片近心形。

全世界只记载 1 种，分布于古北区。为中国特有种，大秦岭有分布。

妹粉蝶 *Mesapia peloria* (Hewitson, 1853)

Pieris peloria Hewitson, 1853, *Ill. exot. Butts.* 1 (Pieris II): [32], pl. [17], f. 15-16.

Mesapia peloria; Chou, 1994, *Mon. Rhop. Sin.*: 255; Wu, 2010, *Fauna Sin. Ins. Lep. Pieridae*, 52: 266; Wu & Xu, 2017, *Butts. Chin.*: 416, f. 420: 8-13.

形态 成虫：小型种类。翅圆；白色；正面基部黑色。前翅狭长；翅脉黑色，脉纹两侧有黑色缘边；端缘半透明；中室狭长。反面有黄色晕染；脉纹黑色加重。后翅翅脉两侧浅灰黑色，至脉端加宽。反面翅面覆有不均匀的赭黄色；翅脉黑色，其两侧黑褐色加宽明显；肩区黄色。

生物学 1 年 1 代，成虫多见于 6 ~ 8 月。高海拔种类，飞行缓慢，常贴地飞行，喜在阳光下活动。

分布 中国（陕西、甘肃、青海、新疆、四川、云南、西藏）。

大秦岭分布 陕西（长安）、甘肃（合作、卓尼、迭部、碌曲）。

园粉蝶属 *Cepora* Billberg, 1820

Cepora Billberg, 1820, *Enum. Ins. Mus. Billb.*: 76. **Type species**: *Papilio coronis* Cramer, [1775].

Huphina Moore, [1881], *Lepid. Ceylon*, 1(3): 136. **Type species**: *Papilio coronis* Cramer, [1775].

Huphina (Pierinae); Moore, [1881], *Lepid. Ceylon*, 1(3): 136.

Cepora (Pierinae); Chou, 1998, *Class. Ident. Chin. Butt.*: 36-37; Vane-Wright & de Jong, 2003, *Zool. Verh. Leiden*, 343: 110; Wu, 2010, *Fauna Sin. Ins. Lep. Pieridae*, 52: 268.

Cepora; Winhard, 2000, *Butt. World*, 10: 22; Wu & Xu, 2017, *Butts. Chin.*: 397.

翅圆阔。前翅 R 脉 4 条，R_2 脉与 R_3 脉合并；R_1 脉与 R_{2+3} 脉从中室前缘端部近平行分出；R_4 脉从中室上角分出；R_5 脉与 M_1 脉从 R_4 脉分出；中室端脉上段凹入。后翅卵形；$Sc+R_1$ 脉短，末端止于 M_1 脉分出点上方附近；肩脉长，从翅基部分出。

雄性外生殖器：背兜长；钩突柳叶形；抱器近三角形，端部呈锐角形突出；囊突细长；阳茎膝状弯曲。

雌性外生殖器：囊导管细长；交配囊大或小；交配囊片条形，位于交配囊口附近；有囊尾。

寄主为山柑科 Capparaceae 植物。

全世界记载 18 种，分布于东洋区。中国记录 3 种，大秦岭分布 2 种。

种检索表

前翅正面 m_3 室中部有黑斑 ·· **黑脉园粉蝶** *C. nerissa*

前翅正面 m_3 室中部无黑斑 ·· **青园粉蝶** *C. nadina*

黑脉园粉蝶 *Cepora nerissa* (Fabricius, 1775)

Papilio nerissa Fabricius, 1775, *Syst. Ent.*: 471, no. 123. **Type locality**: China.

Papilio coronis Cramer, [1775], *Uitl. Kapellen*, 1(1-7): 69, pl. 44, f. B, C. **Type locality**: China.

Pieris hira Moore, 1865, *Proc. zool. Soc. Lond.*, (2): 490, pl. 31, f. 17. **Type locality**: Punjab; Oude.

Pieris copia Wallace, 1867, *Trans. ent. Soc. Lond.*, (3) 4(3): 340. **Type locality**: Bengal.

Hyphina pallida Swinhoe, 1885, *Proc. Zool. Soc. Lond.*: 137. **Type locality**: Bombay.

Pieris coronis; Godart, 1819, *Encycl. Méth.*, 9(1): 132.

Pontia coronis; Horsfield, [1829], *Descr. Cat. lep. Ins. Mus. East India Coy*, (2): 144, (1) pl. 4, f. 9, 9a.

Appias copia; Moore, 1878, *Proc. zool. Soc. Lond.*, (3): 700.

Huphina hira; Butler, 1899, *Ann. Mag. nat. Hist.*, (7) 3(15): 211.

Huphina nerissa; Butler, 1899, *Ann. Mag. nat. Hist.*, (7) 3(15): 212.

Pieris nerissa; Piepers & Snellen, 1909, *Rhop. Java*, [1]: 6, pl. 1, f. 3a-e.

Cepora nerissa; Chou, 1994, *Mon. Rhop. Sin.*: 255; Wu, 2010, *Fauna Sin. Ins. Lep. Pieridae*, 52: 269; Wu & Xu, 2017, *Butts. Chin.*: 397, f. 398: 1-4.

形态 成虫：中型粉蝶。有干湿季型之分。湿季型：翅白色；脉纹黑色。前翅正面顶角及外缘区黑褐色或灰黑色；m_1、m_3 室及 cu_2 室中部有黑斑，其中 m_3 室黑斑清晰；中室脉纹加粗明显。反面翅面有黄绿色晕染，且前缘区和顶角区加重。后翅正面有黑灰色或黑褐色外缘带，有时退化成外缘斑列。反面翅面覆有褐绿色晕染，尤其脉纹两侧加重显著；中室端脉不加粗；亚缘斑列黄绿色。雌性脉纹加粗更明显。干季型：翅面黑色退化；脉纹除脉端有加粗外，其余翅脉不加黑及加粗。

卵：暗红色；瓶形，顶端似瓶口，有白色瓣饰；表面密布淡色纵脊。

幼虫：5 龄期。圆筒形。初龄幼虫淡红色。2 ~ 5 龄绿色；胸背密布横皱褶、灰白色刺毛和成排的白色疣突；足基带白色，密布灰白色长毛。

蛹：绿色；有黑色点斑；头顶白色瘤突锥状，覆有枣红色斑驳斑；背线灰白色，断续；胸部隆起；第 2 及第 3 腹节亚背部各有 1 对锥状突起；头胸腹均有白褐色斑驳斑和黄色晕染。

寄主 山柑科 Capparaceae 广州槌果藤 *Capparis cantoniensis*、戟叶槌果藤 *C. heyneana*、野香橼花 *C. bodinieri*、独行千里 *C. acutifolia*、兰屿山柑 *C. lanceolaris*、小刺山柑 *C. micracantha*、牛眼睛 *C. zeylanica* 等。

生物学 1 年多代，成虫多见于 4 ~ 9 月。常跳跃式飞行，喜访花和地面聚集吸水，多活动于林缘开阔地。卵多产于寄主顶芽和新叶上。幼虫有取食卵壳和皮蜕习性，常栖息于叶片主脉上。老熟幼虫化蛹于寄主植物叶背或附近低矮植物上。

分布 中国（湖北、福建、台湾、广东、广西、云南、海南），印度，缅甸，越南，老挝，泰国，菲律宾，马来西亚。

大秦岭分布 湖北（神农架）。

青园粉蝶 *Cepora nadina* (Lucas, 1852)

Pieris nadina Lucas, 1852, *Revue Mag. Zool*., (2) 4(7): 333. **Type locality**: Khasi Hills.

Huphina liquida Swinhoe, 1890, *Ann. Mag. nat. Hist*., (6) 5(29): 361. **Type locality**: Mahableshwur.

Huphina nadina; Butler, 1899, *Ann. Mag. nat. Hist*., (7) 3(15): 213.

Huphina nadina hirayamai Matsumura, 1936a, *Ins. Matsum*. 10(4): 127. **Type locality**:"Formosa" [Taiwan, China].

Cepora nadina; Chou, 1994, *Mon. Rhop. Sin*.: 255; Wu, 2010, *Fauna Sin. Ins. Lep. Pieridae*, 52: 272; Wu & Xu, 2017, *Butts. Chin*.: 397, f. 398: 5-6, 399: 7-9.

形态 成虫：中型粉蝶。有干湿季型之分。湿季型：翅正面白色。前翅正面顶角及外缘区黑褐色或灰黑色，至臀角处带纹变窄，内缘锯齿形；前缘基半部覆有黄绿色和黑色鳞粉。反面前缘及顶角有宽的绿棕色至黄棕色带纹；亚顶区有黑褐色斜斑带。后翅正面有黑灰色或黑褐色外缘带；脉端常加粗加黑。反面翅面黄绿色至棕黄色；亚缘斑列黄绿色至灰白色；中室端脉两侧有白色斑纹。雌性翅黑褐色至褐色。正面翅中央有 3 个白色条斑；臀角有 1 个白色弥散形圆斑。反面前缘区及顶角区有宽的黄绿色带纹；cu$_2$ 室端部多有弥散形黑斑。干季型：雄性体型较小；反面斑纹多赭黄色；前翅正面外缘带仅达 Cu$_2$ 脉；后翅正面外缘带窄。

卵：淡黄色；纺锤形；有玫红色斑驳纹；顶端有瓣饰；表面密布纵脊。

幼虫：5 龄期。圆筒形；体表有白色瘤突，瘤突上有短毛；腹部侧面密布白色长毛。

蛹：绿色或绿褐色；头背部有黄色或黑色斑纹；腹部有白色齿突，齿尖黑色；腹侧淡绿色。

寄主 山柑科 Capparaceae 独行千里 *Capparis acutifolia*。

生物学 1年多代，成虫多见于 4 ~ 9 月。常跳跃式低空飞行，喜活动于林下植物丰富地带。卵多产于寄主枝叶和附近低矮植物上。

分布 中国（台湾、广东、海南、广西、四川、云南、西藏），印度，尼泊尔，越南，老挝，泰国，柬埔寨，马来西亚。

大秦岭分布 四川（大巴山）。

粉蝶属 *Pieris* Schrank, 1801

Pieris Schrank, 1801, *Faun. Boica*, 2(1): 152, 161. **Type species**: *Papilio brassicae* Linnaeus, 1758.

Mancipium Hübner, [1806], *Tent. determ. digest.*, [1] (invalid). **Type species**: *Papilio brassicae* Linnaeus, 1758.

Ganoris Dalman, 1816, *K. Sven. vetensk. akad. handl.*, (1): 61. **Type species**: *Papilio brassicae* Linnaeus, 1758.

Andropodum Hübner, 1822, *Syst.-alph. Verz.*, 2-5, 7-9. **Type species**: *Papilio brassicae* Linnaeus, 1758.

Tachyptera Berge, 1842, *Schmetterlingsbuch*, 19, 92-105. **Type species**: *Papilio brassicae* Linnaeus, 1758.

Pieris; Godman & Salvin, [1889], *Biol. centr.-amer., Lep. Rhop.*, 2: 128; Chou, 1998, *Class. Ident. Chin. Butt.*: 37-38; Winhard, 2000, *Butt. World*, 10: 28; Vane-Wright & de Jong, 2003, *Zool. Verh. Leiden*, 343: 110; Wu, 2010, *Fauna Sin. Ins. Lep. Pieridae*, 52: 276; Wu & Xu, 2017, *Butts. Chin.*: 400.

Artogeia Verity, 1947, *Le Farfalle diurn. d'Italia*, 3: 192, 193. **Type species**: *Papilio napi* Linnaeus, 1758.

Talbotia Bernardi, 1958, *Rev. franc. Ent.*, 25: 125. **Type species**: *Mancipium naganum* Moore, 1884.

翅面白色，有时稍带黄色。前翅正面顶角多为黑色；中域中部至后缘常有 1 ~ 2 枚黑斑。雌性颜色较雄性深；黑斑发达。前翅 R_2 脉与 R_3 脉合并；R_4 脉极短，在中室近顶角处分出，时有消失；R_5 脉与 M_1 脉共柄；M_2 脉与 M_3 脉基部远离，其间的横脉直；中室长约为前翅长的 1/2。后翅中室长超过后翅长的 1/2。

雄性外生殖器：背兜长，约 2 倍长于钩突；钩突细长，末端尖；抱器短阔，端部尖或圆，无内突；囊突宽短；阳茎中等大小，较直，基部有 1 个盲囊。

雌性外生殖器：囊导管长；交配囊袋形；交配囊片形状变化大，上有齿突。

寄主为十字花科 Brassicaceae、木犀草科 Resedaceae、茄科 Solanaceae、旱金莲科 Tropaeolaceae、山柑科 Capparaceae、夹竹桃科 Apocynaceae、罂粟科 Papaveraceae、毛茛科 Ranunculaceae 及菊科 Asteraceae 植物。

本属种类为最常见的粉蝶，分布于世界各地。由于分类观点不同，本属所包含的世界分布种数差异较大，从 20 多种到 50 多种不等。中国记载 18 种，大秦岭分布 11 种。

种检索表

欧洲粉蝶 *Pieris brassicae* (Linnaeus, 1758)

Papilio brassicae Linnaeus, 1758, *Syst. Nat.*, (Edn 10) 1: 467. **Type locality**: Sweden.

Pontia chariclea Stephens, 1827, *Ill. Br. Ent.* (Haustellata) 1(1): 17, pl. 3, f. 1-2.

Pieris brassice vazquezi Oberthür, 1914, *Étud. Lépid. Comp.*, 9(2): 89, pl. 264, f. 2207.

Pieris brassicae; Chou, 1994, *Mon. Rhop. Sin.*: 257; Wu, 2010, *Fauna Sin. Ins. Lep. Pieridae*, 52: 278; Benyamini, *et al.*, 2014, *Bol. Mus. Nac. Hist. Nat. Chile*, 63: 12(list) ; Wu & Xu, 2017, *Butts. Chin.*: 400, f. 402: 1-4.

Pieris (Pieris) brassicae; Korb & Bolshakov, 2011, *Eversmannia Suppl.*, 2: 26.

形态　成虫：中型粉蝶。翅正面雄性乳白色，雌性乳黄色。前翅正面前缘黑色；顶角区黑褐色带纹向两侧延伸，外缘延伸至 Cu₂ 脉附近。反面顶角区带纹赭黄色，并向两侧延伸；m₃ 室中部及 cu₂ 室端部有黑色圆斑。后翅正面前缘中部有 1 个黑色斑纹。反面赭黄色；密布黑褐色鳞片。雌性基部黑色鳞片浓密；前翅正面 m_3 室及 cu_2 室中部有黑色圆斑；后缘中部有 1 条黑色棒纹。

卵：纺锤形，顶端有瓣饰；表面密布纵横脊。

幼虫：5 龄期。圆筒形；乳白色，泛蓝绿色调；体表密布黑褐色瘤突、灰白色长毛和形状不一的黑褐色及淡褐色斑纹；背中线白色；足基带污白色，密布灰白色长毛。

蛹：背面蓝绿色；腹面黄白色；体表密布黑色小点斑；头部顶端及腹端两侧突起小；背中线黄色。

寄主 十字花科 Brassicaceae 欧洲菘蓝 *Isatis tinctoria*、芜菁 *Brassica rapa*、欧洲油菜 *B. napus*、甘蓝 *B. oleracea* var. *capitata*、花椰菜 *B. oleracea* var. *botrytis*、萝卜 *Raphanus sativus*、海甘蓝 *Crambe maritima*、辣根 *Armoracia rusticana*、荠菜 *Capsella bursa-pastoris*、团扇荠 *Berteroa incana*、紫花南芥 *Hesperis matronalis*、山柳菊叶糖芥 *Erysimum hieraciifolium*、灰白葶苈 *Draba incana*、疣果匙荠 *Bunias orientalis*；木犀草科 Resedaceae 木犀草 *Reseda odorata*；茄科 Solanaceae 红花烟草 *Nicotiana tabacum*；旱金莲科 Tropaeolaceae 旱金莲 *Tropaeolum majus*、金丝雀旱金莲 *T. peregrinum*。

生物学 1 年多代，成虫多见于 4～9 月。

分布 中国（吉林、甘肃、新疆、四川、贵州、云南、西藏），俄罗斯，印度，尼泊尔，中亚，欧洲。

大秦岭分布 甘肃（武山、武都、康县、文县、徽县、两当、礼县、临潭、迭部、碌曲、漳县）、四川（青城山）。

菜粉蝶 *Pieris rapae* (Linnaeus, 1758)（图版 32：64—66）

Papilio rapae Linnaeus, 1758, *Syst. Nat.* (Edn 10), 1: 468. **Type locality**: Sweden.

Pontia rapae; Grum-Grshimailo, 1890, *In*: Romanoff, *Mém. Lép.*, 4: 218; Dyar, 1903, *Bull. U.S. nat. Mus.*, 52: 6.

Pieris rapae; Holloway & Peters, 1976, *J. Nat. Hist.*, 10: 295; Chou, 1994, *Mon. Rhop. Sin.*: 257; Pelham, 2008, *J. Res. Lepid.*, 40: 182; Wu, 2010, *Fauna Sin. Ins. Lep. Pieridae*, 52: 282; Yakovlev, 2012, *Nota lepid.*, 35(1): 64; Wu & Xu, 2017, *Butts. Chin.*: 400, f. 402: 6, 403: 7-8.

Pieris (*Artogeia*) *rapae*; Korb & Bolshakov, 2011, *Eversmannia Suppl.*, 2: 27.

形态 成虫：中型粉蝶。前翅正面白色；顶角有 1 个近三角形斑纹，黑色或黑褐色；翅基部及前缘散布有灰褐色鳞片；m_3 室中部及 cu_2 室端部有黑色圆斑，有时 cu_2 室斑纹退化或消失；翅面常有淡黄色晕染。反面顶角淡黄色；前缘基半部黄绿色，其间混杂有灰黑色鳞片；m_3 室及 cu_2 室斑纹较正面小。后翅正面白色，翅面覆有不均匀黄色晕染；前缘中部斑纹黑色或褐色。反面白色或淡黄色；散布有灰褐色鳞片；无斑纹。雌性体型较雄性略大。翅正面淡黄白色晕染较浓；cu$_2$室黑斑发达；后缘有 1 条黑褐色细带纹。反面黄色鳞显著，易与雄性区别。

有明显的季节和个体变异，翅斑纹及颜色随温度等环境条件的改变而变化。通常高温条件下生长的个体，翅正面的黑斑色深，反面的黄色鳞鲜艳；低温条件下发育的个体则斑型小且色较淡，甚至完全消失，反面光滑少鳞。

卵：子弹形；初产时白色，后渐变为黄色；表面有纵棱和横脊；顶端有瓣饰。

幼虫：5 龄期。体密布黑色刻点状突起和刺毛。初孵幼虫黄绿色，透明，后渐变为翠绿色。老熟幼虫两侧近腹缘各有 1 列长条形肉质突起；背中线淡黄色；气门线黄色。

蛹：淡绿色或淡褐色；密布黑色点斑；头顶圆锥形突起；中胸沿背中脊有 1 个角状突起；第 3 腹节两侧各有 1 个叉状突起，末端钝圆。

寄　主　十字花科 Brassicaceae 芸薹 *Brassica campestris*、芥蓝 *B. alboglabra*、野甘蓝 *B. oleracea*、小油菜 *B. rapa*、青菜 *B. chinensis*、山芥 *B. orthoceras*、芥菜 *B. juncea*、蔊菜 *Rorippa indica*、萝卜 *Raphanus sativus*、辣根 *Armoracia rusticana*、北美独行菜 *Lepidium virginicum*、独行菜 *L. apetalum*；木犀草科 Resedaceae 木犀草 *Reseda odorata* 等。

生物学　1 年多代，世代重叠，以蛹越冬，成虫多见于 2 ~ 11 月。飞行缓慢，喜访花，雄性有领域行为。卵单产于寄主植物叶上。幼虫常栖息于寄主植物的叶脉上，有边吃边排泄和受惊时吐绿色液体的习性。幼虫老熟后爬离寄主，在灌木丛、草丛的秆和叶上、屋檐下或墙壁上化蛹。

分　布　中国（黑龙江、吉林、辽宁、内蒙古、北京、天津、河北、山西、山东、河南、陕西、宁夏、甘肃、青海、新疆、江苏、上海、安徽、浙江、湖北、江西、湖南、福建、台湾、广东、海南、香港、广西、重庆、四川、贵州、云南、西藏），整个北温带，包括美洲北部至印度北部。

大秦岭分布　大秦岭各县市区均有分布。

东方菜粉蝶 *Pieris canidia* (Sparrman, 1768)（图版 33：68—69）

Papilio canidia Sparrman, 1768, *Amoenit. acad.*, 7(150): 504n. **Type locality**: S. China.

Papilio gliciria Cramer, [1777], *Uitl. Kapellen*, 2(9-16): 115, pl. 171, f. E, F.

Pieris canidia; Chou, 1994, *Mon. Rhop. Sin.*: 258; Wu, 2010, *Fauna Sin. Ins. Lep. Pieridae*, 52: 287; Wu & Xu, 2017, *Butts. Chin.*: 401, f. 403: 9-13.

Pieris (*Artogeia*) *canidia*; Korb & Bolshakov, 2011, *Eversmannia Suppl.*, 2: 27.

形　态　成虫：中型粉蝶。翅正面白色。前翅顶角黑色或黑褐色，并向外缘延伸到 Cu$_1$ 脉以下，内缘锯齿形；前缘基半部灰黑色；m$_3$ 室中部及 cu$_2$ 室端部有黑色圆斑，雄性此斑纹时有退化或消失。反面白色；顶角区淡黄色；亚缘区 3 个近圆形斑纹黑褐色，近前缘 1 个模糊不清。后翅正面外缘区 1 列圆形或近三角形斑纹，黑色或褐色；前缘中部斑纹近半圆形。反面白色；无斑纹；密布淡黄色和灰黑色鳞片；肩区黄色。雌性斑纹清晰；翅正面基部黑鳞区浓密，面积大。

卵：子弹形；有纵棱脊和横脊；顶端有瓣饰；初产淡黄色，后变为黄色。

幼虫：初孵时黄色，透明，密布白色长毛，后变为绿色；体密布带有蓝色圈纹的黑色刻点和毛疣；两侧近腹缘各有 1 列长条形肉质突起，密布白色长毛；气门线上有黄斑；背中线黄色。

蛹：淡绿色；密布大小不一的黑色点斑；头顶突起锥形；胸背沿中脊有 1 个三角形突起，其上有褐色横斑纹；腹前端背面隆起，有 1 条宽的白色横带，两侧各有 1 个黑色指状突起。

寄主　十字花科 Brassicaceae 弯曲碎米荠 *Cardamine flexuosa*、台湾碎米荠 *C. scutata*、小围散荠 *Lepidium virginicum*、荠菜 *Capsella bursa-pastoris*、芸薹 *Brassica campestris*、芥蓝 *B. alboglabra*、芥菜 *B. juncea*、白菜 *B. rapa* var. *glabra*、诸葛菜 *Orychophragmus violaceus*、萝卜 *Raphanus sativus*、硬毛南芥 *Arabis hirsuta*、蔊菜 *Rorippa indica*、无瓣蔊菜 *R. dubia*；山柑科 Capparaceae 醉蝶花 *Tarenaya hassleriana*、皱子鸟足菜 *Cleome rutidosperma*、黄花草 *Arivela viscosa*；夹竹桃科 Apocynaceae 糖胶 *Alstonia scholaris*；旱金莲科 Tropaeolaceae 旱金莲属 *Tropaeolum* spp.。

生物学　1 年多代，以蛹越冬，成虫多见于 3～10 月。飞行缓慢，喜访花。卵单产于寄主植物的叶片、花秆或花蕾上。幼虫喜栖息于寄主叶片主脉上。

分布　中国（各省区均有分布），韩国，越南，老挝，缅甸，柬埔寨，泰国，土耳其。

大秦岭分布　河南（新郑、荥阳、新密、登封、巩义、宝丰、内乡、西峡、南召、伊川、宜阳、汝阳、嵩县、栾川、洛宁、渑池、卢氏）陕西（阎良、临潼、蓝田、长安、鄠邑、周至、渭滨、陈仓、岐山、眉县、太白、凤县、华州、华阴、潼关、汉台、南郑、城固、洋县、西乡、镇巴、勉县、宁强、略阳、留坝、佛坪、汉滨、平利、镇坪、岚皋、紫阳、汉阴、石泉、宁陕、商州、丹凤、商南、山阳、镇安、柞水、洛南）、甘肃（麦积、秦州、武山、武都、文县、徽县、两当、礼县、迭部、碌曲、漳县）、湖北（兴山、南漳、保康、谷城、神农架、竹山、竹溪、武当山）、重庆（巫溪、城口）、四川（宣汉、万源、南江、利州、昭化、朝天、剑阁、青川、都江堰、彭州、什邡、绵竹、安州、江油、北川、平武）。

暗脉菜粉蝶 *Pieris napi* (Linnaeus, 1758)（图版 33：67）

Papilio napi Linnaeus, 1758, *Syst. Nat.* (Edn 10), 1: 468. **Type locality**: Sweden.

Papilio sabellicae Stephens, 1827, *Ill. Br. Ent.* (Haustellata), 1(1): 21, pl. 3, f. 3.

Pieris napi; Grum-Grshimailo, 1890, *In*: Romanoff, *Mém. Lép.*, 4: 220; Chou, 1994, *Mon. Rhop. Sin.*: 258; Wu, 2010, *Fauna Sin. Ins. Lep. Pieridae*, 52: 293; Wu & Xu, 2017, *Butts. Chin.*: 401, f. 404: 15-16.

Pontia napi; Dyar, 1903, *Bull. U.S. natn. Mus.*, 52: 6.

Pieris napi henrici Oberthür, 1913, *Étud. Lépid. Comp.*, 7: 671, pl. 189, f. 1833.

Pieris (Artogeia) napi; Korb & Bolshakov, 2011, *Eversmannia Suppl.*, 2: 26.

形态 成虫：中型粉蝶。翅正面白色；基部密布黑色鳞片。前翅正面翅脉、翅基部及顶角黑色或黑褐色；顶角黑斑窄，被脉纹分割；前缘基半部灰褐色或灰黑色；m₃室中部斑纹黑褐色，时有退化或消失。反面白色；顶角淡黄色；脉纹加粗；m₃室及cu₂室斑纹黑褐色，但cu₂室斑纹时有退化或消失。后翅前缘近顶角有1个黑灰色斑纹；脉端加粗。反面脉纹加宽加深明显；肩区基部黄色；cu₂室有1条黑褐色带纹纵贯全室。雌性脉纹加粗明显；斑纹更发达。

卵：密布纵横脊；瓣饰6个。

寄主 十字花科 Brassicaceae 白花碎米荠 *Cardamine leucantha*、日本碎米荠 *C. niponica*、碎米荠 *C. scutata*、荠菜 *Capsella bursa-pastoris*、团扇荠 *Berteroa incana*、诸葛菜 *Orychophragmus violaceus*、沼生蔊菜 *Rorippa islandica*、蔊菜 *R. indica*、风花菜 *R. isbandica*、欧亚蔊菜 *R. sylvestris*、楤木 *Aralia elata*、小花南芥 *Arabis alpina*、菥蓂 *Thlaspi arvense*、高山菥蓂 *T. alpestre*、葱芥 *Alliaria petiolata*、小白菜 *Brassica campestris*、冬油菜 *B. rapa*、甘蓝 *B. oleracea* var. *capitata*、蔓菁甘蓝 *B. napus* var. *napobrassica*、野萝卜 *Raphanus raphanistrum*、萝卜 *R. sativus*、辣根 *Armoracia rusticana*、蓝香芥 *Hesperis matronalis*；木犀草科 Resedaceae 木犀草 *Reseda odorata*；旱金莲科 Tropaeolaceae 旱金莲 *Tropaeolum majus*；菊科 Asteraceae 金盏菊 *Calendula officinalis*。

生物学 1年2代，以蛹越冬，成虫多见于3～10月。喜访花，飞行较缓慢，路线不规则，常活动于田间或开阔地。

分布 中国（黑龙江、吉林、辽宁、河北、河南、陕西、甘肃、青海、新疆、安徽、浙江、湖北、江西、广东、重庆、四川、贵州、西藏），俄罗斯，朝鲜，韩国，日本，巴基斯坦，小亚细亚，高加索地区，印度北部，欧洲，北美洲，非洲。

大秦岭分布 河南（新郑、登封、西峡、南召、卢氏）、陕西（蓝田、长安、鄠邑、周至、渭滨、陈仓、岐山、眉县、太白、凤县、华州、华阴、南郑、洋县、西乡、勉县、略阳、留坝、佛坪、汉滨、平利、岚皋、紫阳、汉阴、石泉、宁陕、商州、丹凤、商南、山阳、镇安、柞水）、甘肃（麦积、秦州、武山、武都、文县、宕昌、成县、徽县、两当、礼县、合作、临潭、卓尼、舟曲、迭部、碌曲、玛曲、漳县）、湖北（神农架、郧阳）、重庆（巫溪、城口）、四川（宣汉、朝天、青川、都江堰、平武）。

黑纹粉蝶 *Pieris melete* Ménétnés, 1857（图版 34：70—71）

Pieris melete Ménétnés, 1857, *Cat. lep. Petersb.*, 2: 113, pl. 10, f. 1-2. **Type locality**: Japan.

Pieris aglaope Motschulsky, 1860, *Etud. Ent.*, 9: 28.

Pieris erutae Poujade, 1888, *Ann. Soc. Ent. Fr.*, 6-8: 29.

Pieris melete montana Verity, 1908, *Rhop. Palaearct.*, (13-14): 141, (17-20) pl. 31, f. 20-21.

Pieris melete massiva Fruhstorfer, 1910, *In*: Seitz, *Gross-Schmett. Erde*, 9: 140.

Pieris melete ab. *feminalis* Sheljuzhko, 1929, *Mitt. Münch. Ent. Ges.*, 19: 347. **Type locality**: Kagoshima (Kiu-Shiu), Japan.

Artogeia *melete*; Kudrna, 1974, *Atalanta*, 5: 97.

Pieris melete; Chou, 1994, *Mon. Rhop. Sin.*: 259; Winhard, 2000, *Butt. World*, 10: 29, pl. 46, f. 9; Wu, 2010, *Fauna Sin. Ins. Lep. Pieridae*, 52: 297; Wu & Xu, 2017, *Butts. Chin.*: 405, f. 406: 3-6, 407: 7-11.

Artogeia (*Artogeia*) *melete*; Korb & Bolshakov, 2011, *Eversmannia Suppl.*, 2: 27.

形态 成虫：中型粉蝶。翅正面白色。前翅正面顶角区、前缘及后缘灰黑色、黑褐色或褐色；m_3 室中部及 cu_2 室端部各有 1 个黑色斑纹，其中 cu_2 室斑常与后缘区黑色带纹相连。反面脉纹多有加粗；顶角区淡黄色；前缘基半部灰黑色；m_3 室及 cu_2 室斑纹较模糊。后翅正面前缘区近顶角处斑纹黑色。反面白色、淡黄色或黄色；脉纹稍加粗；肩区基部黄色。雌性较雄性个体大。前翅基部有灰黑色晕染；后缘带纹较宽。后翅正面脉端加粗明显或稍有加粗。本种有春夏两型：春型较小，翅形稍细长，黑色部分较深；夏型较大，体色较春型淡。

卵：子弹形；有纵横棱脊；顶端有瓣饰。初产时绿色；后变为淡黄色至乳白色，透明。

幼虫：5 龄期。绿色；气门上有黄色环斑围绕；胸腹部侧面黄绿色，背面密布黑色瘤突和刺毛；足基带乳白色。

蛹：初蛹为翠绿色，后变成黄色；密布黑色点斑；头顶突起细锥状；胸背有 1 个弧状突起；腹背基部内侧各有 1 个三角形突起。

寄主 十字花科 Brassicaceae 白花碎米荠 *Cardamine leucantha*、台湾碎米荠 *C. scutata*、硬毛南芥 *Arabis hirsuta*、箭叶南芥 *A. sagittata*、灰绿南芥菜 *A. glauca*、大蒜芥 *Sisymbrium luteum*、薄菜 *Rorippa indica*。

生物学 1 年多代，世代重叠，以蛹越夏和越冬，成虫多见于 3 ~ 10 月。飞行缓慢，喜访花吸蜜，常与菜粉蝶 *P. rapae*、东方菜粉蝶 *P. canidia*、暗脉菜粉蝶 *P. napi* 等混合发生。卵单产于寄主植物叶片背面。幼虫取食叶片和荚果。老熟幼虫常化蛹于枯枝落叶、寄主植物附近的篱笆、墙面和树干上。

分布 中国（黑龙江、吉林、辽宁、河北、河南、陕西、甘肃、安徽、上海、浙江、湖北、江西、湖南、福建、广西、重庆、四川、贵州、云南、西藏），俄罗斯，韩国，日本。

大秦岭分布　河南（新郑、荥阳、新密、登封、巩义、内乡、西峡、鲁山、南召、伊川、宜阳、汝阳、嵩县、栾川、渑池、卢氏）、陕西（临潼、蓝田、长安、鄠邑、周至、陈仓、眉县、太白、凤县、华州、南郑、洋县、西乡、镇巴、勉县、宁强、略阳、留坝、佛坪、汉滨、岚皋、紫阳、汉阴、石泉、宁陕、商州、丹凤、商南、山阳、镇安、柞水、洛南）、甘肃（麦积、秦州、武山、武都、康县、文县、徽县、两当、礼县、迭部、碌曲、漳县）、湖北（兴山、南漳、保康、神农架、竹溪、房县、武当山）、重庆（巫溪、城口）、四川（宣汉、万源、青川、都江堰、绵竹、安州、江油、平武、汶川）。

库茨粉蝶 *Pieris kozlovi* Alphéraky, 1897

Pieris dubernardi var. *kozlovi* Alphéraky, 1897, *In*: Romanoff, *Mém. Lép.*, 9: 232, pl. 12, f. 1a-c.

Pieris kozlovi; Wu, 2010, *Fauna Sin. Ins. Lep. Pieridae*, 52: 307; Wu & Xu, 2017, *Butts. Chin.*: 410, f. 411: 3-4.

Pieris dubernardi kozlovi; Huang, 2019, *Neue Ent. Nachr.*, 78: 205.

形态　成虫：中型粉蝶。两翅狭长；正面白色；斑纹黑色；基部密布黑色鳞粉。前翅正面前缘、顶角及外缘区黑色；外缘黑带的内缘锯齿形；亚缘带端部未达前缘，下半段清晰或模糊；中室端斑黑色，常与前缘带纹和亚缘带纹相连呈 M 形大斑。反面顶角区橙黄色；各脉端加宽呈三角形黑斑；亚缘带黑色，未达前缘。后翅正面外缘斑列斑纹近三角形；亚缘斑列由后缘到前缘斑纹逐渐变大；中室端斑小。反面黑色；斑纹橙黄色；外缘有 1 列馒头形斑纹；外中域有 1 列梭形细斑；中室端部有 1 个梭形斑。雌性 M 形大斑及亚缘斑列完整，不退化或消失。

寄主　罂粟科 Papaveraceae 多刺绿绒蒿 *Meconopsis horridula*；菊科 Asteraceae 蒲公英属 *Taraxacum* spp.；毛茛科 Ranunculaceae 唐松草属 *Thalictrum* spp.。

生物学　成虫多见于 6 ～ 7 月。栖息于高海拔地区，喜访花，多在景天科 Crassulaceae 植物的叶面和岩石表面停留。

分布　中国（甘肃、青海、西藏）。

大秦岭分布　甘肃（迭部）。

杜贝粉蝶 *Pieris dubernardi* Oberthür, 1884

Pieris dubernardi Oberthür, 1884, *Étud. d'Ent.*, 9: 13, pl. 1, f. 6. **Type locality**: Sichuan.

Pieris dubernardi; Chou, 1994, *Mon. Rhop. Sin.*: 259; Wu, 2010, *Fauna Sin. Ins. Lep. Pieridae*, 52: 303; Huang, 2019, *Neue Ent. Nachr.*, 78: 205; Wu & Xu, 2017, *Butts. Chin.*: 410, f. 411: 5-6, 412: 7-8.

形态　成虫：中型粉蝶。两翅正面白色；斑纹黑色；基部密布黑色鳞粉。前翅正面前缘、顶角及外缘区黑色；外缘黑带的内缘锯齿形；亚缘带未达前后缘；中室端斑黑色，中部向内呈齿状突出，常与前缘带纹和亚缘带纹相连呈 M 形大斑。反面顶角区黄色；各脉端部多加宽加黑；黑色亚缘带未达前后缘。后翅正面外缘斑列斑纹近三角形；外横斑列未达后缘；中室端斑小。反面淡黄色；黑色脉纹加粗加黑明显；外横斑带模糊，时有断续；肩区橙黄色；中室有 1 条黑色纵纹；中室下缘外侧基部有 1 个橙黄色梭形斑。雌性触角腹面的银灰色环比雄性明显。前翅正面外横带伸达后缘。后翅正面的外横斑列相连成带；反面同雄性。

　　生物学　成虫多见于 6 ~ 8 月。

　　分布　中国（陕西、甘肃、四川、云南、西藏）。

　　大秦岭分布　陕西（周至、眉县）、甘肃（文县、合作、临潭、卓尼、舟曲、迭部）。

斯坦粉蝶 *Pieris steinigeri* Eitschberger, 1983

Pieris steinigeri Eitschberger, 1983, *Herbipoliana*, 1(1):382. **Type locality**: Weixi, Yunnan.

Pieris steinigeri; Wu, 2010, *Fauna Sin. Ins. Lep. Pieridae*, 52: 295; Wu & Xu, 2017, *Butts. Chin*.: 401, f. 404: 19.

　　形态　成虫：中型粉蝶。与暗脉菜粉蝶 *P. napi* 和黑纹粉蝶 *P. melete* 较相似，主要区别为：前翅正面顶角黑斑未被白色脉纹分割，宽窄介于上述 2 种蝴蝶之间；m_3 室斑纹模糊或消失；cu_2 室无斑纹。反面两翅脉纹加黑加宽明显，但加宽程度介于上述 2 种蝴蝶之间；中室有 Y 形细纹。本种似乎是暗脉菜粉蝶和黑纹粉蝶之间的过渡型。

　　生物学　成虫多见于 3 ~ 7 月。

　　分布　中国（四川、云南）。

　　大秦岭分布　四川（都江堰）。

大展粉蝶 *Pieris extensa* Poujade, 1888（图版 34：72—73）

Pieris erutae var. *extensa* Poujade, 1888, *Bull. Soc. Ent. Fr.*, (6)8: xix.

Pieris eurydice Leech, 1891, *Entomologist*, 24(Suppl.): 5. **Type locality**: Wa-Shan; Chia-Kou-Ho, Huang-Mu-Chang.

Pieris extensa; Chou, 1994, *Mon. Rhop. Sin*.: 259; Wu, 2010, *Fauna Sin. Ins. Lep. Pieridae*, 52: 291; Wu & Xu, 2017, *Butts. Chin*.: 405, f. 408: 12-14.

Pieris extensa extensa; Winhard, 2000, *Butt. World*, 10: 29, pl. 46, f. 8.

形态　成虫：中大型粉蝶。翅正面白色；脉纹灰黑色、黑褐色或灰褐色。前翅正面顶角区黑色，内缘锯齿形；中室下缘脉加粗；m_3 室及 cu_2 室各有 1 个黑色斑纹。反面顶角区淡黄色。后翅正面前缘区近顶角处斑纹黑色，牛角状。反面淡黄色；肩区基部黄色。雌性较雄性斑纹发达；后翅正面顶角区黑色带宽；外缘区有 1 列黑色近圆形斑纹。

生物学　成虫多见于 4 ~ 9 月。飞行迅速。

分布　中国（陕西、甘肃、湖北、重庆、四川、贵州、云南、西藏），不丹。

大秦岭分布　陕西（长安、鄠邑、周至、太白、华州、南郑、洋县、西乡、镇巴、宁强、略阳、留坝、佛坪、宁陕、商州、丹凤、山阳、镇安）、甘肃（麦积、秦州、康县、文县、宕昌、徽县、两当、漳县）、湖北（神农架）、重庆（城口）、四川（青川、都江堰、平武、汶川）。

大卫粉蝶 *Pieris davidis* Oberthür, 1876（图版 35：74—75）

Pieris davidis Oberthür, 1876, *Etud. Ent*., 2: 18.

Pieris davidis var. *venata* Leech, 1891, *Entomologist*, 24(Suppl.): 57.

Aporia davidis, Bollow, 1932, *In*: Seitz, *Suppl*., 1: 94.

Pieris davidis; Chou, 1994, *Mon. Rhop. Sin*.: 260; Wu, 2010, *Fauna Sin. Ins. Lep. Pieridae*, 52: 312; Wu & Xu, 2017, *Butts. Chin*.: 410, f. 413: 13-16.

形态　成虫：中小型粉蝶。两翅正面白色；基部密布黑色或黑褐色鳞片；脉纹灰黑色、黑褐色或黑色。前翅顶角区脉端加粗明显；亚缘区有 1 条松散的灰黑色带纹，止于 Cu_2 脉之前。反面白色；顶角区淡黄色；脉纹较正面清晰。后翅中室有 1 条纵条纹。反面淡黄色；脉纹及中室纵条纹加粗加黑，较正面清晰；肩区黄色。雌性翅面黄色浓重；黑色脉纹明显加粗；前翅亚缘区的黑带伸达 A 脉。

生物学　成虫多见于 6 ~ 7 月。

分布　中国（陕西、甘肃、四川、云南、西藏）。

大秦岭分布　陕西（长安、周至、眉县、太白、宁陕）、甘肃（麦积、秦州、文县、徽县、两当、迭部、碌曲）。

偌思粉蝶 *Pieris rothschildi* Verity, 1911

Pieris dubernardi rothschildi Verity, 1911, *Rhop. Palae*.: 329.

Pieris lama Sugiyama, 1996, *Patlarge*, 5: 7.

Pieris rothschildi; Wu, 2010, *Fauna Sin. Ins. Lep. Pieridae*, 52: 309; Wu & Xu, 2017, *Butts. Chin*.: 405, f. 409: 17-20.

形态　成虫：中小型粉蝶。两翅正面白色；基部密布黑色或黑褐色鳞片；脉纹及斑带灰黑色或黑褐色。前翅正面脉端三角形加宽；中域有 1 个 M 形带纹，从前缘基部经中室端脉和亚缘区中部后到达后缘近臀角处。反面顶角区多有黄色晕染。后翅正面前缘近顶角处有 1 个牛角状斑纹；脉端稍加宽；cu_2 室和中室各有 1 条灰色纵条纹；外中域斑纹模糊不清。反面淡黄色；脉纹两侧加宽明显；cu_2 室和中室纵条纹黑褐色。

生物学　成虫多见于 7 ~ 8 月。

分布　中国（陕西、甘肃、四川）。

大秦岭分布　陕西（眉县、太白）、甘肃（临潭）、四川（青川）。

云粉蝶属 *Pontia* Fabricius, 1807

Pontia Fabricius, 1807, *Magazin f. Insektenk.* (Illiger), 6: 283. **Type species**: *Papilio dapidice* Linnaeus, 1758.

Mancipium Hübner, [1807], *Samml. exot. Schmett.*, 1: pl. [141]. **Type species**: *Papilio hellica* Linnaeus, 1767.

Synchloe Hübner, [1818], *Samml. exot. Schmett.*, 1: 26. **Type species**: *Papilio callidice* Hübner, [1800].

Mancipium Stephens, 1827, *Ill. Br. Ent.* (Haustellata), 1(1): 22. **Type species**: *Papilio daplidice* Linnaeus, 1758.

Parapieris de Nicéville, 1897, *J. Asiat. Soc. Bengal*, 66 Pt.II(3): 563. **Type species**: *Papilio callidice* Hübner, [1800].

Leucochloë Röber, [1907], *In*: Seitz, *Grossschmett. Erde*, 1: 49. **Type species**: *Papilio daplidice* Linnaeus, 1758.

Pontieuchloia Verity, 1929, *Ann. Soc. ent. Fr.*, 98: 347. **Type species**: *Papilio chloridice* Hübner, [1808-1813].

Pontia; Chou, 1998, *Class. Ident. Chin. Butt.*: 38; Winhard, 2000, *Butt. World*, 10: 29; Wu, 2010, *Fauna Sin. Ins. Lep. Pieridae*, 52: 316; Wu & Xu, 2017, *Butts. Chin.*: 414.

Pontia (Pierina); Pelham, 2008, *J. Res. Lepid.*, 40: 183.

Pontia (Pierini); Korb & Bolshakov, 2011, *Eversmannia Suppl.*, 2: 27.

之前包括在粉蝶属 *Pieris* 内，正面与粉蝶属的种类相似。前翅外缘斑列与亚外缘斑列相接。后翅外缘较平直；反面有黄绿色云纹斑。前翅脉纹 10 条；R 脉 3 条，R_2 与 R_3 脉合并，R_4 与 R_5 脉合并；R_{4+5} 与 M_1 脉共柄；R_{2+3} 脉和 R_{4+5} 脉分出点较接近；中室长超过前翅长的 1/2；中室端脉向内弯曲。

雄性外生殖器：背兜有大的关节突；钩突较粗壮；囊突粗；抱器方阔；阳茎弓形弯曲，有 1 个指状突。

雌性外生殖器：囊导管极短；交配囊圆球形；交配囊片位于交配囊的开口附近，密布齿状突；囊尾有或无。

寄主为十字花科 Brassicaceae、木犀草科 Resedaceae 植物。

全世界记载 11 种，分布于古北区、新北区和非洲区。中国记录 3 种，大秦岭均有分布。

种检索表

1. 后翅反面外缘斑纹箭头形 ··· **箭纹云粉蝶 _P. callidice_**
   后翅反面外缘斑纹非箭头形 ·· 2
2. 后翅反面外缘斑纹长条形 ··· **绿云粉蝶 _P. chloridice_**
   后翅反面外缘斑纹卵形 ··· **云粉蝶 _P. daplidice_**

云粉蝶 _Pontia daplidice_ (Linnaeus, 1758)（图版 36：76—78）

Papilio daplidice Linnaeus, 1758, _Syst. Nat._ (Edn 10), 1: 468.

Papilio edusa Fabricius, 1777, _Gen. ins._: 225; Wu, 2010, _Fauna Sin. Ins. Lep. Pieridae_, 52: 320; Wu & Xu, 2017, _Butts. Chin._: 414, f. 415: 3-7.

Papilio bellidice Brahm, 1804, _Ill. Mag._, 4: 362.

Papilio belemida Hübner, [1836-1838], _Samml. eur. Schmett._, [1]: f. 931-932.

Pieris daplidice; Grum-Grshimailo, 1890, _In_: Romanoff, _Mém. Lép._, 4: 224.

Pontia daplidice; Chou, 1994, _Mon. Rhop. Sin._: 260; Korb & Bolshakov, 2011, _Eversmannia Suppl._, 2: 27.

形态 成虫：中小型粉蝶。两翅正面及翅脉白色；斑纹正面黑灰色、黑褐色或黑色，反面赭绿色、黄绿色或褐绿色。前翅外缘斑列与亚外缘斑带相接，仅达 Cu_1 脉；中室端斑近长方形；cu_2 室中部有 1 个隐约的斑纹，为反面斑纹的透影。反面中室基半部多覆有黄绿色鳞粉；cu_2 室中部斑纹清晰；其余斑纹同前翅正面。后翅正面基部密布黑色鳞片；外缘及亚外缘斑列清晰或模糊；其余斑纹均为反面斑纹的透射。反面外缘斑列斑纹卵形；亚外缘斑列斑纹多相互连接，并与外缘斑纹错位相接；基半部有 1 个大的齿轮形斑纹，外缘齿突方形。雌性前翅正面基部黑褐色鳞粉密集；cu_2 室中部黑褐色斑纹清晰。本种的春型和秋型差别较大，春型个体小，后翅反面为黄褐色；秋型的个体较大，后翅反面黄绿色。

卵：表面有纵横脊；顶部瓣饰 5 个。

幼虫：黄色；背线和亚背线黄紫色；腹部有蓝色毛。

蛹：绿色、褐色或灰白色；有黑色点斑；腹部有黄白色侧条带。

寄主 十字花科 Brassicaceae 芥蓝 _Brassica alboglabra_、芸薹 _B. campestris_、甘蓝 _B. oleracea_ var. _capitata_、小油菜 _B. rapa_、旗杆芥属 _Turritis_ spp.、大蒜芥属 _Sisymbrium_ spp.、欧白芥属 _Sinapis_ spp.、南芥属 _Arabis_ spp.、薪蓂属 _Thlaspi_ spp.、庭芥属 _Alyssum_ spp.、糖芥属 _Erysimum_ spp.、花旗杆 *Dontostemon dentatus*、萝卜 *Raphanus sativus*、荠菜 *Capsella bursa-pastoris*、北美独行菜 *Lepidium virginicum*、独行菜 *L. apetalum*；木犀草科 Resedaceae 木犀草属 *Reseda* spp. 等。

生物学 成虫多见于 4 ~ 10 月。多活动于低海拔的浅山丘陵。

分布 中国（黑龙江、吉林、辽宁、内蒙古、北京、天津、河北、山西、山东、河南、陕西、宁夏、甘肃、青海、新疆、江苏、上海、安徽、浙江、湖北、江西、广东、广西、四川、贵州、云南、西藏），俄罗斯，中亚，西亚，欧洲，非洲北部。

大秦岭分布 河南（登封、郏县、内乡、西峡、嵩县、栾川、洛宁）、陕西（灞桥、蓝田、长安、周至、临渭、陈仓、岐山、眉县、太白、凤县、华州、华阴、汉台、南郑、洋县、勉县、留坝、佛坪、岚皋、宁陕、商州、丹凤、商南、山阳）、甘肃（麦积、秦州、武山、武都、文县、宕昌、徽县、两当、礼县、合作、迭部、碌曲、漳县）、湖北（谷城、神农架）、四川（宣汉、安州、平武、汶川）。

绿云粉蝶 *Pontia chloridice* (Hübner, [1813])

Papilio chloridice Hübner, [1813], *Samml. eur. Schmett.*, [1]: pl. 141, f. 712-715.

Pieris chloridice; Grum-Grshimailo, 1890, *In*: Romanoff, *Mém. Lép.*, 4: 225.

Pieris chloridice albidice Staudinger, 1901, *Cat. Lep. palaearct. Faunengeb.*, 1: 12(preocc.).

Pontia chloridice schahrudensis Koçak, 1980; *Nota lepid.*, 2(4): 139(repl. *Pieris chloridice albidice* Staudinger, 1901).

Pontia chloridice; Chou, 1994, *Mon. Rhop. Sin.*: 260; Wu, 2010, *Fauna Sin. Ins. Lep. Pieridae*, 52: 318; Yakovlev, 2012, *Nota lepid.*, 35(1): 63; Korb & Bolshakov, 2011, *Eversmannia Suppl.*, 2: 27; Wu & Xu, 2017, *Butts. Chin.*: 414, f. 415: 1-2.

形态 成虫：中小型粉蝶。两翅正面及翅脉白色；斑纹正面黑灰色、黑褐色或黑色，反面绿色、黄绿色和黑色。雄性前翅正面外缘斑列斑纹条形，未达后缘；亚顶区有 2 个相连的块斑；中室端斑肾形，中间镶有 1 条白色线纹。反面斑纹同前翅正面，但外缘斑列及亚顶斑绿色。后翅正面斑纹为反面斑纹的映射。反面外缘斑列斑纹长条形；亚外缘带内侧锯齿形；前缘斑列斑纹块状；翅中央至基部有 1 个端部未闭合的椭圆形环斑。雌性前翅外缘及亚外缘斑列发达，多伸达后缘；中室端斑大。后翅正面外缘斑列及亚外缘带黑色，未达臀角。

寄主 十字花科 Brassicaceae 大蒜芥属 *Sisymbrium* spp.、欧白芥属 *Sinapis* spp.、播娘蒿属 *Descurainia* spp.。

生物学 成虫多见于 4 ~ 9 月，以蛹越冬。

分布 中国（黑龙江、吉林、内蒙古、北京、甘肃、青海、新疆、四川、西藏），俄罗斯，蒙古，朝鲜，韩国，阿富汗，巴基斯坦，印度，伊朗，土耳其。

大秦岭分布 甘肃（文县、舟曲、迭部、碌曲）、四川（青川）。

箭纹云粉蝶 *Pontia callidice* (Hübner, [1800])

Papilio callidice Hübner, [1800], *Samml. eur. Schmett.*, [1]: pl. 81, f. 408-409. **Type locality**: Swiss Alps.

Synchloe callidice; Lewis, 1974, *Butt. World*: pl. 5, f. 7.

Pontia callidice; Chou, 1994, *Mon. Rhop. Sin.*: 260; Wu, 2010, *Fauna Sin. Ins. Lep. Pieridae*, 52: 325; Yakovlev, 2012, *Nota lepid.*, 35(1): 64; Korb & Bolshakov, 2011, *Eversmannia Suppl.*, 2: 28; Wu & Xu, 2017, *Butts. Chin.*: 414, f. 415: 8-9.

形态 成虫：中小型粉蝶。翅白色；正面斑纹黑色，反面斑纹赭绿色、绿褐色或灰黑色。前翅外缘斑列未达后缘，斑纹三角形或条形；亚外缘斑稀疏，时有断续；中室端部近长方形。反面外缘斑列绿褐色，其余斑纹同前翅正面。后翅正面斑纹为反面斑纹的透射；翅基部密布灰黑色鳞粉。反面脉纹黄色，两侧多有墨绿色或绿褐色加宽；外缘有 1 列基部相连的箭头形斑纹；中室脉纹加宽明显。雌性前翅正面白色；中室端斑大而黑，呈长方形；亚外缘斑相连成带纹，并与外缘条斑相接。反面基部密被黄绿色鳞粉；外缘条斑列赭绿色；其余斑纹与前翅正面相似。后翅正面端缘箭纹黑色；中室端斑灰黑色。反面中室脉纹及其周缘脉纹加宽明显，赭绿色或棕绿色。

寄主 十字花科 Brassicaceae 大蒜芥属 *Sisymbrium* spp.、糖芥属 *Erysimum* spp.；木犀草科 Resedaceae 木犀草属 *Reseda* spp. 等。

生物学 成虫多见于 5 ~ 8 月，以蛹越冬。

分布 中国（甘肃、青海、新疆、西藏），哈萨克斯坦，印度，欧洲。

大秦岭分布 甘肃（文县、迭部）。

飞龙粉蝶属 *Talbotia* Bernardi, 1958

Talbotia Bernardi, 1958, *Rev. franc. Ent.*, 25: 125. **Type species**: *Mancipium naganum* Moore, 1884.

Talbotia; Chou, 1998, *Class. Ident. Chin. Butt.*: 39; Wu, 2010, *Fauna Sin. Ins. Lep. Pieridae*, 52: 327; Wu & Xu, 2017, *Butts. Chin.*: 416.

外形与粉蝶属 *Pieris* 非常相似，曾被归入该属中。白色；前翅顶角及外缘有黑色带纹；中室端斑条形。前翅 R 脉 3 条，R_2 与 R_3 脉及 R_4 与 R_5 脉合并；R_{4+5} 与 M_1 脉共柄；中室长超过前翅长的 1/2；中室端脉向内弯曲。后翅 $Sc+R_1$ 脉长，超过后翅中室的长度。

雄性外生殖器：背兜背面隆起；钩突及囊突较长；抱器阔，端部尖角状；阳茎细，微弯曲。

雌性外生殖器：囊导管细长；交配囊大；交配囊片近椭圆形，横置于交配囊的开口处，密布小齿突。

寄主为伯乐树科 Bretschneideraceae 植物。

全世界记载 1 种，分布于中国，大秦岭亦有分布。

飞龙粉蝶 *Talbotia naganum* (Moore, 1884)

Mancipium naganum Moore, 1884, *J. asiat. Soc. Bengal*, 53 Pt.II(1): 45. **Type locality**: Naga Hills, Assam.

Mancipium nabanum[sic, recte *naganum*]; Hemming, 1967, *Bull. Br. Mus. (Ent.) Suppl.*, 9: 428.

Talbotia naganum; Chou, 1994, *Mon. Rhop. Sin.*: 261; Wu, 2010, *Fauna Sin. Ins. Lep. Pieridae*, 52: 328; Wu & Xu, 2017, *Butts. Chin.*: 416, f. 418: 1-4, 419: 5-7.

形态　成虫：中大型粉蝶。雌雄异型。两翅正面及翅脉白色；斑纹黑褐色或黑色。雄性前翅前缘基部密布黑褐色或灰黑色鳞粉；顶角区黑色，并沿外缘延伸至 cu_1 室，内缘锯齿形；m_3 室中部及 cu_2 室端部各有 1 个圆斑；中室端斑月牙形；反面顶角区带纹淡黄色。后翅无斑；反面淡黄色。雌性前翅正面前缘带深褐色；顶角区黑色，并沿外缘延伸至 cu_2 室，内缘较平；中央带纹倒浅 V 形，从基部贯穿中室，经中室端斑直达外缘；后缘带黑褐色，端部仅达 cu_2 室圆斑。反面顶角区淡黄绿色。后翅正面淡黄色晕染有或无；顶角区多黑褐色；外缘斑列斑纹近三角形。反面淡黄色；无斑。

卵：子弹形；白色，透明；表面有纵横脊。

幼虫：初孵幼虫乳白色。2 ~ 4 龄幼虫浅绿色；密布成排的黑色点斑列。5 龄幼虫蓝绿色；头部、背线、足基带及尾部均为黄色。

蛹：淡绿色；头顶中央突起锥状；各体节两侧各有 1 个黑色点斑；中胸背面有棱状突起；第 3 腹节侧面有侧突。

寄主　伯乐树科 Bretschneideraceae 伯乐树 *Bretschneidera sinensis*。

生物学　1 年多代，以蛹越冬，成虫多见于 4 ~ 10 月。雄性飞翔迅速，常沿道路或溪流相互追逐，有湿地吸水和访花习性。卵单产于寄主植物叶片或新芽上。初孵幼虫取食叶肉，仅留叶片上表皮。老熟幼虫化蛹于取食过的叶片正面或小枝上。

分布　中国（浙江、湖北、江西、湖南、福建、台湾、广东、广西、重庆、四川、贵州、云南），印度，缅甸，越南，老挝，泰国。

大秦岭分布　湖北（当阳）、四川（都江堰）。

粉蝶亚科 Pierinae

241

襟粉蝶族 Anthocharini Tutt, 1894

Anthocharini Tutt, 1894, *Canad. Ent.*: 214.

Euchloini Klots, 1930, *Pan. Pac. Ent.*, 6(4): 145.

Anthocharini (Pierinae); Chou, 1998, *Class. Ident. Chin. Butt.*: 41; Wu, 2010, *Fauna Sin. Ins. Lep. Pieridae*, 52: 3370; Korb & Bolshakov, 2011, *Eversmannia Suppl.*, 2: 24.

多白色，雄性前翅端部常有黄色或橙色斑带；前翅脉纹 11 条或 12 条。

中国已知 13 种，大秦岭分布 4 种。

襟粉蝶属 *Anthocharis* Boisduval, Rambur, Duméril & Graslin, 1833

Anthocharis Boisduval, Rambur, Duméril & Graslin, 1833, *Coll. icon. hist. Chenilles Europ.*, (21): pl. 5. **Type species**: *Papilio cardamines* Linnaeus, 1758.

Midea Herrich-Schäffer, 1867, *Corresp Bl. zool.-min Ver. Regensburg*, 21: 105, (11): 143 (preocc. *Midea* Bruzelius, [1855] and *Midea* Walker). **Type species**: *Papilio genutia* Fabricius, 1793.

Tetracharis Grote, 1898, *Proc. Amer. Phil. Soc.*, 37: 37. **Type species**: *Anthocharis cethura* C. & R. Felder, 1865.

Paramidea Kuznetsov, 1929, *Faun. SSSR*, (2): 58, nota. **Type species**: *Anthocharis scolymus* Butler, 1866.

Falcapica Klots, 1930, *Bull. Brooklyn ent. Soc.*, 25(2): 83 (repl. for *Midea* Herrich-Schäffer, 1867). **Type species**: *Papilio genutia* Fabricius, 1793.

Anthocaris; Hemming, 1934, *Gen. Names hol. Butts.*, 1: 132 (missp.).

Anthocharis (Pierinae); Chou, 1998, *Class. Ident. Chin. Butt.*: 42; Wu, 2010, *Fauna Sin. Ins. Lep. Pieridae*, 52: 344.

Paramidea (Pierinae); Winhard, 2000, *Butt. World*, 10: 5.

Anthocharis (Pierinae); Winhard, 2000, *Butt. World* 10: 5.

Paramidea (Anthocharini); Korb & Bolshakov, 2011, *Eversmannia Suppl.*, 2: 25.

Anthocharis; Wu & Xu, 2017, *Butts. Chin.*: 426.

雄性前翅正面顶角多有红色或黄色斑；后翅反面云纹斑绿色。前翅顶角圆或钩状尖出；R 脉 5 条，R_1 脉与 R_2 脉从中室前缘分出，R_3、R_4、R_5 脉与 M_1 脉同柄，从中室上角分出；中室长超过前翅长的 1/2；中室端脉凹入。后翅卵形；前缘平直；$Sc+R_1$ 脉很长；中室长，端部加宽；肩脉长，末端向基部弯曲。

雄性外生殖器：钩突端部向下弯曲，与背兜约等长；抱器简单，内突片状，端部钝圆；囊突长；阳茎略弯曲，约与抱器等长。

雌性外生殖器：囊导管细；交配囊大；有囊尾；无交配囊片。

寄主为十字花科 Brassicaceae 植物。

全世界记载 15 种，分布于古北区和东洋区。中国记录 4 种，大秦岭均有分布。

种检索表

黄尖襟粉蝶 *Anthocharis scolymus* Butler, 1866（图版 37：79—80）

Anthocharis scolymus Butler, 1866, *J. Linn. Soc. Lond., Zool.*, 9(34): 52. **Type locality**: Hakodate, Hokkaido, Japan.

Midea scolymnus[sic, recte *scolymus*]; Kudrna, 1974, *Atalanta*, 5: 96.

Anthocharis scolymus; Chou,1994, *Mon. Rhop. Sin.*: 264, Wu, 2010, *Fauna Sin. Ins. Lep. Pieridae*, 52: 346; Wu & Xu, 2017, *Butts. Chin.*: 426, f. 428: 1-4.

Paramidea scolymus; Winhard, 2000, *Butt. World*, 10: 5, pl. 5, f. 11; Korb & Bolshakov, 2011, *Eversmannia Suppl.*, 2: 25

形态 成虫：小型粉蝶。雌雄异型。雄性翅面白色。前翅狭长；正面顶角钩状尖出；顶角区黑褐色，中间镶有黄色大斑和白色小斑；基部密布黑灰色鳞片；前缘基半部有密集碎斑纹；中室端斑肾形，黑色。反面顶角区浅褐色或墨绿色，镶有淡色云纹斑；前缘区密布碎斑纹。后翅正面基部黑灰色；前缘近顶角处有 1 个绿褐色或墨绿色斑纹；外缘脉端斑细条形，时有消失；翅面密布灰色斑驳云状纹。反面翅端部 1/3 区域及中室密布赭绿色或淡褐色斑驳细云纹；中室外有 1 圈褐绿色或墨绿色斑驳大云纹。雌性前翅正面顶角区斑纹白色；其余斑纹同雄性。

卵：子弹形；初产乳白色，孵化前橙黄色；卵壳表面具纵横脊。

幼虫：5 龄期。体细长。初孵幼虫头部黑色，体黄色；2 龄幼虫橙黄色；3 ~ 5 龄幼虫绿色；密布成排的带有白色圈纹的黑色点斑和刚毛；背中线及足基带白色。

蛹：初蛹绿色，后变为褐色；体表密布纵纹和黑色点斑；两头尖锐，胸背部强度隆起，使蛹体呈菱角形；尾部及胸部黏附于枝干上，极似分叉的枝干。

寄主　十字花科 Brassicaceae 芥菜 *Brassica juncea*、芸薹 *B. campestris*、薄菜 *Rorippa indica*、小花南芥 *Arabis alpina*、硬毛南芥 *A. hirsuta*、碎米荠 *Cardamine hirsuta*、弹裂碎米荠 *C. impatiens*、诸葛菜 *Orychophragmus violaceus*、播娘蒿 *Descurainia sophia* 等。

生物学　1年1代，以蛹越夏及越冬，成虫多见于 3 ~ 7 月。常在林缘活动，喜访花采蜜。卵多产在向阳、能直接被阳光照射到的寄主植物上，单产于寄主枝叶、花蕾或花柄上。幼虫有取食卵壳习性。老熟幼虫化蛹于近地面的枯黄枝干上。

分布　中国（黑龙江、吉林、辽宁、北京、河北、山西、河南、陕西、甘肃、青海、上海、安徽、浙江、福建、湖北、江西、重庆、四川、贵州），俄罗斯（乌苏里），朝鲜半岛，日本。

大秦岭分布　河南（内乡、南召、嵩县、栾川）、陕西（蓝田、长安、鄠邑、周至、渭滨、陈仓、眉县、太白、凤县、华州、华阴、南郑、城固、洋县、留坝、佛坪、汉滨、镇坪、岚皋、石泉、宁陕、商州、山阳、镇安、洛南）、甘肃（麦积、秦州、文县、宕昌、徽县、两当、礼县、迭部、碌曲、漳县）、湖北（神农架、竹山）、重庆（巫溪）、四川（青川、都江堰）。

红襟粉蝶 *Anthocharis cardamines* (Linnaeus, 1758)（图版 37：81—82）

Papilio cardamines Linnaeus, 1758, *Syst. Nat*. (Edn 10), 1: 468. **Type locality**: Sweden.

Anthocharis cardamines; Grum-Grshimailo, 1890, *In*: Romanoff, *Mém. Lép*., 4: 230; Chou,1994, *Mon. Rhop. Sin*.: 264; Wu, 2010, *Fauna Sin. Ins. Lep. Pieridae*, 52: 350; Korb & Bolshakov, 2011, *Eversmannia Suppl*., 2: 24; Wu & Xu, 2017, *Butts. Chin*.: 426, f. 428: 9-10, 429: 11-12.

Anthocharis cardamines catalonica de Sagarra, 1930, *Butll. Inst. catal. Hist. nat*., (2) 10(7): 111.

形态　成虫：小型粉蝶。雌雄异型。翅白色；基部密布黑灰色鳞粉。雄性前翅顶角钝圆，有较窄的黑褐色带纹；亚顶区至中室端脉附近橙红色；前缘细带淡黄色至淡褐色；外缘斑列黑褐色；中室端斑梭形，黑褐色。反面顶角区浅灰色；外缘区墨绿色与淡黄色斑纹相间排列；橙色区域周缘橙黄色。后翅脉纹覆有黄色晕染。正面周缘斑列灰黑色，时有模糊或退化；中室周缘有浅灰色云纹斑。反面密布褐绿色或墨绿色斑驳云状纹；翅周缘斑驳云状纹排列整齐。雌性前翅亚顶角区无橙色斑纹；其余斑纹同雄性。

幼虫：深绿色；细长；体被细毛；密布由小白点组成的横带纹；足基带白色。

蛹：红褐色；菱角形；表面有白色粉层。

寄主　十字花科 Brassicaceae 芸薹 *Brassica campestris*、芥菜 *B. juncea*、芥蓝 *B. alboglabra*、碎米荠 *Cardamine hirsuta*、荠菜 *Capsella bursa-pastoris*、菥蓂 *Thlaspi arvense*、板蓝根 *Isatis tinctoria*、沼生薄菜 *Rorippa islandica*、旗杆芥 *Turritis glabra* 等。

生物学　1年1代，以蛹越冬，成虫多见于 3 ~ 7 月。常在林缘、山地活动，喜访花，飞行较缓慢。

分布 中国（黑龙江、吉林、辽宁、山西、河南、陕西、宁夏、甘肃、青海、新疆、江苏、浙江、湖北、江西、福建、重庆、四川、西藏），俄罗斯，朝鲜，日本，伊朗，叙利亚，西欧。

大秦岭分布 河南（灵宝）、陕西（蓝田、长安、鄠邑、周至、渭滨、陈仓、眉县、太白、凤县、华州、南郑、洋县、宁强、略阳、留坝、佛坪、汉滨、平利、宁陕、商州、镇安、柞水、洛南）、甘肃（麦积、秦州、武都、文县、徽县、两当、礼县、迭部、碌曲、玛曲、漳县）、湖北（兴山、神农架）、重庆（巫溪）、四川（青川、平武、汶川）。

橙翅襟粉蝶 *Anthocharis bambusarum* Oberthür, 1876

Anthocharis bambusarum Oberthür, 1876, *Etud. Ent.*, 2:20, pl. 3, f. 4.

Anthocharis bambusarum; Chou,1994, *Mon. Rhop. Sin.*: 265; Winhard, 2000, *Butt. World*, 10: 5, pl. 4, f. 18; Wu, 2010, *Fauna Sin. Ins. Lep. Pieridae*, 52: 352; Wu & Xu, 2017, *Butts. Chin.*: 426, f. 429: 13-14.

形态 成虫：小型粉蝶。雌雄异型。和红襟粉蝶 *A. cardamines* 非常近似，主要区别为：前翅端部圆；雄性前翅除顶角区和翅基部外均为橙红色；中室端斑更加明显。后翅正面外缘区斑列清晰，不退化或模糊；翅面斑驳云状纹密集，无稀疏区；1 条白色细带纹从翅基部经中室直达外缘。

卵：子弹形；初产白色，透明，孵化前变为黄色；卵壳表面具纵横脊。

幼虫：5 龄期。体细长。初孵幼虫透明，取食后变为黄色。2 ~ 5 龄幼虫深绿色；密布黑色点斑和刚毛；背侧带白色。

蛹：初蛹绿色，后变为褐色；胸背部强度隆起，使蛹体呈菱角形；体表密布纵纹和黑色点斑。

寄主 十字花科 Brassicaceae 诸葛菜 *Orychophragmus violaceus*、蔊菜 *Rorippa indica*、弹裂碎米荠 *Cardamine impatiens*。

生物学 1 年 1 代，以蛹越冬及越夏，成虫多见于 4 ~ 6 月。常活动于林中空地或林草地交界区，常在花上吸蜜。卵多单产于花蕾或花秆上。低龄幼虫取食寄主花蕾和花朵，高龄幼虫开始取食叶片。多化蛹于近地面的枯黄枝干上，尾部及胸部黏附于枝干上，极似分叉的枝干，对蛹有保护作用。

分布 中国（河南、陕西、甘肃、青海、江苏、安徽、浙江、江西、四川）。

大秦岭分布 甘肃（麦积、文县）、陕西（凤县）。

皮氏尖襟粉蝶 *Anthocharis bieti* Oberthür, 1884

Anthocharis bieti Oberthür, 1884, *Étud.d'Ent.*, 9: 14, pl. 1, f. 1.

Anthocharis bieti; Chou, 1994, *Mon. Rhop. Sin.*: 264; Wu, 2010, *Fauna Sin. Ins. Lep. Pieridae*, 52: 347; Wu & Xu, 2017, *Butts. Chin.*: 426, f. 428: 5-8.

形态　成虫：小型粉蝶。雌雄异型。翅白色；基部密布黑灰色鳞粉。雄性前翅顶角钩状尖出，脉纹加黑加粗；亚顶区橙色，周缘淡黄色；前缘带淡褐色，密布深色碎斑纹；中室端斑长条形，黑色；m₃室中部有 1 个模糊斑纹。反面亚顶区橙色斑缩小；其余斑纹同前翅正面。后翅正面前缘斑列灰黑色；外缘斑列斑纹条形，灰色，时有模糊；中室周缘环绕 1 圈灰色云纹斑。反面斑纹色深，褐绿色或墨绿色。雌性前翅亚顶区无橙色斑纹；其余斑纹同雄性。

寄主　十字花科 Brassicaceae。

生物学　1 年 1 代，成虫多见于 4 ～ 7 月。飞行缓慢，多在林缘及森林与草原交界处活动，喜访花。

分布　中国（甘肃、青海、新疆、四川、云南、贵州、西藏）。

大秦岭分布　甘肃（武都、文县、临潭、迭部、碌曲）。

袖粉蝶亚科 Dismorphiinae Schatz, 1887

Dismorphiinae Schatz, 1887, *Exot. Schmett.*, 2: 61.

Dismorphina Godm & Salv., 1889, *Biol. Cent. Amer.*, 11: 173.

Dismorphiadae Grote, 1900, *Proc. Amer. Phil. Soc.*, 39: 12, 13, 18.

Dismorphiinae (Pieridae); Chou, 1998, *Class. Ident. Chin. Butt.*: 44; Winhard, 2000, *Butt. World*, 10: 2; Wu, 2010, *Fauna Sin. Ins. Lep. Pieridae*, 52: 358; Korb & Bolshakov, 2011, *Eversmannia Suppl.*, 2: 20.

前翅 R 脉 5 条，共柄；M₁ 脉从中室端脉分出，不与 R 脉同柄。后翅 Sc+R₁ 脉与 Rs 脉不共柄。

全世界记载约 60 种，主要分布在新热带区，古北区仅分布 1 个小粉蝶属 *Leptidea*，大秦岭有分布。

小粉蝶属 *Leptidea* Billberg, 1820

Leptidea Billberg, 1820, *Enum. Ins. Mus. Billb.*: 76. **Type species**: *Papilio sinapis* Linnaeus, 1758.

Leptidia Dalman,1820, *In*: Billberg, *Enum. Ins. Mus. Billb.*: 76; Scudder, 1875, *Proc. Amer. Acad. Arts Sci.*, 10(2): 204(missp.); Klots, 1931, *Ent. Amer.*, 21(3): 162. **Type species**: *Papilio sinapis* Linnaeus, 1758.

Leucophasia Stephens, 1827, *Ill. Br. Ent.* (Haustellata), 1(1): 24. **Type species**: *Papilio sinapis* Linnaeus, 1758.

Leptoria Stephens, 1835, *Ill. Br. Ent.* (Haustellata), 4: 404. **Type species**: *Papilio sinapis* Linnaeus, 1758.

Azalais Grote, 1900, *Proc. Amer. Phil. Soc.*, 39: 13. **Type species**: *Leucophasia gigantea* Leech, 1890.

Leptidea (Dismorphiinae); Chou, 1998, *Class. Ident. Chin. Butt.*: 44; Winhard, 2000, *Butt. World*, 10: 2; Wu, 2010, *Fauna Sin. Ins. Lep. Pieridae*, 52: 359.

Leptidea (Leptideini); Korb & Bolshakov, 2011, *Eversmannia Suppl.*, 2: 20.

Leptidea; Wu & Xu, 2017, *Butts. Chin.*: 430.

翅白色，薄弱。两翅中室小，中室长约为翅长的 1/4。前翅 R 脉 5 条，同柄，梳状分支；M_1 脉至 Cu_2 脉 5 条脉间等距离扇状排列。后翅前缘平直；$Sc+R_1$ 脉长；Rs 脉与 M_1 脉共柄；M_2、M_3 脉及 Cu 脉均从中室端部分出，扇状排列。

雄性外生殖器：钩突二分叉，每个叉端部具钩状突起；囊突很长；抱器和背兜愈合，不能活动，末端齿状，强度骨化；阳茎略弯曲，基部粗，端部细长。

寄主为豆科 Fabaceae 及十字花科 Brassicaceae 植物。

全世界记载 9 种，分布于古北区和东洋区。中国记录 5 种，大秦岭均有分布。

种检索表

突角小粉蝶 *Leptidea amurensis* (Ménétnés, 1859)（图版 38：83—84）

Leucophasia amurensis Ménétnés, 1859, *Bull. phys.-math. Acad. Sci. St. Pétersb.*, 17(12-14): 213. **Type locality**: Amur.

Leptidea amurensis; Kudrna, 1974, *Atalanta*, 5: 97; Chou, 1994, *Mon. Rhop. Sin.*: 266; Winhard, 2000, *Butt. World* 10: 2; Wu, 2010, *Fauna Sin. Ins. Lep. Pieridae*, 52: 360; Korb & Bolshakov, 2011, *Eversmannia Suppl.*, 2: 20; Wu & Xu, 2017, *Butts. Chin.*: 430, f. 431: 1-2.

形态　成虫：小型粉蝶。翅白色。前翅狭长；外缘斜截；前缘基半部灰黑色；顶角尖出明显，顶角斑雄性黑色或黑灰色，雌性多消失或退化成脉纹变深加粗。后翅正面白色；中域有 1 ~ 2 条模糊齿状纹。反面有灰色或灰黄色晕染；灰色带纹清晰或时有模糊。

寄主　豆科 Fabaceae 羽扇豆属 *Lupinus* spp.、山野豌豆 *Vicia amoena*；十字花科 Brassicaceae 碎米荠 *Cardamine hirsuta*。

生物学　1 年 2 代，成虫多见于 4 ~ 7 月。常在林缘活动，飞行缓慢，喜访花。

分布　中国（黑龙江、吉林、辽宁、内蒙古、北京、河北、山西、山东、河南、陕西、宁夏、甘肃、新疆、重庆、四川），俄罗斯，蒙古，朝鲜，日本。

大秦岭分布　河南（荥阳、登封、鲁山、内乡、嵩县、栾川、陕州、灵宝）、陕西（临潼、蓝田、长安、鄠邑、周至、渭滨、陈仓、眉县、太白、凤县、华州、华阴、汉台、洋县、西乡、略阳、留坝、佛坪、汉滨、宁陕、商州、丹凤、商南、山阳、柞水、镇安、洛南）、甘肃（秦州、麦积、武山、武都、康县、文县、宕昌、徽县、两当、礼县、合作、迭部、碌曲、漳县）、四川（青川、安州、平武）。

锯纹小粉蝶 *Leptidea serrata* Lee, 1955（图版 38：85）

Leptidea serrata Lee, 1955, *Acta Ent. Sinica*, 5: 237, 240.

Leptidea serrata; Chou, 1994, *Mon. Rhop. Sin.*: 266; Wu, 2010, *Fauna Sin. Ins. Lep. Pieridae*, 52: 361; Wu & Xu, 2017, *Butts. Chin.*: 430, f. 431: 6-7.

形态　成虫：中小型粉蝶。翅正面白色。前翅顶角尖出明显；外缘区脉纹多灰色或灰褐色加深；中室上角有 1 个灰黑色小点斑。后翅正面斑纹为反面斑纹的透射。反面脉纹深灰色；中室内有 1 条从基部伸达中室端脉中部的直线纹；端半部有 2 条锯齿纹，灰色或灰褐色。雌性略大于雄性，斑纹亦较雄性明显。

寄主　十字花科 Brassicaceae 碎米荠 *Cardamine hirsuta*。

生物学　成虫多见于 5 ~ 8 月。常在中高海拔的林缘和农林间作区活动，飞行缓慢，喜访花。

分布　中国（北京、河北、河南、陕西、甘肃、湖北、重庆、四川）。

大秦岭分布　河南（登封、嵩县、栾川、灵宝）、陕西（蓝田、长安、周至、眉县、太白、凤县、汉台、勉县、西乡、宁强、略阳、留坝、宁陕）、甘肃（麦积、秦州、武山、文县、徽县、两当、临潭、迭部、碌曲、漳县）、湖北（神农架）、重庆（城口）、四川（青川）。

莫氏小粉蝶 *Leptidea morsei* Fenton, 1881（图版 39：86）

Leptidea morsei Fenton, 1881, *Proc. Zool. Soc. Lond.*, (4): 855. **Type locality**: "Yesso", [Hokkaido, Japan].

Leptidea morsei; Kudrna, 1974, *Atalanta*. 5: 97; Chou, 1994, *Mon. Rhop. Sin.*: 266; Wu, 2010, *Fauna Sin. Ins. Lep. Pieridae*, 52: 362; Korb & Bolshakov, 2011, *Eversmannia Suppl.*, 2: 20; Wu & Xu, 2017, *Butts. Chin.*: 430, f. 430: 3-4.

形态 成虫：小型粉蝶。与突角小粉蝶 *L. amurensis* 近似，主要区别为：前翅顶角较圆。后翅无斑纹或有模糊锯齿纹。雄性夏型斑纹明显，春型和雌性斑纹不明显。

寄主 豆科 Fabaceae 广布野豌豆 *Vicia cracca*、东方野豌豆 *V. japonica*、山野豌豆 *V. amoena*、歪头菜 *V. unijuga*、山黧豆属 *Lathyrus* spp.；十字花科 Brassicaceae 荠菜 *Capsella bursa-pastoris*。

生物学 1 年 2 代，成虫多见于 4 ~ 7 月。喜访花，多生活在中高海拔地带，经常在阳光下活动。

分布 中国（黑龙江、吉林、北京、河北、河南、陕西、甘肃、新疆、湖北、四川、贵州），俄罗斯，蒙古，朝鲜，日本，欧洲。

大秦岭分布 河南（鲁山、方城、镇平、内乡、淅川、西峡、南召、栾川、灵宝）、陕西（长安、周至、陈仓、眉县、太白、凤县、汉台、勉县、洋县、宁强、略阳、留坝、佛坪、商州）、甘肃（麦积、秦州、武都、康县、文县、徽县、两当、礼县、卓尼、碌曲、玛曲、漳县）、四川（平武）、湖北（神农架）。

圆翅小粉蝶 *Leptidea gigantea* (Leech, 1890)（图版 39：89）

Leucophasia gigantea Leech, 1890, *Entomologist*, 23: 45. **Type locality**: Chang Yang.

Leptidea gigantea; Chou, 1994, *Mon. Rhop. Sin.*: 266; Wu, 2010, *Fauna Sin. Ins. Lep. Pieridae*, 52: 364; Wu & Xu, 2017, *Butts. Chin.*: 430, f. 431: 8-10.

Leptidea yunnanica Koiwaya, 1996, *Stud. Chin. Butt.*, 3: 278.

形态 成虫：中小型粉蝶。翅白色；前翅顶角圆阔。正面亚顶区中部有 1 个近圆形小黑斑，此特征是与本属其他种类区别的显著特征，但春型此黑斑多缺失；中室上角有 1 个灰黑色小点斑。后翅中域常有不规则的灰色波状纹；反面脉纹深灰色。雌性较雄性斑纹淡。

寄主 豆科 Fabaceae 广布野豌豆 *Vicia cracca*；十字花科 Brassicaceae 碎米荠 *Cardamine hirsuta*。

生物学 1 年 2 代，成虫多见于 5 ~ 8 月。常在林缘、山地活动，飞行缓慢，喜访花。

分布 中国（黑龙江、吉林、辽宁、内蒙古、北京、河北、山西、河南、陕西、甘肃、新疆、重庆、四川、云南、西藏）。

大秦岭分布 河南（鲁山、西峡、内乡、栾川）、陕西（眉县、汉台、南郑、洋县、宁强、留坝）、甘肃（麦积、秦州、两当、康县、文县、徽县、舟曲、碌曲、玛曲）、重庆（巫溪、城口）、四川（青川、平武）。

条纹小粉蝶 *Leptidea sinapis* (Linnaeus, 1758)（图版 39：87—88）

Papilio sinapis Linnaeus, 1758, *Syst. Nat.* (ed. 10)，1: 468. **Type locality**: Sweden.

Leptosia sinensis Butler, 1873, *Cist. Ent.*, 1(7): 173. **Type locality**: Shanghai.

Leucophasia sinapis; Grum-Grshimailo, 1890, *In*: Romanoff, *Mém. Lép.*, 4: 231.

Leptidea sinapis; Lewis, 1974, *Butt. World*: pl. 4, f. 18; Winhard, 2000, *Butt. World*, 10: 2; Korb & Bolshakov, 2011, *Eversmannia Suppl.*, 2: 21.

Leptidea sinapis; Tuzov *et al.*, 1997: 153; Wu & Xu, 2017, *Butts. Chin.*: 430, f. 431: 5.

Leptidea (group *sinapis-reali*); Yakovlev, 2012, *Nota lepid.*, 35(1): 62.

形态 成虫：小型粉蝶。与莫氏小粉蝶 *L. morsei* 近似，主要区别为：前翅略窄；顶角无黑色斑纹，有紧密排列的灰黑色长条斑；反面有黄绿色或灰黑色带纹。后翅反面多有 2 条暗色横纹。雌性类似雄性，斑纹较淡。

卵：近梭形；灰白色；有白色纵棱脊。

幼虫：草绿色；纺锤形；有细毛；背中线白色，两侧各有 1 条淡黄色细纵纹。

蛹：淡黄绿色；两头尖锐；体侧及胸背面有玫红色纵纹。

寄主 十字花科 Brassicaceae 碎米荠 *Cardamine hirsuta*。

生物学 成虫多见于 5 ~ 6 月。常在中高海拔的林缘活动，飞行缓慢，喜访花。

分布 中国（黑龙江、吉林、辽宁、北京、河北、河南、陕西、甘肃、上海、四川），俄罗斯，中东，中亚及欧洲。

大秦岭分布 陕西（眉县、商州）、甘肃（两当、徽县）。

参考文献

白水隆 . 1985. 白水隆著作集 . 大阪 : 光荣堂印刷株式会社 .

白水隆 . 1997. 中国地方的蝶分布与特异性 . 日本鳞翅学会第 44 回大会讲演要旨集 : 5.

蔡继增 . 2011. 甘肃省小陇山蝶类志 . 兰州 : 甘肃科学技术出版社 .

蔡继增 , 杨庆森 . 2010. 甘肃小陇山林区的蝶类资源 (一). 甘肃农业科技 , (10): 23-25.

蔡继增 , 杨庆森 , 周杰 , 等 . 2010. 甘肃省蝶类新记录 . 草原与草坪 , 30(6)：69-71.

陈德来 , 张静 , 马正学 . 2011. 甘肃省蝶类二新记录种记述 . 甘肃科学学报 , 23(1): 65-66.

陈汉林 , 王根寿 . 1997. 黎氏青凤蝶的初步研究 . 森林病虫通讯 , (1): 35-36.

陈洪凯 , 李吉均 . 1992. 白龙江流域的古喀斯特地貌及形成时代探讨 . 科学通报 , 37(15): 1405-1407.

陈明 , 罗进仓 , 刘波 . 2008. 甘肃凤蝶种类及其区系研究 . 草业学报 , 17(5): 124-129.

陈玉君 , 李贻耀 , 窦铁生 , 等 . 2006. 湖南省东安县舜皇山国家森林公园蝶类资源调查 . 湖南农业大学学报 (自然科学版), 32(4): 398-401.

陈正军 . 2016. 贵州蝴蝶 . 贵阳 : 贵州科技出版社 .

《地图上的秦岭》编纂委员会 . 2014. 秦岭全景图记 . 西安 : 西安地图出版社 .

窦亮 , 曹书婷 , 程香 , 等 . 2018. 四川龙溪—虹口国家级自然保护区蝶类调查 . 四川动物 , 37(6): 703-707.

樊程 , 曹紫娟 , 李家练 , 等 . 2020. 四川老河沟自然保护区蝴蝶多样性研究 . 北京大学学报 (自然科学版), 56(4): 587-599.

方健惠 . 2005. 甘肃省白水江自然保护区珍稀蝶类生物学及昆虫多样性研究 (硕士论文). 杨凌 : 西北农林科技大学 .

方健惠 , 骆有庆 , 牛犇 , 等 . 2012. 君主绢蝶的生物学及生境需求 . 生态学报 , 32(2): 361-370.

方健惠 , 牛犇 , 骆有庆 , 等 . 2010. 以绢蝶为代表的甘肃南部蝶类多样性 . 生态学报 , 30(18): 4976-4985.

方健惠 , 田椰 , 孙天鑫 . 2005. 巴黎翠凤蝶、红基美凤蝶生物学特性初步观察 . 甘肃林业科技 , 30(1): 13-15, 53.

方正尧 . 1986. 常见水稻弄蝶 . 北京 : 农业出版社 .

房丽君 . 2018. 秦岭昆虫志 : 鳞翅目 蝶类 . 西安 : 世界图书出版西安有限公司 .

高建发 , 杜进琦 . 2010. 甘南地区小红珠绢蝶生物学特性研究初报 . 昆虫知识 , 47(4): 794 -796.

戈昕宇 , 滕悦 , 洪雪萌 , 等 . 2017. 赛罕乌拉国家自然保护区蝶类调查及区系分析 . 内蒙古大学学报 (自然科学版), 48(5): 557-569.

顾茂彬 , 陈锡昌 , 周光益 , 等 . 2018. 南岭蝶类生态图鉴 (国家级自然保护区生物多样性保护丛书). 广州 : 广东科技出版社 .

郭文艺 , 党坤良 , 赵彦斌 . 2007. 陕西摩天岭自然保护区综合科学考察与研究 . 西安 : 陕西科学技术出版社 : 380-384.

郭振营 , 高科 , 李秀山 , 等 . 2014. 太白虎凤蝶的生物学与生境研究 . 生态学报 , 34(23): 6943-6953.

国家林业和草原局 , 农业农村部 . 2021.《国家重点保护野生动物名录》(附全文). 2021: 2.

贾彦霞 , 胡天华 , 杨贵军 , 等 . 2008. 宁夏贺兰山国家级自然保护区蝴蝶多样性研究 . 安徽农业科学 , 36(30): 13197-13199, 13233.

姜春发，王宗起，李锦轶 . 2000. 中央造山带开合构造 . 北京：地质出版社 .

蒋宇婕，陈斌，闫振天 . 2019. 重庆市城口县蝴蝶种类调查及区系分析 . 重庆师范大学学报 (自然科学版)，36(6): 47-52.

康永祥，高学斌，张宣平 . 2006. 陕西屋梁山自然保护区综合科学考察 . 西安：陕西科学技术出版社：323-326.

李长军 . 2019. 内蒙古乌兰坝国家级自然保护区蝴蝶调查 . 安徽农学通报，25(4): 98-101.

李传隆 . 1958. 蝴蝶 . 北京：科学出版社 .

李传隆，李昌廉 . 1995. 云南蝴蝶 . 北京：中国林业出版社 .

李传隆，朱宝云 . 1992. 中国蝶类图谱 . 上海：远东出版社 .

李传友，张培震，张剑玺，等 . 2007. 西秦岭北缘断裂带黄香沟段晚第四纪活动表现与滑动速率 . 第四纪研究，27(1): 54-63.

李后魂，胡冰冰，梁之聘，等 . 2009. 八仙山蝴蝶 . 北京：科学出版社 .

李建锋 . 2010. 陕西米仓山自然保护区蝶类初步调查 . 黑龙江农业科学，(3): 94-95.

李密，周红春，谭济才，等 . 2011. 湖南乌云界蝴蝶物种多样性及区系特点研究 . 四川动物，30(6): 897-902, 915.

李树恒 . 2003. 重庆市大巴山自然保护区蝶类垂直分布及多样性的初步研究 . 昆虫知识，40(1): 63-67.

李树恒，侯江 . 1995. 北碚地区的蝶类 . 重庆师范学院学报 (自然科学版)，12(1): 69-78.

李晓东，昝艳燕，王裕文 . 1992. 神农架自然保护区蝶类资源调查 . 河南科学，10(4): 376-383.

李欣芸，杨益春，贺泽帅，等 . 2020. 宁夏贺兰山自然保护区蝴蝶群落多样性及其环境影响因子 . 环境昆虫学报，42(3): 660-673.

李艳萍，李金钢 . 2006. 秦岭太白山区蝶类多样性的研究 . 现代生物医学进展，6(12): 56-57.

李宇飞 . 2018. 寻找黄翅绢粉蝶 . 大自然，(1): 54-56.

李宇飞 . 2020. 秦岭北坡的金裳凤蝶 . 大自然，(5): 80-85.

刘波 . 2007. 甘肃凤蝶 (Papilionidae) 区系分析 (硕士论文).

刘东明，陈红锋，易绮斐，等 . 2006. 巴黎翠凤蝶的生物学特性及防治 . 昆虫知识，43(2): 229-231.

刘建文，蒋国芳 . 2003. 广西元宝山自然保护区蝴蝶种类组成及垂直分布 . 四川动物，22(3): 162-165.

刘良源，熊起明，舒畅，等 . 2009. 江西生态蝶类志 . 南昌：江西科学技术出版社 .

刘萌萌，李秀芳，刘胜龙，等 . 2019. 中国粉蝶科 (鳞翅目，锤角亚目) 浙江一新纪录种：倍林斑粉蝶 . 南方林业科学，47(5): 71-74.

刘文萍 . 2001. 重庆市蝶类调查报告：凤蝶科、绢蝶科、粉蝶科、眼蝶科、蛱蝶科 . 西南农业大学学报，23(6): 489-493, 497.

刘文萍，邓合黎 . 2001. 大巴山自然保护区蝶类调查 . 西南农业大学学报，23(2): 149-152.

刘文萍，邓合黎，李树恒 . 2000. 大巴山南坡蝶类调查 . 西南农业大学学报，22(2): 140-145.

刘月英，罗进仓，魏玉红，等 . 2008. 甘肃省陇南林区粉蝶科昆虫调查 . 植物保护，34(6): 106-109.

罗春梅 . 2017. 神农架地区蝴蝶资源 . 北京：中国林业出版社 .

马小强，白永兴，刘建军，等 . 2015. 甘肃省蝶类新纪录：苹果何华灰蝶 . 甘肃林业科技，40(4): 10-11.

马雄，马怀义，马正学，等 . 2017. 甘肃尕海—则岔自然保护区蝶类群落及其区系 . 草业科学，34(2), 389-395.

毛王选 . 2015. 迭部蝴蝶图志 . 兰州 : 甘肃科学技术出版社 .

毛王选 , 王洪建 . 2015. 甘肃省蝶类新记录 . 甘肃农业大学学报 , 6: 99–103.

毛王选 , 姚全林 , 刘惠玲 , 等 . 2012. 迭部林区蝶类资源 . 甘肃林业科技 , 37(2): 22–26.

茅晓渊 , 常向前 , 喻大昭 , 等 . 2016. 湖北省昆虫图录 . 北京 : 中国农业科学技术出版社 : 304–323.

倪一农 , 吕植 , 潘文石 , 等 . 秦岭南坡蝶类区系研究 . 北京大学学报 (自然科学版), 2001, 37(4): 454–469.

彭徐 , 雷电 . 2007. 四川石棉县蝴蝶资源调查报告 . 四川动物 , 26(4): 903–905.

蒲正字 , 史军义 , 姚俊 . 2014. 艳妇斑粉蝶生物学特性研究 . 生态科学 , 33(2): 386–389.

钱学聪 . 1988. 陕西凤蝶之研究 . 陕西林业科技 , (1): 48–52.

屈国胜 . 1996. 佛坪自然保护区蝶类调查初报 . 安康师专学报 , (2): 69–72.

任红成 . 2009. 南江发现世界珍稀蝶类昆虫 "金裳凤蝶". 中国林业 , (9): 11B.

任毅 , 刘明时 , 田联会 , 等 . 2006. 太白山自然保护区生物多样性研究与管理 . 北京 : 中国林业出版社 : 309–312.

任毅 , 温战强 , 李刚 , 等 . 2008. 陕西米仓山自然保护区综合科学考察报告 . 北京 : 科学出版社 : 161–171.

陕西省政府办公厅 . 2022. 陕西省重点保护野生动物名录 .

佘德松 , 冯福娟 . 2003. 木兰青凤蝶生物学特性研究 . 中国森林病虫 , 22(6): 17–20.

申效诚 , 任应党 , 牛瑶 , 等 . 2014. 河南昆虫志 (区系及分布). 北京 : 科学出版社 : 905–933.

寿建新 , 周尧 , 李宇飞 . 2006. 世界蝴蝶分类名录 . 西安 : 陕西科学技术出版社 .

苏绍科 , 刘文萍 , 李明军 . 1998. 四川省宣汉县百里峡蝶类 . 西南农业大学学报 , 20(4): 337–344.

孙兴全 , 季国强 , 陆炎佰 , 等 . 2011. 马兜铃害虫红珠凤蝶的生活习性及防治研究 . 安徽农学通报 , 17(20): 60–61.

孙雪梅 , 张治 , 张谷丰 , 等 . 2004. 姜弄蝶在襄荷上的发生规律及防治 . 昆虫知识 , 41(3): 261–262.

汤春梅 , 杨庆森 . 2006. 甘肃麦积山景区的蝶类资源 . 甘肃农业科技 , 5: 10–13.

腾瑞增 , 金瑶泉 , 李西候 , 等 . 1994. 西秦岭北缘断裂带新活动特征 . 西北地震学报 , 16(2): 85–90.

田赋斌 , 周惠丽 , 尚素琴 . 2017. 甘肃省黄粉蝶亚科昆虫记述及地理区系分析 . 甘肃农业大学学报 , 52(5): 83– 91.

田恬 , 胡平 , 张晖宏 , 等 . 2020. 四川省蝶类物种组成及名录 . 四川动物 , 39(2): 229–240.

童雪松 . 1993. 浙江蝶类志 . 杭州 : 浙江科学技术出版社 .

万继扬 , 李树恒 . 1994. 四川西部部分地区蝶类调查与省新纪录 . 四川文物 , (S1): 76–80.

汪松 , 解焱 . 2004. 中国物种红色名录 第 1 卷 红色名录 . 北京 : 高等教育出版社 : 133–138.

王翠莲 . 2007. 皖南山区蝴蝶资源调查研究 . 安徽农业大学学报 , 34(3): 446–450.

王洪建 , 高岚 . 1994. 甘肃白水江自然保护区的蝶类 . 兰州大学学报 (自然科学版), 30(1)：87–95.

王开锋 , 温战强 , 冯祁君 , 等 . 2014. 陕西太白牛尾河自然保护区综合科学考察报告 . 北京 : 科学出版社 : 164–167.

王直诚 . 1999. 东北蝶类志 . 长春 : 吉林科学技术出版社 .

王志才 , 张培震 , 张广良 , 等 . 2006. 西秦岭北缘构造带的新生代构造活动：兼论对青藏高原东北缘形成过程的指示意义 . 地学前缘 , 13(4): 119–135.

王治国 . 1998. 河南昆虫志·鳞翅目：蝶类 . 郑州 : 河南科学技术出版社 .

王治国 . 2005. 中国蝴蝶名录 (鳞翅目：蝶类). 河南科学 , 23(增刊): 1–113.

王治国, 陈棣华, 王正用. 1990. 河南蝶类志. 郑州: 河南科学技术出版社.

魏忠民, 武春生. 2005. 中国斑粉蝶属分类研究 (鳞翅目: 粉蝶科). 昆虫学报, 48(1): 107-118.

魏忠民, 武春生. 2005. 中国云粉蝶属分类研究. 昆虫学报, 30(4): 815-821.

文礼章. 1998. 食用昆虫学原理与应用. 长沙: 湖南科学技术出版社.

吴平辉, 杨萍, 刘琼, 等. 2006. 玉带凤蝶生物学特性研究. 重庆林业科技, 75(2): 17-19.

吴世君, 马秀英. 2016. 安徽蝶类志. 合肥: 安徽科学技术出版社.

吴伟, 蔡村旺, 陈静. 2003. 红锯蛱蝶生物学特性研究. 23(4): 54-57.

武春生. 2001. 中国动物志: 昆虫纲 第二十五卷: 鳞翅目·凤蝶科. 北京: 科学出版社.

武春生. 2010. 中国动物志: 昆虫纲 第五十二卷: 鳞翅目·粉蝶科. 北京: 科学出版社.

武春生, 魏忠民. 2007. 中国粉蝶科 (鳞翅目) 昆虫的寄主植物分析, 昆虫学研究: 3-6.

武春生, 徐堉峰. 2017. 中国蝴蝶图鉴 (Vol. 1). 福州: 海峡书局.

西北农学院植保系. 1978. 陕西省经济昆虫图志: 蝶类. 陕西人民出版社.

熊洪林, 易建华, 陈嶙, 等. 2010. 贵州茂兰蛱蝶资源及区系分析. 黔南民族师范学院学报, (6): 35-42.

徐艳, 顾保龙, 叶黎红, 等. 2009. 红珠凤蝶的生物学特性及其防治. 山地农业生物学报, 28(5): 462-464.

许家珠, 魏焕志, 赖平芳. 2010. 秦岭巴山蝴蝶图记. 西安: 陕西科学技术出版社.

杨大荣. 1998. 西双版纳片断热带雨林蝶类群落结构与多样性研究. 昆虫学报, 41(1): 48-55.

杨航宇, 芦维忠. 2011. 甘肃省凤蝶类新记录: 太白虎凤蝶. 西北农业学报, 20(3):1-2.

杨宏, 王春浩, 禹平. 1994. 北京蝶类原色图鉴. 北京: 科学技术文献出版社.

杨丽红, 涂朝勇, 石红艳, 等. 2009. 四川省安县蝶类资源及区系分析. 江苏农业科学, (5): 297-299.

杨庆森. 2019. 三尾褐凤蝶小陇山栖息地蝶类资源. 林业科技通讯, (9): 51-53.

杨庆森, 蔡继增, 牟顺泰, 等. 2010. 甘肃省蝶类新记录. 草原与草坪, 30(5): 88-90.

杨庆森, 蔡继增, 汤春梅. 2014. 甘肃小陇山蝴蝶的保护种、珍稀种及世界名蝶. 资源保护与开发, (10): 32-35.

杨兴中, 刘华, 许涛清. 2012. 陕西新开岭自然保护区生物多样性研究与管理. 西安: 陕西科学技术出版社: 261-264.

易传辉, 和秋菊, 王琳, 等. 2011. 三尾褐凤蝶的分布现状、濒危原因与保护性研究. 湖北农业科学, 50(14): 2851-2854.

雍继伟, 柴长宏. 2016. 甘肃头二三滩自然保护区蝶类区系研究. 安徽农业科学, 44(1): 46-49, 167.

尤民生. 1997. 论我国昆虫多样性的保护与利用. 生物多样性, 5(2): 135-141.

余逊玲, 黄丽珣, 荣秀兰, 等. 1983. 武当山蝶类调查初报. 华中农学院学报, 2(4): 27-31.

袁峰, 武春生. 2005. 中国灰姑娘绢粉蝶一新亚种 (鳞翅目, 粉蝶科). 动物分类学报, 30(3): 606-608.

苑彩霞, 刘长海, 徐世才, 等. 2012. 陕西省平河梁自然保护区蝶类资源调查及区系研究. 安徽农业科学, 40(8): 4478-4481.

翟卿, 袁水霞, 刘建平, 等. 2015. 郑州地区丝带凤蝶形态、生物学特性和生活史研究. 河南师范大学学报 (自然科学版), 43(4): 110-116.

张国伟, 郭安林, 刘福田, 等. 1996. 秦岭造山带三维结构及其动力学分析. 中国科学 (辑), 26(增刊): 1-6.

张国伟, 郭安林, 姚安平. 2004. 中国大陆构造中的西秦岭—松潘大陆构造结. 地学前缘, 11(3): 23-32.

张国伟, 孟庆任, 赖绍聪. 1995. 秦岭造山带的结构构造, 中国科学 (B 辑), 25(9): 994-1003.

张国伟，张本仁，袁学诚，等 . 2001. 秦岭造山带与大陆动力 . 北京 : 科学出版社 .

张红玉 . 2014. 灰绒麝凤蝶的饲养和生物学习性观察 . 生物学杂志，31(5): 45–49, 59.

张建化，戴仁怀 . 2011. 金凤蝶生物学特性研究 . 山地农业生物学报，30(2): 125–130.

张劲松 . 2005. 河南蝶类二新记录种 . 河南科学，23(2): 209–210.

张珑 . 2012. 嵩山景区蝶类初步调查 . 河南科学，30(5): 575–576.

张如力 . 2005. 甘肃省绢蝶属的种类及区系 . 草业学报，14(1): 49–52.

赵金学，杨爱东，王治国 . 1997. 河南蝶类二新记录种 . 河南科学，15(1): 53.

周成理，陈晓鸣，史军义，等 . 2009. 褐斑凤蝶和斑凤蝶幼期形态特征记述及生物学初步观察 . 林业科学
    研究，22(3): 401–406.

周欣，孙路，潘文石，等 . 2001. 秦岭南坡蝶类区系研究 . 北京大学学报 (自然科学版)，37(4): 454–469.

周尧 . 1994. 中国蝶类志 . 郑州 : 河南科学技术出版社 .

周尧 . 1998. 中国蝴蝶分类与鉴定 . 郑州 : 河南科学技术出版社 .

周尧，刘思孔，谢卫平，译 . 1993. (Edited by Tuxen S L *et al*.1969). 昆虫外生殖器在分类上的应用 . 香港 :
    天则出版社 .

周尧，邱琼华 . 1962. 太白山蝶类及其垂直分布 . 昆虫学报 11(增刊)：90–102.

周繇，朱俊义 . 2003. 中国长白山蝶类彩色图志 . 长春 : 吉林教育出版社 .

诸立新 . 2005. 安徽天堂寨国家级自然保护区蝶类名录 . 四川动物，24(1): 47–49.

朱天文，刘良源 . 2017. 大翅绢粉蝶生物学特性观察和防治 . 江西科学，35(6): 864–866.

祝梦怡，魏淑婷，冉江洪，等 . 2019. 四川黑竹沟国家级自然保护区昆虫调查初报 . 四川动物，38(6):
    703 –713.

左传莘，王井泉，郭文娟，等 . 2008. 江西井冈山国家级自然保护区蝶类资源研究 . 华东昆虫学报，17(3):
    220–225.

Ackery P R. 1973. A list of the type specimens of *Parnassius* (Lepidoptera: Papilionidae) in the British Museum
    (Natural History). *Bull. Br. Mus. Nat. Hist*. (Ent.), 29: 5-9, 11, 14-15, 24, pl. 1, f. 1, 3, 5, 10.

Ackery P R. 1975. A guide to the genera and species of Parnassinae (Lepidoptera: Papilionidae). *Bull. Br. Mus.
    Nat. Hist*. (Ent.), 31(4): 76, 81-90, 92-93, pl. 2-4, 6-8, 10, 12, 15, f. 9-10, 15-20, 27-30, 41-42, 45-50, 57-
    62, 64, 73-74, 76-78, 81-90, 92-93, 100-103.

Ackery P R. 1984. Systematic and faunistic studies on butterflies. In: Vane-Wright, R I, Ackery, P R(Eds.),
    Princeton University Press, Princeton, USA: 9-21.

Agassiz J L R. [1847]. Nomenclatoris zoologici. Index Universalis. Jent & Gasmann, Soloduri: 181.

Akito Y K & Jesse W B. 2014. Phylogenomics provides strong evidence for relationships of butterflies and
    moths. *Proc. R. Soc. B*, 281: 1-8.

Alphéraky S N. 1889. Lépidoptères rapportés du Thibet par le Général N. M. Przewalsky de son voyage de
    1884-1885 in Romanoff. *Mém. Lép*., 5: 76.

Alphéraky S N. 1892. Lépidoptéres rapportés de la Chine et de la Mongolie par G. N. Potanine in Romanoff ,
    Mém. Lép., 6: 1, pl. 1-3.

Alphéraky S N. 1895. Lépidoptères nouveaux. *Deut. Ent. Zeit. Iris*, 8(1): 180.

Alphéraky S N. 1897. in Romanoff, *Mém. Lép*., 9: 232, pl. 12, f. 1a-c.

Atkinson W S. 1873. Description of a new genus and species of Papilionidae from the South-eastern Himalayas. *Proc. zool. Soc. Lond*: 570.

Aurivillius P O C. 1881. Om en samling fjärilar från Gaboon. *Ent. Tidskr.*, 2(1): 44.

Aurivillius P O C. 1898. Rhopalocera Aethiopica. Die tagfalter des Aethiopischen Faunegebietes. *K. Sven. vetensk. akad. handl.*, 31(5): 461.

Austaut J L. 1895. Notice sur le Parnassius poeta Oberthür et sur une variété inédite de cette espèce. *Naturaliste*, 17: 247.

Avinoff A. 1916. Some new forms of *Parnassius* (Lepidoptera, Rhopalocera). *Trans. Ent. Soc. Lond.*, 1915: 358, pl. 54, f. 7, 5.

Bang-Haas O. 1927. Horae Macrolepidopterologicae Regionis Palaearcticae. Dresden-Blasewitz 1: 1, 39.

Bang-Haas O. 1933. Neubeschreibungen und Berichtigungen der Palaearktischen Macrolepidopterenfauna IV. Frankf. a. M. *Ent. Zt. Ent.*, 47: 90.

Bauer E & Frankenbach T. 1998. Papilionidae: *Papilio* subgenus *Achillides, Bhutanitis, Teinopalpus. Butt. world*, 1: [1], [2], [3].

Benyamini D, Ugarte A, Shapiro A M, Mielke O H H, Pyrcz T & Bálint Z. 2014. An updated list of the butterflies of Chile (Lepidoptera, Papilionoidea and Hesperioidea) including distribution, flight period and conservation status. Part I, Comprising the families: Papilionidae, Pieridae, Nympalidae (in part) and Hesperiidae. Describing a new species of Hypsochila (Pieridae) and a new subspecies of Yramea modesta (Nymphalidae). *Bol. Mus. Nac. Hist. Nat. Chile*, 63: 12(list).

Berger L A. 1986. Systematique du Genre Colias F. Lepidoptera-Pieridae. *Lambillionea*, 86(7/8): 21.

Billberg G J. 1820. Enumeratio Insectorum in Museo Billberg. Gadel, Stockholm: 75, 76, 81.

Blanchard F. 1871. Remarques sur la faune de la principauté thibétane du Moupin. *C. R. Hebd. Seanc. Acad. Sci.*, 72: 809-810.

Boisduval J B A & Le Conte. [1829]. Histoire générale et iconographie des lépidoptères et des chenilles de l'Amérique septentrionale. *Hist. Lép. Am. Sept.*, (5/6): 48.

Boisduval J B A & Le Conte. [1830]. Histoire générale et iconographie des lépidoptères et des chenilles de l'Amérique septentrionale. *Hist. Lép. Am. Sept.*, (7/8): 70.

Boisduval J B A. 1832. Voyage de découvertes de l'Astrolabe exécuté par ordre du Roi, pendant les années 1826-1827-1828-1829, sous le commandément de M. J. Dumont d'Urville. Faune entomologique de l'Océan Pacifique, avec l'illustration des insectes nouveaux recueillis pendant le voyage. Lépidoptères in d'Urville, *Voy. Astrolabe* (*Faune Ent. Pacif.*), 1: 33, 63, pl. 2, f. 3-4.

Boisduval J B A. 1836. Histoire naturelle des insectes. Species général des Lépidoptéres. Tome Premier. *Hist. nat. Ins., Spec. Gén. Lépid.*, 1: 163, 210, 402, 674.

Boullet & Le Cerf. 1912. Descriptions sommaires de formes nouvelles de Papilionidae de la collection du Muséum de Paris. *Bull. Soc. Ent. Fr.*, (11): 247.

Breinholt J W, Earl C, Lemmon A R, Lemmon E M, Xiao L, Kawahara A Y. 2018. Resolving relationships among the megadiverse butterflies and moths with a novel pipeline for anchored phylogenomics. *Syst. Biol.*, 67(1): 78-93.

参考文献 References

Bremer O. 1861. Neue Lepidopteren aus Ost-Sibirien und dem Amur-Lande gesammelt von Radde und Maack, beschrieben von Otto Bremer. *Bull. Acad. Imp. Sci. St. Petersb.*, 3: 463-464.

Bremer O. 1864. Lepidopteren Ost-Sibiriens, insbesondere der Amur-Landes, gesammelt von den Herren G. Radde, R. Maack und P. Wulffius. *Mém. Acad. Sci. St. Pétersb.*, (7) 8(1): 3, pl. 1, f. 1.

Bridges C A. 1988. Catalogue of Papilionidae & Pieridae (Lepidoptera: Rhopalocera). *Cat. Papilionidae & Pieridae*, 1: 142.

Brower A V Z. 2000. Phylogenetic relationships among the Nymphalidae (Lepidoptera), inferred from partial sequences of the wingless gene. *Proc. R. Soc. Lond.* B 267: 1201-1211.

Bryk F. 1928. Der radikalste Schmetterling der Erde. *Ent. Zs.*, 42(5): 49-50.

Bryk F. 1932. Parnassiologische Studien aus England. *Parnassiana*, 2: 21.

Bryk F. 1934. Parnassiologische Studien aus England. *Parnassiana*, 3: 28, 116.

Bryk F. 1935. Lepidoptera. Parnassiidae pars II. *Das Tierreich*, 65: 107, 257, 300, 538-540, 558, 630, 673-675.

Burmeister H. 1878. Description physique de la République Argentine d'après des observations personelles et étrangeres. 5. Lépidoptères. Première partie. Contenant les diurnes, crépusculaires et bombycoïdes. *Descr. Phys. Rép. Arg.*, 5: 75, 104.

Butler A G. 1866. A list of the diurnal Lepidoptera recently collected by Mr. Whitely in Hakodadi (North Japan). *J. Linn. Soc. Lond., Zool.*, 9(34): 50, 52.

Butler A G. 1869. Descriptions of three new species of *Callidryas. Ann. Mag. nat. Hist.*, (4) 4(21): 202-203.

Butler A G. 1870. A revision of the genera of the Sub-family Pierinae. *Cist. Ent.*, 1(3): 33-58. 1(3): 38, 51 1: 35, 55 35, 44.

Butler A G. 1871. Descriptions of some new species and a new genus of Pierinae, with a monographic lists of the species of *Ixias. Proc. zool. Soc. Lond.*: 250.

Butler A G. 1872. Descriptions of new butterflies from Costa Rica. *Cist. Ent.*, 1: 86.

Butler A G. 1873. Descriptions of new species of Lepidoptera. *Cist. Ent.*, 1(7): 151-173.

Butler A G. 1875. On a collection of butterflies from the New Hebrides and Loyalty Islands with descriptions of new species. *Proc. zool. Soc. Lond.*, (4): 617, pl. 67, f. 7, 8.

Butler A G. 1877. On a collection of Lepidoptera obtained by the Rev. S. J. Whitmee from Lifu (loyalty group), with descriptions of new species. *Ann. Mag. nat. Hist.*, (4) 20(118): 355.

Butler A G. 1880. Observations upon certain species of the Lepidopterous genus *Terias*, with descriptions of hitherto unknown forms from Japan. *Trans. Ent. Soc. Lond.*, (4): 197-200, pl. 6, f. 1, 12.

Butler A G. 1880a. On a second collection of Lepidoptera made in Formosa by H. E. Hobson, Esq. *Proc. zool. Soc. Lond.*: 666-691.

Butler A G. 1881. Descriptions of new species of Lepidoptera in the collection of the British Museum. *Ann. Mag. nat. Hist.*, (5) 7(37): 33, pl. 4, f. 4.

Butler A G. 1881a. On a collection of butterflies from Nikko, Central Japan. *Ann. Mag. nat. Hist.*, (5) 7(38): 139-140.

Butler A G. 1885. Note respecting butterflies confounded under the name of *Delias belladonna* of Fabricius. *Ann. Mag. nat. Hist.*, (5) 15(85): 57-58.

Butler A G. 1885a. On three new species of *Gonepteryx* from India, Japan, and Syria. *Ann. Mag. nat. Hist.*, (5) 15(89): 407.

Butler A G. 1886. Notes on the genus *Terias*, with descriptions of new species in the collection of the British Museum. *Ann. Mag. nat. Hist.*, (5) 17(99): 213, 214-217, 219-225, pl. 5, f. 10.

Butler A G. 1897, Revision of the Pierine butterflies of the genus *Delias. Ann. Mag. nat. Hist.*, (6) 20(116): 160.

Butler A G. 1899. A Revision of the Pierine genus *Huphina*, with notes on the seasonal phases and descriptions of new species. *Ann. Mag. nat. Hist.*, (7) 3(15): 211-213.

Cong Q, Shen J, Li W, Borek D，Otwinowski Z, Grishin N V. 2017. The first complete genomes of Metalmarks and the classification of butterfly families. *Genomics*, 109: 485-493.

Cramer P. [1775]-1779. De uitlandsche kapellen, voorkomende in de drie Waereld-Deelen Asia, Afrika en Amerika. Papillons exotiques des trois parties du Monde 1 'Asie, I 'Afrique et l 'Amerique. Amsterdam;Utrecht.Baalde: Wild 1 (1-7): 69, 77, 87, pl. 44, 49, 55, f. A, B, C, D, 2(9-16): 10, 115, pl. 171, f. E, F, 3(17-21): 63, pl. 229, f. D, E, 4(26b-28): 82, pl. 331, f. B, C, 4(29-31): 95, pl. 339, f. A, B.

Crüger J. 1878. Ueber Schmetterlinge von Wladiwostok. *Verh. Ver. naturw. Unterhalt. Hamb.*, 3: 128.

D'Abrera B. 1990. Butterflies of the Holarctic region. Part I , Melbourne, l: 57, pl. 56.

Dalman. 1816. Försök till systematiks Uppställing af Sveriges Fjärilar. *K. Sven. vetensk. akad. handl.*, (1): 60-61.

de Sagarra I. 1930. Anotacions a la lepidopterologia Ibérica V(2). Formes noves de lepidòpters ibérics. *Butll. Inst. Catal. Hist. Nat.*, (2) 10(7): 111.

de Selys-Longchamps M. 1857. Catalogue des insected lepidoptères de la Belgique. *Ann. Soc. Ent. Belge*, 1: 4.

Donzel J. 1837. Observations sur l'accouplement de quelques genres de lépidoptères diurnes, et sur le genre piéride. *Ann. Soc. Ent*. Fr., 6: 80.

Doubleday E. [1847]. The genera of diurnal Lepidoptera, comprising their generic characters, a notice of their habitats and transformations, and a catalogue of the species of each genus; illustrated with 86 plates by W. C. Hewitson. London: Longman, Brown, Green, and Longmans, 1846-1852, (1): 70.

Dyar H G. 1903. A list of north American Lepidoptera and key to the literature of this order of insects. *Bull. U.S. Nat. Mus.*, 52: 2, 3, 6.

Ehrlich P R. 1958. The comparative morphology, phylogeny and higher classification of the butterflies (Lepidoptera: Papilionoidea). *Univ. Ks. Sci. Bull.*, 39: 305-370.

Ehrlich P R, & Ehrlich A H. 1967. The phonetic relationships of the butterflies I. Adult taxonomy and the nonspecificity hypothesis. *Syst. Zool.*, 16(4): 301-317.

Eimer T. 1889. Die Artbildung und Verwandtschaft bei den Schmetterlingen. Jena: G. Fisher, 1889-1895, (1): 81, 82, f. E.

Eisner C. 1930. Eine neue Rasse von *P. simo* Gray. *Parnassiana*, 1(3): 5, pl. 1, f. 9-10.

Eisner C. 1966. Parnassiidae-Typen in der Sammlung J. C. Eisner. *Zool. Verh. Leiden*. 81: 123.

Eitschberger U. 1983. Systematische Untersuchungen am *Pieris napi-bryoniae-Komplex* (s.l.). *Herbipoliana*, 1(1):382.

Espeland M，Breinholt J，Willmott K R，Warren A D, Vila R，Toussaint E F A, Maunsell S C, Aduse-Poku K，Talavera G & Eastwood R. 2018. A comprehensive and dated phylogenomic analysis of butterflies. *Current Biol.*, 28: 770-778.

Esper E J. 1780-[1786]. Die Schmetterlinge in Abbildungen nach der Natur mit Beschreibungen. Fortsetzung der europaischen Schmetterlinge.1. Abschn. Zu dem Geschlecht der Tagschmetterlinge, oder Fortsetzung des ersten Theils. 2(8): 161, pl. 83, f. 3.

Esper E J. 1789-[1801]. Die Schmetterlinge in Abbildungen nach der Natur mit Beschreibungen. 1 Abschn. Zu dem Geschlecht der Tagschmetterlinge. Erlangen, Walther, Supplementband: 73: 156, pl. 40, 58, f. 2, 5.

Esper E J. 1805. Die Schmetterlinge in Abbildungen nach der Natur mit Beschreibungen. 1 Abschn. Zu dem Geschlecht der Tagschmetterlinge. Erlangen, Walther, Supplementband. 2(11): 13, pl. 119, f. 3.

Evans W H. 1912. A list of Indian butterflies. *J. Bombay Nat. Hist. Soc.*, 21(3): 972.

Eversmann E. 1843. Quaedam lepidopterorum species novae in montibus Uralensibus et Altaicus habitantes nunc descriptae et depictae. *Bull. Soc. Imp. Nat. Moscou*, 16(3): 541, pl. 7, f. 1A-B.

Fabricius J C. 1775. Systema entomologiae, sistens insectorum classes, ordines, genera, species, adiectis synonymis, locis, descriptionibus, observationibus. Flensburgi et Lipsiae in officina libraria Kortii, 3: 443, 471, 479.

Fabricius J C. 1777. Genera insectorum eorumque characters naturales secundum numerum, figuram, situm et proportionem. Chilonii, Litteris Mich. Fried Bartshii: 225.

Fabricius J C. 1787. Mantissa insectorum sistens species nuper detectas adjectis synonymis, observationibus, descriptionibus, emendationibus. Hafniae, impensis Christ Gottl.Proft. 2: 22.

Fabricius J C. 1793. Entomologia Systematica emendata et aucta. Hafniae: Proft, 3(1): 180, 193.

Fabricius J C. 1798. (Supplementum) Entomologiae Systematicae. Hafniae: Proft, (Suppl.): 428, (index) 1-53.

Fabricius J C. 1807. Die neueste Gattungs-Eintheilung der Schmetterlinge aus den Linnéischen Gattungen Papilio und Sphinx. *Magazin f. Insektenk*. (Illiger), 6: 279, 283-284.

Fabricius J C. 1938. Systema glossatorum secundum ordines, genera, species adiectis synonymi locis, observationibus, descriptionibus. in Bryk, *Syst. Glossat*.: 24 (preocc.).

Felder C & Felder R. 1860. Lepidopterologische Fragmente. V-VI. *Wien. Ent. Monats*., 4(8): 225.

Felder C & Felder R. 1862. Observationes de Lepidoteris nonullis Chinae centralis et Japoniae. *Wien. Ent. Monats*., 6 (1): 22-32, (2): 33-40.

Felder C & Felder R. 1862a. Verzeichniss der von den Naturforschern der k. k. Fregatte Novara gesammelten Macropepidoteren. *Verh. Zool.-Bot. Ges. Wien*, 12(1/2): 73-496.

Felder C & Felder R. 1864. Species Lepidopterum, hucusque descriptae vel iconibus expressae, in seriem systematicam digestae 1. Papilionidae. *Verh. Zool.-Bot. Ges. Wien*, 14(3): 305, no. 222, 350, n 127 (repl. *Papilio jason* Esper).

Felder C & Felder R. [1864a]. Reise der österreichischen Fregatte Novara um die Erde in den Jahren 1857, 1858, 1859 unter den Behilfen des Commodore B. von Wüllerstorf-Urbair. Zoologischer Theil. Band 2. Abtheilung 2. Lepidoptera. Rhopalocera. Karl Gerold's Sohn Wien [Vienna], Austria, Bd 2 (Abth. 2), (1): 64, 129, 133, pl. 21, f. 21e-g, (2): 196, 209, 211, pl. 27, f. 7.

Fenton M. [1881]. On butterflies from Japan, with which are incorporated notes and descriptions of new species by Montague Fenton. *Proc. zool. Soc. Lond*., (4): 855.

Ford E B. 1944a. Studies on the chemistry of pigments in the Lepidoptera, with reference to their bearing on systemtics. 4. The classsification of the Papilionidae. *Trans. R. Ent. Soc. London*, 94: 213.

Fourcroy A F. 1785. Entomologia parisiensis, sive catalogus insectorum, etc. *Ent. Paris.*, 2: 233-544.

Fruhstorfer H. 1902. Neue Indo-Australische Lepidopteren. *Deut. Ent. Zeit.*, 14(2): 342(1 March).

Fruhstorfer H. 1902a. [Nachricten aus dem Berliner Entomologischen Verein]. *Insekten-Börse*, 19(15): 117.

Fruhstorfer H. 1903. Neue Papilioformen und andere Lepidopteren aus Ost-Asien und dem malayischen Archipel. *Dt. Ent. Z. Iris*, 15(2): 308(1 May).

Fruhstorfer H. 1903a. Zwei neue Parnassier. *Soc. Ent.*, 18(7): 50(1 July).

Fruhstorfer H. 1907. Zwei neue Rassen von *Papilio fuscus. Ent. Zs.*, 21(33): 204 (14 December).

Fruhstorfer H. 1908. Neue ostasiatische Rhopaloceren. *Ent. Wochenbl.*, 25(9): 38 (5 March).

Fruhstorfer H. 1908a. Lepidopterologisches Pêle-Mêle. IV. Neue Papiliorassen. *Ent. Zs.*, 22(18): 72-73.

Fruhstorfer H. 1909. Neue asiatische Papilio-Rassen. *Ent. Zs.*, 22(43): 178(23 January).

Fruhstorfer H. 1909a. Neue Rassen von Papilio agestor Gray. *Ent. Zs.*, 22(45):190(6 February).

Fruhstorfer H. 1909b. Neues über *Papilio paris L. Ent. Zs.*, 22(41): 171(9 January).

Fruhstorfer H. 1910. 2. Familie: Pieridae, Weisslinge in Seitz. *Gross-Schmett. Erde*, 9: 140, 163, 167, 169, pl. 68d.

Fruhstorfer H. 1916. Rhopaloceren aus Holländisch-Neu-Guinea. *Archiv Naturg.*, 81 A(11): 77 (July).

Gmelin J F. 1790. Systema Naturae in Linnaeus (edn 13), Beer, Lipsiae, 1(5): 2261.

Godart J B. 1819. Encyclopédie Méthodique. Histoire naturelle Entomologie, ou histoire naturelle des crustacés, des arachnides et des insects. Roret, 9(1): 96, 132.

Godman F D & Salvin O. [1889]. Biologia Centrali-Americana. Rhopalocera. (1887-1901). Pickard-Cambridge, F. O. 1900, 2: 128, 151, 154.

Goeze J. 1779. Entomologische Beyträge zu des Ritter Linné zwölften Ausgabe des Natursystems. Nabu Press. 3(1): 185.

Gray J E. 1831. The Zoological Miscellany. *Zool. Miscell.* (Copeia), (1): 32-33.

Gray J E. 1846. Descriptions and figures of some new Lepidopterous insects chiefly from Nepal. London: Longman, Brown, Green, and Longmans: 8, pl. 8, f. 1.

Gray J E. 1852. On the species of the genus *Sericinus. Proc. zool. Soc. Lond.*: 71.

Gray J E. [1853]. Catalogue of Lepidopterous insects in the collection of the British Museum. Part 1. Papilionidae. [1853 Jan], "1852". London: Newman, 1 (Papilionidae): 30, 76, pl. 12-13, f. 3-4, 6.

Gray J E. 1856. List of Lepidopterous insects in the collection of the British Museum. Part I. Papilionidae. *List Spec. Lep. Ins. Brit. Mus.*, 1: 92.

Grote A M. 1898. Specializations of the Lepidopterous wing; the Pieri-Nymphalidae. *Proc. Amer. Phil. Soc.*, 37: 37.

Grote A M. 1900. The descent of the pierids. *Proc. Amer. Phil. Soc.*, 39: 12, 13, 18, 32.

Grum-Grshimailo G. 1890. Le Pamir et sa faune lépidptérologique in Romanoff. *Mém. Lép.*, 4: 194, 207, 214, 218, 220, 224, 225, 230, 231, 292, 293, 298, 301, 302, 321, 329, pl. 5, 21, f. 1a-c, 3a-c.

Grum-Grshimailo G. 1891. Lepidoptera nova in Asia centrali novissime lecta et descripta. *Horae Soc. Ent. Ross.*, 25(3-4): 446, 447.

Hampson G F. 1888. The butterflies of the Nilgiri district, south India. *J. asiat. Soc. Bengal*, Pt II, 57: 364.

Hancock D L. 1983. Classification of the Papilionidae (Lepidoptera): a phylogenetic approach. *Smithersia*, 2: 35.

Harvey D J. 1991. Higher classification of the Nymphalidae, appendix B. In: Nijhout H.F, editor. The development and evolution of butterfly wing patterns. Smithsonian Institution Press. Washington DC: 255-273.

参考文献 References

Haugum J. 1975. Notes on the staus of *Troides hypolitus* (Cramer) 1775 (Lep.: Papilionidae: Troidini) with a description of a new genus, notes on the status of *T. hypolitus cellularis* Rothschild 1895, and the apparent dimorphi in the male sex of *T. hypolitus sulaenis* Staudinger 1895. *Ent. Rec. J. Var.*, 87(4): 111.

Hemming A F. 1967. Generic names of the butterflies and their type-species (Lepidoptera: Rhopalocera). *Bull. Br. Mus.* (Ent.) *Suppl.*, 9: 428.

Herbst J F W. 1792. in Jablonsky. *Naturs. Schmett.*, 5: 163, 213, pl. 106, 144, f. 1-2, 5-6.

Herrich-Schäffer G A W. 1867. Versuch einer systematischen Anordnung der Schmetterlinge. *CorrespBl. Zool.-Min Ver. Regensburg*, 21(9): 105, (11): 143.

Hewitson W C. 1853. Illustrations of new species of exotic butterflies selected chiefly from the collections of W. Wilson Saunders and William C. Hewitson. *Ill. Exot. Butts.* 1 (Pieris II): [32], pl. [17], f. 15-16.

Hewitson W C. 1864. Illustrations of new species of exotic butterflies selected chiefly from the collections of W. Wilson Saunders and William C. Hewitson. *Ill. Exot. Butts.* [1] (Papilio VI):[11], pl. 6, f. 16.

Holloway J D & Peters J V. 1976. The butterflies of New Caledonia and the Loyalty Islands. *J. Nat. Hist.*, 10: 286, 295.

Honrath E G. 1884. Beiträge zur Kenntnis der Rhopalocera (2). *Berl. Ent. Z.*, 28(2): 396, pl. 10, f. 4.

Horsfield T. [1829]. Descriptive catalogue of the Lepidopterous insects contained in the Museum of the Horourable East-India Company, illustrated by coloured figures of new species. London : Parbury, Allen, 1828-1829, (2): 134, 144, (1) pl. 4, f. 9, 9a.

Huang R X & Shi Q P. 1994. in Chou, *Mon. Rhop. Sin.*, 1-2: 202, 754, f. 13.

Hübner J. [1800-1838]. Sammlung europäischer Schmetterlinge. I. Papiliones-Falter ("Erste Band"). Augsburg, [1]: pl. 81, 141, f. 408-409, 712-715, 931-932.

Hübner J. [1806]. Tentamen determinationis digestionis alque denominationis singlarum stripium Lepidopterorum, peritisad inspiciendum et dijudicandum communicatum, a Jacob Hübner.: 2pp.

Hübner J. [1806-1819]. Sammlung exotischer Schmetterlinge, Vol. 1. Augsburg., 1: 26, pl. [116], [141], [144].

Hübner J. [1819]. Verzeichniss bekannter Schmettlinge, 1816-[1826]. Augsburg, (6): 81-96(1819), (7): 97-112(1819).

Hübner J. [1819-1827]. Sammlung exotischer Schmetterlinge Vol. 2. Augsburg., 2: pl. [111], [122].

Hübner J. 1822. Systematisch-alphabetisches Verzeichniss aller bisher bey den Fürbildungen zur Sammlung europäischer Schmetterlinge angegebenen Gattungsbenennungen; mit Vormerkung auch augsburgischer Gattungen, Augsburg. VI: 2-5, 7-9.

Huira I. 1980. A phylogeny of the genera of Parnassiinae based on analysis of wing pattren, with description of a new genus (Lepidoptera:Papilionidae) [in Japanese]. *Bull. Osaka Mus Nat. Hist.*, 33: 71, 80.

Igarashi S. 1979. Papilionidae and their early stages. Vols. 1 and 2. Kôdansha, Tokyo. (in Japanese): 126, 140, 142, 143, 147, 150, 165, 167, 170.

Janson O E. 1877. Notes on Japanese Rhopalocera with the description of new species. *Cist. Ent.*, 2(16): 158.

Janson O E. 1879. Descriptions of two new eastern species of the genus *Papilio*. *Cist. Ent.*, 2(21): 433, pl. 8, f. 2.

Kanda T. 1931. A new *Papilio* from Yokohama. *Ins. World Gifu*, 35: 307.

Kardakoff N I. 1928. Zur Kenntnis der Lepidopteren des Ussuri-Gebietes. *Ent. Mitt.*, 17(4): 268, pl. 6, f. 3-4.

Kato T. 1937. A new subspecies of *Papilio* maacki Ménétnés. *Ent. World Tokyo*, 5: 167.

Kirby W F.1896. in Allen, Lepidopterous 1, butterflies. Nature library. 2: 242, 286, 290, 305, 307.

Klots A B. 1930. A generic revision of the Euchloini. *Bull. Brooklyn Ent. Soc.*, 25(2): 83.

Klots A B. 1933. A generic revision of the Pieridae (Lepidoptera). Together with a study of the male genitalia. *Ent. Amer., Brooklyn* (n.s.), 12: 153, 204.

Klug F. 1836. Neue Schmetterlinge der Insenkten-Sammlung des Königl. Zoologischen Musei der Universität zu Berlin. Berlin : Bei dem Herausgeber, 1836-1856, (1): 1, pl. 1, f. 1-4.

Koçak A O. 1980. On the nomenclature of some genus- and species-group names of Lepidoptera. *Nota Lepid.*, 2(4): 139.

Koiwaya S. 1989. Report on the second entomoligical expedition to China. *Studies Chin. Butts.*, 1: 204, figs. 234-237, 242-245, 664-665, 704, 717. figs. 234-237, 242-245, 664-665, 704, 717.

Koiwaya S. 1993. Descriptions of three new genera, eleven new species and seven new subspecies of butterflies from China. *Studies Chin. Butts.*, 2 : 77-79.

Korb S K & Bolshakov L V. 2011. A catalogue of butterflies (Lepidoptera: Papilioformes) of the former USSR. Second edition, reformatted and updated] (in Russian). *Eversmannia Suppl.*, 2: 113-18, 20-28.

Korshunov Y P. 1988. [New butterfly taxa from Khakasia, Tuva and Yakutia]. *Novye i maloizvetnye vidy fauny Sibiri Novosibirsk*, 20: 65, 67.

Krulikowsky L K. 1908. Einige neue Varietäten und Aberrationen der Lepidopteren des östlichen Russlands. *Soc. Ent.*, 23(1): 2.

Kudrna Q. 1974. An annotated list of Japanese butterflies, *Atalanta*, 5: 94- 98.

Lee S M. 1982, Butterflies of Korea. Editorial Committee of Insecta Koreanal, Seoul.: 134.

Leech J H. 1889. On a collection of Lepidoptera from Kiukiang. *Trans. Ent. Soc. Lond.*, (1): 113, pl. 7, f. 1.

Leech J H. 1890. New species of Lepidoptera from China. *Entomologist*, 23: 45-46, 191-192.

Leech J H. 1891. New species of Lepidoptera from China. *Entomologist*, 24(Suppl.): 5, 57.

Leech J H. 1893. A new species of *Papilio*, and a new form of *Parnassius delphius*, from western China. *Entomologist*, 26 (Suppl.): 104.

Leech J H. 1893a. Butterflies from China, Japan, and Corea. London, (2): 422, 521, pl. 32, 35, f. 1, 3, 7-8, (4): 491, pl. 33, f. 1.

Lewis H L. 1974. Butterflies of the World. Harrap, London. : 36, pl. 4, 5, 131-132, 135, f. 7, 14, 16, 18-19.

Lijun M, Yuan Z, David L J, Niklas W, Fangzhou M, Soren N, Niklas J, Masaya Y, Kwaku A P, Djunijanti P, Min W, Peng Z & Houshuai W. 2020. A phylogenomic tree inferred with an inexpensive PCR-generated probe kit resolves higher-level relationships among *Neptis* butterflies (Nymphalidae: Limenitidinae). *Syst. Ent.*, 45(4): 924-934.

Linnaeus C. 1758. Systema naturae per Regna Tria Naturae, secundum clases, ordines, genera, species, cum characteribus, differentiis, symonymis, locis. tomis I. 10th Edition. Holmiae, Impensit Direct. Laurentii Salvii : 458-463, 467-470.

Linnaeus C. 1764. Museum S'ae R'ae M'tis Ludovicae Ulricae Reginae Svecorum, Gothorum, Vandalorumque. Holmiae, Laurentii Salvii: 249.

Linnaeus C. 1767. Systema Naturae per Regna tria Naturae, secundum Classes, Ordines, ... Editio Duocecima Reformata. Tom. 1. Part II.: Holmiae: Laurentii Salvii (Edn 12), 1(2): 751.

Li-Wei W, Li-Hung L, David C L. 2014. Mitogenomic sequences effectively recover relationships within brush-footed butterflies (Lepidoptera: Nymphalidae). *BMC Genomics*, 15: 1-17.

Li-Wei W. Hideyuki C, David C L, Yasuhiro O, Ming-Luen J. 2018. Unravelling relationships among the shared stripes of sailors: Mitogenomic phylogeny of Limenitidini butterflies (Lepidoptera, Nymphalidae, Limenitidinae), focusing on the genera *Athyma* and *Limenitis. Mol. Phyl. Evol.*, 130: 60-66.

Lucas T P. 1852. Description de nouvelles Espèces de Lépidoptères appartenant aux Collections entomologiques du Musée de Paris. *Revue Mag. Zool.*, (2) 4(7): 333, 4(9): 429.

Marshall G F L. 1882. Notes on Asiatic butterflies, with descriptions of some new species. *Proc. zool. Soc. Lond.*, (4): 759.

Matsumura S. 1919. Thousand Insects of Japan. Additamenta 3 [Shin Nihon senchu zukai]. Tokyo (in Japa), 3: 496.

Matsumura S. 1929. New butterflies from Japan, Korea and Formosa. *Ins. Matsumur.*, 3(2/3): 87-89, pl. 4, f. 6.

Matsumura S. 1936. A new genus of Papilionidae. *Ins. Matsumur.*, 10(3): 86.

Matsumura S. 1936a. Two new butterflies from Formosa *Ins. Matsumur.*, 10(4): 127.

Mell R. 1913. Die Gattung *Dercas* Dbl. *Int. Ent. Zs.*, 7(29): 193-194.

Mell R. 1935. Noch unbeschriebene chinesische Lepidopteren. 4. *Mitt. Dt. Ent. Ges.*, 6: 36.

Ménétnés E. 1849. Catalogue des insectes recueillis par feu M. Lehmann avec les descriptions des nouvelles espéces. *Mém. Acad. Imp. Sci. St.-Pétersb.*, 6(4): 273, pl. 6, f. 2.

Ménétnés E. 1855, 1857. Catalogue de la collection entomologique de l'Academie Imperiale des Sciences de st.-Pétersbourg. Lépidoptéres. Iére Partie: Les Diurnes. In: Enumeratio corporu animalium Musei Imperialis Academiae Scientiaru Petropolitanae. Classis Insectorum ordo Lepidopterorum. Pars I. Lepidoptera Diurna, Petropoli, Typis Academiae Scientiarum Imperialis. *Cat. lep. Petersb.*,1: pl. 1-2, f. 1-3, 5, 2: 79, 84-85, 113, pl. 10, f. 1-2.

Ménétnés E. 1859. Lépidoptères de la Sibérie orientale et en particulier des rives de l'Amour in Schrenck. *Reise Forschungen Amur-Lande, St. Pétersb.*, 2(1): 17.

Ménétnés E. 1859a. Lépidoptères de la Sibérie orientale et en particulier des rives de l' Amour. *Bull. phys.-math. Acad. Sci. St. Pétersb.*, 17(12-14): 212-213, 227.

Mitis A V. 1893. Revision des Pieriden-Genus *Delias*. *Dt. Ent. Z. Iris*, 6(1): 132-133, pl. 2, f. 3.

Moore F. 1857. A catalogue of the Lepidopterous insects in the Museum of the Hon. East-India Company in Horsfield & Moore. London: M. H. Allen and Co.: (1): 65, 79, 96, pl. 2a, f. 2.

Moore F. 1857a. Description of some new species of Lepidopterous insects from Northern India. *Proc. zool. Soc. Lond.*, (333): 103, pl. 44, f. 4.

Moore F. 1865. List of diurnal Lepidoptera collected by Capt. A.M. Lang in the N. W. Himalayas. *Proc. zool. Soc. Lond.*, (2): 490, 493, pl.31, f. 17,18.

Moore F. 1872. Descriptions of new Indian Lepidoptera. *Proc. zool. Soc. Lond.*, (2): 566.

Moore F. 1878. List of Lepidopterous insects collected by the late R. Swinhoe in the Island of Hainan. *Proc. zool. Soc. Lond.*, (3): 695-708.

Moore F. 1878a. A list of the Lepidopterous insects collected by Mr. Ossian Limborg in Upper Tenasserim, with descriptions of new species. *Proc. zool. Soc. Lond.*, (4): 821-859, pl. 51-53(1879).

Moore F. [1881]. The Lepidoptera of Ceylon. vol.1, London, 1(3): 110, 118-122,124, 136, 153, pl. 45-48, f.1, 1a-b, 1a-c , 2, 2a, 3, 3ᵃ , 3a-b, 4, 4ᵃ, (4): 139, 143, 145, 149, 153, pl. 58, 61, f. 3.

Moore F. 1882. List of the Lepidoptera collected by the Rev. J.H. Hocking, chiefly in the Kangra Disrict, N.W Hiamalaya; with descriptions of new genera and species. *Proc. zool. Soc. Lond.*, (1): 252-253, 258, 260, pl. 12, f. 2, 3.

Moore F. 1884. Descriptions of some new Asiatic diurnal Lepidoptera; chiefly from specimens contained in the Indian Museum, Calcutta. *J. Asiat. Soc. Bengal*, 53 Pt.II(1): 45.

Moore F. 1886. List of the Lepidoptera of Mergui and its Archipelago collected for the Trustees of the Indian Museum, Calcutta, by Dr John Anderson F.R.S., Superintendent of the Museum. *J. Linn. Soc. Lond.*, *Zool.*, 21(1): 29-60, pl 3-4, f. 5-7.

Moore F. 1888. Descriptions of new Indian Lepidopterous insects from the collection of the late Mr. W.S. Atkinson. Part 3. *Calcutta*, (3): 283-284.

Moore F. 1902. Lepidoptera Indica. Rhopalocera. Family Nymphalidae. Sub-family Nymphalinae (continued), Groups Melitaeina and Eurytelina. Sub-families Acraeinae, Pseudergolinae, Calinaginae, and Libytheinae. Family Riodinidae. Sub-family Nemeobiinae. Family Papilionidae. Sub-famlies Parnassiinae, Thaidinae, Leptocircinae, and Papilionae. London: L. Reeve & Co., 5(53): 116, 118, 120, 213.

Moore F. 1904. Lepidoptera Indica. Rhopalocera. Family Papilionidae. Sub-family Papilioninae (continued), Family Pieridae. Sub-family Pierinae. London: L. Reeve & Co., 6: 167.

Moore F. [1906]. Lepidoptera Indica. Rhopalocera. Family Papilionidae. Sub-family Pierinae (continued), Family Lycaenidae. Sub-families Gerydinae, Lycaenopsinae and Everinae. London: L. Reeve & Co., 7(75): 36, 40.

Motschulsky V. 1860. Insectes du Japon. *Etud. Ent.*, 9: 28.

Motschulsky V. 1866. Catalogue des insectes recus du Japon. *Bull. Soc. Imp. Nat. Moscou*, 39(1): 139.

Murayama S. 1958. Über die einigen Aberrantförmigen und die unbekannte Schmetterlinge aus Formosa. *New Ent.*, 7(1): 27.

Murayama S. 1959. Some notes on Formosan butterflies. *Tyô Ga*, 10(4): 67, f. 6, 9.

Murayama S. 1961. An unrecorded and some aberrant butterflies from Formosa. *Tyô Ga*, 11(4): 55, f. 10, 12.

Murayama S. 1963. Remarks on some butterflies from Japan and Korea, with descriptions of 2 races, 1 form, 4 aberrant forms. *Tyô Ga*, 14(2): 43, f. 1-2.

Murayama S. 1964. Neue Tagfalterformen aus Japan und Korea. *Zs. Wiener Ent. Ges.*, 49: 36.

Murayama S. 1983. Some new Rhopalocera from southwest and northwest China (Lepidoptera: Rhopalocera). *Entomotaxonomia*, 5: 281.

Murray R P. 1874. Notes on Japanese butterflies, with descriptions of new genera and species. *Ent. Mon. Mag.*, 11: 166.

Nekrutenko Y P. 1968. *Phylog. Geo. Distr. Gen. Gonepteryx*. Kiev, Naukova Dumka: 46, 57.

Nicéville L de. 1886. List of the Lepidopterous insects collected in Tavoy and in Siam during 1884-1885 by the Indian Museum Collector under C. E. Pitman, Esq., C.I.E., Chief Superintendent of Telegraphs. (2), Rhopalocera. *J. Asiat. Soc. Bengal.*, 55 Pt.II (5): 433.

参考文献
References

Nicéville L de. 1893. On new and little-known butterflies from the Indo-Malayan region *J. Bombay Nat. Hist. Soc.*, 7(3): 341, pl. I, f. 3-4.

Nicéville L de. 1897. On new or little-known butterflies from the Indo- and Austro-Malayan regions. *J. Asiat. Soc. Bengal*, 66 Pt.II(3): 563.

Nomura K. 1937. On some aberrant forms of butterflies from Honshu, Kyushu and Formosa [in Japanese]. *Zephyrus*, 7(2/3): 138.

Oberthür C. 1876. Espèces nouvelles de Lépidopterès recueillis en Chine par M. l'abbé A. David / Lépidoptères nouveaux de la Chine. *Étud. d'Ent.*, 2: 13, 16, 18-20, pl. 1-3, f. 1-2, 2a-b, 4.

Oberthür C. 1879. Catalogue raisonné des Papilionidae de la Collection de Ch. Oberthür. *Étud. d'Ent.* 4 : 23, 37, 115, pl. 6, f. 1.

Oberthür C. 1884. Lépidoptères du Thibet. *Étud. d'Ent.*, 9: 12-14, pl. 1, f. 1, 5-8.

Oberthür C. 1885. Note synonymique sur le genre Lemodes, Boh. et descrition de deux espèces nouvelles. *Bull. Soc. Ent. Fr.*, (6)5: ccxxvi.

Oberthür C. 1886. Espèces Nouvelles de Lépidoptères du Thibet/Nouveaux Lépidoptères du Thibet. *Étud. d'Ent.* 11: 13-18, pl. 1-7, f. 1, 7.

Oberthür C. 1890. Lépidoptères de Chine. *Étud. d'Ent.*, 13: 37, pl. 9, fig. 97, 99.

Oberthür C. 1891. Nouveaux Lépidoptères d'Asie. *Étud. d'Ent.*, 15: 7, pl. 3, f. 23.

Oberthür C. 1892. Lépidoptères du Pérou et du Thibet. *Étud. d'Ent.*, 16: 1-9, pl.1-2, f. 6, 10.

Oberthür C. 1893. Lépidoptères recueillis au Tonkin/Lépidoptères du Tonkin. *Étud. d'Ent.*, 17: 2, pl. 4, f. 38.

Oberthür C. 1894. Lépidoptères d'Europe, d'Algérie, d'Asie et d'Océanie. *Étud. d'Ent.*, 19: 8, pl. 8, f. 65.

Page M & Treadaway C G. 2003. Descriptions of new subspecies and changes in classification in Bauer & Frankenbach. *Butts. world, Suppl.*, 8: 1-6.

Page M & Treadaway C G. 2003a. Papilionidae of the Philippine Islands. *Butts. world*, 17: 3-6, 8-9.

Pagenstecher A. 1893. Beiträge zur Lepidopteren - Fauna des Malayischen Archipels. (7 & 8). *Jb. Nassau. Ver. Nat.*, 46: 35.

Pelham J P. 2008. A catalogue of the butterflies of the United States and Canada. *J. Res. Lepid.*, 40: 140, 182-183.

Petersen B. 1963. The male genitalia of some Colias species. *J Res. Lep.*, 1(2): 144.

Piepers M C & Snellen P C T. 1909. The Rhopalocera of Java. Pieridae. *Rhop. Java*, [1]: 6, 42, 57, 58, pl. 1, 3, 4, f. 3a-e, 6a-kf. 1a-f , 2a-b, 3a-i.

Poda N. 1761. Insecta Musei Graecensis, quae in ordines, genera et species juxta Systema Naturae Caroli Linnaei digessit. Graecii,Wildmanstadii: 62, pl. 2, f. 1.

Poujade P. 1888. [Piéride et de Noctuélide]. *Bull. Soc. Ent. Fr.*, (6)8: 19-20.

Pryer H. 1882. On certain temperature forms of Japanese butterflies. *Trans. Ent. Soc. Lond.*, (3): 487, 489.

Reakirt T. [1865]. Notes upon exotic Lepidoptera, chiefly from the Philippine Islands, with descriptions of some new species. *Proc. Ent. Soc. Philad.*, 3: 503.

Rebel. 1906. [Versammlung]. *Verh. Zool.-Bot. Ges. Wien*, 56: 222.

Retzius A J. 1783. Genera et species insectorum. Lipsiae : Apud Sigfried Lebrecht Crusium, : 30.

Rippon R H F. [1890]. Icones Ornithopterorum: a monograph of the Papilionine tribe *Troides* Hübner, or Ornithoptera Boisduval. London, 1: 4.

Röber J K M. 1898. Ueber *Papilio zalmoxis* Hew. *Ent. Nachr.*, 24(12): 186.

Röber J K M. [1909]. 2. Familie: Pieridae, Weisslinge in Seitz. *Grossschmett. Erde*, 5: 89.

Rothschild W. 1895. A revision of the Papilios of the Eastern Hemisphere, exclusive of Africa. *Novit. Zool.*, 2(3): 36, 183, 223, 245, 262, 264, 267-269, 272, 278, 290, 331, 333, 335, 338, 360, 378, 380-381, 383-384, 402, 405, 407-409, 432, 437-438, 440, 445, pl. 6, f. 26, 40.

Rothschild W. 1895a. Some notes on my revision of the Papilios of the Eastern Hemisphere, exclusive of Africa. *Novit. Zool.*, 2(4): 445, 503.

Rothschild W.1915. On Lepidoptera from the islands of Ceram (Seran), Buru, Bali, and Misol. *Novit. Zool.*, 22(1): 113.

Rothschild W. 1918. Catalogue of the Parnassiidae in the Tring Museum. *Novit. Zool.*, 25: 254-255.

Rothschild W & Jordan K. 1906. A revision of the American Papilios. *Novit. Zool.*, 13(3): 553.

Saigusa T & Lee C. 1982. A rare Papilionid butterfly Bhutanitis mansfieldi (RILEY), Its rediscovery, new subspecies and phylogenetic position. *Tyô Ga*, 33(1, 2): 19-20.

Schatz E. [1886]. in Staudinger & Schatz, *Exot. Schmett.*, Bd 1 (Th. 2, Lief. 2): 68.

Schrank F P. 1801. Fauna Boica. Durchgedachte Geschichte der in Baiern einheimischen und zahmen Thiere. Nürnberg, 2(1): 152, 161.

Scopoli J A. 1777. Introductio ad Historiam naturalem sisteus genera *Lapidum, Plantarum* et *Animalium* detecta, characteribus - in tribus divisa, subinde ad Leges Naturae. Prague: 433.

Scudder S H. 1875. Historical sketch of the generic names proposed for butterflies: A contribution to systematic nomenclature. *Proc. Amer. Acad. Arts Sci.*, 10(2): 204, 235(missp.).

Sheljuzhko L. 1913. Lepidopterologische Notizen. *Dt. Ent. Z. Iris*, 27(1): 15.

Sheljuzhko L. 1929. Einige neue palaearktische Lepidopteren-Formen. *Mitt. Münch. Ent. Ges.*, 19: 347.

Smart P. 1975. The International Buttfly Book. New York, T. V. Crowell: 275pp, ill.

Sonan J. 1930. Notes on some butterflies from Formosa [in Japanese]. *Zephyrus*, 2(3): 171.

Soowon C, Samantha W. Epstein，Kim Mitter，Chris A. Hamilton，Akito Y. Kawahara. 2016. Preserving and vouchering butterflies and moths for large-scale museum-based molecular research. *Peer J*, 2160: 1-11.

Staudinger O. 1901. Catalog der Lepidopteren des palaearktischen Faunengebiets. I. Famil. Papilionidae-Hepialidae. Berilin, Friedlander & Sohn, 1: 12.

Stephens J F. 1827. Illustrations of British entomology; or, a synopsis of indigenous insects: containing their generic and specific distinctions; with an account of their metamorphoses, times of appearance, localities, food, and economy, as far as practicable. *Ill. Br. Ent.* (Haustellata), 1(1): 17, 22, 24, pl. 3, f. 1-2.

Stoll C. 1780-[1781]. Uitlandsche Kapellen (Papillons exotiques) in Cramer. 4(26b-28): 82, pl. 331, f. B, C (1780), 4(29-31): 95, pl. 339, f. A, B (1781).

Strand E. 1922. H. Sauter's Formosa-Ausbeute. Nachträge zu den Lepidoptera. *Ent. Zeit.*, 36(5): 19.

Swainson W. [1821]. Zoological illustrations, or original figures and descriptions of new, rare, or interesting animals, selected chiefly from the classes of ornithology, entomology, and conchology, and arranged on the principles of Cuvier and other modern zoologists. London : Baldwin & Cradock, (1)1: pl. 22.

Swainson W. 1832-1833. Swainson W. 1833. Zoological illustrations, or original figures and descriptions of new, rare or interesting animals, selected chiefly from the classes of ornithology, entomology, and conchology, and arranged according to their apparent affinities. Second series. London : Baldwin & Cradock, (2) 2(19): pl. 89 (1832), 3(22): pl. 98, 101, 106, 3(23): pl. 105, 3(26): pl. 120 (nec Lamouroux, 1812), 121(1833).

Swinhoe W. 1885. On the Lepidoptera of Bombay and the Deccan. Part I-IV. *Proc. zool. Soc. Lond.*,: 137, 140, 144(I. Rhopalocera).

Swinhoe W. 1890. New species of Indian butterflies. *Mag. Nat. Hist.*, (6) 5(29): 361.

Talbot J. 1949. Fauna of British India butterflies. London: Taylor and Franeis. 1: 240.

Tutt J W. 1896. British butterflies, being a popular hand-book for young stutends and collectors. *Brit. Butts.*: 84.

Tuzov V K, Bogdanov P V, Devyatkin A L, Kaabak L V, Korolev V A, Murzin V S, Samodurov G D & Tarasov E A. 1997. Guide to the butterflies of Russia and adjacent territories: Hesperiidae, Papilionidae, Pieridae, Satyridae. Sofia- Moscow, Pensoft Publishers: 153.

van der Hoeven. 1839. *Buprestis daleni* n. sp., *Papilio payeni* Boisduv. Beschreven. *Tijdschr. Nat. Gesch.*, 5(4): 341, pl. 7, f. 3.

Vane-Wright R I & de Jong R. 2003. The butterflies of Sulawesi: annotated checklist for a critical island faunda. *Zool. Verh. Leiden*, 343: 79, 84, 89-90, 95, 97-98, 100-101, 105, 110.

Vane-Wright R I, de Jong R & Ackery P R. 1996. The higher classification of butterflies (Lepidoptera): problems and prospects. *Entomol. Scand.*, 27: 65-101.

van Nieukerken E J, Kaila L, Kitching I J, Kristensen N P, Lees D C, Minet J, Mitter C, Mutanen M, Regier J C, Simonsen T J, *et al*. 2011. Order Lepidoptera Linnaeus, 1758. *Zootaxa*. 3148: 216.

Verity R. 1907-1911. Rhopalocera Palaearctica Iconographie et Description des Papillons diurnes de la région paléarctique. Papilionidae et Pieridae. Firenze, Publ. by the author, (7-8): 78, pl. 18, f. 7, (13-14): 141, (17-20) pl. 31, f. 20-21, (26-29): 316, 326, 329, (7-8) pl. 18, f. 20-21.

Verity R. 1929. Essai sur les origines des Rhopalocères Européens et Méditerranéens et particulièrement des Anthocharidi et des Lycaenidi du groupe d'Aagestis Schiff. *Ann. Soc. Ent. Fr.*, 98: 347.

Wahlberg N, Braby M F, Brower A V Z, de Jong R, Lee M-M, Nylin'S, Pierces N E, Sperling F A H, Vilas R, A D Warren and Zakharove E. 2005. Synergistic effects of combining morphological and molecular data in resolving the phylogeny of butterflies and skippers. *Proc. R. Soc. B*, 272: 1577-1586.

Wahlberg N, Leneveu J, Kodandaramaiah U, Pea C, Brower A V Z. 2009. Nymphalid butterflies diversify following near demise at the Cretaceous/Tertiary boundary. *Proc. R. Soc. B*, 276: 4295-4302.

Wallace A R. 1865. On the phenomena of variation and geographical distribution as illustrated by the Papilionidae of the Malayan Region. *Trans. Linn. Soc. Lond.*, 25(1): 66.

Wallace A R. 1867. On the Pieridae of the Indian and Australian Regions. *Trans. Ent. Soc. Lond.*, (3) 4(3): 323, 325, 340, 341.

Wallengren H D J. 1853. Lepidoptera Scandinaviae Rhopalocera. Skandinaviens Dagfjärilar. *Skand. Dagfjär.*: 145.

Wallengren H D J. 1858. Nya Fjärilslägten - Nova Genera Lepidopterorum. *Öfvers. Vet. Akad. Förh.*, 15: 76.

Watson E Y. 1895. On the rearrangement of the Fabrician genus *Colias*, and the proposal of a new genus of Pierinae. *Entomologist*, 28 : 167.

Westwood J O. 1840. An introduction to the modern classification of insects; founded on natural habits and corresponding organization of the different families. London: Longman. 2: 87, 348.

Westwood J O. 1841-1842. Arcana entomologica, or illustrations of new, rare and interesting insects. edition by William Smith, London. 1: 59, 123, pl. 11, 31 (in 12 parts), f. 2, (3): 41, (4): 42.

Westwood J O. 1842. Insectorum novorum Centuria. Decadis quartae, ex ordine Lepidopterum et genere Papilionis, Synopsis. *Ann. Mag. nat. Hist.*, 9:36-37.

Westwood J O. 1851. On the *Papilio telamon* of Donovan, with descriptions of two other Eastern butterflies. *Trans. Ent. Soc. Lond.*, (2)1(5): 173.

Winhard W B. 2000. Pieridae I. *Butts. world*, 10: 2, 5, 9-13, 15, 22, 28-29, pl. 4, 46, f. 8, 18.

Wood-Mason J & de Nicéville L. 1881. List of diurnal Lepidoptera from Port Blair, Andaman Islands. *J. Asiat. Soc. Bengal*, 49 Pt.II (4): 235-236.

Wood-Mason J & de Nicéville L. [1887]. List of the Lepidopterous insects collected in Cachar by Mr. J. Wood-Mason, part ii. *Asiat. Soc. Bengal*, Pt II, 55(4): 374, 376.

Wynter-Blyth M A. 1957. Butterflies. Of the Indian. Region. (1982 Reprint). Bombay Natural History Society. Publisher, Natural History Society, Bombay. Dept. of Zoology); Ahmad, A. (Hazara Univ., Mansehra (Pak (Jan-Jun 2012) in (en): 375, 377-379, 385-388, 392, 395, 397-398, 401, 402, 407.

Yakovlev R V. 2012. Checklist of butterflies (Papilionoidea) of the Mongolian Altai Mountains, including descriptions of new taxa. *Nota Lepid.*, 35(1): 62-64.

Yata O. 1989. A revision of the Old World species of the genus *Eurema* Hübner (Lepidoptera: Pieridae). (1). Phylogeny and zoogeography of the subgenus *Terias* Swainson and description of the subgenus *Eurema* Hübner. *Bull. Kitakyushu Mus. Nat. Hist.*, 9: 52, 61, 78-79.

Yoshino K. 1995. New butterflies from China. New Lepid., 1: 1-4, f. 5-6.

Yoshino K. 2001. Notes on genus *Aporia* (Lepidoptera, Pieridae) from Yunnan and Sichuan, China. *Futao*, 39: 2, f. 2-4, pl.1- 2, f. 1-8

Yoshino K. 2001a. Notes on *Chilasa agestor* and *Pazala hoenei* stat. nov. (Lepidoptera, Papilionidae) from South China. *Trans. Lepid. Soc. Japan*, 52(3): 136, f. 3-4.

Yoshino K. 2017. Notes on *Delias lativitta* (Pieridae, Lepidoptera). *Butt. Sci.*, 9: 5.

Zetterstedt J W. [1839]. Insecta Lapponica. *Ins. Lapp.*: 908.

Lepidoptera https://www.nic.funet.fi/pub/sci/bio/life/insecta/lepidoptera/

植物数据库 http://1.zhiwutong.com/index.asp

植物智 http://www.iplant.cn/

附录 I

大秦岭蝴蝶寄主统计表

Hosts of butterflies in the Great Qinling Mountains

序号 No.	种类 Species	寄主 Host
一		凤蝶科 Papilionidae
1	金裳凤蝶 Troides aeacus	西藏马兜铃 Aristolochia griffithii、马兜铃 A. debilis、异叶马兜铃 A. heterophylla、管花马兜铃 A. tubiflora、福氏马兜铃 A. fordiana、卵叶马兜铃 A. tagala、瓜叶马兜铃 A. cucurbitifolia、港口马兜铃 A. zollingeriana、彩花马兜铃 A. elegans、琉球马兜铃 A. liukiuensis、台湾马兜铃 A. shimadai
2	麝凤蝶 Byasa alcinous	异叶马兜铃 Aristolochia heterophylla、大叶马兜铃 A. kaempferi、瓜叶马兜铃 A. cucurbitifolia、彩花马兜铃 A. elegans、卵叶马兜铃 A. tagala、长叶马兜铃 A. championii、马兜铃 A. debilis、木防己 Cocculus trilobus、中国萝藦 Metaplexis japonica
3	长尾麝凤蝶 B. impediens	异叶马兜铃 Aristolochia heterophylla、大叶马兜铃 A. kaempferi、瓜叶马兜铃 A. cucurbitifolia、彩花马兜铃 A. elegans、西藏马兜铃 A. griffithii、管花马兜铃 A. tubiflora、马兜铃 A. debilis、台湾马兜铃 A. shimadai
4	突缘麝凤蝶 B. plutonius	大叶马兜铃 Aristolochia kaempferi、宝兴马兜铃 A. moupinensis、木防己属 Cocculus spp.
5	灰绒麝凤蝶 B. mencius	木防己属 Cocculus spp.、马兜铃 Aristolochia debilis、北马兜铃 A. contorta
6	多姿麝凤蝶 B. polyeuctes	戟叶马兜铃 Aristolochia foveolata、瓜叶马兜铃 A. cucurbitifolia、西藏马兜铃 A. griffithii、大叶马兜铃 A. kaempferi、港口马兜铃 A. zollingeriana、台湾马兜铃 A. shimadai、白背马兜铃 A. cathcartii、琉球马兜铃 A. liukiuensis、北马兜铃 A. contorta、宝兴马兜铃 A. moupinensis
7	达摩麝凤蝶 B. daemonius	贯叶马兜铃 Aristolochia delavayi、管花马兜铃 A. tubiflora
8	白斑麝凤蝶 B. dasarada	木防己属 Cocculus spp.、西藏马兜铃 Aristolochia griffithii、大叶马兜铃 A. kaempferi、白背马兜铃 A. cathcartii
9	短尾麝凤蝶 B. crassipes	马兜铃科 Aristolochiaceae
10	红珠凤蝶 Pachliopta aristolochiae	马兜铃 Aristolochia debilis、异叶马兜铃 A. heterophylla、大叶马兜铃 A. kaempferi、管花马兜铃 A. tubiflora、台湾马兜铃 A. shimadai、西藏马兜铃 A. griffithii、琉球马兜铃 A. liukiuensis、港口马兜铃 A. zollingeriana、高氏马兜铃 A. kaoi、卵叶马兜铃 A. tagala、彩花马兜铃 A. elegans、瓜叶马兜铃 A. cucurbitifolia、福氏马兜铃 A. fordiana、北马兜铃 A. contorta
11	褐斑凤蝶 Chilasa agestor	樟 Cinnamomum camphora、牛樟 C. kanehirae、大叶楠 Machilus japonica、红楠 M. thunbergii、香楠 M. zuihoensis、馨香润楠 M. odoratissima
12	小黑斑凤蝶 C. epycides	樟 Cinnamomum camphora、沉水樟 C. micranthum、黄樟 C. porrectum、阴香 C. burmanni、黑壳楠 Lindera megaphylla、山胡椒 L. glauca、山鸡椒 Litsea cubeba
13	美凤蝶 Papilio memnon	柑橘 Citrus reticulata、雪柚 C. grandis、柚 C. maxima、柠檬 C. limon、圆金橘 Fortunella japonica、枸橘 Poncirus trifoliata、光叶花椒（两面针）Zanthoxylum nitidum、椿叶花椒 Z. ailanthoides、黄皮 Clausena lansium、酒饼簕 Atalantia buxifolia
14	宽带（美）凤蝶 P. nephelus	飞龙掌血 Toddalia asiatica、棟叶吴萸 Tetradium glabrifolium、花椒簕 Zanthoxylum cuspidatum、椿叶花椒 Z. ailanthoides、光叶花椒（两面针）Z. nitidum、花椒 Z. bungeanum、柑橘 Citrus reticulata、柚 C. maxima、山黄皮 Micromelum falcatum、接骨草 Sambucus chinensis
15	玉斑（美）凤蝶 P. helenus	黄檗 Phellodendron amurense、簕欓花椒 Zanthoxylum avicennae、棟叶吴萸 Tetradium glabrifolium、柑橘 Citrus reticulata、芸香属 Ruta spp.

序号 No.	种类 Species	寄主 Host
16	玉带（美）凤蝶 P. polytes	柚 Citrus maxima、假黄皮 Clausena excavata、黄皮 C. lansium、圆金橘 Fortunella japonica、山小橘 Glycosmis citrifolia、飞龙掌血 Toddalia asiatica、簕欓花椒 Zanthoxylum avicennae、光叶花椒（两面针）Z. nitidum
17	红基美凤蝶 P. alcmenor	飞龙掌血 Toddalia asiatica、柑橘属 Citrus spp.、花椒属 Zanthoxylum spp.
18	牛郎（黑美）凤蝶 P. bootes	光叶花椒（两面针）Zanthoxylum nitidum、竹叶花椒 Z. armatum、五叶山小橘 Glycosmis pentaphylla、柑橘属 Citrus spp.
19	蓝（美）凤蝶 P. protenor	甜橙 Citrus sinensis、柠檬 C. limon、柑橘 C. reticulata、柚 C. maxima、光叶花椒（两面针）Zanthoxylum nitidum、蜀椒 Z. piperitum、簕欓花椒 Z. avicennae、飞龙掌血 Toddalia asiatica、小花山小橘 Glycosmis parviflora
20	妹美凤蝶 P. macilentus	柑橘 Citrus reticulata、芸香 Ruta graveolens、椿叶花椒 Zanthoxylum ailanthoides、青花椒 Z. schinifolium、胡椒木 Z. piperitum、吴茱萸 Tetradium ruticarpum、枳 Poncirus trifoliata、常臭山 Orixa japonica、半边莲 Lobelia chinensis
21	碧翠凤蝶 P. bianor	黄檗 Phellodendron amurense、飞龙掌血 Toddalia asiatica、椿叶花椒 Zanthoxylum ailanthoides、竹叶花椒 Z. armatum、野花椒 Z. simulans、花椒 Z. bungeanum、光叶花椒（两面针）Z. nitidum、棟叶吴萸 Tetradium glabrifolium、臭檀吴萸 T. daniellii、臭常山 Orixa japonica、枳 Poncirus trifoliata、柑橘属 Citrus spp.、野漆 Rhus succedanea
22	波绿翠凤蝶 P. polyctor	花椒属 Zanthoxylum spp.、野黄皮 Clausena willdenovii
23	窄斑翠凤蝶 P. arcturus	毛刺花椒 Zanthoxylum acanthopodium、竹叶花椒 Z. armatum、柑橘 Citrus reticulata、吴茱萸 Tetradium ruticarpum、飞龙掌血 Toddalia asiatica、接骨草 Sambucus chinensis
24	穹翠凤蝶 P. dialis	棟叶吴萸 Tetradium glabrifolium、吴茱萸 T. ruticarpum、竹叶花椒 Zanthoxylum armatum、竹叶椒 Z. planispinum、椿叶花椒 Z. ailanthoides、飞龙掌血 Toddalia asiatica、柑橘属 Citrus spp.、漆树 Rhus verniciflua
25	巴黎翠凤蝶 P. paris	飞龙掌血 Toddalia asiatica、光叶花椒（两面针）Zanthoxylum nitidum、簕欓花椒 Z. avicennae、三桠苦 Melicope Pteleifolia、棟叶吴萸 Tetradium glabrifolium、柑橘属 Citrus spp.
26	绿带翠凤蝶 P. maackii	柑橘属 Citrus spp.、黄檗 Phellodendron amurense、椿叶花椒 Zanthoxylum ailanthoides、青花椒 Z. schinifolium、棟叶吴萸 Tetradium glabrifolium、臭檀吴萸 T. daniellii、接骨草 Sambucus chinensis
27	柑橘凤蝶 P. xuthus	花椒 Zanthoxylum bungeanum、椿叶花椒 Z. ailanthoides、光叶花椒（两面针）Z. nitidum、枳 Poncirus trifoliata、吴茱萸 Tetradium ruticarpum、柑橘属 Citrus spp.、黄檗 Phellodendron amurense
28	金凤蝶 P. machaon	胡萝卜 Daucus carota、茴香 Foeniculum vulgare、野当归 Angelica dahurica、林当归 A. silvestris、芹菜 Apium graveolens、芫荽 Coriandrum sativum、防风 Saposhnikovia divaricata、柴胡 Bupleurum chinense、白花前胡 Peucedanum praeruptorum、中华水芹 Oenanthe sinensis、毒参 Conium maculatum、大阿米芹 Ammi majus、阿米芹 A. visnaga、独活属 Heracleum spp.
29	宽尾凤蝶 Agehana elwesi	厚朴 Magnolia officinalis、玉兰 Yulania denudata、紫玉兰 Y. liliiflora、黄山玉兰 Y. cylindrica、深山含笑 Michelia maudiae、鹅掌楸 Liriodendron chinense、檫木 Sassafras tzumu 及伞形科 Umbelliferae
30	宽带青凤蝶 Graphium cloanthus	樟 Cinnamomum camphora、黄樟 C. porrectum、阴香 C. burmanni、芳香桢楠 Machilus odoratissima、大叶楠 M. japonica、香楠 M. zuihoensis、红楠 M. thunbergii
31	青凤蝶 G. sarpedon	樟 Cinnamomum camphora、沉水樟 C. micranthum、阴香 C. burmanni、土肉桂 C. osmophloeum、天竺桂 C. japonicum、肉桂 C. cassia、鳄梨 Persea gratissima、钝叶琼楠（红核桃）Beilschmiedia obtusifolia、厚壳桂 Cryptocarya chinensis、硬壳桂 C. chingii、月桂 Laurus nobilis、潺槁木姜子 Litsea glutinosa、里菲木姜子 L. leefeana、小梗黄木姜子 L. kostermansii、红楠 Machilus thunbergii、香楠 M. zuihoensis、大叶楠 M. japonica、楠木 Phoebe zhennan、山胡椒 Lindera glauca、血桐属 Macaranga spp.、牛心番荔枝 Annona reticulata

序号 No.	种类 Species	寄主 Host
32	木兰青凤蝶 G. doson	荷花玉兰 Magnolia grandiflora、含笑 Michelia figo、白兰花 M. alba、假鹰爪 Desmos chinensis、紫玉盘 Uvaria microcarpa、长叶暗罗 Polyalthia longifoiia、樟属 Cinnamomum spp.、柳叶木姜子 Litsea salicifolia、仔榄树 Hunteria zeylanica
33	黎氏青凤蝶 G. leechi	白兰花 Michelia alba、鹅掌楸 Liriodendron chinense、假鹰爪 Desmos chinensis、紫玉盘 Uvaria microcarpa、长叶暗罗 Polyalthia longifoiia、樟属 Cinnamomum spp.、柳叶木姜子 Litsea salicifolia、仔榄树 Hunteria zeylanica
34	碎斑青凤蝶 G. chironides	深山含笑 Michelia maudiae、乐昌含笑 M. chapensis、白兰花 M. alba、黄兰 M. champaca
35	客纹凤蝶 Paranticopsis xenocles	番荔枝科 Annonaceae
36	金斑剑凤蝶 Pazala alebion	钓樟 Lindera reflexa、润楠属 Machilus spp.、樟属 Cinnamomum spp.、木姜子属 Litsea spp.
37	乌克兰剑凤蝶 P. tamerlana	木姜子属 Litsea spp.、山鸡椒 L. cubeba
38	升天剑凤蝶 P. euroa	樟 Cinnamomum camphora、香桂 C. petrophilum、香楠 Machilus zuihoensis、润楠 M. chinensis、硬叶楠 M. phocenicis、白楠 Phoebe neurantha、大叶新木姜子 Neolitsea levinei、鸭公树 N. chuii
39	华夏剑凤蝶 P. glycerion	硬叶楠 Machilus phocenicis、杨叶木姜子 Litsea populifolia、变叶新木姜子 Neolitsea variabillima、番荔枝属 Annona spp.
40	四川剑凤蝶 P. sichuanica	木姜子属 Litsea spp.
41	旖凤蝶 Iphiclides podalirius	欧洲花楸 Sorbus aucuparia、酸山楂 Crataegus oxyacanthe、单柱山楂 C. monogyna、桃 Amygdalus persica、杏 Armeniaca vulgaris、欧洲甜樱桃 Cerasus avium、苹果 Malus pumila、李属 Prunus spp.、梨属 Pyrus spp.
42	西藏旖凤蝶 I. podalirinus	李 Prunus salicina、山楂 Crataegus pinnatifida、花楸属 Sorbus spp.
43	褐钩凤蝶 Meandrusa sciron	樟属 Cinnamomum spp.、湘楠 Phoebe hunanensis、鸭公树 Neolitsea chuii、木姜子属 Litsea spp.
44	丝带凤蝶 Sericinus montelus	北马兜铃 Aristolochia contorta、马兜铃 A. debilis
45	三尾凤蝶 Bhutanitis thaidina	宝兴马兜铃 Aristolochia moupinensis、贯叶马兜铃 A. delavayi
46	中华虎凤蝶 Luehdorfia chinensis	杜衡 Asarum forbesii、细辛 A. sieboldii
47	太白虎凤蝶 L. taibai	马蹄香 Saruma henryi、小叶马蹄香 Asarum ichangense
48	冰清绢蝶 Parnassius glacialis	延胡索 Corydalis yanhusuo、齿瓣延胡索 C. remota、刻叶紫堇 C. incisa、伏生紫堇 C. decumbens、小药八旦子 C. caudata、马兜铃 Aristolochia debilis
49	白绢蝶 P. stubbendorfii	巨紫堇 Corydalis gigantean、东北延胡索 C. ambigua、少花延胡索 C. pauciflora、珠果黄紫堇 C. speciosa、小药八旦子 C. caudata、马兜铃 Aristolochia debilis
50	红珠绢蝶 P. bremeri	费菜 Sedum aizoon
51	小红珠绢蝶 P. nomion	延胡索 Corydalis yanhusuo、东北延胡索 C. ambigua、四裂红景天 Rhodiola quadrifida、狭叶红景天 R. kirilowii、洮河红景天 R. taohoensis、小丛红景天 R. dumulosa、红景天 R. rosea、费菜 Sedum aizoon
52	夏梦绢蝶 P. jacquemontii	红景天属 Rhodiola spp.
53	依帕绢蝶 P. epaphus	景天科 Crassulaceae

附
录
Appendix

271

续表

序号 No.	种类 Species	寄主 Host
54	西猴绢蝶 P. simo	兔耳草 Lagotis glauca
55	翠雀绢蝶 P. delphius	紫堇属 Corydalis spp.
56	君主绢蝶 P. imperator	灰绿黄堇 Corydalis adunca、黄堇 C. pallida、红花岩黄耆 Hedysarum multijugum、天蓝韭 Allium cyaneum
57	四川绢蝶 P. szechenyii	紫堇 Corydalis edulis、黄堇 C. pallida、延胡索 C. yanhusuo
二		粉蝶科 Pieridae
58	迁粉蝶 Catopsilia pomona	铁刀木 Senna siamea、望江南 S. occidentalis、黄槐决明 S. surattensis、决明 S. tora、腊肠树 Cassia fistula、山菁 Sesbania roxburghii、紫铆 Butea frondosa
59	梨花迁粉蝶 C. pyranthe	翅荚决明 Senna alata、望江南 S. occidentalis、黄槐决明 S. surattensis、含羞草山扁豆 Chamaecrista mimosoides
60	檀方粉蝶 Dercas verhuelli	两粤黄檀 Dalbergia benthami
61	斑缘豆粉蝶 Colias erate	蓝雀花 Parochetus communis、南苜蓿 Medicago polymorpha、天蓝苜蓿 M. lupulina、苜蓿 M. sativa、紫云英 Astragalus sinicus、大豆 Glycine max、百脉根 Lotus corniculatus、三叶草 Trifolium pratense、白车轴草 T. repens、野豌豆 Vicia sepium、小巢菜 V. hirsuta、草木犀 Melilotus officinalis、田菁 Sesbania cannabina、列当属 Orobanche spp.
62	橙黄豆粉蝶 C. fieldii	苜蓿 Medicago sativa、野豌豆 Vicia sepium、米口袋 Gueldenstaedtia verna、白车轴草 Trifolium repens
63	黎明豆粉蝶 C. heos	车轴草 Trifolium lucanicum、广布野豌豆 Vicia cracca、黄芪 Astragalus membranaceus
64	豆粉蝶 C. hyale	小冠花 Coronilla varia、苜蓿 Medicago sativa、百脉根 Lotus corniculatus、金雀儿 Cytisus scoparius、车轴草 Trifolium lucanicum、广布野豌豆 Vicia cracca
65	黧豆粉蝶 C. nebulosa	黄芪属 Astragalus spp.
66	曙红豆粉蝶 C. eogene	膜荚黄芪 Astragalus membranaceus
67	山豆粉蝶 C. montium	豆科 Fabaceae
68	西番豆粉蝶 C. sifanica	锦鸡儿 Caragana sinica、棘豆属 Oxytropis spp.
69	尖角黄粉蝶 Eurema laeta	含羞草 Mimosa pudica、含羞草山扁豆 Chamaecrista mimosoides、胡枝子 Lespedeza bicolor
70	宽边黄粉蝶 E. hecabe	合欢 Albizia julbrissin、阔荚合欢 A. lebbeck、山合欢 A. kalkora、大叶合欢 A. lebbek、银合欢 Leucaena leucocephala、金合欢 Acacia farnesiana、黑栲 A. mollissima、花生 Arachis hypogaea、田菁 Sesbania cannabina、黄槐决明 Senna surattensis、决明 S. tora、截叶铁扫帚 Lespedeza cuneata、黑面神 Breynia fruticosa、红珠子 B. officinalis、土蜜树 Bridelia tomentosa、雀梅藤 Sageretia theezans、黄牛木 Cratoxylum cochinchinense
71	安迪黄粉蝶 E. andersoni	翼核果 Ventilago leiocarpa、美丽翼核果 V. elegans
72	檗黄粉蝶 E. blanda	领垂豆 Pithecellobium lucidum、铁刀木 Senna siamea、粉叶决明 S. sulfurea、黄槐决明 S. surattensis、决明 S. tora、大叶合欢 Albizia lebbek、黄豆树 A. procera、银合欢 Leucaena leucocephala、大托叶云实（刺果苏木）Caesalpinia crista、莲实藤 C. globulcrum、格木 Erythrophleum fordii、凤凰木 Delonix regia、顶果树 Acrocarpus fraxinifolius、石梓 Gmelina chinensis、醉香含笑 Michelia macclurei

序号 No.	种类 Species	寄主 Host
73	无标黄粉蝶 E. brigitta	含羞草山扁豆 Chamaecrista mimosoides、海红豆 Adenanthera pavonlna、叶围涎树 Pithecellobium lobatum、三点金 Desmodium triflorum、赤才 Lepisanthes rubiginosa、狭叶金丝桃 Hypericum aethiopicum
74	尖钩粉蝶 Gonepteryx mahaguru	鼠李 Rhamnus davurica、东北鼠李 R. schneideri、枣 Ziziphus jujuba、酸枣 Z. jujuba var. spinosa、黄槐决明 Senna surattensis
75	钩粉蝶 G. rhamni	鼠李 Rhamnus davurica、欧鼠李 R. frangula、药鼠李 R. cathartica、铁包金 Berchemia lineata、越橘属 Vaccinium spp.
76	圆翅钩粉蝶 G. amintha	鼠李 Rhamnus davurica、琉球鼠李 R. liukiuensis、冻绿 R. utilis、台湾鼠李 R. formosana、圆叶鼠李 R. globosa、枣 Ziziphus jujuba、黄槐决明 Senna surattensis、山芥菜 Rorippa indica、荠菜 Capsella bursa-pastoris
77	淡色钩粉蝶 G. aspasia	鼠李 Rhamnus davurica、冻绿 R. utilis
78	大钩粉蝶 G. maxima	乌苏鼠李 Rhamnus ussuriensis
79	侧条斑粉蝶 Delias lativitta	台湾槲寄生 Viscum alnifrmosanae、稠栎柿寄生 V. articulatum、槲寄生 V. coloratum、桑寄生 Taxillus sutchuenensis
80	洒青斑粉蝶 D. sanaca	桑寄生 Taxillus sutchuenensis
81	艳妇斑粉蝶 D. belladonna	长花桑寄生 Loranthus longiflorus、灰叶桑寄生 L. vestitus、广寄生 Taxillus chinensis、木兰寄生 T. limprichti、红花寄生 Scurrula parasitica、朱砂藤 Cynanchum officinale、夹竹桃 Nerium indicum
82	倍林斑粉蝶 D. berinda	毛叶钝果寄生 Taxillus nigrans、桐树桑寄生 Loranthus delavayi
83	绢粉蝶 Aporia crataegi	短梗稠李 Prunus brachypoda、日本稠李 P. ssiori、稠李 P. padus、黑刺李 P. spinosa、毛黑山楂 Crataegus jozana、山楂 C. monogyna、贴梗木瓜 Chaenomeles lagenaria、沙梨 Pyrus serotina、西洋梨 P. communis、西府海棠 Malus micromalus、苹果 M. pumila、花红 M. asiatica、山荆子 M. baccata、山杏 Armeniaca sibirica、欧洲花楸 Sorbus aucuparia、樱桃 Cerasus pseudocerasus、鼠李 Rhamnus davurica、深山柳 Salix phylicifolia、山杨 Populus davidiana、欧洲山杨 P. tremula、毛榛子 Corylus mandshurica、春榆 Ulmus davidiana var. japonica
84	小檗绢粉蝶 A. hippia	黄芦木 Berberis amurensis、日本小檗 B. thunbergi、紫小檗 B. thunbergii、九连小檗 B. virgetorum
85	秦岭绢粉蝶 A. tsinglingica	黄芦木 Berberis amurensis
86	箭纹绢粉蝶 A. procris	小花糖芥 Erysimum cheiranthoides
87	灰姑娘绢粉蝶 A. intercostata	黄芦木 Berberis amurensis
88	酪色绢粉蝶 A. potanini	黄芦木 Berberis amurensis、紫小檗 B. thunbergii、沙枣 Elaeagnus angustifolia
89	大翅绢粉蝶 A. largeteaui	十大功劳 Mahonia fortunei、阔叶十大功劳 M. bealei
90	巨翅绢粉蝶 A. gigantea	小檗科 Berberidaceae
91	黑边绢粉蝶 A. acraea	淫羊藿属 Epimedium spp.
92	普通绢粉蝶 A. genestieri	牛奶子 Elaeagnus umbellata、薄叶胡颓子 E. thunbergii

附 Appendix

273

序号 No.	种类 Species	寄主 Host
93	利箭绢粉蝶 *A. harrietae*	小檗属 *Berberis* spp.
94	完善绢粉蝶 *A. agathon*	黄芦木 *Berberis amurensis*、台湾小檗 *B. kawakamii*、阿里山十大功劳 *Mahonia oiwakensis*
95	黑脉园粉蝶 *Cepora nerissa*	广州槌果藤 *Capparis cantoniensis*、戟叶槌果藤 *C. heyneana*、野香橼花 *C. bodinieri*、独行千里 *C. acutifolia*、兰屿山柑 *C. lanceolaris*、小刺山柑 *C. micracantha*、牛眼睛 *C. zeylanica*
96	青园粉蝶 *C. nadina*	独行千里 *Capparis acutifolia*
97	欧洲粉蝶 *Pieris brassicae*	欧洲菘蓝 *Isatis tinctoria*、芜菁 *Brassica rapa*、欧洲油菜 *B. napus*、甘蓝 *B. oleracea* var. *capitata*、花椰菜 *B. oleracea* var. *botrytis*、萝卜 *Raphanus sativus*、海甘蓝 *Crambe maritima*、辣根 *Armoracia rusticana*、荠菜 *Capsella bursa-pastoris*、团扇荠 *Berteroa incana*、紫花南芥 *Hesperis matronalis*、山柳菊叶糖芥 *Erysimum hieraciifolium*、灰白葶苈 *Draba incana*、疣果匙荠 *Bunias orientalis*、木犀草 *Reseda odorata*、红花烟草 *Nicotiana tabacum*、旱金莲 *Tropaeolum majus*、金丝雀旱金莲 *T. peregrinum*
98	菜粉蝶 *P. rapae*	芸薹 *Brassica campestris*、芥蓝 *B. alboglabra*、野甘蓝 *B. oleracea*、小油菜 *B. rapa*、青菜 *B. chinensis*、山芥 *B. orthoceras*、芥菜 *B. juncea*、蔊菜 *Rorippa indica*、萝卜 *Raphanus sativus*、辣根 *Armoracia rusticana*、北美独行菜 *Lepidium virginicum*、独行菜 *L. apetalum*、木犀草 *Reseda odorata*
99	东方菜粉蝶 *P. canidia*	弯曲碎米荠 *Cardamine flexuosa*、台湾碎米荠 *C. scutata*、小围散荠 *Lepidium virginicum*、荠菜 *Capsella bursa-pastoris*、芸薹 *Brassica campestris*、芥蓝 *B. alboglabra*、芥菜 *B. juncea*、白菜 *B. rapa* var. *glabra*、诸葛菜 *Orychophragmus violaceus*、萝卜 *Raphanus sativus*、硬毛南芥 *Arabis hirsuta*、蔊菜 *Rorippa indica*、无瓣蔊菜 *R. dubia*、醉蝶花 *Tarenaya hassleriana*、皱子鸟足菜 *Cleome rutidosperma*、黄花草 *Arivela viscosa*、糖胶 *Alstonia scholaris*、旱金莲属 *Tropaeolum* spp.
100	暗脉菜粉蝶 *P. napi*	白花碎米荠 *Cardamine leucantha*、日本碎米荠 *C. niponica*、碎米荠 *C. scutata*、荠菜 *Capsella bursa-pastoris*、团扇荠 *Berteroa incana*、诸葛菜 *Orychophragmus violaceus*、沼生蔊菜 *Rorippa islandica*、蔊菜 *R. indica*、风花菜 *R. isbandica*、欧亚蔊菜 *R. sylvestris*、楤木 *Aralia elata*、小花南芥 *Arabis. alpina*、菥蓂 *Thlaspi arvense*、高山菥蓂 *T. alpestre*、葱芥 *Alliaria petiolata*、小白菜 *Brassica campestris*、冬油菜 *B. rapa*、甘蓝 *B. oleracea* var. *capitata*、蔓菁甘蓝 *B. napus* var. *napobrassica*、野萝卜 *Raphanus raphanistrum*、萝卜 *R. sativus*、辣根 *Armoracia rusticana*、蓝香芥 *Hesperis matronalis*、木犀草 *Reseda odorata*、旱金莲 *Tropaeolum majus*、金盏菊 *Calendula officinalis*
101	黑纹粉蝶 *P. melete*	白花碎米荠 *Cardamine leucantha*、台湾碎米荠 *C. scutata*、硬毛南芥 *Arabis hirsuta*、箭叶南芥 *A. sagittata*、灰绿南芥菜 *A. glauca*、大蒜芥 *Sisymbrium luteum*、蔊菜 *Rorippa indica*
102	库茨粉蝶 *P. kozlovi*	多刺绿绒蒿 *Meconopsis horridula*、蒲公英属 *Taraxacum* spp.、唐松草属 *Thalictrum* spp.
103	云粉蝶 *Pontia daplidice*	芥蓝 *Brassica alboglabra*、芸薹 *B. campestris*、甘蓝 *B. oleracea* var. *capitata*、小油菜 *B. rapa*、旗杆属 *Turritis* spp.、大蒜芥属 *Sisymbrium* spp.、欧白芥属 *Sinapis* spp.、南芥属 *Arabis* spp.、菥蓂属 *Thlaspi* spp.、庭芥属 *Alyssum* spp.、糖芥属 *Erysimum* spp.、花旗杆 *Dontostemon dentatus*、萝卜 *Raphanus sativus*、荠菜 *Capsella bursa-pastoris*、北美独行菜 *Lepidium virginicum*、独行菜 *L. apetalum*、木犀草属 *Reseda* spp.

序号 No.	种类 Species	寄主 Host
104	绿云粉蝶 P. chloridice	大蒜芥属 Sisymbrium spp.、欧白芥属 Sinapis spp.、播娘蒿属 Descurainia spp.
105	箭纹云粉蝶 P. callidice	大蒜芥属 Sisymbrium spp.、糖芥属 Erysimum spp.、木犀草属 Reseda spp.
106	飞龙粉蝶 Talbotia naganum	伯乐树 Bretschneidera sinensis
107	黄尖襟粉蝶 Anthocharis scolymus	芥菜 Brassica juncea、芸薹 B. campestris、蔊菜 Rorippa indica、小花南芥 Arabis alpina、硬毛南芥 A. hirsuta、碎米荠 Cardamine hirsuta、弹裂碎米荠 C. impatiens、诸葛菜 Orychophragmus violaceus、播娘蒿 Descurainia sophia
108	红襟粉蝶 A. cardamines	芸薹 Brassica campestris、芥菜 B. juncea、芥蓝 B. alboglabra、碎米荠 Cardamine hirsuta、荠菜 Capsella bursa-pastoris、菥蓂 Thlaspi arvense、板蓝根 Isatis tinctoria、沼生蔊菜 Rorippa islandica、旗杆芥 Turritis glabra
109	橙翅襟粉蝶 A. bambusarum	诸葛菜 Orychophragmus violaceus、蔊菜 Rorippa indica、弹裂碎米荠 Cardamine impatiens
110	皮氏尖襟粉蝶 A. bieti	十字花科 Brassicaceae
111	突角小粉蝶 Leptidea amurensis	羽扇豆属 Lupinus spp.、山野豌豆 Vicia amoena、碎米荠 Cardamine hirsuta
112	锯纹小粉蝶 L. serrata	碎米荠 Cardamine hirsuta
113	莫氏小粉蝶 L. morsei	广布野豌豆 Vicia cracca、东方野豌豆 V. japonica、山野豌豆 V. amoena、歪头菜 V. unijuga、山黧豆属 Lathyrus spp.、荠菜 Capsella bursa-pastoris
114	圆翅小粉蝶 L. gigantea	广布野豌豆 Vicia cracca、碎米荠 Cardamine hirsuta
115	条纹小粉蝶 L. sinapis	碎米荠 Cardamine hirsute
三		蛱蝶科 Nymphalidae
116	朴喙蝶 Libythea celtis	朴树 Celtis sinensis、四蕊朴 C. tetrandra、南欧朴 C. australis、光滑朴 C. glabrata、西川朴 C. vandervoetiana、珊瑚朴 C. julianae、紫弹树 C. biondii
117	金斑蝶 Danaus chrysippus	马利筋 Asclepias curassavica、叙利亚马利筋 A. syriaca、牛角瓜 Calotropis gigantea、白花牛角瓜 C. procera、鹅绒藤 Cynanchum abyssinicum、钉头果 Gomphocarpus fruticsus、膀胱状钉头果 G. physocarpa、大花藤 Raphistemma pulchellum、尖槐藤 Oxystelma esculentum、细叶杠柳 Periploca linearifolia、月光花 Ipomoea alba、大戟 Euphorbia pekinensis、黛萼花 Dyerophytum indicum、赤才 Erioglossum rubiginosum、金鱼草属 Antirrhinum spp.、蔷薇属 Rosa spp.、水牛掌属 Caralluma spp.、吊灯花属 Ceropegia spp.
118	虎斑蝶 D. genutia	萝藦 Metaplexis japonica、马利筋 Asclepias curassavica、中间吊灯花 Ceropegia intermedia、台湾牛皮消 Cynanchum taiwanianum、牛皮消 C. auriculatum、琉球鹅绒藤 C. liukiuensis、刺瓜 C. corymbosum、天星藤 Graphistemma pictum、蓝叶藤 Marsdenia tinctoria、假防己 M. tomentosa、夜来香 Telosma cordata、大花藤 Raphistemma pulchellum、茉莉球兰 Stephanotis floribunda、常春藤娃儿藤 Tylophora cissoides、尖槐藤 Oxystelma esculentum、吊钟花 Enkianthus quinqueflorus、垂叶榕 Ficus benjamina、匙羹藤属 Gymnema spp.

序号 No.	种类 Species	寄主 Host
119	啬青斑蝶 *Tirumala septentrionis*	南山藤 *Dregea volubilis*、刺瓜 *Cynanchum corymbosum*、醉魂藤 *Heterostemma alatum*、台湾醉魂藤 *H. brwnii*、娃儿藤属 *Tylophora* spp.、木防己属 *Cocculus* spp.、纽子花属 *Vallaris* spp.、同心结属 *Parsonsia* spp.
120	大绢斑蝶 *Parantica sita*	马利筋 *Asclepias curassavica*、牛皮消 *Cynanchum auriculatum*、蔓剪草 *C. grandifolium*、白薇 *C. atratum*、镇江白前 *Vincetoxicum sublanceolatum*、球兰 *Hoya carnosa*、台湾球兰 *H. formosana*、牛奶菜 *Marsdenia sinensis*、蓝叶藤 *M. tinctoria*、假防己 *M. tomentosa*、台湾牛奶菜 *M. formosana*、马兜铃状娃儿藤 *Tylophora aristolochioides*、七层楼 *T. floribunda*、日本娃儿藤 *T. japonica*、娃儿藤 *T. ovata*、兰屿欧蔓 *T. lanyuensis*、台湾醉魂藤 *Heterostemma brownii*、黑鳗藤 *Jasminanthes mucronata*、萝藦属 *Metaplexis* spp.
121	黑绢斑蝶 *P. melaneus*	小叶娃儿藤 *Tylophora tenuis*、牛奶菜 *Marsdenia sinensis*、台湾牛奶菜 *M. formosana*、蓝叶藤 *M. tinctoria*
122	二尾蛱蝶 *Polyura narcaea*	亮叶围涎树 *Pithecellobium lucidum*、合欢 *Albizia julibrissin*、山合欢 *A. kalkora*、阔荚合欢 *A. lebbeck*、紫藤 *Wisteria sinensis*、胡枝子 *Lespedeza bicolor*、笕子梢 *Campylotropis macrocarpa*、黄檀 *Dalbergia hupeana*、腺叶野樱 *Prunus phaeosticta*、山黄麻 *Trema tomentosa*、四蕊朴 *Celtis tetrandra*
123	大二尾蛱蝶 *P. eudamippus*	阔裂叶羊蹄甲 *Bauhinia apertilobata*、亮叶鸡血藤 *Callerya nitida*、颔垂豆 *Archidendron lucida*、疏花鱼藤 *Derris laxijlora*、小刺鼠李 *Rhamnus parvifolia*、朴树 *Celtis sinensis*、合欢属 *Albizia* spp.
124	针尾蛱蝶 *P. dolon*	亮叶围涎树 *Pithecellobium lucidum*、黄檀 *Dalbergia hupeana*、山合欢 *Albizia kalkora*、朴树 *Celtis sinensis*、山黄麻 *Trema tomentosa*、腺叶野樱 *Prunus phaeosticta*
125	白带螯蛱蝶 *Charaxes bernardus*	樟树 *Cinnamomum camphora*、油樟 *C. longepaniculatum*、阴香 *C. burmanni*、潺槁木姜子 *Litsea glutinosa*、浙江楠 *Phoebe chekiangensis*、海红豆 *Adenanthera pavonina*、南洋楹 *Albizia falcataria*、降真香 *Acronychia pedunculata*
126	大卫绢蛱蝶 *Calinaga davidis*	鸡桑 *Morus australis*、桑树 *M. alba*
127	绢蛱蝶 *C. buddha*	鸡桑 *Morus australis*
128	黑绢蛱蝶 *C. lhatso*	桑属 *Morus* spp.
129	丰绢蛱蝶 *C. funebris*	桑科 Moraceae
130	红锯蛱蝶 *Cethosia biblis*	西番莲属 *Passiflora* spp.
131	苎麻珍蝶 *Acraea issoria*	苎麻 *Boehmeria nivea*、柳叶水麻 *B. saeneb*、密花苎麻 *B. densiflora*、野线麻 *B. japonica*、水麻 *Debregeasia orientalis*、狭叶楼梯草 *Elatostema lineolatum*、雅致雾水葛 *Pouzolzia elegans*、糯米团 *Gonostegia hirta*、榉树 *Zelkova serrata*、四蕊朴 *Celtis tetrandra*、醉鱼草属 *Buddleja* spp.
132	绿豹蛱蝶 *Argynnis paphia*	紫花地丁 *Viola philippica*、犁头草 *V. inconspicua*、朴树 *Celtis sinensis*、悬钩子属 *Rubus* spp.
133	斐豹蛱蝶 *Argyreus hyperbius*	光瓣堇菜 *V. yedoensis*、戟叶堇菜 *V. betonicifolia*、台湾堇菜 *V. formosana*、台北堇菜 *V. magasawai*、紫花地丁 *V. philippica*、三色堇 *V. tricolor*、白花堇菜 *V. lactiflora*、堇菜 *V. verecunda*、长萼堇菜 *V. inconspicua*、七星莲 *V. diffusa*
134	老豹蛱蝶 *Argyronome laodice*	紫花堇菜 *Viola grypoceras*、合叶子 *Filipendula kamtschatica*

序号 No.	种类 Species	寄主 Host
135	红老豹蛱蝶 *A. ruslana*	堇菜科 Violaceae
136	云豹蛱蝶 *Nephargynnis anadyomene*	堇菜科 Violaceae
137	小豹蛱蝶 *Brenthis daphne*	欧洲木莓 *R. caesius*、库页悬钩子 *R. sachalinensis*、地榆 *Sanguisorba officinalis*、蚊子草 *Filipendula palmata*、堇菜属 *Viola* spp.、悬钩子属 *Rubus* spp.
138	伊诺小豹蛱蝶 *B. ino*	地榆 *Sanguisorba officinalis*、悬钩子属 *Rubus* spp.、绣线菊属 *Spiraea* spp.
139	青豹蛱蝶 *Damora sagana*	睿山堇 *Viola eizanensis*、紫花堇菜 *V. grypoceras*、如意草 *V. arcuata*、心叶堇菜 *V. yunnanfuensis*、堇菜 *V. verecunda*、犁头草 *V. inconspicua*
140	银豹蛱蝶 *Childrena childreni*	犁头草 *Viola inconspicua*、紫花地丁 *V. philippica*、戟叶堇菜 *V. betonicifolia*、柔毛堇菜 *V. principis*、匍匐堇菜 *V. serpens*
141	曲纹银豹蛱蝶 *C. zenobia*	斑叶堇菜 *Viola variegata*、早开堇菜 *V. prionantha*、紫花地丁 *V. philippica*
142	银斑豹蛱蝶 *Speyeria aglaja*	堇菜 *Viola verecunda*、硬毛堇菜 *V. hirta*、支柱蓼 *Bistorta suffulta*
143	福蛱蝶 *Fabriciana niobe*	堇菜属 *Viola* spp.
144	蟾福蛱蝶 *F. nerippe*	东北堇菜 *Viola mandshurica*、早开堇菜 *V. prionantha*、紫花地丁 *V. philippica*
145	灿福蛱蝶 *F. adippe*	三色堇 *Viola tricolor*、犬齿堇菜 *V. canina*、香堇菜 *V. odorata*、白花地丁 *V. patrinii*、蒲公英 *Taraxacum mongolicum*
146	曲斑珠蛱蝶 *Issoria eugenia*	杜鹃花科 Ericaceae
147	洛神宝蛱蝶 *Boloria napaea*	珠芽蓼 *Bistorta vivipara*
148	龙女宝蛱蝶 *B. pales*	堇菜 *Viola calcarata*
149	珍蛱蝶 *Clossiana gong*	太白杜鹃 *Rhododendron purdomii*
150	女神珍蛱蝶 *C. dia*	覆盆子 *Rubus idaeus*、夏枯草 *Prunella vulgaris*
151	西冷珍蛱蝶 *C. selenis*	堇菜科 Violaceae
152	西藏翠蛱蝶 *Euthalia thibetana*	多脉青冈 *Cyclobalanopsis multinervis*、曼青冈 *C. oxyodon*、毛棉杜鹃花 *Rhododendron moulmainense*
153	嘉翠蛱蝶 *E. kardama*	棕榈 *Trachycarpus fortunei*、栎属 *Quercus* spp.
154	黄铜翠蛱蝶 *E. nara*	栎属 *Quercus* spp.
155	太平翠蛱蝶 *E. pacifica*	锥属 *Castanopsis* spp.
156	峨眉翠蛱蝶 *E. omeia*	锥属 *Castanopsis* spp.

序号 No.	种类 Species	寄主 Host
157	波纹翠蛱蝶 E. undosa	多脉青冈 Cyclobalanopsis multinervis、青冈 C. glauca
158	黄翅翠蛱蝶 E. kosempona	毛果青冈 Cyclobalanopsis pachyloma、青冈 C. glauca、卷斗栎 C. pachyloma、赤皮青冈 C. gilva
159	拟鹰翠蛱蝶 E. yao	柯属 Lithocarpus spp.
160	绿裙边翠蛱蝶 E. niepelti	木荷 Schima superba
161	红线蛱蝶 Limenitis populi	山杨 Populus davidiana、大叶钻天杨 P. balsamifera、黑杨 P. nigra、毛白杨 P. tomentosa、欧洲山杨 P. tremula、小叶杨 P. simonii、柳属 Salix spp.
162	巧克力线蛱蝶 L. ciocolatina	杨属 Populus spp.、柳属 Salix spp.、忍冬属 Lonicera spp.
163	横眉线蛱蝶 L. moltrechti	忍冬 Lonicera japonica、早花忍冬 L. praeflorens、金花忍冬 L. chrysantha、六道木 Abelia biflora
164	折线蛱蝶 L. sydyi	三裂绣线菊 Spiraea trilobata、土庄绣线菊 S. pubescecs、绣线菊 S. salicifolia、粉花绣线菊 S. japonica、中华绣线菊 S. chinensis
165	重眉线蛱蝶 L. amphyssa	双盾木 Dipelta floribunda、金花忍冬 Lonicera chrysantha
166	扬眉线蛱蝶 L. helmanni	水马桑 Weigela japonica var. sinica、金银忍冬 Lonicera maackii、郁香忍冬 L. fragrantissima、唐古特忍冬 L. tangutica
167	戟眉线蛱蝶 L. homeyeri	水马桑 Weigela japonica var. sinica
168	断眉线蛱蝶 L. doerriesi	水马桑 Weigela japonica var. sinica、早花忍冬 Lonicera praeflorens、忍冬 L. japonica、马桑 Coriaria nepalensis
169	残锷线蛱蝶 L. sulpitia	水马桑 Weigela japonica var. sinica、忍冬 Lonicera japonica、华南忍冬 L. confusa、长花忍冬 L. longiflora、大花忍冬 L. macrantha、马桑 Coriaria nepalensis、核桃 Juglans regia
170	愁眉线蛱蝶 L. disjuncta	水马桑 Weigela japonica var. sinica、溲疏属 Deutzia spp.
171	虹眉带蛱蝶 Athyma opalina	具芒小檗 Berberis aristata、天仙藤 Fibraurea recisa、洋玉叶金花 Mussaenda frondosa、十大功劳属 Mahonia spp.
172	东方带蛱蝶 A. orientalis	十大功劳属 Mahonia spp.
173	玉杵带蛱蝶 A. jina	忍冬 Lonicera japonica、华南忍冬 L. confusa
174	幸福带蛱蝶 A. fortuna	荚蒾 Viburnum dilatatum、吕宋荚蒾 V. luzonicum、宜昌荚蒾 V. erosum
175	六点带蛱蝶 A. punctata	马齿苋 Portulaca oleracea、刺莓 Rubus taiwanianus
176	倒钩带蛱蝶 A. recurva	茜草科 Rubiaceae、大戟科 Euphorbiaceae
177	珠履带蛱蝶 A. asura	台北茜草 Randia canthioides、香楠 M. zuihoensis、大叶冬青 Ilex latifolia
178	新月带蛱蝶 A. selenophora	玉叶金花 Mussaenda pubescens、小玉叶金花 M. parviflora、水团花 Adina pilulifera、水金京 Wendlandia formosana、心叶木 Haldina cordifolia
179	玄珠带蛱蝶 A. perius	毛果算盘子 Glochidion eriocarpum、香港算盘子 G. zeylanicum、白背算盘子 G. wrightii、台闽算盘子 G. rubrum、算盘子 G. puberum、艾胶算盘子 G. lanceolarium

序号 No.	种类 Species	寄主 Host
180	离斑带蛱蝶 *A. ranga*	桂花 *Osmanthus fragrans*、女贞 *Ligustrum lucidum*、山指甲小蜡 *L. sinense*、卵叶小蜡 *L. sinense* var. *stauntonii*
181	拟缕蛱蝶 *Litinga mimica*	朴树 *Celtis sinensis*
182	中华黄葩蛱蝶 *Patsuia sinensis*	杨属 *Populus* spp.
183	白斑俳蛱蝶 *Parasarpa albomaculata*	板栗 *Castanea mollissima*、茅栗 *C. seguinii*、荚蒾属 *Viburnum* spp.
184	Y 纹俳蛱蝶 *P. dudu*	华南忍冬 *Lonicera confusa*
185	婀蛱蝶 *Abrota ganga*	秀柱花 *Eustigma oblongifolium*、水丝梨 *Sycopsis sinensis*、青冈栎 *Cyclobalanopsis glauca*、曼青冈 *C. oxyodon*、钩锥 *Castanopsis tibetana*
186	锦瑟蛱蝶 *Seokia pratti*	垂柳 *Salix babylonica*、红松 *Pinus koraiensis*、杨属 *Populus* spp.
187	姹蛱蝶 *Chalinga elwesi*	杨属 *Populus* spp.、柳属 *Salix* spp.
188	苾蟠蛱蝶 *Pantoporia bieti*	黄檀属 *Dalbergia* spp.
189	小环蛱蝶 *Neptis sappho*	矮山黧豆 *Lathyrus humilis*、香豌豆 *L. odoratus*、胡枝子 *Lespedeza bicolor*、美丽胡枝子 *L. formosa*、野葛 *Pueraria lobata*、紫藤 *Wisteria sinensis*、鸡血藤 *Millettia reticulata*、筇子梢 *Campylotropis macrocarpa*、珊瑚朴 *Celtis julianae*、槐属 *Sophora* spp.
190	中环蛱蝶 *N. hylas*	直生刀豆 *Canavalia ensiformis*、眉豆 *Vigna catjang*、短豇豆 *V. unguiculata cylindrica*、假地豆 *Desmodium heterocarpon*、长波叶山蚂蝗 *D. sequax*、异叶山蚂蝗 *D. heterophyllum*、葫芦茶 *Tadehagi triquebum*、野葛 *Pueraria lobata*、葛麻姆 *P. thunbergiana*、三裂叶野葛 *P. phaseoloides*、山葛 *P. montana*、小槐花 *Ohwia caudata*、胡枝子 *Lespedeza bicolor*、美丽胡枝子 *L. formosa*、山黄麻 *Trema tomentosa*、扁担属 *Grewia* spp.、刺蒴麻属 *Triumfetta* spp.、黄麻属 *Corchorus* spp.、木棉属 *Bombax* spp.、千斤拔属 *Flemingia* spp.、黧豆属 *Mucuna* spp.
191	珂环蛱蝶 *N. clinia*	紫弹树 *Celtis biondii*、假苹婆 *Sterculia lanceolata*、翻白叶树 *Pterospermum heterophyllum*
192	卡环蛱蝶 *N. cartica*	黧蒴锥 *Castanopsis fissa*
193	耶环蛱蝶 *N. yerburii*	朴树 *Celtis sinensis*、南欧朴 *C. australis*
194	娑环蛱蝶 *N. soma*	四蕊朴 *Celtis tetrandra*、异色山黄麻 *Trema orientalis*、葛麻姆 *Pueraria montana* var. *lobata*、野葛 *P. lobata*、多花紫藤 *Wistaria floribunda*、歪头菜 *Vicia unijuga*、巴豆藤 *Craspedolobium unijuga*、崖豆藤属 *Millettia* spp.
195	断环蛱蝶 *N. sankara*	枇杷 *Eriobotrya japonica*
196	弥环蛱蝶 *N. miah*	龙须藤 *Bauhinia championi*
197	阿环蛱蝶 *N. ananta*	乌药 *Lindera aggregata*、台楠 *Phoebe formosana*
198	羚环蛱蝶 *N. antilope*	湖北鹅耳枥 *Carpinus hupeana*

续表

序号 No.	种类 Species	寄主 Host
199	啡环蛱蝶 *N. philyra*	五裂槭 *Aceraceae oliverianum*、台湾五裂枫（青枫）*A. serrulatum*、鸡爪槭 *A. palmatum*、羽扇槭 *A. japonicum*、新高山绣线菊 *Spiraea morrisonicola*、日本 绣线菊 *S. japonica*、千金榆 *Carpinus cordata*、春榆 *Ulmus davidiana* var. *japonica*、水马桑 *Weigela japonica* var. *sinica*
200	司环蛱蝶 *N. speyeri*	湖北鹅耳枥 *Carpinus hupeana*、昌化鹅耳枥 *C. tschonoskii*、榛 *Corylus* *heterophylla*、金花生（假地豆）*Arachis duranensis*
201	朝鲜环蛱蝶 *N. philyroides*	榛 *Corylus heterophylla*、毛榛 *C. mandshurica*、千金榆 *Carpinus cordata*、阿里山 鹅耳枥 *C. kawakamii*、细齿鹅耳枥 *C. minutiserrata*
202	折环蛱蝶 *N. beroe*	湖北鹅耳枥 *Carpinus hupeana*、鹅耳枥 *C. turczaninowii*
203	玛环蛱蝶 *N. manasa*	千金榆 *Carpinus cordata*、雷公鹅耳枥 *C. viminea*
204	玫环蛱蝶 *N. meloria*	槭树科 Aceraceae
205	莲花环蛱蝶 *N. hesione*	珍珠莲 *Ficus sarmentosa* var. *henryi*
206	黄环蛱蝶 *N. themis*	湖北鹅耳枥 *Carpinus hupeana*
207	提环蛱蝶 *N. thisbe*	蒙古栎 *Quercus mongolica*、土耳其栎 *Q. cerris*
208	单环蛱蝶 *N. rivularis*	绣线菊 *Spiraea salicifolia*、金丝桃叶绣线菊 *S. hypericifolia*、圆齿叶绣线菊 *S. crenata*、楼斗菜叶绣线菊 *S. aquilegifolia*、绣球绣线菊 *S. blumei*、李叶绣线菊 *S. prunifolia*、珍珠绣线菊 *S. thunbergii*、麻叶绣线菊 *S. cantoniensis*、柳叶绣线菊 *S. salicifolia*、粉花绣线菊 *S. japonica*、石蚕叶绣线菊 *S. chamaedryfolia*、旋果 蚊子草 *Filipendula ulmaria*、胡枝子 *Lespedeza bicolor*
209	链环蛱蝶 *N. pryeri*	新高山绣线菊 *Spiraea morrisonicola*、粉花绣线菊 *S. japonica*、单瓣李叶绣线菊 *S. prunifolia*
210	细带链环蛱蝶 *N. andetria*	绣线菊属 *Spiraea* spp.
211	重环蛱蝶 *N. alwina*	梅 *Prunus mume*、李 *P. salicina*、桃 *Amygdalus persica*、山杏 *Armeniaca sibirica*、 枇杷 *Eriobotrya japonica*
212	黑条伞蛱蝶 *Aldania raddei*	春榆 *Ulmus davidiana* var. *japonica*
213	秀蛱蝶 *Pseudergolis wedah*	二色水麻 *Debregeasia bicolor*、蓖麻 *Ricinus communis*
214	电蛱蝶 *Dichorragia nesimachus*	泡花树 *Meliosma cuneifolia*、薄叶泡花树 *M. callicarpaefoli*、羽叶泡花树 *M. oldhamii*、多花泡花树 *M. myriantha*、漆叶泡花树 *M. rhoifolia*、香皮树 *M. fordii*、笔罗子 *M. rigida*、绿樟 *M. squamulata*
215	长波电蛱蝶 *D. nesseus*	清风藤科 Sabiaceae
216	素饰蛱蝶 *Stibochiona nicea*	灯台树 *Cornus controversa*、粗齿冷水花 *Pilea sinofasciata*
217	网丝蛱蝶 *Cyrestis thyodamas*	细叶榕 *Ficus microcarpus*、孟加拉榕 *F. bengalensis*、菩提树 *F. religiosa*、薛荔 *F. pumila*、变叶榕 *F. variolosa*、琴叶榕 *F. pandurata*、斜叶榕 *F. tinctoria*、毛果 锡叶藤 *Tetracera scandens*

序号 No.	种类 Species	寄主 Host
218	紫闪蛱蝶 Apatura iris	黄花柳 Salix caprea、灰柳 S. cinerea、辽东栎 Quercus liaotungensis
219	柳紫闪蛱蝶 A. ilia	山杨 Populus davidiana、青杨 P. cathayana、欧洲山杨 P. tremula、黑杨 P. nigra、毛白杨 P. tomentosa 小叶杨 P. simonii、黄花柳 Salix caprea、旱柳 S. matsudana、垂柳 S. babylonica
220	细带闪蛱蝶 A. metis	垂柳 Salix babylonica、杨属 Populus spp.
221	曲带闪蛱蝶 A. laverna	垂柳 Salix babylonica、黄花柳 S. caprea、白杨树 Populus alba、青杨 P. cathayana
222	迷蛱蝶 Mimathyma chevana	朴树 Celtis sinensis、榆树 Ulmus pumila、大果榆 U. macrocarpa、榔榆 U. parvifolia、杭州榆 U. changii、鹅耳枥 Carpinus turczaninowii
223	夜迷蛱蝶 M. nycteis	朴树 Celtis sinensis、榆树 Ulmus pumila、大果榆 U. macrocarpa、春榆 U. davidiana var. japonica
224	白斑迷蛱蝶 M. schrenckii	榆树 Ulmus pumila、大果榆 U. macrocarpa、春榆 U. davidiana var. japonica、裂叶榆 U. laciniata、朴树 Celtis sinensis、鹅耳枥 Carpinus turczaninowii、千金榆 C. cordata
225	黄带铠蛱蝶 Chitoria fasciola	朴树 Celtis sinensis、柳属 Salix spp.
226	金铠蛱蝶 C. chrysolora	四蕊朴 Celtis tetrandra、朴树 C. sinensis、紫弹树 C. biondii
227	栗铠蛱蝶 C. subcaerulea	西川朴 Celtis vandervoetiana、柳属 Salix spp.
228	武铠蛱蝶 C. ulupi	朴树 Celtis sinensis、珊瑚朴 C. julianae、西川朴 C. vandervoetiana、柳属 Salix spp.
229	铂铠蛱蝶 C. pallas	朴树 Celtis sinensis、柳属 Salix spp.
230	猫蛱蝶 Timelaea maculata	四蕊朴 Celtis tetrandra、紫弹朴 C. biondii、朴树 C. sinensis、木槿 Hibiscus syriacus
231	白裳猫蛱蝶 T. albescens	黑弹朴 Celtis bungeana、四蕊朴 C. tetrandra、紫弹朴 C. biondii、朴树 C. sinensis
232	明窗蛱蝶 Dilipa fenestra	朴树 Celtis sinensis、四蕊朴 C. tetrandra、菝葜属 Smilax spp.
233	累积蛱蝶 Lelecella limenitoides	垂柳 Salix babylonica、四蕊朴 Celtis tetrandra、榛 Corylus heterophylla
234	黄帅蛱蝶 Sephisa princeps	蒙古栎 Quercus mongolica、栓皮栎 Q. variabilis
235	帅蛱蝶 S. chandra	短叶栎 Quercus incana、森氏栎 Q. morii
236	银白蛱蝶 Helcyra subalba	紫弹树 Celtis biondii、珊瑚朴 C. julianae、朴树 C. sinensis
237	傲白蛱蝶 H. superba	紫弹树 Celtis biondii、四蕊朴 C. tetrandra、朴树 C. sinensis、珊瑚朴 C. julianae、细柱柳 Salix gracilistyla

序号 No.	种类 Species	寄主 Host
238	黑脉蛱蝶 Hestina assimilis	朴树 Celtis sinensis、四蕊朴 C. tetrandra、西川朴 C. vandervoetiana、紫弹树 C. biondii、山黄麻 Trema tomentosa、桑 Morus alba、垂柳 Salix babylonica、白杨树 Populus alba
239	绿脉蛱蝶 H. mena	朴树 Celtis sinensis
240	拟斑脉蛱蝶 H. persimilis	朴树 Celtis sinensis、南欧朴 C. australis
241	黑紫蛱蝶 Sasakia funebris	朴树 Celtis sinensis、西川朴 C. vandervoetiana、紫弹树 C. biondii、沙朴 C. tetrandra
242	大紫蛱蝶 S. charonda	朴树 Celtis sinensis、紫弹树 C. biondii、西川朴 C. vandervoetiana
243	枯叶蛱蝶 Kallima inachus	马蓝 Strobilanthes formosanus、曲茎马蓝 S. flexicautis、云南马蓝 S. yunnanensis、腺毛马蓝 S. forrestii、圆苞金足草 S. pentstemonoides、板蓝 S. cusia、山马蓝 S. granolissimus、赛山蓝 Ruellia blechum、鳞球花 Lepidagathis formosensis、水蓑衣 Hygrophila salicifolia、黄球花 Sericocalyx chinensis、狗肝菜 Dicliptera chinensis、黄猄草 Championella tetra、常山 Dichroa febrifuga、老鼠簕属 Acanthus spp.
244	金斑蛱蝶 Hypolimnas misippus	马齿苋 Portulaca oleracea、车前 Plantago asiatica、大车前 P. major、小花十万错 Asystasia gangetica、六角英 Justicia procumbens、百簕花属 Blepharis spp.、芦莉草属 Ruellia spp.、山壳骨属 Pseuderanthmum spp.、木槿属 Hibiscus spp.、苘麻属 Abutillon spp.
245	美眼蛱蝶 Junonia almana	水蓑衣 Hygrophila lancea、大安水蓑衣 H. pogonocalyx、空心莲子草 Alternanthera philoxeroides、水丁黄 Vandellia ciliata、刺齿泥花草 Lindernia ciliata、旱田草 L. antipoda、泥花草 L. anagallis、长蒴母草 L. anagallis、金鱼草 Antirrhinum majus、车前 Plantago asiatica、大车前 P. major、假杜鹃属 Barleria spp.、金锦香属 Osbeckia spp.
246	翠蓝眼蛱蝶 J. orithya	爵床 Justicia procumbens、鳞花草 Lepidagathis prostrata、番薯（山芋）Ipomoea batatas、金鱼草 Antirrhinum majus、独脚金 Striga asatica、泡桐 Paulownia fortunei、甘薯 Dioscorea esculenta、马鞭草 Verbena officinalis
247	黄裳眼蛱蝶 J. hierta	假杜鹃 Barleria cristata
248	钩翅眼蛱蝶 J. iphita	马蓝 Strobilanthes formosanus、爵床 Justicia procumbens、台湾鳞草花 Lepidagathis formosensis、台湾曲蕊马蓝 Goldfussia formosanus、赛山蓝 Ruellia blechum
249	荨麻蛱蝶 Aglais urticae	荨麻 Urtica fissa、狭叶荨麻 U. angustifolia、欧荨麻 U. urens、异株荨麻 U. dioeca、苎麻 Boehmeria nivea、啤酒花 Humulus lupulus、大麻 Cannabis sativa
250	大红蛱蝶 Vanessa indica	咬人荨麻 Urtica thunbergiana、异叶蝎子草 Girardinia heterophylla、密花苎麻 Boehmeria densiflora、苎麻 B. nivea、兰屿水丝麻 Maoutia setosa、小蓟 Cirsium belingschanicum、榆树 Ulmus pumila
251	小红蛱蝶 V. cardui	苎麻 Boehmeria nivea、异株荨麻 Urtica dioeca、柳叶水麻 Debregeasia saeneb、丝毛飞廉 Carduus crispus、小牛蒡 Arctium minus、毛头牛蒡 A. tomentosum、堆心蓟 Cirsium helenioides、小蓟 C. belingschanicum、翼蓟 C. vulgare、丝路蓟 C. arvense、西洋蓍草 Achillea millefolium、鼠麹舅 Gnaphalium purpureum、鼠麹草 G. adnatum、丝棉草 G. luteo-album、勋章菊属 Gazania spp.、艾草 Artemisia vulgaris、丁葵草 Zornia diphylla、菜豆 Phaseolus vulgaris、苜蓿 Medicago sativa、牛舌草属 Anchursa spp.、车前叶蓝蓟 Echium plantagineum、药西瓜 Citrullus colocynthis、葡萄 Vitis vinifera、锦葵 Malva cathayensis、艾纳香属 Blumea spp.

序号 No.	种类 Species	寄主 Host
252	黄缘蛱蝶 *Nymphalis antiopa*	五蕊柳 *Salix pentandra*、波纹柳 *S. starkeana*、黄花柳 *S. caprea*、耳柳 *S. aurita*、灰柳 *S. cinerea*、东陵山柳 *S. phylicifolia*、欧洲山杨 *Populus tremula*、榆属 *Ulmu* spp.、南欧朴 *Celtis australis*、坚桦 *Betula chinensis*、垂枝桦 *B. pendula*、灰桤木 *Alnus incana*、全缘黄连木 *Pistacia integerrima*
253	朱蛱蝶 *N. xanthomelas*	黄花柳 *Salix caprea*、旱柳 *S. matsudana*、垂柳 *S. babylonica*、齿叶柳 *S. denticulata*、全缘黄连木 *Pistacia integerrima*、南欧朴 *Celtis australis*、朴树 *C. sinensis*、榆树 *Ulmus pumila*、圆冠榆 *U. densa*、欧洲白榆 *U. laevis*、桦属 *Betula* spp.、桤木 *Alnus cremastogyne*
254	白矩朱蛱蝶 *N. vau-album*	黑桦 *Betula dahurica*、榆树 *Ulmus pumila*、荨麻 *Urtica fissa*、杨属 *Populus* spp.、柳属 *Salix* spp.
255	琉璃蛱蝶 *Kaniska canace*	菝葜 *Smilax china*、穿鞘菝葜 *S. perfoliata*、圆锥菝葜 *S. bracteata*、马甲菝葜 *S. lanceifolia*、牛尾菜 *S. riparia*、尖叶菝葜 *S. arisanensis*、肖菝葜 *Heterosmilax japonica*、毛油点草 *Tricyrtis hirta*、卷丹 *Lilium lancifolium*、抱茎叶算盘七 *Streptopus amplexifolius*
256	白钩蛱蝶 *Polygonia c-album*	榉木 *Zelkova serrata*、大果榆 *Ulmus macrocarpa*、大叶榆 *U. laevis*、光榆 *U. glabra*、榔榆 *U. parvifolia*、阿里山榆 *U. uyematsui*、异株荨麻 *Urtica dioeca*、黄花柳 *Salix caprea*、耳柳 *S. aurita*、灰柳 *S. cinerea*、东陵山柳 *S. phylicifolia*、葎草 *Humulus scandens*、啤酒花 *H. lupulus*、茶藨子属 *Ribes* spp.、高山茶藨子 *R. alpinum*、黑穗醋栗 *R. nigrum*、红茶藨子 *R. rubrum*、覆盆子 *Rubus idaeus*、欧洲榛 *Corylus avellana*、桦木属 *Betula* spp.、忍冬属 *Honicera* spp.
257	黄钩蛱蝶 *P. c-aureum*	葎草 *Humulus scandens*、蛇麻 *H. cordifolius*、大麻 *Cannabis satiuv*、亚麻 *Liunm usitaissimun*、柑橘属 *Citrus* spp.、梨属 *Pyrus* spp.
258	孔雀蛱蝶 *Inachis io*	荨麻 *Urtica fissa*、异株荨麻 *U. dioeca*、狭叶荨麻 *U. angustifolia*、葎草 *Humulus scandens*、蛇麻草 *H. lupulus*、啤酒花 *H. lupulus*、野薄荷 *Mentha haplocaly*、榆属 *Ulmus* spp.
259	散纹盛蛱蝶 *Symbrenthia lilaea*	密花苎麻 *Boehmeria densiflora*、苎麻 *B. nivea*、大蝎子草 *Girardinia diversifolia*、柳叶水麻 *Debregeasia saeneb*、水麻 *D. orientalis*、长梗紫麻 *Oreocnide pedunculata*
260	黄豹盛蛱蝶 *S. brabira*	宽叶楼梯草 *Elatostema platyphyllum*、圆果冷水花 *Pilea rotundinucula*、赤车属 *Pellionia* spp.
261	直纹蜘蛱蝶 *Araschnia prorsoides*	荨麻 *Urtica fissa*
262	曲纹蜘蛱蝶 *A. doris*	苎麻 *Boehmeria nivea*、荨麻 *Urtica fissa*
263	大卫蜘蛱蝶 *A. davidis*	荨麻属 *Urtica* spp.
264	中华蜘蛱蝶 *A. chinensis*	小赤麻 *Boehmeria spicata*、荨麻属 *Urtica* spp.
265	斑网蛱蝶 *Melitaea didymoides*	紫草 *Lithospermum erythrorhizon*、地黄 *Rehmannia glutinosa*
266	狄网蛱蝶 *M. didyma*	车前属 *Plantago* spp.、婆婆纳属 *Veronica* spp.、玄参属 *Linaria* spp.、堇菜属 *Viola* spp.、石竹属 *Dianthus* spp.
267	帝网蛱蝶 *M. diamina*	缬草 *Valeriana officinalis*、老叶缬草 *V. sambucifolia*、败酱属 *Patrinia* spp.、蓼属 *Polygonum* spp.、婆婆纳属 *Veronica* spp.、山萝花属 *Melampyrum* spp.
268	大网蛱蝶 *M. scotosia*	伪泥胡菜 *Serratula coronata*、大蓟 *Crisium japonicum*、美花风毛菊 *Saussurea pulchella*、篦苞风毛菊 *S. pectinata*、优美山牛蒡 *Synurus ercelsus*、漏芦 *Stemmacantha uniflora*、麻花头 *Klasea centauroides*

序号 No.	种类 Species	寄主 Host
269	罗网蛱蝶 M. romanovi	稻 Oryza sativa、车前 Plantago asiatica
270	黄蜜蛱蝶 Mellicta athalia	车前属 Plantago spp.、山萝花属 Melampyrum spp.
271	凤眼方环蝶 Discophora sondaica	刺竹属 Bambusa spp.
272	灰翅串珠环蝶 Faunis aerope	菝葜 Smilax china、剑叶菝葜 S. lanceaefolia、攀枝花苏铁 Cycas panzhihuaensis、棕榈 Trachycarpus fortunei、芭蕉属 Musa spp.、露兜树属 Pandanus spp.
273	串珠环蝶 F. eumeus	菝葜 Smilax china、马甲菝葜 S. lanceifolia、肖菝葜 Heterosmilax japonica、山麦冬 Liriope spicata、阔叶山麦冬 L. platyphylla、刺葵 Phoenix hanceana
274	双星箭环蝶 Stichophthalma neumogeni	棕榈 Trachycarpus fortunei、柳叶箬属 Isachne spp.、刚竹属 Phyllostachys spp.
275	箭环蝶 S. howqua	油芒 Spodiopogon cotulifer、芒 Miscanthus sinensis、毛竹 Phyllostachys heterocycla、桂竹 P. reticulata、淡竹 P. glauca、孟宗竹 P. edulis、青皮竹 Bambusa textilis、粉单竹 B. chungii、撑篙竹 B. pervariabilis、棕榈 Trachycarpus fortunei、山棕 Arenga tremula、黄藤 Daemonorops margaritae
276	华西箭环蝶 S. suffusa	孟宗竹 Phyllostachys edulis
277	（稻）暮眼蝶 Melanitis leda	水蔗草 Apluda mutica、稻 Oryza sativa、玉米 Zea mays、甘蔗 Saccarum officinarum、毛花雀稗 Paspalum dilatatum、偏序钝叶草 Stenotaphrum secundatum、大黍 Panicum maximum、五节芒 Miscanthus floridulus、棕叶狗尾草 Setaria palmifolia
278	睇暮眼蝶 M. phedima	刚莠竹 Microstegium ciliatum、棕叶狗尾草 Setaria palmifolia、芒 Miscanthus sinensis、象草 Pennisetum purpureum、台湾芦竹 Arundo formosana
279	黛眼蝶 Lethe dura	芒 Miscanthus sinensis、玉山竹 Yushania niitakayamensis、刚竹属 Phyllostachys spp.
280	波纹黛眼蝶 L. rohria	芒 Miscanthus sinensis、绿竹 Bambusa oldhamii、桂竹 Phyllostachys reticulata
281	曲纹黛眼蝶 L. chandica	箬竹 Indocalamus tessellatus、刚莠竹 Microstegium ciliatum、绿竹 Bambusa oldhamii、孝顺竹 B. multiplex、桂竹 Phyllostachys reticulata、毛竹 P. heterocycla
282	明带黛眼蝶 L. helle	竹亚科 Bambusoideae
283	黑带黛眼蝶 L. nigrifascia	刚竹属 Phyllostachys spp.
284	门左黛眼蝶 L. manzora	刚竹属 Phyllostachys spp.
285	罗丹黛眼蝶 L. laodamia	刚竹属 Phyllostachys spp.
286	李斑黛眼蝶 L. gemina	玉山竹 Pleioblastus niitakayamensis、刚竹属 Phyllostachys spp.
287	连纹黛眼蝶 L. syrcis	楠竹 Phyllostachys edulis、刚莠竹 Microstegium ciliatum
288	棕褐黛眼蝶 L. christophi	刚竹属 Phyllostachys spp.

序号 No.	种类 Species	寄主 Host
289	直带黛眼蝶 L. lanaris	刚竹属 Phyllostachys spp.
290	苔娜黛眼蝶 L. diana	川竹 Pleioblastus simonii、桂竹 Phyllostachys reticulata、紫竹 P. nigra、日本苇 Phragmites japonicus、青篱竹属 Arundinaria spp.
291	边纹黛眼蝶 L. marginalis	芒 Miscanthus sinensis、大油芒 Spodiopogon sibiricus、茸球薦草 Scirpus wichurae、薹草属 Carex spp.
292	深山黛眼蝶 L. insana	青篱竹 Arundinaria falcate、茶秆竹 Pseudosasa amabilis、玉山竹 Yushania niitakayamensis
293	白带黛眼蝶 L. confusa	刚莠竹 Microstegium ciliatum、凤凰竹 Bamhusa multiplex
294	玉带黛眼蝶 L. verma	刚莠竹 Microstegium ciliatum、台湾桂竹 Phyllostachys makinoi
295	八目黛眼蝶 L. oculatissima	茶秆竹属 Arundinania spp.
296	蛇神黛眼蝶 L. satyrina	竹亚科 Bambusoideae
297	圆翅黛眼蝶 L. butleri	露籽草 Ottochloa nodosa
298	白条黛眼蝶 L. albolineata	竹亚科 Bambusoidae
299	紫线黛眼蝶 L. violaceopicta	冷箭竹 Sinobambusa fangiana、刚竹属 Phyllostachys spp.
300	重瞳黛眼蝶 L. trimacula	莎草属 Cyperus spp.
301	阿芒荫眼蝶 Neope armandii	佛肚竹 Bambusa ventricosa
302	黄斑荫眼蝶 N. pulaha	玉山竹 Yushania niitakayamensis、大明竹 Pleioblastus gramineus
303	布莱荫眼蝶 N. bremeri	芒 Miscanthus sinensis、五节芒 M. floridulus、箭竹 Yushania niitakayamensis、桂竹 Phyllostachys malcinoi
304	蒙链荫眼蝶 N. muirheadii	稻 Oryza sativa、刚竹属 Phyllostachys spp.、桂竹 P. reticulata、刚莠竹 Microstegium ciliatum、绿竹 Bambusa oldhamii
305	丝链荫眼蝶 N. yama	稻 Oryza sativa、刚竹属 Phyllostachys spp.
306	宁眼蝶 Ninguta schrenkii	日本薹草 Carex japonica、球穗薦草 Scirpus wichurae
307	蓝斑丽眼蝶 Mandarinia regalis	菖蒲 Acorus calamus、金钱蒲 A. gramineus
308	斜斑丽眼蝶 M. uemurai	菖蒲属 Acorus spp.
309	网眼蝶 Rhaphicera dumicola	薹草属 Carex spp.
310	带眼蝶 Chonala episcopalis	禾本科 Gramineae

续表

序号 No.	种类 Species	寄主 Host
311	黄环链眼蝶 *Lopinga achine*	黑麦草属 *Lolium* spp.、小麦属 *Triticum* spp.、冰草属 *Agropyron* spp.、鸭茅属 *Dactylis* spp.、臭草属 *Melica* spp.、薹草属 *Carex* spp.
312	斗毛眼蝶 *Lasiommata deidamia*	鹅观草 *Roegneria kamoji*、野青茅 *Deyeuxia pyramidalis*、大披针薹草 *Carex lanceolata*、剪股颖属 *Agrostis* spp.、拂子茅属 *Calamagrostis* spp.、偃麦草属 *Elytrigia* spp.
313	多眼蝶 *Kirinia epaminondas*	早熟禾 *Poa annua*、乌库早熟禾 *P. ochotensis*、细叶早熟禾 *P. angustifolia*、马唐 *Digitaria sanguinalis*、冰草 *Agropyron cristatum*、莎草 *Cyperus rotundus*、羊茅属 *Festuca* spp.、大油芒属 *Spodiopogon* spp.、披碱草属 *Elymus* spp.、臭草属 *Melica* spp.、短柄草属 *Brachypodium* spp. 及竹亚科 Bambusoideae
314	稻眉眼蝶 *Mycalesis gotama*	稻 *Oryza sativa*、甘蔗 *Saccharum officinarum*、芒 *Miscanthus sinesis*、五节芒 *M. floridulus*、棕叶狗尾草 *Setaria palmifolia*、柳叶箬 *Isachne globosa*、蟋蟀草属 *Eleusine* spp.、马唐属 *Digitaria* spp.、刺竹属 *Bambusa* spp.、薹草属 *Carex* spp. 及竹亚科 Bambusoideae
315	拟稻眉眼蝶 *M. francisca*	白茅 *Imperata cylindrica*、芒 *Miscanthus sinensis*、棕叶狗尾草 *Setaria palmifolia*、求米草 *Oplismenus undulatifolius*、稻 *Oryza sativa*、刺竹属 *Bambusa* spp.
316	小眉眼蝶 *M. mineus*	刚莠竹 *Microstegium ciliatum*、金丝草 *Pogonatherum crinitum*、棕叶芦 *Thysanolaena marima*、稻 *Oryza sativa*、李氏禾 *Leersia hexandra*、鸭嘴草 *Ischaemum aristatum*、柳叶箬 *Isachne globosa*
317	僧袈眉眼蝶 *M. sangaica*	芒 *Miscanthus sinensis*、五节芒 *M. floridulus*、棕叶狗尾草 *Setaria palmifolia*、柳叶箬 *Isachne globosa*、求米草 *Oplismenus undulatifolius*、狼尾草 *Pennisetum alopecuroides*、象草 *P. purpureum*
318	白斑眼蝶 *Penthema adelma*	绿竹 *Sinocalamus oldhami*、凤凰竹 *Bambusa multiplex*、毛竹 *Phyllostachys pubescens*、箬竹 *Indocalamus tessellatus*、孟宗竹 *Phyllostachys edulis*
319	凤眼蝶 *Neorina patria*	竹亚科 Bambusoideae
320	绢眼蝶 *Davidina armandi*	羊胡子草 *Carex rigescens*
321	白眼蝶 *Melanargia halimede*	拂子茅 *Calamagrostis epigeios*、稻 *Oryza sativa*、亚澳薹草 *Carex brownii* 及竹亚科 Bambusoideae
322	华北白眼蝶 *M. epimede*	华北剪股颖 *Agrostis clavata*
323	亚洲白眼蝶 *M. asiatica*	稻 *Oryza sativa*、甘蔗 *Saccharum officinarum* 及竹亚科 Bambusoideae
324	黑纱白眼蝶 *M. lugens*	稻 *Oryza sativa* 及竹亚科 Bambusoideae
325	曼丽白眼蝶 *M. meridionalis*	禾本科 Gramineae
326	玄裳眼蝶 *Satyrus ferula*	发草 *Deschampsia cespitosa*、针茅属 *Stipa* spp.、羊茅属 *Festuca* spp.
327	蛇眼蝶 *Minois dryas*	稻 *Oryza sativa*、芒 *Miscanthus sinensis*、早熟禾 *Poa annua*、结缕草 *Zoysia japonica*、燕麦草 *Arrhenatherum elatius*、天蓝麦氏草 *Molinia caerulea*、披碱草属 *Elymus* spp.、臭草属 *Melica* spp.、大油芒属 *Spodiopogon* spp. 及竹亚科 Bambusoideae
328	仁眼蝶 *Hipparchia autonoe*	早熟禾属 *Poa* spp.、莎草属 *Cyperus* spp.

286

续表

序号 No.	种类 Species	寄主 Host
329	矍眼蝶 Ypthima baldus	刚莠竹 Microstegium ciliatum、金丝草 Pogonatherum crinitinum、早熟禾 Poa annua、稗 Echinochloa crusgalli、结缕草 Zoysia japonica、两耳草 Paspalum conjugatum、柳叶箸 Isachne globosa、棕叶狗尾草 Setaria palmifolia、毛马唐 Digitaria chrysoblephara、淡竹叶 Lophatherum gracile
330	卓矍眼蝶 Y. zodia	结缕草 Zoysia japonica 及竹亚科 Bambusoideae
331	幽矍眼蝶 Y. conjuncta	禾本科 Gramineae
332	魔女矍眼蝶 Y. medusa	禾本科 Gramineae
333	大波矍眼蝶 Y. tappana	竹叶青 Lophantherum gracile、求米草属 Oplismenus spp.
334	前雾矍眼蝶 Y. praenubila	金丝草 Pogonatherum crinitinum、芒 Miscanthus sinensis
335	东亚矍眼蝶 Y. motschulskyi	刚莠竹 Microstegium ciliatum、柔枝莠竹 M. vimineum、稻 Oryza sativa、马唐 Digitaria sanguinalis、淡竹叶属 Lophatherum spp. 及莎草科 Cyperaceae
336	中华矍眼蝶 Y. chinensis	禾本科 Gramineae
337	小矍眼蝶 Y. nareda	禾本科 Gramineae
338	完璧矍眼蝶 Y. perfecta	芒 Miscanthus sinensis、高山芒 M. transmorrisonensis、求米草 Oplismenus undulatifolius
339	密纹矍眼蝶 Y. multistriata	芒 Miscanthus sinensis、棕叶狗尾草 Setaria palmifolia、柳叶箸 Isachne globosa、两耳草 Paspalum conjugatum
340	江崎矍眼蝶 Y. esakii	芒 Miscanthus sinensis、棕叶狗尾草 Setaria palmifolia、柳叶箸 Isachne globosa、两耳草 Paspalum conjugatum、台湾芦竹 Arundo formosana
341	乱云矍眼蝶 Y. megalomma	禾本科 Gramineae
342	古眼蝶 Palaeonympha opalina	淡竹叶 Lophatherum gracile、求米草 Oplismenus undulatifolius、小叶求米草 O. undulatifoLius var. microphyllus、芒 Miscanthus sinensis、浆果薹草 Carex baccans
343	混同艳眼蝶 Callerebia confusa	稻 Oryza sativa、茭白 Zizania latifolia
344	多斑艳眼蝶 C. polyphemus	稻 Oryza sativa、茭白 Zizania latifolia
345	蒙古酒眼蝶 Oeneis mongolica	白颖薹草 Carex duriuscula
346	牧女珍眼蝶 Coenonympha amaryllis	香附子 Cyperus rotundus、油莎豆 C. esculentus、大披针薹草 Carex lanceolata、稻 Oryza sativa、马唐 Digitaria sanguinalis
347	新疆珍眼蝶 C. xinjiangensis	莎草科 Cyperaceae
348	西门珍眼蝶 C. semenovi	莎草科 Cyperaceae
349	爱珍眼蝶 C. oedippus	芦苇 Phragmites communis、马唐 Digitaria sanguinalis、黑麦草属 Lolium spp.、大披针薹草 Carex lanceolata、黄菖蒲 Iris pseudacorus

续表

序号 No.	种类 Species	寄主 Host
350	阿芬眼蝶 Aphantopus hyperantus	梯牧草 Phleum pratense、早熟禾属 Poa spp.、粟草属 Milium spp.、拂子茅属 Calamagrostis spp.、鸭茅属 Dactylis spp.、偃麦草属 Elytrigia spp.、绒毛草属 Holcus spp.、黄花茅属 Anthoxanthum spp.、薹草属 Carex spp.
351	红眼蝶 Erebia alcmena	羊胡子草 Carex rigescens、白颖薹草 C. duriuscula
352	暗红眼蝶 E. neriene	拂子茅属 Calamagrostis spp.、鸭茅属 Dactylis spp.、羊茅属 Festuca spp.、薹草属 Carex spp.
四		灰蝶科 Lycaenidae
353	黄带褐蚬蝶 Abisara fylla	密腺杜茎山 Maesa japonica
354	白带褐蚬蝶 A. fylloides	密腺杜茎山 Maesa japonica
355	白点褐蚬蝶 A. burnii	酸藤子属 Embelia spp.
356	白蚬蝶 Stiboges nymphidia	虎舌红 Ardisia mamillata、莲座紫金牛 A. primulifolia
357	波蚬蝶 Zemeros flegyas	密腺杜茎山 Maesa japonica、山地杜茎山 M. montana、鲫鱼胆 M. perlarius、碎米荠 Cardamine hirsute
358	银纹尾蚬蝶 Dodona eugenes	青篱竹属 Arundinaria spp.、密花树 Myrsine seguinii、铁仔 M. africana
359	无尾蚬蝶 D. durga	水蔗草属 Apluda spp.、簕竹属 Bambusa spp.
360	斜带缺尾蚬蝶 D. ouida	密腺杜茎山 Maesa japonica、灰叶杜茎山 M. densistriata、罗伞树 Ardisia quinquegona、朱砂根 A. crenata、网脉酸藤子 Embelia vestita
361	秃尾蚬蝶 D. dipoea	禾本科 Gramineae
362	彩斑尾蚬蝶 D. maculosa	铁仔属 Myrsine spp.
363	中华云灰蝶 Miletus chinensis	幼虫肉食性，捕食多种半翅目 Hemiptera 蚜总科 Aphidoidea 昆虫，包括绣线菊蚜 Aphis citricola 和角倍蚜 Malaphis chinensis 等
364	蚜灰蝶 Taraka hamada	肉食性，幼虫多捕食以禾本科 Gramineae 植物为寄主的蚜虫，主要为常蚜科 Aphididae 和扁蚜科 Hormaphididae 的蚜虫
365	白斑蚜灰蝶 T. shiloi	肉食性，幼虫多捕食以禾本科 Gramineae 植物为寄主的蚜虫
366	尖翅银灰蝶 Curetis acuta	野葛 Pueraria thunbergiana、狭叶槐 Sophora angustifolia、鸡血藤 Millettia reticulata、香花崖豆藤 M. dielsiana、紫藤 Wisteria sinensis、云实 Caesalpinia decapetala
367	诗灰蝶 Shirozua jonasi	低龄幼虫以壳斗科 Fagaceae 枹栎 Quercus serrata、柞栎 Q. dentata、麻栎 Q. acutissima、蒙古栎 Q. mongolica、栓皮栎 Q. variabilis 等植物树芽为食，3 龄后转食蚜虫及介壳虫
368	媚诗灰蝶 S. melpomene	低龄幼虫以壳斗科 Fagaceae 植物树芽为食，如蒙古栎 Quercus mongolica、麻栎 Q. acutissima、栓皮栎 Q. variabilis 等，3 龄后转食蚜虫及介壳虫
369	线灰蝶 Thecla betulae	西梅 Prunus domestica、稠李 P. padus、李 P. salicina、紫叶稠李 P. virginiana、桃 Amygdalus persica、甘肃桃 A. kansuensis、山杏 Armeniaca sibirica、山楂属 Crataegus spp.、花楸属 Sorbus spp.、榛属 Corylus spp.、荚蒾属 Viburnum spp.

序号 No.	种类 Species	寄主 Host
370	桦小线灰蝶 *T. betulina*	樱桃 *Prunus pseudocerasus*、毛山荆子 *Malus mandshurica*、山荆子 *M. baccata*
371	赭灰蝶 *Ussuriana michaelis*	白蜡树 *Fraxinus chinensis*、水曲柳 *F. mandshurica*、花曲柳 *F. rhynchophylla*、棉毛梣 *F. lanuginosa*、苦枥木 *F. insularis*、庐山梣 *F. mariesii*
372	范赭灰蝶 *U. fani*	白蜡树 *Fraxinus chinensis*、庐山梣 *F. mariesii*
373	精灰蝶 *Artopoetes pryeri*	水蜡树 *Ligustrum obtusifolium*、山女贞 *L. tschonoskii*、卵叶女贞 *L. ovalifolium*、柳叶女贞 *L. salicinum*、蜡子树 *L. ibota*、日本女贞 *L. japonicum*、荷花丁香 *Syringa reticulata*、欧丁香 *S. vulgaris*、北京丁香 *S. pekinensis*
374	璞精灰蝶 *A. praetextatus*	水蜡树 *Ligustrum obtusifolium*
375	天使工灰蝶 *Gonerilia seraphim*	榛 *Corylus heterophylla*、千金榆 *Carpinus cordata*、虎榛子 *Ostryopsis davidiana*
376	银线工灰蝶 *G. thespis*	栎属 *Quercus* spp.、鹅耳枥 *Carpinus turczaninowii*
377	佩工灰蝶 *G. pesthis*	铁木 *Ostrya japonica*
378	珂灰蝶 *Cordelia comes*	川上鹅耳枥 *Carpinus kawakamii*、云南鹅耳枥 *C. monbeigiana*、昌化鹅耳枥 *C. tschonoskii*
379	北协珂灰蝶 *C. kitawakii*	千金榆 *Carpinus cordata*、鹅耳枥 *C. turczaninowii*、铁木 *Ostrya japonica*
380	黄灰蝶 *Japonica lutea*	枹栎 *Quercus serrata*、麻栎 *Q. acutissima*、栓皮栎 *Q. variabilis*、蒙古栎 *Q. mongolica*、槲栎 *Q. aliena*、柞栎 *Q. dentata*、橿子栎 *Q. baronii*、滇青冈 *Q. glaucoides*、巴东栎 *Q. engleriana*、曼青冈 *Cyclobalanopsis oxyodon*、栗 *Castanea mollissima*
381	栅黄灰蝶 *J. saepestriata*	麻栎 *Quercus acutissima*、栓皮栎 *Q. variabilis*、枹栎 *Q. serrata*、槲栎 *Q. aliena*、蒙古栎 *Q. mongolica*、栗 *Castanea mollissima*
382	陕灰蝶 *Shaanxiana takashimai*	白蜡树 *Fraxinus chinensis*
383	青灰蝶 *Antigius attilia*	枹栎 *Quercus serrata*、麻栎 *Q. acutissima*、栓皮栎 *Q. variabilis*、蒙古栎 *Q. mongolica*、柞栎 *Q. dentata*、槲栎 *Q. aliena*
384	巴青灰蝶 *A. butleri*	枹栎 *Quercus serrata*、麻栎 *Q. acutissima*、栓皮栎 *Q. variabilis*、蒙古栎 *Q. mongolica*、柞栎 *Q. dentata*、槲栎 *Q. aliena*、青冈 *Cyclobalanopsis glauca*
385	癞灰蝶 *Araragi enthea*	核桃楸 *Juglans mandshurica*、山核桃 *Carya cathayensis*、水胡桃 *Pterocarya rhoifolia*、麻栎 *Quercus acutissima*、青冈 *Cyclobalanopsis glauca*
386	杉山癞灰蝶 *A. sugiyamai*	泡核桃 *Juglans sigillata*
387	熊猫癞灰蝶 *A. panda*	泡核桃 *Juglans sigillata*、青钱柳 *Cyclocarya paliurus*
388	三枝灰蝶 *Saigusaozephyrus atabyrius*	栎属 *Quercus* spp.
389	冷灰蝶 *Ravenna nivea*	青冈 *Cyclobalanopsis glauca*、栎属 *Quercus* spp.

序号 No.	种类 Species	寄主 Host
390	闪光翠灰蝶 *Neozephyrus coruscans*	桤木属 *Alnus* spp.
391	海伦娜翠灰蝶 *N. helenae*	桤木 *Alnus cremastogyne*
392	金灰蝶 *Chrysozephyrus* *smaragdinus*	稠李 *Prunus padus*、樱桃属 *Cerasus* spp.、栗 *Castanea mollissima*、柞栎 *Quercus dentata*、榛 *Corylus heterophylla*
393	裂斑金灰蝶 *C. disparatus*	油叶柯 *Lithocarpus konishii*、齿叶柯 *L. kawakamii*、青冈属 *Cyclobalanopsis* spp.、栎属 *Quercus* spp.
394	黑缘金灰蝶 *C. nigroapicalis*	栎属 *Quercus* spp.、耳叶柯 *Lithocarpus grandifolius*
395	耀金灰蝶 *C. brillantinus*	蒙古栎 *Quercus mongolica*、柞栎 *Q. dentata*、滇青冈 *Q. glaucoides*
396	缪斯金灰蝶 *C. mushaellus*	齿叶柯 *Lithocarpus kawakamii*、台湾柯 *L. formosanus*、短尾柯 *L. brevicaudatus*、耳叶柯 *L. grandifolius*
397	闪光金灰蝶 *C. scintillans*	栗 *Castanea mollissima*、蒙古栎 *Quercus mongolica*、毛果珍珠花 *Lyonia ovalifolia*
398	瓦金灰蝶 *C. watsoni*	珍珠花属 *Lyonia* spp.
399	宽缘金灰蝶 *C. marginatus*	李属 *Prunus* spp.
400	腰金灰蝶 *C. yoshikoae*	山荆子 *Malus baccata*、河南海棠 *M. honanensis*
401	康定金灰蝶 *C. tatsienluensis*	壳斗科 Fagaceae
402	糊金灰蝶 *C. okamurai*	花楸属 *Sorbus* spp.
403	都金灰蝶 *C. duma*	曼青冈 *Cyclobalanopsis oxyodon*、滇青冈 *Quercus glaucoides*、巴东栎 *Q. engleriana*
404	雷公山金灰蝶 *C. leigongshanensis*	栎属 *Quercus* spp.
405	林氏金灰蝶 *C. linae*	短梗稠李 *Prunus brachypoda*
406	高氏金灰蝶 *C. gaoi*	多毛樱桃 *Cerasus polytricha*、刺毛樱桃 *Prunus pilosiuscula*
407	巴山金灰蝶 *C. fujiokai*	绒毛石楠 *Photinia schneideriana*
408	幽斑金灰蝶 *C. zoa*	绢毛稠李 *Prunus wilsonii*
409	江琦金灰蝶 *C. esakii*	栎属 *Quercus* spp.
410	阿磐江琦灰蝶 *Esakiozephyrus ackeryi*	壳斗科 Fagaceae
411	奈斯江琦灰蝶 *E. neis*	壳斗科 Fagaceae

序号 No.	种类 Species	寄主 Host
412	艳灰蝶 *Favonius orientalis*	枹栎 *Quercus serrata*、蒙古栎 *Q. mongolica*、柞栎 *Q. dentata*、麻栎 *Q. acutissima*、栓皮栎 *Q. variabilis*、槲栎 *Q. aliena*、土耳其栎 *Q. cerris*、 栗属 *Castanea* spp.
413	里奇艳灰蝶 *F. leechi*	栎属 *Quercus* spp.、青冈属 *Cyclobalanopsis* spp.
414	萨艳灰蝶 *F. saphirinus*	柞栎 *Quercus dentata*、槲栎 *Q. aliena*、蒙古栎 *Q. mongolica*、栓皮栎 *Q. variabilis*、麻栎 *Q. acutissima*、青冈 *Cyclobalanopsis glauca*
415	翠艳灰蝶 *F. taxila*	枹栎 *Quercus serrata*、蒙古栎 *Q. mongolica*
416	考艳灰蝶 *F. korshunovi*	蒙古栎 *Quercus mongolica*、槲栎 *Q. aliena*、巴东栎 *Q. engleriana*、曼青冈 *Cyclobalanopsis oxyodon*
417	亲艳灰蝶 *F. cognatus*	蒙古栎 *Quercus mongolica*、枹栎 *Q. serrata*、柞栎 *Q. dentata*、麻栎 *Q. acutissima*、 栓皮栎 *Q. variabilis*、槲栎 *Q. aliena*、青冈 *Cyclobalanopsis glauca*
418	超艳灰蝶 *F. ultramarinus*	柞栎 *Quercus dentata*、麻栎 *Q. acutissima*、枹栎 *Q. serrata*、蒙古栎 *Q. mongolica*、 栓皮栎 *Q. variabilis*、槲栎 *Q. aliena*、青冈 *Cyclobalanopsis glauca*
419	苹果何华灰蝶 *Howarthia melli*	刺毛杜鹃 *Rhododendron championae*
420	黑缘何华灰蝶 *H. nigricans*	杜鹃花属 *Rhododendron* spp.
421	黎氏柴谷灰蝶 *Sibataniozephyrus lijinae*	巴山水青冈 *Fagus pashanica*、米心水青冈 *F. engleriana*、水青冈 *F. longipetiolata*
422	黑铁灰蝶 *Teratozephyrus hecale*	台湾窄叶青冈 *Quercus stenophylloides*、巴东栎 *Q. engleriana*
423	怒和铁灰蝶 *T. nuwai*	刺叶高山栎 *Quercus spinosa*
424	阿里山铁灰蝶 *T. arisanus*	台湾窄叶青冈 *Quercus stenophylloides*
425	华灰蝶 *Wagimo sulgeri*	橿子栎 *Quercus baronii*
426	黑带华灰蝶 *W. signata*	巴东栎 *Quercus engleriana*、大叶栎 *Q. griffithii*、柞栎 *Q. dentata*、枹栎 *Q. serrata*、蒙古栎 *Q. mongolica*、麻栎 *Q. acutissima*、槲栎 *Q. aliena*、栓皮栎 *Q. variabilis*
427	丫灰蝶 *Amblopala avidiena*	山合欢 *Albizia kalkora*、合欢 *A. julibrissin*
428	祖灰蝶 *Protantigius superans*	山杨 *Populus davidiana*
429	珠灰蝶 *Iratsume orsedice*	日本金缕梅 *Hamamelis japonica*、水丝梨 *Sycopsis sinensis*
430	霓纱燕灰蝶 *Rapala nissa*	溪畔落新妇 *Astilbe rivularis*、蔷薇属 *Rosa* spp.、长波叶山蚂蝗 *Desmodium sequax*
431	高沙子燕灰蝶 *R. takasagonis*	美丽胡枝子 *Lespedeza formosa*
432	东亚燕灰蝶 *R. micans*	香花崖豆藤 *Millettia dielsiana*、拟绿叶胡枝子 *Lespedeza maximowiczii*、 美丽胡枝子 *L. formosa*、扁豆 *Lablab purpureus*、长波叶山蚂蝗 *Desmodium sequax*、山黄麻 *Trema tomentosa*、高山栎 *Quercus semecarpifolia*、鼠刺 *Itea chinensis*、溪畔落新妇 *Astilbe rivularis*、白檵木 *Aralia bipinnata*

续表

序号 No.	种类 Species	寄主 Host
433	蓝燕灰蝶 R. caerulea	野蔷薇 Rosa multiflora、枣 Ziziphus jujuba、勾儿茶属 Berchemia spp.、尖叶铁扫帚 Lespedeza juncea、拟绿叶胡枝子 L. maximowiczii、日本胡枝子 L. thunbergii、美丽胡枝子 L. formosa、扁豆 Lablab purpureus、黄檀 Dalbergia hupeana、河北木蓝 Indigofera bungeana、木蓝 I. tinctoria、深紫木蓝 I. atropurpurea
434	彩燕灰蝶 R. selira	野蔷薇 Rosa multiflora、鼠李 Rhamnus davurica
435	生灰蝶 Sinthusa chandrana	蛇泡勒 Rubus refterus、羽萼悬钩子 R. alceifolius、粗叶悬钩子 R. alcsaegolius、台湾悬钩子 R. formosensis
436	玳灰蝶 Deudorix epijarbas	三叶无患子 Sapindus trifoliatus、龙眼 Dimocarpus longan、荔枝 Litchi chinensis、山龙眼 Helicia formosana、柿 Diospyros kaki、乌材 D. eriantha、龙须藤 Bauhinia championii
437	淡黑玳灰蝶 D. rapaloides	尖连蕊茶 Camellia cuspidata、大头茶 Gordonia axillaris
438	尼采梳灰蝶 Ahlbergia nicevillei	忍冬 Lonicera japonica
439	李氏梳灰蝶 A. liyufei	盘叶忍冬 Lonicera tragophylla
440	东北梳灰蝶 A. frivaldszkyi	忍冬属 Lonicera spp.、绣线菊 Spiraea salicifolia、金丝桃叶绣线菊 S. hypericifolia、土庄绣线菊 S. ouensanensis
441	浓蓝梳灰蝶 A. prodiga	杜鹃花属 Rhododendron spp.、马醉木属 Pieris spp.、苹果属 Malusc spp.、梅属 Cerasus spp.
442	齿轮灰蝶 Novosatsuma pratti	荚蒾属 Viburnum spp.、越橘 Vaccinium vitis-idaea
443	周氏始灰蝶 Cissatsuma zhoujingshuae	华北绣线菊 Spiraea fritschiana
444	幽洒灰蝶 Satyrium iyonis	日本鼠李 Rhamnus japonica、长梗鼠李 R. yoshinoi、圆叶鼠李 R. globosa
445	红斑洒灰蝶 S. rubicundulum	苹果 Malus domestica、山楂 Crataegus pinnatifida
446	优秀洒灰蝶 S. eximia	金刚鼠李 Rhamnus diamantiaca、小叶鼠李 R. parvifolia、琉球鼠李 R. liukiuensis、鼠李 R. davurica、冻绿 R. utilis
447	维洒灰蝶 S. v-album	鼠李 Rhamnus davurica
448	普洒灰蝶 S. prunoides	欧亚绣线菊 Spiraea media
449	达洒灰蝶 S. w-album	榆树 Ulmus pumila、大叶榆 U. laevis、栎属 Quercus spp.、桤木属 Alnus spp.、梣属 Fraxinus spp.、椴树属 Tilia spp.、李属 Prunus spp.、苹果属 Malus spp.、稠李属 Padus spp.
450	井上洒灰蝶 S. inouei	槲栎 Quercus aliena
451	刺痣洒灰蝶 S. spini	欧鼠李 Frangula alnus、榆树 Ulmus pumila、鼠李属 Rhamnus spp.、花楸属 Sorbus spp.、苹果属 Malus spp.、李属 Prunus spp.
452	岷山洒灰蝶 S. minshanicum	忍冬属 Lonicera spp.、六道木属 Abelia spp.
453	南风洒灰蝶 S. austrina	榉树 Zelkova serrata

序号 No.	种类 Species	寄主 Host
454	苹果洒灰蝶 S. pruni	苹果 Malus pumila、李 Prunus salicina、稠李 P. padus、桃 Amygdalus persica、覆盆子 Rubus idaeus、刺毛樱桃 Cerasus setulosa、樱桃 C. pseudocerasus、花楸属 Sorbus spp.
455	大洒灰蝶 S. grandis	紫藤 Wisteria sinensis
456	饰洒灰蝶 S. ornata	绣线菊 Spiraea salicifolia、中华绣线菊 S. chinensis、毛樱桃 Cerasus tomentosa
457	礼洒灰蝶 S. percomis	稠李 Prunus padus、山荆子 Malus baccata、灰栒子 Cotoneaster acutifolius
458	塔洒灰蝶 S. thalia	山荆子 Malus baccata、河南海棠 M. honanensis、圆叶鼠李 Rhamnus globosa、山楂属 Crataegus spp.
459	杨氏洒灰蝶 S. yangi	李属 Prunus spp.
460	武大洒灰蝶 S. watarii	绣线菊属 Spiraea spp.
461	白斑新灰蝶 Neolycaena tengstroemi	柠条锦鸡儿 Caragana korshinskii
462	蓝娆灰蝶 Arhopala ganesa	通麦栎 Quercus incana、白背栎 Q. salicina、赤皮青冈 Cyclobalanopsis gilva、毛果青冈 C. pachyloma
463	中华花灰蝶 Flos chinensis	壳斗科 Fagaceae
464	玛灰蝶 Mahathala ameria	石岩枫 Mallotus repandus
465	豆粒银线灰蝶 Spindasis syama	枇杷 Eriobotrya japonica、茶 Camellia sinensis、薯蓣 Dioscorea batatus、番石榴 Psidium guajava、石榴 Punica granatum、大青 Clerodendrum cyrtophyllum、黄荆 Vitex negundo、牡荆 V. negundo var. cannabifolia、山黄麻 Trema tomentosa、朴树 Celtis sinensis、鬼针草 Bidens pilosa、细叶馒头果 Glochidion ruburm、檵木 Loropetalum chinense、梨属 Pyrus spp.
466	银线灰蝶 S. lohita	黄荆 Vitex negundo、牡荆 V. negundo var. cannabifolia、白楸 Mallotus paniculatus、五叶薯蓣 Dioscorea pentaphylla、薯蓣 D. batatus、番石榴 Psidium guajava、榄仁树属 Terminalia spp.
467	小珀灰蝶 Pratapa icetas	广寄生 Taxillus chinensis、杜鹃桑寄生 T. rhododendricolius
468	灿烂双尾灰蝶 Tajuria luculenta	桑寄生科 Loranthaceae
469	红灰蝶 Lycaena phlaeas	皱叶酸模 Rumex crispus、酸模 R. acetosa、长叶酸模 R. longifolius、尼泊尔酸模 R. nepalensis、小酸模 R. acetosella、巴天酸模 R. patientia、羊蹄 R. japonicus、山蓼 Oxyria digyna、何首乌 Fallopia multiflora
470	四川红灰蝶 L. sichuanica	拳参 Bistorta officinalis、酸模属 Rumex spp.
471	橙昙灰蝶 Thersamonia dispar	巴天酸模 Rumex patientia、水酸模 R. hydrolapathum、水生酸模 R. aquaticus、酸模 R. acetosa
472	梭尔昙灰蝶 T. solskyi	彩花属 Acantholimon spp.
473	貉灰蝶 Heodes virgaureae	小酸模 Rumex acetosella、酸模 R. acetosa，豆科 Fabaceae

附
录
Appendix

续表

序号 No.	种类 Species	寄主 Host
474	古灰蝶 *Palaeochrysophanus hippothoe*	酸模属 *Rumex* spp.、蓼属 *Persicaria* spp.，豆科 Fabaceae
475	浓紫彩灰蝶 *Heliophorus ila*	火炭母 *Persicaria chinensis*、羊蹄 *Rumex japonicus*
476	彩灰蝶 *H. epicles*	火炭母 *Persicaria chinensis*
477	莎菲彩灰蝶 *H. saphir*	火炭母 *Persicaria chinensis*、金荞麦 *Fagopyrum dibotrys*
478	古铜彩灰蝶 *H. brahma*	火炭母 *Persicaria chinensis*
479	黑灰蝶 *Niphanda fusca*	栗 *Castanea mollissima*、蚜虫及木虱分泌液
480	锯灰蝶 *Orthomiella pontis*	栗 *Castanea mollissima*
481	中华锯灰蝶 *O. sinensis*	栗 *Castanea mollissima*
482	峦太锯灰蝶 *O. rantaizana*	栗 *Castanea mollissima*
483	雅灰蝶 *Jamides bochus*	野葛 *Pueraria lobata*、厚果崖豆藤 *Millettia pachycarpa*、香花崖豆藤 *M. dielsiana*、紫藤 *Wisteria sinensis*、猪屎豆 *Crotalaria pallida*、滨豇豆 *Vigna marina*、豇豆 *V. unguiculata*、贼小豆 *V. minima*、扁豆 *Lablab purpureus*、狭刀豆 *Canavalia lineata*
484	亮灰蝶 *Lampides boeticus*	扁豆 *Lablab purpureus*、豌豆 *Pisum sativum*、蚕豆 *Vicia faba*、赤豆 *Vigna angularis*、豇豆 *V. unguiculata*、贼小豆 *V. minima*、野百合 *Crotalaria sessiliflora*、黄野百合 *C. pallida*、大猪屎豆 *C. assamica*、滨刀豆 *Canavalia lineata*、圆叶野扁豆 *Dunbaria rotundifolia*、紫藤 *Wisteria sinensis*、葛藤 *Pueraria lobata*、越南葛藤 *P. montana*、香花崖豆藤 *Millettia dielsiana*、田菁 *Sesbania cannabina*、香豌豆 *Lathyrus odoratus*、菜豆 *Phaseolus vulgaris*、金雀花 *Cytisus scoparius*、苜蓿 *Medicago sativa*
485	吉灰蝶 *Zizeeria karsandra*	大花蒺藜 *Tribulus cistoides*、刺蒺藜 *T. terrestris*、铁仔 *Myrsine africana*、酢浆草 *Oxalis corniculata*、皱果苋 *Amaranthus viridis*、刺苋 *A. spinosus*、苋 *A. tricolor*、习见蓄 *Polygonum plebeium*、丁葵草 *Zornia diphylla*、印度草木犀 *Melilotus indica*、苜蓿 *Medicago sativa*
486	毛眼灰蝶 *Zizina otis*	大安水蓑衣 *Hygrophila pogonocalyx*、赛山蓝 *Ruellia blechum*、马缨丹 *Lantana camara*、鸡眼草 *Kummerowia striata*、穗花木蓝 *Indigofera spicata*
487	酢浆灰蝶 *Pseudozizeeria maha*	酢浆草 *Oxalis corniculata*、黄花酢浆草 *O. pes-caprae*、红花酢浆草 *O. corymbosa*
488	枯灰蝶 *Cupido minimus*	高山黄耆 *Astragalus alpinus*、甜叶黄芪 *A. glycyphyllos*、鹰咀黄芪 *A. cicer*、百脉根 *Lotus corniculatus*、疗伤绒毛花 *Anthyllis vulneraria*、利尻紫云英 *Oxytropis campestris*
489	蓝灰蝶 *Everes argiades*	牛角 *Lotus corniculatus*、苜蓿 *Medicago sativa*、豌豆 *Pisum sativum*、羽扇豆 *Lupinus perennis*、紫云英 *Astragalus sinicus*、黄芪 *A. membranaceus*、红花苜蓿 *Trifolium pratense*、白车轴草 *T. repens*、酢浆草 *Oxalis corniculata*、截叶铁扫帚 *Lespedeza cuneata*、鸡眼草 *Kummerowia stipulacea*、葎草 *Humulus scandens*、大豆属 *Glycine* spp.、米口袋属 *Gueldenstaedtia* spp.、野豌豆属 *Vicia* spp.、救荒野豌豆 *V. sativa*

序号 No.	种类 Species	寄主 Host
490	长尾蓝灰蝶 E. lacturnus	假地豆 Desmodium heterocarpon、灰色山蚂蝗 D. canum
491	山灰蝶 Shijimia moorei	阿里山鼠尾草 Salvia hayatae、药鼠尾草 S. officinalis、石吊兰 Lysionotus pauciflorus
492	玄灰蝶 Tongeia fischeri	瓦松 Orostachys fimbriata、晚红瓦松 O. erudescens、黄花瓦松 O. spinosa、多肉凤凰 O. iwarenge、滨景天 Sedum sordidum、圆叶景天 S. makinoi、高岭景天 S. tricarpum
493	点玄灰蝶 T. filicaudis	倒吊莲 Kalanchoe spathulata、落地生根 Bryophyllum pinnatum、垂盆草 Sedum sarmentosum、凹叶景天 S. emarginatum、圆叶景天 S. makinoi、星果佛甲草 S. actinocarpum、繁缕景天 S. stellariifolium、观音莲 Sempervivum tectorum、瓦松 Orostachys fimbriata
494	波太玄灰蝶 T. potanini	苦苣苔 Conandron ramondioides、窄叶马铃苣苔 Oreocharis argyreia var. angustifolia、长瓣马铃苣苔 O. auricula、华南半蒴苣苔 Hemiboea follicularis、长蒴苣苔属 Didymocarpus spp.
495	黑丸灰蝶 Pithecops corvus	山蚂蝗属 Desmodium spp.
496	璃灰蝶 Celastrina argiola	苦参 Sophora flavescens、槐 S. japonica、山蚂蝗 Desmodium oxyphyllum、救荒野豌豆 Vicia sativa、野葛 Pueraria lobata、胡枝子 Lespedeza bicolor、美丽胡枝子 L. formosa、日本胡枝子 L. thunbergii、多花紫藤 Wisteria floribunda、多花木蓝 Indigofera amblyantha、华东木蓝 I. fortunei、马棘 I. pseudotinctoria、笆子梢 Campylotropis macrocarpa、香花崖豆藤 Millettia dielsiana、刺槐 Robinia pseudoacacia、扁豆 Lablab purpureus、灯台树 Cornus controversa、辽东总木 Aralia elata、楝叶吴萸 Tetradium glabrifolium、苹果 Malus pumila、李 Prunus salicina、珍珠梅 Sorbaria sorbifolia、虎杖 Reynoutria japonica、槲栎 Quercus aliena、省沽油 Staphylea bumalda、黑穗醋栗 Ribes nigrum、红茶藨子 R. rubrum、紫苏 Perilla frutescens、米口袋属 Gueldenstaedtia spp.
497	大紫璃灰蝶 C. oreas	粗木柃木 Eurya strigillosa、锐叶柃木 E. acuminata、冈柃 E. groffii、台湾扁核木 Prinsepia scandens、蕤核 P. uniflora、东北扁核木 P. sinensis、齿叶白鹃梅 Exochorda serratifolia
498	华西璃灰蝶 C. hersilia	葛 Pueraria lobata、胡枝子 Lespedeza bicolor、紫藤 Wisteria sinensis
499	熏衣璃灰蝶 C. lavendularis	灰毛槭 Acer hypoleucum、风筝果 Hiptage benghalensis、伞花木 Eurycorymbus cavaleriei、鹿藿 Rhynchosia volubilis、柔毛山黑豆 Dumasia villosa、柯属 Lithocarpus spp.
500	杉谷璃灰蝶 C. sugitanii	日本七叶树 Aesculus turbinata、灯台树 Cornus controversa、庭藤 Indigofera decora
501	白斑妩灰蝶 Udara albocaerulea	法国冬青 Viburnum odoratissinum、吕宋荚蒾 V. luzonicum、茅栗 Castanea seguinii
502	妩灰蝶 U. dilecta	甜槠 Castanopsis eyrei
503	韫玉灰蝶 Celatoxia marginata	大叶石栎 Lithocarpus megalophyllus、刺叶高山栎 Quercus spinosa
504	一点灰蝶 Neopithecops zalmora	山小橘 Glycosmis pentaphylla
505	靛灰蝶 Caerulea coeligena	笔龙胆 Gentiana zollingeri

续表

序号 No.	种类 Species	寄主 Host
506	胡麻霾灰蝶 Maculinea teleia	细叶地榆 Sanguisorba tenuifolia、地榆 S. officinalis、白山地榆 S. hakusanensis
507	嘎霾灰蝶 M. arion	百里香 Thymus mongolicus
508	大斑霾灰蝶 M. arionides	毛果香茶菜 Isodon trichocarpus、尾叶香茶菜 I. excisa、香茶菜 I. japonicus
509	蓝底霾灰蝶 M. cyanecula	岩青兰 Dracocephalum rupestre
510	黎戈灰蝶 Glaucopsyche lycormas	野豌豆 Vicia sepium、蚕豆 V. faba
511	白灰蝶 Phengaris atroguttata	疏花风轮菜 Clinopodium laxiflorum
512	珞灰蝶 Scolitantides orion	欧紫八宝 Hylotelephium telephium、黄花景天 H. ewersii、费菜 Sedum aizoon、紫景天 S. telephium、杂交景天 S. hybridum、瓦松 Orostachys fimbriata
513	扫灰蝶 Subsulanoides nagata	啤酒花 Humulus lupulus
514	欣灰蝶 Shijimiaeoides divina	苦参 Sophora flavescens
515	棕灰蝶 Euchrysops cnejus	贼小豆 Vigna minima
516	婀灰蝶 Albulina orbitulus	高山黄耆 Astragalus alpinus、广布黄耆 A. frigidus、野葱 Allium chrysanthum
517	华夏爱灰蝶 Aricia chinensis	尖喙牻牛儿苗 Erodium oxyrhynchum、老鹳草 Geranium wilfordii
518	爱灰蝶 A. agestis	丘陵老鹳草 Geranium collinum、叉枝老鹳草 G. divaricatum
519	阿爱灰蝶 A. allous	老鹳草属 Geranium spp.
520	曲纹紫灰蝶 Chilades pandava	苏铁 Cycas revoluta、台湾苏铁 C. taiwaniana、叉叶苏铁 C. mlcholit、云南苏铁 C. siameasi、扁豆 Lablab purpureus、葛藤 Pueraria lobata
521	紫灰蝶 C. lajus	酒饼簕属 Atalantia spp.
522	豆灰蝶 Plebejus argus	大豆 Glycine max、豇豆 Vigna unguiculata、绿豆 V. radiata、苜蓿 Medicago sativa、沙打旺 Astragalus adsurgens、紫云英 A. sinicus、黄芪 A. membranaceus、拟蚕豆岩黄耆 Hedysarum vzcioides、大蓟 Cirsium japonicum、山地蒿 Artemisia montana、虎杖 Reynoutria japonica、笃斯越橘 Vaccinium uliginosum、桑寄生属 Loranthus spp.
523	红珠灰蝶 Lycaeides argyrognomon	冷黄芪 Astragalus glycyphyllos、草木犀状黄芪 A. melilotoides、大花野豌豆 Vicia bungei、救荒野豌豆 V. sativa、花木蓝 Indigofera kirilowii、绣球小冠花 Coronilla varia、苜蓿 Medicago sativa、草木犀 Melilotus officinalis、白三叶 Trifolium repens、百脉根 Lotus corniculatus、红豆草 Onobrychis viciifolia、二色补血草 Limonium bicolor、米口袋属 Gueldenstaedtia spp.
524	索红珠灰蝶 L. subsolanus	歪头菜 Vicia unijuga
525	阿点灰蝶 Agrodiaetus amandus	广布野豌豆 Vicia cracca、大叶野豌豆 V. kokanica、新疆野豌豆 V. costata、牧地山黧豆 Lathyrus pratensis、罗马苜蓿 Medicago romanica

序号 No.	种类 Species	寄主 Host
526	埃灰蝶 *Eumedonia eumedon*	银叶老鹳草 *Geranium sylvaticum*、草地老鹳草 *G. pratense*、岩生老鹳草 *G. saxatile*、丘陵老鹳草 *G. collinum*
527	酷灰蝶 *Cyaniris semiargus*	广布野豌豆 *Vicia cracca*、草木犀属 *Melilotus* spp.
528	多眼灰蝶 *Polyommatus eros*	米口袋属 *Gueldenstaedtia* spp.
529	伊眼灰蝶 *P. icarus*	广布野豌豆 *Vicia cracca*、棘豆 *Oxytropis campestris*、百脉根 *Lotus corniculatus*、红花三叶草 *Trifolium pratense*、白三叶草 *T. repens*、黄芪 *Astragalus aristatus*、罗马苜蓿 *Medicago romanica*、野苜蓿 *M. falcata*
530	仪眼灰蝶 *P. icadius*	鹰嘴豆属 *Cicer* spp.
五		**弄蝶科 Hesperiidae**
531	雕形伞弄蝶 *Bibasis aquilina*	刺楸 *Kalopanax septemlobus*、琵刺楸 *K. pictus*
532	白伞弄蝶 *B. gomata*	鹅掌柴 *Schefflera octophylla*、星毛鸭脚木 *S. minutistellata*、鹅掌藤 *S. arboricola*、露鹅掌柴 *S. lurida*、刺通草 *Trevesia palmate*、苏刺通草 *T. sundaica*、常春藤 *Hedera nepalensis*、酸藤子 *Embelia laeta*、风吹楠 *Horsfieldia glabra*
533	大伞弄蝶 *B. miracula*	树参 *Dendropanax dentiger*
534	无趾弄蝶 *Hasora anura*	密花豆 *Spatholobus suberectus*、亮叶鸡血藤 *Callerya nitida*、风庆南五味子 *Kadsura interior*、光叶红豆 *Ormosia glaberrima*、台湾红豆 *O. formosana*、水黄皮 *Pongamia pinnata*、网络崖豆藤 *Millettia reticulata*
535	双斑趾弄蝶 *H. chromus*	水黄皮 *Pongamia pinnata*、新水黄皮 *P. glabra*、台湾崖豆藤 *Millettia taiwaniana*、假黄皮 *Clausena excavata*
536	三斑趾弄蝶 *H. badra*	厚果崖豆藤 *Millettia pachycarpa*、疏花鱼藤 *Derris laxiflora*、鱼藤木 *D. uliginosa*
537	绿弄蝶 *Choaspes benjaminii*	钟花清风藤 *Sabia campanulata*、清风藤 *S. japonica*、云南泡花树 *Meliosma yunnanensis*、漆叶泡花树 *M. rhoifolia*、笔罗子 *M. rigida*、绿樟 *M. squamulata*、羽叶泡花树 *M. oldhamii*、细花泡花树 *M. parviflora*、硬刺泡花树 *M. pungens*、香皮树 *M. fordii*、翁泡花树 *M. ungens*、异色泡花树 *M. myriantha*、泰泡花树 *M. temus*、丈八岛泡花树 *M. hachijoensis*、腺毛泡花树 *M. glandulosa*、含羞草 *Mimosa pudica*
538	半黄绿弄蝶 *C. hemixanthus*	革叶清风藤 *Sabia coriacea*、清风藤 *S. japonica*、白背清风藤 *S. discolor*、鄂西清风藤 *S. campanulata*、柠檬清风藤 *S. limoniacea*、笔罗子 *Meliosma rigida*、羽叶泡花树 *M. oldhamii*、密花藤 *Pycnarrhena lucida*、牛尾菜 *Smilax riparia*、异叶菝葜 *S. heterophylla*
539	黄毛绿弄蝶 *C. xanthopogon*	尖叶清风藤 *Sabia swinhoei*
540	峨眉大弄蝶 *Capila omeia*	樟 *Cinnamomum camphora*
541	双带弄蝶 *Lobocla bifasciatus*	脉叶木蓝 *Indigofera venulosa*、多花木蓝 *I. amblyantha*、美丽胡枝子 *Lespedeza formosa*、栎属 *Quercus* spp.、柞栎 *Q. dentata*、橡树 *Q. palustris*、郁金 *Curcuma aromatica*、姜黄 *C. longa*、月桃 *Alpinia speciosa*
542	黄带弄蝶 *L. liliana*	姜黄 *Curcuma longa*、百合科 Liliaceae、禾本科 Gramineae

序号 No.	种类 Species	寄主 Host
543	嵌带弄蝶 L. proxima	柞栎 Quercus dentata
544	斑星弄蝶 Celaenorrhinus maculosus	兰嵌马蓝 Strobilanthes rankanensis、透茎冷水花 Pilea pumila
545	黄射纹星弄蝶 C. oscula	冷水花 Pilea notata、兰嵌马蓝 Strobilanthes rankanensis
546	小星弄蝶 C. ratna	兰嵌马蓝 Strobilanthes rankanensis
547	同宗星弄蝶 C. consanguinea	爵床科 Acanthaceae
548	黄星弄蝶 C. pero	爵床科 Acanthaceae
549	疏星弄蝶 C. aspersa	木犀科 Oleaceae
550	深山珠弄蝶 Erynnis montanus	柞栎 Quercus dentata、麻栎 Q. acutissima、枹栎 Q. serrata、蒙古栎 Q. mongolica、橡树 Q. palustris、栓皮栎 Q. variabilis、水青冈属 Fagus spp.
551	珠弄蝶 E. tages	百脉根 Lotus corniculatus、马蹄豆 Hippocrepis comosa、草木犀状黄芪 Astragalus melilotoides、直立黄芪 A. adsurgens
552	波珠弄蝶 E. popoviana	豆科 Fabaceae
553	白弄蝶 Abraximorpha davidii	灰白毛悬钩子 Rubus incanus、粗叶悬钩子 R. alceaefolius、栒叶悬钩子 R. alnifoliolatus、高粱泡 R. lambertianus、山莓 R. corchorifolius、台湾悬钩子 R. formosensis、木莓 R. swinhoei
554	黑弄蝶 Daimio tethys	薯蓣 Dioscorea polystachya、穿龙薯蓣 D. nipponica、日本薯蓣 D. japonica、褐苞薯蓣 D. persimilis、芋 Colocasia esculenta、蒙古栎 Quercus mongolica
555	中华捷弄蝶 Gerosis sinica	黄檀 Dalbergia hupeana、香港黄檀 D. millettii、藤黄檀 D. hancei、樟 Cinnamomum camphora
556	匪夷捷弄蝶 G. phisara	两粤黄檀 Dalbergia benthamii、黄檀 D. hupeana
557	飒弄蝶 Satarupa gopala	岭南花椒 Zanthoxylum austrosinense、椿叶花椒 Z. ailanthoides、黄檗 Phellodendron amurense、川黄檗 P. chinense、吴茱萸 Tetradium ruticarpum、楝叶吴萸 T. glabrifolium
558	蛱型飒弄蝶 S. nymphalis	吴茱萸 Tetradium ruticarpum、黄檗 Phellodendron amurense
559	密纹飒弄蝶 S. monbeigi	飞龙掌血 Toddalia asiatica、吴茱萸 Tetradium ruticarpum、岭南花椒 Zanthoxylum austrosinense、花椒 Z. bungeanum、青花椒 Z. schinifolium、椿叶花椒 Z. ailanthoides、黄檗 Phellodendron amurense
560	花窗弄蝶 Coladenia hoenei	高粱泡 Rubus lambertianus
561	幽窗弄蝶 C. sheila	灰白毛莓 Rubus tephrodes
562	襟弄蝶 Pseudocoladenia dan	土牛膝 Achyranthes aspera、牛膝 A. bidentata、含羞草 Mimosa pudica、野紫苏 Perilla frutescens

序号 No.	种类 Species	寄主 Host
563	黄襟弄蝶 P. dea	牛膝属 Achyranthes spp.
564	花弄蝶 Pyrgus maculatus	龙牙草 Agrimonia pilosa、蛇莓 Duchesnea indica、茅莓 Rubus parvifolius、草莓 Fragaria ananassa、绣线菊 Spiraea salicifolia、茶绣线菊 S. ulmaria、石蚕叶绣线菊 S. chamaedryfolia、欧亚绣线菊 S. media、乌苏里绣线菊 S. ussuriensis、三叶委陵菜 Potentilla freyniana、蛇含委陵菜 P. kleiniana、醋栗 Ribes nigrum、三白草 Saururus chinensis
565	北方花弄蝶 P. alveus	龙牙草属 Agrimonia spp.、委陵菜属 Potentilla spp.、远志属 Polygala spp.
566	星点弄蝶 Muschampia tessellum	块根糙苏 Phlomis tuberosa
567	稀点弄蝶 M. staudingeri	糙苏属 Phlomis spp.
568	链弄蝶 Heteropterus morpheus	早熟禾 Poa annua、天蓝麦氏草 Molinia caerulea、灰白拂子茅 Calamagrostis canescens、短柄草属 Brachypodium spp.、羊胡子草属 Eriophorum spp.
569	小弄蝶 Leptalina unicolor	芒 Miscanthus sinensis、荻 M. sacchariflorus、白茅 Imperata cylindrica、稻 Oryza sativa、芦苇 Phragmites communis、狗尾草属 Setaria spp.
570	双色舟弄蝶 Barca bicolor	豆科 Fabaceae、禾本科 Gramineae
571	三斑银弄蝶 Carterocephalus urasimataro	短柄草 Brachypodium sylvaticum、雀麦属 Bromus spp.
572	宽纹袖弄蝶 Notocrypta feisthamelii	艳山姜 Alpinia zerumbet、山姜 A. japonica
573	曲纹袖弄蝶 N. curvifascia	艳山姜 Alpinia zerumbet、美山姜 A. formosana、山姜 A. japonica、姜黄 Curcuma longa、郁金 C. aromatica、山柰 Kaempferia galanga、海南三七 K. rotunda、姜 Zingiber officinale、红球姜 Z. zerumber
574	腌翅弄蝶 Astictopterus jama	芒 Miscanthus sinensis、十字马唐 Digitaria cruciata
575	姜弄蝶 Udaspes folus	姜 Zingiber officinale、襄荷 Z. mioga、艳山姜 Alpinia zerumbet、美山姜 A. formosana、姜花 Hedychium coronarium
576	河伯锷弄蝶 Aeromachus inachus	大油芒 Spodiopogon sibiricus、芒 Miscanthus sinensis、稻 Oryza sativa
577	独子酣弄蝶 Halpe homolea	禾本科 Gramineae
578	花裙陀弄蝶 Thoressa submacula	阔叶箬竹 Indocalamus latifolius
579	黎氏刺胫弄蝶 Baoris leechii	阔叶箬竹 Indocalamus latifolius、刚竹属 Phyllostachys spp.
580	刺胫弄蝶 B. farri	簕竹 Bambusa blumeana
581	斑珂弄蝶 Caltoris bromus	蓬莱竹 Bambusa multiplex
582	珂弄蝶 C. cahira	玉山箭竹 Yushania niitakayamensis、佛竹 Bambusa ventricosa、唐竹 Sinobambusa tootsik

续表

序号 No.	种类 Species	寄主 Host
583	籼弄蝶 Borbo cinnara	芒 Miscanthus sinensis、五节芒 M. floridulus、柳叶箬 Isachne globosa、巴拉草 Brachiaria mutica、地毯草 Axonopus compressus、水蔗草 Apluda mutica、铺地黍 Panicum repens、大黍 P. maximum、象草 Pennisetum purpureum、牧地狼尾草 P. setosum、刺蒺藜草 Cenchrus echinatus、稻 Oryza sativa、红尾翎 Digitaria radicosa、蟋蟀草 Eleusine indica、两耳草 Paspalum conjugatum、棕叶狗尾草 Setaria paimifolia
584	拟籼弄蝶 Pseudoborbo bevani	稻 Oryza sativa
585	直纹稻弄蝶 Parnara guttata	稻 Oryza sativa、高粱 Sorghum bicolor、玉米 Zea mays、茭白 Zizania latifolia、甘蔗 Saccharum officinarum、芦苇 Phragmites communis、稗 Echinochloa crus-galli、雀稗 Paspalum thunbergii、狼尾草 Pennisetum alopecuroides、水蔗草 Apluda mutica、细柄草 Capillipedium parviflorum、白茅 Imperata cylindrica、芒 Miscanthus sinensis、李氏禾 Leersia hexandra、刚莠竹 Microstegium ciliatum、芸薹 Brassica campestris、半夏 Pinellia ternata
586	曲纹稻弄蝶 P. ganga	稻 Oryza sativa、紫竹 Phyllostachys nigra、筱竹 Thamnocalamus spathiflorus、芦苇 Phragmites communis、芒 Miscanthus sinensis、稗 Echinochloa crus-galli、高粱 Sorghum bicolor、玉米 Zea mays
587	幺纹稻弄蝶 P. bada	稻 Oryza sativa、芒 Miscanthus sinensis、玉米 Zea mays、高粱 Sorghum bicolor、大麦 Hordeum vulgare、芦苇 Phragmites communis、谷子 Setaria italica、狗尾草 S. viridis、稗 Echinochloa crus-galli、白茅 Imperata cylindrica、茭白 Zizania latifolia、李氏禾 Leersia hexandra 及竹亚科 Bambusoideae
588	中华谷弄蝶 Pelopidas sinensis	稻 Oryza sativa、芒 Miscanthus sinensis、象草 Pennisetum purpureum、狗尾草 Setaria viridis、芦苇 Phragmites communis、稗 Echinochloa crus-galli、茭白 Zizania latifolia
589	南亚谷弄蝶 P. agna	稻 Oryza sativa、高粱 Sorghum bicolor、玉米 Zea mays、两耳草 Paspalum conjugatum、开穗雀稗 P. paniculatum、大黍 Panicum maximum、细毛鸭嘴草 Ischaemum ciliare、牛筋草 Eleusine indica、巴拉草 Brachiaria mutica、细柄草 Capillipedium parviflorum、刚莠竹 Microstegium ciliatum
590	隐纹谷弄蝶 P. mathias	芒 Miscanthus sinensis、五节芒 M. floridulus、巴拉草 Brachiaria mutica、白茅 Imperata cylindrica、两耳草 Paspalum conjugatum、水蔗草 Apluda mutica、牛筋草 Eleusine indica、稗 Echinochloa crus-galli、稻 Oryza sativa、高粱 Sorghum bicolor、苏丹草 S. sudanense、谷子 Setaria italica、狗尾草 S. viridis、玉米 Zea mays、甘蔗 Saccharum officinarum、藤竹 Dinochloa andamanica、莠竹属 Microstegium spp.
591	古铜谷弄蝶 P. conjuncta	稻 Oryza sativa、玉米 Zea mays、甘蔗 Saccharum officinarum、芒 Miscanthus sinensis、五节芒 M. floridulus、象草 Pennisetum purpureum、须芒草属 Andropogon spp.、簕竹属 Bambusa spp.
592	山地谷弄蝶 P. jansonis	禾本科 Gramineae
593	融纹孔弄蝶 Polytremis discreta	禾本科 Gramineae
594	台湾孔弄蝶 P. eltola	棕叶芦 Thysanolaena maxima、竹叶草 Oplismenus compositus、求米草 O. undulatifolius、芦竹 Arundo donax
595	盒纹孔弄蝶 P. theca	竹亚科 Bambusoideae
596	刺纹孔弄蝶 P. zina	稻 Oryza sativa、芦苇 Phragmites communis、芒 Miscanthus sinensis、狗尾草 Setaria viridis、箭竹属 Fargesia spp.

序号 No.	种类 Species	寄主 Host
597	黑标孔弄蝶 P. mencia	稻 *Oryza sativa*、芦苇 *Phragmites communis*、芒 *Miscanthus sinensis*、稗 *Echinochloa crus-galli*、狗尾草 *Setaria viridis*、阔叶箬竹 *Indocalamus latifolius*、刚竹属 *Phyllostachys* spp.
598	透纹孔弄蝶 P. pellucida	稻 *Oryza sativa*、芒 *Miscanthus sinensis*、五节芒 *M. floridulus* 及竹亚科 Bambusoideae
599	黄纹孔弄蝶 P. lubricans	芒 *Miscanthus sinensis*、五节芒 *M. floridulus*、莠竹属 *Microstegium* spp.、白茅属 *Imperata* spp.
600	小赭弄蝶 Ochlodes venata	莎草 *Cyperus rotundus*、芒 *Miscanthus sinensis*、求米草 *Oplismenus undulatifolius*、薹草属 *Carex* spp. 及豆科 Fabaceae
601	宽边赭弄蝶 O. ochracea	拂子茅属 *Calamagrostis* spp.、短柄草属 *Brachypodium* spp.、薹草属 *Carex* spp.
602	白斑赭弄蝶 O. subhyalina	川上短柄草 *Brachypodium kawakamii*、膝曲莠竹 *Microstegium geniculatum*、求米草 *Oplismenus undulatifolius*、莎草属 *Cyperus* spp. 及竹亚科 Bambusoideae
603	黄赭弄蝶 O. crataeis	莎草属 *Cyperus* spp.
604	弄蝶 Hesperia comma	早熟禾属 *Poa* spp.、羊茅属 *Festuca* spp.、绣球小冠花 *Coronilla varia*
605	红弄蝶 H. florinda	薹草属 *Carex* spp.
606	豹弄蝶 Thymelicus leoninus	鹅观草 *Roegneria kamoji*、草芦 *Phalaris arundinacea*、拂子茅 *Calamagrostis epigeios*、冰草 *Agropyron cristatum*、羊茅属 *Festuca* spp.、雀麦属 *Bromus* spp.、短柄草属 *Brachypodium* spp.
607	黑豹弄蝶 T. sylvaticus	鹅观草 *Roegneria kamoji*、草芦 *Phalaris arundinacea*、拂子茅 *Calamagrostis epigeios*、羊茅属 *Festuca* spp.、雀麦属 *Bromus* spp.、冰草属 *Agropyron* spp.、短柄草属 *Brachypodium* spp.、薹草属 *Carex* spp.
608	线豹弄蝶 T. lineola	偃麦草 *Elytrigia repens*、梯牧草 *Phleum pratense*、葡匐冰草 *Agropyron repens*、拂子茅 *Calamagrostis epigeios*、发草 *Deschampsia cespitosa*、鸭茅属 *Dactylis* spp.、燕麦草属 *Arrhenatherum* spp.
609	旖弄蝶 Isoteinon lamprospilus	五节芒 *Miscanthus floridulus*、芒 *M. sinensis*、台湾芦竹 *Arundo formosana*、求米草 *Oplismenus undulatifolius*、白茅 *Imperata cylindrica*
610	白斑蕉弄蝶 Erionota grandis	铺葵 *Livistona chinensis*、棕榈 *Trachycarpus fortunei*、芭蕉 *Musa basjoo*、美人蕉 *Canna indica*、蕉藕 *C. edulis*
611	黄斑蕉弄蝶 E. torus	指天蕉 *Musa coccina*、大蕉 *M. paradisiaca*、芭蕉 *M. basjoo*、台湾芭蕉 *M. formosana*、香蕉 *M. nana*、红蕉 *M. uranoscopos*
612	玛弄蝶 Matapa aria	毛竹 *Phyllostachys pubescens*、刚竹 *P. viridis*、观音竹 *Bambusa multiplex*、大佛肚竹 *B. vulgaris*、小佛肚竹 *B. ventricosa*
613	黄纹长标弄蝶 Telicota ohara	棕叶狗尾草 *Setaria palmifolia*
614	断纹黄室弄蝶 Potanthus trachalus	芒 *Miscanthus sinensis*、五节芒 *M. floridulus*
615	曲纹黄室弄蝶 P. flavus	竹亚科 Bambusoideae 及芒 *Miscanthus sinensis*、野青茅 *Deyeuxia pyramidalis*
616	孔子黄室弄蝶 P. confucius	五节芒 *Miscanthus floridulus*、芒 *M. sinensis*、红尾翎 *Digitaria radicosa*、白茅 *Imperata cylindrica*、簕竹属 *Bambusa* spp.

续表

序号 No.	种类 Species	寄主 Host
617	宽纹黄室弄蝶 *P. pava*	白茅 *Imperata cylindrica*、五节芒 *Miscanthus floridulus*
618	淡色黄室弄蝶 *P. pallidus*	禾本科 Gramineae
619	小黄斑弄蝶 *Ampittia nana*	李氏禾 *Leersia hexandra*
620	钩形黄斑弄蝶 *A. virgata*	稻 *Oryza sativa*、甘蔗 *Saccharum officinarum*、芒 *Miscanthus sinensis*、五节芒 *M. floridulus* 及竹亚科 Bambusoideae
621	黄斑弄蝶 *A. dioscorides*	稻 *Oryza sativa*、玉米 *Zea mays*、李氏禾 *Leersia hexandra*

附录 II

大秦岭蝴蝶地理分布统计表
Geographical distribution of butterflies in the Great Qinling Mountains

序号 No.	种类 Species	国外分布 Foreign distribution	中国分布 Distribution of China	大秦岭分布 Distribution of the Great Qinling Mountains
一			凤蝶科 Papilionidae	
1	金裳凤蝶 *Troides aeacus*	印度、不丹、缅甸、越南、泰国、斯里兰卡、马来西亚	河南、陕西、甘肃、安徽、浙江、湖北、江西、福建、台湾、广东、广西、重庆、四川、贵州、云南、西藏	河南（内乡）、陕西（蓝田、长安、鄠邑、周至、华州、陈仓、太白、南郑、洋县、西乡、留坝、佛坪、汉滨、宁陕、商州、丹凤、商南、山阳、洛南）、甘肃（秦州、麦积、武都、康县、文县、徽县、两当）、湖北（远安、神农架、武当山）、重庆（城口）、四川（宣汉、青川、安州、江油、平武）
2	麝凤蝶 *Byasa alcinous*	韩国、日本、越南	黑龙江、吉林、辽宁、河北、山西、山东、河南、陕西、甘肃、江苏、安徽、浙江、湖北、江西、福建、台湾、广东、海南、广西、重庆、四川、贵州、云南	河南（荥阳、新密、登封、巩义、宝丰、镇平、内乡、西峡、南召、宜阳、汝阳、嵩县、栾川、洛宁、渑池、陕州）、陕西（蓝田、长安、周至、华州、华阴、潼关、渭滨、眉县、太白、凤县、南郑、洋县、西乡、略阳、留坝、佛坪、汉滨、岚皋、石泉、宁陕、商州、丹凤、商南、山阳、镇安、柞水、洛南）、甘肃（麦积、秦州、武都、康县、文县、徽县、两当、礼县、舟曲、迭部）、湖北（远安、神农架、武当山、郧阳、房县、竹山、郧西）、重庆（巫溪、城口）、四川（宣汉、青川、都江堰、平武）
3	长尾麝凤蝶 *B. impediens*		河南、陕西、甘肃、安徽、浙江、湖北、江西、湖南、福建、台湾、广东、重庆、四川、贵州、云南	河南（宜阳）、陕西（华州、凤县、洋县、西乡、留坝、佛坪、汉阴、宁陕、商南、山阳、镇安）、甘肃（武都、康县、文县、徽县、两当）、湖北（远安、兴山、神农架）、重庆（城口）、四川（安州）
4	突缘麝凤蝶 *B. plutonius*	印度、不丹、尼泊尔、缅甸	河南、陕西、甘肃、重庆、四川、云南、西藏	河南（内乡、西峡）、陕西（长安、周至、太白、凤县、洋县、留坝、佛坪、宁陕、山阳、镇安）、甘肃（麦积、文县、徽县、两当）、四川（安州）
5	灰绒麝凤蝶 *B. mencius*		河南、陕西、甘肃、安徽、浙江、湖北、江西、福建、广东、广西、重庆、四川、贵州、云南	河南（登封、内乡、西峡、栾川、陕州）、陕西（长安、汉台、留坝、佛坪、宁陕）、甘肃（麦积、两当、康县、文县、徽县）、湖北（神农架）
6	多姿麝凤蝶 *B. polyeuctes*	印度、不丹、尼泊尔、缅甸、越南、泰国	山西、河南、陕西、甘肃、湖北、广东、台湾、重庆、四川、贵州、云南、西藏	河南（灵宝）、陕西（长安、鄠邑、周至、眉县、太白、凤县、南郑、留坝、洋县、西乡、宁强、佛坪、宁陕）、甘肃（麦积、秦州、文县、徽县、两当）、湖北（神农架）、重庆（巫溪、城口）、四川（青川、安州、平武）
7	达摩麝凤蝶 *B. daemonius*	印度、不丹、缅甸	陕西、甘肃、重庆、四川、云南、西藏	陕西（凤县、西乡、留坝、佛坪、商南）、甘肃（文县、徽县）、重庆（巫溪、城口）

续表

序号 No.	种类 Species	国外分布 Foreign distribution	中国分布 Distribution of China	大秦岭分布 Distribution of the Great Qinling Mountains
8	白斑麝凤蝶 B. dasarada	印度、不丹、尼泊尔、缅甸、越南	陕西、甘肃、海南、四川、云南、西藏	陕西（留坝、佛坪）、甘肃（武都、文县）
9	短尾麝凤蝶 B. crassipes	印度、缅甸、老挝、越南	甘肃、广西、重庆、四川、云南	重庆（城口）、甘肃（文县）
10	红珠凤蝶 Pachliopta aristolochiae	印度、缅甸、泰国、斯里兰卡、菲律宾、马来西亚、新加坡、印度尼西亚	河北、河南、陕西、安徽、浙江、湖北、江西、湖南、福建、台湾、广东、海南、香港、广西、重庆、四川、贵州、云南	陕西（太白、留坝）、河南（栾川、内乡）、湖北（当阳）
11	褐斑凤蝶 Chilasa agestor	印度、尼泊尔、缅甸、泰国、马来西亚	陕西、甘肃、浙江、湖北、江西、福建、台湾、广东、海南、广西、重庆、四川、贵州、云南	陕西（长安、汉台、南郑、洋县、西乡、留坝、宁陕、汉滨、镇安）、甘肃（文县）、湖北（神农架）、重庆（巫溪、城口）
12	小黑斑凤蝶 C. epycides	印度、不丹、缅甸、越南、老挝、泰国、马来西亚、印度尼西亚	辽宁、陕西、甘肃、浙江、湖北、江西、福建、台湾、广东、海南、重庆、四川、贵州、云南	陕西（南郑、洋县、宁强、宁陕）、甘肃（文县、徽县）、湖北（神农架）、四川（安州）
13	美凤蝶 Papilio memnon	日本、印度、缅甸、泰国、斯里兰卡、印度尼西亚	陕西、甘肃、浙江、湖北、江西、湖南、福建、台湾、广东、海南、广西、重庆、四川、贵州、云南	陕西（周至、镇安、汉台、南郑、西乡、镇安、汉滨、紫阳）、甘肃（康县、文县、徽县、两当）、湖北（神农架）、四川（青川）
14	宽带（美）凤蝶 P. nephelus	印度、不丹、尼泊尔、缅甸、越南、泰国、柬埔寨、马来西亚、印度尼西亚	山西、陕西、甘肃、湖北、江西、福建、台湾、广东、海南、广西、重庆、四川、贵州、云南	陕西（眉县、南郑、宁强）、甘肃（康县、文县、两当）、湖北（远安、神农架）、四川（安州、江油）
15	玉斑（美）凤蝶 P. helenus	日本、印度、不丹、尼泊尔、缅甸、越南、老挝、泰国、柬埔寨、斯里兰卡、菲律宾、马来西亚、印度尼西亚	河南、陕西、甘肃、浙江、江西、福建、台湾、广东、海南、广西、重庆、四川、贵州、云南	甘肃（文县）

序号 No.	种类 Species	国外分布 Foreign distribution	中国分布 Distribution of China	大秦岭分布 Distribution of the Great Qinling Mountains
16	玉带（美）凤蝶 *P. polytes*	日本、印度、泰国、马来西亚、印度尼西亚、巴基斯坦、尼泊尔、斯里兰卡、缅甸、越南、老挝、柬埔寨、文莱、菲律宾，安达曼群岛、尼科巴群岛，东欧和马来西亚半岛、北马里亚纳群岛	河北、山西、河南、陕西、甘肃、青海、江苏、山东、安徽、浙江、湖北、江西、湖南、福建、台湾、广东、海南、广西、重庆、四川、贵州、云南、西藏	河南（荥阳、新密、登封、宝丰、内乡、西峡、栾川、陕州、灵宝）、陕西（眉县、太白、凤县、汉台、南郑、城固、洋县、西乡、留坝、佛坪、汉滨、岚皋、宁陕、商州、丹凤、商南、洛南）、甘肃（麦积、武都、康县、文县、成县、徽县、两当）、湖北（远安、兴山、神农架、武当山、郧西）、重庆（巫溪、城口）、四川（宣汉、万源、安州、江油、都江堰、汶川）
17	红基美凤蝶 *P. alcmenor*	印度、不丹、尼泊尔、缅甸	河南、陕西、甘肃、湖北、湖南、海南、重庆、四川、贵州、云南、西藏	河南（内乡）、陕西（蓝田、鄠邑、太白、南郑、洋县、西乡、宁强、略阳、留坝、佛坪、汉滨、岚皋、商州、商南）、甘肃（麦积、秦州、武都、康县、文县、徽县、两当）、湖北（兴山、神农架）、重庆（巫溪、城口）、四川（昭化、青川、安州、平武）
18	牛郎（黑美）凤蝶 *P. bootes*	印度、不丹、尼泊尔、缅甸、老挝、越南	河南、陕西、甘肃、湖北、四川、西藏、云南	河南（栾川、灵宝）、陕西（长安、鄠邑、周至、华州、眉县、太白、凤县、城固、洋县、西乡、留坝、佛坪、商州、柞水）、甘肃（麦积、武都、文县、徽县、两当）、湖北（神农架、郧西）、四川（青川、平武）
19	蓝（美）凤蝶 *P. protenor*	朝鲜、韩国、日本、印度、不丹、尼泊尔、缅甸、越南	辽宁、山东、河南、陕西、甘肃、安徽、浙江、湖北、江西、福建、台湾、广东、海南、广西、重庆、四川、贵州、云南、西藏	河南（荥阳、登封、巩义、内乡、栾川）、陕西（蓝田、长安、鄠邑、周至、渭滨、陈仓、眉县、太白、凤县、华州、华阴、南郑、洋县、西乡、宁强、略阳、留坝、佛坪、汉滨、平利、镇坪、岚皋、宁陕、商州、丹凤、商南、山阳、镇安、柞水、洛南）、甘肃（麦积、武都、康县、文县、徽县、两当）、湖北（远安、兴山、南漳、神农架、郧西、竹溪、房县）、重庆（巫溪、城口）、四川（宣汉、昭化、青川、都江堰、绵竹、安州、平武、江油、汶川）
20	姝美凤蝶 *P. macilentus*	俄罗斯、韩国、日本	辽宁、河南、陕西、甘肃、江苏、安徽、浙江、湖北、江西、四川	河南（登封、内乡、栾川、陕州）、陕西（蓝田、长安、周至、眉县、太白、凤县、华州、洋县、留坝、佛坪、汉滨、宁陕、商州、丹凤、商南、山阳）、甘肃（麦积、武都、康县、文县、迭部）、湖北（远安、神农架）、四川（都江堰、平武）

附录
Appendix

序号 No.	种类 Species	国外分布 Foreign distribution	中国分布 Distribution of China	大秦岭分布 Distribution of the Great Qinling Mountains
21	碧翠凤蝶 *P. bianor*	朝鲜、韩国、日本、印度、越南、缅甸	除新疆外，全国广布	河南（荥阳、登封、嵩县、渑池、卢氏）、陕西（临潼、蓝田、长安、鄠邑、周至、渭滨、陈仓、岐山、眉县、太白、凤县、华州、华阴、潼关、南郑、城固、洋县、西乡、镇巴、勉县、略阳、留坝、佛坪、汉滨、平利、镇坪、岚皋、紫阳、汉阴、石泉、宁陕、商州、丹凤、商南、山阳、镇安、柞水、洛南）、甘肃（麦积、秦州、武山、武都、康县、文县、宕昌、徽县、两当、礼县、舟曲、迭部、碌曲、漳县）、湖北（当阳、远安、兴山、保康、谷城、神农架、武当山、竹溪、郧西）、重庆（巫溪、城口）、四川（宣汉、昭化、朝天、剑阁、青川、都江堰、绵竹、安州、江油、北川、平武、汶川）
22	波绿翠凤蝶 *P. polyctor*	印度、不丹、缅甸、泰国、越南、老挝	陕西、甘肃、湖北、云南、西藏	甘肃（文县）、陕西（留坝）、湖北（神农架）
23	窄斑翠凤蝶 *P. arcturus*	印度、尼泊尔、缅甸、泰国	陕西、甘肃、湖北、江西、广东、广西、重庆、四川、贵州、云南、西藏	陕西（岐山、眉县、太白、凤县、南郑、洋县、西乡、留坝、佛坪、宁陕、山阳、镇安）、甘肃（文县）、湖北（神农架）、重庆（巫溪、城口）、四川（青川、平武）
24	穹翠凤蝶 *P. dialis*	缅甸、越南、老挝、泰国、柬埔寨	河南、陕西、甘肃、安徽、浙江、湖北、江西、福建、台湾、广东、海南、广西、重庆、四川、贵州	河南（内乡、栾川、陕州）、陕西（南郑、留坝、岚皋）、甘肃（康县）、湖北（神农架）
25	巴黎翠凤蝶 *P. paris*	印度、缅甸、越南、老挝、泰国、马来西亚、印度尼西亚	河南、陕西、甘肃、浙江、湖北、江西、福建、台湾、广东、海南、香港、广西、重庆、四川、贵州、云南	河南（内乡）、陕西（周至、太白、眉县、凤县、汉台、南郑、宁强、洋县、西乡、略阳、留坝、佛坪、汉滨、岚皋、商南、山阳、柞水）、甘肃（麦积、武都、康县、文县、徽县、两当、迭部）、湖北（远安、兴山、神农架、武当山、郧西）、重庆（巫溪、城口）、四川（宣汉、青川、都江堰、北川、江油、平武、汶川）
26	绿带翠凤蝶 *P. maackii*	俄罗斯、朝鲜、日本	黑龙江、吉林、辽宁、北京、天津、河北、河南、陕西、甘肃、安徽、浙江、湖北、江西、台湾、重庆、四川、贵州、云南	河南（栾川、洛宁）、陕西（长安、周至、陈仓、眉县、太白、华州、留坝、佛坪、宁陕、商州、丹凤、商南、山阳）、甘肃（武都、文县）
27	柑橘凤蝶 *P. xuthus*	俄罗斯、朝鲜、韩国、日本、缅甸、越南、菲律宾	遍布中国各地	大秦岭广布

序号 No.	种类 Species	国外分布 Foreign distribution	中国分布 Distribution of China	大秦岭分布 Distribution of the Great Qinling Mountains
28	金凤蝶 *P. machaon*	亚洲、欧洲、北美洲等广大地区	黑龙江、吉林、辽宁、天津、河北、山西、山东、河南、陕西、甘肃、青海、新疆、安徽、广东、浙江、湖北、江西、福建、台湾、广东、广西、重庆、四川、贵州、云南、西藏	河南（登封、内乡、西峡、陕州）、陕西（雁塔、临潼、蓝田、长安、周至、渭滨、眉县、太白、凤县、华州、汉台、南郑、城固、洋县、西乡、略阳、留坝、佛坪、宁陕、商州、丹凤、商南、山阳）、甘肃（麦积、秦州、武山、文县、宕昌、徽县、两当、礼县、迭部、碌曲、漳县、岷县）、湖北（兴山、神农架、武当山、郧西）、重庆（巫溪、城口）、四川（宣汉、利州、青川、都江堰、安州、江油、汶川）
29	宽尾凤蝶 *Agehana elwesi*		河南、陕西、安徽、浙江、湖北、江西、湖南、福建、广东、广西、重庆、四川、贵州	河南（鲁山、栾川）、陕西（长安、凤县、汉台、洋县、勉县、宁强、略阳、留坝、佛坪、镇坪、宁陕、商南）、湖北（武当山）、四川（青城山）
30	宽带青凤蝶 *Graphium cloanthus*	日本、印度、不丹、尼泊尔、缅甸、泰国、印度尼西亚	陕西、甘肃、安徽、浙江、湖北、江西、湖南、福建、台湾、广东、广西、重庆、四川、贵州、云南	陕西（南郑、洋县、西乡）、甘肃（文县、徽县）、湖北（神农架）、重庆（城口）、四川（宣汉、青川、都江堰、安州、汶川）
31	青凤蝶 *G. sarpedon*	日本、印度、不丹、尼泊尔、缅甸、泰国、斯里兰卡、菲律宾、马来西亚、印度尼西亚、澳大利亚	河南、陕西、甘肃、安徽、浙江、湖北、江西、湖南、福建、台湾、广东、海南、香港、广西、重庆、四川、贵州、云南、西藏	河南（内乡）、陕西（周至、眉县、汉台、南郑、城固、洋县、西乡、留坝、佛坪、汉滨、岚皋、商州）、甘肃（武都、康县、文县）、湖北（远安、神农架、竹溪）、重庆（城口）、四川（宣汉、青川、都江堰、安州、江油、平武、汶川）
32	木兰青凤蝶 *G. doson*	日本、印度、缅甸、越南、泰国、菲律宾、马来西亚	陕西、甘肃、浙江、江西、福建、台湾、广东、海南、香港、广西、重庆、四川、贵州、云南	陕西（留坝、商南）、甘肃（文县）
33	黎氏青凤蝶 *G. leechi*	越南	安徽、浙江、湖北、江西、湖南、福建、广东、海南、广西、重庆、四川、贵州、云南	湖北（神农架）、四川（巴山）
34	碎斑青凤蝶 *G. chironides*	印度、缅甸、越南、泰国、马来西亚、印度尼西亚	甘肃、浙江、湖北、江西、湖南、福建、广东、海南、广西、重庆、四川、贵州	甘肃（文县）、湖北（神农架）
35	客纹凤蝶 *Paranticopsis xenocles*	印度、不丹、缅甸、越南、泰国	湖北、海南、四川、云南	湖北（神农架）
36	金斑剑凤蝶 *Pazala alebion*		河南、陕西、甘肃、江苏、安徽、浙江、湖北、江西、湖南、福建、台湾、广东、广西、重庆、四川、云南	陕西（长安、周至、陈仓、太白、凤县、华阴、汉台、南郑、洋县、西乡、勉县、佛坪、镇坪、宁陕、商州、丹凤、商南、山阳、柞水）、甘肃（武都、文县、徽县、两当、舟曲、迭部）、湖北（神农架）、重庆（巫溪、城口）
37	乌克兰剑凤蝶 *P. tamerlana*		河南、陕西、甘肃、湖北、江西、湖南、重庆、四川、贵州	河南（栾川、灵宝）、陕西（长安、周至、凤县、华阴、汉台、洋县、留坝、佛坪、宁陕、商州、镇安、柞水）、甘肃（麦积、秦州、文县）、湖北（神农架）、四川（青川、都江堰、安州、平武）

续表

序号 No.	种类 Species	国外分布 Foreign distribution	中国分布 Distribution of China	大秦岭分布 Distribution of the Great Qinling Mountains
38	升天剑凤蝶 P. euroa	印度、不丹、尼泊尔、缅甸、巴基斯坦	陕西、甘肃、浙江、湖北、江西、湖南、福建、台湾、广东、广西、重庆、四川、贵州、云南、西藏	陕西（眉县、南郑、洋县、西乡、留坝、岚皋）、甘肃（武都、文县、两当、徽县）、湖北（神农架）、重庆（巫溪）、四川（青川、安州、平武）
39	华夏剑凤蝶 P. glycerion	尼泊尔、缅甸	河南、陕西、甘肃、浙江、湖北、江西、广东、重庆、四川、贵州、云南	河南（栾川、灵宝）、甘肃（文县、徽县）、重庆（巫溪）、四川（宣汉、青川、平武）
40	四川剑凤蝶 P. sichuanica		河南、陕西、浙江、湖北、广东、广西、四川	陕西（镇坪）
41	旖凤蝶 Iphiclides podalirius	中亚细亚、欧洲、非洲北部	甘肃、新疆	甘肃（武都、康县、文县）
42	西藏旖凤蝶 I. podalirinus		甘肃、云南、西藏	甘肃（迭部）
43	褐钩凤蝶 Meandrusa sciron	印度、不丹、缅甸、越南、马来西亚	陕西、甘肃、湖北、江西、湖南、福建、广东、广西、重庆、四川、贵州、云南、西藏	陕西（城固、洋县、留坝）、甘肃（武都、康县、文县、徽县、两当）、湖北（神农架）、重庆（城口）、四川（宣汉、青川、安州、平武）
44	丝带凤蝶 Sericinus montelus	俄罗斯、韩国、朝鲜、日本	黑龙江、吉林、辽宁、北京、天津、河北、山西、山东、河南、陕西、甘肃、宁夏、江苏、上海、安徽、浙江、湖北、江西、湖南、广西、重庆、四川	河南（荥阳、新密、登封、巩义、镇平、内乡、栾川、西峡、南召、陕县）、陕西（蓝田、长安、周至、渭滨、眉县、太白、凤县、华州、华阴、潼关、洋县、西乡、留坝、宁陕、商州、丹凤、商南、洛南）、甘肃（麦积、秦州、康县、文县、两当、徽县、礼县）、四川（汶川）
45	三尾凤蝶 Bhutanitis thaidina		陕西、甘肃、湖北、四川、云南、西藏	陕西（长安、鄠邑、周至、眉县、太白、凤县、南郑、洋县、留坝、佛坪、宁陕）、甘肃（麦积、武都、文县、徽县、两当）、湖北（神农架、茅箭）、四川（安州）
46	中华虎凤蝶 Luehdorfia chinensis		山西、河南、陕西、甘肃、江苏、安徽、浙江、湖北、江西、湖南、重庆	河南（鲁山、内乡、西峡、嵩县、南召、栾川、灵宝、卢氏）、陕西（长安、周至、太白、华阴、留坝、佛坪、宁陕）、甘肃（麦积、文县、迭部）、湖北（神农架）、重庆（城口）
47	太白虎凤蝶 L. taibai		陕西、甘肃、湖北、四川	陕西（长安、鄠邑、周至、眉县、太白、凤县、华阴、洋县、宁陕）、甘肃（麦积、秦州）
48	冰清绢蝶 Parnassius glacialis	韩国、朝鲜、日本	黑龙江、吉林、辽宁、天津、山西、山东、河南、陕西、甘肃、安徽、江苏、浙江、湖北、重庆、四川、贵州、云南	河南（荥阳、新密、登封、鲁山、内乡、西峡、宜阳、嵩县、栾川、洛宁、灵宝）、陕西（临潼、蓝田、长安、鄠邑、周至、渭滨、陈仓、眉县、太白、凤县、华州、华阴、潼关、城固、勉县、洋县、略阳、留坝、佛坪、平利、镇坪、岚皋、石泉、宁陕、商州、丹凤、商南、山阳、镇安、柞水、洛南）、甘肃（麦积、秦州、武山、武都、文县、宕昌、徽县、两当、礼县、合作、临潭、卓尼、舟曲、迭部、碌曲、玛曲）、湖北（神农架、竹山）、重庆（巫溪、城口）、四川（青川、平武）

序号 No.	种类 Species	国外分布 Foreign distribution	中国分布 Distribution of China	大秦岭分布 Distribution of the Great Qinling Mountains
49	白绢蝶 *P. stubbendorfii*	俄罗斯、蒙古、朝鲜、日本	北京、黑龙江、吉林、辽宁、台湾、甘肃、青海、湖北、四川、西藏	甘肃（麦积、武都、文县、徽县、两当、合作、临潭、卓尼、舟曲、迭部、碌曲、玛曲）、湖北（神农架、武当山）
50	红珠绢蝶 *P. bremeri*	俄罗斯、朝鲜、欧洲中部	黑龙江、吉林、辽宁、内蒙古、北京、河北、山西、山东、河南、陕西、甘肃、宁夏、新疆	河南（内乡）、陕西（眉县）、甘肃（麦积、武都、文县、徽县、两当、舟曲、迭部、碌曲）
51	小红珠绢蝶 *P. nomion*	俄罗斯、朝鲜、哈萨克斯坦、美国	黑龙江、吉林、辽宁、北京、山西、河南、陕西、甘肃、青海、新疆、四川	陕西（眉县）、甘肃（麦积、武都、文县、合作、临潭、卓尼、舟曲、迭部、碌曲、玛曲）
52	夏梦绢蝶 *P. jacquemontii*	乌兹别克斯坦、吉尔吉斯斯坦、塔吉克斯坦、巴基斯坦、阿富汗、印度	甘肃、青海、新疆、四川、西藏	甘肃（武都、舟曲、迭部、碌曲）、四川（青川）
53	依帕绢蝶 *P. epaphus*	阿富汗、巴基斯坦、印度北部、尼泊尔、克什米尔地区	甘肃、青海、新疆、四川、西藏	甘肃（武都、合作、临潭、卓尼、舟曲、迭部、碌曲、玛曲）
54	西猴绢蝶 *P. simo*	巴基斯坦、印度、克什米尔地区	甘肃、新疆、青海、四川、西藏	甘肃（武都、文县、合作、临潭、卓尼、舟曲、迭部、碌曲）
55	翠雀绢蝶 *P. delphius*	哈萨克斯坦、乌兹别克斯坦、巴基斯坦、印度、克什米尔地区	甘肃、新疆	甘肃（合作、临潭、卓尼、舟曲、迭部、碌曲、玛曲）
56	蓝精灵绢蝶 *P. acdestis*	哈萨克斯坦、吉尔吉斯斯坦、印度、不丹、克什米尔地区	甘肃、青海、新疆、四川、西藏	甘肃（合作、临潭、卓尼、舟曲、迭部）
57	珍珠绢蝶 *P. orleans*	蒙古	北京、内蒙古、陕西、甘肃、青海、新疆、四川、云南、西藏	陕西（周至、眉县）、甘肃（文县、两当、临潭、合作、卓尼、舟曲、迭部、碌曲、玛曲）
58	元首绢蝶 *P. cephalus*	巴基斯坦、印度、克什米尔地区	甘肃、青海、四川、云南、西藏	甘肃（合作、临潭、卓尼、文县、舟曲、迭部、碌曲、玛曲）
59	蜡贝绢蝶 *P. labeyriei*		甘肃、青海、四川、云南、西藏	甘肃（舟曲、迭部）
60	君主绢蝶 *P. imperator*		甘肃、青海、四川、云南、西藏	甘肃（武山、合作、临潭、卓尼、文县、宕昌、迭部、碌曲、玛曲、岷县）
61	四川绢蝶 *P. szechenyii*		甘肃、青海、四川、云南、西藏	甘肃（文县、舟曲、迭部、碌曲）、四川（青川）
62	安度绢蝶 *P. andreji*		甘肃、青海、四川	甘肃（舟曲、迭部、碌曲、玛曲）、四川（青川）

序号 No.	种类 Species	国外分布 Foreign distribution	中国分布 Distribution of China	大秦岭分布 Distribution of the Great Qinling Mountains
63	周氏绢蝶 *P. choui*		甘肃、青海	甘肃（碌曲）
二			**粉蝶科 Pieridae**	
64	迁粉蝶 *Catopsilia pomona*	印度、不丹、尼泊尔、泰国、斯里兰卡、印度尼西亚、巴布亚新几内亚、澳大利亚	吉林、甘肃、福建、台湾、广东、海南、香港、广西、四川、贵州、云南	甘肃（文县）、四川（宣汉）
65	梨花迁粉蝶 *C. pyranthe*	阿富汗、巴基斯坦、印度、不丹、尼泊尔、孟加拉国、缅甸、泰国、菲律宾、澳大利亚	甘肃、江苏、江西、福建、台湾、广东、海南、香港、广西、四川、贵州、云南、西藏	甘肃（武都、文县）
66	檀方粉蝶 *Dercas verhuelli*	巴基斯坦、印度、尼泊尔、缅甸、越南、老挝、泰国、新加坡，加里曼丹岛	陕西、甘肃、江西、福建、广东、海南、香港、广西、重庆、四川、贵州、云南	陕西（镇安）、甘肃（武都、文县）、四川（宣汉）
67	黑角方粉蝶 *D. lycorias*	印度、尼泊尔	陕西、甘肃、浙江、湖北、江西、湖南、福建、广东、广西、重庆、四川、贵州、云南、西藏	陕西（太白、凤县、南郑、洋县、西乡、勉县、留坝、佛坪、汉阴、商州、商南、镇安）、甘肃（麦积、秦州、武山、武都、康县、文县、徽县、两当、礼县）、湖北（神农架、郧西）、重庆（巫溪、城口）、四川（青川、安州、平武）
68	橙翅方粉蝶 *D. nina*	越南	陕西、甘肃、浙江、江西、广东、广西、贵州、重庆	陕西（南郑、洋县、西乡、宁强、留坝）、甘肃（康县、文县）
69	斑缘豆粉蝶 *Colias erate*	俄罗斯、日本	黑龙江、吉林、辽宁、内蒙古、北京、天津、山西、河南、陕西、宁夏、甘肃、青海、新疆、江苏、安徽、浙江、湖北、江西、湖南、福建、台湾、海南、重庆、四川、贵州、云南、西藏	大秦岭区域内广布
70	橙黄豆粉蝶 *C. fieldii*	缅甸、泰国、巴基斯坦、印度北部、不丹、尼泊尔	黑龙江、北京、天津、山西、山东、河南、陕西、甘肃、青海、湖北、江西、湖南、广东、广西、重庆、四川、贵州、云南、西藏	大秦岭区域内广布
71	黎明豆粉蝶 *C. heos*	俄罗斯、蒙古、朝鲜等	黑龙江、吉林、辽宁、内蒙古、北京、河北、陕西、宁夏、甘肃、四川	陕西（长安、周至、眉县、太白、留坝、佛坪、汉滨、汉阴、石泉、宁陕、紫阳、镇安、山阳）、甘肃（麦积、文县、徽县、两当、卓尼、舟曲、碌曲）、四川（宣汉、青川、平武）

序号 No.	种类 Species	国外分布 Foreign distribution	中国分布 Distribution of China	大秦岭分布 Distribution of the Great Qinling Mountains
72	豆粉蝶 *C. hyale*	俄罗斯、蒙古，欧洲中部及南部	河南、陕西、甘肃、青海、新疆	河南（内乡）、陕西（眉县）、甘肃（麦积、秦州、武山、文县、徽县、两当、礼县、碌曲）
73	鹙豆粉蝶 *C. nebulosa*		甘肃、青海、四川、西藏	甘肃（文县、宕昌、玛曲）
74	红黑豆粉蝶 *C. arida*		内蒙古、甘肃、青海、新疆、西藏	甘肃（文县、合作、舟曲、碌曲）
75	曙红豆粉蝶 *C. eogene*	蒙古、吉尔吉斯斯坦、塔吉克斯坦、阿富汗、巴基斯坦、印度	甘肃、青海、新疆、西藏	甘肃（宕昌）
76	山豆粉蝶 *C. montium*		甘肃、青海、四川、西藏	甘肃（康县、合作、碌曲）
77	西番豆粉蝶 *C. sifanica*		甘肃、青海	甘肃（合作、卓尼、碌曲）
78	尖角黄粉蝶 *Eurema laeta*	朝鲜、日本、印度、不丹、尼泊尔、孟加拉国、缅甸、越南、老挝、泰国、柬埔寨、斯里兰卡、菲律宾、马来西亚、印度尼西亚、澳大利亚	黑龙江、辽宁、山西、山东、河南、陕西、甘肃、江苏、安徽、浙江、湖北、江西、福建、台湾、广东、海南、香港、四川、贵州、云南	陕西（太白、汉台、南郑、山阳、柞水）、甘肃（武都、文县、宕昌、舟曲）、四川（宣汉、安州、江油）
79	宽边黄粉蝶 *E. hecabe*	朝鲜、韩国、日本、阿富汗、印度、尼泊尔、孟加拉国、缅甸、越南南部、泰国、柬埔寨、斯里兰卡、菲律宾、马来西亚、新加坡、印度尼西亚、澳大利亚，非洲	黑龙江、吉林、辽宁、北京、河北、山西、山东、河南、陕西、甘肃、江苏、安徽、浙江、湖北、江西、福建、台湾、广东、海南、香港、广西、重庆、四川、贵州、云南、西藏	河南（登封、镇平、内乡、西峡、洛宁、栾川、嵩县、陕州）、陕西（临潼、长安、蓝田、鄂邑、周至、渭滨、陈仓、岐山、眉县、太白、凤县、华州、汉台、南郑、洋县、西乡、勉县、宁强、略阳、留坝、佛坪、汉滨、平利、岚皋、紫阳、汉阴、石泉、宁陕、商州、丹凤、商南、山阳、镇安、柞水、洛南）、甘肃（麦积、秦州、武山、武都、康县、文县、宕昌、成县、徽县、两当、礼县、合作、临潭、卓尼、舟曲、迭部、碌曲、玛曲、漳县、岷县）、湖北（兴山、南漳、保康、神农架、郧阳、郧西、竹溪）、重庆（巫溪、城口）、四川（宣汉、南江、昭化、朝天、青川、都江堰、绵竹、安州、江油、北川、平武、汶川）

续表

序号 No.	种类 Species	国外分布 Foreign distribution	中国分布 Distribution of China	大秦岭分布 Distribution of the Great Qinling Mountains
80	安迪黄粉蝶 E. andersoni	印度、缅甸、越南、老挝、泰国、斯里兰卡、马来西亚、新加坡、印度尼西亚	北京、河南、甘肃、江苏、安徽、浙江、湖北、江西、福建、台湾、广东、海南、广西、重庆、四川、贵州、云南	河南（汝阳）、甘肃（文县）、湖北（神农架）、四川（平武）
81	檗黄粉蝶 E. blanda	印度、越南、斯里兰卡、菲律宾、马来西亚、印度尼西亚、澳大利亚	湖北、安徽、湖南、福建、台湾、广东、海南、香港、广西、重庆、四川、贵州、云南、西藏	湖北（神农架）、四川（青川、平武）
82	无标黄粉蝶 E. brigitta	印度、尼泊尔、缅甸、越南、泰国、斯里兰卡、马来西亚、印度尼西亚、巴布亚新几内亚、澳大利亚，非洲	陕西、甘肃、江西、湖南、福建、台湾、广东、海南、香港、广西、四川、贵州、云南	四川（都江堰、安州）
83	尖钩粉蝶 Gonepteryx mahaguru	朝鲜、日本、尼泊尔、缅甸北部、克什米尔地区	黑龙江、吉林、辽宁、内蒙古、北京、天津、河北、山西、河南、陕西、甘肃、安徽、浙江、湖北、江西、台湾、广东、重庆、四川、贵州、云南、西藏	河南（内乡、西峡、南召、嵩县、栾川）、陕西（蓝田、长安、鄠邑、周至、渭滨、陈仓、岐山、眉县、太白、凤县、华州、华阴、汉台、南郑、洋县、西乡、略阳、镇巴、留坝、佛坪、汉滨、平利、岚皋、汉阴、石泉、镇坪、宁陕、商州、丹凤、山阳、镇安、柞水、洛南）、甘肃（麦积、秦州、武山、武都、康县、文县、徽县、两当、礼县、迭部、碌曲、漳县）、湖北（南漳、神农架、竹溪）、重庆（巫溪、城口）、四川（宣汉、朝天、剑阁、青川、江油、平武）
84	钩粉蝶 G. rhamni	朝鲜、日本、印度、尼泊尔，欧洲、非洲	黑龙江、吉林、内蒙古、北京、河南、陕西、甘肃、宁夏、新疆、安徽、浙江、湖北、江西、福建、广东、重庆、四川、贵州、云南、西藏	河南（登封、内乡、西峡、栾川、陕州）、陕西（周至、眉县、太白、凤县、汉台、洋县、西乡、镇巴、留坝、佛坪、宁陕、商南）、甘肃（麦积、秦州、武山、武都、文县、徽县、两当、礼县、合作、迭部、玛曲、漳县）、湖北（当阳、神农架、武当山）、重庆（城口）
85	圆翅钩粉蝶 G. amintha	俄罗斯（远东）、朝鲜	河南、陕西、甘肃、安徽、浙江、湖北、江西、福建、台湾、广东、海南、重庆、四川、贵州、云南、西藏	河南（内乡、西峡、灵宝）、陕西（长安、汉台、洋县、西乡、留坝、佛坪、宁陕）、甘肃（麦积、秦州、武山、武都、康县、文县、宕昌、徽县、两当、礼县、漳县）、湖北（兴山、神农架）、重庆（巫溪、城口）、四川（宣汉、青川、都江堰、安州、平武、汶川）
86	淡色钩粉蝶 G. aspasia	俄罗斯（远东）、朝鲜、日本	黑龙江、吉林、辽宁、内蒙古、北京、河北、山西、河南、陕西、甘肃、青海、新疆、江苏、浙江、湖北、福建、四川、贵州、云南、西藏	陕西（长安、华州、留坝、佛坪、宁陕）、甘肃（麦积、康县、文县、成县）、湖北（神农架、武当山）、四川（青川、都江堰、汶川）

序号 No.	种类 Species	国外分布 Foreign distribution	中国分布 Distribution of China	大秦岭分布 Distribution of the Great Qinling Mountains
87	大钩粉蝶 *G. maxima*	俄罗斯（远东）、朝鲜、韩国、日本	黑龙江、辽宁、北京、陕西、江苏、湖北、湖南、广西、四川、贵州、云南	四川（都江堰）
88	侧条斑粉蝶 *Delias lativitta*	巴基斯坦、不丹、缅甸、老挝、泰国	陕西、甘肃、浙江、湖北、江西、福建、台湾、四川、贵州、云南、西藏	陕西（周至、留坝、宁陕）、甘肃（麦积、秦州、文县、徽县、两当）、湖北（神农架）
89	隐条斑粉蝶 *D. subnubila*		陕西、甘肃、湖北、重庆、四川、贵州、云南、西藏	陕西（长安、周至、西乡）、甘肃（麦积、秦州、文县、徽县）、湖北（神农架）、重庆（城口）、四川（平武）
90	洒青斑粉蝶 *D. sanaca*	印度、不丹、尼泊尔、缅甸、越南、泰国、马来西亚	陕西、甘肃、湖北、重庆、四川、贵州、云南、西藏	陕西（周至、凤县、南郑、宁陕）、甘肃（武都、康县、文县、成县）、湖北（神农架）、重庆（城口）、四川（都江堰）
91	艳妇斑粉蝶 *D. belladonna*	印度、不丹、尼泊尔、缅甸、越南、老挝、泰国、斯里兰卡、马来西亚、印度尼西亚	陕西、甘肃、浙江、湖北、江西、湖南、福建、台湾、广东、香港、广西、四川、贵州、云南、西藏	陕西（凤县、留坝、佛坪）、甘肃（武都、成县、徽县、两当）、湖北（武当山）、四川（都江堰）
92	倍林斑粉蝶 *D. berinda*	印度、不丹、缅甸、越南、老挝、泰国	陕西、浙江、湖北、江西、福建、广西、四川、贵州、云南、西藏	陕西（秦岭）、湖北（神农架）、四川（宣汉、都江堰）
93	内黄斑粉蝶 *D. patrua*	缅甸、泰国	甘肃、湖北、四川、云南	甘肃（康县）、湖北（神农架）、四川（江油）
94	绢粉蝶 *Aporia crataegi*	俄罗斯、朝鲜、日本、欧洲西部、非洲北部	黑龙江、吉林、辽宁、内蒙古、北京、河北、山西、河南、陕西、宁夏、甘肃、青海、新疆、江苏、安徽、浙江、湖北、重庆、四川、西藏	河南（内乡、西峡、嵩县、栾川、渑池）、陕西（临潼、长安、鄠邑、周至、陈仓、眉县、太白、凤县、华州、华阴、南郑、洋县、西乡、勉县、略阳、留坝、佛坪、石泉、宁陕、商州、丹凤、商南、山阳、镇安、柞水）、甘肃（麦积、秦州、武山、武都、康县、文县、宕昌、成县、徽县、两当、舟曲、迭部、碌曲、漳县）、湖北（兴山、神农架）、重庆（城口）、四川（朝天、青川、都江堰）
95	小檗绢粉蝶 *A. hippia*	俄罗斯、朝鲜、日本	黑龙江、吉林、辽宁、内蒙古、河北、山西、河南、陕西、甘肃、宁夏、青海、江苏、上海、湖北、台湾、重庆、四川、贵州、西藏	河南（嵩县、栾川）、陕西（蓝田、长安、鄠邑、周至、渭滨、陈仓、眉县、太白、凤县、华州、南郑、洋县、略阳、留坝、佛坪、汉阴、石泉、宁陕、商州、丹凤、商南、山阳、镇安、柞水）、甘肃（麦积、秦州、武山、康县、文县、徽县、两当、临潭、迭部、碌曲）、湖北（神农架）、四川（青川、安州、平武、汶川）
96	暗色绢粉蝶 *A. bieti*		陕西、宁夏、甘肃、新疆、四川、贵州、云南、西藏	陕西（周至、眉县、太白）、甘肃（麦积、秦州、武山、武都、文县、宕昌、成县、徽县、两当、礼县、合作、迭部、碌曲）、四川（都江堰、汶川、九寨沟）

续表

序号 No.	种类 Species	国外分布 Foreign distribution	中国分布 Distribution of China	大秦岭分布 Distribution of the Great Qinling Mountains
97	秦岭绢粉蝶 *A. tsinglingica*		河南、陕西、甘肃、青海、重庆、四川	河南（灵宝）、陕西（长安、鄠邑、周至、眉县、太白、凤县、洋县、佛坪、宁陕、镇安、柞水）、甘肃（麦积、秦州、成县、徽县、两当、迭部、渭源）、重庆（城口）、四川（汶川）
98	龟井绢粉蝶 *A. kamei*		四川、云南	四川（青川）
99	箭纹绢粉蝶 *A. procris*	朝鲜、蒙古	河南、陕西、甘肃、青海、新疆、四川、云南、西藏	河南（灵宝）、陕西（长安、周至、眉县、太白、凤县、洋县、佛坪、宁陕、商南）、甘肃（麦积、秦州、武山、文县、徽县、两当、合作、迭部、碌曲）、四川（都江堰、安州、汶川）
100	锯纹绢粉蝶 *A. goutellei*		河南、陕西、甘肃、四川、云南、西藏	河南（灵宝）、陕西（长安、鄠邑、周至、陈仓、眉县、太白、凤县、华阴、汉台、南郑、洋县、留坝、佛坪、宁陕、商州）、甘肃（麦积、秦州、武都、文县、宕昌、徽县、两当、迭部、岷县）、四川（青川）
101	贝娜绢粉蝶 *A. bernardi*		四川、云南	四川（汶川）
102	灰姑娘绢粉蝶 *A. intercostata*		内蒙古、北京、天津、河北、山西、河南、陕西、宁夏、甘肃、青海、湖北、湖北、重庆、四川	河南（内乡、嵩县、栾川、灵宝）、陕西（蓝田、长安、鄠邑、周至、渭滨、眉县、太白、凤县、华州、华阴、洋县、西乡、商州、山阳、镇安、洛南）、甘肃（麦积、秦州、文县、成县、徽县、两当、迭部、岷县）、湖北（神农架）、重庆（城口）
103	马丁绢粉蝶 *A. martineti*		甘肃、青海、四川、云南、西藏	甘肃（武都、文县、宕昌、临潭、迭部、玛曲）
104	酪色绢粉蝶 *A. potanini*		辽宁、内蒙古、北京、天津、河北、山西、河南、陕西、宁夏、甘肃、青海、湖南、湖北、重庆、四川	河南（灵宝）、陕西（长安、周至、陈仓、眉县、华阴、洋县、西乡、佛坪、宁陕、山阳）、甘肃（麦积、秦州、武都、康县、文县、徽县、两当、卓尼、玛曲）、湖北（神农架）、重庆（城口）、四川（安州）
105	大翅绢粉蝶 *A. largeteaui*		河南、陕西、甘肃、浙江、湖北、江西、湖南、福建、广东、广西、重庆、四川、贵州、云南	河南（内乡）、陕西（长安、蓝田、鄠邑、周至、太白、凤县、华州、南郑、洋县、西乡、宁强、略阳、留坝、佛坪、汉阴、宁陕、商州、丹凤、商南、山阳、镇安、柞水、洛南）、甘肃（麦积、秦州、武都、康县、文县、成县、徽县、两当、礼县、漳县）、湖北（兴山、神农架、武当山）、重庆（巫溪、城口）、四川（宣汉、剑阁、青川、都江堰、安州、江油、平武）
106	巨翅绢粉蝶 *A. gigantea*		台湾、四川、贵州、云南	四川（都江堰）
107	黑边绢粉蝶 *A. acraea*		四川、云南、甘肃	甘肃（康县）、四川（汶川）
108	大邑绢粉蝶 *A. tayiensis*		甘肃、四川	甘肃（康县、文县）

序号 No.	种类 Species	国外分布 Foreign distribution	中国分布 Distribution of China	大秦岭分布 Distribution of the Great Qinling Mountains
109	奥倍绢粉蝶 A. oberthueri		陕西、甘肃、湖北、湖南、重庆、四川	陕西（周至、南郑、岚皋、宁陕）、甘肃（武都、文县、宕昌）、湖北（神农架）、重庆（巫溪）、四川（青川、平武、汶川）
110	普通绢粉蝶 A. genestieri		山西、河南、陕西、甘肃、湖北、台湾、四川、云南	陕西（蓝田、长安、鄠邑、周至、陈仓、眉县、太白、华州、华阴、汉台、洋县、略阳、留坝、佛坪、汉阴、石泉、商州、丹凤、商南、山阳、镇安、柞水、洛南）、甘肃（麦积、康县、文县、两当）、湖北（神农架）、四川（青川、都江堰、江油）
111	Y 纹绢粉蝶 A. delavayi		陕西、甘肃、湖北、四川、云南、西藏	陕西（周至、眉县、洋县、宁陕）、甘肃（武都、文县、徽县、迭部、漳县）、湖北（神农架）、四川（青川、九寨沟）
112	猬形绢粉蝶 A. hastata		四川、云南	四川（平武）
113	西村绢粉蝶 A. nishimurai		湖北、四川、云南	湖北（神农架）
114	利箭绢粉蝶 A. harrietae	印度、不丹	湖北、重庆、四川、贵州、云南、西藏	湖北（神农架）、重庆（城口）
115	三黄绢粉蝶 A. larraldei		甘肃、重庆、四川、贵州、云南	甘肃（文县）、四川（都江堰、汶川）
116	完善绢粉蝶 A. agathon	印度、尼泊尔、缅甸、越南、泰国	台湾、四川、贵州、云南、西藏	四川（都江堰）
117	金子绢粉蝶 A. kanekoi		甘肃、四川	甘肃（文县）、四川（汶川）
118	妹粉蝶 Mesapia peloria		陕西、甘肃、青海、新疆、四川、云南、西藏	陕西（长安）、甘肃（合作、卓尼、迭部、碌曲）
119	黑脉园粉蝶 Cepora nerissa	印度、缅甸、越南、老挝、泰国、菲律宾、马来西亚	湖北、福建、台湾、广东、广西、云南、海南	湖北（神农架）
120	青园粉蝶 C. nadina	印度、尼泊尔、越南、老挝、泰国、柬埔寨、马来西亚	台湾、广东、海南、广西、四川、云南、西藏	四川（大巴山）
121	欧洲粉蝶 Pieris brassicae	俄罗斯、印度、尼泊尔、中亚、欧洲	吉林、甘肃、新疆、四川、贵州、云南、西藏	甘肃（武山、武都、康县、文县、徽县、两当、礼县、临潭、迭部、碌曲、漳县）、四川（青城山）
122	菜粉蝶 P. rapae	整个北温带，包括美洲北部至印度北部	黑龙江、吉林、辽宁、内蒙古、北京、天津、河北、山西、山东、河南、陕西、宁夏、甘肃、青海、新疆、江苏、上海、安徽、浙江、湖北、江西、湖南、福建、台湾、广东、海南、香港、广西、重庆、四川、贵州、云南、西藏	大秦岭各县市区均有分布

附

315

续表

序号 No.	种类 Species	国外分布 Foreign distribution	中国分布 Distribution of China	大秦岭分布 Distribution of the Great Qinling Mountains
123	东方菜粉蝶 P. canidia	韩国、越南、老挝、缅甸、柬埔寨、泰国、土耳其	中国各省区均有分布	河南（新郑、荥阳、新密、登封、巩义、宝丰、内乡、西峡、南召、伊川、宜阳、汝阳、嵩县、栾川、洛宁、渑池、卢氏）、陕西（阎良、临潼、蓝田、长安、鄠邑、周至、渭滨、陈仓、岐山、眉县、太白、凤县、华州、华阴、潼关、汉台、南郑、城固、洋县、西乡、镇巴、勉县、宁强、略阳、留坝、佛坪、汉滨、平利、镇坪、岚皋、紫阳、汉阴、石泉、宁陕、商州、丹凤、商南、山阳、镇安、柞水、洛南）、甘肃（麦积、秦州、武山、武都、文县、徽县、两当、礼县、迭部、碌曲、漳县）、湖北（兴山、南漳、保康、谷城、神农架、竹山、竹溪、武当山）、重庆（巫溪、城口）、四川（宣汉、万源、南江、利州、昭化、朝天、剑阁、青川、都江堰、彭州、什邡、绵竹、安州、江油、北川、平武）
124	暗脉菜粉蝶 P. napi	俄罗斯、朝鲜、韩国、日本、巴基斯坦、印度、小亚细亚及高加索地区、欧洲、北美洲、非洲	黑龙江、吉林、辽宁、河北、河南、陕西、甘肃、青海、新疆、安徽、浙江、湖北、江西、广东、重庆、四川、贵州、西藏	河南（新郑、登封、西峡、南召、卢氏）、陕西（蓝田、长安、鄠邑、周至、渭滨、陈仓、岐山、眉县、太白、凤县、华州、华阴、南郑、洋县、西乡、勉县、略阳、留坝、佛坪、汉滨、平利、岚皋、紫阳、汉阴、石泉、宁陕、商州、丹凤、商南、山阳、镇安、柞水）、甘肃（麦积、秦州、武山、武都、文县、宕昌、成县、徽县、两当、礼县、合作、临潭、卓尼、舟曲、迭部、碌曲、玛曲、漳县）、湖北（神农架、郧阳）、重庆（巫溪、城口）、四川（宣汉、朝天、青川、都江堰、平武）
125	黑纹粉蝶 P. melete	俄罗斯、韩国、日本	黑龙江、吉林、辽宁、河北、河南、陕西、甘肃、安徽、上海、浙江、湖北、江西、湖南、福建、广西、重庆、四川、贵州、云南、西藏	河南（新郑、荥阳、新密、登封、巩义、内乡、西峡、鲁山、南召、伊川、宜阳、汝阳、嵩县、栾川、渑池、卢氏）、陕西（临潼、蓝田、长安、鄠邑、周至、陈仓、眉县、太白、凤县、华州、南郑、洋县、西乡、镇巴、勉县、宁强、略阳、留坝、佛坪、汉滨、岚皋、紫阳、汉阴、石泉、宁陕、商州、丹凤、商南、山阳、镇安、柞水、洛南）、甘肃（麦积、秦州、武山、武都、康县、文县、徽县、两当、礼县、迭部、碌曲、漳县）、湖北（兴山、南漳、保康、神农架、竹溪、房县、武当山）、重庆（巫溪、城口）、四川（宣汉、万源、青川、都江堰、绵竹、安州、江油、平武、汶川）
126	库茨粉蝶 P. kozlovi		甘肃、青海、西藏	甘肃（迭部）
127	杜贝粉蝶 P. dubernardi		陕西、甘肃、四川、云南、西藏	陕西（周至、眉县）、甘肃（文县、合作、临潭、卓尼、舟曲、迭部）
128	斯坦粉蝶 P. steinigeri		四川、云南	四川（都江堰）

序号 No.	种类 Species	国外分布 Foreign distribution	中国分布 Distribution of China	大秦岭分布 Distribution of the Great Qinling Mountains
129	大展粉蝶 *P. extensa*	不丹	陕西、甘肃、湖北、重庆、四川、贵州、云南、西藏	陕西（长安、鄠邑、周至、太白、华州、南郑、洋县、西乡、镇巴、宁强、略阳、留坝、佛坪、宁陕、商州、丹凤、山阳、镇安）、甘肃（麦积、秦州、康县、文县、宕昌、徽县、两当、漳县）、湖北（神农架）、重庆（城口）、四川（青川、都江堰、平武、汶川）
130	大卫粉蝶 *P. davidis*		陕西、甘肃、四川、云南、西藏	陕西（长安、周至、眉县、太白、宁陕）、甘肃（麦积、秦州、文县、徽县、两当、迭部、碌曲）
131	偌思粉蝶 *P. rothschildi*		陕西、甘肃、四川	陕西（眉县、太白）、甘肃（临潭）、四川（青川）
132	云粉蝶 *Pontia daplidice*	俄罗斯，中亚、西亚、欧洲、非洲北部	黑龙江、吉林、辽宁、内蒙古、北京、天津、河北、山西、山东、河南、陕西、宁夏、甘肃、青海、新疆、江苏、上海、安徽、浙江、湖北、江西、广东、广西、四川、贵州、云南、西藏	河南（登封、郏县、内乡、西峡、嵩县、栾川、洛宁）、陕西（灞桥、蓝田、长安、周至、临渭、陈仓、岐山、眉县、太白、凤县、华州、华阴、汉台、南郑、洋县、勉县、留坝、佛坪、岚皋、宁陕、商州、丹凤、商南、山阳）、甘肃（麦积、秦州、武山、武都、文县、宕昌、徽县、两当、礼县、合作、迭部、碌曲、漳县）、湖北（谷城、神农架）、四川（宣汉、安州、平武、汶川）
133	绿云粉蝶 *P. chloridice*	俄罗斯、蒙古、朝鲜、韩国、阿富汗、巴基斯坦、印度、伊朗、土耳其	黑龙江、吉林、内蒙古、北京、甘肃、青海、新疆、四川、西藏	甘肃（文县、舟曲、迭部、碌曲）、四川（青川）
134	箭纹云粉蝶 *P. callidice*	哈萨克斯坦、印度，欧洲	甘肃、青海、新疆、西藏	甘肃（文县、迭部）
135	飞龙粉蝶 *Talbotia naganum*	印度、缅甸、越南、老挝、泰国	浙江、湖北、江西、湖南、福建、台湾、广东、广西、重庆、四川、贵州、云南	湖北（当阳）、四川（都江堰）
136	黄尖襟粉蝶 *Anthocharis scolymus*	俄罗斯（乌苏里）、日本，朝鲜半岛	黑龙江、吉林、辽宁、北京、河北、山西、河南、陕西、甘肃、青海、上海、安徽、浙江、福建、湖北、江西、重庆、四川、贵州	河南（内乡、南召、嵩县、栾川）、陕西（蓝田、长安、鄠邑、周至、渭滨、陈仓、眉县、太白、凤县、华州、华阴、南郑、城固、洋县、留坝、佛坪、汉滨、镇坪、岚皋、石泉、宁陕、商州、山阳、镇安、洛南）、甘肃（麦积、秦州、文县、宕昌、徽县、两当、礼县、迭部、碌曲、漳县）、湖北（神农架、竹山）、重庆（巫溪）、四川（青川、都江堰）
137	红襟粉蝶 *A. cardamines*	俄罗斯、朝鲜、日本、伊朗、叙利亚，西欧	黑龙江、吉林、辽宁、山西、河南、陕西、宁夏、甘肃、青海、新疆、江苏、浙江、湖北、江西、福建、重庆、四川、西藏	河南（灵宝）、陕西（蓝田、长安、鄠邑、周至、渭滨、陈仓、眉县、太白、凤县、华州、南郑、洋县、宁强、略阳、留坝、佛坪、汉滨、平利、宁陕、商州、镇安、柞水、洛南）、甘肃（麦积、秦州、武都、文县、徽县、两当、迭部、玛曲、漳县）、湖北（兴山、神农架）、重庆（巫溪）、四川（青川、平武、汶川）

序号 No.	种类 Species	国外分布 Foreign distribution	中国分布 Distribution of China	大秦岭分布 Distribution of the Great Qinling Mountains
138	橙翅襟粉蝶 *A. bambusarum*		河南、陕西、甘肃、青海、江苏、安徽、浙江、江西、四川	甘肃（麦积、文县）、陕西（凤县）
139	皮氏尖襟粉蝶 *A. bieti*		甘肃、青海、新疆、四川、云南、贵州、西藏	甘肃（武都、文县、临潭、迭部、碌曲）
140	突角小粉蝶 *Leptidea amurensis*	俄罗斯、蒙古、朝鲜、日本	黑龙江、吉林、辽宁、内蒙古、北京、河北、山西、山东、河南、陕西、宁夏、甘肃、新疆、重庆、四川	河南（荥阳、登封、鲁山、内乡、嵩县、栾川、陕州、灵宝）、陕西（临潼、蓝田、长安、鄠邑、周至、渭滨、陈仓、眉县、太白、凤县、华州、华阴、汉台、洋县、西乡、略阳、留坝、佛坪、汉滨、宁陕、商州、丹凤、商南、山阳、柞水、镇安、洛南）、甘肃（秦州、麦积、武山、武都、康县、文县、宕昌、徽县、两当、礼县、合作、迭部、碌曲、漳县）、四川（青川、安州、平武）
141	锯纹小粉蝶 *L. serrata*		北京、河北、河南、陕西、甘肃、湖北、重庆、四川	河南（登封、嵩县、栾川、灵宝）、陕西（蓝田、长安、周至、眉县、太白、凤县、汉台、勉县、西乡、宁强、略阳、留坝、宁陕）、甘肃（麦积、秦州、武山、文县、徽县、两当、临潭、迭部、碌曲、漳县）、湖北（神农架）、重庆（城口）、四川（青川）
142	莫氏小粉蝶 *L. morsei*	俄罗斯、蒙古、朝鲜、日本，欧洲	黑龙江、吉林、北京、河北、河南、陕西、甘肃、新疆、湖北、四川、贵州	河南（鲁山、方城、镇平、内乡、淅川、西峡、南召、栾川、灵宝）、陕西（长安、周至、陈仓、眉县、太白、凤县、汉台、勉县、洋县、宁强、略阳、留坝、佛坪、商州）、甘肃（麦积、秦州、武都、康县、文县、徽县、两当、礼县、卓尼、碌曲、玛曲、漳县）、四川（平武）、湖北（神农架）
143	圆翅小粉蝶 *L. gigantea*		黑龙江、吉林、辽宁、内蒙古、北京、河北、山西、河南、陕西、甘肃、新疆、重庆、四川、云南、西藏	河南（鲁山、西峡、内乡、栾川）、陕西（眉县、汉台、南郑、洋县、宁强、留坝）、甘肃（麦积、秦州、两当、康县、文县、徽县、舟曲、碌曲、玛曲）、重庆（巫溪、城口）、四川（青川、平武）
144	条纹小粉蝶 *L. sinapis*	俄罗斯、中东、中亚及欧洲	黑龙江、吉林、辽宁、北京、河北、河南、陕西、甘肃、上海、四川	陕西（眉县、商州）、甘肃（两当、徽县）
三			蛱蝶科 Nymphalidae	
145	朴喙蝶 *Libythea celtis*	朝鲜、日本、印度、缅甸、泰国、斯里兰卡，欧洲	吉林、辽宁、北京、天津、河北、山西、河南、陕西、甘肃、安徽、浙江、湖北、江西、福建、台湾、广东、海南、广西、四川、贵州	河南（登封、内乡、西峡、嵩县、栾川、陕州）、陕西（蓝田、长安、鄠邑、周至、渭滨、陈仓、眉县、太白、凤县、华州、潼关、汉台、南郑、洋县、西乡、宁强、略阳、留坝、佛坪、汉滨、平利、汉阴、石泉、宁陕、商州、丹凤、山阳、镇安、柞水）、甘肃（麦积、秦州、武山、武都、康县、文县、徽县、两当、礼县、迭部）、湖北（远安、南漳、神农架、武当山、郧阳）、四川（安州、平武）

序号 No.	种类 Species	国外分布 Foreign distribution	中国分布 Distribution of China	大秦岭分布 Distribution of the Great Qinling Mountains
146	金斑蝶 *Danaus chrysippus*	日本、印度、不丹、尼泊尔、孟加拉国、缅甸、越南、老挝、泰国、柬埔寨、斯里兰卡、菲律宾、马来西亚、印度尼西亚，西亚地区、南欧（希腊）、大洋洲（澳大利亚、新西兰）、非洲	河南、陕西、甘肃、上海、安徽、浙江、湖北、江西、湖南、福建、台湾、广东、海南、香港、广西、重庆、四川、贵州、云南、西藏	河南（内乡）、陕西（周至、汉台、西乡）、甘肃（武都、文县）、湖北（谷城）、重庆（巫溪）、四川（宣汉）
147	虎斑蝶 *D. genutia*	日本、阿富汗、印度、不丹、尼泊尔、缅甸、越南、老挝、泰国、柬埔寨、斯里兰卡、菲律宾、马来西亚、新加坡、印度尼西亚、意大利、巴布亚新几内亚、所罗门群岛、澳大利亚、新西兰，克什米尔地区	河南、陕西、甘肃、安徽、浙江、湖北、江西、湖南、福建、台湾、广东、海南、香港、广西、重庆、四川、贵州、云南、西藏	河南（内乡）、陕西（周至、汉台）、甘肃（麦积）、湖北（兴山、神农架）、四川（宣汉、平武）
148	啬青斑蝶 *Tirumala septentrionis*	阿富汗、印度、不丹、尼泊尔、缅甸、越南、老挝、泰国、斯里兰卡、菲律宾、马来西亚、新加坡、印度尼西亚	江西、湖南、福建、台湾、广东、海南、香港、广西、重庆、四川、贵州、云南、西藏	四川（安州）
149	大绢斑蝶 *Parantica sita*	朝鲜、日本、阿富汗、巴基斯坦、印度、不丹、尼泊尔、孟加拉国、缅甸、越南、老挝、泰国、柬埔寨、菲律宾、马来西亚、印度尼西亚（苏门答腊岛），克什米尔地区	河南、陕西、浙江、湖北、江西、湖南、福建、台湾、广东、海南、广西、重庆、四川、贵州、云南、西藏	陕西（太白、南郑、洋县、西乡、镇坪）、甘肃（麦积）、湖北（兴山、神农架）、重庆（巫溪）、四川（宣汉、南江、青川、都江堰、安州、平武、汶川）

续表

序号 No.	种类 Species	国外分布 Foreign distribution	中国分布 Distribution of China	大秦岭分布 Distribution of the Great Qinling Mountains
150	黑绢斑蝶 P. melaneus	印度、不丹、尼泊尔、孟加拉国、缅甸、越南、老挝、泰国、柬埔寨、马来西亚、印度尼西亚	浙江、湖北、江西、湖南、福建、台湾、广东、海南、香港、广西、重庆、四川、贵州、云南、西藏	湖北（兴山）、四川（青川、都江堰、安州、平武）
151	史氏绢斑蝶 P. swinhoei	日本、印度、缅甸、越南、老挝、泰国、越南	甘肃、浙江、湖北、福建、台湾、广东、香港、广西、四川、贵州、云南、西藏	甘肃（徽县）、湖北（兴山）、四川（安州、平武）
152	二尾蛱蝶 Polyura narcaea	印度、缅甸、越南、泰国	辽宁、吉林、内蒙古、北京、天津、河北、山西、山东、河南、陕西、甘肃、江苏、上海、安徽、浙江、湖北、江西、湖南、福建、台湾、广东、广西、重庆、四川、贵州、云南	河南（荥阳、登封、鲁山、内乡、宜阳、嵩县、灵宝、洛宁、陕州）、陕西（临潼、蓝田、长安、鄠邑、周至、渭滨、陈仓、眉县、太白、凤县、华州、华阴、汉台、南郑、城固、洋县、西乡、略阳、留坝、佛坪、平利、岚皋、汉阴、石泉、宁陕、商州、丹凤、商南、山阳、镇安）、甘肃（麦积、秦州、武都、文县、徽县、两当）、湖北（兴山、保康、神农架、武当山、郧阳、竹山、郧西）、重庆（巫溪、城口）、四川（宣汉、青川、都江堰、安州、平武）
153	大二尾蛱蝶 P. eudamippus	日本、印度、缅甸、越南、老挝、泰国、马来西亚	陕西、甘肃、浙江、湖北、江西、福建、台湾、广东、海南、广西、重庆、四川、贵州、云南、西藏	陕西（长安、南郑、城固、西乡、略阳、留坝、佛坪、岚皋）、甘肃（武都、文县、徽县、两当）、湖北（兴山、神农架、房县）、重庆（巫溪）、四川（安州、平武）
154	针尾蛱蝶 P. dolon	印度、不丹、尼泊尔、缅甸、越南、泰国	浙江、湖北、江西、四川、贵州、云南、西藏	湖北（神农架）、四川（青川、安州、平武）
155	雅二尾蛱蝶 P. eleganta		甘肃	甘肃（文县）
156	白带螯蛱蝶 Charaxes bernardus	印度、缅甸、越南、老挝、泰国、斯里兰卡、菲律宾、马来西亚、新加坡、印度尼西亚、澳大利亚	上海、安徽、浙江、江西、湖南、福建、广东、海南、香港、广西、重庆、四川、贵州、云南	四川（宣汉、都江堰）
157	大卫绢蛱蝶 Calinaga davidis	印度、缅甸	辽宁、河南、陕西、甘肃、安徽、浙江、湖北、湖南、福建、广东、重庆、四川、贵州、云南、西藏	河南（鲁山、内乡、嵩县、栾川）、陕西（长安、鄠邑、周至、渭滨、陈仓、太白、凤县、华州、华阴、汉台、南郑、留坝、佛坪、平利、岚皋、汉阴、石泉、宁陕、商州、山阳、镇安、柞水、洛南）、甘肃（麦积、徽县、两当）、湖北（神农架）、重庆（城口）、四川（青川、都江堰、平武）
158	绢蛱蝶 C. buddha	印度、缅甸	甘肃、浙江、湖北、江西、广东、重庆、四川、贵州、云南	甘肃（两当、麦积、徽县、合作、舟曲、玛曲）、湖北（神农架、房县）、重庆（巫溪、城口）、四川（青川、安州、平武）

序号 No.	种类 Species	国外分布 Foreign distribution	中国分布 Distribution of China	大秦岭分布 Distribution of the Great Qinling Mountains
159	黑绢蛱蝶 *C. lhatso*	越南	陕西、甘肃、浙江、湖北、四川、贵州、云南、西藏	陕西（长安、蓝田、周至、渭滨、眉县、太白、汉台、城固、洋县、留坝、佛坪、镇坪、宁陕）、甘肃（麦积、秦州、徽县、两当）
160	丰绢蛱蝶 *C. funebris*	越南	陕西、四川、云南、贵州	陕西（汉台）
161	红锯蛱蝶 *Cethosia biblis*	印度、不丹、尼泊尔、缅甸、越南、老挝、泰国、斯里兰卡、马来西亚	湖北、江西、福建、广东、海南、香港、广西、四川、云南、西藏	湖北（神农架）
162	苎麻珍蝶 *Acraea issoria*	印度、缅甸、越南、泰国、菲律宾、马来西亚、印度尼西亚	吉林、河南、陕西、甘肃、安徽、浙江、湖北、江西、湖南、福建、台湾、广东、海南、广西、四川、贵州、云南、西藏	陕西（汉台、南郑、洋县、留坝、佛坪）、甘肃（康县、文县、宕县）、湖北（兴山、神农架）、四川（剑阁、青川、都江堰、安州、平武）
163	绿豹蛱蝶 *Argynnis paphia*	日本、英国，亚洲、欧洲、非洲	黑龙江、吉林、辽宁、内蒙古、北京、天津、河北、山西、山东、河南、陕西、宁夏、甘肃、新疆、安徽、浙江、湖北、江西、湖南、福建、台湾、广东、广西、重庆、四川、贵州、云南、西藏	河南（登封、内乡、西峡、宜阳、嵩县、栾川）、陕西（临潼、蓝田、长安、鄠邑、周至、华州、华阴、渭滨、陈仓、眉县、太白、凤县、华州、华阴、汉台、南郑、洋县、西乡、略阳、留坝、佛坪、汉滨、岚皋、石泉、宁陕、商州、丹凤、商南、山阳、镇安、柞水）、甘肃（麦积、秦州、武都、康县、文县、徽县、两当、宕昌、礼县、舟曲、迭部）、湖北（兴山、保康、神农架、武当山、郧阳、房县）、重庆（巫溪、城口）、四川（宣汉、昭化、青川、都江堰、安州、江油、平武、汶川、九寨沟）
164	斐豹蛱蝶 *Argyreus hyperbius*	朝鲜、日本、阿富汗、巴基斯坦、印度、尼泊尔、孟加拉国、缅甸、泰国、斯里兰卡、菲律宾、印度尼西亚	黑龙江、吉林、辽宁、北京、天津、河北、山西、山东、河南、陕西、宁夏、甘肃、青海、新疆、江苏、上海、安徽、浙江、湖北、江西、湖南、福建、台湾、广东、海南、香港、广西、重庆、四川、贵州、云南、西藏	河南（登封、鲁山、狭县、内乡、西峡、宜阳、嵩县、栾川、灵宝）、陕西（蓝田、长安、周至、眉县、太白、凤县、华州、汉台、南郑、城固、洋县、西乡、留坝、佛坪、汉滨、石泉、宁陕、岚皋、商州、丹凤、商南、山阳、镇安、柞水）、甘肃（麦积、秦州、武都、文县、徽县、两当、礼县、舟曲、迭部）、湖北（兴山、保康、神农架、武当山、郧阳、房县、郧西）、重庆（巫溪、城口）、四川（宣汉、万源、朝天、青川、都江堰、安州、江油、平武、汶川）

序号 No.	种类 Species	国外分布 Foreign distribution	中国分布 Distribution of China	大秦岭分布 Distribution of the Great Qinling Mountains
165	老豹蛱蝶 *Argyronome laodice*	朝鲜、日本、印度，欧洲	黑龙江、吉林、辽宁、北京、天津、河北、山西、山东、河南、陕西、宁夏、甘肃、青海、新疆、江苏、安徽、浙江、安徽、湖北、江西、湖南、福建、台湾、广东、广西、海南、重庆、四川、贵州、云南、西藏	河南（登封、鲁山、郏县、内乡、西峡、南召、宜阳、嵩县、栾川、洛宁、灵宝）、陕西（临潼、蓝田、长安、鄠邑、周至、渭滨、陈仓、眉县、太白、凤县、华州、华阴、汉台、南郑、洋县、西乡、留坝、镇巴、佛坪、宁陕、商州、丹凤、商南、山阳、镇安、柞水、洛南）、甘肃（麦积、秦州、武都、康县、文县、徽县、两当、礼县、宕昌、合作、卓尼、迭部、碌曲）、湖北（兴山、保康、谷城、神农架、武当山、丹江口、郧西）、重庆（巫溪、城口）、四川（宣汉、剑阁、青川、都江堰、平武、汶川、九寨沟）
166	红老豹蛱蝶 *A. ruslana*	朝鲜、日本	黑龙江、吉林、辽宁、内蒙古、河北、河南、陕西、甘肃、宁夏、湖北、湖南、重庆、四川	河南（内乡、灵宝）、陕西（长安、周至、眉县、太白、汉台、南郑、城固、洋县、勉县、镇巴、留坝、佛坪、宁陕、商州、丹凤、商南、山阳、镇安、柞水）、甘肃（武都、文县、舟曲、迭部）、湖北（兴山、南漳、武当山）、四川（青川、平武）
167	云豹蛱蝶 *Nephargynnis anadyomene*	俄罗斯、朝鲜、日本，亚洲	黑龙江、吉林、辽宁、河北、山西、山东、河南、陕西、宁夏、甘肃、安徽、浙江、湖北、江西、湖南、福建、广东、重庆、四川、贵州、云南	河南（登封、内乡、西峡、栾川、渑池、陕州）、陕西（长安、周至、陈仓、眉县、太白、凤县、汉台、南郑、城固、洋县、西乡、略阳、留坝、佛坪、石泉、岚皋、宁陕、商州、丹凤、商南、山阳、镇安）、甘肃（麦积、秦州、康县、文县、徽县、两当、礼县、临潭、舟曲、迭部）、湖北（兴山、神农架、武当山）、重庆（巫溪、城口）、四川（青川、平武）
168	欧洲小豹蛱蝶 *Brenthis hecate*	俄罗斯、伊朗、西班牙、希腊、土耳其	黑龙江、甘肃、新疆、浙江	甘肃（武都、文县、岷县）
169	小豹蛱蝶 *B. daphne*	朝鲜、日本、土耳其、希腊，欧洲	黑龙江、吉林、辽宁、北京、河北、山西、山东、河南、陕西、宁夏、甘肃、新疆、浙江、福建、云南	河南（内乡、西峡、灵宝、卢氏）、陕西（长安、鄠邑、周至、眉县、太白、凤县、汉台、南郑、城固、勉县、留坝）、甘肃（麦积、秦州、武都、文县、徽县、两当、礼县、合作、舟曲、迭部、碌曲）
170	伊诺小豹蛱蝶 *B. ino*	俄罗斯、朝鲜、日本，欧洲	黑龙江、吉林、辽宁、内蒙古、北京、山西、陕西、甘肃、浙江、山东、新疆	陕西（蓝田、太白）、甘肃（麦积、秦州、徽县、两当、礼县）
171	青豹蛱蝶 *Damora sagana*	西伯利亚，蒙古、朝鲜、日本、印度	黑龙江、吉林、辽宁、内蒙古、河北、河南、陕西、甘肃、江苏、安徽、浙江、湖北、江西、湖南、福建、广东、广西、重庆、四川、贵州	河南（内乡）、陕西（长安、鄠邑、陈仓、眉县、汉台、城固、洋县、西乡、留坝、佛坪、石泉、宁陕、商州、商南、山阳、镇安）、甘肃（麦积、武都、康县、文县、徽县、两当、礼县）、湖北（兴山、神农架、郧阳、郧西）、重庆（城口）、四川（宣汉、青川、都江堰、安州、平武）

322

附
录
Appendix

序号 No.	种类 Species	国外分布 Foreign distribution	中国分布 Distribution of China	大秦岭分布 Distribution of the Great Qinling Mountains
172	银豹蛱蝶 *Childrena childreni*	印度、缅甸	辽宁、北京、河北、河南、陕西、甘肃、安徽、浙江、湖北、江西、湖南、福建、广东、广西、重庆、四川、贵州、云南、西藏	河南（内乡、栾川）、陕西（周至、眉县、汉台、南郑、宁强、宁陕）、甘肃（麦积、秦州、康县、文县、徽县、两当、礼县）、湖北（兴山、保康、神农架、武当山、郧阳、丹江口）、重庆（巫溪、城口）、四川（青川、都江堰、安州、平武、汶川）
173	曲纹银豹蛱蝶 *C. zenobia*	印度	吉林、辽宁、北京、天津、河北、山西、河南、陕西、甘肃、广东、重庆、四川、贵州、云南、西藏	河南（登封、鲁山、内乡、嵩县、栾川、陕州、灵宝）、陕西（临潼、蓝田、长安、周至、陈仓、太白、南郑、勉县、宁强、宁陕、商州、丹凤、山阳）、甘肃（麦积、秦州、文县、徽县、两当、礼县、迭部、岷县）、重庆（城口）、四川（青川）
174	银斑豹蛱蝶 *Speyeria aglaja*	西伯利亚，朝鲜、日本、尼泊尔、克什米尔地区，欧洲、非洲北部	黑龙江、吉林、辽宁、内蒙古、北京、河北、山西、山东、河南、陕西、宁夏、甘肃、青海、新疆、浙江、四川、云南、西藏	河南（嵩县、栾川）、陕西（长安、周至、华阴、眉县、太白、凤县、华阴、洋县、佛坪、宁陕、柞水）、甘肃（麦积、秦州、文县、徽县、两当、合作、舟曲、迭部、碌曲、岷县）、四川（宣汉）
175	镁斑豹蛱蝶 *S. clara*	印度、克什米尔地区	甘肃、青海、新疆、四川、西藏	甘肃（迭部）
176	福蛱蝶 *Fabriciana niobe*	中亚、欧洲、非洲北部	吉林、辽宁、河北、甘肃、新疆	甘肃（文县、合作、临潭、迭部、玛曲）
177	蟾福蛱蝶 *F. nerippe*	朝鲜、日本	黑龙江、吉林、辽宁、内蒙古、北京、天津、河北、山西、河南、陕西、宁夏、甘肃、新疆、安徽、浙江、湖北、江西、重庆、四川、贵州、西藏	河南（登封、内乡、嵩县）、陕西（临潼、蓝田、长安、鄠邑、周至、陈仓、眉县、太白、洋县、勉县、留坝、佛坪、宁陕、商州、丹凤、商南、山阳）、甘肃（麦积、秦州、文县、徽县、两当、礼县、临潭、迭部、碌曲）、湖北（兴山、武当山）、重庆（城口）、四川（宣汉、青川、安州）
178	灿福蛱蝶 *F. adippe*	西伯利亚，朝鲜、日本	黑龙江、吉林、辽宁、内蒙古、北京、天津、河北、山西、山东、河南、陕西、甘肃、新疆、江苏、安徽、浙江、湖北、江西、重庆、四川、贵州、云南、西藏	河南（登封、内乡、西峡、宜阳、嵩县、栾川、陕州）、陕西（长安、蓝田、鄠邑、周至、渭滨、陈仓、眉县、太白、凤县、华州、华阴、南郑、城固、洋县、略阳、西乡、勉县、镇巴、留坝、佛坪、汉阴、石泉、宁陕、商州、丹凤、商南、山阳、镇安、柞水、洛南）、甘肃（麦积、秦州、康县、文县、两当、徽县、礼县、卓尼、迭部、玛曲）、湖北（当阳、兴山、保康、神农架、武当山、郧阳）、重庆（巫溪、城口）、四川（宣汉、青川、都江堰、安州、平武、汶川）
179	东亚福蛱蝶 *F. xipe*	俄罗斯、蒙古、朝鲜、日本	黑龙江、辽宁、内蒙古、北京、河北、山西、山东、河南、陕西、甘肃、新疆、江苏、湖北、江西、四川、云南、西藏	陕西（宁陕）、甘肃（麦积、武山）、湖北（兴山）、四川（汶川、九寨沟）
180	曲斑珠蛱蝶 *Issoria eugenia*	俄罗斯、蒙古	陕西、甘肃、青海、新疆、四川、云南、西藏	陕西（鄠邑、周至、眉县、太白、洋县、留坝、佛坪、商南）、甘肃（文县、合作、迭部、碌曲）、四川（汶川）

序号 No.	种类 Species	国外分布 Foreign distribution	中国分布 Distribution of China	大秦岭分布 Distribution of the Great Qinling Mountains
181	洛神宝蛱蝶 *Boloria napaea*	西伯利亚，欧洲	山西、陕西、新疆	陕西（五台山）
182	龙女宝蛱蝶 *B. pales*	西伯利亚、喜马拉雅西部，阿富汗、不丹、亚洲中部、欧洲、非洲、巴尔干半岛	黑龙江、吉林、内蒙古、陕西、甘肃、青海、新疆、四川、云南、西藏	陕西（眉县、太白）、甘肃（武都、文县、临潭、迭部、碌曲、玛曲）
183	珍蛱蝶 *Clossiana gong*		河北、山西、河南、陕西、甘肃、青海、四川、贵州、云南、西藏	河南（灵宝）、陕西（周至、太白、眉县、凤县、南郑、留坝、宁陕、商州）、甘肃（麦积、武山、武都、文县、徽县、两当、礼县、卓尼、迭部、碌曲、漳县）
184	女神珍蛱蝶 *C. dia*	西伯利亚，小亚细亚、西欧	陕西、甘肃、新疆	陕西（南郑、留坝）
185	西冷珍蛱蝶 *C. selenis*	俄罗斯、蒙古、朝鲜	黑龙江、吉林、辽宁、内蒙古、北京、河北、陕西、甘肃、新疆、四川	陕西（周至、陈仓、太白）、甘肃（麦积、武山、文县、两当、迭部、玛曲、漳县）
186	西藏翠蛱蝶 *Euthalia thibetana*		河南、陕西、甘肃、安徽、浙江、湖北、江西、台湾、广东、重庆、四川、贵州、云南	河南（内乡、栾川）、陕西（长安、鄠邑、太白、洋县、佛坪、宁陕、柞水）、甘肃（麦积、武都、文县、徽县、两当）、湖北（兴山、神农架）、四川（青川、都江堰、汶川）
187	陕西翠蛱蝶 *E. kameii*		陕西、福建、四川、云南	陕西（周至、陈仓、华州、佛坪）、四川（青川）
188	阿里翠蛱蝶 *E. aristides*		陕西、浙江、福建、四川、云南、西藏	陕西（留坝）、四川（都江堰）
189	孔子翠蛱蝶 *E. confucius*	印度、缅甸、老挝、越南	陕西、甘肃、浙江、湖南、福建、广西、四川、贵州、西藏	陕西（镇巴）、甘肃（武都、文县）、四川（都江堰、安州）
190	嘉翠蛱蝶 *E. kardama*		陕西、甘肃、安徽、浙江、湖北、江西、湖南、福建、重庆、四川、贵州、云南	陕西（眉县、凤县、洋县、西乡、留坝、佛坪、岚皋、宁陕、山阳、商南、镇安）、甘肃（武都、康县、文县、徽县）、湖北（兴山、神农架）、重庆（巫溪、城口）、四川（宣汉、青川、都江堰、安州、江油、平武、汶川）
191	黄铜翠蛱蝶 *E. nara*	印度、不丹、尼泊尔、缅甸	陕西、安徽、浙江、江西、湖南、广东、广西、重庆、四川、贵州、云南	陕西（周至）、湖北（兴山）、四川（都江堰、安州）
192	太平翠蛱蝶 *E. pacifica*		浙江、湖北、江西、福建、广东、广西、重庆、四川	湖北（神农架）、四川（都江堰）
193	峨眉翠蛱蝶 *E. omeia*	老挝	浙江、江西、福建、广东、广西、重庆、四川、云南	四川（都江堰）
194	新颖翠蛱蝶 *E. staudingeri*		四川、云南、西藏	四川（都江堰）
195	渡带翠蛱蝶 *E. duda*		陕西、甘肃、安徽、四川、贵州、云南	陕西（西乡）、甘肃（徽县、两当）、四川（青川、平武）

序号 No.	种类 Species	国外分布 Foreign distribution	中国分布 Distribution of China	大秦岭分布 Distribution of the Great Qinling Mountains
196	锯带翠蛱蝶 E. alpherakyi		广东、重庆、四川、贵州	重庆（城口）、四川（青川、平武、汶川）
197	波纹翠蛱蝶 E. undosa		浙江、江西、福建、广东、重庆、四川、贵州	重庆（城口）、四川（青川、安州、平武）
198	珀翠蛱蝶 E. pratti	越南	陕西、甘肃、安徽、浙江、湖北、江西、湖南、福建、广东、重庆、四川、贵州、云南	陕西（镇巴）、湖北（兴山、神农架）、重庆（城口）、四川（安州）
199	散斑翠蛱蝶 E. khama		陕西、甘肃、四川、贵州	陕西（宁陕）、甘肃（武都、文县）、四川（汶川）
200	黄翅翠蛱蝶 E. kosempona	越南、老挝	甘肃、安徽、浙江、湖北、江西、湖南、福建、台湾、广东、四川、贵州、云南	甘肃（康县、文县）
201	褐蓓翠蛱蝶 E. hebe		甘肃、浙江、湖北、江西、福建、广东、重庆、四川、贵州、云南	甘肃（武都、文县）、湖北（兴山、武当山）
202	拟鹰翠蛱蝶 E. yao		陕西、甘肃、浙江、湖北、福建、广东、海南、广西、四川、云南	陕西（洋县）、甘肃（徽县、两当）、湖北（神农架）
203	绿裙边翠蛱蝶 E. niepelti		河南、浙江、江西、广东、海南、广西、贵州	河南（内乡）
204	红线蛱蝶 Limenitis populi	日本、新加坡、欧洲	黑龙江、吉林、辽宁、内蒙古、河北、山西、河南、陕西、甘肃、青海、新疆、浙江、湖北、台湾、重庆、四川、贵州、西藏	河南（灵宝）、陕西（长安、鄠邑、周至、眉县、太白、凤县、华阴、汉台、洋县、南郑、留坝、佛坪、宁陕、商南）、甘肃（麦积、秦州、武山、文县、徽县、两当、迭部）、湖北（神农架）、四川（青川）
205	巧克力线蛱蝶 L. ciocolatina		吉林、河北、山西、河南、陕西、甘肃、新疆、湖北、江西、重庆、四川、西藏	河南（内乡、西峡、嵩县、栾川）、陕西（蓝田、长安、鄠邑、周至、陈仓、眉县、太白、凤县、汉台、南郑、城固、洋县、留坝、佛坪、宁陕、商南）、甘肃（麦积、秦州、武山、康县、徽县、两当、武都、康县、文县）、湖北（神农架、武当山、房县）、重庆（城口）、四川（青川、安州、平武、汶川）
206	横眉线蛱蝶 L. moltrechti	朝鲜	黑龙江、吉林、辽宁、河北、山西、河南、陕西、宁夏、甘肃、湖北、四川、江西、湖南	河南（内乡、西峡、栾川、陕州）、陕西（蓝田、长安、鄠邑、周至、眉县、太白、南郑、洋县、西乡、宁强、略阳、留坝、佛坪、宁陕、商南、镇安、柞水）、甘肃（麦积、秦州、武山、文县、徽县、两当、合作、碌曲）、湖北（兴山、神农架）、四川（青川、平武）
207	细线蛱蝶 L. cleophas		陕西、甘肃、湖北、重庆、四川、贵州、西藏	陕西（西乡）、甘肃（麦积、康县、文县、两当、舟曲、碌曲）、湖北（神农架）、重庆（城口）、四川（安州）

附
录
Appendix

序号 No.	种类 Species	国外分布 Foreign distribution	中国分布 Distribution of China	大秦岭分布 Distribution of the Great Qinling Mountains
208	折线蛱蝶 L. sydyi	俄罗斯、蒙古、朝鲜、日本	黑龙江、吉林、辽宁、天津、河北、山西、山东、河南、陕西、宁夏、甘肃、新疆、安徽、浙江、湖北、江西、福建、广东、重庆、四川、贵州、云南	河南（内乡、西峡、栾川、陕州）、陕西（长安、周至、华州、太白、眉县、南郑、宁强、略阳、洋县、镇巴、留坝、佛坪、宁陕、汉阴、商州、丹凤、商南、山阳、柞水）、甘肃（麦积、秦州、武山、武都、徽县、两当、迭部、碌曲）、湖北（神农架、武当山）、重庆（巫溪、城口）、四川（宣汉、青川、都江堰、安州）
209	重眉线蛱蝶 L. amphyssa	俄罗斯、朝鲜	黑龙江、吉林、辽宁、河北、山西、河南、陕西、甘肃、湖北、江西、重庆、四川	河南（栾川、陕州、灵宝）、陕西（长安、周至、陈仓、眉县、太白、凤县、华州、南郑、城固、洋县、略阳、留坝、汉台、洋县、汉阴、石泉、宁陕、山阳）、甘肃（麦积、秦州、武山、康县、文县、两当、舟曲、迭部、玛曲）、湖北（神农架）、重庆（城口）、四川（宣汉、青川、都江堰）
210	扬眉线蛱蝶 L. helmanni	俄罗斯、朝鲜	黑龙江、吉林、辽宁、河北、山西、河南、陕西、甘肃、青海、新疆、安徽、浙江、湖北、江西、福建、广东、重庆、四川、贵州	河南（荥阳、新密、登封、巩义、鲁山、内乡、宜阳、嵩县、栾川、洛宁、渑池）、陕西（临潼、蓝田、长安、鄠邑、周至、渭滨、陈仓、岐山、眉县、太白、凤县、华州、华阴、南郑、城固、洋县、西乡、宁强、略阳、镇巴、留坝、佛坪、汉滨、平利、岚皋、汉阴、石泉、宁陕、商州、丹凤、商南、山阳、镇安、柞水、洛南）、甘肃（麦积、秦州、武山、武都、康县、文县、宕昌、两当、礼县、迭部）、湖北（兴山、南漳、谷城、神农架、武当山、房县、竹山、郧西）、重庆（巫溪、城口）、四川（青川、都江堰、平武、汶川）
211	戟眉线蛱蝶 L. homeyeri	俄罗斯、朝鲜	黑龙江、吉林、辽宁、山西、河南、陕西、甘肃、安徽、浙江、湖北、江西、广东、重庆、四川、贵州、云南	河南（内乡、西峡、嵩县、栾川）、陕西（蓝田、长安、鄠邑、周至、陈仓、眉县、太白、凤县、汉台、南郑、洋县、西乡、留坝、佛坪、石泉、宁陕、岚皋、山阳、镇安、柞水）、甘肃（麦积、秦州、康县、文县、徽县、两当、舟曲、迭部、玛曲）、湖北（神农架）、重庆（巫溪、城口）、四川（青川、安州、北川、平武）
212	拟戟眉线蛱蝶 L. misuji		甘肃、浙江、湖北、江西、湖南、福建、四川、云南	甘肃（康县）、四川（都江堰）
213	断眉线蛱蝶 L. doerriesi	俄罗斯、朝鲜	黑龙江、吉林、辽宁、内蒙古、天津、河南、陕西、甘肃、安徽、湖北、浙江、江西、福建、重庆、四川、云南	河南（内乡、栾川）、陕西（长安、鄠邑、周至、太白、凤县、南郑、洋县、西乡、留坝、佛坪、汉阴、宁陕、商州、山阳、镇安）、甘肃（麦积、秦州、武山、文县、徽县、两当、舟曲）、湖北（神农架）、重庆（巫溪）、四川（青川、安州、平武）
214	残锷线蛱蝶 L. sulpitia	印度、缅甸、越南	黑龙江、河南、陕西、甘肃、安徽、浙江、湖北、江西、湖南、福建、台湾、广东、海南、香港、广西、重庆、四川、贵州、云南	陕西（周至、华州、南郑、洋县、西乡、略阳、留坝、佛坪、汉阴、宁陕、商州、丹凤、商南、山阳、镇安）、甘肃（麦积、文县、徽县、两当）、湖北（兴山、谷城、神农架、郧西）、重庆（城口）、四川（青川、都江堰、安州、平武、汶川）

序号 No.	种类 Species	国外分布 Foreign distribution	中国分布 Distribution of China	大秦岭分布 Distribution of the Great Qinling Mountains
215	愁眉线蛱蝶 L. disjuncta		河南、陕西、甘肃、湖北、江西、四川、贵州	河南（灵宝）、陕西（周至、眉县、太白、汉台、南郑、洋县、留坝、佛坪、宁陕、商南）、甘肃（麦积、武都、文县、徽县、两当）、湖北（神农架、武当山）
216	虬眉带蛱蝶 Athyma opalina		河南、陕西、甘肃、安徽、浙江、湖北、江西、福建、台湾、广东、海南、广西、重庆、四川、贵州、云南、西藏	河南（内乡）、陕西（鄠邑、周至、陈仓、凤县、南郑、洋县、西乡、略阳、留坝、佛坪、石泉、宁陕、商州、丹凤、商南、山阳、镇安、柞水）、甘肃（麦积、秦州、徽县、文县、宕昌）、湖北（兴山、神农架）、重庆（城口）、四川（宣汉、剑阁、青川、都江堰、安州、江油、平武、汶川）
217	东方带蛱蝶 A. orientalis	印度、越南、老挝	河南、陕西、浙江、湖北、江西、福建、台湾、广东、海南、广西、四川、贵州、云南、西藏	陕西（南郑）、四川（都江堰）
218	玉杵带蛱蝶 A. jina	印度、缅甸	辽宁、陕西、甘肃、新疆、安徽、浙江、湖北、江西、福建、台湾、广东、重庆、四川、贵州、云南	陕西（长安、鄠邑、周至、眉县、太白、凤县、南郑、洋县、西乡、镇巴、勉县、宁强、略阳、留坝、佛坪、旬阳、平利、岚皋、汉阴、石泉、宁陕、山阳、镇安、柞水、洛南）、甘肃（麦积、康县、徽县、文县、武都）、湖北（兴山、神农架、郧西）、重庆（巫溪、城口）、四川（宣汉、朝天、青川、都江堰、安州、江油、平武、汶川）
219	幸福带蛱蝶 A. fortuna	日本	河南、陕西、甘肃、安徽、浙江、湖北、江西、福建、台湾、广东、广西、重庆、四川、贵州	陕西（蓝田、鄠邑、周至、眉县、太白、汉台、城固、洋县、西乡、略阳、留坝、佛坪、平利、石泉、宁陕、商南、镇安等）、甘肃（麦积、秦州、武都、文县、徽县、两当）、湖北（兴山、神农架）、重庆（巫溪、城口）、四川（青川、都江堰、安州、平武）
220	六点带蛱蝶 A. punctata	老挝、越南	陕西、甘肃、浙江、湖北、江西、湖南、福建、广东、广西、重庆、四川、贵州	陕西（眉县、南郑）、甘肃（康县、文县）、湖北（兴山、神农架）、四川（青川、安州）
221	倒钩带蛱蝶 A. recurva		河南、陕西、甘肃、湖北、重庆、四川、贵州	河南（西峡）、陕西（汉台、洋县、宁强）、甘肃（麦积、徽县、两当）、湖北（兴山、神农架）、四川（宣汉、都江堰、安州）
222	珠履带蛱蝶 A. asura	印度、不丹、尼泊尔、缅甸、泰国、马来西亚、印度尼西亚	安徽、浙江、江西、湖南、福建、台湾、广东、海南、湖北、广西、重庆、四川、贵州、云南、西藏	湖北（兴山）、四川（都江堰、平武）
223	新月带蛱蝶 A. selenophora	印度、不丹、缅甸、孟加拉国、越南、泰国、马来西亚、印度尼西亚	陕西、甘肃、安徽、浙江、湖北、江西、湖南、福建、台湾、广东、海南、广西、重庆、四川、贵州、云南、西藏	陕西（西乡）、甘肃（宕昌）、湖北（兴山）
224	玄珠带蛱蝶 A. perius	印度、不丹、尼泊尔、缅甸、越南、老挝、泰国、斯里兰卡、马来西亚、印度尼西亚	黑龙江、陕西、浙江、江西、湖南、福建、台湾、广东、海南、香港、广西、四川、贵州、云南	陕西（蓝田、眉县）、四川（宣汉）

续表

序号 No.	种类 Species	国外分布 Foreign distribution	中国分布 Distribution of China	大秦岭分布 Distribution of the Great Qinling Mountains
225	离斑带蛱蝶 *A. ranga*	印度、不丹、尼泊尔、缅甸、泰国	浙江、江西、福建、广东、海南、香港、四川、贵州、云南	四川（宣汉、昭化）
226	拟缕蛱蝶 *Litinga mimica*		吉林、辽宁、河南、陕西、甘肃、安徽、湖北、广西、重庆、四川、云南	河南（内乡、西峡）、陕西（蓝田、长安、鄠邑、周至、陈仓、眉县、太白、凤县、汉台、南郑、洋县、西乡、宁强、留坝、佛坪、宁陕、商南）、甘肃（麦积、秦州、徽县、两当、武都）、湖北（兴山、神农架）、重庆（巫溪、城口）、四川（安州、江油、平武）
227	中华黄葩蛱蝶 *Patsuia sinensis*		辽宁、内蒙古、河北、山西、河南、陕西、甘肃、福建、四川、云南	河南（内乡、嵩县、灵宝）、陕西（长安、鄠邑、周至、眉县、太白、凤县、汉台、南郑、西乡、洋县、留坝、佛坪、宁陕等）、甘肃（麦积、秦州、康县、徽县、两当、礼县、合作、迭部、碌曲）、四川（安州、平武、汶川）
228	白斑俳蛱蝶 *Parasarpa albomaculata*	泰国、缅甸、越南、印度	河南、陕西、甘肃、湖北、湖南、福建、广东、重庆、四川、贵州、云南、西藏	河南（栾川）、陕西（太白、南郑、洋县、西乡、留坝、佛坪、宁陕）、甘肃（麦积、秦州、徽县）、湖北（神农架）、重庆（城口）、四川（都江堰、平武）
229	Y 纹俳蛱蝶 *P. dudu*	泰国、缅甸、越南、印度	陕西、福建、台湾、广东、海南、香港、云南、西藏	陕西（凤县、留坝、商南）
230	娜蛱蝶 *Abrota ganga*	印度、不丹、缅甸、越南	陕西、甘肃、浙江、江西、福建、台湾、广东、湖北、海南、重庆、四川、云南	陕西（长安、鄠邑、周至、凤县、洋县、西乡、留坝、佛坪、宁陕、商南等）、甘肃（麦积、秦州）、湖北（神农架）、重庆（城口）、四川（青川、安州、平武）
231	锦瑟蛱蝶 *Seokia pratti*		黑龙江、吉林、河南、陕西、甘肃、浙江、湖北、江西、福建、重庆、四川、贵州	河南（西峡、栾川、灵宝）、陕西（蓝田、长安、鄠邑、周至、陈仓、眉县、太白、汉台、南郑、洋县、勉县、留坝、佛坪、宁陕、商州、丹凤、商南、山阳）、甘肃（麦积、康县、徽县、两当、迭部）、湖北（神农架）、重庆（巫溪、城口）、四川（宣汉）
232	奥蛱蝶 *Auzakia danava*	印度、不丹、缅甸	江苏、浙江、湖北、江西、湖南、福建、广东、四川、贵州、云南、西藏	湖北（神农架）、四川（青川、安州、平武）
233	姹蛱蝶 *Chalinga elwesi*		四川、云南、西藏	四川（宣汉）
234	苾蟠蛱蝶 *Pantoporia bieti*	印度、缅甸、泰国	陕西、甘肃、湖北、广东、海南、广西、重庆、四川、云南、西藏	陕西（洋县）、甘肃（麦积、徽县）、湖北（神农架）、重庆（城口）、四川（青川、平武）

附
录
Appendix

328

序号 No.	种类 Species	国外分布 Foreign distribution	中国分布 Distribution of China	大秦岭分布 Distribution of the Great Qinling Mountains
235	小环蛱蝶 *Neptis sappho*	朝鲜、日本、巴基斯坦、印度、越南、泰国、欧洲	黑龙江、吉林、辽宁、北京、天津、山东、河南、陕西、甘肃、安徽、浙江、湖北、江西、福建、台湾、广东、广西、重庆、四川、贵州、云南	河南（新郑、荥阳、新密、登封、巩义、宝丰、鲁山、郏县、内乡、西峡、南召、宜阳、洛宁、嵩县、栾川、渑池、陕州、灵宝、卢氏）、陕西（临潼、蓝田、长安、鄠邑、周至、渭滨、陈仓、岐山、眉县、太白、凤县、华州、华阴、潼关、南郑、洋县、西乡、镇巴、勉县、略阳、留坝、佛坪、汉滨、平利、镇坪、岚皋、紫阳、汉阴、石泉、宁陕、商州、丹凤、商南、山阳、镇安、柞水、洛南）、甘肃（麦积、秦州、武山、武都、文县、徽县、两当、礼县、迭部、碌曲）、湖北（谷城、神农架、武当山、郧阳、郧西）、重庆（巫溪、城口）、四川（宣汉、朝天、旺苍、青川、都江堰、绵竹、安州、江油、平武、汶川）
236	中环蛱蝶 *N. hylas*	印度、缅甸、越南、老挝、泰国、马来西亚、印度尼西亚	天津、河南、陕西、甘肃、安徽、浙江、湖北、江西、台湾、广东、海南、广西、重庆、四川、贵州、云南	河南（内乡、嵩县、栾川）、陕西（临潼、长安、鄠邑、周至、陈仓、眉县、太白、凤县、洋县、西乡、勉县、宁强、略阳、留坝、佛坪、镇坪、紫阳、宁陕、商州、丹凤、商南、山阳、镇安、柞水）、甘肃（麦积、文县、徽县）、湖北（当阳、兴山、神农架、武当山、房县、竹山、竹溪）、重庆（巫溪、城口）、四川（宣汉、青川、都江堰、绵竹、安州、平武）
237	珂环蛱蝶 *N. clinia*	印度、缅甸、越南、马来西亚	陕西、甘肃、浙江、江西、湖南、福建、广东、海南、重庆、四川、贵州、云南、西藏	陕西（南郑、洋县、西乡、平利、岚皋）、甘肃（文县）、重庆（巫溪、城口）、四川（青川、都江堰、安州、江油、平武）
238	仿珂环蛱蝶 *N. clinioides*		陕西、湖北、湖南、重庆、四川、贵州	陕西（长安、宁陕）、湖北（神农架）、重庆（巫溪、城口）、四川（安州、平武）
239	卡环蛱蝶 *N. cartica*	印度、不丹、尼泊尔、缅甸、越南、老挝、泰国	陕西、浙江、江西、福建、广东、海南、广西、重庆、四川、贵州、云南	陕西（南郑）、重庆（城口）、四川（平武）
240	耶环蛱蝶 *N. yerburii*	巴基斯坦、印度、缅甸、泰国	陕西、甘肃、安徽、浙江、湖北、江西、福建、重庆、四川、贵州、西藏	陕西（洋县、西乡、佛坪、岚皋、宁陕、镇安）、甘肃（麦积、徽县、两当、礼县）、湖北（神农架）、四川（青川、安州、平武）
241	娑环蛱蝶 *N. soma*	印度、尼泊尔、缅甸、老挝、泰国、菲律宾、马来西亚	陕西、甘肃、浙江、湖北、湖南、福建、台湾、广东、海南、香港、广西、重庆、四川、贵州、云南、西藏	陕西（长安、周至、陈仓、太白、汉台、南郑、城固、西乡、留坝、佛坪、岚皋、平利、宁陕、山阳、镇安）、甘肃（麦积、文县、徽县、两当）、重庆（巫溪、城口）、四川（青川、都江堰、安州、北川、平武）
242	宽环蛱蝶 *N. mahendra*	巴基斯坦、印度、尼泊尔	陕西、甘肃、湖北、广东、重庆、四川、云南、西藏	陕西（南郑）、甘肃（武都、文县）、湖北（神农架）、重庆（城口）、四川（青川、平武）
243	周氏环蛱蝶 *N. choui*		河南、陕西、甘肃、湖北	河南（栾川）、陕西（周至、渭滨、陈仓、佛坪、宁陕）、甘肃（舟曲、迭部）、湖北（神农架）

续表

序号 No.	种类 Species	国外分布 Foreign distribution	中国分布 Distribution of China	大秦岭分布 Distribution of the Great Qinling Mountains
244	断环蛱蝶 N. sankara	巴基斯坦、印度、缅甸、马来西亚	河南、陕西、甘肃、安徽、浙江、湖北、江西、湖南、福建、广东、广西、重庆、四川、贵州、云南、西藏	河南（内乡、陕州）、陕西（长安、鄠邑、周至、陈仓、眉县、太白、华州、南郑、洋县、西乡、宁强、留坝、佛坪、商州、商南、镇安）、甘肃（麦积、秦州、康县、徽县、两当、武都、康县、礼县）、湖北（兴山、神农架、武当山）、重庆（巫溪、城口）、四川（宣汉、都江堰、安州、平武、青川）
245	弥环蛱蝶 N. miah	印度、不丹、缅甸、越南、老挝、泰国、马来西亚、印度尼西亚	陕西、甘肃、浙江、湖北、江西、湖南、福建、广东、海南、香港、广西、重庆、四川、贵州、云南	陕西（西乡）、甘肃（武都、文县）、湖北（神农架）、重庆（城口）、四川（宣汉、都江堰、汶川）
246	阿环蛱蝶 N. ananta	印度、不丹、尼泊尔、缅甸、越南、老挝、泰国	陕西、甘肃、安徽、浙江、江西、福建、广东、广西、海南、重庆、四川、云南、贵州、西藏	陕西（凤县、南郑、宁强、岚皋、商南）、甘肃（麦积、徽县、两当）、四川（宣汉、青川、都江堰、安州、平武）
247	娜巴环蛱蝶 N. namba	印度、不丹、缅甸、越南、老挝、泰国	陕西、甘肃、湖北、江西、福建、广东、海南、广西、重庆、四川、贵州、云南	陕西（凤县、宁强、留坝、宁陕）、甘肃（徽县）、湖北（神农架）、四川（南江、青川、都江堰、安州、平武）
248	羚环蛱蝶 N. antilope	越南	河北、山西、河南、陕西、甘肃、浙江、湖北、湖南、福建、广东、重庆、四川、贵州、云南	河南（鲁山、内乡、嵩县、栾川）、陕西（鄠邑、周至、陈仓、眉县、太白、凤县、华阴、南郑、城固、洋县、留坝、佛坪、宁陕、商南、柞水）、甘肃（麦积、徽县）、湖北（神农架）、重庆（巫溪、城口）、四川（青川、安州、平武）
249	矛环蛱蝶 N. armandia	印度、不丹、尼泊尔、缅甸、越南、老挝、泰国	陕西、甘肃、浙江、湖北、江西、湖南、广东、海南、广西、重庆、四川、贵州、云南、西藏	陕西（鄠邑、周至、陈仓、眉县、太白、凤县、华州、南郑、洋县、宁强、留坝、佛坪、宁陕、商南）、甘肃（麦积、秦州、文县、徽县、两当）、湖北（兴山、神农架）、重庆（城口）、四川（青川、都江堰、安州、平武）
250	啡环蛱蝶 N. philyra	俄罗斯、朝鲜、日本	黑龙江、吉林、辽宁、天津、河南、陕西、甘肃、安徽、浙江、湖北、江西、台湾、广东、重庆、四川、云南	河南（内乡、栾川、陕州）、陕西（鄠邑、周至、眉县、太白、凤县、洋县、佛坪、镇安、柞水）、甘肃（麦积、秦州、徽县、两当）、湖北（兴山、神农架、郧西）、重庆（城口）、四川（青川、安州、江油）
251	司环蛱蝶 N. speyeri	俄罗斯	黑龙江、吉林、辽宁、陕西、浙江、湖北、江西、湖南、广东、重庆、贵州、云南	陕西（鄠邑、周至、洋县、佛坪）、湖北（神农架）、重庆（巫溪、城口）
252	朝鲜环蛱蝶 N. philyroides	俄罗斯、朝鲜、越南	黑龙江、吉林、辽宁、内蒙古、天津、河南、陕西、甘肃、浙江、湖北、江西、台湾、重庆、四川、贵州	河南（内乡、栾川、陕州）、陕西（长安、鄠邑、周至、渭滨、陈仓、眉县、太白、凤县、华州、汉台、南郑、洋县、宁强、留坝、佛坪、紫阳、石泉、汉阴、宁陕、商州、丹凤、商南、山阳、镇安、柞水）、甘肃（麦积、两当）、湖北（兴山、神农架）、重庆（巫溪、城口）、四川（青川、安州、平武）

序号 No.	种类 Species	国外分布 Foreign distribution	中国分布 Distribution of China	大秦岭分布 Distribution of the Great Qinling Mountains
253	折环蛱蝶 N. beroe		河南、陕西、甘肃、安徽、浙江、湖北、江西、广东、重庆、四川、贵州、云南	河南（内乡、栾川、西峡）、陕西（长安、鄠邑、周至、眉县、太白、凤县、南郑、洋县、西乡、略阳、宁强、镇巴、留坝、佛坪、汉阴、宁陕、商州、丹凤、商南、山阳、镇安）、甘肃（麦积、秦州、徽县、两当）、湖北（神农架）、四川（青川、江油、平武）
254	玛环蛱蝶 N. manasa	印度、尼泊尔、缅甸、越南、老挝、泰国	陕西、安徽、浙江、湖北、湖南、福建、广东、海南、广西、重庆、四川、贵州、云南、西藏	陕西（宁陕）
255	泰环蛱蝶 N. thestias		陕西、甘肃、重庆、四川、贵州、云南、西藏	陕西（眉县）、甘肃（文县、徽县）、四川（安州）
256	玫环蛱蝶 N. meloria		甘肃、福建、四川、贵州	甘肃（两当）、四川（都江堰）
257	茂环蛱蝶 N. nemorosa		陕西、甘肃、湖北、重庆、四川、贵州、云南	陕西（蓝田、长安、周至、太白、汉台、南郑、洋县、宁强、留坝、佛坪、宁陕）、甘肃（麦积、康县、徽县、两当）、湖北（兴山、神农架）、重庆（巫溪、城口）、四川（青川、都江堰、平武）
258	蛛环蛱蝶 N. arachne		陕西、甘肃、浙江、湖北、江西、湖南、广东、重庆、四川、云南	陕西（长安、鄠邑、周至、陈仓、眉县、太白、凤县、南郑、洋县、西乡、宁强、略阳、留坝、佛坪、石泉、宁陕）、甘肃（麦积、文县、徽县、两当）、湖北（兴山、神农架）、重庆（城口）、四川（安州、平武、汶川）
259	黄重环蛱蝶 N. cydippe	印度	河南、陕西、甘肃、安徽、浙江、湖北、江西、广东、重庆、四川、贵州	河南（内乡、栾川、西峡）、陕西（周至、眉县、太白、南郑、洋县、留坝、佛坪、宁陕）、甘肃（麦积、秦州、武山、武都、文县、徽县、两当、礼县、漳县）、湖北（神农架）、重庆（巫溪）、四川（青川、安州、平武、汶川）
260	紫环蛱蝶 N. radha	印度、不丹、尼泊尔、缅甸、越南、老挝、泰国	陕西、四川、重庆、贵州、云南、西藏	陕西（南郑）、四川（青川、安州）
261	莲花环蛱蝶 N. hesione		陕西、浙江、湖北、福建、广东、台湾、四川、贵州	陕西（南郑、洋县、留坝、佛坪等）、四川（青川、都江堰、安州）
262	那拉环蛱蝶 N. narayana	印度、不丹、尼泊尔、越南、老挝、泰国	四川、云南、西藏	四川（青川、平武）
263	黄环蛱蝶 N. themis	越南	黑龙江、吉林、辽宁、北京、天津、河北、山西、河南、陕西、甘肃、浙江、湖北、江西、湖南、广东、重庆、四川、贵州、云南、西藏	河南（内乡、西峡、栾川、卢氏）、陕西（蓝田、长安、鄠邑、周至、陈仓、眉县、太白、凤县、华州、南郑、洋县、西乡、宁强、留坝、佛坪、岚皋、石泉、宁陕、商州、商南、镇安、柞水）、甘肃（麦积、秦州、康县、文县、宕昌、徽县、两当、礼县、舟曲、迭部）、湖北（兴山、神农架）、重庆（城口）、四川（剑阁、青川、都江堰、安州、平武、汶川）

续表

序号 No.	种类 Species	国外分布 Foreign distribution	中国分布 Distribution of China	大秦岭分布 Distribution of the Great Qinling Mountains
264	海环蛱蝶 *N. thetis*		北京、陕西、甘肃、湖北、江西、湖南、福建、重庆、四川、贵州、云南	陕西(长安、鄠邑、周至、陈仓、眉县、太白、汉台、洋县、西乡、留坝、佛坪、紫阳、汉阴、宁陕、商州、商南、山阳、镇安、柞水)、甘肃(麦积、武都)、湖北(兴山、神农架)、重庆(城口)、四川(青川、都江堰、平武、汶川)
265	伊洛环蛱蝶 *N. ilos*	俄罗斯、朝鲜	黑龙江、吉林、辽宁、北京、河北、山西、河南、陕西、甘肃、湖北、湖南、台湾、福建、广东、重庆、四川、贵州、云南	河南(西峡)、陕西(周至、陈仓、太白、汉台、南郑、洋县、西乡、宁强、留坝、佛坪、汉阴、宁陕、商南)、甘肃(麦积、秦州、徽县、两当)、湖北(神农架)、重庆(巫溪、城口)、四川(青川、平武)
266	提环蛱蝶 *N. thisbe*	俄罗斯、朝鲜、韩国	黑龙江、吉林、辽宁、河南、陕西、甘肃、浙江、湖北、福建、广东、重庆、四川、贵州、云南	河南(内乡、西峡、嵩县、栾川)、陕西(长安、鄠邑、周至、陈仓、眉县、太白、凤县、南郑、洋县、西乡、留坝、佛坪、汉阴、石泉、宁陕、丹凤、山阳、柞水)、甘肃(麦积、秦州、文县、徽县、两当、迭部)、湖北(神农架)、重庆(巫溪、城口)、四川(青川、都江堰、平武)
267	奥环蛱蝶 *N. obscurior*	俄罗斯、朝鲜	黑龙江、吉林、辽宁、北京、河北、陕西、甘肃、湖北、福建、四川	陕西(眉县、太白、凤县、华州、佛坪)、湖北(兴山)
268	单环蛱蝶 *N. rivularis*	俄罗斯、蒙古、朝鲜、韩国、日本、哈萨克斯坦、吉尔吉斯斯坦、塔吉克斯坦、欧洲中部和东部	黑龙江、吉林、辽宁、内蒙古、北京、天津、河北、山西、河南、陕西、宁夏、甘肃、青海、新疆、湖北、台湾、重庆、四川	河南(登封、鲁山、内乡、西峡、嵩县、栾川、灵宝、卢氏)、陕西(蓝田、长安、鄠邑、周至、渭滨、陈仓、眉县、太白、凤县、华州、华阴、南郑、洋县、西乡、略阳、留坝、佛坪、岚皋、石泉、宁陕、商州、商南、柞水、洛南)、甘肃(麦积、秦州、武都、康县、文县、徽县、两当、礼县、合作、迭部、玛曲、岷县)、湖北(兴山、神农架、武当山)、重庆(巫溪、城口)、四川(南江、青川、安州、平武)
269	链环蛱蝶 *N. pryeri*	韩国、日本	黑龙江、吉林、辽宁、天津、河南、山西、陕西、甘肃、新疆、江苏、上海、安徽、浙江、湖北、江西、湖南、福建、台湾、广东、重庆、四川、贵州	河南(鲁山、内乡、西峡、嵩县、栾川、灵宝、卢氏)、陕西(临潼、长安、蓝田、鄠邑、周至、陈仓、眉县、太白、凤县、华州、华阴、南郑、洋县、西乡、略阳、留坝、佛坪、紫阳、汉阴、宁陕、商州、山阳、柞水)、甘肃(麦积、秦州、武山、武都、文县、两当、迭部、漳县)、湖北(神农架、武当山)、重庆(巫溪、城口)、四川(青川、都江堰、安州、平武)
270	细带链环蛱蝶 *N. andetria*	俄罗斯、朝鲜、韩国	黑龙江、北京、陕西、甘肃、湖北、重庆、四川、贵州、云南	陕西(长安、周至、眉县、留坝、佛坪、宁陕)、甘肃(文县)、湖北(兴山、神农架)、重庆(巫溪)、四川(都江堰、平武)
271	重环蛱蝶 *N. alwina*	俄罗斯、蒙古、朝鲜、韩国、日本	黑龙江、吉林、辽宁、内蒙古、北京、天津、河北、山西、河南、陕西、甘肃、青海、安徽、浙江、湖北、江西、湖南、福建、重庆、四川、贵州、云南、西藏	河南(内乡、西峡、栾川、渑池、灵宝)、陕西(临潼、蓝田、长安、鄠邑、周至、陈仓、眉县、太白、华州、华阴、汉台、南郑、城固、洋县、西乡、勉县、略阳、留坝、佛坪、宁陕、商州、丹凤、商南、山阳、镇安、柞水)、甘肃(麦积、秦州、文县、徽县、两当、临潭、迭部、玛曲)、湖北(兴山、神农架、武当山)、重庆(巫溪、城口)、四川(宣汉、剑阁、青川、都江堰、安州、平武)

序号 No.	种类 Species	国外分布 Foreign distribution	中国分布 Distribution of China	大秦岭分布 Distribution of the Great Qinling Mountains
272	蔼菲蛱蝶 *Phaedyma aspasia*	印度、不丹、缅甸	陕西、甘肃、安徽、浙江、湖北、江西、广东、重庆、四川、贵州、云南、西藏	陕西（眉县、南郑、西乡、宁强、宁陕）、甘肃（麦积、徽县、两当）、湖北（神农架）、四川（青川、都江堰、安州、平武）
273	秦菲蛱蝶 *P. chinga*		河南、陕西、甘肃、湖北、重庆、贵州、四川	陕西（长安、鄠邑、周至、渭滨、陈仓、眉县、太白、南郑、洋县、佛坪、宁陕）、甘肃（麦积、秦州、徽县、两当）、四川（青川）
274	黑条伞蛱蝶 *Aldania raddei*	俄罗斯、朝鲜	黑龙江、吉林、辽宁、河南、陕西、甘肃、湖北	河南（内乡、栾川、渑池）、陕西（长安、周至、太白、华州、华阴、南郑、宁强、留坝、平利、宁陕、丹凤、商南、镇安）、湖北（神农架）、甘肃（文县、徽县、两当）
275	秀蛱蝶 *Pseudergolis wedah*	印度，克什米尔地区，喜马拉雅山，缅甸、老挝	陕西、甘肃、湖北、湖南、重庆、四川、贵州、云南、西藏	陕西（周至、太白、南郑、西乡、镇巴、勉县、略阳、留坝、佛坪、岚皋、商州、商南）、甘肃（武都、文县）、湖北（兴山、神农架）、重庆（巫溪、城口）、四川（宣汉、万源、旺苍、彭州、青川、都江堰、安州、江油、北川、平武、汶川）
276	电蛱蝶 *Dichorragia nesimachus*	朝鲜、日本、印度、不丹、缅甸、越南、马来西亚	陕西、甘肃、安徽、浙江、江西、湖南、湖北、福建、台湾、广东、海南、香港、重庆、四川、贵州、云南	陕西（长安、周至、眉县、太白、凤县、城固、勉县、留坝、宁陕、商南、柞水）、甘肃（麦积、秦州）、湖北（兴山）、四川（都江堰、安州、平武）
277	长波电蛱蝶 *D. nesseus*		浙江、河南、陕西、甘肃、广东、四川、云南	河南（内乡、嵩县、栾川）、陕西（周至、眉县、佛坪、宁强、宁陕）
278	素饰蛱蝶 *Stibochiona nicea*	印度、不丹、尼泊尔、孟加拉国、缅甸、老挝、越南、泰国、马来西亚，克什米尔地区	陕西、甘肃、浙江、湖北、江西、湖南、福建、广东、海南、广西、重庆、四川、贵州、云南、西藏	陕西（南郑、城固、岚皋、汉阴等县区）、甘肃（文县）、湖北（神农架）、四川（青川、都江堰、安州、汶川）
279	网丝蛱蝶 *Cyrestis thyodamas*	日本、印度、尼泊尔、缅甸、越南、泰国、马来西亚、印度尼西亚，新几内亚岛	浙江、江西、福建、台湾、广东、海南、广西、重庆、四川、贵州、云南、西藏	四川（都江堰、汶川）
280	紫闪蛱蝶 *Apatura iris*	俄罗斯、朝鲜、日本，欧洲	黑龙江、吉林、内蒙古、天津、河北、山西、山东、河南、陕西、宁夏、甘肃、青海、安徽、浙江、湖北、江西、湖南、重庆、四川、贵州	河南（内乡、西峡、栾川）、陕西（长安、鄠邑、周至、眉县、太白、凤县、华州、南郑、洋县、西乡、略阳、留坝、佛坪、宁陕、商州、商南、柞水）、甘肃（麦积、秦州、武都、康县、文县、徽县、两当、宕昌、合作、迭部、碌曲）、湖北（兴山、保康、神农架、武当山、郧阳）、重庆（巫溪、城口）、四川（宣汉、青川、都江堰、安州、平武）

333

序号 No.	种类 Species	国外分布 Foreign distribution	中国分布 Distribution of China	大秦岭分布 Distribution of the Great Qinling Mountains
281	柳紫闪蛱蝶 A. ilia	朝鲜、日本、缅甸，欧洲	黑龙江、吉林、辽宁、内蒙古、北京、天津、河北、山东、河南、陕西、宁夏、甘肃、新疆、江苏、安徽、浙江、湖北、江西、湖南、福建、广东、海南、重庆、四川、贵州、云南	河南（广布、登封、内乡）、陕西（长安、鄠邑、周至、眉县、太白、凤县、华州、南郑、城固、洋县、西乡、略阳、留坝、佛坪、汉滨、宁陕、商州、丹凤、商南、山阳、镇安、洛南）、甘肃（麦积、秦州、武山、康县、文县、徽县、两当、礼县、临潭、舟曲、碌曲）、湖北（兴山、保康、谷城、武当山、郧阳）、四川（宣汉、南江、青川、都江堰、平武）
282	细带闪蛱蝶 A. metis	朝鲜、日本，欧洲	吉林、辽宁、河北、山西、陕西、甘肃、江苏、湖北、江西、湖南、福建、重庆、四川、贵州、云南	陕西（长安、眉县、洋县、西乡）、甘肃（麦积、徽县、两当、迭部）、湖北（兴山）、四川（文县）
283	曲带闪蛱蝶 A. laverna		吉林、辽宁、内蒙古、北京、河北、山西、河南、陕西、甘肃、湖北、四川、贵州、云南	河南（西峡）、陕西（蓝田、长安、鄠邑、周至、渭滨、陈仓、眉县、太白、凤县、南郑、洋县、留坝、佛坪、石泉、宁陕、商州、柞水）、甘肃（麦积、文县、徽县、两当、迭部）、湖北（兴山、神农架）、四川（青川、安州）
284	迷蛱蝶 Mimathyma chevana		北京、河南、陕西、甘肃、安徽、浙江、湖北、江西、湖南、福建、广东、重庆、四川、贵州、云南	河南（内乡、卢氏）、陕西（蓝田、周至、凤县、渭滨、南郑、洋县、留坝、佛坪、宁陕、商南）、甘肃（麦积、康县、文县、徽县、两当）、湖北（兴山、神农架）、四川（宣汉、青川、安州、平武）
285	夜迷蛱蝶 M. nycteis	俄罗斯、朝鲜	黑龙江、吉林、辽宁、内蒙古、北京、河北、山西、河南、陕西、甘肃、江西、福建、四川、云南	陕西（蓝田、长安、鄠邑、周至、眉县、华州、南郑）、甘肃（麦积、秦州、徽县、两当）、湖北（兴山）
286	白斑迷蛱蝶 M. schrenckii	俄罗斯、朝鲜	黑龙江、吉林、辽宁、北京、天津、河北、山西、河南、陕西、甘肃、浙江、湖北、江西、湖南、福建、重庆、四川、贵州、云南	河南（内乡、西峡、栾川、陕州）、陕西（蓝田、长安、鄠邑、周至、陈仓、眉县、太白、凤县、华州、南郑、城固、洋县、留坝、佛坪、宁陕、商州、商南、山阳、柞水）、甘肃（麦积、秦州、康县、文县、徽县、两当、礼县）、湖北（兴山、神农架、武当山）、重庆（城口）、四川（青川、安州）
287	黄带铠蛱蝶 Chitoria fasciola		辽宁、河南、陕西、甘肃、浙江、湖北、江西、台湾、广西、四川、贵州、云南、西藏	河南（栾川）、陕西（眉县、太白、城固、南郑、留坝、佛坪、商南）、甘肃（麦积、武都、文县、徽县）、湖北（兴山、神农架）、四川（青川、都江堰、平武）
288	金铠蛱蝶 C. chrysolora		陕西、浙江、湖北、江西、台湾、广西、四川、贵州	陕西（长安、太白）、湖北（武当山）、四川（青川）
289	栗铠蛱蝶 C. subcaerulea	朝鲜、印度、不丹、缅甸、越南、老挝	辽宁、陕西、甘肃、浙江、福建、台湾、广东、广西、重庆、四川、贵州、云南、西藏	陕西（周至）、甘肃（麦积、徽县、两当）

序号 No.	种类 Species	国外分布 Foreign distribution	中国分布 Distribution of China	大秦岭分布 Distribution of the Great Qinling Mountains
290	武铠蛱蝶 C. ulupi	朝鲜、印度	辽宁、河南、陕西、甘肃、江苏、安徽、浙江、湖北、江西、湖南、福建、台湾、广东、广西、重庆、四川、贵州、云南、西藏	河南（陕州）、陕西（陈仓、太白、留坝）、甘肃（麦积、康县、文县、徽县、两当）、湖北（神农架）、四川（都江堰、平武、汶川）
291	铂铠蛱蝶 C. pallas		陕西、甘肃、湖北、重庆、四川、贵州	陕西（留坝、南郑、城固）、甘肃（康县、文县）、湖北（保康）、重庆（城口）
292	猫蛱蝶 Timelaea maculata		吉林、辽宁、内蒙古、北京、天津、河北、山西、河南、陕西、甘肃、青海、江苏、安徽、浙江、湖北、江西、湖南、福建、台湾、重庆、四川、贵州、西藏	河南（登封、内乡、西峡、陕州）、陕西（临潼、长安、周至、渭滨、眉县、太白、华州、华阴、南郑、城固、洋县、西乡、略阳、留坝、佛坪、商州、商南、山阳、镇安）、甘肃（麦积、徽县、两当、迭部）、湖北（兴山、神农架、武当山）、重庆（巫溪、城口）、四川（青川、汶川）
293	白裳猫蛱蝶 T. albescens		山西、山东、陕西、江苏、安徽、浙江、湖北、江西、福建、台湾、广东、重庆、四川、贵州	陕西（周至）、湖北（兴山、神农架）、重庆（城口）、四川（青川、平武）
294	放射纹猫蛱蝶 T. radiata		甘肃、湖北	甘肃（文县）
295	娜猫蛱蝶 T. nana		陕西、甘肃、四川、云南	甘肃（文县）
296	明窗蛱蝶 Dilipa fenestra	朝鲜	辽宁、北京、天津、河北、山西、河南、陕西、甘肃、安徽、浙江、湖北、重庆、四川、云南	河南（登封、内乡、南召）、陕西（长安、周至、渭滨、眉县、华州、洋县、留坝、佛坪、镇坪、宁陕、商州、洛南）、甘肃（麦积、徽县、两当）、湖北（兴山）、重庆（巫溪）、四川（青川、平武）
297	累积蛱蝶 Lelecella limenitoides		天津、河北、河南、陕西、甘肃、湖北、福建、广东、重庆、四川、西藏	河南（内乡、西峡、渑池、灵宝）、陕西（长安、鄠邑、周至、渭滨、陈仓、眉县、太白、凤县、临潼、华阴、潼关、洋县、留坝）、甘肃（麦积、秦州、武都、文县、徽县、两当）、湖北（神农架）、重庆（城口）、四川（青川、平武）
298	黄帅蛱蝶 Sephisa princeps	朝鲜	黑龙江、吉林、辽宁、天津、河北、山西、河南、陕西、甘肃、安徽、浙江、湖北、江西、湖南、福建、广东、海南、重庆、四川、贵州、云南	河南（内乡、嵩县、栾川）、陕西（蓝田、长安、鄠邑、周至、眉县、太白、华州、汉阴、南郑、城固、洋县、留坝、佛坪、宁陕、商州、丹凤、商南、山阳）、甘肃（麦积、秦州、康县、文县、徽县、两当、礼县）、湖北（兴山、神农架）、重庆（城口）、四川（青川、都江堰、安州、平武）
299	帅蛱蝶 S. chandra	印度、不丹、尼泊尔、孟加拉国、缅甸、老挝、泰国、马来西亚	河南、陕西、浙江、湖北、江西、福建、台湾、广东、海南、广西、重庆、四川、贵州、云南、西藏	河南（内乡）、陕西（山阳）、湖北（兴山）
300	银白蛱蝶 Helcyra subalba		河南、陕西、甘肃、江苏、安徽、浙江、湖北、江西、湖南、福建、广东、广西、重庆、四川、贵州、云南	河南（内乡）、陕西（汉台、南郑、城固、镇巴、留坝、山阳）、甘肃（麦积、徽县、两当）、湖北（兴山、神农架）、四川（青川）

续表

附
录
Appendix

序号 No.	种类 Species	国外分布 Foreign distribution	中国分布 Distribution of China	大秦岭分布 Distribution of the Great Qinling Mountains
301	傲白蛱蝶 H. superba		陕西、甘肃、安徽、浙江、湖北、江西、湖南、福建、台湾、广东、广西、重庆、四川、贵州、云南	陕西（南郑、西乡、留坝、佛坪、岚皋、山阳）、甘肃（麦积、武都、文县、徽县、两当）、湖北（神农架）、四川（都江堰、安州、平武）
302	黑脉蛱蝶 Hestina assimilis	朝鲜、日本	黑龙江、辽宁、北京、天津、河北、山西、山东、河南、陕西、甘肃、江苏、上海、安徽、浙江、湖北、江西、湖南、福建、台湾、广东、香港、广西、重庆、四川、贵州、云南、西藏	河南（登封、内乡、西峡、嵩县、栾川、陕州）、陕西（临潼、长安、蓝田、周至、渭滨、陈仓、岐山、眉县、太白、凤县、华州、南郑、城固、洋县、西乡、勉县、略阳、留坝、佛坪、平利、商州、丹凤、商南、山阳、镇安）、甘肃（麦积、秦州、武山、武都、文县、徽县、两当、礼县）、湖北（兴山、神农架）、重庆（巫溪、城口）、四川（宣汉、青川、都江堰、安州、江油、平武、汶川）
303	绿脉蛱蝶 H. mena		辽宁、山西、河南、陕西、甘肃、浙江、福建、四川、贵州	河南（登封、巩义、内乡、西峡、嵩县、洛宁）、陕西（渭滨、陈仓、城固、留坝）、甘肃（麦积、秦州、徽县、两当）
304	拟斑脉蛱蝶 H. persimilis	朝鲜、日本、印度	辽宁、内蒙古、北京、天津、河北、河南、陕西、甘肃、浙江、湖北、福建、台湾、海南、广西、重庆、四川、贵州、云南	河南（内乡、栾川、陕州）、陕西（长安、蓝田、鄠邑、周至、渭滨、陈仓、眉县、太白、凤县、华州、汉台、南郑、城固、洋县、勉县、略阳、留坝、佛坪、平利、石泉、宁陕、商州、商南、镇安、柞水）、甘肃（麦积、秦州、文县、徽县、两当）、湖北（兴山、神农架、郧西）、四川（青川、安州、平武）
305	黑紫蛱蝶 Sasakia funebris		河南、陕西、甘肃、安徽、浙江、湖北、江西、福建、台湾、广东、海南、广西、重庆、四川、贵州、云南	河南（西峡）、陕西（周至、眉县、太白、城固、南郑、洋县、镇巴、留坝、山阳、商南）、甘肃（麦积、武都、文县、徽县、两当）、湖北（兴山、神农架）、重庆（城口）、四川（青川、都江堰、平武）
306	大紫蛱蝶 S. charonda	韩国、日本	吉林、辽宁、天津、河北、山西、河南、陕西、甘肃、安徽、浙江、湖北、江西、湖南、福建、台湾、广东、重庆、四川、贵州、云南	河南（鲁山、内乡、栾川、陕州）、陕西（长安、鄠邑、周至、陈仓、眉县、太白、华州、汉台、南郑、城固、洋县、留坝、佛坪、宁陕）、甘肃（麦积、秦州、武都、文县、徽县、两当、碌曲）、湖北（兴山、神农架、武当山）、重庆（城口）、四川（青川、安州）
307	枯叶蛱蝶 Kallima inachus	日本、印度、缅甸、越南、泰国	陕西、甘肃、安徽、浙江、湖北、江西、湖南、福建、台湾、广东、海南、广西、重庆、四川、贵州、云南、西藏	陕西（石泉、宁陕）、甘肃（文县）、湖北（神农架）、四川（宣汉、都江堰、江油、平武）
308	金斑蛱蝶 Hypolimnas misippus	日本、印度、缅甸、澳大利亚	陕西、甘肃、浙江、江西、福建、台湾、广东、海南、贵州、云南	陕西（洋县、西乡、镇巴、留坝）、甘肃（武都、文县）

序号 No.	种类 Species	国外分布 Foreign distribution	中国分布 Distribution of China	大秦岭分布 Distribution of the Great Qinling Mountains
309	美眼蛱蝶 *Junonia almana*	日本、巴基斯坦、印度、不丹、尼泊尔、孟加拉国、缅甸、越南、老挝、泰国、柬埔寨、斯里兰卡、新加坡、印度尼西亚	河北、河南、陕西、甘肃、江苏、安徽、浙江、湖北、江西、湖南、福建、台湾、广东、海南、香港、广西、重庆、四川、贵州、云南、西藏	河南（内乡）、陕西（汉台、南郑、洋县、西乡、留坝、岚皋、汉阴）、甘肃（武都、文县）、湖北（郧阳、郧西）、四川（宣汉、都江堰、安州）
310	翠蓝眼蛱蝶 *J. orithya*	日本、印度、不丹、尼泊尔、缅甸、越南、老挝、泰国、柬埔寨、斯里兰卡、菲律宾、马来西亚、印度尼西亚、澳大利亚	河南、陕西、甘肃、安徽、浙江、湖北、江西、湖南、台湾、广东、香港、广西、重庆、四川、贵州、云南	河南（内乡）、陕西（周至、凤县、汉台、南郑、城固、洋县、西乡、宁强、佛坪、紫阳、岚皋、商州、丹凤、商南）、甘肃（麦积、康县、徽县、两当）、湖北（当阳、兴山、神农架、武当山、郧西）、重庆（巫溪、城口）、四川（宣汉、青川、都江堰、安州）
311	黄裳眼蛱蝶 *J. hierta*	印度、缅甸、泰国、斯里兰卡	陕西、湖北、广东、海南、四川、贵州、云南	四川（宣汉）
312	钩翅眼蛱蝶 *J. iphita*	印度、不丹、尼泊尔、孟加拉国、缅甸、越南、泰国、斯里兰卡、印度尼西亚	陕西、甘肃、江苏、浙江、江西、台湾、广东、海南、广西、重庆、四川、贵州、云南、西藏	甘肃（文县）、重庆（巫溪）、四川（都江堰）
313	荨麻蛱蝶 *Aglais urticae*	蒙古、韩国、日本	黑龙江、吉林、辽宁、内蒙古、北京、山西、陕西、甘肃、青海、新疆、湖北、四川、贵州、西藏	陕西（长安、太白、南郑、西乡、留坝）、甘肃（麦积、秦州、武都、文县、徽县、两当、礼县、岷县、临潭、迭部、碌曲）、湖北（兴山）、四川（安州）
314	大红蛱蝶 *Vanessa indica*	亚洲东部、欧洲、非洲西北部	黑龙江、吉林、辽宁、天津、河南、陕西、甘肃、安徽、湖北、江西、广东、重庆、四川、贵州	河南（登封、内乡、西峡）、陕西（临潼、长安、鄠邑、周至、渭滨、眉县、太白、凤县、华州、汉台、南郑、洋县、西乡、勉县、宁强、留坝、佛坪、汉滨、平利、岚皋、宁陕、商州、丹凤、商南、山阳、镇安）、甘肃（麦积、秦州、康县、徽县、两当、礼县、迭部）、湖北（南漳、神农架、武当山、竹山）、重庆（巫溪、城口）、四川（宣汉、青川、都江堰、安州、平武、茂县、汶川）
315	小红蛱蝶 *V. cardui*	除南美洲外，世界广布	中国广布	河南（登封、西峡）、陕西（长安、蓝田、鄠邑、周至、渭滨、陈仓、眉县、太白、凤县、华州、华阴、潼关、汉台、南郑、洋县、西乡、镇巴、留坝、佛坪、岚皋、汉阴、石泉、宁陕、商州、丹凤、山阳、镇安、柞水、洛南）、甘肃（麦积、秦州、武山、武都、文县、徽县、两当、礼县、合作、迭部、碌曲、漳县）、湖北（保康、神农架、武当山、郧西）、重庆（巫溪、城口）、四川（宣汉、青川、都江堰、安州、平武）

序号 No.	种类 Species	国外分布 Foreign distribution	中国分布 Distribution of China	大秦岭分布 Distribution of the Great Qinling Mountains
316	黄缘蛱蝶 *Nymphalis antiopa*	朝鲜、日本、印度、欧洲西部	黑龙江、吉林、辽宁、内蒙古、北京、河北、河南、陕西、甘肃、青海、新疆、四川、西藏	陕西（宁陕）、甘肃（文县、合作、临潭、迭部、碌曲）
317	朱蛱蝶 *N. xanthomelas*	朝鲜、日本	黑龙江、吉林、辽宁、内蒙古、北京、河北、山西、河南、陕西、宁夏、甘肃、青海、新疆、湖北、台湾、重庆、四川	河南（鲁山、内乡、嵩县、栾川、灵宝）、陕西（蓝田、长安、鄂邑、周至、眉县、太白、凤县、华阴、南郑、洋县、留坝、佛坪、宁陕）、甘肃（麦积、秦州、武都、文县、徽县、两当、礼县、卓尼、迭部、碌曲）、湖北（兴山、神农架）、四川（青川、安州）
318	白矩朱蛱蝶 *N. vau-album*	俄罗斯、蒙古、朝鲜、日本、巴基斯坦，欧洲东部、北美	黑龙江、吉林、辽宁、内蒙古、天津、山西、陕西、甘肃、新疆、云南	陕西（长安、凤县）、甘肃（麦积、秦州、文县）
319	琉璃蛱蝶 *Kaniska canace*	从喜马拉雅山脉到西伯利亚的东南部都有分布	中国广布	河南（荥阳、登封、内乡、西峡、陕州）、陕西（临潼、蓝田、长安、鄂邑、周至、渭滨、华州、华阴、潼关、陈仓、眉县、太白、凤县、华州、华阴、潼关、汉台、南郑、洋县、西乡、留坝、佛坪、平利、岚皋、商州、丹凤、商南、山阳、镇安、柞水、洛南）、甘肃（麦积、秦州、武山、康县、文县、徽县、两当、礼县、舟曲、迭部、碌曲、漳县）、湖北（当阳、南漳、神农架）、重庆（城口）、四川（宣汉、剑阁、青川、都江堰、安州、平武、汶川、九寨沟）
320	白钩蛱蝶 *Polygonia c-album*	朝鲜、日本、印度、不丹、尼泊尔，欧洲	黑龙江、吉林、辽宁、内蒙古、北京、天津、河北、河南、陕西、甘肃、安徽、浙江、湖北、江西、重庆、四川、贵州、西藏	河南（登封）、陕西（蓝田、长安、周至、陈仓、眉县、太白、汉台、南郑、洋县、宁强、留坝、佛坪、宁陕、商州）、甘肃（麦积、秦州、武山、文县、徽县、两当、迭部、碌曲）、湖北（武当山）、四川（宣汉、昭化、青川、都江堰、安州、汶川）
321	黄钩蛱蝶 *P. c-aureum*	俄罗斯、蒙古、朝鲜、日本、越南	中国广布	河南（新郑、荥阳、新密、登封、巩义、禹州、长葛、宝丰、鲁山、郏县、镇平、内乡、淅川、西峡、南召、伊川、汝阳、嵩县、栾川、洛宁、渑池、陕州、灵宝、卢氏）、陕西（临潼、蓝田、长安、鄂邑、周至、渭滨、陈仓、岐山、眉县、太白、凤县、华州、华阴、潼关、汉台、南郑、洋县、西乡、勉县、宁强、略阳、留坝、佛坪、汉滨、旬阳、白河、平利、岚皋、紫阳、汉阴、石泉、宁陕、商州、丹凤、商南、山阳、镇安、柞水、洛南）、甘肃（麦积、秦州、武山、徽县、两当、礼县、迭部）、湖北（神农架、房县）、重庆（城口）、四川（宣汉、绵竹、青川、安州、江油、平武）

序号 No.	种类 Species	国外分布 Foreign distribution	中国分布 Distribution of China	大秦岭分布 Distribution of the Great Qinling Mountains
322	巨型钩蛱蝶 P. gigantea		陕西、甘肃、湖北、四川、云南、西藏	陕西（长安、陈仓、汉台、洋县、留坝、佛坪、宁陕、商南）、甘肃（麦积、徽县）、湖北（神农架）、四川（都江堰、安州）
323	孔雀蛱蝶 Inachis io	朝鲜、日本，西欧	黑龙江、吉林、辽宁、山西、河南、陕西、宁夏、甘肃、青海、新疆、四川、云南	河南（内乡）、陕西（周至、陈仓、眉县、太白、凤县、汉台、留坝、汉滨）、甘肃（麦积、文县、徽县、两当、合作、迭部、碌曲）、四川（都江堰、青川、汶川、九寨沟）
324	散纹盛蛱蝶 Symbrenthia lilaea	印度、越南、菲律宾、印度尼西亚	陕西、浙江、湖北、江西、湖南、福建、台湾、广东、广西、重庆、四川、贵州、云南	陕西（南郑、洋县、西乡、镇巴、勉县、岚皋、宁陕、丹凤）、湖北（神农架）、重庆（巫溪、城口）、四川（宣汉、万源、昭化、旺苍、彭州、青川、都江堰、绵竹、安州、江油、北川、平武）
325	黄豹盛蛱蝶 S. brabira	印度、不丹、尼泊尔、孟加拉国、缅甸、泰国	陕西、安徽、浙江、湖北、江西、福建、台湾、广东、重庆、四川、贵州、云南、西藏	陕西（南郑、汉滨、岚皋）、湖北（神农架）、四川（安州）
326	云豹盛蛱蝶 S. niphanda	印度、不丹、尼泊尔	四川、贵州、云南	四川（都江堰）
327	斑豹盛蛱蝶 S. leopard		陕西、云南	陕西（镇坪、岚皋）
328	直纹蜘蛱蝶 Araschnia prorsoides	蒙古、日本、印度、尼泊尔等	黑龙江、吉林、内蒙古、陕西、甘肃、安徽、江西、广西、重庆、四川、贵州、云南	陕西（南郑、城固、勉县、宁强、留坝）、甘肃（麦积、秦州、文县、徽县、两当、礼县）、重庆（巫溪）、四川（宣汉、青川、都江堰、安州、平武）
329	曲纹蜘蛱蝶 A. doris		河南、陕西、甘肃、江苏、安徽、浙江、湖北、江西、湖南、福建、重庆、四川、云南、贵州	河南（鲁山、内乡、西峡、嵩县、栾川）、陕西（蓝田、长安、周至、太白、凤县、华州、汉台、南郑、城固、洋县、西乡、留坝、佛坪、平利、镇坪、汉阴、石泉、宁陕、商州、丹凤、商南、山阳、镇安）、甘肃（麦积、秦州、文县、徽县、两当）、湖北（兴山、南漳、神农架、房县、竹溪）、重庆（巫溪、城口）、四川（宣汉、青川、都江堰、安州、平武）
330	断纹蜘蛱蝶 A. dohertyi	缅甸	陕西、甘肃、四川、贵州、云南	陕西（周至、洋县、岚皋）、甘肃（麦积、武都、徽县、两当）、四川（青川、平武）
331	大卫蜘蛱蝶 A. davidis		河南、陕西、甘肃、湖北、重庆、四川、云南、西藏	陕西（佛坪）、甘肃（武都、文县、迭部）、湖北（神农架）、重庆（城口）
332	中华蜘蛱蝶 A. chinensis	日本	黑龙江、吉林、辽宁、河北、河南、陕西、四川、西藏	河南（灵宝）、陕西（汉台、洋县、宁陕）
333	黎氏蜘蛱蝶 A. leechi		陕西、湖北、四川	陕西（秦岭）
334	斑网蛱蝶 Melitaea didymoides	俄罗斯、蒙古、朝鲜、日本、哈萨克斯坦	黑龙江、吉林、辽宁、内蒙古、北京、天津、河北、山西、山东、河南、陕西、宁夏、甘肃、青海、新疆	河南（新郑、登封、鲁山、灵宝）、陕西（长安、宁陕、商州）、甘肃（麦积、秦州、徽县、两当、礼县）
335	狄网蛱蝶 M. didyma	中亚、欧洲西南部、北非	甘肃、新疆、四川	甘肃（武山、礼县、漳县）、四川（汶川）

序号 No.	种类 Species	国外分布 Foreign distribution	中国分布 Distribution of China	大秦岭分布 Distribution of the Great Qinling Mountains
336	帝网蛱蝶 *M. diamina*	俄罗斯、朝鲜、日本、西班牙	黑龙江、吉林、辽宁、内蒙古、河北、山西、河南、陕西、宁夏、甘肃、海南、云南	河南（内乡、西峡、嵩县、栾川、灵宝）、陕西（蓝田、长安、鄠邑、周至、陈仓、太白、华州、华阴、汉台、洋县、留坝、石泉、宁陕、商州、丹凤、山阳、镇安、洛南）、甘肃（麦积、秦州、武山、文县、徽县、两当、礼县、碌曲）
337	普网蛱蝶 *M. protomedia*	俄罗斯、朝鲜、日本	北京、河北、河南、陕西、湖北	河南（内乡、西峡、嵩县）、陕西（长安、周至、太白、宁陕、镇安）、湖北（神农架）
338	大网蛱蝶 *M. scotosia*	蒙古、朝鲜、日本	黑龙江、吉林、辽宁、内蒙古、河北、山西、山东、河南、陕西、甘肃、新疆、重庆	河南（内乡、西峡、栾川、灵宝）、陕西（临潼、长安、鄠邑、周至、太白、凤县、华州、汉台、南郑、勉县、宁陕、商州、丹凤、山阳、镇安）、甘肃（麦积、秦州、武山、文县、徽县、两当、礼县、迭部、碌曲）、湖北（神农架）
339	罗网蛱蝶 *M. romanovi*	俄罗斯等	黑龙江、内蒙古、山西、陕西、宁夏、甘肃、青海、新疆、四川、西藏	陕西（华州）、甘肃（临潭、舟曲、碌曲）
340	黑网蛱蝶 *M. jezabel*		内蒙古、陕西、甘肃、四川、贵州、云南、西藏	陕西（宁陕）、甘肃（武山、文县、迭部、碌曲、漳县）
341	兰网蛱蝶 *M. bellona*		陕西、甘肃、四川、云南、西藏	陕西（太白）、甘肃（麦积、武山、文县、徽县、宕昌、漳县）
342	圆翅网蛱蝶 *M. yuenty*		陕西、甘肃、广西、四川、贵州、云南、西藏	甘肃（迭部）
343	菌网蛱蝶 *M. agar*		甘肃、青海、四川、云南、西藏	甘肃（合作、舟曲、玛曲）
344	黄蜜蛱蝶 *Mellicta athalia*	俄罗斯、朝鲜、日本、土耳其，欧洲	黑龙江、吉林、内蒙古、河南、新疆	河南（嵩县、栾川）
345	网纹蜜蛱蝶 *M. dictynna*	朝鲜，欧洲	黑龙江、吉林、内蒙古、甘肃	甘肃（卓尼、舟曲、玛曲）
346	凤眼方环蝶 *Discophora sondaica*	印度、尼泊尔、缅甸、越南、老挝、泰国、菲律宾、马来西亚、新加坡、印度尼西亚	陕西、江西、福建、台湾、广东、海南、香港、广西、贵州、云南、西藏	陕西（南郑）
347	灰翅串珠环蝶 *Faunis aerope*	越南、老挝	陕西、甘肃、安徽、浙江、湖北、江西、湖南、福建、广东、海南、广西、重庆、四川、贵州、云南、西藏	陕西（凤县、西乡、略阳、留坝、宁陕、商南）、甘肃（麦积、秦州、武都、文县、徽县、两当）、湖北（兴山、神农架）、重庆（巫溪、城口）、四川（都江堰、安州、平武）
348	串珠环蝶 *F. eumeus*	印度、缅甸、越南、老挝、泰国、柬埔寨	甘肃、四川、湖北、台湾、广东、海南、香港、广西、云南	甘肃（文县）、四川（宣汉）、湖北（兴山）

序号 No.	种类 Species	国外分布 Foreign distribution	中国分布 Distribution of China	大秦岭分布 Distribution of the Great Qinling Mountains
349	双星箭环蝶 *Stichophthalma* *neumogeni*	越南北部	陕西、甘肃、浙江、湖北、江西、湖南、福建、广东、海南、重庆、四川、贵州、云南、西藏	陕西（鄠邑、周至、陈仓、太白、凤县、洋县、南郑、勉县、西乡、留坝、佛坪、宁陕、商南、山阳、镇安）、甘肃（康县、文县、徽县、两当）、湖北（兴山、神农架、郧西）、重庆（巫溪、城口）、四川（宣汉、都江堰）
350	箭环蝶 *S. howqua*	越南	陕西、江苏、安徽、浙江、湖北、江西、湖南、福建、台湾、广东、海南、广西、重庆、四川、贵州、云南	陕西（太白、南郑、城固、洋县、西乡、宁陕、略阳、留坝、佛坪、商南、山阳）、甘肃（麦积、秦州、武都、文县、徽县、两当）、湖北（兴山、神农架、武当山）、重庆（巫溪、城口）、四川（宣汉、万源、青川、都江堰、安州、平武、汶川）
351	白袖箭环蝶 *S. louisa*	越南、老挝、泰国、柬埔寨	四川、云南	四川（安州）
352	华西箭环蝶 *S. suffusa*	越南	甘肃、湖北、江西、湖南、福建、台湾、广东、海南、广西、重庆、四川、贵州、云南	四川（彭州、青川、都江堰、江油）
353	（稻）暮眼蝶 *Melanitis leda*	日本、缅甸、越南、老挝、泰国、柬埔寨、菲律宾、马来西亚、新加坡、印度尼西亚、澳大利亚，非洲	山东、河南、陕西、甘肃、安徽、浙江、湖北、江西、湖南、福建、台湾、广东、海南、广西、重庆、四川、贵州、云南	陕西（眉县、南郑、留坝）、甘肃（文县）、四川（安州、汶川）
354	睇暮眼蝶 *M. phedima*	印度、缅甸、越南、泰国	陕西、湖北、江西、湖南、福建、台湾、广东、海南、广西、重庆、贵州、云南、西藏	陕西（汉台、南郑、西乡、留坝）、湖北（兴山、神农架）
355	黛眼蝶 *Lethe dura*	印度、不丹、缅甸、越南、老挝、泰国、柬埔寨	河南、陕西、甘肃、浙江、湖北、江西、台湾、广东、重庆、四川、贵州、云南	河南（嵩县、栾川）、陕西（蓝田、长安、周至、渭滨、眉县、太白、凤县、汉台、南郑、洋县、略阳、留坝、佛坪、岚皋、汉阴、石泉、宁陕、商州、山阳、镇安）、甘肃（麦积、武都、康县、文县、徽县、两当）、湖北（兴山、神农架、武当山、竹溪）、四川（宣汉、彭州、青川、安州）
356	波纹黛眼蝶 *L. rohria*	巴基斯坦、印度、不丹、尼泊尔、孟加拉国、缅甸、越南、老挝、泰国、柬埔寨、斯里兰卡、马来西亚、新加坡、印度尼西亚	浙江、江西、福建、台湾、广东、海南、云南、四川	四川（宣汉）

续表

序号 No.	种类 Species	国外分布 Foreign distribution	中国分布 Distribution of China	大秦岭分布 Distribution of the Great Qinling Mountains
357	曲纹黛眼蝶 *L. chandica*	印度、孟加拉国、缅甸、越南、老挝、泰国、菲律宾、马来西亚、新加坡、印度尼西亚	陕西、甘肃、安徽、浙江、江西、福建、台湾、广东、海南、广西、四川、贵州、云南、西藏	陕西（佛坪）、甘肃（文县）、四川（朝天、剑阁、青川、彭州、都江堰、平武、汶川）
358	小云斑黛眼蝶 *L. jalaurida*	印度、尼泊尔	陕西、甘肃、湖北、四川、云南、西藏	陕西（鄠邑、周至、太白、凤县、汉台、佛坪、留坝、商南）、甘肃（徽县、两当、舟曲、合作、玛曲）、湖北（神农架）、四川（安州、平武）
359	明带黛眼蝶 *L. helle*		陕西、甘肃、湖北、重庆、四川、云南、贵州	陕西（长安、鄠邑、眉县、太白、南郑、洋县、留坝、佛坪、宁陕）、甘肃（徽县）、湖北（兴山、神农架）、重庆（巫溪、城口）
360	中华黛眼蝶 *L. armandina*	印度、缅甸	陕西、甘肃、四川	陕西（眉县、太白）、甘肃（文县）
361	彩斑黛眼蝶 *L. procne*		陕西、甘肃、广西、四川、贵州、云南	陕西（眉县、太白、佛坪、岚皋）、甘肃（麦积、徽县、两当）
362	厄黛眼蝶 *L. uemurai*		陕西、甘肃、四川、重庆	陕西（长安、鄠邑、凤县、佛坪、宁陕）、甘肃（文县、宕昌）、四川（九寨沟）
363	黑带黛眼蝶 *L. nigrifascia*		河南、陕西、宁夏、甘肃、湖北、江西、湖南、重庆、四川	河南（内乡、栾川、嵩县、卢氏）、陕西（长安、眉县、太白、凤县、汉台、南郑、洋县、留坝、佛坪、宁陕、商南）、甘肃（麦积、秦州、文县、徽县、两当、舟曲、迭部）、重庆（巫溪）、四川（青川、平武）
364	细黑黛眼蝶 *L. liyufeii*		河南、陕西、甘肃、四川	陕西（佛坪、宁陕）、甘肃（舟曲）
365	罗氏黛眼蝶 *L. luojiani*		陕西、甘肃	陕西（鄠邑、凤县、宁陕）
366	李氏黛眼蝶 *L. leei*		陕西	陕西（佛坪、宁陕）
367	蟠纹黛眼蝶 *L. labyrinthea*		河南、陕西、湖北、福建、重庆、四川、贵州	陕西（洋县、西乡、留坝、佛坪、汉滨、紫阳、宁陕）、湖北（兴山、神农架）、四川（都江堰、平武）
368	妍黛眼蝶 *L. yantra*		陕西、湖北、福建、重庆、四川	陕西（西乡）、重庆（巫溪）
369	门左黛眼蝶 *L. manzora*		陕西、甘肃、湖北、江西、广东、广西、重庆、四川、贵州、云南	陕西（太白、汉台、南郑、洋县、佛坪）、甘肃（麦积）、湖北（兴山）、四川（青川、平武）
370	斯斯黛眼蝶 *L. sisii*	印度、缅甸、越南、老挝、泰国	陕西、甘肃、湖北、江西、福建、重庆、四川	陕西（凤县）、甘肃（麦积、康县）
371	奇纹黛眼蝶 *L. cyrene*		河南、陕西、甘肃、湖北、重庆、四川	河南（内乡、西峡、栾川）、陕西（周至、凤县、汉台、南郑、洋县、勉县、留坝、佛坪、石泉、宁陕、商南）、甘肃（麦积、秦州、康县、徽县、两当）、湖北（兴山、神农架）、四川（平武）

序号 No.	种类 Species	国外分布 Foreign distribution	中国分布 Distribution of China	大秦岭分布 Distribution of the Great Qinling Mountains
372	康定黛眼蝶 *L. sicelides*		辽宁、陕西、湖北、重庆、四川、云南	陕西（佛坪）、湖北（神农架）、四川（青川、安州、平武）
373	罗丹黛眼蝶 *L. laodamia*		陕西、甘肃、安徽、浙江、湖北、江西、广东、重庆、四川、贵州、云南	陕西（太白、凤县、南郑、洋县、留坝、佛坪）、甘肃（麦积、秦州、文县、徽县、两当）、湖北（兴山、神农架）、四川（平武、青川）
374	泰妲黛眼蝶 *L. titania*		陕西、湖北、江西、湖南、广东、重庆、四川	陕西（眉县）、湖北（神农架）、四川（青川）
375	李斑黛眼蝶 *L. gemina*		甘肃、安徽、浙江、江西、福建、台湾、广东、广西、四川	甘肃（武都）、四川（安州）
376	连纹黛眼蝶 *L. syrcis*	越南	黑龙江、河南、陕西、甘肃、安徽、浙江、湖北、江西、福建、广东、广西、重庆、四川、贵州	陕西（凤县、汉台、洋县、留坝、佛坪、丹凤、商南、山阳、镇安）、甘肃（武都、文县）、湖北（兴山、神农架、郧阳、竹山）、重庆（城口）、四川（宣汉、万源、绵竹）
377	华山黛眼蝶 *L. serbonis*	印度、不丹、尼泊尔	陕西、甘肃、湖北、江西、福建、重庆、四川、云南、西藏	陕西（凤县、洋县、佛坪、宁陕）、甘肃（麦积、徽县、两当、宕昌）、湖北（神农架）、四川（平武）
378	棕褐黛眼蝶 *L. christophi*		河南、陕西、甘肃、安徽、浙江、湖北、江西、湖南、福建、台湾、广东、四川、贵州	陕西（临潼、长安、周至、太白、南郑、洋县、留坝、佛坪、岚皋、宁陕、丹凤）、甘肃（武都、徽县、两当）、四川（绵竹、安州、平武）
379	甘萨黛眼蝶 *L. kansa*	印度、尼泊尔、缅甸、越南、老挝、泰国	湖北、海南、云南	湖北（神农架）
380	直带黛眼蝶 *L. lanaris*	缅甸、越南、老挝、泰国	河南、陕西、甘肃、安徽、浙江、湖北、江西、福建、广东、海南、重庆、四川、贵州	河南（内乡）、陕西（长安、蓝田、鄠邑、陈仓、周至、太白、凤县、南郑、洋县、西乡、镇巴、留坝、佛坪、宁陕、柞水）、甘肃（麦积、秦州、康县、文县、徽县、两当）、湖北（兴山、神农架）、重庆（巫溪、城口）、四川（宣汉、青川、安州、平武、汶川）
381	苔娜黛眼蝶 *L. diana*	朝鲜、日本等	辽宁、吉林、河北、河南、陕西、甘肃、安徽、浙江、湖北、江西、湖南、福建、广东、广西、重庆、四川、贵州、云南	河南（内乡、嵩县、栾川）、陕西（蓝田、长安、鄠邑、周至、陈仓、眉县、太白、凤县、南郑、洋县、西乡、宁强、留坝、佛坪、汉阴、宁陕、商州、丹凤、商南、山阳、镇安、柞水）、甘肃（麦积、秦州、康县、文县、徽县、两当、舟曲、迭部）、湖北（神农架）、重庆（城口）、四川（南江、都江堰、安州、平武）
382	边纹黛眼蝶 *L. marginalis*	俄罗斯、朝鲜、日本	黑龙江、吉林、辽宁、河南、陕西、甘肃、浙江、湖北、江西、福建、广东、重庆、四川、云南	河南（鲁山、内乡、嵩县、栾川、卢氏）、陕西（鄠邑、周至、眉县、太白、凤县、南郑、洋县、西乡、镇巴、佛坪、宁陕）、甘肃（麦积、秦州、康县、文县、徽县、两当、卓尼、玛曲）、湖北（兴山、神农架、武当山）、重庆（巫溪、城口）、四川（青川、都江堰、安州、平武、汶川）

续表

序号 No.	种类 Species	国外分布 Foreign distribution	中国分布 Distribution of China	大秦岭分布 Distribution of the Great Qinling Mountains
383	深山黛眼蝶 L. insana	印度、不丹、 缅甸、越南、 老挝、泰国、 马来西亚	陕西、甘肃、浙江、湖北、 江西、湖南、福建、台湾、 广东、海南、广西、重庆、 四川、贵州、云南	陕西（长安、太白、汉台、南郑、留坝、 佛坪、宁陕、商南、山阳）、甘肃（武都、 文县）、湖北（兴山、神农架）、重庆（巫 溪）、四川（青川、安州、平武）
384	华西黛眼蝶 L. baucis		陕西、甘肃、湖北、江西、 福建、重庆、四川、云南	陕西（眉县、佛坪、岚皋）、甘肃（康县）、 四川（城口）
385	普里黛眼蝶 L. privigna		陕西、甘肃、湖北、四川、 云南	陕西（凤县、佛坪、宁陕）、甘肃（康县）、 湖北（神农架）、四川（南江）
386	白带黛眼蝶 L. confusa	印度、尼泊尔、 缅甸、越南、 老挝、泰国、 新加坡、柬埔 寨、马来西亚、 印度尼西亚	甘肃、安徽、浙江、湖北、 江西、福建、广东、海南、 香港、广西、重庆、四川、 贵州、云南	甘肃（文县）、湖北（兴山）、重庆（巫溪）、 四川（宣汉）
387	玉带黛眼蝶 L. verma	印度、不丹、 缅甸、越南、 老挝、泰国、 马来西亚	浙江、湖北、江西、湖南、 福建、台湾、广东、海南、 广西、重庆、四川、贵州、 云南、西藏	湖北（保康、神农架）、四川（宣汉、彭 州、都江堰、绵竹）
388	八目黛眼蝶 L. oculatissima		陕西、甘肃、浙江、湖北、 江西、福建、广东、重庆、 四川、云南	陕西（长安、鄠邑、周至、眉县、太白、 凤县、洋县、镇巴、佛坪、宁陕）、甘肃 （麦积、秦州、武山、武都、康县、徽县、 两当）、湖北（兴山、神农架）、重庆（城 口）、四川（青川、平武）
389	蛇神黛眼蝶 L. satyrina		河南、陕西、甘肃、上海、 安徽、浙江、湖北、江西、 湖南、福建、广东、重庆、 四川、贵州	河南（内乡、栾川）、陕西（南郑、西乡、 略阳、留坝、佛坪、镇安）、甘肃（麦积、 武都、文县）、湖北（兴山、郧阳、竹溪）、 重庆（城口）、四川（安州、平武）
390	圆翅黛眼蝶 L. butleri		北京、河南、陕西、甘肃、 安徽、浙江、湖北、江西、 台湾、广东、广西、重庆、 四川、贵州	河南（内乡、栾川）、陕西（洋县）、甘 肃（麦积、秦州、武都、康县、徽县、两 当）、湖北（兴山）、四川（安州、平武）
391	白条黛眼蝶 L. albolineata		河南、陕西、甘肃、湖北、 江西、福建、重庆、四川	河南（西峡、栾川）、陕西（长安、凤县、 留坝、佛坪、宁陕）、甘肃（康县、麦积）、 湖北（兴山、神农架）、重庆（巫溪、城 口）、四川（南江、青川、都江堰、平武）
392	安徒生黛眼蝶 L. andersoni	印度、缅甸	陕西、甘肃、湖北、四川、 云南	陕西（凤县、南郑）、甘肃（合作、舟曲、 迭部、玛曲）、湖北（神农架）、四川（平武）
393	林黛眼蝶 L. hayashii		陕西、甘肃、湖北	陕西（凤县、宁陕）、甘肃（康县）、湖 北（兴山、神农架）
394	银线黛眼蝶 L. argentata		四川、云南	四川（平武、汶川）
395	云南黛眼蝶 L. yunnana		陕西、甘肃、四川、云南	陕西（长安、鄠邑、周至、太白、凤县、 佛坪、宁陕）、甘肃（麦积、徽县、两当）、 四川（平武、九寨沟）

序号 No.	种类 Species	国外分布 Foreign distribution	中国分布 Distribution of China	大秦岭分布 Distribution of the Great Qinling Mountains
396	紫线黛眼蝶 L. violaceopicta	印度、缅甸、越南	陕西、甘肃、安徽、浙江、湖北、江西、湖南、福建、广东、广西、重庆、四川、贵州	陕西（太白、洋县、留坝、佛坪、岚皋、宁陕）、甘肃（武都、康县、文县、徽县、两当）、湖北（兴山、神农架）、四川（青川、都江堰、安州、平武）
397	圣母黛眼蝶 L. cybele		陕西、湖北、四川、贵州、云南、西藏	陕西（略阳、佛坪、宁陕）、湖北（神农架）、四川（青川、平武）
398	比目黛眼蝶 L. proxima		陕西、甘肃、湖北、重庆、四川	陕西（凤县、南郑、洋县、留坝、佛坪、岚皋、宁陕、商南）、甘肃（武都、文县）、四川（安州）
399	重瞳黛眼蝶 L. trimacula		陕西、甘肃、浙江、湖北、福建、江西、广东、重庆、四川、贵州	陕西（长安、汉台、南郑、留坝、宁陕）、甘肃（麦积、秦州、武都、文县、两当）、湖北（兴山）、四川（青川、安州）
400	舜目黛眼蝶 L. bipupilla		陕西、四川	陕西（汉台、南郑、留坝）、四川（安州、平武）
401	阿芒荫眼蝶 Neope armandii	印度、缅甸、越南、老挝、泰国	陕西、甘肃、浙江、湖北、江西、湖南、福建、台湾、广东、广西、重庆、四川、贵州、云南	陕西（太白、凤县、汉台、南郑、洋县、镇巴、佛坪、宁陕、柞水）、甘肃（麦积、秦州、武山、徽县、两当）、湖北（兴山、神农架）、重庆（巫溪、城口）、四川（青川）
402	黄斑荫眼蝶 N. pulaha	印度、不丹、缅甸、老挝	河南、陕西、甘肃、安徽、浙江、湖北、江西、福建、台湾、广东、广西、重庆、四川、贵州、云南、西藏	陕西（长安、周至、太白、凤县、华州、南郑、洋县、勉县、西乡、宁强、留坝、佛坪、汉阴、宁陕、商州、柞水）、甘肃（麦积、秦州、武都、康县、文县、徽县、两当、合作、舟曲、迭部）、湖北（兴山、神农架、竹山）、重庆（城口）、四川（南江、青川、都江堰、安州、平武）
403	黑斑荫眼蝶 N. pulahoides	印度、尼泊尔	陕西、甘肃、湖北、福建、广东、广西、重庆、四川、贵州、云南、西藏	陕西（凤县、太白、留坝）、甘肃（麦积、秦州、文县）、湖北（神农架）、重庆（城口）
404	德祥荫眼蝶 N. dejeani		陕西、湖南、四川、云南、西藏	陕西（太白、凤县、宁陕）
405	布莱荫眼蝶 N. bremeri	印度、不丹、尼泊尔、缅甸、越南	陕西、甘肃、安徽、浙江、湖北、江西、湖南、福建、台湾、广东、海南、广西、重庆、四川、贵州、云南、西藏	陕西（长安、太白、汉台、南郑、洋县、留坝、佛坪、汉阴、宁陕）、甘肃（麦积、秦州、武山、武都、文县、徽县、两当）、湖北（神农架）、重庆（城口）、四川（宣汉、南江、汶川）
406	白水荫眼蝶 N. shirozui		陕西、甘肃、四川	陕西（凤县、佛坪、宁陕）、甘肃（康县）、四川（南江）
407	田园荫眼蝶 N. agrestis		河南、陕西、甘肃、安徽、重庆、四川、贵州、云南	河南（西峡、嵩山）、陕西（周至、佛坪、宁陕）、甘肃（武都、文县、迭部、漳县）、四川（青川、平武）
408	奥荫眼蝶 N. oberthüeri		河南、陕西、甘肃、湖北、重庆、四川、云南、西藏	河南（西峡）、陕西（眉县、太白、凤县、南郑、城固、佛坪、宁陕）、甘肃（康县、徽县、两当）、湖北（神农架）、重庆（城口）、四川（南江、青川）
409	拟网纹荫眼蝶 N. simulans		甘肃、安徽、四川、云南、西藏	甘肃（麦积、徽县、两当、迭部）

序号 No.	种类 Species	国外分布 Foreign distribution	中国分布 Distribution of China	大秦岭分布 Distribution of the Great Qinling Mountains
410	蒙链荫眼蝶 N. muirheadii	印度、缅甸、越南、老挝	河南、陕西、甘肃、江苏、上海、安徽、浙江、湖北、江西、湖南、福建、台湾、广东、海南、香港、广西、重庆、四川、贵州、云南	河南（内乡）、陕西（周至、眉县、太白、凤县、南郑、洋县、西乡、宁强、留坝、平利、宁陕、商南、镇安）、甘肃（秦州、麦积、武都、文县、徽县、两当、合作、临潭、碌曲、玛曲）、湖北（兴山、保康、神农架、武当山、郧阳、郧西）、重庆（巫溪、城口）、四川（宣汉、安州、汶川）
411	丝链荫眼蝶 N. yama	印度、不丹、缅甸等	天津、河南、陕西、甘肃、安徽、浙江、湖北、江西、福建、广东、重庆、四川、贵州、云南、西藏	河南（内乡、栾川）、陕西（长安、鄠邑、周至、眉县、太白、凤县、汉台、南郑、洋县、西乡、留坝、佛坪、商南）、甘肃（麦积、秦州、武山、文县、徽县、两当）、湖北（兴山、神农架、武当山）、重庆（城口）、四川（青川、都江堰、安州、平武）
412	黑翅荫眼蝶 N. serica		天津、山东、河南、陕西、甘肃、安徽、浙江、江西、福建、广东、广西、重庆、四川、云南	河南（栾川）、陕西（宁陕、商州）、甘肃（康县）
413	大斑荫眼蝶 N. ramosa		河南、陕西、甘肃、浙江、湖北、江西、湖南、重庆、四川、贵州、云南	河南（内乡）、陕西（佛坪）、甘肃（武都）、四川（南江）
414	宁眼蝶 Ninguta schrenkii	俄罗斯、朝鲜、日本	黑龙江、吉林、辽宁、河南、陕西、甘肃、新疆、安徽、浙江、湖北、江西、福建、重庆、四川	河南（内乡、嵩县、栾川）、陕西（蓝田、长安、鄠邑、眉县、太白、凤县、华州、汉台、南郑、洋县、西乡、镇巴、留坝、佛坪、岚皋、石泉、宁陕、商州、丹凤、商南、山阳、镇安、柞水）、甘肃（麦积、秦州、武山、武都、康县、文县、两当、徽县）、湖北（兴山、保康、神农架、郧阳、房县）、重庆（巫溪、城口）、四川（宣汉、青川、都江堰、安州、平武）
415	蓝斑丽眼蝶 Mandarinia regalis	缅甸、越南、老挝、泰国	河南、陕西、甘肃、江苏、安徽、浙江、湖北、江西、湖南、福建、广东、广西、重庆、四川、贵州	陕西（南郑、洋县、留坝、镇安、柞水）、甘肃（武都、文县）、湖北（兴山、神农架）、重庆（城口）、四川（宣汉、南江、都江堰、安州）
416	斜斑丽眼蝶 M. uemurai		甘肃、湖北、福建、四川	甘肃（康县）、湖北（神农架）、四川（都江堰）
417	网眼蝶 Rhaphicera dumicola		河南、陕西、甘肃、浙江、湖北、江西、湖南、广东、重庆、四川、贵州	河南（内乡、栾川）、陕西（周至、眉县、太白、凤县、洋县、西乡、留坝、佛坪、岚皋、宁陕、商南、镇安）、甘肃（麦积、武都、文县、徽县、两当）、湖北（兴山、神农架）、重庆（巫溪、城口）、四川（青川、都江堰、安州、平武）
418	棕带眼蝶 Chonala praeusta		甘肃、江西、重庆、四川、贵州、云南	甘肃（文县）
419	带眼蝶 C. episcopalis		陕西、甘肃、福建、四川、云南	陕西（留坝、佛坪）、甘肃（武都、文县、临潭）
420	迷带眼蝶 C. miyatai		陕西、四川	陕西（镇坪）、四川（青川、平武）
421	劳拉带眼蝶 C. laurae		陕西	陕西（宁陕）

序号 No.	种类 Species	国外分布 Foreign distribution	中国分布 Distribution of China	大秦岭分布 Distribution of the Great Qinling Mountains
422	藏眼蝶 *Tatinga thibetanus*		内蒙古、北京、河北、河南、陕西、宁夏、甘肃、湖北、重庆、四川、云南、贵州、西藏	河南（鲁山、内乡、西峡、嵩县、灵宝）、陕西（蓝田、长安、鄠邑、周至、眉县、太白、凤县、汉台、南郑、城固、洋县、西乡、留坝、佛坪、宁陕）、甘肃（麦积、秦州、武山、文县、徽县、两当、合作、临潭、舟曲、迭部）、湖北（神农架）、重庆（巫溪、城口）、四川（青川、北川、平武、茂县、九寨沟）
423	黄环链眼蝶 *Lopinga achine*	俄罗斯、朝鲜、日本，欧洲	黑龙江、吉林、辽宁、内蒙古、北京、河北、山西、河南、陕西、宁夏、甘肃、青海、新疆、湖北、重庆、四川等	河南（内乡、西峡、栾川）、陕西（长安、鄠邑、周至、陈仓、眉县、太白、凤县、洋县、镇巴、留坝、佛坪、宁陕、柞水）、甘肃（麦积、秦州、武山、文县、徽县、两当、合作、临潭、舟曲、迭部、碌曲）、湖北（保康、神农架、郧阳）、重庆（巫溪、城口）、四川（青川、平武）
424	卡特链眼蝶 *L. catena*		陕西、甘肃、湖北、四川	陕西（周至、眉县、凤县、佛坪、宁陕）、甘肃（文县）、湖北（神农架、武当山）、四川（南江）
425	丛林链眼蝶 *L. dumetorum*		陕西、甘肃、四川、云南、西藏	陕西（留坝）、甘肃（武都、文县）、四川（都江堰）
426	金色链眼蝶 *L. fulvescens*		甘肃、四川	甘肃（迭部）、四川（松潘、九寨沟）
427	白链眼蝶 *L. eckweileri*		甘肃、四川	四川（九寨沟）
428	斗毛眼蝶 *Lasiommata deidamia*	俄罗斯、朝鲜、日本	黑龙江、吉林、辽宁、内蒙古、北京、天津、河北、山西、山东、河南、陕西、宁夏、甘肃、青海、江苏、安徽、湖北、福建、重庆、四川	河南（全省山区，荥阳、登封、内乡、西峡）、陕西（临潼、蓝田、长安、鄠邑、周至、眉县、华州、太白、汉台、南郑、西乡、留坝、商州、丹凤、商南、山阳）、甘肃（麦积、秦州、武山、武都、文县、徽县、两当、合作、舟曲、碌曲）、湖北（兴山、保康、武当山）、重庆（巫溪、城口）
429	铠毛眼蝶 *L. kasumi*		陕西、甘肃	陕西（周至、太白、凤县、宁陕）、甘肃（麦积、徽县、两当）
430	多眼蝶 *Kirinia epaminondas*	朝鲜	黑龙江、吉林、辽宁、内蒙古、北京、河北、山西、山东、河南、陕西、甘肃、安徽、浙江、湖北、江西、福建、重庆、四川、贵州	河南（栾川、陕州、灵宝）、陕西（蓝田、长安、鄠邑、周至、渭滨、陈仓、眉县、太白、凤县、华阴、汉台、南郑、洋县、勉县、留坝、商州、丹凤、山阳）、甘肃（麦积、秦州、武都、文县、徽县、两当、临潭、舟曲、迭部、碌曲、玛曲、岷县）、湖北（兴山、保康、神农架、武当山）、重庆（巫溪、城口）、四川（青川、安州、平武）
431	淡色多眼蝶 *K. epimenides*	俄罗斯、朝鲜、日本	黑龙江、吉林、辽宁、北京、山西、山东、河南、陕西、甘肃、浙江、福建、四川	陕西（长安、佛坪、宁陕）、甘肃（舟曲）、四川（九寨沟）

附
Appendix

续表

序号 No.	种类 Species	国外分布 Foreign distribution	中国分布 Distribution of China	大秦岭分布 Distribution of the Great Qinling Mountains
432	稻眉眼蝶 *Mycalesis gotama*	朝鲜、日本、印度、缅甸、越南、泰国等	辽宁、河南、陕西、甘肃、江苏、安徽、浙江、湖北、江西、湖南、福建、台湾、广东、海南、广西、重庆、四川、贵州、云南、西藏	河南(内乡、西峡)、陕西(蓝田、长安、周至、陈仓、眉县、凤县、汉台、南郑、洋县、西乡、勉县、略阳、留坝、佛坪、汉滨、岚皋、汉阴、宁陕、商州、丹凤、商南、山阳、镇安)、甘肃(麦积、武都、文县、徽县、两当)、湖北(兴山、神农架、郧阳、竹山、竹溪)、重庆(城口)、四川(宣汉、昭化、青川、都江堰、安州、江油、平武、汶川)
433	拟稻眉眼蝶 *M. francisca*	朝鲜、日本	辽宁、河南、陕西、甘肃、安徽、浙江、湖北、江西、湖南、福建、台湾、广东、海南、广西、重庆、四川、贵州、云南	河南(登封、西峡、栾川、洛宁、陕州、灵宝)、陕西(蓝田、长安、鄠邑、周至、华州、渭滨、陈仓、岐山、眉县、太白、凤县、华阴、汉台、南郑、城固、洋县、西乡、勉县、略阳、留坝、佛坪、平利、岚皋、石泉、汉阴、宁陕、商州、丹凤、商南、山阳、镇安)、甘肃(文县、徽县、两当)、湖北(兴山、南漳、谷城、神农架、郧阳、房县、郧西)、重庆(巫溪、城口)、四川(万源、青川、都江堰、安州、北川、平武)
434	小眉眼蝶 *M. mineus*	印度、尼泊尔、缅甸、泰国、新加坡、马来西亚、印度尼西亚、伊朗	河南、陕西、甘肃、安徽、浙江、湖北、江西、湖南、福建、台湾、广东、海南、香港、广西、四川、贵州、云南	河南(西峡)、陕西(周至、勉县)、甘肃(文县)、四川(宣汉)
435	僧袈眉眼蝶 *M. sangaica*	缅甸、越南、老挝、泰国	甘肃、浙江、上海、安徽、浙江、湖北、江西、湖南、福建、台湾、广东、海南、广西、云南、重庆、四川、贵州	甘肃(文县)、湖北(兴山、神农架)、四川(都江堰)
436	密纱眉眼蝶 *M. misenus*	缅甸、泰国、印度	陕西、浙江、江西、湖北、湖南、广东、广西、重庆、四川、贵州、云南	陕西(洋县、佛坪、西乡)、湖北(兴山)、重庆(巫溪)
437	白斑眼蝶 *Penthema adelma*		陕西、甘肃、安徽、浙江、湖北、江西、湖南、福建、台湾、广东、广西、重庆、四川、贵州、西藏	陕西(眉县、太白、凤县、华阴、南郑、洋县、西乡、留坝、佛坪、宁陕、商州、丹凤、商南、山阳)、甘肃(武山、武都、文县、徽县)、湖北(兴山、神农架)、重庆(城口)、四川(宣汉、青川、都江堰、安州、平武)
438	粉眼蝶 *Callarge sagitta*	越南	河南、陕西、甘肃、安徽、湖北、江西、湖南、重庆、四川、云南	河南(灵宝)、陕西(长安、周至、渭滨、陈仓、太白、凤县、汉台、南郑、洋县、西乡、留坝、佛坪、石泉、宁陕、商南、柞水)、甘肃(麦积、秦州、康县、徽县、两当)、湖北(神农架)、重庆(城口)、四川(都江堰、安州)
439	凤眼蝶 *Neorina patria*	印度、缅甸、越南、老挝、泰国	甘肃、江西、湖南、福建、广东、广西、重庆、四川、贵州、云南、西藏	甘肃(康县)、四川(青川、安州、平武、汶川)
440	颠眼蝶 *Acropolis thalia*		浙江、湖北、江西、湖南、福建、广东、重庆、四川、贵州	湖北(神农架)、重庆(城口)

序号 No.	种类 Species	国外分布 Foreign distribution	中国分布 Distribution of China	大秦岭分布 Distribution of the Great Qinling Mountains
441	绢眼蝶 *Davidina armandi*		辽宁、北京、天津、山西、河南、陕西、甘肃、湖北、重庆、四川、西藏	河南（登封、内乡、西峡、嵩县、栾川、灵宝）、陕西（长安、鄠邑、周至、眉县、太白、华阴、汉台、南郑、留坝、佛坪、商南、镇安）、甘肃（麦积、秦州、武山、武都、徽县、两当）、湖北（兴山）、重庆（巫溪）
442	白眼蝶 *Melanargia halimede*	俄罗斯、蒙古、韩国	黑龙江、吉林、辽宁、山西、山东、河南、陕西、宁夏、甘肃、青海、湖北、湖南、重庆、四川、贵州	陕西（蓝田、长安、鄠邑、周至、眉县、太白、凤县、华州、汉台、南郑、洋县、西乡、镇巴、留坝、宁陕、商南）、甘肃（麦积、秦州、武山、武都、康县、文县、宕昌、徽县、合作、临潭、迭部、碌曲、玛曲、漳县、岷县）、湖北（兴山、保康、神农架、郧阳、武当山）、重庆（巫溪、城口）、四川（青川、平武）
443	甘藏白眼蝶 *M. ganymedes*		黑龙江、陕西、甘肃、新疆、重庆、四川、云南、西藏等	陕西（眉县、太白）、甘肃（武山、武都、文县、合作、迭部、舟曲、碌曲、漳县）、重庆（巫溪）、四川（青川、平武）
444	华北白眼蝶 *M. epimede*	俄罗斯、蒙古、朝鲜	黑龙江、吉林、辽宁、北京、河北、山西、山东、河南、陕西、甘肃、湖北、重庆	陕西（蓝田、长安、周至、眉县、太白、凤县、汉台、南郑、洋县、西乡、镇巴、留坝、佛坪）、甘肃（麦积、秦州、康县、文县、宕昌、徽县、两当）、湖北（兴山）、重庆（巫溪、城口）
445	华西白眼蝶 *M. leda*		甘肃、四川、云南、西藏	甘肃（合作、舟曲、碌曲、玛曲）、四川（青川、汶川）
446	亚洲白眼蝶 *M. asiatica*		吉林、天津、河南、陕西、甘肃、湖北、四川、贵州、云南	河南（灵宝）、陕西（长安、眉县、太白、华阴、汉台、南郑、佛坪、宁陕）、甘肃（秦州、麦积、文县、迭部、碌曲）、湖北（神农架）
447	黑纱白眼蝶 *M. lugens*		黑龙江、吉林、辽宁、北京、河南、陕西、宁夏、甘肃、安徽、浙江、湖北、江西、湖南、四川	陕西（蓝田、长安、鄠邑、周至、眉县、太白、凤县、华阴、汉台、洋县、城固、留坝、佛坪、宁陕、商州、商南）、甘肃（麦积、秦州、武山、武都、康县、文县、两当、漳县）、湖北（兴山、神农架）、四川（青川）
448	曼丽白眼蝶 *M.meridionalis*		河南、陕西、甘肃、浙江、四川	河南（登封、鲁山、内乡、西峡、嵩县、栾川、陕州、灵宝、卢氏）、陕西（长安、鄠邑、周至、华阴、陈仓、眉县、太白、凤县、汉台、洋县、留坝、佛坪、宁陕、商州、柞水）、甘肃（麦积、秦州、武都、文县、宕昌、两当、徽县）、四川（青川、平武）
449	山地白眼蝶 *M. montana*		陕西、甘肃、湖北、重庆、四川	陕西（南郑、洋县、镇巴、留坝、佛坪）、甘肃（武都、康县、文县）、湖北（兴山、神农架）、重庆（巫溪、城口）、四川（青川、都江堰、安州、平武、汶川）
450	玄裳眼蝶 *Satyrus ferula*	俄罗斯	黑龙江、内蒙古、河北、陕西、甘肃、青海、新疆、四川	甘肃（武山、文县、迭部、漳县）

续表

序号 No.	种类 Species	国外分布 Foreign distribution	中国分布 Distribution of China	大秦岭分布 Distribution of the Great Qinling Mountains
451	蛇眼蝶 *Minois dryas*	俄罗斯、朝鲜、日本，欧洲	黑龙江、吉林、辽宁、北京、天津、河北、山西、山东、河南、陕西、宁夏、甘肃、青海、新疆、安徽、浙江、湖北、江西、湖南、福建、重庆、四川、贵州	河南（内乡、西峡、登封）、陕西（临潼、蓝田、长安、鄠邑、周至、岐山、眉县、太白、凤县、华州、华阴、南郑、洋县、西乡、镇巴、宁强、略阳、留坝、佛坪、宁陕、商州、丹凤、商南、山阳、镇安、柞水）、甘肃（麦积、秦州、武山、武都、康县、文县、徽县、两当、合作、临潭、舟曲、迭部、碌曲、玛曲）、湖北（兴山、保康、神农架、武当山、郧阳）、重庆（巫溪、城口）、四川（青川、北川、平武）
452	异点蛇眼蝶 *M. Paupera*		甘肃、四川	甘肃（迭部）
453	古北拟酒眼蝶 *Paroeneis palaearctica*	喜马拉雅山区，中亚地区	甘肃、青海、四川、西藏	甘肃（合作、临潭、卓尼、迭部、碌曲）
454	锡金拟酒眼蝶 *P. sikkimensis*	喜马拉雅山区等	青海、甘肃、四川、西藏	甘肃（迭部）、四川（九寨沟）
455	小型林眼蝶 *Aulocera sybillina*		陕西、甘肃、青海、四川、云南、西藏	陕西（略阳）、甘肃（合作、舟曲、迭部、碌曲、玛曲）
456	细眉林眼蝶 *A. merlina*		陕西、云南、四川	陕西（宁陕）
457	棒纹林眼蝶 *A. lativitta*		河北、甘肃	甘肃（武都、舟曲、迭部）
458	四射林眼蝶 *A. magica*		甘肃、云南、西藏	甘肃（舟曲、迭部）
459	喜马林眼蝶 *A. brahminoides*	印度、尼泊尔	甘肃、西藏	甘肃（舟曲、迭部）
460	西方云眼蝶 *Hyponephele dysdora*	俄罗斯	黑龙江、吉林、内蒙古、河北、甘肃、新疆	甘肃（武山、舟曲、合作、碌曲、漳县）
461	黄衬云眼蝶 *H. lupina*	哈萨克斯坦、阿富汗、尼泊尔，欧洲	黑龙江、内蒙古、山西、甘肃、新疆	甘肃（武山、两当、礼县、漳县）
462	黄翅云眼蝶 *H. davendra*	阿富汗、巴基斯坦、印度，喜马拉雅山区	甘肃、新疆、西藏	甘肃（武山、武都、文县、礼县、迭部、碌曲、漳县）
463	居间云眼蝶 *H. interposita*	俄罗斯、哈萨克斯坦、吉尔吉斯斯坦、塔吉克斯坦、巴基斯坦、印度	黑龙江、内蒙古、北京、山西、甘肃、新疆	甘肃（武山、礼县、漳县）
464	西北云眼蝶 *H. nordoccidentaris*		北京、山西、陕西、甘肃等	甘肃（武都、迭部）

序号 No.	种类 Species	国外分布 Foreign distribution	中国分布 Distribution of China	大秦岭分布 Distribution of the Great Qinling Mountains
465	寿眼蝶 *Pseudochazara hippolyte*	俄罗斯、蒙古、中亚、欧洲	辽宁、内蒙古、北京、河北、陕西、宁夏、甘肃、新疆	陕西（留坝）
466	仁眼蝶 *Hipparchia autonoe*	俄罗斯	黑龙江、内蒙古、河北、山西、陕西、宁夏、甘肃、青海、新疆、四川	陕西（周至）、甘肃（麦积、秦州、武山、文县、徽县、两当、合作、临潭、迭部、碌曲、玛曲、漳县）
467	花岩眼蝶 *Chazara anthe*	俄罗斯、哈萨克斯坦、阿富汗	宁夏、甘肃、新疆	甘肃（碌曲）
468	矍眼蝶 *Ypthima baldus*	巴基斯坦、印度、不丹、尼泊尔、缅甸、马来西亚	黑龙江、吉林、辽宁、天津、山西、河南、陕西、甘肃、青海、安徽、浙江、湖北、江西、湖南、福建、台湾、广东、海南、香港、广西、重庆、四川、贵州、云南、西藏	河南（荥阳、新密、登封、镇平、内乡、西峡、南召、栾川、洛宁、渑池、灵宝）、陕西（临潼、蓝田、长安、鄠邑、周至、渭滨、陈仓、岐山、眉县、太白、凤县、华州、华阴、潼关、南郑、汉台、洋县、西乡、勉县、略阳、留坝、佛坪、汉滨、旬阳、平利、镇坪、岚皋、紫阳、汉阴、石泉、宁陕、商州、丹凤、商南、山阳、镇安、柞水、洛南）、甘肃（麦积、秦州、武山、文县、徽县、两当、礼县、合作、舟曲、迭部、碌曲、玛曲）、湖北（兴山、南漳、保康、神农架、武当山、郧阳、房县、竹山、竹溪、郧西）、重庆（巫溪、城口）、四川（宣汉、利州、青川、都江堰、安州、江油、平武）
469	卓矍眼蝶 *Y. zodia*		河南、陕西、甘肃、江苏、安徽、浙江、湖北、江西、福建、台湾、广东、广西、重庆、四川、贵州、云南	河南（宜阳、栾川）、陕西（长安、周至、渭滨、陈仓、眉县、太白、凤县、汉台、南郑、洋县、勉县、镇巴、留坝、佛坪、岚皋、镇安）、甘肃（麦积、康县、文县、徽县、两当）、湖北（兴山、神农架）、重庆（城口）、四川（青川、江油、平武）
470	阿矍眼蝶 *Y. argus*	俄罗斯、朝鲜、日本、印度	黑龙江、吉林、辽宁、河北、河南、浙江、湖南、福建	河南（内乡、陕州）
471	幽矍眼蝶 *Y. conjuncta*		天津、河南、陕西、甘肃、安徽、浙江、湖北、江西、湖南、福建、台湾、广东、海南、广西、重庆、四川、贵州、云南	河南（鲁山、内乡、嵩县、栾川）、陕西（周至、眉县、太白、凤县、汉台、南郑、洋县、西乡、留坝、佛坪、宁陕、丹凤、商南、山阳、镇安、柞水）、甘肃（麦积、秦州、徽县、两当、武都、文县、岷县）、湖北（兴山、保康、神农架、武当山、郧阳、郧西）、重庆（巫溪、城口）、四川（青川、都江堰、安州、平武）
472	连斑矍眼蝶 *Y. sakra*	印度、不丹、尼泊尔、缅甸、越南	陕西、甘肃、湖北、云南、四川、贵州、西藏	陕西（周至、洋县、西乡、佛坪、宁陕、商州、商南）、甘肃（武山、徽县）、湖北（神农架）、四川（都江堰）
473	融斑矍眼蝶 *Y. nikaea*	巴基斯坦、印度、不丹	陕西、云南	陕西（西乡）
474	魔女矍眼蝶 *Y. medusa*		陕西、甘肃、江苏、安徽、湖北、广西、重庆、四川、贵州、云南	陕西（周至、眉县、太白、西乡、商南）、甘肃（武山、武都、文县、漳县）、湖北（兴山、神农架）、重庆（城口）、四川（都江堰、安州、平武）

续表

序号 No.	种类 Species	国外分布 Foreign distribution	中国分布 Distribution of China	大秦岭分布 Distribution of the Great Qinling Mountains
475	大波矍眼蝶 Y. tappana	越南	河南、陕西、安徽、浙江、湖北、江西、湖南、福建、台湾、广东、海南、重庆、四川、贵州、云南	河南（内乡）、陕西（太白、汉台、南郑、西乡、商州、山阳）、湖北（兴山）、四川（平武）
476	前雾矍眼蝶 Y. praenubila		陕西、甘肃、安徽、浙江、湖北、江西、福建、台湾、广东、海南、香港、广西、重庆、四川、贵州	陕西（周至、太白、南郑、洋县、镇巴、佛坪、紫阳）、甘肃（徽县、两当）、湖北（兴山、保康、郧阳、房县）、重庆（城口）、四川（青川、都江堰、安州、平武）
477	鹭矍眼蝶 Y. ciris		甘肃、湖北、四川、贵州、云南	甘肃（文县）、湖北（兴山）
478	东亚矍眼蝶 Y. motschulskyi	朝鲜、澳大利亚	黑龙江、吉林、辽宁、天津、河南、陕西、甘肃、安徽、浙江、湖北、江西、湖南、广东、海南、重庆、四川、贵州	河南（内乡）、陕西（长安、鄠邑、周至、陈仓、眉县、太白、华州、华阴、汉台、南郑、城固、洋县、西乡、宁强、略阳、镇巴、留坝、佛坪、汉滨、紫阳、汉阴、石泉、宁陕、商州、丹凤、商南、山阳、镇安）、甘肃（麦积、武都、文县、徽县、两当）、湖北（兴山、南漳、神农架、郧阳、郧西）、重庆（巫溪、城口）、四川（都江堰、安州、平武）
479	中华矍眼蝶 Y. chinensis		河北、山东、河南、陕西、甘肃、安徽、浙江、湖北、江西、湖南、福建、广东、广西、重庆、四川、云南、贵州	河南（登封、内乡、西峡、栾川、陕州、卢氏）、陕西（长安、鄠邑、周至、眉县、太白、凤县、洋县、西乡、略阳、留坝、佛坪、岚皋、宁陕、商州、商南、山阳）、甘肃（麦积、武都、文县、徽县、两当、舟曲）、湖北（当阳、兴山、保康、神农架、武当山、郧阳）、重庆（巫溪、城口）、四川（都江堰）
480	小矍眼蝶 Y. nareda	克什米尔地区，印度、尼泊尔、缅甸，喜马拉雅山区	陕西、甘肃、江苏、安徽、湖北、湖南、广东、重庆、四川、贵州、云南	陕西（周至、太白、镇安）、甘肃（麦积、两当）、湖北（兴山、神农架）、重庆（巫溪）、四川（都江堰）
481	完璧矍眼蝶 Y. perfecta		陕西、甘肃、安徽、湖北、江西、湖南、福建、台湾、重庆、四川、贵州、云南	陕西（南郑、洋县、西乡、镇巴、佛坪、商州）、甘肃（武都、徽县、两当）、湖北（兴山、神农架）、重庆（巫溪、城口）
482	密纹矍眼蝶 Y. multistriata	朝鲜、日本	辽宁、北京、河北、河南、陕西、甘肃、江苏、上海、安徽、浙江、湖北、江西、福建、台湾、海南、广西、重庆、四川、贵州、云南	陕西（太白、佛坪、紫阳、镇安）、甘肃（武都、文县、徽县）、湖北（兴山、南漳、保康、谷城、神农架、郧阳）、重庆（巫溪）、四川（剑阁、北川、汶川）
483	江崎矍眼蝶 Y. esakii		甘肃、安徽、湖北、江西、福建、台湾、广东、重庆、贵州	甘肃（文县）、湖北（兴山）、重庆（城口）
484	拟四眼矍眼蝶 Y. imitans	越南	吉林、陕西、安徽、湖北、广东、海南、香港、四川、贵州、云南	陕西（洋县）、湖北（兴山）、四川（平武）
485	普氏矍眼蝶 Y. pratti		陕西、浙江、湖北、江西、福建、四川、贵州	陕西（洋县）、四川（都江堰）

序号 No.	种类 Species	国外分布 Foreign distribution	中国分布 Distribution of China	大秦岭分布 Distribution of the Great Qinling Mountains
486	乱云矍眼蝶 Y. megalomma		辽宁、天津、河北、河南、陕西、甘肃、安徽、浙江、湖北、江西、重庆、四川、贵州	河南（登封、内乡、嵩县、栾川）、陕西（临潼、蓝田、长安、周至、渭滨、眉县、太白、华州、汉台、南郑、城固、洋县、勉县、镇巴、留坝、佛坪、宁陕、商州、镇安、柞水、洛南）、甘肃（麦积、秦州、武都、康县、文县、徽县、两当、迭部、碌曲）、湖北（兴山）
487	曲斑矍眼蝶 Y. zyzzomacula		甘肃、湖北、四川、云南	甘肃（麦积、礼县）、湖北（兴山）、四川（平武）
488	不孤矍眼蝶 Y. insolita		江苏、浙江、重庆、四川、贵州、云南	重庆（城口）
489	宽波矍眼蝶 Y. beautei		陕西、青海、四川	陕西（洋县、留坝）
490	古眼蝶 Palaeonympha opalina		河南、陕西、甘肃、安徽、浙江、湖北、江西、湖南、台湾、广东、重庆、四川、贵州、云南	河南（内乡、西峡、嵩县、栾川、陕州）、陕西（长安、鄠邑、周至、渭滨、眉县、太白、华州、汉台、南郑、洋县、西乡、镇巴、勉县、略阳、留坝、佛坪、汉滨、汉阴、石泉、宁陕、商州、丹凤、商南、山阳、镇安、柞水）、甘肃（麦积、武都、文县、徽县、两当）、湖北（保康、神农架、武当山、郧阳）、重庆（巫溪、城口）、四川（剑阁、青川、平武）
491	大艳眼蝶 Callerebia suroia		陕西、甘肃、安徽、浙江、湖北、江西、重庆、四川、贵州、云南	陕西（南郑、西乡、镇巴）、甘肃（武都、康县、文县、舟曲、迭部）、湖北（兴山）、重庆（巫溪、城口）、四川（青川、安州、平武）
492	混同艳眼蝶 C. confusa		陕西、甘肃、宁夏、浙江、湖北、江西、湖南、福建、重庆、四川、贵州	陕西（太白、留坝）、甘肃（武都、文县）、湖北（兴山、神农架）、重庆（巫溪）、四川（都江堰）
493	多斑艳眼蝶 C. polyphemus	印度、尼泊尔、缅甸	甘肃、湖北、重庆、四川、云南、贵州、西藏	甘肃（武都、文县、舟曲、迭部）、湖北（兴山）、四川（平武、汶川）
494	白瞳舜眼蝶 Loxerebia saxicola	蒙古	辽宁、北京、河北、山西、河南、陕西、甘肃、湖北、广东、重庆、四川、云南、西藏	河南（内乡、西峡、栾川、灵宝、卢氏、陕州）、陕西（长安、蓝田、周至、太白、华阴、南郑、洋县、西乡、佛坪、平利、岚皋、宁陕、商州、丹凤、商南、山阳、柞水、洛南）、甘肃（麦积、秦州、文县、徽县、舟曲、迭部）、湖北（兴山、神农架）、重庆（巫溪、城口）、四川（宣汉、青川、平武）
495	草原舜眼蝶 L. pratorum		陕西、甘肃、湖南、湖北、重庆、四川、贵州、云南、西藏	陕西（长安、眉县、太白、华阴）、甘肃（两当、文县、舟曲、迭部）、重庆（巫溪、城口）、四川（青川、平武）
496	白点舜眼蝶 L. albipuncta		河南、陕西、甘肃、湖北、湖南、贵州	河南（内乡）、陕西（西乡、留坝）、甘肃（成县）、湖北（兴山、神农架）
497	圆睛舜眼蝶 L. rurigena		陕西、湖北、四川、贵州	陕西（南郑、镇巴、佛坪）、湖北（神农架）

续表

序号 No.	种类 Species	国外分布 Foreign distribution	中国分布 Distribution of China	大秦岭分布 Distribution of the Great Qinling Mountains
498	横波舜眼蝶 L. delavayi		甘肃、云南	甘肃（麦积、两当）
499	罗克舜眼蝶 L. loczyi	印度、缅甸	陕西、甘肃、四川	陕西（宁陕）、甘肃（武都）
500	十目舜眼蝶 L. carola		陕西、甘肃、四川、云南	陕西（宁陕）、甘肃（麦积、徽县、两当、迭部）
501	菩萨酒眼蝶 Oeneis buddha	印度	黑龙江、辽宁、陕西、甘肃、青海、四川、西藏	陕西（眉县、太白）、甘肃（迭部）
502	娜娜酒眼蝶 O. nanna	蒙古、朝鲜	黑龙江、吉林、辽宁、河南、宁夏、新疆	河南（灵宝）
503	蒙古酒眼蝶 O. mongolica		北京、河北、内蒙古、陕西、宁夏、甘肃	陕西（商南）
504	山眼蝶 Paralasa batanga		甘肃、青海、云南	甘肃（碌曲）
505	耳环山眼蝶 P. herse	蒙古	甘肃、青海、四川、西藏	甘肃（舟曲、合作、碌曲）
506	牧女珍眼蝶 Coenonympha amaryllis	朝鲜，中亚地区	黑龙江、吉林、辽宁、内蒙古、北京、天津、山西、山东、河南、陕西、甘肃、青海、新疆、浙江、四川	河南（登封、内乡、南召、西峡、栾川、灵宝、卢氏、嵩县、栾川、渑池、陕州）、陕西（临潼、蓝田、长安、周至、渭滨、陈仓、眉县、太白、凤县、华州、华阴、宁陕、商州、商南、洛南）、甘肃（麦积、武山、康县、文县、两当、合作、舟曲、迭部、碌曲、漳县）
507	新疆珍眼蝶 C. xinjiangensis		甘肃、新疆	甘肃（迭部）
508	西门珍眼蝶 C. semenovi	中亚	陕西、甘肃、青海、新疆、四川、西藏	陕西（长安、鄠邑、陈仓、太白）、甘肃（卓尼、舟曲、迭部、碌曲、玛曲）
509	爱珍眼蝶 C. oedippus	朝鲜、日本，欧洲	黑龙江、吉林、辽宁、内蒙古、北京、天津、河北、山西、山东、河南、陕西、宁夏、甘肃、江西	河南（登封、内乡、西峡、陕州）、陕西（临潼、眉县、华州、华阴、洋县、宁陕、商州、山阳、洛南）、甘肃（麦积、秦州、武山、文县、徽县、两当、漳县、舟曲、迭部）
510	大斑阿芬眼蝶 Aphantopus arvensis		陕西、宁夏、甘肃、青海、浙江、湖北、广西、重庆、四川、云南	陕西（蓝田、周至、凤县、洋县、佛坪、宁陕）、甘肃（麦积）、湖北（兴山、神农架）、重庆（巫溪）、四川（青川、汶川）
511	阿芬眼蝶 A. hyperantus	俄罗斯、蒙古、朝鲜，西欧	黑龙江、吉林、辽宁、北京、河南、陕西、宁夏、甘肃、青海、湖北、重庆、四川、云南、西藏	河南（鲁山、内乡、西峡、嵩县、灵宝）、陕西（蓝田、长安、鄠邑、周至、太白、凤县、华阴、南郑、洋县、镇巴、留坝、佛坪、宁陕、商州、商南）、甘肃（麦积、秦州、武山、康县、文县、宕昌、徽县、两当、礼县、舟曲、迭部、碌曲、漳县）、湖北（神农架）、四川（青川）

序号 No.	种类 Species	国外分布 Foreign distribution	中国分布 Distribution of China	大秦岭分布 Distribution of the Great Qinling Mountains
512	红眼蝶 Erebia alcmena		黑龙江、河南、陕西、宁夏、甘肃、浙江、四川、西藏	河南（西峡、灵宝）、陕西（蓝田、长安、鄠邑、周至、眉县、太白、凤县、洋县、佛坪、宁陕、商州、丹凤、商南、山阳、镇安）、甘肃（麦积、秦州、文县、徽县、两当、合作、迭部、碌曲）
513	乌红眼蝶 E. nikitini	塔吉克斯坦、蒙古	黑龙江、吉林、辽宁、内蒙古、宁夏、甘肃	甘肃（麦积）
514	阿红眼蝶 E. atramentaria		甘肃、青海	甘肃（武都、迭部）
515	秦岭红眼蝶 E. tristior		陕西、甘肃	陕西（鄠邑）、甘肃（武都）
516	暗红眼蝶 E. neriene		黑龙江、吉林、内蒙古、甘肃	甘肃（临潭、碌曲）
四		灰蝶科 Lycaenidae		
517	豹蚬蝶 Takashia nana		辽宁、陕西、甘肃、青海、湖北、重庆、四川、贵州、云南	陕西（周至、蓝田、长安、鄠邑、华州、太白、凤县、南郑、洋县、西乡、留坝、佛坪、岚皋、宁陕、商州、商南、柞水）、甘肃（秦州、麦积、文县、徽县、两当、临潭、碌曲）、湖北（神农架）、重庆（城口）、四川（都江堰）
518	露娅小蚬蝶 Polycaena lua		陕西、甘肃、青海、四川、西藏	陕西（长安、眉县、太白）、甘肃（武山、文县、礼县、迭部、碌曲、漳县）
519	第一小蚬蝶 P. princeps		甘肃、四川、云南	甘肃（武山、礼县、临潭、迭部、碌曲、漳县）
520	喇嘛小蚬蝶 P. lama		甘肃、青海、四川、西藏	甘肃（武山、礼县、漳县）、四川（都江堰、松潘）
521	甘肃小蚬蝶 P. kansuensis		甘肃、青海、四川	甘肃（碌曲）
522	红脉小蚬蝶 P. carmelita		四川	四川（汶川）
523	卧龙小蚬蝶 P. wolongensis		四川	四川（汶川）
524	密斑小蚬蝶 P. matuta		四川、西藏	四川（汶川）
525	黄带褐蚬蝶 Abisara fylla	印度、尼泊尔、缅甸、泰国	河南、陕西、甘肃、安徽、浙江、福建、湖北、江西、广东、海南、广西、重庆、四川、贵州、云南、西藏	河南（西峡）、陕西（太白、凤县、西乡、岚皋、丹凤、商南、山阳、镇安）、甘肃（武都、文县）、湖北（南漳、神农架、竹山、郧西）、四川（都江堰）
526	白带褐蚬蝶 A. fylloides	印度、缅甸、越南、泰国、柬埔寨、老挝、马来西亚	陕西、甘肃、浙江、湖北、江西、福建、广东、海南、广西、重庆、四川、贵州、云南	陕西（西乡、白河、岚皋、商州、山阳、镇安）、甘肃（文县）、湖北（神农架）、重庆（城口）、四川（宣汉、彭州）

续表

序号 No.	种类 Species	国外分布 Foreign distribution	中国分布 Distribution of China	大秦岭分布 Distribution of the Great Qinling Mountains
527	白点褐蚬蝶 *A. burnii*	印度、缅甸、越南、泰国	浙江、江西、福建、台湾、广东、海南、四川	四川（都江堰）
528	白蚬蝶 *Stiboges nymphidia*	印度、不丹、缅甸、越南、老挝、泰国	浙江、湖北、江西、福建、广东、广西、重庆、四川、贵州、云南	湖北（神农架）
529	波蚬蝶 *Zemeros flegyas*	印度、缅甸、菲律宾、马来西亚、印度尼西亚	陕西、甘肃、安徽、浙江、湖北、江西、福建、广东、海南、香港、广西、重庆、四川、贵州、云南、西藏	陕西（西乡、镇巴、宁强、宁陕）、甘肃（文县）、湖北（神农架）、重庆（巫溪、城口）、四川（宣汉、都江堰、安州）
530	银纹尾蚬蝶 *Dodona eugenes*	印度、不丹、尼泊尔、缅甸、越南、泰国、马来西亚	河南、陕西、甘肃、浙江、湖北、江西、福建、台湾、广东、海南、重庆、四川、贵州、云南、西藏	河南（内乡）、陕西（眉县、太白、汉台、南郑、洋县、西乡、勉县、略阳、留坝、佛坪、汉滨、紫阳、汉阴、石泉、商南、山阳、镇安）、甘肃（文县、徽县、两当、礼县）、湖北（南漳、神农架、郧西）、重庆（巫溪）、四川（宣汉、剑阁、青川、都江堰、安州、平武）
531	无尾蚬蝶 *D. durga*	印度、尼泊尔	甘肃、广东、福建、重庆、四川、贵州、云南、西藏	甘肃（武都、文县）、四川（都江堰）
532	斜带缺尾蚬蝶 *D. ouida*	印度、尼泊尔、缅甸、越南、老挝、泰国	陕西、甘肃、江西、福建、广东、重庆、四川、贵州、云南、西藏	陕西（太白、凤县、汉台、南郑、洋县、商南）、甘肃（武都）、四川（安州、江油）
533	秃尾蚬蝶 *D. dipoea*	印度、缅甸、越南	甘肃、湖南、广东、海南、四川、云南、西藏	甘肃（武都、文县）
534	彩斑尾蚬蝶 *D. maculosa*	越南	河南、湖北、江西、福建、广东、广西、重庆、四川、贵州、云南	四川（朝天、剑阁、青川）
535	中华云灰蝶 *Miletus chinensis*	缅甸、泰国、越南、老挝、新加坡、马来西亚、印度尼西亚、巴布亚新几内亚	安徽、江西、广东、海南、香港、广西、四川、贵州、云南	四川（大巴山）
536	蚜灰蝶 *Taraka hamada*	朝鲜、日本、印度、不丹、缅甸、越南、泰国、马来西亚、印度尼西亚	辽宁、山东、河南、陕西、甘肃、江苏、安徽、浙江、湖北、江西、福建、台湾、广东、海南、广西、重庆、四川、贵州	河南（内乡、栾川）、陕西（临潼、鄠邑、周至、凤县、华州、汉台、南郑、城固、洋县、西乡、留坝、佛坪、商州、丹凤、商南）、甘肃（徽县、两当、文县）、湖北（谷城）、四川（宣汉、南江、昭化、青川、都江堰、江油、平武）
537	白斑蚜灰蝶 *T. shiloi*		陕西、四川	陕西（陈仓、佛坪）、四川（青川、都江堰）
538	尖翅银灰蝶 *Curetis acuta*	日本、印度、缅甸、越南、老挝、泰国	河南、陕西、甘肃、上海、安徽、浙江、湖北、江西、湖南、福建、台湾、广东、海南、香港、广西、重庆、四川、贵州、云南、西藏	河南（内乡）、陕西（周至、太白、凤县、南郑、城固、洋县、西乡、勉县、留坝、佛坪、宁陕、岚皋、商南、镇安、柞水）、甘肃（武都、文县、碌曲）、湖北（神农架、郧西）、重庆（城口）、四川（安州、江油）
539	诗灰蝶 *Shirozua jonasi*	俄罗斯、日本，朝鲜半岛	黑龙江、吉林、辽宁、北京、天津、河北、山西、陕西、四川	陕西（秦岭）、四川（平武）

序号 No.	种类 Species	国外分布 Foreign distribution	中国分布 Distribution of China	大秦岭分布 Distribution of the Great Qinling Mountains
540	媚诗灰蝶 S. melpomene		陕西、浙江、湖北、四川、云南	陕西（周至、凤县、佛坪）
541	线灰蝶 Thecla betulae	俄罗斯、朝鲜、亚洲、欧洲	黑龙江、吉林、辽宁、北京、河北、河南、陕西、甘肃、青海、新疆、浙江、四川	河南（内乡、西峡、陕州）、陕西（长安、鄠邑、周至、眉县、太白、凤县、汉台、西乡、商州、山阳、洛南）、甘肃（麦积、武都、迭部、碌曲、漳县）、四川（青川）
542	桦小线灰蝶 T. betulina	俄罗斯、朝鲜	黑龙江、吉林、辽宁、河南、陕西、甘肃、青海、四川、云南	河南（内乡）、陕西（周至、凤县）、甘肃（麦积、康县、迭部、漳县）
543	赭灰蝶 Ussuriana michaelis	朝鲜	吉林、辽宁、河南、陕西、甘肃、安徽、浙江、江西、广东、重庆、四川、贵州	河南（内乡、西峡、嵩县、灵宝）、陕西（长安、周至、华州、华阴、太白、汉台、南郑、留坝、商南、柞水）、甘肃（麦积、武都、文县、两当）
544	范赭灰蝶 U. fani		河南、陕西、甘肃、浙江、四川	河南（内乡）、陕西（长安、鄠邑、周至、陈仓、眉县、凤县、华阴、留坝、佛坪）、甘肃（麦积、秦州、康县）、四川（青川）
545	藏宝赭灰蝶 U. takarana		陕西、江西、湖南、福建、台湾、贵州	陕西（周至、留坝）
546	精灰蝶 Artopoetes pryeri	俄罗斯、朝鲜、日本	黑龙江、吉林、辽宁、内蒙古、北京、河南、陕西、甘肃	陕西（太白）、甘肃（麦积、武山、礼县、迭部、漳县）
547	璞精灰蝶 A. praetextatus		河北、北京、山西、陕西、甘肃、四川	甘肃（迭部）、四川（九寨沟）
548	天使工灰蝶 Gonerilia seraphim		陕西、甘肃、浙江、湖北、重庆、四川、云南	陕西（周至、太白、凤县、南郑、留坝、佛坪、宁陕）、甘肃（麦积、武都、文县、徽县、两当）、湖北（神农架）、重庆（城口）、四川（平武）
549	银线工灰蝶 G. thespis		辽宁、河南、陕西、甘肃、湖北、四川	河南（鲁山、内乡、栾川、灵宝）、陕西（长安、鄠邑、周至、太白、凤县、南郑、洋县、留坝、佛坪、宁陕、商南）、甘肃（麦积、秦州、武山、康县、徽县、两当、礼县、迭部）、湖北（当阳、兴山、神农架）
550	冈村工灰蝶 G. okamurai		河南、陕西、四川	河南（内乡）、陕西（周至、太白、宁陕）、四川（大巴山）
551	佩工灰蝶 G. pesthis		河南、陕西	河南（内乡、陕州）、陕西（周至、佛坪）
552	菩萨工灰蝶 G. buddha		四川	四川（汶川）
553	珂灰蝶 Cordelia comes		河南、陕西、甘肃、浙江、湖北、台湾、广东、重庆、四川、贵州	河南（南召）、陕西（周至、渭滨、太白、凤县、汉台、南郑、洋县、西乡、略阳、留坝、佛坪、宁陕、柞水、洛南）、甘肃（麦积、徽县、两当）、湖北（神农架）、重庆（城口）、四川（南江、青川）
554	北协珂灰蝶 C. kitawakii		河南、陕西、甘肃、湖北、湖南、广东、四川、贵州	陕西（鄠邑、周至、太白、凤县、留坝、佛坪、宁陕、商州）、甘肃（麦积、康县、两当）、四川（南江、青川）

附
Appendix

续表

序号 No.	种类 Species	国外分布 Foreign distribution	中国分布 Distribution of China	大秦岭分布 Distribution of the Great Qinling Mountains
555	宓妮珂灰蝶 C. minerva		辽宁、陕西、湖北、重庆、贵州	陕西（周至、太白、留坝、汉台、南郑、洋县、商南）、湖北（远安）、重庆（巫溪）
556	黄灰蝶 Japonica lutea	俄罗斯、朝鲜、日本	黑龙江、吉林、辽宁、内蒙古、北京、河北、山西、河南、陕西、宁夏、甘肃、安徽、浙江、湖北、江西、台湾、四川、贵州	河南（内乡、西峡、嵩县）、陕西（鄠邑、周至、渭滨、眉县、太白、凤县、汉台、南郑、洋县、留坝、汉阴）、甘肃（麦积、秦州、武山、文县、徽县、两当、礼县、临潭、迭部、碌曲）、湖北（神农架、武当山）、四川（九寨沟）
557	栅黄灰蝶 J. saepestriata	俄罗斯、朝鲜、日本	黑龙江、吉林、辽宁、陕西、甘肃、浙江、湖北、江西、福建、四川、贵州	陕西（鄠邑、周至、太白、汉台、南郑、城固、洋县、留坝、宁陕）、甘肃（麦积、文县）、湖北（神农架）
558	阿栅黄灰蝶 J. adusta		陕西、甘肃、四川、西藏	四川（九寨沟）
559	陕灰蝶 Shaanxiana takashimai		河南、陕西、甘肃、四川	河南（西峡、内乡）、陕西（鄠邑、周至、眉县、凤县、洋县、宁陕、商州）、甘肃（麦积、徽县）
560	青灰蝶 Antigius attilia	俄罗斯、蒙古、朝鲜、日本、缅甸	辽宁、河南、陕西、甘肃、浙江、湖北、江西、台湾、四川、云南	河南（鲁山、内乡、西峡、嵩县、灵宝）、陕西（周至、凤县、南郑、留坝、佛坪、汉台、宁陕）、甘肃（麦积、徽县、两当、礼县、迭部）、湖北（神农架、武当山）
561	巴青灰蝶 A. butleri	俄罗斯、朝鲜、日本	黑龙江、吉林、辽宁、陕西、浙江、江西、湖南、广东、广西、四川、贵州、云南	陕西（秦岭）
562	陈氏青灰蝶 A. cheni		浙江、四川	四川（南江）
563	癫灰蝶 A. enthea	俄罗斯、朝鲜、日本	黑龙江、吉林、辽宁、北京、天津、河南、陕西、甘肃、浙江、湖北、台湾、重庆、四川	河南（鲁山、内乡、嵩县、卢氏）、陕西（周至、陈仓、眉县、太白、南郑、洋县、勉县、略阳、镇巴、留坝、佛坪、平利、宁陕）、甘肃（麦积、秦州、徽县、两当）、湖北（神农架、武当山、竹溪）、重庆（城口）、四川（青川、都江堰、平武）
564	杉山癫灰蝶 A. sugiyamai		陕西、甘肃、浙江、江西、四川	陕西（佛坪）、甘肃（康县）、四川（青川、都江堰、平武）
565	熊猫癫灰蝶 A. panda		甘肃、四川、云南	甘肃（康县）、四川（彭州）
566	三枝灰蝶 Saigusaozephyrus atabyrius		陕西、甘肃、浙江、江西、湖南、重庆、四川、贵州	陕西（周至、太白、汉台、宁陕）、甘肃（康县）
567	冷灰蝶 Ravenna nivea	越南	浙江、江西、福建、台湾、广东、四川、贵州	四川（南江）
568	闪光翠灰蝶 Neozephyrus coruscans		陕西、甘肃、四川	陕西（太白、留坝、商南）、甘肃（徽县）、四川（安州）
569	海伦娜翠灰蝶 N. helenae		江西、四川	四川（安州）
570	金灰蝶 Chrysozephyrus smaragdinus	俄罗斯、朝鲜、日本	黑龙江、吉林、辽宁、河南、陕西、甘肃、湖南、四川、贵州	河南（鲁山、内乡、西峡、嵩县）、陕西（周至、凤县、汉台、南郑、洋县、留坝、佛坪、宁陕）、甘肃（碌曲）

序号 No.	种类 Species	国外分布 Foreign distribution	中国分布 Distribution of China	大秦岭分布 Distribution of the Great Qinling Mountains
571	裂斑金灰蝶 C. disparatus	印度、越南、老挝、泰国	陕西、甘肃、浙江、湖北、江西、福建、台湾、广东、四川、贵州、云南	陕西（周至）、甘肃（文县、徽县）、湖北（神农架）、四川（青川）
572	黑缘金灰蝶 C. nigroapicalis	越南、老挝	陕西、甘肃、浙江、湖北、福建、广东、四川	陕西（长安、周至）、甘肃（麦积、文县）
573	雷氏金灰蝶 C. leii		河南、陕西、甘肃、重庆、四川、贵州	河南（鲁山）、陕西（鄠邑、周至、太白、留坝、宁陕、商南）、甘肃（麦积、两当）、重庆（城口）、四川（平武）
574	耀金灰蝶 C. brillantinus	俄罗斯、朝鲜、日本	吉林、辽宁、河南、陕西、甘肃、安徽、湖北、四川	河南（鲁山、内乡、嵩县）、陕西（周至、洋县、宁陕）、甘肃（康县）、四川（青川）
575	缪斯金灰蝶 C. mushaellus	缅甸、越南	河南、甘肃、青海、新疆、浙江、湖北、台湾、广东、重庆、四川、贵州、云南、西藏	河南（鲁山、嵩县）、甘肃（康县、文县、徽县）、湖北（神农架）、重庆（城口）、四川（安州）
576	闪光金灰蝶 C. scintillans	越南	陕西、甘肃、浙江、湖北、江西、福建、台湾、广东、海南、广西、重庆、四川、贵州、云南	陕西（眉县、汉台）、甘肃（武都）、重庆（城口）
577	瓦金灰蝶 C. watsoni	缅甸、越南、老挝	广西、重庆、四川、贵州、云南	四川（大巴山）
578	宽缘金灰蝶 C. marginatus		陕西、甘肃、四川、贵州	陕西（佛坪）、甘肃（迭部）
579	腰金灰蝶 C. yoshikoae		陕西、甘肃、湖南、四川、云南	陕西（长安、周至、凤县）、甘肃（迭部）
580	康定金灰蝶 C. tatsienluensis	缅甸	甘肃、四川	甘肃（康县）
581	糊金灰蝶 C. okamurai		陕西、四川、贵州	陕西（长安、宁陕）
582	袁氏金灰蝶 C. yuani		陕西、甘肃	陕西（凤县）、甘肃（两当）
583	都金灰蝶 C. duma	印度、不丹、尼泊尔、缅甸、越南	四川、贵州、云南、西藏	四川（都江堰、平武）
584	庞金灰蝶 C. giganteus		陕西	陕西（凤县）
585	雷公山金灰蝶 C. leigongshanensis		安徽、浙江、四川、贵州	四川（大巴山）
586	林氏金灰蝶 C. linae		陕西、甘肃、重庆、四川、贵州、云南	陕西（周至）、甘肃（康县）
587	高氏金灰蝶 C. gaoi		陕西、甘肃、四川、云南	陕西（周至、凤县）、四川（剑阁）
588	萨金灰蝶 C. sakura		陕西、甘肃、重庆、四川	陕西（佛坪）、甘肃（迭部）、四川（松潘）
589	巴山金灰蝶 C. fujiokai		陕西、甘肃、湖南、四川、贵州	陕西（凤县、留坝、汉滨）、甘肃（麦积、康县）

续表

序号 No.	种类 Species	国外分布 Foreign distribution	中国分布 Distribution of China	大秦岭分布 Distribution of the Great Qinling Mountains
590	秦岭金灰蝶 C. kimurai		陕西、重庆、四川	陕西（留坝）
591	幽斑金灰蝶 C. zoa		陕西、甘肃、浙江、四川、贵州	甘肃（康县）、四川（都江堰）
592	中华金灰蝶 C. chinensis		湖北、四川	四川（大巴山）
593	江琦金灰蝶 C. esakii	越南	甘肃、湖北、台湾、重庆、四川、云南	甘肃（麦积、徽县）、湖北（神农架）
594	苏金灰蝶 C. souleana	缅甸	四川、云南、西藏	四川（大巴山）
595	阿磐江琦灰蝶 Esakiozephyrus ackeryi		陕西、甘肃	陕西（周至、宁陕）、甘肃（迭部）
596	奈斯江琦灰蝶 E. neis	印度、尼泊尔、缅甸	陕西、甘肃、四川、云南	陕西（凤县、佛坪）
597	艳灰蝶 Favonius orientalis	俄罗斯、朝鲜、日本	黑龙江、吉林、辽宁、内蒙古、北京、天津、河北、山西、河南、陕西、宁夏、甘肃、安徽、湖北、江西、四川、贵州、云南	陕西（周至、眉县、太白、汉台、南郑、宁强、石泉、宁陕）、甘肃（武都、迭部、碌曲）、四川（青川、平武）、湖北（武当山）
598	里奇艳灰蝶 F. leechi		陕西、甘肃、浙江、湖北、重庆、四川、云南	陕西（南郑）、甘肃（徽县）
599	萨艳灰蝶 F. saphirinus	俄罗斯、朝鲜、日本	黑龙江、辽宁、河南、陕西、甘肃、四川、贵州、云南	河南（西峡）、陕西（陈仓、洋县、佛坪）
600	翠艳灰蝶 F. taxila		吉林、辽宁、北京、河北、山西、河南、陕西、甘肃、新疆、湖北、四川	河南（内乡、嵩县）、陕西（汉台、勉县、留坝）、甘肃（康县、迭部）
601	考艳灰蝶 F. korshunovi	俄罗斯、朝鲜	吉林、辽宁、北京、河北、河南、陕西、甘肃、浙江、四川、云南	陕西（鄠邑、佛坪）、甘肃（迭部）
602	亲艳灰蝶 F. cognatus	俄罗斯、朝鲜、日本	黑龙江、吉林、辽宁、内蒙古、北京、天津、山西、河南、陕西、甘肃、宁夏、青海、湖北、云南	河南（登封、内乡、西峡、嵩县、栾川、陕州）、陕西（鄠邑、眉县、勉县、留坝）、甘肃（麦积、秦州、武山、文县、徽县、两当、礼县、迭部）
603	超艳灰蝶 F. ultramarinus	俄罗斯、朝鲜、日本	辽宁、河南、陕西、甘肃、四川	河南（登封、嵩县、西峡）、陕西（陈仓）
604	苹果何华灰蝶 Howarthia melli		甘肃、安徽、浙江、湖北、江西、福建、广东、广西	甘肃（武都）、湖北（神农架）
605	黑缘何华灰蝶 H. nigricans		陕西、四川	陕西（太白、凤县）
606	黎氏柴谷灰蝶 Sibataniozephyrus lijinae		陕西、湖南、广东、四川、贵州	四川（南江）
607	黑铁灰蝶 Teratozephyrus hecale		陕西、甘肃、湖北、台湾、重庆、四川、云南	陕西（长安、蓝田、鄠邑、周至、眉县、凤县、洋县、留坝、宁陕、山阳）、甘肃（麦积）、湖北（神农架）

序号 No.	种类 Species	国外分布 Foreign distribution	中国分布 Distribution of China	大秦岭分布 Distribution of the Great Qinling Mountains
608	怒和铁灰蝶 *T. nuwai*		陕西、甘肃、重庆	陕西（周至、凤县）、甘肃（麦积）
609	阿里山铁灰蝶 *T. arisanus*	缅甸	甘肃、浙江、湖北、江西、台湾、四川、云南	甘肃（武都、康县、徽县）、湖北（神农架）
610	华灰蝶 *Wagimo sulgeri*		河南、陕西、甘肃、安徽、浙江、湖北、江西、福建、四川	河南（登封、内乡、嵩县、栾川、灵宝）、陕西（长安、鄠邑、周至、眉县、凤县、商州）、甘肃（麦积、徽县、两当、迭部）、湖北（神农架）、四川（九寨沟）
611	黑带华灰蝶 *W. signata*	俄罗斯、朝鲜、韩国、日本	黑龙江、辽宁、河北、河南、陕西、甘肃、浙江、四川	河南（登封、内乡、嵩县、栾川、灵宝）、陕西（周至、眉县、汉台）、甘肃（迭部）
612	丫灰蝶 *Amblopala avidiena*	印度、尼泊尔	河南、陕西、甘肃、江苏、安徽、浙江、江西、福建、台湾、广东、四川、贵州	河南（内乡、嵩县、栾川）、陕西（南郑、城固、勉县、留坝、汉阴、石泉、商州、镇安）、甘肃（徽县、两当）
613	祖灰蝶 *Protantigius superans*	俄罗斯、朝鲜	辽宁、陕西、甘肃、浙江、台湾、四川	陕西（太白、凤县、留坝、宁陕）
614	珠灰蝶 *Iratsume orsedice*	日本	陕西、甘肃、湖北、台湾、四川	陕西（岚皋、镇坪）、甘肃（舟曲）、湖北（神农架）
615	霓纱燕灰蝶 *Rapala nissa*	印度、尼泊尔、泰国、马来西亚	黑龙江、天津、河北、山东、河南、陕西、甘肃、安徽、浙江、湖北、江西、台湾、广东、广西、重庆、四川、贵州、云南、西藏	河南（登封、嵩县、陕州）、陕西（长安、鄠邑、周至、陈仓、太白、汉台、南郑、洋县、西乡、岚皋、石泉、宁陕、商州、丹凤、商南、山阳、镇安）、甘肃（麦积、徽县、两当）、湖北（神农架、武当山、郧西）、重庆（巫溪、城口）、四川（青川、都江堰、平武）
616	高沙子燕灰蝶 *R. takasagonis*		陕西、安徽、湖北、江西、福建、台湾、重庆、贵州	陕西（太白、南郑、洋县、平利、镇坪、商南）、湖北（神农架）、重庆（巫溪、城口）
617	东亚燕灰蝶 *R. micans*		北京、陕西、湖北、江西、福建、贵州、云南	陕西（佛坪、宁陕）
618	白带燕灰蝶 *R. repercussa*		河南、陕西、湖北、四川	河南（西峡、栾川）、陕西（佛坪、宁陕）
619	蓝燕灰蝶 *R. caerulea*	朝鲜	黑龙江、吉林、辽宁、内蒙古、北京、天津、河北、山东、河南、陕西、甘肃、江苏、安徽、浙江、江西、福建、台湾、重庆、四川、贵州	河南（登封、西峡、南召、嵩县、洛宁）、陕西（长安、鄠邑、周至、华州、潼关、渭滨、眉县、太白、凤县、汉台、南郑、洋县、西乡、留坝、佛坪、宁陕、商州、丹凤、商南、山阳、镇安、柞水）、甘肃（麦积、文县、徽县）、重庆（巫溪、城口）、四川（江油、平武、九寨沟）
620	彩燕灰蝶 *R. selira*	印度	黑龙江、辽宁、北京、天津、河南、陕西、甘肃、浙江、湖北、重庆、四川、贵州、云南、西藏	河南（登封、内乡、嵩县、栾川）、陕西（蓝田、长安、鄠邑、周至、太白、汉台、南郑、留坝、宁陕、商州、商南、山阳、镇安、柞水）、甘肃（麦积、文县、徽县、礼县、迭部、碌曲）、湖北（神农架、武当山）、重庆（巫溪、城口）、四川（九寨沟）

序号 No.	种类 Species	国外分布 Foreign distribution	中国分布 Distribution of China	大秦岭分布 Distribution of the Great Qinling Mountains
621	暗翅燕灰蝶 *R. subpurpurea*		浙江、湖北、四川、贵州	四川（都江堰、九寨沟）
622	秦灰蝶 *Qinorapala qinlingana*		陕西	陕西（周至、凤县）
623	生灰蝶 *Sinthusa chandrana*	印度、缅甸、越南、泰国、新加坡	河南、陕西、甘肃、安徽、浙江、江西、福建、台湾、广东、海南、广西、重庆、四川、贵州、云南、香港	河南（栾川）、陕西（太白、眉县、南郑、西乡、佛坪、岚皋、宁陕）、甘肃（文县）、重庆（城口）、四川（青川、都江堰、江油）
624	拉生灰蝶 *S. rayata*		河南、陕西、四川	陕西（周至、宁陕）
625	玳灰蝶 *Deudorix epijarbas*	印度、尼泊尔、缅甸、越南、老挝、泰国、柬埔寨、菲律宾、马来西亚、印度尼西亚、澳大利亚，新几内亚岛	浙江、湖北、福建、台湾、广东、香港、广西、重庆、贵州	湖北（神农架）
626	淡黑玳灰蝶 *D. rapaloides*	越南、老挝	陕西、安徽、湖北、江西、湖南、福建、台湾、广东、广西	湖北（神农架）
627	深山玳灰蝶 *D. sylvaan*		河南、陕西、甘肃、浙江、湖北、重庆、云南	甘肃（康县）、湖北（神农架）
628	尼采梳灰蝶 *Ahlbergia nicevillei*		陕西、甘肃、江苏、安徽、浙江、湖北、湖南、福建、广东、贵州、云南	陕西（凤县、宁陕、商州）、甘肃（麦积）
629	李氏梳灰蝶 *A. liyufei*		陕西	陕西（蓝田、长安、凤县、宁陕）
630	东北梳灰蝶 *A. frivaldszkyi*	俄罗斯、朝鲜	黑龙江、吉林、辽宁、内蒙古、北京、天津、河北、山西、河南、陕西、甘肃、浙江、云南	河南（栾川）、陕西（长安、鄠邑、周至、华州、渭滨、太白、凤县、南郑、勉县、佛坪、宁陕、商州、山阳）、甘肃（武山、徽县、两当）
631	华东梳灰蝶 *A. confusa*		陕西、江苏、福建	陕西（长安）
632	李梳灰蝶 *A. leei*	俄罗斯、朝鲜、日本	黑龙江、吉林、辽宁、陕西	陕西（长安、宁陕）
633	浓蓝梳灰蝶 *A. prodiga*		河南、云南、贵州	河南（内乡）
634	金梳灰蝶 *A. chalcidis*		陕西、甘肃、重庆、云南	陕西（鄠邑）、甘肃（徽县、礼县、迭部）、重庆（巫溪、城口）
635	罗氏梳灰蝶 *A. luoliangi*		陕西	陕西（长安）
636	徐氏梳灰蝶 *A. hsui*		甘肃	甘肃（康县）

附
录
Appendix

序号 No.	种类 Species	国外分布 Foreign distribution	中国分布 Distribution of China	大秦岭分布 Distribution of the Great Qinling Mountains
637	双斑梳灰蝶 *A. bimaculata*		陕西、四川、云南	陕西（宁陕）
638	齿轮灰蝶 *Novosatsuma pratti*		陕西、浙江、湖北、湖南、广东、重庆、四川、贵州、云南	陕西（长安、鄠邑、潼关、凤县、南郑、勉县、留坝、宁陕、洛南）、重庆（巫溪）
639	璞齿轮灰蝶 *N. plumbagina*		陕西、湖北	陕西（周至、凤县、宁陕）
640	巨齿轮灰蝶 *N. collosa*		陕西、甘肃、湖北	陕西（长安）
641	周氏始灰蝶 *Cissatsuma zhoujingshuae*		陕西	陕西（凤县）
642	幽洒灰蝶 *Satyrium iyonis*	日本	吉林、北京、山西、河南、陕西、甘肃、青海、四川、贵州	陕西（长安、鄠邑、周至、太白、渭滨、华阴、汉台、南郑、洋县、勉县、宁强、留坝、汉阴、商州、山阳、柞水）、甘肃（麦积、秦州、武山、康县、文县、徽县、两当、礼县、迭部）、四川（平武、九寨沟）
643	红斑洒灰蝶 *S. rubicundulum*		山西、河南、陕西、甘肃、湖北、四川	河南（嵩县、栾川）、陕西（长安、蓝田、周至、鄠邑、眉县、太白、华州、汉台、南郑、洋县、宁强、西乡、留坝、汉阴、宁陕、商州）、甘肃（麦积、礼县）、湖北（神农架）、四川（都江堰、安州）
644	优秀洒灰蝶 *S. eximia*	俄罗斯、朝鲜	黑龙江、吉林、辽宁、内蒙古、北京、天津、河北、山西、山东、河南、陕西、甘肃、江苏、安徽、浙江、福建、台湾、广东、海南、重庆、四川、贵州、云南	河南（登封、内乡、嵩县、栾川）、陕西（长安、蓝田、鄠邑、周至、华州、潼关、太白、汉台、南郑、西乡、留坝、紫阳、汉阴、宁陕、商州）、甘肃（麦积、文县、徽县、两当、迭部、碌曲）、重庆（城口）、四川（剑阁、青川、安州、平武、九寨沟）
645	维洒灰蝶 *S. v-album*		河南、陕西、甘肃、湖北、四川、西藏	河南（鲁山）、陕西（长安、蓝田、周至、眉县、宁陕）、甘肃（麦积、武山）、湖北（武当山）、四川（九寨沟）
646	普洒灰蝶 *S. prunoides*	俄罗斯、蒙古、朝鲜	黑龙江、吉林、辽宁、内蒙古、北京、河北、山西、河南、陕西、甘肃、湖北、四川	陕西（凤县、华州、佛坪、镇坪、宁陕）、湖北（神农架）、四川（九寨沟）
647	达洒灰蝶 *S. w-album*	俄罗斯、朝鲜、日本，欧洲	黑龙江、吉林、辽宁、内蒙古、北京、河北、山西、河南、陕西、甘肃、湖北	甘肃（麦积、徽县、两当）、湖北（武当山）
648	井上洒灰蝶 *S. inouei*	蒙古	陕西、甘肃、台湾	陕西（凤县）
649	刺痣洒灰蝶 *S. spini*	朝鲜	黑龙江、吉林、辽宁、北京、河北、山西、山东、河南、陕西、甘肃、四川	河南（登封、嵩县）、陕西（长安、周至、陈仓、太白、旬邑、勉县、留坝、紫阳、汉阴）、甘肃（武山、徽县、两当、礼县、漳县）、四川（平武）
650	德洒灰蝶 *S. dejeani*		陕西、甘肃、四川	陕西（长安、蓝田、鄠邑、华阴、宁强、宁陕）、甘肃（麦积、漳县）

续表

序号 No.	种类 Species	国外分布 Foreign distribution	中国分布 Distribution of China	大秦岭分布 Distribution of the Great Qinling Mountains
651	岷山洒灰蝶 S. minshanicum		北京、陕西、四川	四川（青川）
652	父洒灰蝶 S. patrius		陕西、四川、甘肃	陕西（佛坪）、甘肃（舟曲）
653	南风洒灰蝶 S. austrina		陕西、台湾	陕西（周至）
654	苹果洒灰蝶 S. pruni	俄罗斯、蒙古、朝鲜、日本、哈萨克斯坦，欧洲	黑龙江、吉林、辽宁、内蒙古、山西、河南、陕西、甘肃、湖北、江西、四川	河南（鲁山、内乡）、陕西（长安、鄠邑、周至、陈仓、太白、凤县、西乡、留坝、佛坪、宁陕）、甘肃（文县、漳县）、湖北（神农架）、四川（九寨沟）
655	久保洒灰蝶 S. kuboi		陕西、浙江、湖北、重庆、四川	陕西（留坝）、湖北（神农架）
656	大洒灰蝶 S. grandis	俄罗斯、蒙古	黑龙江、河南、陕西、甘肃、江苏、安徽、浙江、江西、福建、广东、四川、贵州	陕西（陈仓、汉台、城固、留坝、商州）、甘肃（麦积、礼县、碌曲）
657	拟杏洒灰蝶 S. pseudopruni		陕西、重庆	陕西（勉县、留坝）、重庆（巫溪）
658	饰洒灰蝶 S. ornata		北京、山西、河南、陕西、甘肃、湖北、四川、贵州	河南（荥阳、巩义、内乡、西峡、嵩县、灵宝、卢氏）、陕西（长安、周至、凤县、汉台、勉县、留坝、宁陕）、甘肃（康县）、四川（汶川、九寨沟）
659	拟饰洒灰蝶 S. inflammata		甘肃、四川	甘肃（康县）
660	礼洒灰蝶 S. percomis		河南、陕西、甘肃、四川	陕西（长安、鄠邑、周至、凤县、宁陕）、甘肃（麦积、两当、临潭）、四川（九寨沟）
661	塔洒灰蝶 S. thalia		北京、河北、河南、陕西、甘肃、湖北、四川	陕西（周至、太白、凤县、洋县、勉县、佛坪）、甘肃（麦积）、四川（九寨沟）
662	杨氏洒灰蝶 S. yangi		陕西、浙江、福建、广东、湖南、江西、重庆	陕西（汉台、佛坪）、重庆（城口）
663	白衬洒灰蝶 S. tshikolovetsi		甘肃、四川、贵州	甘肃（康县）
664	武大洒灰蝶 S. watarii		台湾、重庆	重庆（城口）
665	白斑新灰蝶 Neolycaena tengstroemi	吉尔吉斯斯坦	河北、宁夏、甘肃、新疆、四川	甘肃（麦积、两当、迭部）
666	蓝娆灰蝶 Arhopala ganesa	日本、印度、尼泊尔、缅甸、泰国	陕西、湖北、江西、台湾、海南、四川	陕西（汉台、城固）
667	黑娆灰蝶 A. paraganesa	印度、尼泊尔、缅甸、泰国、菲律宾、马来西亚，加里曼丹岛	陕西、福建、台湾、香港	陕西（商南）
668	中华花灰蝶 Flos chinensis	印度、不丹、缅甸、越南、老挝、泰国	河南、上海、浙江、江西、福建、广东、海南、广西、云南	河南（内乡）

序号 No.	种类 Species	国外分布 Foreign distribution	中国分布 Distribution of China	大秦岭分布 Distribution of the Great Qinling Mountains
669	玛灰蝶 *Mahathala ameria*	印度、缅甸、马来西亚、印度尼西亚	陕西、甘肃、安徽、浙江、江西、福建、台湾、广东、海南、广西、重庆、贵州、云南	陕西（西乡）、甘肃（文县）
670	豆粒银线灰蝶 *Spindasis syama*	印度、缅甸、菲律宾、马来西亚、印度尼西亚	辽宁、河南、陕西、湖北、江西、福建、台湾、广东、海南、香港、广西、重庆、四川、贵州、云南	河南（鲁山、内乡、西峡）、陕西（南郑、洋县、留坝、汉滨）、湖北（当阳、神农架）、四川（宣汉、安州）
671	银线灰蝶 *S. lohita*	印度、缅甸、越南、斯里兰卡	辽宁、河南、陕西、甘肃、浙江、湖北、江西、福建、台湾、广东、海南、香港、广西、重庆、四川、贵州、云南	河南（西峡）、陕西（太白、勉县、留坝）、甘肃（康县、徽县）、湖北（神农架）
672	里奇银线灰蝶 *S. leechi*		陕西、湖北、四川、云南	陕西（洋县）、四川（九寨沟）
673	小珀灰蝶 *Pratapa icetas*	印度、尼泊尔、缅甸、泰国、斯里兰卡、印度尼西亚，马来半岛	陕西、湖北、福建、广东、海南、香港、广西、重庆、四川、云南	陕西（汉滨、宁陕）、四川（大巴山）
674	灿烂双尾灰蝶 *Tajuria luculenta*	印度、马来西亚	陕西、湖北、湖南	陕西（太白）
675	红灰蝶 *Lycaena phlaeas*	朝鲜、日本，欧洲、北非	黑龙江、吉林、辽宁、北京、天津、河北、河南、陕西、甘肃、新疆、江苏、安徽、浙江、湖北、江西、福建、重庆、四川、贵州、西藏	河南（内乡、西峡、南召、嵩县）、陕西（临潼、蓝田、长安、周至、鄠邑、陈仓、眉县、太白、华州、南郑、洋县、西乡、留坝、佛坪、汉滨、石泉、宁陕、商州、丹凤、商南、山阳、镇安、洛南）、甘肃（麦积、秦州、两当、舟曲、碌曲、漳县）、湖北（神农架、武当山、茅箭、郧阳、房县、竹山、竹溪、郧西）
676	四川红灰蝶 *L. sichuanica*		四川	四川（九寨沟）
677	橙昙灰蝶 *Thersamonia dispar*	俄罗斯、朝鲜、欧洲	黑龙江、吉林、辽宁、内蒙古、河南、陕西、甘肃、四川、西藏	陕西（太白、凤县、勉县、商州）、甘肃（麦积、秦州、文县、徽县、两当、碌曲）
678	梭尔昙灰蝶 *T. solskyi*	塔吉克斯坦、乌兹别克斯坦	甘肃、新疆	甘肃（漳县）
679	貉灰蝶 *Heodes virgaureae*	俄罗斯、蒙古、朝鲜、日本、土耳其、西班牙、瑞典	黑龙江、吉林、内蒙古、河北、甘肃、新疆	甘肃（武都）
680	华山呃灰蝶 *Athamanthia svenhedini*		河南、陕西、甘肃、四川	河南（登封、嵩县、灵宝）、陕西（华州、华阴）、甘肃（迭部）、四川（九寨沟）
681	斯坦呃灰蝶 *A. standfussi*		甘肃、青海、四川、西藏	甘肃（迭部、玛曲）
682	陈呃灰蝶 *A. tseng*		甘肃、四川、贵州、云南	四川（大巴山）
683	庞呃灰蝶 *A. pang*		甘肃、青海、四川、贵州、云南、西藏	甘肃（碌曲）

续表

序号 No.	种类 Species	国外分布 Foreign distribution	中国分布 Distribution of China	大秦岭分布 Distribution of the Great Qinling Mountains
684	古灰蝶 *Palaeochrysophanus hippothoe*	俄罗斯、蒙古、朝鲜，欧洲	黑龙江、吉林、内蒙古、北京、河北、甘肃	甘肃（漳县）
685	浓紫彩灰蝶 *Heliophorus ila*	印度、不丹、缅甸、马来西亚、印度尼西亚	河南、陕西、甘肃、安徽、江西、福建、台湾、广东、海南、广西、重庆、四川、贵州、云南	河南（嵩县、栾川）、陕西（宁陕）、甘肃（麦积、秦州、徽县）、重庆（城口）、四川（宣汉、都江堰、安州）
686	美丽彩灰蝶 *H. pulcher*		陕西、甘肃、重庆、四川、贵州	陕西（宁陕）、甘肃（麦积、徽县、两当）、重庆（巫溪）、四川（青川、都江堰、安州、平武）
687	彩灰蝶 *H. epicles*	印度、不丹、尼泊尔、缅甸、老挝、泰国	河北、甘肃、浙江、湖北、广东、海南、广西、四川、云南	甘肃（文县）、湖北（神农架）、四川（都江堰）
688	莎菲彩灰蝶 *H. saphir*		河南、陕西、甘肃、安徽、浙江、湖北、江西、湖南、广东、重庆、四川、贵州、云南	河南（鲁山、内乡、西峡、嵩县、栾川、卢氏）、陕西（临潼、蓝田、长安、鄠邑、周至、渭滨、陈仓、眉县、太白、凤县、汉台、南郑、城固、洋县、西乡、勉县、留坝、佛坪、汉滨、平利、镇坪、岚皋、紫阳、汉阴、石泉、宁陕、商州、丹凤、商南、山阳、柞水）、甘肃（麦积、秦州、文县、徽县、两当、舟曲）、湖北（南漳、谷城、神农架）、重庆（巫溪）、四川（青川、都江堰、绵竹、江油、平武、汶川）
689	美男彩灰蝶 *H. androcles*	印度、缅甸、泰国	甘肃、湖北、广东、海南、四川、贵州、云南	甘肃（礼县）、湖北（神农架）、四川（都江堰）
690	古铜彩灰蝶 *H. brahma*	印度、缅甸、越南、老挝、泰国	浙江、福建、四川、云南、西藏	四川（都江堰）
691	黑灰蝶 *Niphanda fusca*	朝鲜、日本	黑龙江、吉林、辽宁、北京、天津、河北、山西、山东、河南、陕西、甘肃、青海、安徽、浙江、湖北、江西、湖南、福建、台湾、广东、重庆、四川、贵州	河南（内乡、西峡、嵩县）、陕西（长安、鄠邑、周至、华州、眉县、太白、凤县、汉台、南郑、西乡、洋县、留坝、佛坪、宁陕、商州、商南、山阳）、甘肃（麦积、秦州、文县、徽县、两当、迭部、碌曲）、湖北（当阳、兴山、神农架、武当山）、重庆（巫溪、城口）、四川（九寨沟）
692	锯灰蝶 *Orthomiella pontis*	印度	河南、陕西、甘肃、江苏、安徽、浙江、湖北、福建、广东、重庆、四川、贵州、云南	河南（内乡、嵩县）、陕西（长安、蓝田、鄠邑、周至、华州、华阴、渭滨、陈仓、眉县、太白、凤县、洋县、略阳、留坝、佛坪、岚皋、紫阳、平利、镇坪、汉阴、石泉、宁陕、商州、山阳、镇安、柞水、洛南）、甘肃（麦积、徽县、两当）、湖北（神农架）、重庆（巫溪）、四川（青川、平武）
693	中华锯灰蝶 *O. sinensis*		河南、陕西、甘肃、江苏、安徽、浙江、湖北、江西、福建、重庆、四川、贵州	河南（鲁山、西峡、嵩县、栾川）、陕西（蓝田、长安、鄠邑、周至、渭滨、眉县、华州、洋县、略阳、留坝、佛坪、石泉、宁陕、山阳）、甘肃（文县、徽县、两当）、湖北（神农架）、重庆（巫溪）、四川（青川）

序号 No.	种类 Species	国外分布 Foreign distribution	中国分布 Distribution of China	大秦岭分布 Distribution of the Great Qinling Mountains
694	峦太锯灰蝶 O. rantaizana	缅甸、泰国、老挝	甘肃、浙江、福建、台湾、广东、海南、贵州、云南	甘肃（麦积、徽县）
695	雅灰蝶 Jamides bochus	缅甸、泰国、老挝、越南、印度	陕西、甘肃、浙江、湖北、江西、湖南、福建、台湾、广东、海南、香港、广西、重庆、四川、贵州、云南	陕西（岚皋）、甘肃（文县）、湖北（神农架）、重庆（城口）、四川（彭州、绵竹）
696	亮灰蝶 Lampides boeticus	亚洲南部、南太平洋诸岛、欧洲中南部、澳洲、非洲	河南、陕西、甘肃、江苏、安徽、浙江、江西、福建、台湾、广东、香港、重庆、四川、贵州、云南	河南（上街）、陕西（南郑、洋县、西乡、平利、商州）、甘肃（文县）、四川（青川、都江堰、什邡、绵竹、江油、平武、茂县）
697	吉灰蝶 Zizeeria karsandra	日本、印度、澳洲及非洲北部	甘肃、湖北、福建、台湾、广东、海南、香港、广西、四川、云南	甘肃（徽县）、湖北（神农架）、四川（青川、平武）
698	毛眼灰蝶 Zizina otis	日本、印度、缅甸、越南、泰国、马来西亚、新加坡，澳洲及非洲北部	甘肃、安徽、湖北、江西、福建、台湾、广东、海南、香港、广西、重庆、四川、云南	甘肃（麦积、文县、徽县）、湖北（神农架）、四川（都江堰）
699	酢浆灰蝶 Pseudozizeeria maha	朝鲜、日本、巴基斯坦、印度、尼泊尔、缅甸、泰国、马来西亚	黑龙江、山东、河南、陕西、甘肃、江苏、安徽、浙江、湖北、江西、福建、台湾、广东、海南、广西、重庆、四川、贵州	河南（新密、荥阳、宝丰、镇平、西峡、南召、伊川、嵩县、渑池、卢氏）、陕西（临潼、长安、蓝田、周至、渭滨、陈仓、眉县、太白、凤县、临渭、华州、潼关、汉台、南郑、勉县、佛坪、洋县、西乡、镇巴、宁强、略阳、留坝、汉滨、平利、镇坪、岚皋、紫阳、石泉、宁陕、商州、丹凤、商南、山阳、镇安、柞水）、甘肃（麦积、文县、徽县、两当）、湖北（兴山、保康、神农架、竹山）、重庆（巫溪、城口）、四川（宣汉、万源、南江、利州、旺苍、青川、都江堰、什邡、绵竹、江油、北川、平武、汶川）
700	枯灰蝶 Cupido minimus	俄罗斯、朝鲜	吉林、辽宁、内蒙古、河北、河南、陕西、甘肃、青海、四川	陕西（太白）、甘肃（麦积、文县、迭部、碌曲）
701	蓝灰蝶 Everes argiades	朝鲜、日本，欧洲、北美洲	黑龙江、吉林、辽宁、内蒙古、北京、天津、河北、山东、河南、陕西、甘肃、安徽、浙江、湖北、江西、福建、台湾、广东、海南、重庆、四川、贵州、云南、西藏	河南（荥阳、新密、登封、巩义、郏县、镇平、西峡、南召、伊川、汝阳、嵩县、洛宁、卢氏）、陕西（临潼、长安、蓝田、鄠邑、周至、华州、华阴、潼关、渭滨、陈仓、眉县、太白、凤县、南郑、洋县、西乡、镇巴、略阳、留坝、佛坪、汉滨、旬阳、平利、镇坪、岚皋、紫阳、汉阴、石泉、宁陕、商州、丹凤、商南、山阳、镇安、柞水、洛南）、甘肃（麦积、文县、宕昌、成县、徽县、两当、迭部、碌曲）、湖北（南漳、保康、神农架、武当山、郧阳、房县、竹溪、郧西）、重庆（巫溪、城口）、四川（南江、利州、朝天、剑阁、青川、都江堰、绵竹、安州、江油、平武、九寨沟）

附录 Appendix

序号 No.	种类 Species	国外分布 Foreign distribution	中国分布 Distribution of China	大秦岭分布 Distribution of the Great Qinling Mountains
702	长尾蓝灰蝶 *E. lacturnus*	印度、泰国、巴布亚新几内亚、澳大利亚	陕西、甘肃、安徽、浙江、湖北、江西、福建、台湾、广东、海南、香港、广西、重庆、四川、贵州、云南	陕西（蓝田、长安、周至、华州、华阴、陈仓、眉县、太白、汉台、南郑、宁强、留坝、佛坪、镇坪、石泉、宁陕、商州、丹凤、商南、山阳、镇安、柞水）、甘肃（麦积、徽县、两当、礼县）、湖北（郧阳、郧西）、重庆（巫溪）、四川（青川、都江堰、平武）
703	山灰蝶 *Shijimia moorei*	日本、印度	安徽、浙江、湖北、江西、台湾、重庆、四川、贵州	重庆（城口）
704	玄灰蝶 *Tongeia fischeri*	俄罗斯、朝鲜、日本，欧洲	黑龙江、吉林、辽宁、天津、河北、山西、山东、河南、陕西、甘肃、安徽、湖北、江西、福建、台湾、重庆、四川	河南（登封、巩义、鲁山、西峡、嵩县、栾川、灵宝）、陕西（临潼、蓝田、长安、鄠邑、周至、华州、华阴、眉县、太白、凤县、渭滨、陈仓、汉台、洋县、勉县、西乡、略阳、留坝、佛坪、平利、镇坪、宁陕、商州、商南、山阳、镇安）、甘肃（麦积、秦州、徽县、两当、碌曲）、湖北（南漳、保康、神农架）、四川（青川、都江堰、平武）
705	点玄灰蝶 *T. filicaudis*		黑龙江、山西、山东、河南、陕西、甘肃、安徽、浙江、湖北、江西、湖南、福建、台湾、广东、重庆、四川、贵州	河南（荥阳、巩义、内乡、西峡、伊川、宜阳、栾川、洛宁、渑池）、陕西（临潼、蓝田、长安、鄠邑、周至、华州、华阴、潼关、渭滨、陈仓、眉县、太白、凤县、汉台、南郑、洋县、西乡、镇巴、勉县、略阳、留坝、佛坪、汉滨、平利、镇坪、岚皋、紫阳、汉阴、宁陕、商州、丹凤、商南、山阳、柞水、镇安、洛南）、甘肃（麦积、康县、文县、徽县、两当）、湖北（神农架、郧阳、房县、竹山、竹溪）、重庆（巫溪、城口）、四川（万源、青川、绵竹、安州、江油、北川、平武）
706	波太玄灰蝶 *T. potanini*	印度、老挝、泰国	河南、陕西、甘肃、浙江、江西、湖南、四川、贵州、云南	河南（内乡）、陕西（周至、留坝、佛坪、旬阳、丹凤、山阳）、甘肃（麦积、徽县、两当）、四川（平武）
707	淡纹玄灰蝶 *T. ion*	泰国	陕西、甘肃、四川、贵州、云南、西藏	甘肃（武都）
708	大卫玄灰蝶 *T. davidi*		陕西、甘肃、湖南、海南、四川、贵州	陕西（长安、周至、太白、华州、华阴、佛坪、商州）、甘肃（麦积）
709	竹都玄灰蝶 *T. zuthus*		陕西、甘肃、四川、贵州	陕西（华州、商州）、甘肃（文县、两当）
710	雾驳灰蝶 *Bothrinia nebulosa*		黑龙江、吉林、河南、陕西、宁夏、甘肃、湖北、四川、贵州、云南	河南（鲁山、内乡、嵩县、栾川、灵宝）、陕西（长安、周至、眉县、太白、华州、汉台、南郑、洋县、镇巴、留坝、佛坪、宁陕、商州、山阳、镇安）、甘肃（麦积、徽县、两当）、四川（青川、平武）
711	黑丸灰蝶 *Pithecops corvus*	越南、老挝、马来西亚、印度尼西亚	浙江、湖北、江西、福建、广东、香港、广西	湖北（神农架）

序号 No.	种类 Species	国外分布 Foreign distribution	中国分布 Distribution of China	大秦岭分布 Distribution of the Great Qinling Mountains
712	璃灰蝶 *Celastrina argiola*	欧洲	黑龙江、吉林、辽宁、天津、河北、山西、山东、河南、陕西、甘肃、青海、安徽、浙江、湖北、江西、湖南、福建、台湾、广东、海南、广西、重庆、四川、贵州、云南、西藏	河南（荥阳、内乡、西峡、嵩县、陕州）、陕西（临潼、蓝田、长安、鄠邑、周至、华州、渭滨、陈仓、眉县、太白、凤县、汉台、南郑、洋县、西乡、略阳、留坝、佛坪、镇坪、岚皋、石泉、宁陕、商州、丹凤、商南、山阳、镇安、柞水）、甘肃（麦积、文县、徽县、两当、迭部）、湖北（谷城、神农架、武当山、郧西）、重庆（巫溪、城口）、四川（朝天、青川、都江堰、平武、汶川、九寨沟）
713	大紫璃灰蝶 *C. oreas*	缅甸	黑龙江、河南、陕西、甘肃、安徽、浙江、湖北、江西、台湾、广东、重庆、四川、贵州、云南、西藏	河南（荥阳、新密、西峡、南召、宜阳、渑池）、陕西（临潼、蓝田、长安、鄠邑、周至、华州、华阴、潼关、渭滨、陈仓、岐山、眉县、太白、凤县、汉台、南郑、洋县、西乡、勉县、宁强、略阳、留坝、佛坪、汉滨、平利、镇坪、岚皋、紫阳、汉阴、石泉、宁陕、商州、丹凤、商南、山阳、镇安、柞水、洛南）、甘肃（两当、徽县、迭部）、湖北（南漳、保康、神农架、郧阳、竹山、竹溪、郧西）、重庆（巫溪）、四川（青川、都江堰、平武、九寨沟）
714	华西璃灰蝶 *C. hersilia*	尼泊尔	河南、陕西、甘肃、安徽、浙江、湖北、江西、福建、四川、贵州、云南、西藏	河南（鲁山）、甘肃（武都、两当）、四川（青川、平武）
715	熏衣璃灰蝶 *C. lavendularis*	印度、缅甸、斯里兰卡、菲律宾、马来西亚、印度尼西亚	陕西、甘肃、安徽、浙江、福建、台湾、广东、海南、香港、广西、重庆、四川、云南	陕西（汉台、南郑、留坝）、甘肃（麦积）、重庆（城口）、四川（都江堰）
716	杉谷璃灰蝶 *C. sugitanii*	朝鲜半岛，日本	陕西、台湾、广东	陕西（蓝田、长安、眉县、宁陕）
717	巨大璃灰蝶 *C. gigas*	印度、尼泊尔	甘肃、福建	甘肃（麦积）
718	宽缘璃灰蝶 *C. perplexa*		四川	四川（九寨沟）
719	白斑妩灰蝶 *Udara albocaerulea*	日本、印度、尼泊尔、缅甸、越南、老挝、马来西亚	陕西、安徽、浙江、湖北、江西、福建、台湾、广东、香港、广西、重庆、四川、贵州、云南、西藏	陕西（西乡）、湖北（神农架）、重庆（巫溪）、四川（都江堰、平武）
720	妩灰蝶 *U. dilecta*	印度、尼泊尔、缅甸、越南、老挝、泰国、马来西亚、印度尼西亚，新几内亚岛	陕西、甘肃、安徽、浙江、江西、福建、台湾、广东、海南、香港、广西、重庆、四川、贵州、云南、西藏	陕西（太白、汉台、留坝）、甘肃（徽县、两当）、重庆（巫溪）、四川（青川、都江堰、平武）
721	韫玉灰蝶 *Celatoxia marginata*	印度、缅甸、越南、老挝、马来西亚	甘肃、重庆、台湾、海南、云南、西藏	甘肃（徽县）、重庆（城口）

续表

序号 No.	种类 Species	国外分布 Foreign distribution	中国分布 Distribution of China	大秦岭分布 Distribution of the Great Qinling Mountains
722	一点灰蝶 *Neopithecops zalmora*	印度、缅甸、越南、老挝、泰国、斯里兰卡、孟加拉国、马来西亚	陕西、福建、台湾、广东、海南、香港、广西、贵州、云南	陕西（岚皋）
723	靛灰蝶 *Caerulea coeligena*	泰国	河南、陕西、甘肃、湖北、重庆、四川、云南	河南（内乡）、陕西（长安、鄠邑、周至、太白、华县、华阴、潼关、汉台、洋县、留坝、平利、汉阴、宁陕、商州、镇安、柞水、洛南）、甘肃（麦积、徽县、两当）、湖北（神农架）、重庆（巫溪）、四川（平武）
724	扣靛灰蝶 *C. coelestis*		河南、陕西、四川、云南、西藏	陕西（西乡）
725	胡麻霾灰蝶 *Maculinea teleia*	俄罗斯、朝鲜、日本，欧洲	黑龙江、吉林、内蒙古、北京、河北、山西、山东、河南、陕西、甘肃、青海、四川	河南（灵宝）、陕西（太白、凤县、宁陕、商州）、甘肃（麦积、秦州、迭部、碌曲）、四川（九寨沟）
726	斑霾灰蝶 *M. sinalcon*		黑龙江、甘肃、青海	甘肃（武山、漳县）
727	嘎霾灰蝶 *M. arion*	俄罗斯、朝鲜，欧洲	黑龙江、内蒙古、甘肃、青海	甘肃（武山、文县、迭部、碌曲、漳县）
728	大斑霾灰蝶 *M. arionides*	俄罗斯、朝鲜、日本	黑龙江、吉林、辽宁、河南、甘肃、山西、四川	甘肃（麦积、武山、碌曲、漳县）
729	蓝底霾灰蝶 *M. cyanecula*	蒙古	北京、内蒙古、河北、甘肃、青海	甘肃（麦积、礼县）
730	黎戈灰蝶 *Glaucopsyche lycormas*	朝鲜、日本	黑龙江、吉林、内蒙古、北京、河南、陕西、宁夏、甘肃、青海、新疆、湖北、四川、贵州	陕西（周至、眉县、太白、南郑、城固、西乡、留坝、山阳、镇安）、甘肃（麦积、漳县）、湖北（武当山）、四川（九寨沟）
731	白灰蝶 *Phengaris atroguttata*	印度、缅甸	河南、陕西、台湾、重庆、四川、贵州、云南	河南（栾川）、陕西（商南）、重庆（巫溪）、四川（青川、平武、汶川）
732	珞灰蝶 *Scolitantides orion*	俄罗斯、朝鲜、日本，欧洲西部	黑龙江、吉林、辽宁、北京、河北、山西、河南、陕西、甘肃、新疆、湖北、福建、四川、云南、西藏	河南（登封、内乡、西峡、嵩县、栾川、陕州）、陕西（长安、蓝田、鄠邑、周至、华州、华阴、陈仓、眉县、太白、凤县、汉台、洋县、宁强、镇巴、留坝、佛坪、岚皋、宁陕、商州、丹凤、山阳、镇安、柞水、洛南）、甘肃（麦积、秦州、两当、徽县、文县、礼县、迭部、碌曲）、湖北（神农架、武当山）、四川（青川、九寨沟）
733	扫灰蝶 *Subsulanoides nagata*		陕西、甘肃、青海	陕西（太白、凤县、留坝）、甘肃（麦积、徽县、两当）
734	欣灰蝶 *Shijimiaeoides divina*	俄罗斯、朝鲜、日本	辽宁、内蒙古、北京、河北、甘肃	甘肃（秦州）
735	棕灰蝶 *Euchrysops cnejus*	印度、缅甸、泰国、马来西亚	江苏、湖北、江西、台湾、广东、广西、四川、贵州	湖北（神农架、房县）

序号 No.	种类 Species	国外分布 Foreign distribution	中国分布 Distribution of China	大秦岭分布 Distribution of the Great Qinling Mountains
736	婀灰蝶 *Albulina orbitulus*	意大利	内蒙古、陕西、甘肃、安徽、四川、云南、西藏	陕西（凤县）、甘肃（麦积、武山、康县、文县、迭部、玛曲）
737	秦岭婀灰蝶 *A. qinlingensis*		河南	河南（灵宝）
738	菲婀灰蝶 *A. felicis*		甘肃、四川、西藏	甘肃（玛曲）
739	华夏爱灰蝶 *Aricia chinensis*	俄罗斯、朝鲜	黑龙江、吉林、辽宁、内蒙古、北京、天津、河北、河南、陕西、甘肃、新疆、湖北	河南（荥阳、上街、内乡、灵宝）、陕西（临潼、太白、汉台、南郑）、甘肃（麦积、徽县、文县、碌曲）、湖北（郧阳、郧西）
740	爱灰蝶 *A. agestis*	欧洲	黑龙江、吉林、内蒙古、甘肃、新疆	甘肃（武山）
741	阿爱灰蝶 *A. allous*	俄罗斯、朝鲜，欧洲	辽宁、北京、河北、黑龙江、内蒙古、甘肃	甘肃（武山、武都）
742	曲纹紫灰蝶 *Chilades pandava*	印度、缅甸、越南、老挝、泰国、斯里兰卡、马来西亚、印度尼西亚	陕西、江西、福建、台湾、广东、海南、香港、广西、贵州	陕西（长安、汉台、南郑、城固）
743	紫灰蝶 *C. lajus*	印度、缅甸、越南、老挝、泰国	湖北、福建、台湾、广东、海南、香港	湖北（神农架）
744	豆灰蝶 *Plebejus argus*	俄罗斯、蒙古、朝鲜、日本，欧洲	黑龙江、吉林、辽宁、河北、山东、山西、河南、陕西、甘肃、青海、新疆、湖北、湖南、四川、贵州	河南（荥阳、内乡）、陕西（临潼、蓝田、周至、眉县、太白、华州、汉台、留坝、宁陕、商州、商南）、甘肃（麦积、秦州、徽县、两当、武都、文县、碌曲）、湖北（郧阳、郧西）
745	克豆灰蝶 *P. christophi*	中亚	甘肃、新疆	甘肃（武山、漳县）
746	华西豆灰蝶 *P. biton*	俄罗斯	黑龙江、内蒙古、甘肃	甘肃（武山、礼县、漳县）
747	红珠灰蝶 *Lycaeides argyrognomon*	俄罗斯、朝鲜、日本，欧洲	黑龙江、吉林、辽宁、河北、山西、山东、河南、陕西、甘肃、青海、新疆、四川	河南（荥阳、上街、登封、嵩县、灵宝、卢氏）、陕西（临潼、蓝田、周至、眉县、渭滨、陈仓、太白、凤县、汉滨、南郑、勉县、宁陕、商州、丹凤）、甘肃（麦积、秦州、徽县、两当、文县、迭部、碌曲）
748	茄纹红珠灰蝶 *L. cleobis*	朝鲜、日本	河北、陕西、甘肃	陕西（长安、鄠邑）、甘肃（麦积、徽县、两当、舟曲）
749	索红珠灰蝶 *L. subsolanus*	俄罗斯、朝鲜、日本	吉林、辽宁、内蒙古、北京、河北、陕西、甘肃、新疆	甘肃（麦积、徽县、两当）
750	青海红珠灰蝶 *L. qinghaiensis*		甘肃、青海	甘肃（武山、两当、漳县）
751	阿点灰蝶 *Agrodiaetus amandus*	俄罗斯，欧洲	辽宁、内蒙古、陕西、甘肃、四川、新疆	陕西（太白、凤县）、甘肃（麦积、武山、漳县）、四川（九寨沟）

序号 No.	种类 Species	国外分布 Foreign distribution	中国分布 Distribution of China	大秦岭分布 Distribution of the Great Qinling Mountains
752	埃灰蝶 *Eumedonia eumedon*	蒙古，欧洲	黑龙江、内蒙古、甘肃、青海、四川	甘肃（武山、漳县）、四川（九寨沟）
753	酷灰蝶 *Cyaniris semiargus*	蒙古、摩洛哥，欧洲	黑龙江、内蒙古、甘肃、新疆	甘肃（武山）
754	多眼灰蝶 *Polyommatus eros*	俄罗斯、蒙古、朝鲜、日本，欧洲西部	黑龙江、吉林、辽宁、内蒙古、河北、山东、河南、陕西、宁夏、甘肃、青海、新疆、四川、西藏	河南（上街、登封、镇平、嵩县）、陕西（蓝田、周至、渭滨、陈仓、眉县、太白、凤县、南郑、勉县、洋县、宁强、略阳、留坝、佛坪、宁陕、商州、丹凤、山阳、镇安）、甘肃（麦积、秦州、康县、文县、宕昌、徽县、两当、礼县、迭部）、四川（都江堰）
755	维纳斯眼灰蝶 *P. venus*	俄罗斯、蒙古、朝鲜、日本，欧洲	黑龙江、内蒙古、甘肃、青海、新疆、四川、西藏	甘肃（麦积、武山、迭部、碌曲、漳县）
756	爱慕眼灰蝶 *P. amorata*	韩国	黑龙江、甘肃、四川	甘肃（迭部）、四川（九寨沟）
757	伊眼灰蝶 *P. icarus*	欧洲	陕西、甘肃、新疆	陕西（山阳）、甘肃（武山、漳县）
758	仪眼灰蝶 *P. icadius*		黑龙江、甘肃、新疆	甘肃（武山、漳县）
759	新眼灰蝶 *P. sinina*		青海、甘肃	甘肃（迭部、玛曲）
五			弄蝶科 Hesperiidae	
760	雕形伞弄蝶 *Bibasis aquilina*	俄罗斯、朝鲜、日本	黑龙江、吉林、辽宁、陕西、甘肃、重庆、四川	陕西（长安、周至、凤县、南郑、留坝、宁陕）、甘肃（麦积、秦州、康县、徽县、两当、礼县、舟曲）、四川（青川、安州）
761	白伞弄蝶 *B. gomata*	印度、孟加拉国、缅甸、越南、老挝、菲律宾、马来西亚、印度尼西亚	陕西、甘肃、浙江、湖北、江西、福建、广东、海南、香港、广西、四川、贵州、云南	陕西（太白、南郑、洋县、留坝、宁陕）、甘肃（武都）、湖北（神农架）、四川（南江）
762	绿伞弄蝶 *B. striata*	朝鲜	河南、甘肃、江苏、上海、浙江、江西、重庆、四川、云南	河南（内乡）、甘肃（文县）、四川（宣汉）
763	大伞弄蝶 *B. miracula*	越南	浙江、福建、江西、广东、广西、重庆、四川、贵州	四川（安州）
764	无趾弄蝶 *Hasora anura*	印度、缅甸、越南、老挝、泰国	河南、陕西、甘肃、浙江、湖北、江西、湖南、福建、台湾、广东、海南、香港、广西、重庆、四川、贵州、云南	陕西（略阳、留坝）、甘肃（文县）、湖北（神农架）、四川（安州、宣汉）
765	双斑趾弄蝶 *H. chromus*	印度、缅甸、越南、老挝、泰国、菲律宾、巴布亚新几内亚、澳大利亚、斐济	江苏、上海、湖北、江西、福建、台湾、广东、海南、香港、贵州、云南	湖北（武当山）

序号 No.	种类 Species	国外分布 Foreign distribution	中国分布 Distribution of China	大秦岭分布 Distribution of the Great Qinling Mountains
766	三斑趾弄蝶 *H. badra*	日本、印度、不丹、尼泊尔、缅甸、越南、老挝、泰国、斯里兰卡、菲律宾、马来西亚、印度尼西亚	湖北、江西、福建、台湾、广东、海南、香港、广西、贵州、云南	湖北（神农架）
767	无斑趾弄蝶 *H. danda*	缅甸、越南、老挝、泰国、马来西亚	湖北、江西、贵州	湖北（神农架）
768	绿弄蝶 *Choaspes benjaminii*	朝鲜、日本、印度、尼泊尔、缅甸、越南、泰国、斯里兰卡、菲律宾、马来西亚、印度尼西亚	河南、陕西、甘肃、安徽、浙江、江西、湖北、福建、台湾、广东、海南、香港、广西、重庆、四川、贵州、云南	河南（商城）、陕西（长安、周至、太白、华州、汉台、南郑、洋县、西乡、佛坪、岚皋、商州、镇安）、甘肃（康县、徽县、两当）、湖北（神农架）、重庆（巫溪、城口）、四川（青川、安州、平武）
769	半黄绿弄蝶 *C. hemixanthus*	印度、尼泊尔、缅甸、越南、老挝、泰国、菲律宾、新加坡、马来西亚、印度尼西亚，新几内亚岛、苏门答腊岛	甘肃、安徽、浙江、江西、广东、海南、香港、广西、四川、贵州、云南	甘肃（康县、文县）
770	黄毛绿弄蝶 *C. xanthopogon*	印度、尼泊尔、缅甸、越南、老挝、泰国、菲律宾、印度尼西亚	甘肃、台湾、四川、云南	甘肃（康县）
771	峨眉大弄蝶 *Capila omeia*		陕西、甘肃、重庆、四川、贵州	陕西（宁陕）、甘肃（文县）、四川（都江堰、安州）
772	海南大弄蝶 *C. hainana*	缅甸、泰国、马来西亚	湖北、江西、福建、广东、海南	湖北（神农架）
773	双带弄蝶 *Lobocla bifasciatus*	俄罗斯、蒙古、朝鲜	黑龙江、吉林、辽宁、北京、天津、河北、山西、山东、河南、陕西、甘肃、安徽、浙江、湖北、江西、福建、台湾、广东、重庆、四川、贵州、云南、西藏	河南（荥阳、禹州、鲁山、镇平、内乡、西峡、嵩县、栾川、灵宝、卢氏）、陕西（临潼、蓝田、长安、鄠邑、周至、陈仓、眉县、太白、凤县、华州、华阴、汉台、城固、洋县、西乡、留坝、佛坪、石泉、宁陕、商州、丹凤、商南、山阳、镇安、柞水）、甘肃（麦积、武都、文县、徽县、两当、礼县）、湖北（神农架、武当山）、重庆（巫溪、城口）、四川（青川、安州、平武）
774	束带弄蝶 *L. contractus*		北京、湖北、四川	湖北（神农架）、四川（朝天）
775	黄带弄蝶 *L. liliana*	印度、缅甸、越南、老挝、泰国	陕西、安徽、江西、四川、贵州、云南	陕西（城固）

序号 No.	种类 Species	国外分布 Foreign distribution	中国分布 Distribution of China	大秦岭分布 Distribution of the Great Qinling Mountains
776	嵌带弄蝶 *L. proxima*		陕西、甘肃、湖北、重庆、四川、贵州、云南	陕西（长安、南郑、洋县）、甘肃（麦积、文县）、湖北（神农架）、重庆（城口）、四川（青川）
777	简纹带弄蝶 *L. simplex*		辽宁、湖北、四川、云南、西藏	湖北（神农架）
778	斑星弄蝶 *Celaenorrhinus maculosus*	蒙古、老挝	河南、陕西、甘肃、江苏、上海、安徽、浙江、湖北、江西、湖南、福建、台湾、广东、重庆、四川、贵州	河南（内乡、嵩县）、陕西（南郑、洋县）、甘肃（康县、文县、徽县）、湖北（神农架）、重庆（城口）、四川（都江堰、汶川）
779	黄射纹星弄蝶 *C. oscula*	越南	陕西、安徽、江西、台湾、广东、重庆、四川、贵州	陕西（南郑）、四川（平武）
780	小星弄蝶 *C. ratna*	印度	河南、安徽、江西、福建、台湾、广东、重庆、四川、贵州、云南、西藏	河南（内乡）、四川（平武、汶川）
781	同宗星弄蝶 *C. consanguinea*		陕西、甘肃、安徽、浙江、湖北、湖南、广东、广西、四川、贵州、云南	陕西（留坝）、甘肃（文县）、四川（剑阁）
782	黄星弄蝶 *C. pero*	印度、尼泊尔、泰国	甘肃、广西、四川、西藏	甘肃（文县）、四川（都江堰）
783	疏星弄蝶 *C. aspersa*	印度、缅甸、越南、老挝、泰国	陕西、甘肃、江西、福建、广东、海南、四川	陕西（西乡）、甘肃（武都）
784	深山珠弄蝶 *Erynnis montanus*	俄罗斯、朝鲜、日本	黑龙江、吉林、辽宁、北京、山西、山东、河南、陕西、甘肃、青海、安徽、浙江、湖北、江西、湖南、广东、重庆、四川、贵州、云南、西藏	河南（内乡、嵩县、栾川、汝阳）、陕西（蓝田、长安、鄠邑、周至、渭滨、陈仓、眉县、太白、凤县、华州、华阴、汉台、洋县、勉县、留坝、佛坪、宁陕、商州、丹凤、商南、山阳、镇安、洛南）、甘肃（麦积、秦州、武山、文县、徽县、两当、礼县、迭部、漳县）、湖北（神农架）、重庆（巫溪）、四川（都江堰、九寨沟）
785	珠弄蝶 *E. tages*	蒙古、朝鲜，欧洲	黑龙江、河北、山西、山东、河南、陕西、宁夏、甘肃、新疆、重庆、四川	河南（登封、西峡、嵩县、灵宝）、陕西（陈仓、眉县、勉县、宁强、汉台、宁陕、商州、山阳）、甘肃（麦积、武山、文县、徽县、两当、礼县、漳县）、重庆（巫溪）
786	波珠弄蝶 *E. popoviana*	俄罗斯	吉林、内蒙古、北京、河北、山西、山东、河南、陕西、宁夏、甘肃、青海、四川	陕西（眉县、太白、商州）
787	白弄蝶 *Abraximorpha davidii*	缅甸、越南、老挝、印度尼西亚	山西、河南、陕西、甘肃、江苏、安徽、浙江、湖北、江西、湖南、福建、台湾、广东、海南、香港、广西、重庆、四川、贵州、云南	河南（内乡、栾川）、陕西（长安、周至、陈仓、眉县、太白、华州、汉台、南郑、洋县、西乡、镇巴、佛坪、宁陕、商州、商南、山阳、柞水）、甘肃（麦积、秦州、康县、徽县、两当）、湖北（神农架、武当山）、重庆（巫溪）、四川（青川、都江堰、安州、平武）

序号 No.	种类 Species	国外分布 Foreign distribution	中国分布 Distribution of China	大秦岭分布 Distribution of the Great Qinling Mountains
788	黑弄蝶 *Daimio tethys*	蒙古、朝鲜、韩国、日本、缅甸	黑龙江、吉林、辽宁、北京、天津、河北、山西、山东、河南、陕西、甘肃、江苏、上海、安徽、浙江、湖北、江西、湖南、福建、台湾、广东、海南、香港、重庆、四川、贵州、云南、西藏	河南（荥阳、鲁山、镇平、内乡、西峡、嵩县、栾川、灵宝、陕州、卢氏）、陕西（蓝田、长安、周至、鄠邑、渭滨、陈仓、眉县、凤县、太白、华州、汉台、南郑、城固、洋县、镇巴、略阳、留坝、佛坪、西乡、平利、镇坪、岚皋、紫阳、汉阴、石泉、宁陕、商州、丹凤、商南、山阳、镇安、柞水、洛南）、甘肃（麦积、康县、文县、徽县、两当、碌曲、漳县）、湖北（兴山、神农架、武当山、郧阳、房县、竹溪、郧西）、重庆（巫溪、城口）、四川（青川、都江堰、江油、平武）
789	中华捷弄蝶 *Gerosis sinica*	印度、缅甸、越南、老挝、泰国、马来西亚	陕西、甘肃、江苏、浙江、湖北、江西、福建、广东、海南、广西、重庆、四川、贵州、云南、西藏	陕西（眉县、凤县、南郑、西乡、留坝、佛坪、商南）、甘肃（文县）、湖北（神农架）、四川（青川、平武）
790	匪夷捷弄蝶 *G. phisara*	印度、缅甸、越南、老挝、泰国、马来西亚	陕西、浙江、湖北、江西、湖南、福建、广东、海南、香港、广西、重庆、四川、贵州、云南、西藏	陕西（南郑、佛坪、洋县）、湖北（神农架）、四川（青川、平武）
791	飒弄蝶 *Satarupa gopala*	印度、越南、马来西亚、印度尼西亚	黑龙江、辽宁、天津、河南、陕西、甘肃、浙江、湖北、江西、湖南、福建、海南、广西、重庆、四川、贵州	河南（内乡、西峡、嵩县、栾川、陕州、灵宝）、陕西（长安、周至、太白、华州、洋县、留坝、佛坪、商南）、甘肃（麦积、秦州、文县、徽县、两当）、湖北（神农架）、重庆（巫溪、城口）、四川（都江堰、安州、平武）
792	蛱型飒弄蝶 *S. nymphalis*	俄罗斯、朝鲜	黑龙江、吉林、辽宁、河南、陕西、甘肃、安徽、浙江、江西、福建、广东、四川、贵州	河南（西峡、陕州）、陕西（长安、鄠邑、周至、太白、凤县、南郑、宁强、佛坪、宁陕）、甘肃（麦积、徽县、两当）、四川（青川）
793	密纹飒弄蝶 *S. monbeigi*	蒙古	北京、天津、陕西、甘肃、江苏、上海、安徽、浙江、湖北、江西、湖南、广东、广西、重庆、四川、贵州	陕西（蓝田、周至、眉县、汉台、南郑、洋县、留坝、佛坪、山阳、商南）、甘肃（麦积、康县、徽县、两当）、湖北（神农架）、四川（青川、都江堰、安州、平武）
794	四川飒弄蝶 *S. valentini*		四川	四川（都江堰）
795	花窗弄蝶 *Coladenia hoenei*	老挝、越南	河南、陕西、甘肃、安徽、浙江、江西、福建、广东、重庆、四川、贵州	河南（内乡）、陕西（长安、鄠邑、周至、渭滨、陈仓、眉县、太白、凤县、城固、略阳、留坝、佛坪、商州、镇安、柞水）、甘肃（麦积、徽县、两当）、四川（青川、九寨沟）
796	幽窗弄蝶 *C. sheila*		河南、陕西、甘肃、安徽、浙江、江西、福建、广东、重庆、四川、贵州	河南（内乡、栾川）、陕西（太白、南郑、洋县、西乡、镇巴、留坝、山阳）、甘肃（徽县、两当）、重庆（城口）
797	玻窗弄蝶 *C. vitrea*		陕西、四川	陕西（凤县、佛坪、宁陕）
798	黄窗弄蝶 *C. laxmi*	印度、孟加拉国、缅甸、泰国、马来西亚、印度尼西亚	陕西、甘肃、广东、海南、广西	陕西（太白、洋县、留坝、商南）、甘肃（康县）

附
Appendix

续表

序号 No.	种类 Species	国外分布 Foreign distribution	中国分布 Distribution of China	大秦岭分布 Distribution of the Great Qinling Mountains
799	襟弄蝶 *Pseudocoladenia dan*	印度、尼泊尔、缅甸、越南、泰国、马来西亚、印度尼西亚	陕西、甘肃、安徽、浙江、湖北、江西、福建、海南、广西、四川、贵州、云南	陕西（周至、汉台、南郑、洋县、西乡、留坝、佛坪、岚皋、商州、山阳）、甘肃（康县、文县）、湖北（保康、谷城、神农架）、四川（青川、平武）
800	黄襟弄蝶 *P. dea*		甘肃、安徽、浙江、湖北、江西、四川、贵州、云南	甘肃（康县）、湖北（神农架）
801	梳翅弄蝶 *Ctenoptilum vasava*	印度、老挝、缅甸、泰国	河北、河南、陕西、甘肃、江苏、安徽、浙江、江西、福建、广西、四川、贵州、云南	河南（内乡、西峡、宜阳、栾川、渑池）、陕西（长安、鄠邑、周至、南郑、洋县、留坝、宁陕、平利、镇坪、商州、丹凤、山阳、镇安、柞水）、甘肃（徽县、两当）
802	花弄蝶 *Pyrgus maculatus*	俄罗斯、蒙古、朝鲜、日本	黑龙江、吉林、辽宁、内蒙古、北京、山西、山东、河南、陕西、甘肃、上海、安徽、浙江、湖北、江西、湖南、福建、广东、广西、重庆、四川、贵州、云南、西藏	河南（荥阳、镇平、西峡、嵩县）、陕西（蓝田、周至、眉县、太白、凤县、华州、汉台、南郑、城固、洋县、留坝、佛坪、石泉、宁陕、商州、山阳、镇安）、甘肃（麦积、秦州、康县、文县、徽县、两当、迭部、碌曲）、湖北（兴山、神农架、武当山、茅箭、房县）、重庆（巫溪、城口）
803	三纹花弄蝶 *P. dejeani*	印度	甘肃、青海、四川、西藏	甘肃（武都）
804	北方花弄蝶 *P. alveus*	俄罗斯、蒙古、哈萨克斯坦、亚洲北部及中部、非洲北部、欧洲	黑龙江、山西、陕西、甘肃、青海、新疆、重庆、四川、西藏	陕西（汉台、留坝）、甘肃（文县、迭部、碌曲）
805	斯拜耳花弄蝶 *P. speyeri*		黑龙江、吉林、内蒙古、甘肃	甘肃（武山、迭部、漳县）
806	星点弄蝶 *Muschampia tessellum*	俄罗斯，欧洲南部至蒙古	黑龙江、吉林、辽宁、内蒙古、北京、山西、陕西、甘肃、宁夏、青海、新疆	甘肃（武山、碌曲、漳县）
807	稀点弄蝶 *M. staudingeri*	哈萨克斯坦、伊朗、阿富汗	内蒙古、甘肃、新疆、西藏	甘肃（武都、碌曲）
808	链弄蝶 *Heteropterus morpheus*	俄罗斯（西伯利亚）、朝鲜、土耳其、乌克兰、波兰、匈牙利、德国、法国	黑龙江、吉林、辽宁、内蒙古、山西、河南、陕西、甘肃、福建	河南（灵宝）、陕西（蓝田、鄠邑、渭滨、陈仓、太白、略阳、留坝、宁陕、柞水、洛南）、甘肃（麦积、秦州、武山、徽县、两当、礼县）
809	小弄蝶 *Leptalina unicolor*	俄罗斯、朝鲜、日本	黑龙江、吉林、辽宁、北京、河北、河南、陕西、甘肃、浙江、湖北、江西	陕西（临潼、蓝田、渭滨、陈仓、华州、商州）、甘肃（文县）
810	双色舟弄蝶 *Barca bicolor*	越南	河南、陕西、湖北、江西、湖南、福建、广东、重庆、四川、云南	河南（嵩县）、陕西（长安、周至、鄠邑、太白、凤县、华州、汉台、南郑、洋县、留坝、佛坪、宁陕、商南、柞水、洛南）、湖北（神农架）、重庆（城口）
811	窄翅弄蝶 *Apostictopterus fuliginosus*	印度	湖北、江西、湖南、福建、广东、广西、四川、西藏	湖北（神农架）、四川（都江堰）

序号 No.	种类 Species	国外分布 Foreign distribution	中国分布 Distribution of China	大秦岭分布 Distribution of the Great Qinling Mountains
812	三斑银弄蝶 *Carterocephalus urasimataro*		河南、陕西、甘肃、青海、湖北、四川	河南（鲁山）、陕西（长安、周至、鄠邑、华阴、陈仓、太白、凤县、留坝、宁陕、镇安、商州、丹凤）、甘肃（文县）、湖北（神农架）
813	五斑银弄蝶 *C. stax*		陕西、四川	陕西（长安、佛坪）
814	黄斑银弄蝶 *C. alcinoides*		辽宁、天津、河南、陕西、甘肃、贵州、云南	陕西（洋县、留坝、佛坪）、甘肃（麦积、武山、徽县）
815	基点银弄蝶 *C. argyrostigma*	俄罗斯、蒙古	黑龙江、内蒙古、陕西、甘肃、青海、新疆、西藏	甘肃（岷县）
816	白斑银弄蝶 *C. dieckmanni*	俄罗斯、缅甸	黑龙江、辽宁、内蒙古、北京、河南、陕西、甘肃、青海、四川、贵州、云南、西藏	河南（灵宝）、陕西（汉台、南郑、西乡、镇巴、留坝）、甘肃（秦州、麦积、迭部）、四川（九寨沟）
817	克理银弄蝶 *C. christophi*		陕西、甘肃、青海、四川、云南、西藏	甘肃（徽县、武山、迭部）
818	愈斑银弄蝶 *C. houangty*	缅甸	甘肃、四川、云南、西藏	甘肃（武山、漳县）、四川（九寨沟）
819	宽纹袖弄蝶 *Notocrypta feisthamelii*	印度、缅甸、越南、泰国、菲律宾、马来西亚、印度尼西亚、新几内亚岛	安徽、浙江、江西、湖南、福建、台湾、广东、海南、广西、四川、贵州、云南、西藏	四川（彭州）
820	曲纹袖弄蝶 *N. curvifascia*	日本、印度、缅甸、斯里兰卡、泰国、马来半岛、苏门答腊岛、爪哇、加里曼丹岛	甘肃、浙江、福建、台湾、广东、海南、香港、广西、四川、云南、西藏	甘肃（文县）、四川（都江堰）
821	红标弄蝶 *Koruthaialos rubecula*	印度、缅甸、越南、泰国、菲律宾、马来西亚、印度尼西亚	广西、四川、云南	四川（都江堰）
822	腌翅弄蝶 *Astictopterus jama*	印度、缅甸、越南、老挝、泰国、菲律宾、印度尼西亚	陕西、甘肃、安徽、浙江、湖北、江西、福建、广东、海南、香港、广西、重庆、贵州、云南	陕西（留坝）、甘肃（麦积）
823	中华伊弄蝶 *Idmon sinica*		四川、贵州	四川（都江堰）
824	姜弄蝶 *Udaspes folus*	日本、印度、缅甸、越南、老挝、泰国、印度尼西亚	甘肃、江苏、浙江、福建、台湾、广东、香港、四川、云南	甘肃（武都）
825	小星姜弄蝶 *U. stellata*		甘肃、四川、云南、西藏	甘肃（武都）

续表

序号 No.	种类 Species	国外分布 Foreign distribution	中国分布 Distribution of China	大秦岭分布 Distribution of the Great Qinling Mountains
826	紫斑锷弄蝶 *Aeromachus catocyanea*		陕西、重庆、四川、贵州、云南、西藏	陕西（秦岭）
827	河伯锷弄蝶 *A. inachus*	俄罗斯、朝鲜、韩国、日本	黑龙江、吉林、辽宁、北京、山西、山东、河南、陕西、甘肃、江苏、安徽、浙江、湖北、江西、湖南、福建、台湾、广东、四川、贵州、云南	河南（镇平、内乡、淅川、西峡、嵩县）、陕西（丹凤、商南）、甘肃（文县、徽县）、湖北（武当山）
828	黑锷弄蝶 *A. piceus*		陕西、甘肃、浙江、湖北、福建、广东、海南、广西、重庆、四川、贵州、云南	陕西（凤县、洋县、镇巴、佛坪、商州）、甘肃（麦积、康县、徽县、两当）、湖北（神农架）、重庆（城口）、四川（青川、都江堰、安州、平武）
829	疑锷弄蝶 *A. dubius*	印度、缅甸、马来西亚、印度尼西亚	陕西、浙江、福建、海南、广西、重庆、贵州、云南	陕西（渭滨）、重庆（城口）
830	宽锷弄蝶 *A. jhora*	印度、缅甸、马来西亚	甘肃、浙江、湖北、福建、广东、香港、广西、贵州、云南	甘肃（文县、武都）、湖北（南漳）
831	长斑酣弄蝶 *Halpe gamma*		陕西、甘肃、江西、福建、台湾、广东、广西、四川	陕西（洋县、佛坪）、甘肃（康县）、四川（都江堰）
832	独子酣弄蝶 *H. homolea*	新加坡	辽宁、安徽、浙江、江西、湖南、福建、广东、海南、广西、重庆、四川、贵州、西藏	四川（都江堰、平武）
833	讴弄蝶 *Onryza maga*	缅甸、越南、泰国、新加坡、印度尼西亚	陕西、甘肃、安徽、浙江、湖北、江西、湖南、福建、台湾、广东、海南、广西、四川、贵州	陕西（长安、太白、洋县、佛坪、镇坪、岚皋）、甘肃（武都、徽县）、四川（平武）
834	索弄蝶 *Sovia lucasii*	印度、不丹、缅甸	陕西、湖北、广东、广西、四川、云南	陕西（洋县、佛坪）
835	李氏索弄蝶 *S. lii*		陕西、甘肃	陕西（岚皋）
836	琵弄蝶 *Pithauria murdava*	印度、缅甸、越南、老挝、泰国	陕西、浙江、福建、广东、海南、广西、四川、贵州、云南、西藏	陕西（汉台、佛坪）、四川（平武）
837	宽突琵弄蝶 *P. linus*	越南	甘肃、浙江、江西、福建、广东、广西、四川、贵州	甘肃（康县）
838	黄标琵弄蝶 *P. marsena*	印度、越南、缅甸、泰国、马来西亚	陕西、甘肃、浙江、湖北、湖南、福建、广东、广西、重庆	陕西（太白、凤县、南郑、留坝、佛坪）、甘肃（两当）、湖北（神农架）
839	槁翅琵弄蝶 *P. stramineipennis*	印度、缅甸、越南、泰国、马来西亚	甘肃、福建、江西、广东、海南、广西、四川、云南	甘肃（徽县）
840	花裙陀弄蝶 *Thoressa submacula*		河南、陕西、甘肃、江苏、安徽、浙江、湖北、江西、湖南、福建、广东、海南、重庆、贵州	陕西（长安、周至、太白、凤县、南郑、洋县、宁强、镇巴、留坝、佛坪、平利、宁陕、商州、丹凤、山阳）、甘肃（康县、徽县、两当、礼县）、湖北（兴山、神农架、房县）

序号 No.	种类 Species	国外分布 Foreign distribution	中国分布 Distribution of China	大秦岭分布 Distribution of the Great Qinling Mountains
841	栾川陀弄蝶 *T. luanchuanensis*		河南、陕西、甘肃、湖北、海南	河南（栾川）、陕西（凤县、宁陕、镇安）、甘肃（康县）、湖北（神农架）
842	三点陀弄蝶 *T. kuata*		陕西、浙江、福建、海南	陕西（凤县、南郑、洋县）
843	短突陀弄蝶 *T. breviprojecta*		陕西、甘肃、四川	陕西（凤县、南郑）、甘肃（两当）
844	灰陀弄蝶 *T. gupta*	印度	陕西、甘肃、湖北、江西、广东、四川、云南	陕西（周至、陈仓）、甘肃（康县、徽县）、湖北（神农架）、四川（南江、都江堰）
845	马苏陀弄蝶 *T. masuriensis*	印度	甘肃、四川、云南	甘肃（武都、文县）
846	长标陀弄蝶 *T. blanchardii*		陕西、甘肃、四川	陕西（鄠邑、陈仓、太白、凤县、洋县、佛坪、宁陕）、甘肃（麦积）
847	徕陀弄蝶 *T. latris*		甘肃、福建、广东、四川、贵州、云南	甘肃（徽县）
848	秦岭陀弄蝶 *T. yingqii*		陕西、甘肃	陕西（周至、陈仓、太白）
849	赭陀弄蝶 *T. fusca*	印度、缅甸	陕西、福建、广东、广西、四川、云南	陕西（佛坪）
850	黎氏刺胫弄蝶 *Baoris leechii*		河南、陕西、上海、安徽、浙江、湖北、江西、湖南、福建、广东、四川	陕西（秦岭）、湖北（神农架）
851	刺胫弄蝶 *B. farri*	印度、缅甸、越南、老挝、泰国、马来西亚、印度尼西亚	河南、陕西、安徽、江西、福建、广东、海南、香港、广西、重庆、贵州、云南	陕西（南郑、岚皋）
852	斑珂弄蝶 *Caltoris bromus*	印度、缅甸、越南、泰国、马来西亚、印度尼西亚	陕西、甘肃、浙江、江西、福建、台湾、广东、海南、香港、广西、重庆、四川、云南	陕西（凤县、留坝、宁陕）、甘肃（麦积、徽县）
853	珂弄蝶 *C. cahira*	印度、缅甸、越南、老挝、泰国、马来西亚	甘肃、浙江、福建、台湾、江西、广东、海南、香港、广西、四川、贵州、云南	甘肃（武都）
854	方斑珂弄蝶 *C. cormasa*	印度、缅甸、越南、泰国、菲律宾、马来西亚	陕西、甘肃、安徽、浙江、海南、江西、广东、广西、重庆、贵州	陕西（宁陕）、甘肃（麦积、徽县）
855	黑纹珂弄蝶 *C. septentrionalis*		陕西、甘肃、浙江	陕西（周至、洋县、留坝、宁陕）、甘肃（康县）
856	籼弄蝶 *Borbo cinnara*	印度、孟加拉国、缅甸、越南、泰国、斯里兰卡、菲律宾、马来西亚、印度尼西亚、伊朗、巴布亚新几内亚、澳大利亚，所罗门群岛	陕西、安徽、浙江、湖北、江西、福建、台湾、广东、海南、香港、广西、四川、贵州、云南	陕西（洋县）

续表

序号 No.	种类 Species	国外分布 Foreign distribution	中国分布 Distribution of China	大秦岭分布 Distribution of the Great Qinling Mountains
857	拟籼弄蝶 *Pseudoborbo bevani*	广泛分布于印度至澳大利亚区域	河南、陕西、甘肃、安徽、浙江、湖北、江西、福建、台湾、广东、海南、香港、重庆、四川、贵州、云南	河南（嵩县、栾川、灵宝）、陕西（长安、周至、太白、镇巴、留坝、佛坪、柞水）、甘肃（麦积、两当）、湖北（神农架）、四川（都江堰、江油）
858	直纹稻弄蝶 *Parnara guttata*	俄罗斯、朝鲜、日本、印度、缅甸、越南、老挝、马来西亚、巴西	黑龙江、吉林、辽宁、北京、内蒙古、天津、河北、山东、河南、陕西、宁夏、甘肃、江苏、安徽、浙江、湖北、江西、湖南、福建、台湾、广东、海南、广西、重庆、四川、贵州、云南	河南（宝丰、西峡、嵩县、灵宝、卢氏）、陕西（临潼、蓝田、长安、鄠邑、周至、陈仓、眉县、太白、凤县、临渭、华州、潼关、汉台、南郑、城固、洋县、西乡、勉县、留坝、佛坪、平利、岚皋、宁陕、商州、丹凤、商南、山阳、柞水、镇安、洛南）、甘肃（麦积、秦州、康县、文县、徽县、两当、礼县、迭部）、重庆（巫溪、城口）、四川（宣汉、青川、都江堰、什邡、江油、平武、茂县、汶川）
859	挂墩稻弄蝶 *P. batta*	越南	陕西、浙江、福建、江西、湖南、广东、广西、四川、贵州、云南、西藏	陕西（佛坪）
860	曲纹稻弄蝶 *P. ganga*	印度、缅甸、越南、泰国、马来西亚	内蒙古、山东、河南、陕西、甘肃、安徽、浙江、湖北、江西、广东、海南、香港、广西、重庆、四川、贵州、云南	河南（栾川）、陕西（蓝田、长安、鄠邑、周至、太白、凤县、南郑、洋县、勉县、留坝、佛坪、宁陕、商州、山阳、丹凤）、甘肃（徽县、两当）、湖北（武当山、神农架、郧阳）、重庆（巫溪、城口）、四川（宣汉、青川、都江堰、什邡、平武、汶川）
861	幺纹稻弄蝶 *P. bada*	菲律宾、马来西亚、印度尼西亚、马达加斯加、毛里求斯、澳大利亚	陕西、甘肃、安徽、浙江、江西、福建、台湾、广东、海南、重庆、四川、贵州、云南	陕西（长安、鄠邑、凤县、汉台、佛坪、汉滨、商州、丹凤、商南）、甘肃（徽县）、四川（安州）
862	中华谷弄蝶 *Pelopidas sinensis*	朝鲜、日本、印度	辽宁、天津、山西、河南、陕西、甘肃、上海、安徽、浙江、湖北、江西、湖南、福建、台湾、广东、海南、重庆、四川、贵州、云南、西藏	河南（内乡、栾川）、陕西（长安、蓝田、周至、渭滨、陈仓、太白、华州、汉台、洋县、西乡、留坝、佛坪、平利、宁陕、商州、丹凤、商南、山阳、镇安）、甘肃（文县、两当、徽县）、湖北（谷城、神农架、郧阳、郧西）、重庆（巫溪、城口）、四川（安州、平武）
863	南亚谷弄蝶 *P. agna*	印度、缅甸、泰国、斯里兰卡、菲律宾、马来西亚、印度尼西亚、巴布亚新几内亚、澳大利亚	天津、河南、陕西、甘肃、安徽、浙江、江西、湖南、福建、台湾、广东、海南、香港、广西、重庆、四川、贵州、云南、西藏	河南（西峡、嵩县、灵宝）、陕西（长安、周至、鄠邑、太白、潼关、洋县、宁强、佛坪、宁陕、商州、丹凤、商南、山阳、镇安、洛南）、甘肃（麦积、徽县）、重庆（城口）、四川（青川、平武）
864	隐纹谷弄蝶 *P. mathias*	朝鲜、日本、印度、斯里兰卡、印度尼西亚	辽宁、内蒙古、北京、天津、山西、山东、河南、陕西、甘肃、安徽、上海、浙江、湖北、江西、湖南、福建、台湾、广东、海南、香港、广西、重庆、四川、贵州、云南	河南（内乡、嵩县、栾川、卢氏）、陕西（长安、蓝田、周至、太白、凤县、潼关、汉台、城固、洋县、西乡、佛坪、留坝、宁陕、丹凤、商南、山阳、镇安、洛南）、甘肃（麦积、文县、徽县）、湖北（神农架、武当山）、四川（都江堰、什邡）

序号 No.	种类 Species	国外分布 Foreign distribution	中国分布 Distribution of China	大秦岭分布 Distribution of the Great Qinling Mountains
865	古铜谷弄蝶 *P. conjuncta*	印度、缅甸、越南、老挝、泰国、斯里兰卡、菲律宾、马来西亚、印度尼西亚、东帝汶、巴西	陕西、甘肃、安徽、浙江、湖北、江西、湖南、福建、台湾、广东、海南、香港、广西	陕西（留坝）、甘肃（武都）、湖北（神农架）
866	近赭谷弄蝶 *P. subochracea*	印度、缅甸、泰国、斯里兰卡	安徽、浙江、广东、海南、香港、重庆、四川、云南	重庆（巫溪）
867	山地谷弄蝶 *P. jansonis*	俄罗斯、朝鲜、日本	黑龙江、吉林、辽宁、北京、湖北、海南	湖北（神农架）
868	华西孔弄蝶 *Polytremis nascens*		陕西、甘肃、浙江、湖北、江西、香港、广西、四川、贵州、云南	陕西（周至、凤县、洋县、佛坪、汉阴、宁陕）、湖北（神农架）、四川（汶川）
869	融纹孔弄蝶 *P. discreta*	印度、尼泊尔、缅甸、越南、泰国、马来西亚	甘肃、广东、香港、四川、云南、西藏	甘肃（康县）
870	台湾孔弄蝶 *P. eltola*	印度、缅甸、越南、老挝、泰国、马来半岛	湖北、福建、台湾、广东、海南、广西、四川、云南、西藏	湖北（神农架）
871	盒纹孔弄蝶 *P. theca*		陕西、甘肃、安徽、浙江、湖北、江西、福建、广东、广西、重庆、四川、贵州、云南	陕西（凤县、南郑、镇巴、佛坪、镇安）、甘肃（麦积、文县、两当）、湖北（神农架）、重庆（巫溪）、四川（平武）
872	刺纹孔弄蝶 *P. zina*	俄罗斯	黑龙江、吉林、辽宁、陕西、甘肃、安徽、浙江、江西、湖南、福建、台湾、广东、广西、重庆、四川、贵州	陕西（南郑、洋县、西乡、镇巴、留坝、佛坪）、甘肃（麦积、武都、徽县、两当）、重庆（巫溪）
873	黑标孔弄蝶 *P. mencia*		陕西、甘肃、上海、安徽、浙江、湖南、江西、台湾、广东、四川、贵州	陕西（汉台、商南）、甘肃（麦积、徽县）
874	透纹孔弄蝶 *P. pellucida*	朝鲜、日本	黑龙江、吉林、辽宁、山西、河南、陕西、甘肃、江苏、上海、安徽、浙江、湖北、江西、福建、广东、广西、重庆、贵州	陕西（眉县、凤县、商南）、甘肃（麦积、武都）、重庆（巫溪）
875	硕孔弄蝶 *P. gigantea*		浙江、福建、广东、四川、贵州、云南	四川（都江堰）
876	黄纹孔弄蝶 *P. lubricans*	日本、印度、缅甸、越南、老挝、泰国、马来西亚、印度尼西亚	浙江、安徽、湖北、江西、湖南、福建、台湾、广东、海南、香港、重庆、四川、贵州、云南、西藏	重庆（巫溪）
877	都江堰孔弄蝶 *P. matsuii*		浙江、四川	四川（都江堰）

续表

序号 No.	种类 Species	国外分布 Foreign distribution	中国分布 Distribution of China	大秦岭分布 Distribution of the Great Qinling Mountains
878	小赭弄蝶 *Ochlodes venata*	俄罗斯、蒙古、朝鲜、日本	黑龙江、吉林、辽宁、北京、天津、山西、山东、河南、陕西、甘肃、新疆、上海、安徽、浙江、湖北、江西、福建、重庆、四川、贵州、西藏	河南(鲁山、嵩县、栾川)、陕西(蓝田、长安、鄠邑、周至、渭滨、眉县、太白、凤县、华州、华阴、汉台、城固、洋县、西乡、留坝、佛坪、汉滨、宁陕、商州、丹凤、商南、山阳、镇安、柞水)、甘肃(麦积、秦州、文县、徽县、两当、宕昌、迭部、碌曲)、重庆(巫溪、城口)、四川(青川、都江堰、平武、汶川、九寨沟)
879	似小赭弄蝶 *O. similis*	俄罗斯、韩国	黑龙江、山东、陕西、甘肃、湖北、福建、四川	陕西(凤县)、湖北(神农架)、四川(青川)
880	肖小赭弄蝶 *O. sagitta*		甘肃、湖北、江西、福建、四川、云南、西藏	甘肃(徽县)、四川(青川)
881	宽边赭弄蝶 *O. ochracea*	俄罗斯、朝鲜、日本	黑龙江、吉林、辽宁、北京、河南、陕西、甘肃、浙江、湖北、四川、贵州	河南(登封、内乡、西峡、嵩县)、陕西(鄠邑、周至、眉县、太白、凤县、汉台、洋县、西乡、镇巴、留坝、佛坪、柞水、商南)、甘肃(麦积、康县、徽县、两当)、湖北(神农架)、四川(青川、都江堰、九寨沟)
882	透斑赭弄蝶 *O. linga*		北京、山西、河南、陕西、甘肃、浙江、四川	陕西(蓝田、长安、鄠邑、周至、渭滨、陈仓、眉县、太白、凤县、华州、石泉、宁陕、商州、丹凤、山阳、镇安)、甘肃(麦积、秦州、武山、两当、漳县)、四川(青川、平武)
883	白斑赭弄蝶 *O. subhyalina*	俄罗斯、蒙古、朝鲜、日本、印度、缅甸	黑龙江、吉林、辽宁、内蒙古、北京、天津、山东、河南、陕西、甘肃、江苏、安徽、浙江、湖北、江西、湖南、福建、广东、广西、重庆、四川、贵州、云南	河南(内乡、嵩县、栾川、灵宝、卢氏)、陕西(蓝田、长安、鄠邑、周至、眉县、太白、凤县、华州、华阴、南郑、洋县、城固、西乡、留坝、佛坪、紫阳、宁陕、商州、丹凤、商南、山阳)、甘肃(麦积、秦州、文县、徽县、两当、礼县)、湖北(神农架、武当山)、重庆(城口)、四川(青川、都江堰、平武、九寨沟)
884	西藏赭弄蝶 *O. thibetana*	朝鲜、缅甸	陕西、甘肃、湖北、江西、四川、贵州、云南、西藏	陕西(太白、西乡)、甘肃(麦积、徽县、两当)、四川(青川、平武)
885	菩提赭弄蝶 *O. bouddha*	缅甸	辽宁、陕西、甘肃、江苏、福建、台湾、重庆、四川、贵州、云南	陕西(眉县、凤县)、甘肃(合作)、重庆(巫溪、城口)、四川(青川)
886	黄赭弄蝶 *O. crataeis*		黑龙江、河南、陕西、甘肃、安徽、浙江、湖北、江西、重庆、四川、贵州、云南	河南(鲁山、内乡、嵩县、栾川、灵宝、卢氏)、陕西(洋县、南郑、西乡、镇巴)、甘肃(麦积、文县、徽县)、湖北(神农架)、重庆(巫溪、城口)、四川(青川、平武)
887	黄斑赭弄蝶 *O. flavomaculata*		辽宁、河南、陕西、甘肃、江西、四川	甘肃(徽县、两当)、四川(青川、都江堰、平武)
888	净裙赭弄蝶 *O. lanta*		陕西、云南	陕西(南郑、洋县)
889	针纹赭弄蝶 *O. klapperichii*		甘肃、浙江、湖北、福建、广东、广西、四川、贵州	甘肃(康县)、湖北(神农架)、四川(江油)
890	雪山赭弄蝶 *O. siva*	印度、缅甸	台湾、重庆、四川、贵州、云南、西藏	重庆(巫溪)
891	弄蝶 *Hesperia comma*	蒙古、欧洲、非洲	黑龙江、吉林、山西、山东、甘肃、青海、新疆、四川、西藏	甘肃(麦积、康县、文县、临潭、碌曲)

序号 No.	种类 Species	国外分布 Foreign distribution	中国分布 Distribution of China	大秦岭分布 Distribution of the Great Qinling Mountains
892	红弄蝶 *H. florinda*	日本	黑龙江、辽宁、内蒙古、北京、山西、山东、陕西、甘肃	甘肃（麦积、漳县）
893	豹弄蝶 *Thymelicus leoninus*	俄罗斯、朝鲜、日本	黑龙江、吉林、辽宁、内蒙古、北京、河北、山西、陕西、甘肃、安徽、浙江、湖北、江西、福建、广东、广西、重庆、四川、贵州、云南	陕西（蓝田、长安、周至、陈仓、太白、凤县、华州、华阴、汉台、南郑、洋县、西乡、略阳、留坝、佛坪、宁陕、商州、商南、山阳、柞水、镇安）、甘肃（麦积、秦州、武山、康县、文县、徽县、两当、礼县、碌曲）、湖北（神农架、郧西）、重庆（巫溪、城口）、四川（青川、都江堰、安州、平武）
894	黑豹弄蝶 *T. sylvaticus*	俄罗斯、朝鲜、日本	黑龙江、吉林、辽宁、内蒙古、北京、天津、河北、河南、陕西、宁夏、甘肃、安徽、浙江、湖北、江西、湖南、福建、广东、重庆、四川、贵州、西藏	河南（荥阳、巩义、禹州、宝丰、鲁山、镇平、内乡、西峡、宜阳、嵩县、栾川、陕州、灵宝、卢氏）、陕西（长安、周至、太白、凤县、华州、华阴、汉台、南郑、洋县、西乡、留坝、佛坪、宁陕、商州、丹凤、柞水、镇安）、甘肃（麦积、秦州、武山、文县、徽县、两当、礼县、碌曲）、湖北（神农架、武当山）、重庆（巫溪、城口）、四川（江油）
895	线豹弄蝶 *T. lineola*	俄罗斯，中亚、欧洲、非洲、北美洲	黑龙江、内蒙古、陕西、甘肃、新疆	陕西（周至、凤县）、甘肃（麦积、武山、礼县、迭部）
896	旖弄蝶 *Isoteinon lamprospilus*	朝鲜、日本、越南	陕西、安徽、浙江、湖北、江西、湖南、福建、台湾、广东、海南、香港、广西、重庆、四川、贵州	陕西（紫阳、商南）、湖北（神农架）
897	都江堰须弄蝶 *Scobura masutarai*		陕西、甘肃、四川	陕西（佛坪）、甘肃（康县）、四川（都江堰）
898	突须弄蝶 *Arnetta atkinsoni*	印度、缅甸、越南、老挝、泰国	广东、广西、四川、云南	四川（青川、都江堰）
899	白斑蕉弄蝶 *Erionota grandis*		陕西、甘肃、江西、广东、广西、重庆、四川、贵州、云南	陕西（南郑、洋县、西乡、宁强、佛坪）、甘肃（文县）、重庆（城口）、四川（宣汉、青川、安州、平武）
900	黄斑蕉弄蝶 *E. torus*	印度、缅甸、越南、泰国、马来西亚	陕西、安徽、浙江、江西、湖南、福建、台湾、广东、海南、香港、广西、重庆、四川、贵州、云南	陕西（南郑、岚皋）、四川（都江堰）
901	玛弄蝶 *Matapa aria*	印度、缅甸、老挝、泰国、斯里兰卡、菲律宾、马来西亚、印度尼西亚	陕西、甘肃、浙江、江西、福建、广东、海南、香港、广西、四川	陕西（佛坪）、甘肃（麦积、两当）
902	黄纹长标弄蝶 *Telicota ohara*	印度、缅甸、越南、老挝、泰国、菲律宾、马来西亚、巴布亚新几内亚、澳大利亚	湖北、江西、湖南、福建、台湾、广东、海南、香港、广西、四川、贵州、云南	四川（江油）

续表

序号 No.	种类 Species	国外分布 Foreign distribution	中国分布 Distribution of China	大秦岭分布 Distribution of the Great Qinling Mountains
903	断纹黄室弄蝶 *Potanthus trachalus*	印度、缅甸、泰国、马来西亚、印度尼西亚	陕西、甘肃、安徽、湖北、江西、湖南、福建、广东、海南、重庆、四川、贵州、云南	陕西（洋县、商州）、甘肃（文县）
904	锯纹黄室弄蝶 *P. lydius*	印度、缅甸、泰国、马来西亚	陕西、江西、广西、四川、贵州、云南	陕西（丹凤）、四川（平武）
905	曲纹黄室弄蝶 *P. flavus*	俄罗斯、朝鲜、日本、印度、缅甸、泰国、马来亚	黑龙江、吉林、辽宁、天津、河北、山东、陕西、甘肃、安徽、浙江、湖北、江西、湖南、福建、重庆、四川、贵州、云南	陕西（蓝田、周至、汉台、洋县、西乡、镇巴、宁强、略阳、留坝、佛坪、商州、丹凤、商南、山阳、镇安）、甘肃（麦积、徽县、两当、碌曲）、湖北（武当山、神农架、郧西）、四川（剑阁、青川）
906	孔子黄室弄蝶 *P. confucius*	日本、印度、尼泊尔、缅甸、越南、老挝、泰国、斯里兰卡、马来西亚、印度尼西亚	河南、陕西、甘肃、安徽、浙江、湖北、江西、湖南、福建、台湾、广东、海南、广西、重庆、四川、贵州、云南	河南（内乡、栾川、卢氏）、陕西（太白、佛坪、商南）、甘肃（麦积、徽县、迭部）、四川（平武）
907	宽纹黄室弄蝶 *P. pava*	印度、缅甸、泰国、菲律宾、马来西亚、印度尼西亚	陕西、湖北、福建、台湾、广东、海南、香港、广西、重庆、四川、贵州、云南	陕西（洋县）、四川（朝天、青川）
908	淡色黄室弄蝶 *P. pallidus*	印度、不丹、缅甸、泰国、斯里兰卡	甘肃、江西、湖北、海南、云南	甘肃（武都）、湖北（神农架）
909	尖翅黄室弄蝶 *P. palnia*	印度、缅甸、泰国、印度尼西亚	陕西、福建、湖北、海南、广西、四川、贵州、云南、西藏	陕西（汉阴）
910	三黄斑弄蝶 *Ampittia trimacula*		陕西、甘肃、四川	陕西（洋县、镇巴、佛坪、宁陕）、甘肃（康县、文县）、四川（青川、都江堰）
911	小黄斑弄蝶 *A. nana*		河南、陕西、甘肃、江苏、安徽、浙江、湖北、江西、湖南、福建、广东、海南、广西、重庆、四川、贵州	河南（内乡、西峡、栾川）、陕西（鄠邑、太白、洋县、西乡、佛坪、汉滨、汉阴、丹凤、商南、山阳、镇安）、甘肃（文县）
912	钩形黄斑弄蝶 *A. virgata*		河南、陕西、甘肃、安徽、浙江、湖北、江西、湖南、福建、台湾、广东、海南、广西、重庆、四川、贵州	河南（内乡、灵宝）、陕西（蓝田、鄠邑、周至、渭滨、陈仓、眉县、太白、凤县、华州、汉台、城固、洋县、留坝、岚皋、石泉、商州、商南、山阳、镇安）、甘肃（徽县、礼县）、湖北（神农架）、重庆（巫溪、城口）
913	黄斑弄蝶 *A. dioscorides*	印度、缅甸、越南、老挝、泰国、菲律宾、马来西亚、新加坡、印度尼西亚	甘肃、江苏、安徽、浙江、湖北、江西、福建、台湾、广东、海南、香港、广西、重庆、贵州、云南	甘肃（武都）、湖北（神农架）、重庆（城口）
914	橙黄斑弄蝶 *A. dalailama*		浙江、四川、西藏	四川（都江堰、汶川）
915	四川黄斑弄蝶 *A. sichuanensis*		四川	四川（都江堰）

附
Appendix

384

中文名索引

学名索引

A

acdestis, *Parnassius* 160, 167, 309

acraea, *Aporia* 211, 219, 220, 221, 222, 273, 314

aeacus, *Troides* 43, 96, 269, 303

agathon, *Aporia* 211, 223, 274, 315

Agehana 44, 71, 107, 111, 133

agestor, *Chilasa* 41, 108, 268, 269, 304

alcinous, *Byasa* 98, 100, 269, 303

alcmenor, *Papilio* (*Menelaides*) 41, 113, 118, 270, 305

alebion, *Pazala* 144, 145, 271, 307

amintha, *Gonepteryx* 198, 200, 273, 312

amurensis, *Leptidea* 247, 249, 275, 318

andersoni, *Eurema* 190, 194, 195, 272, 312

andreji, *Parnassius* 160, 171, 309

Anthocharini 47, 203, 242

Anthocharis 47, 72, 242

Aporia 46, 47, 72, 173, 203, 209, 224, 268

arcturus, *Papilio* (*Princeps*) 123, 125, 270, 306

arida, *Colias* 182, 186, 311

aristolochiae, *Pachliopta* 41, 105, 269, 304

aspasia, *Gonepteryx* 198, 201, 273, 312

B

bambusarum, *Anthocharis* 243, 245, 275, 318

belladonna, *Delias* 41, 205, 207, 257, 273, 313

berinda, *Delias* 205, 208, 273, 313

bernardi, *Aporia* 210, 216, 314

Bhutanitis 45, 71, 85, 152, 154

bianor, *Papilio* (*Princeps*) 123, 125, 126, 129, 130, 270, 306

bieti, *Anthocharis* 243, 246, 275, 318

bieti, *Aporia* 210, 213, 217, 313

blanda, *Eurema* 36, 190, 195, 272, 312

bootes, *Papilio* (*Menelaides*) 41, 113, 119, 270, 305

brassicae, *Pieris* 228, 274, 315

bremeri, *Parnassius* 160, 163, 271, 309

brigitta, *Eurema* 189, 196, 273, 312

Byasa 44, 71, 85, 95, 97, 105

C

callidice, *Pontia* 238, 240, 275, 317

canidia, *Pieris* 228, 230, 233, 274, 316

cardamines, *Anthocharis* 38, 243, 244, 245, 275, 317

Catopsilia 45, 72, 173, 174, 175

cephalus, *Parnassius* 160, 168, 309

Cepora 47, 72, 203, 224

Chilasa 44, 71, 107, 110

chinensis, *Luehdorfia* 89, 156, 157, 271, 308

chironides, *Graphium* 136, 141, 271, 307

chloridice, *Pontia* 238, 239, 275, 317

choui, *Parnassius* 160, 172, 310

cloanthus, *Graphium* 136, 137, 270, 307

Coliadinae 15, 16, 19, 45, 46, 72, 174, 175, 181, 189, 197

Colias 46, 72, 173, 175, 181, 267

crassipes, *Byasa* 98, 104, 269, 304

crataegi, *Aporia* 39, 210, 211, 213, 273, 313

索引 Index

391

索引 Index

392

Colour Plates

版

凤 蝶 科　2—22

粉 蝶 科　23—39

图版阅读说明

Troides aeacus ----------- 学　名

----------- 雄　性

----------- 雌　性

1 --------- 正面（标本背部朝上）

❶ --------- 反面（标本腹部朝上）

1

2

1—2. 金裳凤蝶 *Troides aeacus*

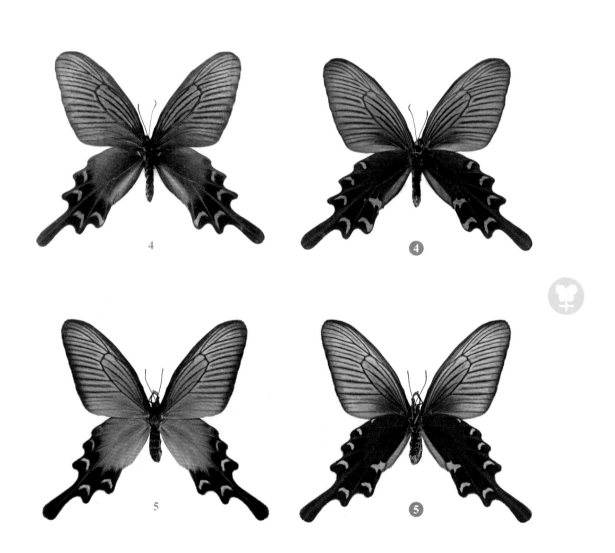

3—5. 麝凤蝶 *Byasa alcinous*

6

6

7

7

6. 多姿麝凤蝶 *Byasa polyeuctes*
7. 红珠凤蝶 *Pachliopta aristolochiae*

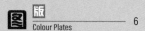

8. 小黑斑凤蝶 *Chilasa epycides*

9—10. 玉带（美）凤蝶 *Papilio* (*Menelaides*) *polytes*

12

12

12. 牛郎（黑美）凤蝶 *Papilio* (*Menelaides*) *bootes*

13

13. 蓝（美）凤蝶 *Papilio* (*Menelaides*) *protenor*

14

14

14. 姝美凤蝶 *Papilio* (*Menelaides*) *macilentus*

15

16

15—16. 碧翠凤蝶 *Papilio (Princeps) bianor*

17

17

17. 巴黎翠凤蝶 *Papilio (Princeps) paris*

18

18. 绿带翠凤蝶 *Papilio (Princeps) maackii*

19—20. 柑橘凤蝶 *Papilio* (*Sinoprinceps*) *xuthus*

22

21

22

21. 柑橘凤蝶 *Papilio* (*Sinoprinceps*) *xuthus*
22. 金凤蝶 *Papilio* (*Papilio*) *machaon*

23

23

23. 青凤蝶 *Graphium sarpedon*

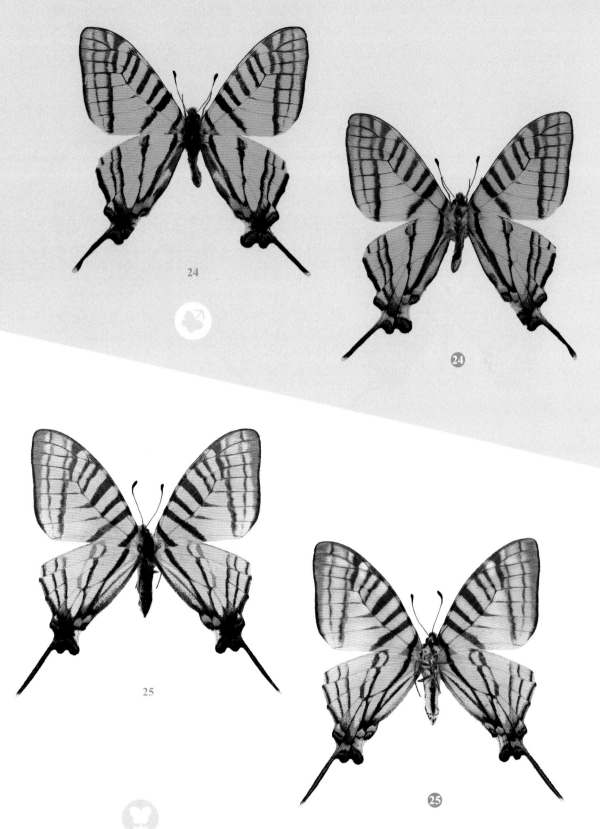

24. 乌克兰剑凤蝶 *Pazala tamerlana*
25. 升天剑凤蝶 *Pazala euroa*

26—28. 丝带凤蝶 *Sericinus montelus*

29—30. 三尾凤蝶 *Bhutanitis thaidina*

31

31

32

32

31. 太白虎凤蝶 *Luehdorfia taibai*
32. 冰清绢蝶 *Parnassius glacialis*

33—34. 冰清绢蝶 *Parnassius glacialis*

35—37. 珍珠绢蝶 *Parnassius orleans*

38—39. 黑角方粉蝶 *Dercas lycorias*
40. 迁粉蝶 *Catopsilia pomona*

41

④

44

44

41—42. 斑缘豆粉蝶 *Colias erate*
43—44. 橙黄豆粉蝶 *Colias fieldii*

45—46. 宽边黄粉蝶 *Eurema hecabe*

47—48. 尖钩粉蝶 *Gonepteryx mahaguru*

49
49
50
50
51
51

49. 大钩粉蝶 *Gonepteryx maxima*
50—51. 圆翅钩粉蝶 *Gonepteryx amintha*

52. 绢粉蝶 *Aporia crataegi*

53—55. 秦岭绢粉蝶 *Aporia tsinglingica*

56—57. 锯纹绢粉蝶 *Aporia goutellei*

58. 普通绢粉蝶 *Aporia genestieri*

59—60. 灰姑娘绢粉蝶 *Aporia intercostata*

61. 小檗绢粉蝶 *Aporia hippia*

62

62

63

63

62—63. 大翅绢粉蝶 *Aporia largeteaui*

64—66. 菜粉蝶 *Pieris rapae*

67. 暗脉菜粉蝶 *Pieris napi*
68—69. 东方菜粉蝶 *Pieris canidia*

70—71. 黑纹粉蝶 *Pieris melete*
72—73. 大展粉蝶 *Pieris extensa*

74

75

74—75. 大卫粉蝶 *Pieris davidis*

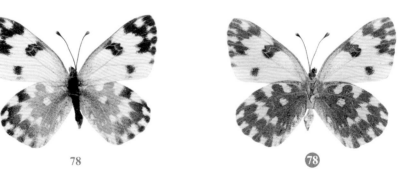

76—78. 云粉蝶 *Pontia daplidice*

79—80. 黄尖襟粉蝶 *Anthocharis scolymus*
81—82. 红襟粉蝶 *Anthocharis cardamines*

83—84. 突角小粉蝶 *Leptidea amurensis*
85. 锯纹小粉蝶 *Leptidea serrata*

86. 莫氏小粉蝶 *Leptidea morsei*
87—88. 条纹小粉蝶 *Leptidea sinapis*
89. 圆翅小粉蝶 *Leptidea gigantea*